注塑工

完全自学一本通

（图解双色版）

周建华　主编

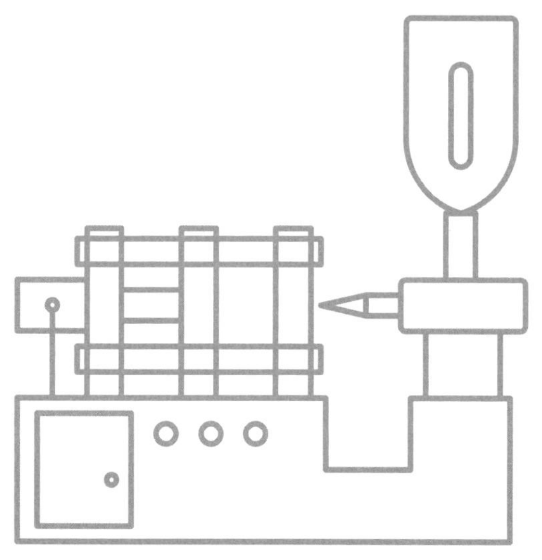

化学工业出版社

·北京·

内容简介

为了满足现代制造业对高技能注塑人才的需求，本书以理论结合实践的方式详细介绍了注塑模具识图、注塑生产基础知识、注塑成型工艺、注塑模具设计、注塑模具制造、注塑机操作与维护、注塑生产质量管理及常见问题等注塑生产过程中所需内容，以图文结合的方式介绍具体的操作过程与操作工艺，有很强的针对性和实用性，有利于指导读者快速入门，步步提高，逐渐成为注塑加工行业的骨干。

本书以好用、实用为编写原则，注重操作技能技巧分享，实例贯穿全书，所有案例均来自于生产实际。全书内容系统全面，由浅入深，循序渐进，图表翔实，可作为注塑工自学用书或培训教材，也可供注塑相关专业师生阅读参考。

图书在版编目（CIP）数据

注塑工完全自学一本通：图解双色版 / 周建华主编．—北京：化学工业出版社，2021.10（2025.4重印）
ISBN 978-7-122-39835-2

Ⅰ．①注… Ⅱ．①周… Ⅲ．①注塑 - 生产工艺 - 图解 Ⅳ．① TQ320.66-64

中国版本图书馆 CIP 数据核字（2021）第 175052 号

责任编辑：曾　越　张兴辉　　文字编辑：孙月蓉　陈小滔
责任校对：宋　夏　　装帧设计：王晓宇

出版发行：化学工业出版社（北京市东城区青年湖南街 13 号　邮政编码 100011）
印　　装：高教社（天津）印务有限公司
787mm × 1092mm　1/16　印张 $26^3/_4$　字数 717 千字　2025 年 4 月北京第 1 版第 6 次印刷

购书咨询：010-64518888　　售后服务：010-64518899
网　　址：http://www.cip.com.cn
凡购买本书，如有缺损质量问题，本社销售中心负责调换。

定　　价：99.00 元　

前言

中国有世界上最大的注塑机市场，经过多年的稳定增长取得了长足的发展。为适应我国注塑业的发展，必须高度重视技术人员的素质，大力加速高技能人才的培养。企业要想在激烈的市场竞争中立于不败之地，必须有一支高素质的技术人员队伍，有一众技术过硬、技艺精湛的能工巧匠。为此，我们组织编写了本书。

本书内容主要包括：注塑模具识图、注塑生产基础知识、注塑成型工艺、注塑模具设计、注塑模具制造、注塑机操作与维护、注塑生产质量管理及常见问题等，涵盖了注塑生产全流程的方方面面。

本书在编写时力求好用、实用，指导自学者快速入门、步步提高，逐渐成为注塑加工行业的骨干。以图解的形式，配以简明的文字说明具体的操作过程与操作工艺，有很强的针对性，注重操作技能技巧分享，实例贯穿全书，所有案例均来自生产实际，并吸取一线工人师傅的经验总结。

本书图文并茂，内容丰富，浅显易懂，取材实用而内容精练，可作为注塑工上岗前培训教材和自学用书，也可供注塑相关专业师生阅读参考。

本书由周建华主编。参加编写的人员还有：张能武、陶荣伟、王吉华、高佳、钱革兰、魏金营、王荣、邵健萍、邱立功、任志俊、陈薇聪、唐雄辉、刘文花、张茂龙、钱瑜、张道霞、李稳、邓杨、唐艳玲、张业敏、章奇、陈锡春、方光辉、刘瑞、周小渔、胡俊、王春林、周斌兴、许佩霞、过晓明、李德庆、沈飞、刘瑞、庄卫东、张婷婷、赵富惠、袁艳玲、蔡郭生、刘玉妍、王石昊、刘文军、徐嘉翊、孙南羊、吴亮、刘明洋、周韵、刘欢等。本书在编写过程中得到江南大学机械工程学院、江苏机械工程学会、无锡机械工程学会等单位大力支持和帮助，在此表示感谢。

由于编者水平有限，书中不妥之处在所难免，敬请广大读者批评指正。

编　者

目录

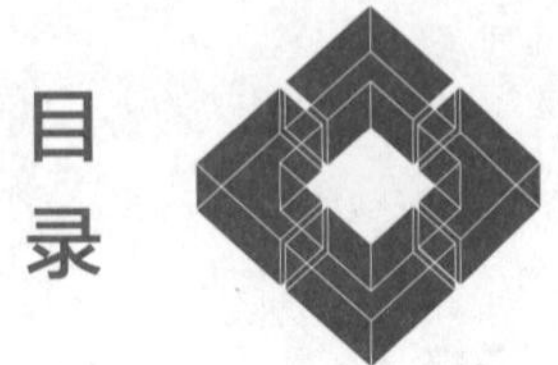

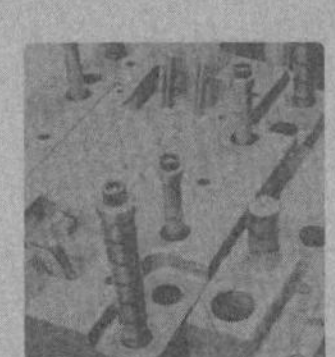

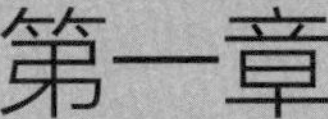

第一章 注塑模具识图

第一节 识读塑料制件图的分析

一、塑料制件图的内容和作用

1. 塑料制件图的内容

塑料产品或塑料制件是由塑料零件装配成的。如图 1-1 所示，该零件为塑料扣盒盖，大

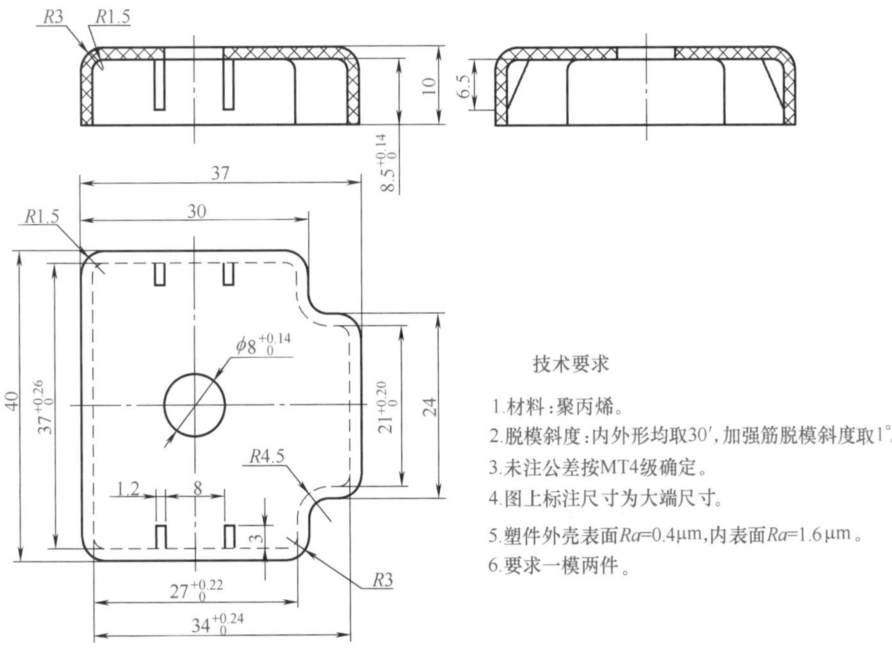

图 1-1 塑料扣盒盖制件图

批量生产，材料为聚丙烯。

从图 1-1 中可以看出塑料制件图一般应包括表 1-1 所示内容。

表 1-1　塑料制件图的一般内容

类别	说明
图形	用一组图形（包括各种表达方法）准确、清楚和简明地表达出制件的结构形状。如图 1-1 所示，用三个基本视图（主、左视图均采用剖视图）清楚地表达了该制件的壁厚、过渡圆角、加强筋等内外结构形状
尺寸	正确、齐全、清晰、合理地标注出制件各部分的大小及相对位置，即提供制造和检验制件零件所需的全部尺寸，为注塑模具的制造做好准备
技术要求	将制件应达到的质量要求（如表面粗糙度、尺寸公差、形位公差、材料、表面处理等），用一些规定的代（符）号、数字或文字，准确、简明地表示出来。不便用代（符）号标注在图中的技术要求，可用文字注写在标题栏的上方或左方

2. 塑料制件图的作用

塑料制件图是设计部门提交给生产部门的重要技术文件，它反映了设计者的意图，表达了对制件零件的要求（包括对零件的结构要求和制造工艺的可能性、合理性要求等），是制造、检验塑料制件零件的依据，也是检验注塑模具制造精度的依据。

二、塑料制件的视图选择

塑料制件的视图选择，是在考虑便于绘图和看图的前提下，确定一组图形把制件的结构形状完整、清晰地表达出来，并力求绘图简便。

1. 塑料制件主视图的选择

一般情况下，主视图是表达制件结构形状的一组图形中最主要的视图，而且绘图和看图也通常先从主视图开始。主视图的选择是否合理，直接影响到其他视图的选择、配置和绘图、看图是否方便，甚至影响到图幅能否合理利用。因此，应首先选好主视图。

（1）投射方向的选择

通常将表示制件信息量最多的那个视图作为主视图。这就是说，首先主视投射方向应满足这一总原则，即应以反映制件的信息量最大，能较明显地反映出制件的主要形状特征和各部分之间相对位置的那个投射方向作为主视图的投射方向，简称为大信息量原则或特征性原则。

（2）塑料制件安放方位的选择

主视图的投射方向确定后，应确定主视图安放方位。依不同类型制件及其图样的着眼点而定，一般有两种原则：

① 加工位置原则。是指制件在机床上加工时的装夹位置。

② 工作（安装）位置原则。是指制件安装在机器或部件中的安装位置或工作时的位置。

应当注意的是，上述两方面的主视图选择原则，对于有些制件来说是可以同时满足的，但对于某些制件来说就难以同时满足。因此，选择主视图时应首先选好其投射方向，再考虑制件的类型并兼顾其他视图的匹配、图幅的利用等具体因素来决定其安放方位。

2. 塑料制件其他视图的选择

主视图确定后，应根据制件结构形状的复杂程度，来决定是否需要和需要多少其他视图以弥补主视图表达的不足。当需要其他视图（包括剖视图和断面图）时，应按下列原则选取：

① 在明确表达制件结构的前提下，使其他视图（包括剖视图和断面图）的数量为最少。

这与表达方法选用有关，所选各视图都应有明确的表达侧重点和目的。制件的主体形状与局部形状，外部形状与内部形状，应相对集中与适当分散表达。制件的主体形状应采用基本视图表达，即优先选用基本视图；局部形状如不便在基本视图上兼顾表达时，可另选用如向视图、局部视图、断面图等视图。各视图表达方法匹配恰当，就可以在表达制件形状完整、清晰的前提下，使视图数量最少。

② 避免使用虚线表达制件的轮廓及棱线。制件不可见的内部轮廓和外部被遮挡（在投射方向上）的轮廓，在视图中用虚线表示。为不用或少用虚线，必须恰当选用局部视图、向视图、剖视图或断面图；但适当少量虚线的使用，又可以减少视图数量。两者之间的矛盾应在对具体制件表达的分析中权衡、解决。

③ 避免不必要的细节重复。零件在同一投射方向上的内外结构形状，一般可在同一视图（剖视图）上兼顾表达，当不便在同一视图（剖视图）上表达（如内外结构形状投影发生层次重叠）时，也可另用视图表达。对细节表达重复的视图应舍去，力求表达简练，不出现多余视图。

三、塑料制件上常见的工艺结构

塑料制件的结构形状应满足设计要求和工艺要求。塑料制件的结构设计既要考虑工业美学、造型学，更要考虑工艺和方便。

1. 塑料制件的表面形状

塑料制件的内外表面形状应尽可能有利于成型。如表 1-2 所示为改变塑料制件形状以利于成型的几个实例。

表 1-2　改变塑料制件形状以利于模具成型的典型实例

合理	不合理	说明
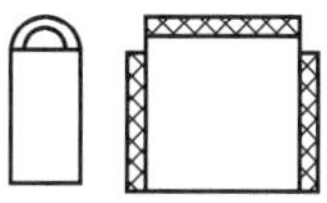	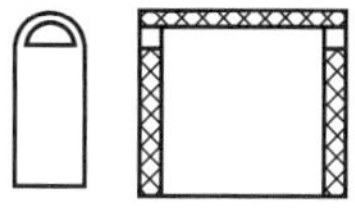	将左图侧孔容器改为右图侧凹容器，则不需采用侧抽芯或瓣合分型的模具
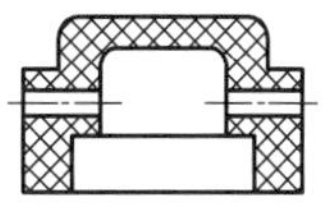	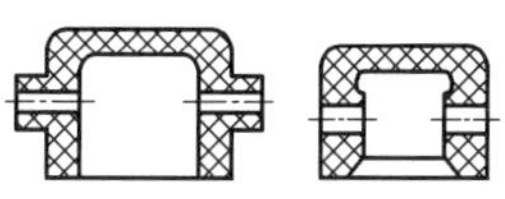	应避免塑件表面横向凹台，以便于脱模
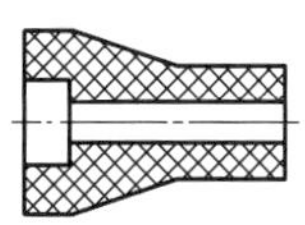	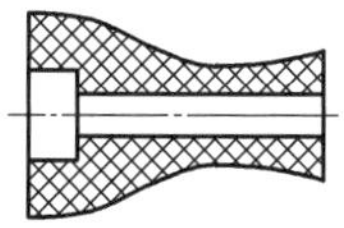	塑件外侧凹，必须采用拼合凹模，使注塑模具结构复杂，塑件表面有接缝
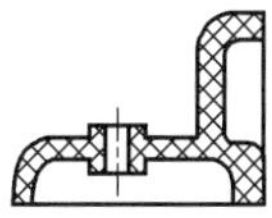	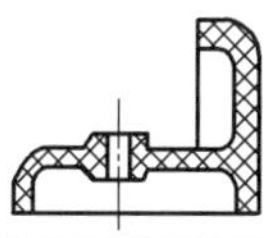	塑件内侧凹，抽芯困难
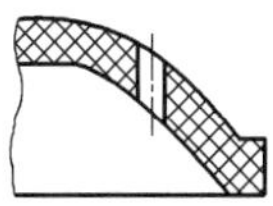	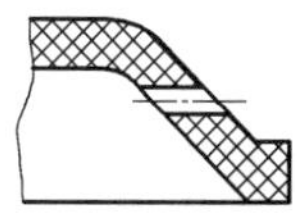	将模向侧孔改为垂直向孔，可免去侧抽芯机构

塑件（塑料制件）内侧凹较浅并允许带有圆角时，则可以用整体凸模采取强制脱模的方法使塑件从凸模上脱下。如图 1-2（a）所示，因为塑件在脱模温度下具有足够的弹性，可以使塑件在强制脱模时不会变形，如聚乙烯、聚丙烯、聚甲醛等都能适应这种情况。某些情况

下塑件外侧的凹凸也可以强制脱模，如图 1-2（b）所示。

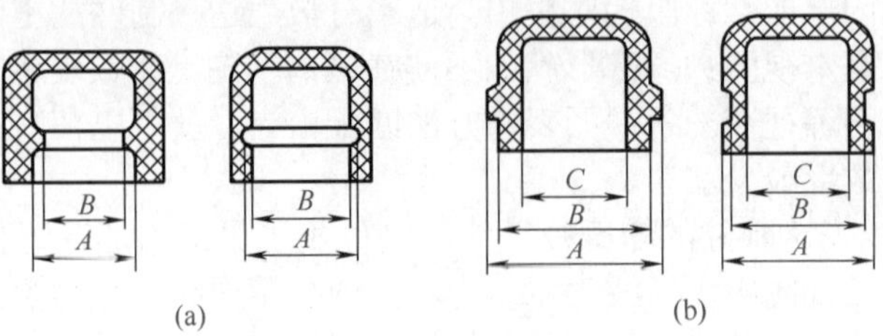

图 1-2 可强制脱模侧向凹凸

塑件的形状还应有利于提高制品的强度和刚度。薄壳状塑件可设计成球面或拱形曲面，如图 1-3 ～图 1-5 所示。

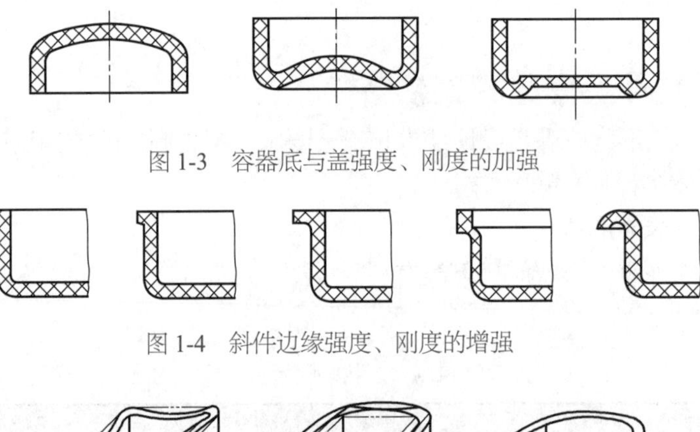

图 1-3 容器底与盖强度、刚度的加强

图 1-4 斜件边缘强度、刚度的增强

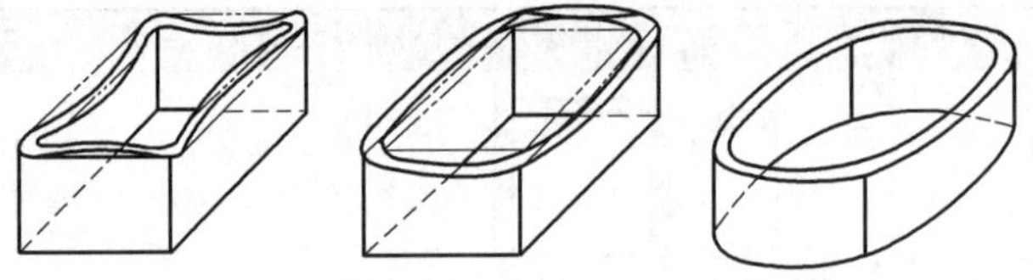

图 1-5 防止矩形薄壁容器侧里内凹变形

2. 塑料制件的壁厚

塑料制件壁厚的大小对塑件质量的影响有如下两点：

① 壁厚太小。制件强度及刚度不足，注塑时塑料流动困难。

② 壁厚太大。原料浪费，注塑时冷却时间长，易产生气泡、缩孔等缺陷。

同一塑件的壁厚应尽可能一致，否则会因冷却或固化速度不同产生附加内应力，使塑件产生翘曲、缩孔、裂纹甚至开裂等缺陷。表 1-3 为改善塑件壁厚的典型实例。当结构要求必须有不同壁厚时，不同壁厚占全部壁厚的比例不应超过 1 ∶ 3，且应采取适当的过渡半径以避免壁厚突然变化。

表 1-3 改善塑件壁厚的典型实例

合理	不合理	说明
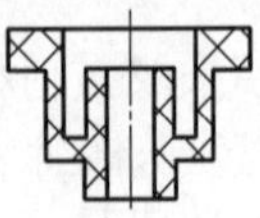	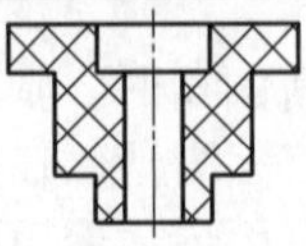	右图壁厚不均匀，易产生气泡及塑件变形，左图壁厚均匀，改善了成型工艺条件，有利于保证质量

续表

合理	不合理	说明
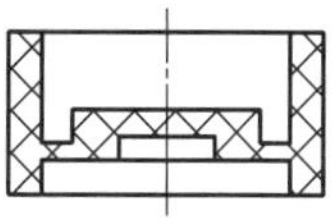	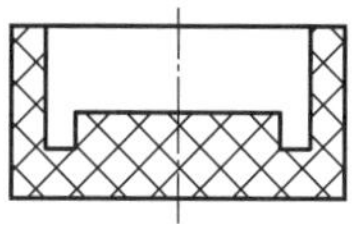	右图壁厚不均匀，易产生气泡及塑件变形，左图壁厚均匀，改善了成型工艺条件，有利于保证质量
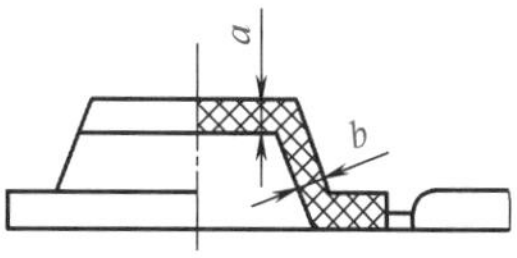 a b	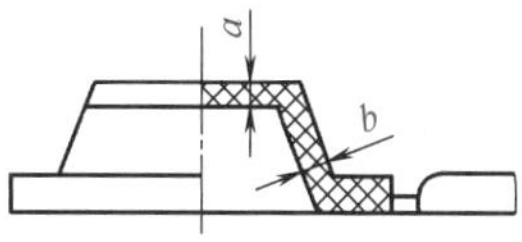 a b	平顶塑件，采用侧浇口进料时，为避免平面上留有熔接痕，必须保证平面进料通畅，故 $a>b$
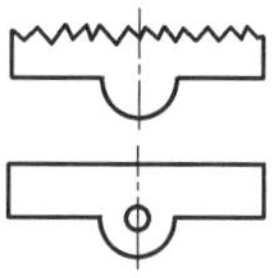	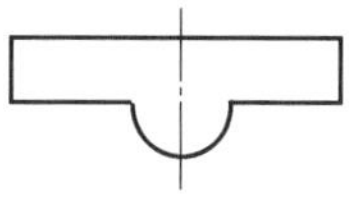	壁厚不均匀塑件，可在易产生凹痕表面采用波纹形式或在厚壁处开设工艺孔，以掩盖或消除凹痕

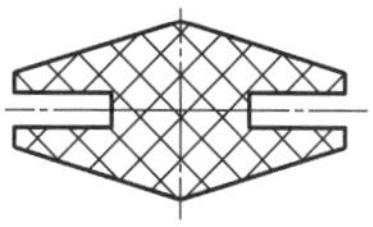

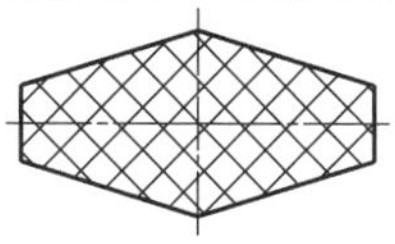

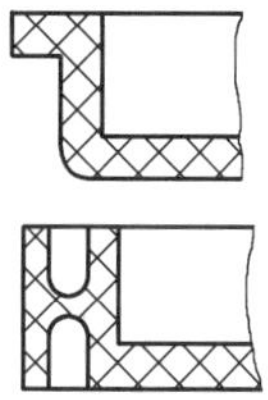

3. 塑料制件的脱模斜度

为了便于塑件脱模，防止脱模时擦伤塑件，必须在塑件内外表面脱模方向上留有足够的斜度，在模具上称为脱模斜度，如图 1-6 所示。

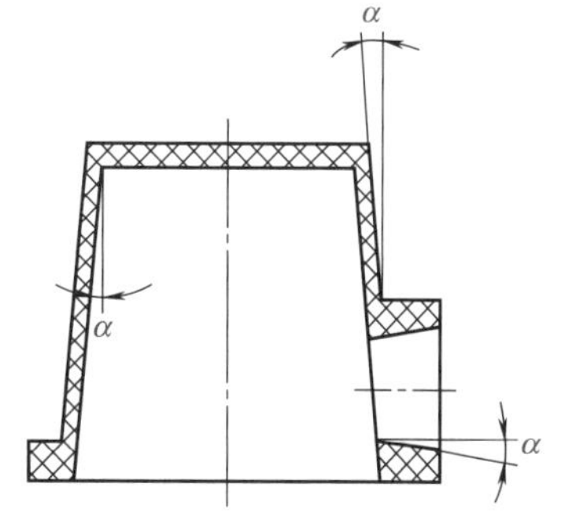

图 1-6 脱模斜度

（1）脱模斜度的取法

外形以大端为基准，斜度由缩小方向取得；内形以小端为基准，斜度由扩大方向取得。

（2）选择脱模斜度的原则

① 脱模斜度取决于塑件形状、壁厚及塑料收缩率，一般取 30′ ～ 1° 30′ 。

② 成型型芯长或型腔深，则斜度应取偏小值，反之可选用偏大值。

③ 塑件高度不大（通常小于 2 ～ 3mm）时可不设计脱模斜度。

④ 当塑件在使用上有特殊要求时，可采用外表面（型腔）脱模斜度为 5′，内表面（型芯）为 10′ ～ 20′ 。

⑤ 开模后为了使塑件留在凹模内（或凸模上），往往有意减小凹模的脱模斜度或者增大凸模的脱模斜度。

⑥ 热固性塑料一般较热塑性塑料收缩率要小一些，故脱模斜度也相应小一些。

⑦ 压缩成型较大的塑件时，内表面的脱模斜度应比外表面的大些，以保证顶缘部分的密度。

一般情况下，脱模斜度不在塑件的公差范围内。

4. 塑料制件的圆角

塑料制件除了使用上要求采用尖角之外，其余所有转角处应尽可能采用圆角过渡。因为带有尖角的塑件，往往会在尖角处产生应力集中，在受力或受冲击振动时发生破裂，甚至在脱模过程中由于成型内应力而开裂，特别是塑件的内角处。如图 1-7 所示为塑件受应力作用时应力集中系数与圆角半径的关系。从图中可以看出，理想的内圆角半径 R 应在壁厚 δ 的 1/2 以上。

塑料制件上圆角的作用：

① 避免了应力集中，提高了强度，而且还使塑件变得美观，有利于塑料充模时的流动。

② 避免模具在淬火或使用时不因应力集中而开裂。

通常，内壁圆角半径应是壁厚的 1/2，而外壁圆角半径可为壁厚的 1.5 倍，一般圆角半径不应小于 0.5mm，壁厚不等的两壁转角可按平均壁厚确定内、外圆角半径。

5. 塑料制件的加强筋

塑料制件采用加强筋，可以在不增加壁厚的情况下，增加塑件的强度和刚度，避免塑件变形翘曲，避免由于收缩不均产生缩孔、气泡、凹陷等现象，有的加强筋还能改善成型时熔体的流动状况。加强筋的尺寸如图 1-8 所示。

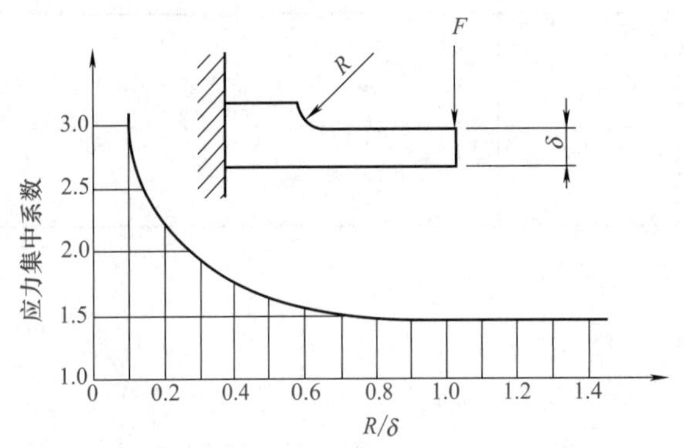

图 1-7　R/δ 与应力集中系数的关系

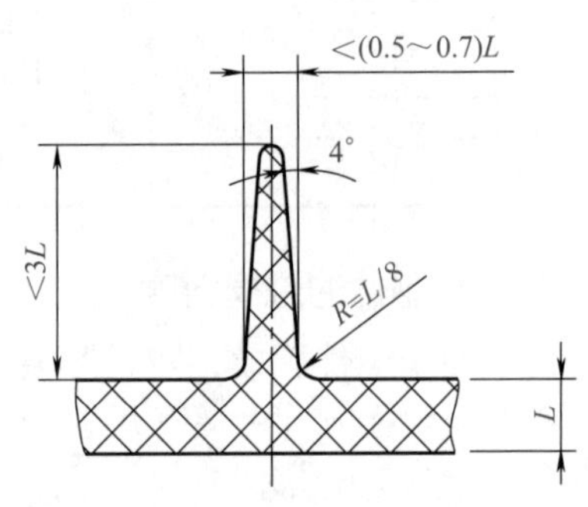

图 1-8　加强筋的尺寸

在塑件上设置加强筋有以下要求：

① 布置加强筋时，应尽可能减少塑料的局部集中，以免产生缩孔和气泡。

② 加强筋的尺寸不宜过大，以矮一些、多一些为好。

③ 加强筋之间中心距应大于 2 倍的壁厚，这样既可以避免缩孔产生，又可以提高塑件的强度和刚度。

④ 加强筋布置的方向尽量与熔体流动的方向一致，以利于熔体充满型腔，避免熔体流动受到搅乱。

⑤ 加强筋的端面不应与塑件支承面平齐，应有一定间隙。

6. 塑料制件的支承面及凸台

① 支承面。通常塑件一般不以整个平面作为支承面，而是以底脚或边框为支承面，如表 1-4 序号 1 所示。

② 凸台。凸台是用来增强内孔强度或装配附件或为塑件提供支承的截锥台或支承块。

设计凸台时，除应考虑前面所述的一般问题外，在可能情况下，凸台应当位于边角部位，其几何尺寸应小，高度不应超过其直径的 2 倍，并应具有足够的脱模斜度。设计固定用凸台时，除应保证有足够的强度以承受紧固时的作用力外，在转折处不应有突变，连接面应局部接触。如表 1-4 中序号 2 和 3 所示。

表 1-4　塑件支承面和固定凸台的结构

序号	合理	不合理	说明
1	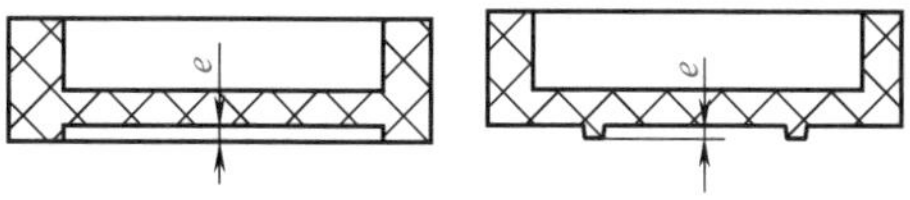 e　e	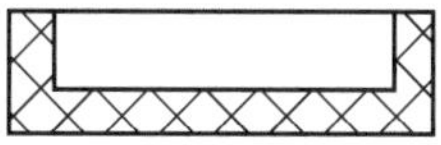	采用凸边或底脚作支承面，凸边或底脚的高度 *e* 取 0.3 ～ 0.5mm
2	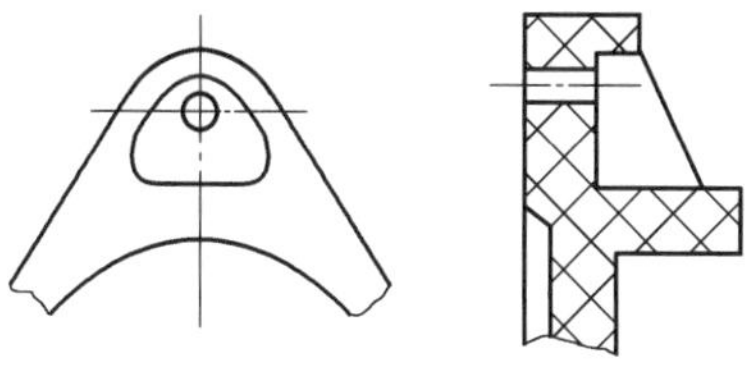		安装紧固用的螺钉的凸台或凸耳应有足够的强度，避免突然过渡和用整个底面作支承面
3	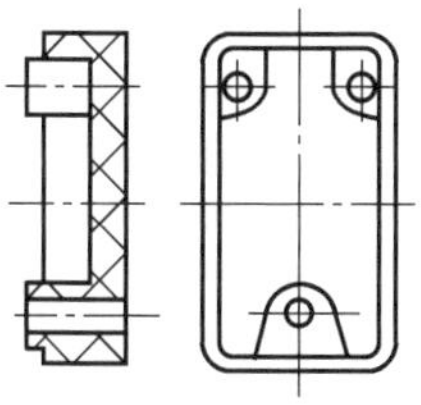	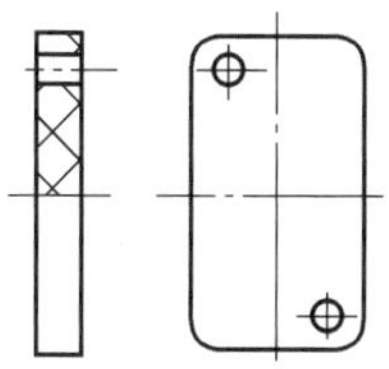	凸台应位于边角部位

7. 塑料制件上孔的设计

对塑件上孔的设计有以下要求：

① 孔的形状宜简单，对于复杂形状的孔，模具制造较困难。

② 孔与孔之间、孔与壁之间均应有足够的距离。

③ 孔径与孔深的关系见表 1-5。

表 1-5　孔径与孔深的关系

成型方式	孔的形式	孔的深度 /mm	
		通孔	不通孔
压缩模塑	横孔	2.5*d*	<1.5*d*
	竖孔	5*d*	<2.5*d*
挤出或注射模塑	横孔、竖孔	10*d*	（4 ～ 5）*d*

注：1. *d* 为孔的直径。

2. 采用纤维状塑料时，表中数值乘系数 0.75。

塑件上紧固用的孔和其他受力的孔，应设计出凸台予以加强强度，如图 1-9 所示。固定孔建议采用图 1-10（a）所示沉头螺钉孔形式，一般不采用图 1-10（b）所示沉头螺钉孔形式，也可采用图 1-10（c）所示的形式，以便设置型芯。

相垂直的孔或斜交的孔，在压缩模塑中不宜采用，在注射模塑和传递模塑中可以采用，但两个孔的型芯不应互相嵌合［图 1-11（a）］，而应采用图 1-11（b）所示的结构形式。成型时，小孔型芯从两边抽芯后，再抽大孔型芯。需要设置侧壁孔时，应尽可能避免侧抽芯装

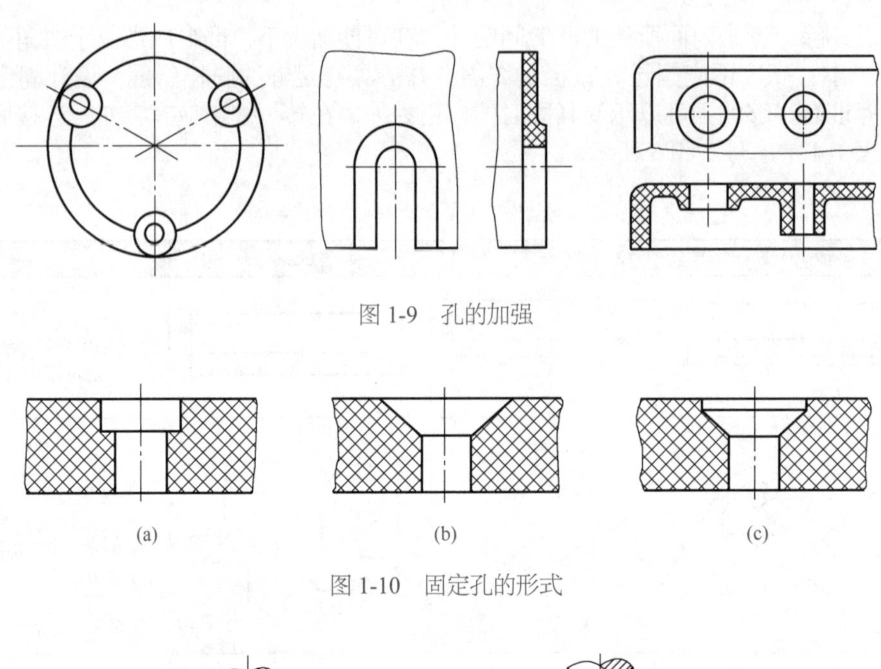
图 1-9　孔的加强

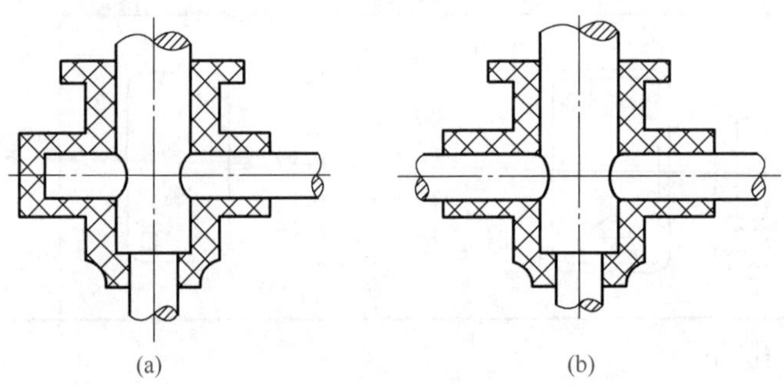

图 1-10　固定孔的形式

(a)
(b)

图 1-11　两相交孔的设计

置，使模具结构简化。

8. 塑料制件（塑件）上的花纹、文字及符号

塑件上的花纹（如凸、凹纹、皮革纹等）有的是使用上需要，有的则是为了装饰。设计的花纹应易于成型和脱模，便于模具制造，为此纹向应与脱模方向一致。

图 1-12 中（a）、（b）所示塑品脱模麻烦，模具结构复杂，图 1-12（c）所示结构在分型面处的飞边不易清除，而图 1-12 中（d）、（e）所示结构脱模方便，模具结构简单、制造方便，而且分型面处的飞边为圆形，容易去除。

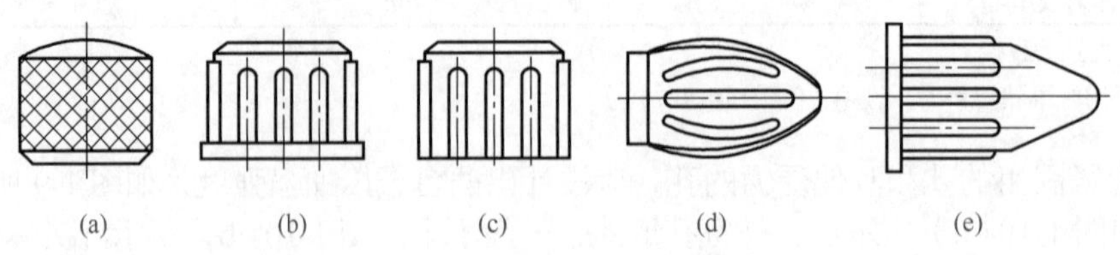

图 1-12　塑件上花纹的设计

塑件上的符号和文字有三种不同的结构形式。第一种为凸字，如图 1-13（a）所示，这种形式制模方便，但使用过程中凸字容易损坏。第二种为凹字，如图 1-13（b）所示，凹字

可以填上各种颜色的油漆，字迹鲜艳，但这种形式如果用机械加工模具则较麻烦，现多用电铸、冷挤压、电火花加工等方法制造模具。第三种为凹坑凸字，在凸字的周围带有凹入的装饰框，如图 1-13（c）所示，制造这种结构形式的模具可以采用镶块中刻凹字，然后镶入模体中，这种结构形式的凸字在使用时不易损坏，模具制造也较方便。

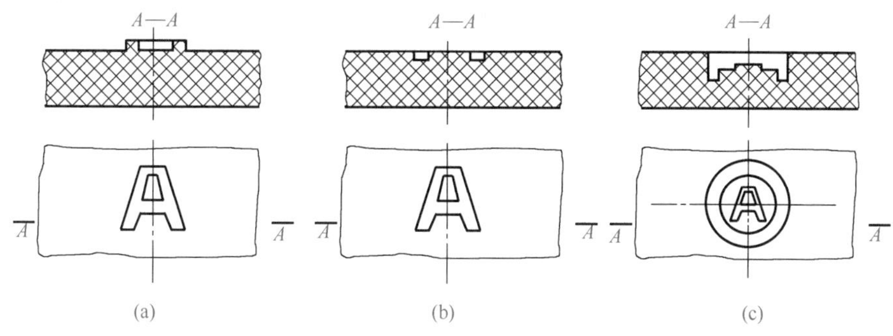

图 1-13　塑件上文字的结构形式

9. 塑料制件螺纹设计

塑料制件上的螺纹可以直接模塑成型，也可以用后加工的办法机械加工成型，在经常装拆和受力较大的地方，则应该采用金属螺纹嵌件。塑件上的螺纹应选用螺牙尺寸较大者，螺纹直径较小时不宜采用细牙螺纹，特别是用纤维或布基作填料的塑料成型螺纹，其牙顶部分常常被强度不高的纯树脂所填充，如螺牙过细将会影响使用强度。螺纹的选用范围见表 1-6。

表 1-6　螺纹的选用范围

螺纹公称直径 d/mm	螺纹种类				
	公制标准螺纹	1 级细牙螺纹	2 级细牙螺纹	3 级细牙螺纹	4 级细牙螺纹
≤ 3	+	–	–	–	–
>3 ～ 6	+	–	–	–	–
>6 ～ 10	+	+	–	–	–
>10 ～ 18	+	+	+	–	–
>18 ～ 30	+	+	+	+	–
>30 ～ 50	+	+	+	+	+

注：“+” 表示可选用；“–” 表不选用。

塑件螺纹的精度不能要求太高，一般低于 3 级。塑料螺纹的机械强度比金属螺纹机械强度低 5 ～ 10 倍，成型过程中螺距易变化，因此一般塑件螺纹的螺距不小于 0.7mm，注射成型螺纹公称直径不小于 2mm，压缩成型公称螺纹直径不小于 3mm。

如果模具的螺纹螺距未加上收缩值，则塑料螺纹与金属螺纹的配合长度就不能太长，一般不大于螺纹直径的 1.5 倍（或 7 ～ 8 牙），否则会因收缩引起塑件上的螺距小于与之相旋合的金属螺纹的螺距，造成连接时塑件上螺纹的损坏及连接强度的降低。螺纹直接成型的方法有：采用螺纹型芯或螺纹型环。

在成型之后将塑件旋下。外螺纹采用瓣合模成型，这时虽然工效高，但精度较差，还带有不易除尽的飞边。要求不高的螺纹（如瓶盖螺纹）用软塑料成型时，可强制脱模，这时螺纹断面最好设计得浅一些，且呈梯形断面，如图 1-14 所示。为了防止螺孔最外圈的螺纹崩裂或变形，应使螺纹最外圈和最里圈留有台阶，如图 1-15、图 1-16 所示。

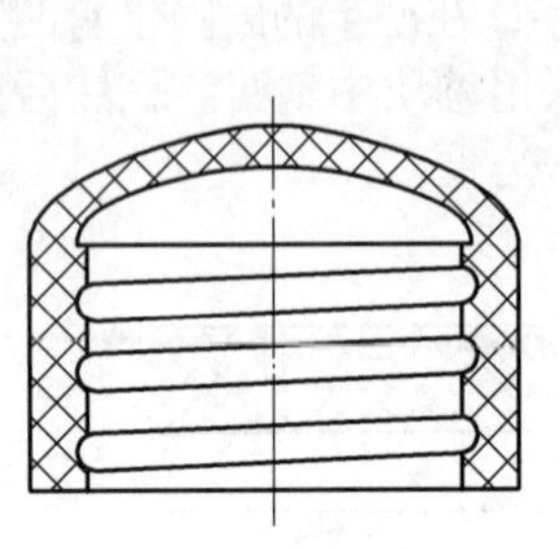

图 1-14　能强制脱模的螺纹

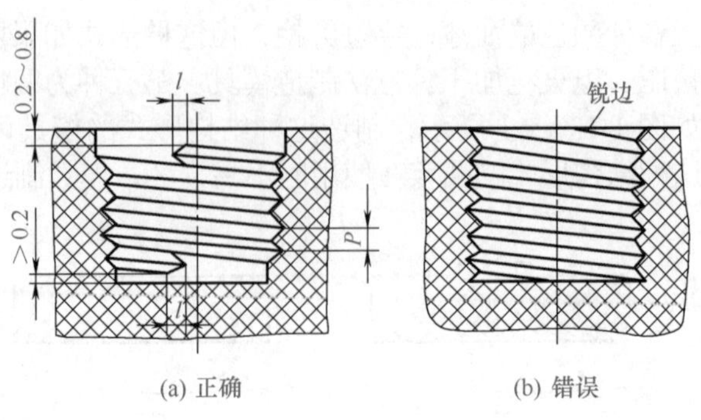

(a) 正确　　(b) 错误

图 1-15　塑料制件内螺纹的正误形状

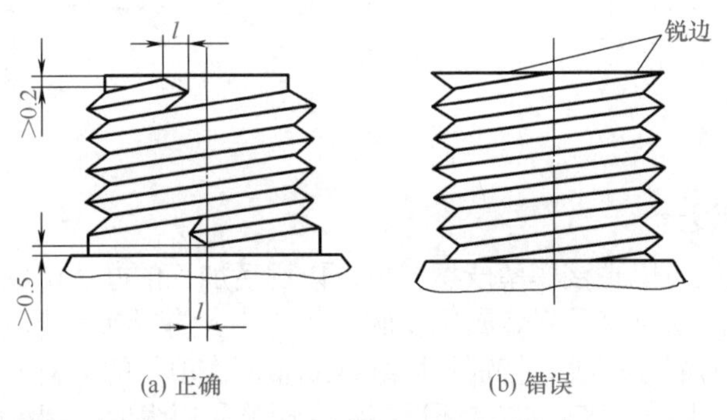

(a) 正确　　(b) 错误

图 1-16　塑料制件外螺纹的正误形状

螺纹的始端和终端应逐渐开始和结束，要有一段过渡长度，一般约为 1mm，其值可按表 1-7 选取。

表 1-7　塑件上螺纹始末部分长度

螺纹公称直径 d/mm	螺距 P/mm		
	$P \leqslant 0.5$	$0.5 < P \leqslant 1$	$P > 1$
	始末部分长度尺寸 l/mm		
≤ 10	1	2	3
> 10 ～ 20	2	2	4
> 20 ～ 34	2	4	6
> 34 ～ 52	3	6	8
> 52	3	8	10

第二节　识读注塑模具装配图的分析

如图 1-17 所示为注塑模具装配图。模具装配图是绘制模具零件图的依据；是制定模具装配工艺以及模具安装、调试、检验的依据；是了解模具的工作原理、结构性能，决定操作、保养、拆装、维修方法的依据；是进行技术交流、引进技术时不可缺少的技术资料。

完整的模具装配图应包含的内容，如图 1-18 所示：能反映模具的工作原理和装配关系的一组图形，有必要的尺寸标注、技术要求、标题栏、零件序号及明细栏。

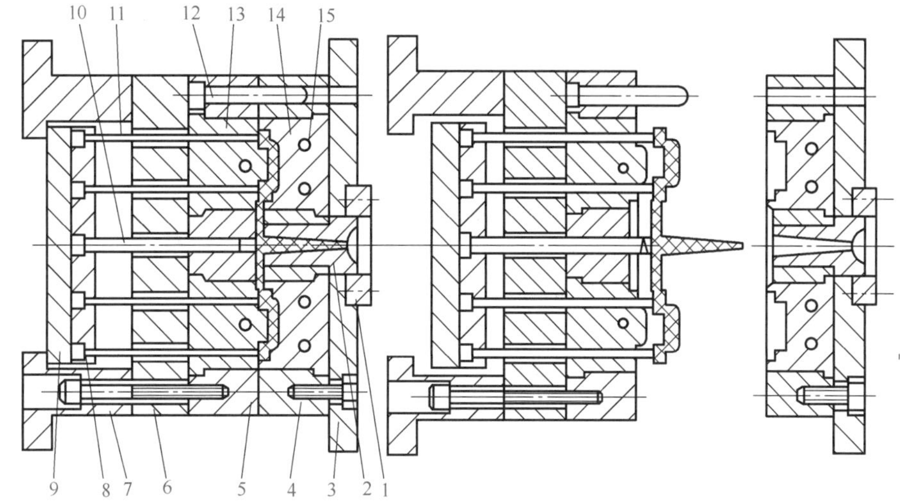

图 1-17　注塑模具装配图

1—定位圈；2—浇口套；3—定模座板；4—定模板；5—动模板；6—支承板；7—支架（模脚）；8—推杆固定板；9—推板；10—拉料杆；11—推杆；12—导柱；13—型芯；14—凹模；15—冷却水通道

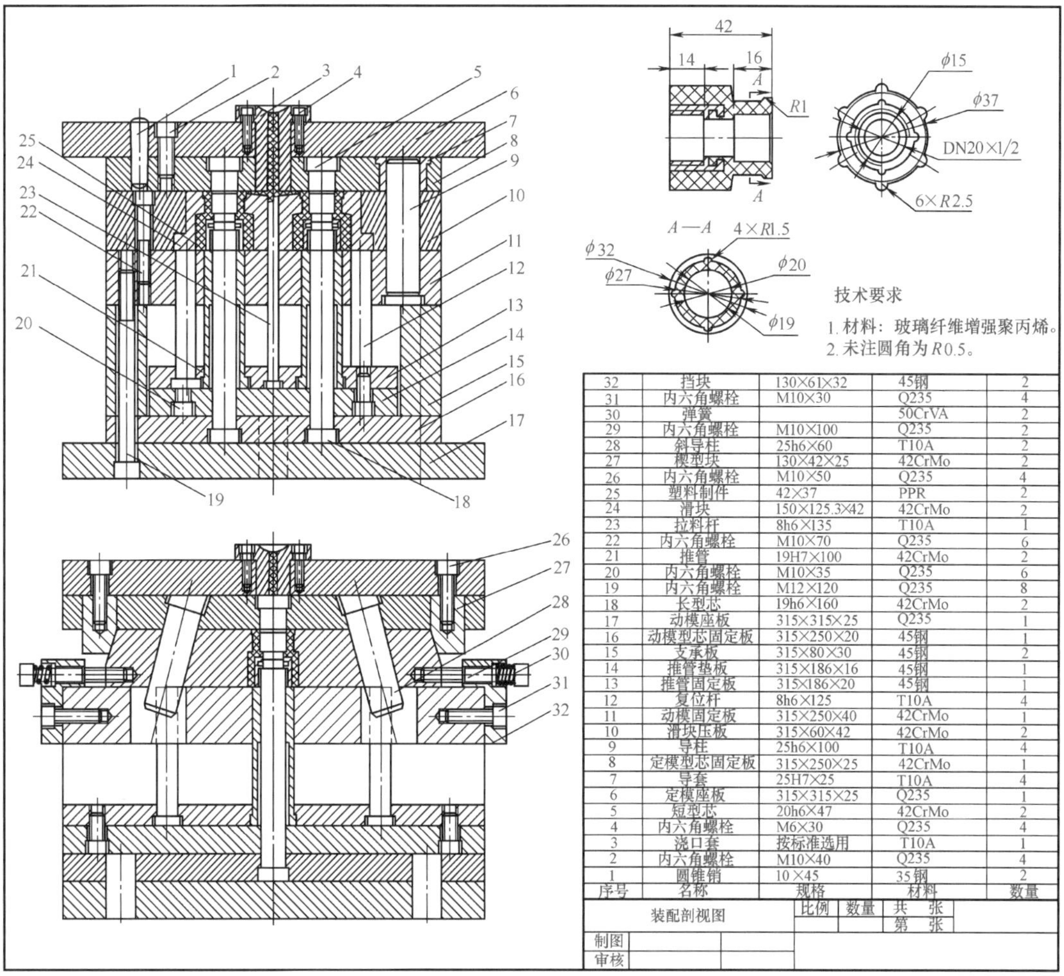

技术要求

1. 材料：玻璃纤维增强聚丙烯。
2. 未注圆角为 R0.5。

序号	名称	规格	材料	数量
32	挡块	130×61×32	45钢	2
31	内六角螺栓	M10×30	Q235	4
30	弹簧		50CrVA	2
29	内六角螺栓	M10×100	Q235	2
28	斜导柱	25h6×60	T10A	2
27	楔型块	130×42×25	42CrMo	2
26	内六角螺栓	M10×50	Q235	4
25	塑料制件	42×37	PPR	2
24	滑块	150×125.3×42	42CrMo	2
23	拉料杆	8h6×135	T10A	1
22	内六角螺栓	M10×70	Q235	6
21	推管	19H7×100	42CrMo	2
20	内六角螺栓	M10×35	Q235	6
19	内六角螺栓	M12×120	Q235	8
18	长型芯	19h6×160	42CrMo	2
17	动模座板	315×315×25	Q235	1
16	动模型芯固定板	315×250×20	45钢	1
15	支承板	315×80×30	45钢	2
14	推管垫板	315×186×16	45钢	1
13	推管固定板	315×186×20	45钢	1
12	复位杆	8h6×125	T10A	4
11	动模固定板	315×250×40	42CrMo	1
10	滑块压板	315×60×42	42CrMo	2
9	导柱	25h6×100	T10A	4
8	定模型芯固定板	315×250×25	42CrMo	1
7	导套	25H7×25	T10A	4
6	定模座板	315×315×25	Q235	1
5	短型芯	20h6×47	42CrMo	2
4	内六角螺栓	M6×30	Q235	4
3	浇口套	按标准选用	T10A	1
2	内六角螺栓	M10×40	Q235	4
1	圆锥销	10×45	35钢	2

装配剖视图	比例	数量	共　张
			第　张
制图			
审核			

图 1-18　注塑模具装配图

模具零件图表达的是单个模具零件，模具装配图表达的是由多个模具零件组成的模具。两者所表达的重点不同：模具零件图必须完整地反映模具零件的结构形状以及对各表面粗糙度、相对位置、形位公差、尺寸公差、热处理、表面处理等方面的要求；模具装配图表达的重点是模具的工作原理、模具装配关系、主要模具零件形状等。

一、注塑模具装配图的规定画法

相邻零件的接触表面和配合表面只画一条线；不接触表面和非配合表面画两条线，如图1-19所示。两个（或两个以上）零件相邻时，剖面线的倾斜方向应相反或间隔不同。但同一零件在各视图上的剖面线方向和间隔必须一致。标准件与实心件画法：纵向剖切，且剖切面过其轴线或对称面，其按不剖处理，如图1-20所示的螺钉与轴。

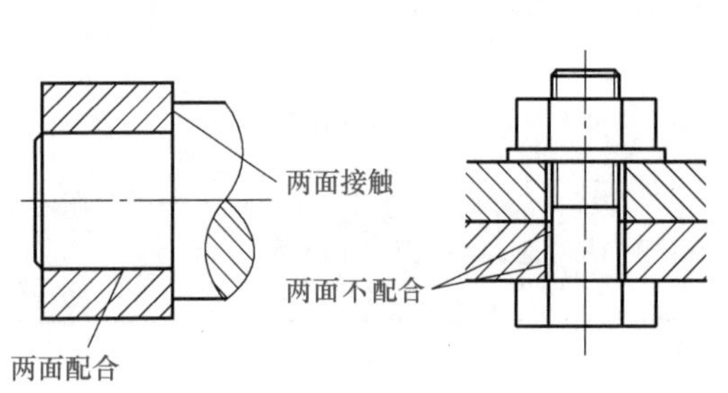

图1-19　装配图画法（一）

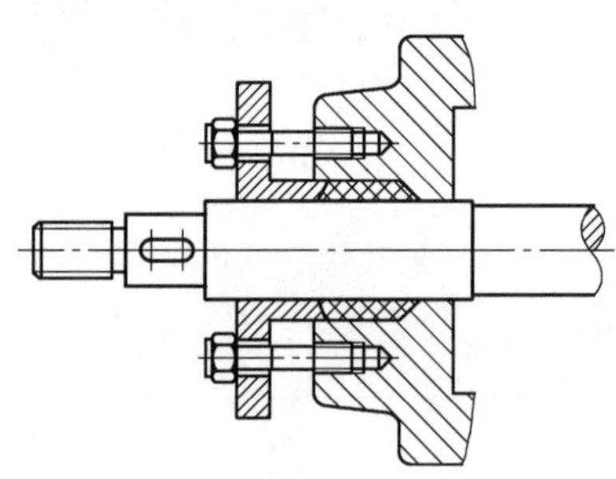

图1-20　装配图画法（二）

二、注塑模具装配图的特殊画法

1. 沿零件结合面的剖切画法

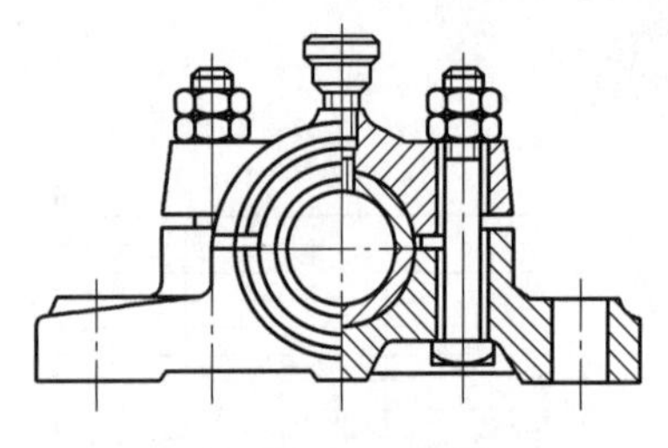

图1-21　装配图画法（三）

假想沿某些零件的结合面剖切，绘出其图形，以表达装配体内部零件间的装配情况，如图1-21所示。沿轴承盖与轴承座的结合面剖开可以表达轴瓦与轴承座的装配情况。

2. 假想画法

与本装配体有关但不属于本装配体的相邻零部件以及运动机件的极限位置，可用双点画线表示，如图1-22所示。

3. 简化画法

零件的工艺结构，如倒角、圆角、退刀槽等可省略不画，如图1-23所示，其中图（b）为简化画法。

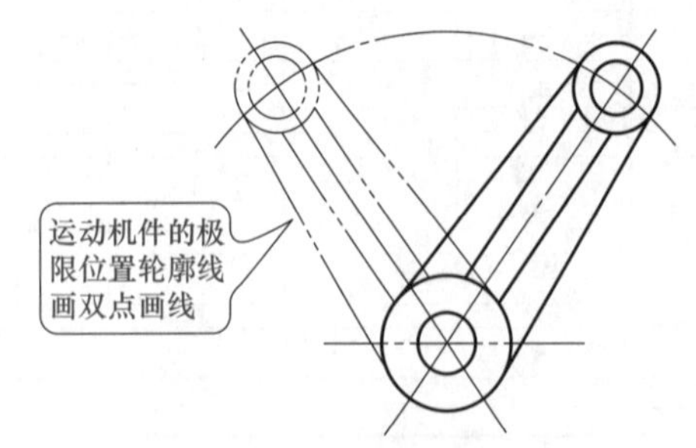

图1-22　装配图画法（四）

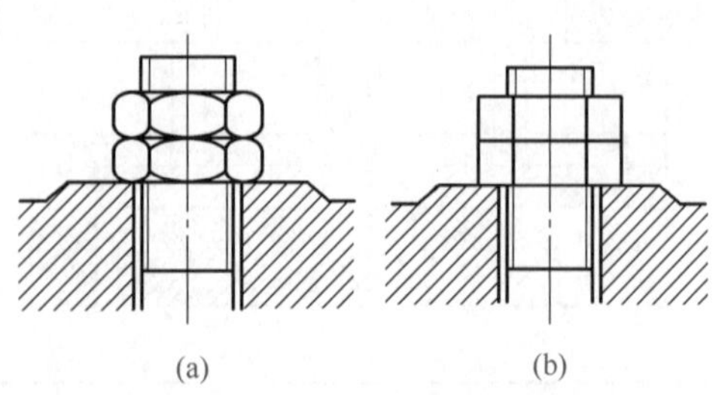

图1-23　装配图画法（五）

4. 夸大画法

薄垫片的厚度、小间隙等可适当夸大画出。

三、注塑模具装配图的视图选择

1. 视图选择的要求

① 完全：部件的功用、工作原理、装配关系及安装关系等内容的表达要完全。
② 正确：视图、剖视、规定画法及装配关系等的表示方法正确，符合标准规定。
③ 清楚：读图时清楚易懂。

2. 视图选择的步骤和方法

（1）部件分析

了解掌握模具产品的工作原理，分析模具零件间的连接关系、配合关系及相对位置。

（2）选择主视图

① 决定装配体的摆放位置。通常将模具装配体按工作位置放置，使模具装配体主要部位或主要安装面呈水平或垂直放置。

② 确定主视图的投影方向和表达方法。因模具装配体由许多成型零件装配而成，所以通常以最能反映工作原理、模具结构特点和较多地反映装配关系的方向，作为主视图的投影方向。

（3）选择其他视图

根据表达需要，选用较少数量的其他视图如剖视、断面图等，准确、完整、简明地表达出各零件的主要形状、尺寸、位置及装配关系。

四、注塑模具装配图中的尺寸标注和技术要求

1. 尺寸标注

模具装配图中，仅标注说明模具的性能、规格、工作原理、装配关系和安装等方面的主要尺寸。

① 性能（规格）尺寸。表示部件的性能和规格的尺寸。
② 装配尺寸。零件之间的配合尺寸及影响其性能的重要相对位置尺寸。
③ 安装尺寸。将部件安装到机座上所需要的尺寸。
④ 外形尺寸。部件在长、宽、高三个方向上的最大尺寸。

2. 技术要求

技术要求采用文字或符号在模具装配图中说明对模具的性能、装配、检验、使用、外观等方面的要求和条件。

① 性能要求。规格、参数、性能指标。
② 装配要求。装配方法、装配的精确度、密封性。
③ 检验要求。对有关参数、精确程度、密封性能的检验方法。
④ 使用条件。模具的使用环境描述（压力、温度等）。
⑤ 外观要求。模具的表面处理方法（喷漆、涂镀、防锈等）。
⑥ 其他要求。包装、运输、通用性等方面的要求（如搬运时倾斜角度要求）。

五、注塑模具装配图中的零部件序号和明细栏

注塑模具装配图中标注零部件序号和明细栏，目的是便于图纸管理、备料和组织

生产。

装配图中的零部件序号的编排方法见表 1-8。

表 1-8　装配图中的零部件序号的编排方法

类别	说明
序号编排方法	①均采用细实线引出，在指引线的横线上或圆圈内注写零部件序号，序号字号比尺寸数字字号大 1～2 号 ②指引线附近写序号
编号原则	①装配图中每种零部件都必须编号，相同零部件只编一个序号，标注一次 ②图中序号与明细栏相一致 ③在同一装配图上，编注的序号形式一致
指引线	①自零部件的可见轮廓内引出，末端画小圆点，如下图（a）所示。不便画圆点时，采用箭头方式指向该部分轮廓，如下图（b）所示 ②指引线排列尽可能均匀，不得交叉，尽量不穿过其他零件轮廓，穿过时不得与该件剖面线平行 ③指引线尽可能不折，最多折弯一次 ④装配关系清楚的零组件，可采用一条指引线，如图（c）所示 ⑤标准部件看成一整体 7　(6～8mm长)　7　7　1 2 3 图(a)　序号的注写方式(一)　　图(b)　序号的注写方式(二)　　图(c)　序号的注写方式(三)
序号排列原则	①基本原则：按顺时针或逆时针在图形外围整齐排列，不得跳号 ②辅助原则：无法按基本原则排列时，可在某个图形周围的水平或竖直方向顺次整齐排列，不得跳号 ③明细栏：明细栏画在标题栏的正上方，上方空间不足时，可续接在标题栏左方。序号按自下而上的顺序填写。“名称”栏除了填写零部件的名称外，对于标准件还应填写其规格，国家标准号写在“备注”栏中（如图 1-24 所示）

18							
17							
16							
15							
14							
13							
12							
11							
10							
9							
8							
7							
6							
5							

4							
3							
2							
1							
序号	代号	名称	数量	材料	单件	总计	备注
					质量		

标记	处数	分区	更改文件号	签名	年月日	部件			×××××
设计	签名	年月日	标准化	签名	年月日	阶段标记	质量	比例	×××
审核								1:1	XDT001
工艺			批准			共　张　第　张			

图 1-24　明细栏

六、注塑模具装配图中常见的装配结构

1. 接触面或配合面的结构

两个零件在同一个方向上，只能有一个接触面或配合面。单面接触（配合）既能保证接

触（配合）良好，又能降低加工精度，如图 1-25 中（a）、（b）所示结构。应尽量减少接触面或配合面，图 1-25（c）所示锥面配合尺寸 A 应小于尺寸 B，这样处理，既方便了模具零件的加工，又确保了部件的装配精度。

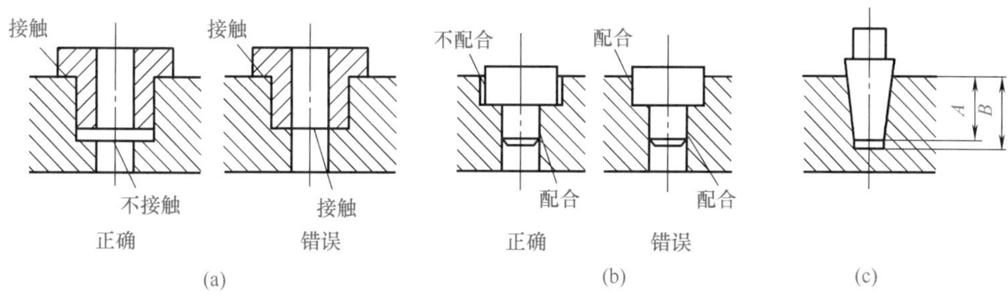

图 1-25　配合面、接触面的结构

2. 轴肩结构

在台阶轴的轴肩与孔台阶平面配合处，轴或孔零件制造加工时，要在轴肩处加工出退刀槽，或在孔的端面加工出倒角，如图 1-26 所示，以确保装配精度。

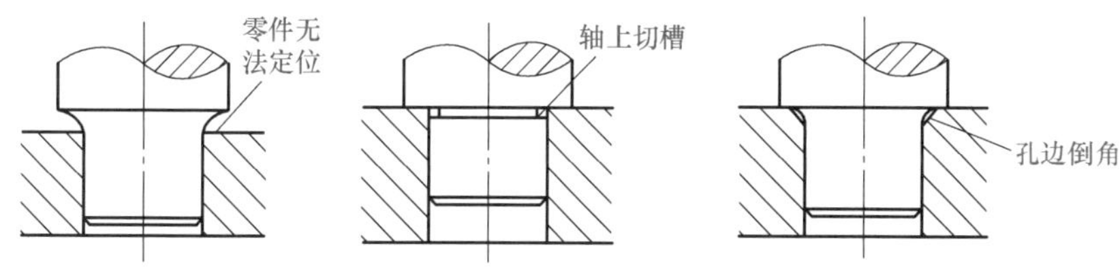

图 1-26　轴肩结构

3. 螺纹连接的合理结构

内外螺纹连接时，为保证结合面接触良好，应在适当位置加工出沉孔、大倒角、凸台等利于装配的结构，如图 1-27 所示。

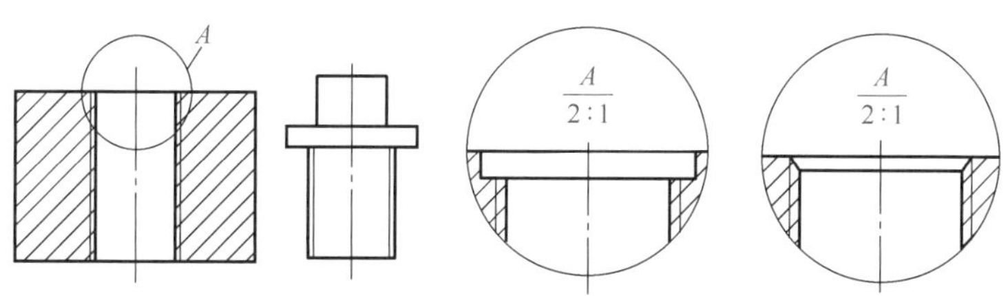

图 1-27　螺纹连接结构

七、识读注塑模具装配图的方法与步骤

在注塑模具工业生产中，从注塑模具的设计到制造，在进行技术交流，或模具的使用及维修的过程中，都要用到模具装配图。因此，对从事注塑工程技术的工作人员来说，掌握看模具装配图的方法是很有必要的。

1. 识读注塑模具装配图应达到的目的

① 读懂注塑模具的工作原理，读懂部件中各零件间的装配关系和连接方式，读懂图中

各主要零件以及与之有关的零件的结构形状。

② 能按注塑模具装配图拆绘出除标准件外的各种模具零件，特别是主要零件的零件图。

2. 识读注塑模具装配图的步骤

（1）概括了解

① 通过查阅明细栏及说明书了解部件的名称和用途。

② 了解标准零件和非标准零件的名称和数量，对照零件序号，在装配图上查找这些零件的位置。

③ 对视图进行分析，根据装配图上视图的表达情况，找出各个基本视图、剖视图、断面图配置的位置及投影方向，从而弄清各视图的表达重点。

（2）了解模具装配关系和工作原理

对照视图仔细研究各部件的装配关系和工作原理，这是看装配图的一个重要环节。在概括了解的基础上，分析各条装配干线，弄清各零件间相互配合的要求以及零件间的定位、连接、密封方式等问题。再进一步弄清运动零件与非运动零件的相对运动关系。经过这样的观察分析，可对模具的工作原理和装配关系有所了解。

（3）分析零件，看懂零件的结构形状

分析零件，就是弄清每个零件的结构形状及其作用。一般先从主要零件着手，然后是其他零件。当零件在模具装配图中表达不完整时，可对有关的零件仔细地观察和分析后，再进行结构分析，从而确定该零件的结构形状。

在对模具装配关系和主要模具零件结构分析的基础上，还要对技术要求、全部尺寸进行研究，以进一步了解模具的设计意图和装配工艺性。

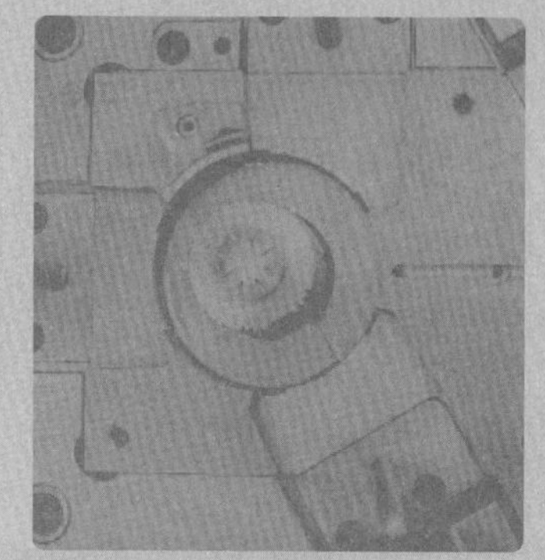

第二章
注塑生产基础知识

第一节　注塑成型

一、注塑成型及其工作过程简介

注塑成型是一种注射兼模塑的成型方法，又称注射成型。通用注塑成型方法是首先将聚合物组分的粒料或粉料放入注塑机的料筒内，经过加热、压缩、剪切、混合和输送作用，使物料进行均化和熔融（这一过程又称塑化），然后再借助于柱塞或螺杆向熔融好的聚合物熔体施加压力，高温熔体便通过料筒前面的喷嘴和模具的浇道系统射入预先闭合好的低温模具型腔（型腔）中，再经冷却定型就可开启模具，顶出制品，得到具有一定几何形状和精度的塑料制品。该方法适用于形状复杂的塑料部件的批量生产，是重要的塑料加工方法之一。

注塑成型过程一般分为塑化、锁模（合模）、射胶（注射充模）、保压、冷却、开模、顶出制品 7 个步骤，如图 2-1 所示，各成型步骤代表注塑成型的不同阶段，通过对注塑机参数的设定，在正常生产的情况下注塑机会自动完成，下面对各注塑成型过程进行简单的说明，见表 2-1。

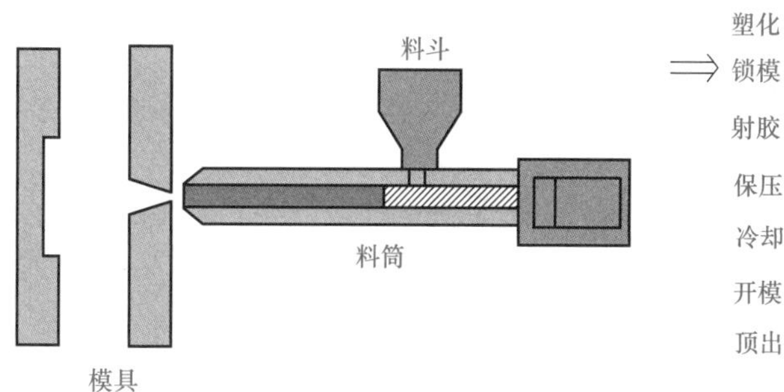

图 2-1　注塑成型过程

表 2-1　注塑成型过程说明

过程	说明
锁模（合模）、开模	注塑机的开、合模过程是由锁模系统完成的，对于液压 - 机械（连杆）式注塑机，如图（a）所示，主要通过机铰的运动进行模具的开合。锁模时对模具施加锁模力，用来克服注塑成型时型腔的张力，开模过程主要作用是取出制品，好进入下一个循环的生产 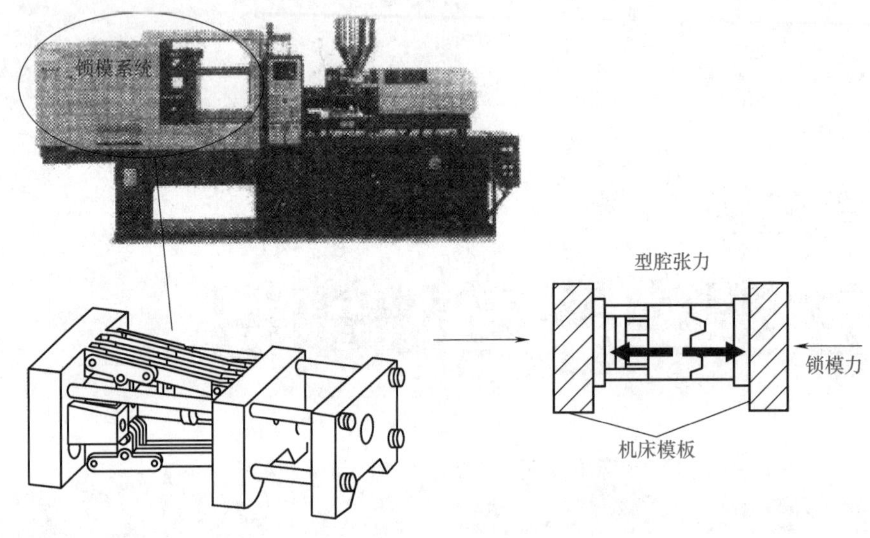 图(a)　开合模动作示意图
射胶、保压和塑化	射胶、保压和塑化动作主要是通过注塑机的塑化系统来完成，在注塑机的一个循环中，在规定的时间内将一定数量的塑料加热塑化后，并在一定的压力和速度下，通过螺杆将熔融塑料注入模具型腔中。注射结束后，对注射到型腔中的熔料保持定型，如图（b）所示 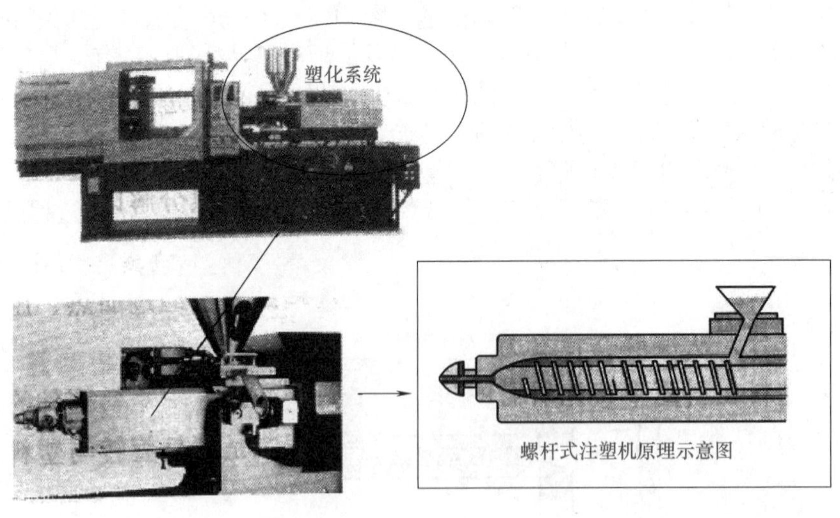 图(b)　塑化系统示意图
冷却	产品冷却过程是指产品在射胶、保压过程后在模具内冷却定型的过程。冷却定型过程对生产周期影响较大，需根据产品生产工艺要求，设置合理的冷却时间

续表

过程	说明
产品顶出	产品顶出由注塑机上的顶出系统来完成，注塑机开模后，产品顶出系统向前，顶出产品后回退，产品顶出方式根据取件的要求可以设置为保持、回退、中间顶出等模式，如图（c）所示 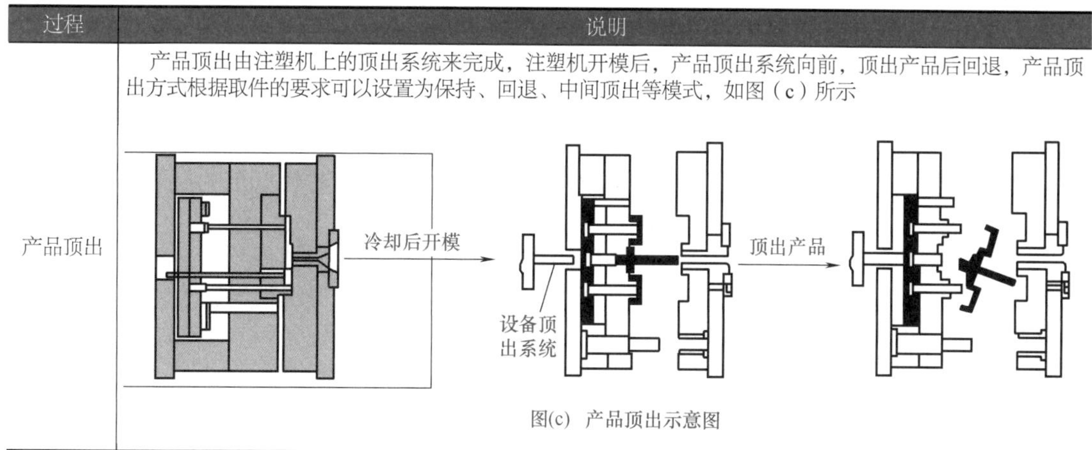 图(c) 产品顶出示意图

二、主要注塑过程及原理

注塑过程主要是在注塑机上完成的。主要注塑过程包括塑化计量，注射充模、保压，冷却定型等过程。研究注塑过程是为了根据塑料和制品调整注塑工艺参数，控制好注塑制品质量。

1. 塑化计量过程

塑化是指塑料在料筒内经加热达到流动状态并具有良好的可塑性的过程，为注入模具做好准备。塑料熔体在进入型腔时应达到规定的成型温度，并能在规定的时间内提供足够量的熔融塑料，熔融塑料各点温度应均匀一致，不发生或极少发生热分解以保证生产的连续进行。

塑料在料筒内进行塑化的过程，是固体粒料或粉料经过加热、压实、混合，从玻璃态转变为均化黏流态的过程。

塑料在料筒中塑化所需的热量主要有两个来源：一是料筒外的加热器，此时，热的主要传播方式是热传导；二是螺杆旋转与塑料产生的摩擦剪切热。

塑化可分柱塞式塑化（略）和螺杆式塑化。螺杆式塑化，不仅有旋转运动，而且还兼有后退的直线运动（螺杆边旋转边后退），这是螺杆在旋转时，处于螺槽中的物料和螺杆头部熔体对螺杆进行反作用的结果。聚合物在料筒中从后部到前部共经历三种状态：玻璃态、高弹态、黏流态。相应的螺杆分为三段：后部固体输送段（加料段）、中间熔融段（压缩段）、前部均化段（计量段）。通用螺杆从加料段到计量段螺槽深度逐渐变浅，如图 2-2 所示。

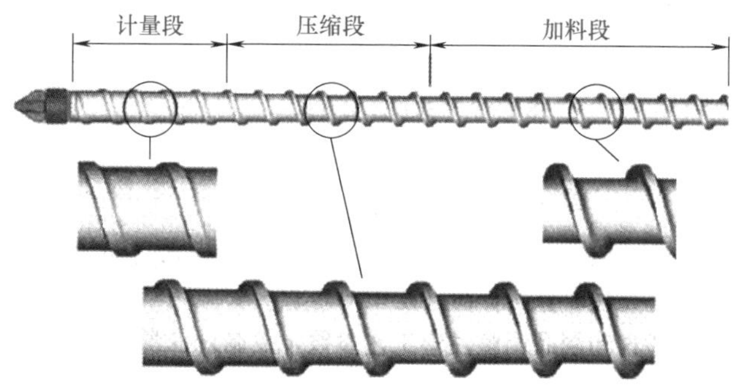

图 2-2　通用螺杆示意图

2. 注射充模、保压过程

注射充模过程是把计量室中塑化好的熔体注入到模具型腔里的过程，注射充模分为两个阶段：注射阶段和保压阶段。注射阶段从螺杆推进熔体开始，到熔体充满型腔为止；保压阶段从熔体充满型腔开始到浇口“封冻”为止。保压阶段可分为保压补缩流动阶段和保压切换倒流阶段。

注射阶段是比较复杂而又非常重要的阶段，是高温熔体向相对较低温的型腔中流动的阶段，是决定聚合物定向和结晶的阶段，直接影响到产品质量。

保压阶段压力表现是主要的，在保压压力作用下，型腔中的熔体得到冷却补缩和进一步的压缩增密。保压补缩流动阶段是当喷嘴压力（注射压力）达到最大值时，型腔压力并没有达到最大值，也就是说型腔压力极值要滞后于注射压力一段时间，还需经过致密流动过程，在很短的时间内，熔体要充满型腔各部缝隙，且熔体本身要受到压缩。

熔体在保压阶段仍有流动，称保压流动，这时的保压压力，又称二次注射压力，保压流动和充模时的压实流动都是在高压下的熔体致密流动，这时的流动特点是熔体流速很小，不起主导作用，而压力却是影响过程的主要因素。在保压阶段，模内压力和比体积不断地变化，产生保压流动的原因是型腔壁附近的熔体受冷后收缩，熔体比体积发生变化，这样，在浇口封冻之前，熔体在二次注射压力作用下继续向型腔补充熔体，产生补缩的保压流动。

3. 冷却定型过程

冷却定型过程从浇口“封冻”开始至制品脱模为止，冷却定型过程中温度表现是主要的。一般从浇口“冻结”到制品脱模，仍需在型腔中继续冷却一段时间，以保证制品脱模时有足够的刚度而不致扭曲变形。此过程中，型腔内熔体温度逐渐下降。打开膜具后型腔仍有一定压力，称为残余压力。型腔压力变化与保压时间有关。保压时间越长，冷却定型时型腔残余压力越大。脱模时理想的残余压力为零。残余压力大于零，脱模困难；残余压力小于零，制品表面容易出现凹陷或内部产生真空气泡。塑料体积的变化规律实际上就是塑料密度的变化规律，即保压时间越短则浇口“冻结”时塑料温度越高，型腔压力越高则制品密度越大。保压时间一定，脱模温度越高，虽然此时型腔压力也越高，但制品密度小，且脱模后制品将产生较大的后收缩，致使制品内部产生较大的内应力。

塑料制品在模内冷却至具有足够刚度即可脱模。脱模温度不宜过高，一般控制在热变形温度与模具温度之间。

第二节 塑 料

一、塑料分类及使用性能

1. 塑料的分类

塑料的分类方法比较多，为了方便对塑料进行研究和使用，需要从不同的角度对塑料进行分类。根据塑料受热后的性质不同可分为热塑性塑料和热固性塑料两大类；根据塑料的具体使用场合及特点，一般可以分为通用塑料、工程塑料和特种塑料等三类，塑料的分类见表2-2。另外，塑料技术的发展日新月异，一些新型的塑料材料不断涌现，下面介绍几个塑料材料的最新研究成果，见表2-3。

表 2-2　塑料的分类

分类方法	类别	说明
按塑料受热后性质不同	热塑性塑料	热塑性塑料是加热后软化以致流动，冷却后硬化，再加热后又会软化流动的塑料，即运用加热及冷却方式，可以不断地在固态和液态之间发生可逆的物理变化的塑料 我们日常生活中使用的大部分塑料都属于这个范畴。因为此种塑料可以通过回收再次利用，所以多用此种塑料成型产品 主要的热塑性塑料包括：聚乙烯（PE）、聚丙烯（PP）、聚苯乙烯（PS）、聚甲基丙烯酸甲酯（PMMA，俗称有机玻璃）、聚氯乙烯（PVC）、聚碳酸酯（PC）、丙烯腈 - 丁二烯 - 苯乙烯共聚物（ABS）、聚酰胺（PA，俗称尼龙，Nylon）等
	热固性塑料	热固性塑料第一次加热时可以软化流动，加热到一定温度，产生化学反应——交链固化而变硬，这种变化是不可逆的，此后，再次加热时，已不能再变软流动了。正是借助这种特性进行塑料时成型加工，利用第一次加热时的塑化流动，在压力下充满型腔，进而固化成为确定形状和尺寸的制品。热固性塑料多用于需隔热、耐磨、绝缘、耐高压电等环境中，例如炒锅把手和高低压电器等 主要的热固性塑料包括：酚醛树脂（PF）、脲醛树脂（UF）、三聚氰胺 - 甲醛树脂（MF）、不饱和聚酯树脂（UP）、环氧树脂（EP）、有机硅树脂（SI）等
按塑料具体使用场合及特点	通用塑料	通用塑料一般指产量大、用途广、性能相对比较低、价格低廉的一类塑料。如：聚乙烯、聚丙烯、聚氯乙烯、聚苯乙烯、酚醛塑料、氨基塑料等，它们约占塑料产量的 60%
	工程塑料	工程塑料是指可以作为结构材料的塑料，它与通用塑料并没有明显的界线，工程塑料的强度、耐冲击性、耐热性、硬度及抗老化等性能都比较良好，可替代部分金属材料来用作工程材料。如尼龙、聚碳酸酯、聚甲醛（POM）、ABS 等
	特种塑料	特种塑料指那些具有特殊功能、适合某种特殊场合用途的塑料，主要有医用塑料、光敏塑料、导磁塑料、超导电塑料、耐辐射塑料、耐高温塑料等。其主要成分是树脂，有的是专门合成的树脂，也有一些是采用上述通用塑料和工程塑料用树脂经特殊处理或改性后获得特殊性能的树脂。这类塑料产量小、性能优异、价格昂贵

表 2-3　新型塑料材料

类别	说明
可变色塑料薄膜	英国南安普敦大学和德国达姆施塔特塑料研究所共同开发出一种可变色塑料薄膜。这种薄膜把天然光学效果和人造光学效果结合在一起，实际上是让物体精确改变颜色的一种新途径。这种可变色塑料薄膜为塑料蛋白石薄膜，是由在三维空间叠起来的塑料小球组成的，在塑料小球中间还包含微小的碳纳米粒子。因此，光不只是在塑料小球和周围物质之间的边缘区反射，而且也在这些塑料小球之间的碳纳米粒子表面反射。这就大大加深了薄膜的颜色。只要控制塑料小球的体积，就能产生只散射某些光谱频率的光物质
塑料血液	英国谢菲尔德大学的研究人员开发出一种人造塑料血，外形就像浓稠的糨糊，只要将其溶于水后就可以给病人输血，可作为急救过程中的血液替代品。这种新型人造血由塑料分子构成，一块人造血中有数百万个塑料分子，这些分子的大小和形状都与血红蛋白分子类似，还可携带铁原子，像血红蛋白那样把氧输送到全身。由于制造原料是塑料，因此，这种人造血轻便易带，不需要冷藏保存，使用的有效期长，工作效率比真正的人血还高，而且造价较低
新型防弹塑料	墨西哥的一个科研小组研制出一种新型防弹塑料，它可用来制作防弹玻璃和防弹服，质量只有传统材料的 $\frac{1}{7} \sim \frac{1}{5}$。这是一种经过特殊加工的塑料物质，与正常结构的塑料相比，具有超强的防弹性。试验表明，这种新型塑料可以抵御直径为 22mm 的子弹。通常的防弹材料在被子弹击中后会受损变形，无法继续使用。而这种新型材料受到子弹冲击后，虽然暂时也会变形，但很快就会恢复原状并可继续使用。此外，这种新材料可以将子弹的冲击力平均分配，从而减少对人体的伤害
可降低汽车噪声的塑料	美国聚合物集团公司（PGI）采用可再生的聚丙烯和聚对苯二甲酸乙二醇酯制造成一种新型基础材料，用于模塑汽车零部件，可降低噪声。该种材料主要应用于车身和轮舱衬垫，可产生一个屏障层，能吸收汽车车厢内的声音降低噪声，降低幅度为 25% ～ 30%。PGI 公司开发了一种特殊的一步法生产工艺，将再生材料和没有经过处理的材料有机结合在一起，通过层叠法和针刺法使得两种材料成为一个整体

2. 塑料的使用性能

塑料的使用性能即塑料制品在实际使用中需要的性能。主要有物理性能、化学性能、力学性能、热性能、电性能等（见表 2-4）。这些性能都可以用一定的指标衡量并可用一定的实验方法测得。

表 2-4　塑料的使用性能

类别	说明
塑料的物理性能	塑料的物理性能主要有密度、表观密度、透湿性、吸水性、透明性、透光性等 密度是指单位体积中塑料的质量，而表观密度是指单位体积的试验材料（包括空隙在内）的质量 透湿性是指蒸汽透过塑料的性质，它可用透湿系数表示。透湿系数是指在一定温度下，试样两侧在单位压力差情况下，单位时间内在单位面积上通过的蒸汽量与试样厚度的乘积 吸水性是指塑料吸收水分的性质，它可用吸水率表示。吸水率是指在一定温度下，把塑料放在水中浸泡一定时间后质量增加的比例 透光性是指塑料透过可见光的性质，它可用透光率来表示。透光率是指透过塑料的光通量与其入射光通量的比例
塑料的化学性能	塑料的化学性能有耐化学性、耐老化性、耐候性、光稳定性、抗霉性等 耐化学性是指塑料耐酸、碱、盐、溶剂和其他化学物质的能力 耐老化性是指塑料暴露于自然环境中或人工条件下，随着时间推移而不产生化学结构变化，从而保持其性能的能力 耐候性是指塑料暴露在日光、风雨等气候条件下，保持其性能的性质 光稳定性是指塑料在日光照射下，抵抗褪色、变黑、降解等的能力 抗霉性是指塑料对霉菌的抵抗能力
塑料的力学性能	塑料的力学性能主要有拉伸强度、压缩强度、弯曲强度、断后伸长率、冲击韧度、疲劳强度、抗蠕变性、应力松弛性能、磨耗量、硬度等 与金属相比，塑料的强度和刚度绝对值都比较小。未增强的通用塑料的拉伸强度一般为 20 ～ 50MPa，工程塑料一般为 50 ～ 80MPa，很少有超过 100MPa 的品种。经玻璃纤维增强后，许多工程塑料的拉伸强度可以达到或超过 150MPa，但仍明显低于金属材料，如碳钢的抗拉强度可高达 1300MPa，高强度钢可达 1860MPa，而铝合金的抗拉强度也在 165 ～ 620MPa。但由于塑料密度小，塑料的比强度和比刚度高于金属 塑料是高分子材料，长时间受载与短时间受载时有明显区别，主要表现在蠕变和应力松弛。蠕变是指当塑料受到一个恒定载荷时，随着时间的增长，应变会缓慢地持续增大。所有的塑料都会不同程度地产生蠕变。抗蠕变性是指材料在长期载荷作用下，抵抗应变随时间而变化的能力。它是衡量塑件尺寸稳定性的一个重要因素。分子链间作用力大的塑料，特别是分子链间具有交联的塑料，抗蠕变性就好 应力松弛是指在恒定的应变条件下，塑料的应力随时间而逐渐减小。例如，塑件作为螺纹紧固件，往往由于应力松弛使紧固力变小甚至松脱，带螺纹的塑料密封件也会因应力松弛失去密封性。针对这类情况，应选用应力松弛较小的塑料或采用相应的防范措施 磨耗量是指两个彼此接触的物体（实验时用塑料与砂纸）因为摩擦作用而使材料（塑料）表面造成的损耗。它可以用摩擦损失的体积表示
塑料的热性能	塑料的热性能主要有线胀系数、热导率、玻璃化温度、耐热性、热稳定性、耐燃性、比热容等 耐热性是指塑料在外力作用下，受热而不变形的性质，它可用热变形温度或马丁耐热温度来度量。测量方法是将试样浸在一种等速升温的适宜传热介质中，在一定的弯矩负荷作用下，测出试样弯曲变形达到规定值时的温度。马丁耐热温度和热变形温度测定的装置和测定方法不同，应用场合也不同。前者适用于量度耐热性小于 60℃的塑料的耐热性；后者适用于量度常温下是硬质的模塑材料和板材的耐热性 热稳定性是指高分子化合物在加工或使用过程中受热而分解变质的性质。它可用一定量的聚合物以一定压力压成一定尺寸的试片，然后将其置于专用的实验装置中，在一定温度下恒温加热一定时间，测其质量损失，并以损失的质量与原来质量的比例表示热稳定性的大小 热分解温度是高分子化合物在受热时发生分解的温度。它是反映聚合物热稳定性的一个量值。它可以用压力法或试纸鉴别法测得。压力法是根据聚合物分解时产生气体，从而产生压力差的原理进行测试的；试纸鉴别法是根据聚合物发生分解放出的气体使试纸变色的原理进行测试的 耐燃性是指塑料接触火焰时抵制燃烧或离开火焰时阻碍继续燃烧的能力
塑料的电性能	塑料的电性能主要有介电常数、介电强度、耐电弧性等 介电常数是以绝缘材料（塑料）为介质与以真空为介质制成的同尺寸电容器的电容量之比 介电强度是指塑料抵抗电击穿能力的量度，其值为塑料击穿电压值与试样厚度之比，单位为 kV/mm 耐电弧性是塑料抵抗由于高压电弧作用引起变质的能力，通常用电弧焰在塑料表面引起碳化至表面导电所需的时间表示

塑料虽然优点多，但与金属等材料相比，还有一些不足之处。例如：耐热性比金属等材料差，大部分的塑料仅能在 100℃以下使用，只有少数工程塑料可在 200℃左右的环境下使用；塑料的热膨胀系数要比金属的大 3 ～ 10 倍，容易受温度变化而影响尺寸稳定性；在载荷作用下，塑料会缓慢地产生黏性流动或变形，即蠕变现象；此外，塑料在大气、阳光、长期压力或某些介质作用下会发生老化，使性能变坏，等等。这些不足使塑料在某些领域的应用受到限制。所以，选择塑料时一定要注意扬长避短。

二、热塑性塑料的结晶特性及成型工艺性能

1. 热塑性塑料的结晶特性

热塑性塑料又可分为结晶型塑料和无定形塑料两种。结晶型塑料分子链排列整齐、稳定、紧密，而无定形塑料分子链排列则杂乱无章。因而结晶型塑料一般都较耐热、不透明和具有较好的力学性能，而无定形塑料则与此相反。常用的聚乙烯、聚丙烯和聚酰胺（尼龙）等属于结晶型塑料；常用的聚苯乙烯、聚氯乙烯和 ABS 等属于无定形塑料。

从表观特征来看，一般结晶型塑料是不透明或半透明的，无定形塑料是透明的。但也有例外，如聚 4- 甲基 -1- 戊烯为结晶型塑料，却有高透明性，而 ABS 为无定形塑料，却是不透明的。

在热塑性塑料中，其高聚物的分子链有线型或支链的结构，一般用相对平均分子量来表征和测定高聚物分子链的长度，分子量越大，固态高聚物的力学性能就越好，当高聚物处于流动状态时的力学性能就越差。

结晶型塑料的介绍见表 2-5。

表 2-5　结晶型塑料的介绍

项目	说明
结晶型塑料的特点	结晶型塑料有明显的熔点，固体时大多分子呈规则排列。规则排列区域称为晶区，无序排列区域称为非晶区，晶区所占的比例称为结晶度，通常结晶度在 80% 以上的聚合物称为结晶型塑料。常见的结晶型塑料有：聚乙烯（PE）、聚丙烯（PP）、聚甲醛（POM）、聚酰胺 6（PA6）、聚酰胺 66（PA66）、聚对二苯甲酸乙二醇酯（PET）等
结晶对塑料性能的影响	①力学性能。结晶使塑料变脆（耐冲击强度下降），韧性较强，延展性较差 ②光学性能。结晶使塑料不透明，因为晶区与非晶区的界面会发生光散射。减小球晶尺寸到一定程度，不仅提高了塑料的强度（减小了晶间缺陷），而且提高了透明度（当球晶尺寸小于光波长时不会产生光散射） ③热性能。结晶型塑料在温度升高时不出现高弹态，温度升高至熔融温度 T_M 时，呈现黏流态。因此结晶型塑料的使用温度从 T_g（玻璃化温度）提高到 T_M（熔融温度） ④耐溶剂性、渗透性等得到提高，因为结晶使排列更加紧密
影响结晶的因素	①高分子链结构。对称性好、无支链或支链很少或侧基体积小的、分子间作用力大的高分子容易相互靠紧，且容易发生结晶 ②温度。高分子从无序的卷团移动到正在生长的晶体的表面，模温较高时提高了高分子的活动性从而加快了结晶 ③压力。在冷却过程中如果有外力作用，也能促进聚合物的结晶，故生产中可提高注射压力和保压压力来控制结晶型塑料的结晶度 ④形核剂。由于低温有利于快速形核，但却减慢了晶粒的成长，因此为了消除这一矛盾，在成型材料中加入形核剂，这样使得塑料能在高模温下快速结晶
结晶型塑料对注塑机和模具的特别要求	①结晶型塑料熔解时需要较多的能量来摧毁晶格，故由固体转化为熔融的熔体时需要输入较多的热量，所以要求注塑机的塑化能力要大，最大注塑量也要相应提高 ②结晶型塑料熔点范围窄，为防止喷嘴温度降低时胶料结晶堵塞喷嘴，故要求喷嘴孔径应适当加大，并加装能单独控制喷嘴温度的发热圈 ③由于模具温度对结晶度有重要影响，所以要求模具水路应尽可能多，保证成型时模具温度均匀 ④结晶型塑料在结晶过程中发生较大的体积收缩，引起较大的成型收缩率，因此在模具设计中要认真考虑其成型收缩率 ⑤由于结晶型塑料各向异性显著，内应力大，在模具设计中要注意浇口和加强筋的位置与大小，否则容易发生翘曲变形，而后靠成型工艺去改善是相当困难的 ⑥结晶度与塑件壁厚有关，壁厚大时冷却慢结晶度高，收缩大，易发生缩孔、气孔，因此模具设计中要注意塑件壁厚的控制
结晶型塑料的成型特点	①冷却时释放出的热量大，要充分冷却，高模温成型时应注意冷却时间的控制 ②熔态与固态时的密度差大，成型收缩大，易发生缩孔、气孔，要注意保压压力的设定 ③模温低时，冷却快，结晶度低，收缩小，透明度高，结晶型塑料应按要求控制模温 ④各向异性显著，内应力大，脱模后未结晶分子有继续结晶化的倾向，处于能量不平衡状态，易发生翘曲变形，应适当提高料温和模具温度，采用中等的注塑压力和注射速度

2. 热塑性塑料的成型工艺性能

塑料与成型工艺、成型质量有关的各种性能，统称为塑料的成型工艺性能。了解和掌握塑料的工艺性能，直接关系到塑料成型和塑件质量，同时也影响着模具的设计要求。下面分别介绍热塑性塑料和热固性塑料成型的主要工艺性能和要求。

热塑性塑料的成型工艺性能除了热力学性能、结晶特性、取向性外，还有收缩性、流动性、热敏性、水解性、吸湿性、相容性等。

（1）收缩性

塑料通常是在高温熔融状态下充满模具型腔而成型，当塑件从模具中取出冷却到室温后，其尺寸会比原来在模具中的尺寸减小，这种特性称为收缩性。它可用单位长度塑件收缩量来表示，即收缩率（S）。由于这种收缩不仅是由塑件本身的热胀冷缩造成的，而且还与各种成型工艺条件及模具因素有关，因此成型后塑件的收缩称为成型收缩。可以通过调整工艺参数或修改模具结构，以缩小或改变塑件尺寸的变化情况。

成型收缩分为尺寸收缩和后收缩两种形式，两者都具有方向性，其具体说明见表 2-6。

表 2-6　成型收缩说明

<table>
<tr><th>类别</th><th>说明</th></tr>
<tr><td>塑件的尺寸收缩</td><td>由于塑件的热胀冷缩以及塑件内部的物理化学变化等原因，导致塑件脱模冷却到室温后发生尺寸缩小现象，为此在设计模具的成型零部件时必须考虑通过设计对它进行补偿，避免塑件尺寸出现超差</td></tr>
<tr><td>塑件的后收缩</td><td>塑件成型时，因其内部物理、化学变化等因素产生一系列应力，塑件成型固化后存在残余应力，塑件脱模后，因各种残余应力的作用将会使塑件尺寸产生再次缩小的现象。通常，一般塑件脱模后 10 小时内的后收缩较大，24 小时后基本定型。但要达到最终定型，则需要很长时间，一般热塑性塑料的后收缩大于热固性塑料。注塑和压注成型的塑件后收缩大于压缩成型的塑件
为稳定塑件成型后的尺寸，有时根据塑件的性能及工艺要求，塑件在成型后需进行热处理，热处理后也会导致塑件的尺寸发生收缩，称为后处理收缩，是后收缩的一种。在对高精度塑件的模具设计时应补偿后收缩产生的误差</td></tr>
<tr><td>塑件收缩的方向性</td><td>塑料在成型过程中高分子沿流动方向的取向效应会导致塑件的各向异性，塑件的收缩必然会因流动方向的不同而不同：通常沿料流的方向收缩大、强度高，而与料流垂直的方向收缩小、强度低。同时，由于塑件各个部位添加剂分布不均匀，密度不均匀，故收缩也不均匀，从而塑件收缩产生收缩差，容易造成塑件翘曲、变形以致开裂
塑件成型收缩率分为实际收缩率与计算收缩率，实际收缩率表示模具或塑件在成型温度时的尺寸与塑件在常温下的尺寸之间的差别，计算收缩率则表示在常温下的模具的尺寸与塑件的尺寸之间的差别。计算公式如下：
$$S'=\frac{L_C-L_S}{L_S}\times100\%$$
$$S=\frac{L_m-L_S}{L_S}\times100\%$$
式中　S'——实际收缩率
S——计算收缩率
L_C——塑件或模具在成型温度时的尺寸
L_S——塑件在常温时的尺寸
L_m——模具在常温时的尺寸
因实际收缩率与计算收缩率数值相差很小，所以在普通中、小模具设计时常采用计算收缩率来计算型腔及型芯等的尺寸。而对大型、精密模具设计时一般采用实际收缩率来计算型腔及型芯等的尺寸
在实际成型时，不仅因塑料品种不同，其收缩率不同，而且同一品种塑料的不同批号、或同一塑件的不同部位的收缩率也常不同。影响收缩率的主要因素有四个方面（见表 2-7）</td></tr>
</table>

表 2-7　影响收缩率的主要因素

主要因素	说明
塑料的品种、分子量、填料及配比等	各种塑料都有其各自的收缩率范围，但即使是同一种塑料由于分子量、填料及配比等不同，则其收缩率及各向异性也各不相同

续表

主要因素	说明
塑件结构	塑件的形状、尺寸、壁厚、有无嵌件、嵌件数量及布局等，对收缩率有很大影响，一般塑件壁厚越大收缩率越大，形状复杂的塑件的收缩率小于形状简单的塑件，有嵌件的塑件因嵌件阻碍和激冷，收缩率减小
模具结构	模具的分型面、加压方向及浇注系统的结构形式、布局及尺寸等直接影响料流方向、密度分布、保压补缩作用及成型时间，对收缩率及方向性影响很大，尤其是在挤出和注塑成型中更为突出
成型工艺条件	模具的温度、注射压力、保压时间等成型条件对塑件收缩均有较大影响。模具温度高，熔料冷却慢、密度高、收缩大。尤其对结晶塑料，因其体积变化大，其收缩更大，模具温度分布均匀程度也直接影响塑件各部分收缩量的大小和方向性，注射压力高，熔料黏度差，脱模后弹性恢复大，收缩减小。保压时间长则收缩小，但方向性明显

由于收缩率不是一个固定值，而是在一定范围内波动，收缩率的变化将引起塑件尺寸变化。因此，在模具设计时应根据塑料的收缩范围、塑件壁厚、形状、进料口形式、尺寸、位置、成型因素等综合考虑，确定塑件各部位的收缩率。对精度高的塑件应选取收缩率波动范围小的塑料，并留有修模余地，试模后逐步修正模具，以达到塑件尺寸、精度要求。

（2）流动性

在成型过程中，塑料熔体在一定的温度、压力下填充模具型腔的能力称为塑料的流动性。塑料流动性的好坏，在很大程度上直接影响成型工艺的参数，如成型温度、压力、周期、模具浇注系统的尺寸及其他结构参数。在决定塑件大小和壁厚时，也要考虑流动性的影响。

流动性的大小与塑料的分子结构有关，具有线型分子而没有或很少有交联结构的树脂流动性大。塑料中加入填料，会降低树脂的流动性，而加入增塑剂或润滑剂，则可增加塑料的流动性。塑件合理的结构设计也可以改善流动性，例如在流道和塑件的拐角处采用圆角结构可以改善熔体的流动性。

塑料的流动性对塑件质量、模具设计以及成型工艺影响很大。流动性差的塑料，不容易充满型腔，易产生缺料或熔接痕等缺陷，因此需要较大的成型压力才能成型。相反，流动性好的塑料，可以用较小的成型压力充满型腔。但流动性太好，会在成型时产生严重的溢料飞边。因此，在塑件成型过程中，选用塑件材料时，应根据塑件的结构、尺寸及成型方法选择适当流动性的塑料，以获得满意的塑件。此外，模具设计时应根据塑料流动性来考虑分型面和浇注系统及进料方向，选择成型温度也应考虑塑料的流动性。

按照注塑成型机模具设计要求，热塑性塑料的流动性可分为以下三类。

① 流动性好的塑料，如聚酰胺、聚乙烯、聚苯乙烯、聚丙烯、醋酸纤维素和聚 4- 甲基 -1- 戊烯等。

② 流动性中等的塑料，如改性聚苯乙烯、ABS、丙烯腈 - 苯乙烯树脂（AS）、聚甲基丙烯酸甲酯、聚甲醛和氯化聚醚等。

③ 流动性差的塑料，如聚碳酸酯、硬聚氯乙烯、聚苯醚、聚砜、聚芳砜和氟塑料等。

影响塑料流动性的因素主要有表 2-8 所示的三个。

表 2-8　影响塑料流动性的因素

影响因素	说明
温度	料温高，则塑料流动性增大，但料温对不同塑料的流动性影响各有差异。聚苯乙烯、聚丙烯、聚酰胺、聚甲基丙烯酸甲酯、ABS、AS、聚碳酸酯、醋酸纤维素等塑料流动性受温度变化的影响较大；而聚乙烯、聚甲醛的流动性受温度变化的影响较小
压力	注射压力增大，则熔料受剪切作用大，流动性也增大，尤其是聚乙烯、聚甲醛十分敏感。但过高的压力会使塑件产生应力，并且会降低熔体黏度，形成飞边
模具结构	浇注系统的形式、尺寸、布置、型腔表面粗糙度、浇道截面厚度、型腔形式、排气系统结构、冷却系统形式、熔料流动阻力等因素都直接影响熔料的流动性

（3）热敏性

各种塑料的化学结构在热量作用下均有可能发生变化，某些热稳定性差的塑料，在料温高和受热时间长的情况下会产生降解、分解、变色的特性，这种对热量的敏感程度称为塑料的热敏性。热敏性很强的塑料（即热稳定性很差的塑料）通常简称为热敏性塑料，如硬聚氯乙烯、聚甲醛、聚三氟氯乙烯等。这种塑料在成型过程中很容易在不太高的温度下发生热分解、热降解或在受热时间较长的情况下发生过热降解，从而影响塑件的性能和表面质量。

热敏性塑料熔体在发生热分解或热降解时，会产生各种分解物。有的分解物会对人体、模具和设备产生刺激、腐蚀或带有一定毒性；有的分解物还会是加速该塑料分解的催化剂，如聚氯乙烯分解产生氮化氢，能起到进一步加剧高分子分解的作用。

为了避免热敏性塑料在加工成型过程中发生热分解现象，在模具设计、选择注塑机及塑件成型时，可在塑料中加入热稳定剂，也可采用合适的设备（如螺杆式注塑机），严格控制成型温度、模温、加热时间、螺杆转速及背压等，及时清除分解产物，设备和模具应采取防腐等措施。

（4）水解性

塑料的水解性是指它在高温、高压下对水降解的敏感性。水敏性强的塑料通常简称为水解性塑料，如聚碳酸酯即是典型的水解性塑料。即使含有少量水分，在高温、高压下也会发生分解。因此，水解性塑料成型前必须严格控制水分含量，进行干燥处理。

（5）吸湿性

吸湿性是指塑料对水分的亲疏程度。因此塑料大致可分为两类：一类是具有吸水或黏附水分性能的塑料，如聚酰胺、聚碳酸酯、聚酯、ABS等；另一类是既不吸水也不易黏附水分的塑料，如聚乙烯、聚丙烯、聚甲醛等。

凡是具有吸水性倾向的塑料，如果在成型前水分没有去除，含量超过一定限度，那么在成型加工时，水分将会变为气体并促使塑料发生分解，导致塑料起泡和流动性降低，造成成型困难，而且使塑件的表面质量和力学性能降低。因此，为保证成型的顺利进行和塑件的质量，对吸水性和黏附水分倾向大的塑料，在成型前必须除去水分，进行干燥处理，必要时还应在注塑机的料斗内设置红外线加热。

（6）相容性

相容性是指两种或两种以上不同品种的塑料，在熔融状态下不产生相分离现象的能力。

如果两种塑料不相容，则混熔时制件会出现分层、脱皮等缺陷。不同塑料的相容性与其分子结构有一定关系：分子结构相似者较易相容，例如高压聚乙烯、低压聚乙烯、聚丙烯彼此之间的混熔等；分子结构不同时较难相容，例如聚乙烯和聚苯乙烯之间的混熔。塑料的相容性又俗称为共混性。通过塑料的这一性质，可以得到类似共聚物的综合性能，是改进塑料性能的重要途径之一。

三、热固性塑料的成型工艺性能

热固性塑料和热塑性塑料相比，塑件具有尺寸稳定性好、耐热性好和刚性大等特点，所以更广泛地应用在工程上。热固性塑料的工艺性能明显不同于热塑性塑料，其主要性能及指标有收缩性、流动性、比容与压缩率、水分及挥发物含量与固化特性等。

1. 收缩性

同热塑性塑料一样，热固性塑料经成型冷却也会发生尺寸收缩，其收缩率的计算方法与热塑性塑料相同。产生收缩的主要原因见表2-9。

表 2-9 热固性塑料产生收缩的主要原因

主要原因	说明
热收缩	热收缩是由于热胀冷缩而使塑件成型冷却后所产生的收缩。由于塑料主要成分是树脂，线胀系数比钢材大几倍至几十倍，塑件从成型加工温度冷却到室温时，会产生远远大于模具尺寸收缩量的收缩，收缩量大小可以用塑料线胀系数的大小来判断。热收缩与模具的温度成正比，是成型收缩中主要的收缩因素之一
结构变化引起的收缩	热固性塑料在成型过程中由于进行了交联反应，分子由线型结构变为网状结构，由于分子链间距的缩小，结构变得紧密，故产生了体积变化。这种由结构变化而产生的收缩，在进行到一定程度时就不会继续产生
弹性恢复	塑件从模具中取出后，作用在塑件上的压力消失，由于塑件固化后并非刚性体，脱模时产生弹性恢复，会造成塑件体积的负收缩（膨胀）。在以玻璃纤维和布质为填料的热固性塑料成型时，这种情况尤为明显
塑性变形	塑件脱模时，成型压力迅速降低，但模壁紧压在塑件的周围，使其产生塑性变形。发生变形部分的收缩率比没有变形部分的大，因此塑件往往在平行加压方向收缩较小，在垂直加压方向收缩较大。为防止两个方向的收缩率相差过大，可采用迅速脱模的方法补救

影响收缩率的因素与热塑性塑料也相同，有原材料、模具结构、成型方法及成型工艺条件等。塑料中树脂和填料的种类及含量也直接影响收缩率的大小。当所用树脂在固化反应中放出的低分子挥发物较多时，收缩率较大；放出的低分子挥发物较少时，塑料中填料含量较多或填料中无机填料增多时，收缩率较小。

凡有利于提高成型压力、增大塑件充模流动性，使塑件密实的模具结构，均能减少塑件的收缩率，例如压缩或压注成型的塑件比注塑成型的塑件收缩率小。凡能使塑件密实，成型前使低分子挥发物溢出的工艺因素，都能使塑件收缩率减小，例如成型前对酚醛塑料的预热、加压等。

2. 流动性

热固性塑料流动性的意义与热塑性塑料流动性类同，但热固性塑料通常以拉西格流动性来表示。如图 2-3 所示，将一定质量的塑料预压成圆锭，将圆锭放入压模中，在一定温度和压力下，测定它从模孔中挤出的长度（粗糙部分不计在内），此即拉西格流动性。拉西格流动性单位为 mm，其数值越大则说明流动性越好，反之，则流动性越差。

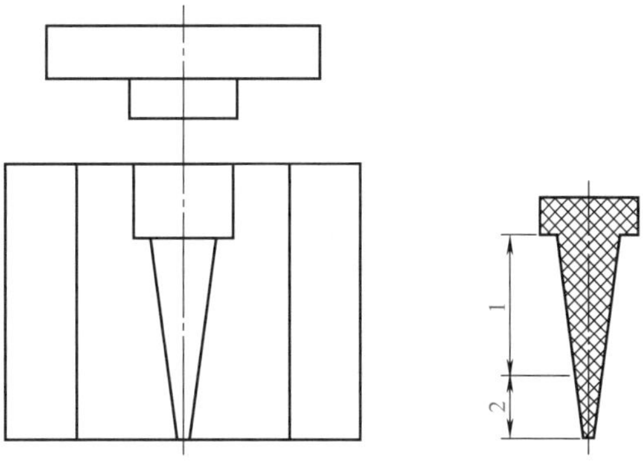

(a) 模具　　(b) 试棒

图 2-3 拉西格流动性试验法示意

1—光滑部分；2—粗糙部分

塑料的流动性可分为三个不同等级：

① 拉西格流动值为 100 ～ 131mm，用于压制无嵌件、形状简单、厚度一般的塑件。

② 拉西格流动值为 >131 ～ 150mm，用于压制中等复杂程度的塑件。

③ 拉西格流动值为 >150 ～ 180mm，用于压制结构复杂、型腔很深、嵌件较多的薄壁塑件或用于压注成型。

塑料的流动性除了与塑料性质有关外，还与模具结构、表面粗糙度、预热及成型工艺条件有关。

3. 比容（比体积）与压缩率

比容是单位质量的松散塑料所占的体积，单位为 cm^3/g；压缩率为塑料与塑件两者体积之比值，其值恒大于 1。比容与压缩率均表示粉状或短纤维塑料的松散程度，均可用来确定模具加料腔容积的大小。

比容和压缩率较大时，则要求加料腔体积大，同时也说明塑料内充气多，排气困难，成型周期长，生产率低；比容和压缩率较小时，有利于压锭和压缩、压注。但比容太小，以容积法装料则会造成加料量不准确。各种塑料的比容和压缩率是不同的，同一种塑料，其比容和压缩率又因塑料形状、颗粒度及其均匀性不同而异。

4. 水分和挥发物的含量

塑料中的水分和挥发物来自两方面，一是生产过程中遗留下来及成型之前在运输、保管期间吸收的；二是成型过程中化学反应产生的副产物。如果塑料中的水分和挥发物含量大，会促使流动性增大，易产生溢料，成型周期增长，收缩率增大，塑件易产生气泡、组织疏松、变形翘曲、波纹等缺陷。塑料中的水分和挥发物含量过小，则会造成流动性降低，成型困难，同时也不利于压锭。

对来源属于第一种的水分和挥发物，可在成型前进行预热干燥；而对第二种来源的水分和挥发物（包括预热干燥时未除去的水分和挥发物），应在模具设计时采取相应措施，如开排气槽或压制操作时设排气工步等。

水分和挥发物的测定，采用（12±0.12）g 实验用料在 103 ～ 105℃烘箱中干燥 30min 后，测其前后质量差求得，其计算公式为

$$X=\frac{\Delta m}{M}\times 100\%$$

式中　X——挥发物含量的百分比；

Δm——塑料干燥的质量损失，g；

M——塑料干燥前的质量，g。

5. 固化特性

固化特性是热固性塑料特有的性能，是指热固性塑料成型时完成交联反应的过程。固化速度通常以塑料试样固化 1mm 厚度所需要的时间来表示，单位为 s/mm，数值越小，固化速度就越快。合理的固化速度不仅与塑料品种有关，而且与塑件形状、壁厚、模具温度和成型工艺条件有关，如采用预压的锭料，预热、提高成型温度、增加加压时间都能显著加快固化速度。此外，固化速度还应适应成型方法的要求。例如压注或注塑成型时，应在塑化、填充时交联反应慢，以保持长时间的流动状态。但当充满型腔后，在高温、高压下应快速固化。固化速度慢的塑料，会使成型周期变长，生产率降低；固化速度快的塑料，则不易成型大型复杂的塑件。

四、常用塑料种类、性能及应用

塑料的种类很多，目前全世界上投入生产的塑料有几百种，并且每年都有新的塑料不断被研发出来。这几百种塑料中，常用的有二十多种，其化学名称、英文简称、物理化学性能及用途见表 2-10。

表 2-10　常用塑料种类、性能及应用

种类	化学和物理性能	典型应用
ABS（丙烯腈-丁二烯-苯乙烯共聚物）	ABS 是由丙烯腈、丁二烯、苯乙烯 3 种单体合成。每种单体都具有不同性能：丙烯腈具有高强度、热稳定性及化学稳定性等特性；丁二烯具有坚韧性、抗冲击特性；苯乙烯具有易加工、高光洁度及高强度等特性。从形态上看，ABS 是非结晶型材料。三种单体的聚合产生了具有两相的三元共聚物，一个是苯乙烯-丙烯腈的连续相，另一个是聚丁二烯橡胶分散相。ABS 的特性主要取决于三种单体的组成比率以	汽车（仪表板、工具舱门、车轮盖、反光镜盒等），冰箱，大强度工具（头发烘干机、搅拌器、食品加工机、割草机等），电话机壳，打字机键盘，娱乐用车辆如高尔夫手推车以及喷气式雪橇车，等等

续表

种类	化学和物理性能	典型应用
ABS（丙烯腈-丁二烯-苯乙烯共聚物）	及两相中的分子结构。这就可以在产品设计上有很大的灵活性，并且由此产生了市场上百种不同品质的ABS材料。这些不同品质的材料提供了不同的特性，例如从中等到高等的抗冲击性，从低到高的光洁度和高温扭曲性能等 ABS材料具有超强的易加工性、外观特性、低蠕变性和优异的尺寸稳定性以及很高的抗冲击强度	
PA12（聚酰胺12）	PA12是线性半结晶-结晶的热塑性材料。它的特性和PA11相似，但晶体结构不同。PA12具有较好的电气绝缘性，并且和其他聚酰胺一样不会因潮湿影响绝缘性能，也有很好的抗冲击性及化学稳定性。PA12有许多在塑化性能和增强性能方面改良的品种。与PA6和PA66相比，PA12改良品种具有较低的熔点、密度和非常高的回潮率。PA12对强氧化性酸无抵抗能力 PA12的黏度主要取决于湿度、温度和储藏时间。它的流动性很好。收缩率在0.5%～2%之间，收缩率主要取决于树脂品种规格、塑件壁厚及其他工艺条件	水量表和其他商业设备、电缆套、机械凸轮、滑动机构以及轴承等
PA6（聚酰胺6）	PA6的化学、物理性能和PA66很相似，然而，它的熔点较低，而且工艺温度范围很宽。它的抗冲击性和抗溶解性比PA66要好，但吸湿性也更强。因为塑件的许多品质特性都受到吸湿性的影响，因此设计采用PA6成型的塑件时，要求充分考虑到这一点。为了提高PA6的力学性能，经常加入各种各样的改性材料。玻璃纤维是最常用的增强材料，有时为了提高抗冲击性还加入合成橡胶如三元乙丙橡胶（EPDM）和丁苯橡胶（SBR）等 对于没有添加改性材料的PA6，其收缩率在1%～1.5%之间。加入玻璃纤维可以使收缩率降低到0.3%（但和料流相垂直的方向还要稍高些）。塑件成型后的收缩率主要受到材料结晶度和吸湿性影响，实际的收缩率还和塑件结构、壁厚及其他工艺参数呈函数关系	由于具有很好的机械强度和刚度，被广泛应用于结构部件。由于有很好的耐磨损特性，还用于轴承的制造
PA66（聚酰胺66）	PA66在聚酰胺材料中属于熔点较高的一种树脂。它是一种半晶体材料。PA66在较高的温度下也能保持较高的强度和刚度。PA66在成型后仍然具有吸湿性，其程度主要取决于材料的组成成分、塑件壁厚及环境条件。在进行塑件设计时，一定要考虑吸湿性对几何稳定性的影响 和PA6相同，为了提高PA66的力学性能，也经常加入各种各样的改性材料。玻璃纤维是最常用的增强材料，有时为了提高抗冲击性还加入合成橡胶如EPDM和SBR等 PA66的黏度较低，因此流动性很好（但不如PA6）。利用这个性质可以成型很薄的塑件。它的黏度对温度的变化很敏感。PA66的成型收缩率在1%～2%之间，加入玻璃纤维改性后可以将成型收缩率降低到0.2%～1%。收缩率在流动方向和料流垂直方向上有较大的差异。PA66对于许多溶剂具有抗溶性，但对酸和其他一些氯化剂的抵抗能力较弱	广泛应用于汽车工业、仪器壳体以及其他需要有抗冲击性能和高强度要求的产品
PBT（聚对苯二甲酸丁二醇酯）	PBT是最坚韧的工程热塑性材料之一，它是半结晶材料，有非常好的化学稳定性、机械强度、电气绝缘性和热稳定性。这种材料在很多环境条件下都有很好的稳定性。但PBT吸湿性很弱 非增强型PBT的拉伸强度一般为50MPa，玻璃纤维增强型PBT的拉伸强度为170MPa，玻璃纤维添加过多将导致材料变脆。PBT的结晶很迅速，这将导致因冷却不均匀而弯曲变形。对于添加玻璃纤维等增强材料的塑件，流动方向的收缩率可以减小，但与流动垂直方向的收缩率基本上和普通PBT没有区别。普通PBT一般收缩率在1.5%～2.8%之间。含30%玻璃纤维的材料，其成型收缩率在0.3%～0.1 6%之间，其熔点（225℃）和高温变形温度也都比不添加玻璃纤维的PBT要低。维卡软化温度大约为170℃。玻璃化转变温度（glass transition temperature）在22～43℃之间 由于PBT结晶速度很快，它的黏度很低，因此塑件成型的周期一般也较短	家用器具（食品加工刀片、真空吸尘器元件、电风扇、头发干燥机壳体、咖啡器皿等），电器元件（开关、电机壳、计算机键盘按键等），汽车工业（散热器格窗、车身嵌板、车轮盖、门窗部件等）

续表

种类	化学和物理性能	典型应用
PC（聚碳酸酯）	PC是一种非结晶工程材料，具有特别好的抗冲击强度、热稳定性、阻燃特性以及抗污染性。PC的悬臂梁式冲击强度IZOD非常高，并且收缩率很低，一般为0.1%～0.2% PC具有很好的力学性能，但流动性较差，因此这种材料的注射充模过程较困难。在选用PC材料时，要以产品的最终期望为基准。如果塑件要求较高的抗冲击性，那么就采用低熔体流动速率的PC材料；反之，可以使用高熔体流动速率的PC材料，这样可以优化注射充模过程	电气和商业设备（计算机元器件、连接器等），家电器具（食品加工机、冰箱抽屉等），交通运输（车辆的前后灯、仪表板等）
PC/ABS（聚碳酸酯和丙烯腈-丁二烯-苯乙烯共聚物的共混物）	PC/ABS具有PC和ABS两者的综合特性，例如ABS的易加工性和PC的优良力学性能和热稳定性。二者的组成比率将影响PC/ABS材料的热稳定性。PC/ABS这种混合材料还显示了优异的流动性	计算机和商业机器的壳体、电气设备、草坪和园艺机器、汽车零件（仪表板、内部装饰以及车轮盖）
PC/PBT（聚碳酸酯和聚对苯二甲酸丁二醇酯的混合物）	PC/PBT具有PC和PBT二者的综合特性，例如PC的高韧性和几何稳定性以及PBT的化学稳定性、热稳定性和润滑特性等	齿轮箱、汽车保险杠以及要求具有抗化学反应、耐腐蚀性、热稳定性、抗冲击性以及几何稳定性的塑件
HDPE（高密度聚乙烯）	HDPE的高结晶度导致了它的高密度。HDPE比LDPE（低密度聚乙烯）有更强的抗渗透性。HDPE分子量分布很窄。密度为0.91～0.925g/cm^{3}的HDPE，称为第一类型HDPE；密度为0.926～0.94g/cm^{3}的HDPE，称为第二类型HDPE；密度为>0.94～0.965g/cm^{3}的HDPE，称为第三类型HDPE。这种材料的流动性很好，熔体流动速率（MFR）在0.1～28g/10min之间。分子量越高，HDPE的流动性越差，但是有更好的抗冲击强度。HDPE是半结晶材料，成型收缩率较大，在1.5%～4%之间 HDPE很容易发生环境应力开裂现象。通常采用流动特性很低的品种以减小成型塑件的内部应力，从而减轻开裂现象。但在温度高于60℃的环境中，成型的HDPE塑件很容易在烃类溶剂中溶解，但其抗溶解性比LDPE还要好些	冰箱容器、储存容器、家用厨具、密封盖等
LDPE（低密度聚乙烯）	商业用的LDPE材料密度为0.91～0.94g/cm^3。气体和水蒸气对LDPE有渗透性。LDPE的热膨胀系数很高，不适合加工长期使用的制品 当LDPE的密度在0.91～0.925g/cm^{3}之间时，其收缩率在2%～5%之间；当在0.926～0.94g/cm^{3}之间时，其收缩率在1.5%～4%之间。实际的收缩率还取决于注塑工艺参数 LDPE在室温下可以抵抗多种溶剂，但是芳香烃和氯化烃溶剂可使其膨胀。同HDPE类似，LDPE容易发生环境应力开裂现象	碗、箱柜、管道连接器
PEI（聚醚酰亚胺）	PFI具有很强的热稳定性，即使非增强型的PEI，仍具有很好的韧性和强度。因此利用PEI优越的热稳定性可制作耐高温塑件。PEI还具有很低的收缩率及良好的各向异性、力学性能	汽车车业（发动机配件如温度传感器、燃料等），电气及电子设备（电气连接器、印刷电路板、芯片外壳、防爆盒等），产品包装，飞机内部设备，医药行业（外科器械、工具壳体、非植入器械等）
PET（聚对苯二甲酸乙二醇酯）	PET的玻璃化转化变度在165℃左右，结晶温度范围为120～220℃ PET在高温下有很强的吸湿性。玻璃纤维增强型的PET材料，在高温下还非常容易发生弯曲变形。可以通过添加结晶增强剂来提高材料的结晶程度。用PET加工的透明制品具有高的光泽度并且热变形温度高。可以向PET中添加云母等特殊添加剂，使弯曲变形减小到最小。采用较低的模具温度成型非填充的PET材料，可获得透明制品	汽车工业（结构器件如反光镜盒、电气部件如车头灯反光镜等），电气元件（电动机壳体、电气连接器、继电器、开关、微波炉内部器件等），工业应用（泵壳体、手工器等）
PETG（聚对苯二甲酸乙二醇酯-1，4-环己烷二甲醇酯）	PETG是透明的非结晶材料。玻璃化转化温度为88℃。PETG的注塑工艺条件的允许范围比PET要广些，并具有透明、高强度、高韧性的综合特性	医药设备（试管、试剂瓶等），玩具，显示器，光源外罩，防护面罩，冰箱保鲜盘，等等

续表

种类	化学和物理性能	典型应用
PMMA（聚甲基丙烯酸甲酯）	PMMA 具有优良的光学性质及耐候性。白光的穿透性高达 92%。PMMA 制品具有很低的双折射，特别适合制作影碟等 PMMA 具有室温蠕变特性。随着负荷加大、时间增长，会出现应力开裂现象。PMMA 具有较好的抗冲击性	汽车工业（信号灯设备、仪表盘等），医药行业（储血容器等），工业应用（影碟、灯光散射器等），日用消费品（饮料杯、文具等）
POM（聚甲醛）	POM 是一种坚韧与弹性的材料，即使在低温下仍有很好的抗蠕变特性、几何稳定性和抗冲击性能。POM 既有均聚物品种也有共聚物品种。均聚 POM 具有很好的延展性、抗疲劳强度，但不易于加工。共聚 POM 有很好的热稳定性、化学稳定性并且易于加工。无论均聚 POM 还是共聚 POM，都是结晶型材料，并且不易吸收水分 POM 的高结晶程度导致它也有相当高的收缩率，可高达 2% ～ 3.5%。对于各种不同的增强型材料有不同的收缩率	POM 具有很小的摩擦因数和很好的几何稳定性，特别适合于制作齿轮和轴承。由于它还具有耐高温特性，因此还用于管道器件（管道阀门、泵壳体），草坪设备，等等
PP(聚丙烯)	PP 是一种半结晶型材料。它比 PE 要更坚硬并且有更高的熔点 由于均聚物型的 PP 温度在 0℃以上时非常脆，因此许多商业的 PP 材料是加入 1% ～ 4% 乙烯的无规共聚物。共聚物成型的 PP 材料有较低的热扭曲温度（100℃）、低透明度、低光泽度、低刚性，但是有更强的抗冲击强度。PP 的强度随着乙烯含量的增加而增大 PP 的维卡软化温度为 150℃。由于结晶度较高，这种材料的表面刚度和抗划痕特性很好 PP 不存在环境应力开裂的问题。通常，采用玻璃纤维、金属添加剂或热塑橡胶的方法对 PP 进行改性。PP 的熔体流动速率（MFR）范围在 1 ～ 40g/10min。低熔体流动速率的 PP 材料抗冲击性能较好，但延展性较低。对于相同 MFR 的 PP 材料，共聚物型的强度比均聚物型的强度要高 PP 的收缩率相当高，一般为 1.8% ～ 2.5%。并且收缩率的方向均匀性比 LDPE 等材料要好得多。加入 30% 的玻璃纤维可以使收缩率降到 0.7% 均聚物型和共聚物型的 PP 材料都具有优良的抗吸湿性、抗酸碱腐蚀性、抗溶解性。然而，它对芳香烃（如苯）溶剂、氯化烃（四氯化碳）溶剂等没有抵抗力。PP 也不像 PE 那样在高温下仍具有抗氧化性	汽车工业（主要使用含金属添加剂的 PP，如挡泥板、通风管、风扇等），器械（洗碗机门衬垫、干燥机通风管、洗衣机框架及机盖、冰箱门衬垫等），日用消费品（草坪和园艺设备，如剪草机和喷水器等）

五、常用塑料注塑成型工艺条件（表 2-11）

表 2-11　常用塑料注塑成型工艺条件

种类	注塑成型工艺条件
ABS（丙烯腈 - 丁二烯 - 苯乙烯共聚物）	干燥处理：ABS 材料具有吸湿性，要求在注塑成型之前进行干燥处理。建议在干燥条件为 80 ～ 90℃下最少干燥 2h。材料温度波动应保证小于 0.1% 熔化温度：210 ～ 280℃，建议温度为 245℃ 模具温度：25 ～ 70℃（模具温度将影响塑料件光洁度，模具温度较低则会导致成型制品的光洁度较低） 注射压力：50 ～ 1100MPa 注射速度：中高速度
PA12（聚酰胺 12）	干燥处理：加工之前应保证湿度在 0.1% 以下，如果材料是暴露在空气中储存，建议要在 85℃热空气中干燥 4 ～ 5h。如果材料在密闭容器中储存，那么经过 3h 的温度平衡即可直接使用 熔化温度：240 ～ 300℃，对于普通特性材料不要超过 310℃，对于有阻燃特性的材料不要超过 270℃ 模具温度：对于未增强型材料模具温度为 30 ～ 40℃，对于薄壁或大面积塑件模具温度为 80 ～ 90℃，对于增强型材料模具温度为 90 ～ 100℃。增加温度将增加材料的结晶度，精确地控制模具温度对于 PA12 来说是很重要的 注射压力：最大可到 100MPa（建议使用低保压压力和高熔化温度） 注射速度：高速（对于有玻璃纤维添加剂的材料更好些）

续表

种类	注塑成型工艺条件
PA12（聚酰胺 12）	流道和浇口：流道形状应全部为圆形。对于未加添加剂的材料，由于材料黏性较低，流道直径应在 3 ～ 5mm 左右，对于增强型材料要求 5 ～ 8mm 的大流道直径。注入口距离应尽可能短些。可以采用多种形式的浇口。大型塑件不要使用小浇口，这是为了避免成型压力过高而产生过大收缩率。浇口厚度最好和塑件厚度相等。如果使用潜伏浇口，建议浇口的直径最小为 0.8mm PA12 成型采用热流道模具很有效，但是要求温度控制很精确，以防止树脂在喷嘴处渗漏或凝固。采用热流道结构模具的浇口尺寸应当比冷流道结构模具浇口尺寸小些
PA6（聚酰胺 6）	干燥处理：由于 PA6 很容易吸收水分，因此特别要注意注塑成型前的干燥。如果材料是用防水材料包装供应的，则容器应保持密封。如果湿度大于 0.2%，建议在 80℃以上的空气中干燥 16h。如果材料已经在空气中暴露超过 8h，建议进行 8h 以上的 105℃真空烘干 熔化温度：230 ～ 280℃，对于增强型品种为 250 ～ 280℃ 模具温度：80 ～ 90℃。模具温度很显著地影响结晶度，而结晶度又影响着塑件的力学性能。对于结构部件来说，结晶度很重要，因此建议模具温度为 80 ～ 90℃。对于薄壁的，流程较长的塑件也建议采用较高的模具温度。增加模具温度可以提高塑件的强度和刚度，但会降低塑件的韧性。如果塑件壁厚大于 3mm，建议模具温度为 0 ～ 20℃。成型玻璃增强型材料的塑件时模具温度应大于 80℃ 注射压力：一般在 75 ～ 125MPa 之间（取决于材料和产品设计） 注射速度：高速（对于增强型材料要求稍微降低） 流道和浇口：由于 PA6 的凝固时间很短，因此浇口的位置非常重要。浇口孔径不要小于 0.5t（t 为塑件壁厚）。采用热流道时浇口尺寸应比采用冷流道小些，因为热流道能防止熔融树脂过早凝固。如果用潜伏式浇口，浇口的最小直径应当不小于 0.75mm
PA66（聚酰胺 66）	干燥处理：如果加工前材料是密封的，那么就没有必要干燥。然而，如果储存容器被打开，那么建议在 85℃的热空气中进行干燥处理。如果湿度大于 0.2%，则需要在 105℃下进行 12h 的真空干燥 熔化温度：260 ～ 290℃，对加玻璃纤维的产品为 275 ～ 280℃，熔化温度应避免高于 300℃ 模具温度：建议 80℃。模具温度影响成型塑件的结晶度，而结晶度将影响塑件的物理特性。对于薄壁塑件，如果采用低于 40℃的模具温度成型，则塑件的结晶度随着时间而变化，为了保持塑件的几何稳定性，需要进行退火处理 注射压力：通常在 75 ～ 125MPa（取决于材料和塑件的设计） 流道和浇口：由于 PA66 的凝固时间很短，因此浇口的位置非常重要。浇口孔径不能小于 0.5t（t 为塑件壁厚）。采用热流道时浇口尺寸应比采用冷流道小些，因为热流道能防止熔融树脂过早凝固。如果用潜伏式浇口，浇口的最小直径应当不小于 0.75mm
PBT（聚对苯二甲酸丁二醇酯）	干燥处理：这种材料在高温下很容易水解，因此注塑成型前的干燥处理很重要。建议在 120℃的空气中干燥 6 ～ 8h，或者在 150℃的空气中干燥 2 ～ 4h。湿度必须小于 0.03%。如果用吸湿干燥器干燥，建议干燥条件为 150℃，时间建议为 2.5h 熔化温度：225 ～ 275℃，建议温度 250℃ 模具温度：对于未增强型材料为 40 ～ 60℃ 要很好地设计模具冷却回路以减小塑件的弯曲变形。冷却过程一定要快而均匀。建议模具冷却回路直径为 12mm 注射压力：中等（最大到 150MPa） 注射速度：应使用尽可能快的注射速度（因为 PBT 的凝固很快） 流道和浇口：建议使用圆形流道以减少压力在传递中的损失（经验公式为流道直径 = 塑件厚度 +1.5mm）。可以采用各种形式的流道浇口，也可以采用热流道，但要注意防止材料的渗漏和降解。浇口直径应在（0.8 ～ 1.0）t 之间。如果用潜伏式浇口，浇口的最小直径应当不小于 0.75mm
PC（聚碳酸酯）	干燥处理：PC 材料具有吸湿性，注塑成型前的干燥很重要。建议干燥条件为 100 ～ 200℃，时间为 3 ～ 4h。加工前的湿度必须小于 0.02% 熔化温度：260 ～ 340℃ 模具温度：70 ～ 120℃ 注射压力：尽可能地使用较高注射压力 注射速度：对于较小的浇口使用低速注射，对于其他类型浇口使用高速注射
PC/ABS（聚碳酸酯和丙烯腈 - 丁二烯 - 苯乙烯共聚物的共混物）	干燥处理：加工前的干燥处理是必要的。湿度应小于 0.04%，建议干燥条件为 90 ～ 110℃，时间为 2 ～ 4h 熔化温度：230 ～ 300℃ 模具温度：50 ～ 100℃ 注射压力：取决于塑件的结构和壁厚 注射速度：尽可能快些
PC/PBT（聚碳酸酯和聚对苯二甲酸丁二醇酯的混合物）	干燥处理：建议干燥条件为 110 ～ 1 35℃，时间约 4h 熔化温度：235 ～ 300℃ 模具温度：37 ～ 93℃

续表

种类	注塑成型工艺条件
HDPE（高密度聚乙烯）	干燥处理：如果储存恰当则无需干燥 熔化温度：220 ～ 260℃。对于分子较大的品种，建议熔化温度在 200 ～ 250℃之间 模具温度：50 ～ 95℃。6mm 以上壁厚的塑件使用较低的模具温度。塑件冷却温度应当均匀，以减小收缩率的差异。为了取得合理的成型周期，冷却回路直径 d 应不小于 8mm，并且距模具表面的距离应在 1.3d 之内 注射压力：70 ～ 105MPa 注射速度：建议使用高速注射 流道和浇口：流道直径应在 4 ～ 7.5mm 之间，流道长度尽可能短些。可以使用各种类型的浇口，浇口长度不要超过 0.75mm。这种树脂特别适合采用热流道
LDPE（低密度聚乙烯）	干燥处理：一般不需要 熔化温度：180 ～ 280℃ 模具温度：20 ～ 40℃ 为了实现冷却均匀以及较快地冷却，建议冷却回路的直径大于 8mm 并且从冷却回路到模具表面的距离不要超过冷却回路直径的 1.5 倍 注射压力：最大可到 150MPa 保压压力：最大可到 75MPa 注射速度：建议使用快速注射 流道和浇口：可以使用各种类型的流道和浇口。LDPE 特别适合采用热流道
PEI（聚醚酰亚胺）	干燥处理：PEI 具有吸湿特性并可导致材料降解。要求湿度应小于 0.02%。建议干燥条件为 150℃，时间约为 4h 熔化温度：普通类型材料为 340 ～ 400℃，增强型材料为 340 ～ 415℃ 模具温度：107 ～ 175℃，建议模具温度为 140℃ 注射压力：70 ～ 150MPa 注射速度：尽可能采用高的注射速度
PET（聚对苯二甲酸乙二醇酯）	干燥处理：由于 PET 的吸湿性较强，注塑成型前必须进行干燥处理。建议干燥条件为 120 ～ 165℃，时间约为 4h。要求湿度小于 0.02% 熔化温度：对于无玻璃纤维填充的品种为 265 ～ 280℃；对于玻璃纤维填充的品种为 275 ～ 290℃ 模具温度：80 ～ 120℃ 注射压力：30 ～ 130MPa 注射速度：在不导致脆化的前提下可采用较高的注射速度 流道和浇口：可以使用所有常规类型的浇口。浇口尺寸应当为塑件厚度的 50% ～ 100%
PETG（聚对苯二甲酸乙二醇酯-1，4-环己烷二甲醇酯）	干燥处理：加工前的干燥处理是必需的。湿度必须低于 0.04%。建议干燥条件为 65℃，时间约为 4h，注意干燥温度不要超过 66℃ 熔化温度：220 ～ 290℃ 模具温度：10 ～ 30℃，建议为 15℃ 注射压力：30 ～ 130MPa 注射速度：在不导致脆化的前提下可采用较高的注射速度
PMMA（聚甲基丙烯酸甲酯）	干燥处理:PMMA 具有吸湿性，因此成型前必须进行干燥处理。建议干燥条件为 90℃，时间为 2 ～ 4h 熔化温度：240 ～ 270℃ 模具温度：35 ～ 70℃ 注射速度：中等
POM（聚甲醛）	干燥处理：如果材料储存在干燥的环境中，通常不需要干燥处理 熔化温度：均聚 POM 为 190 ～ 230℃；共聚 POM 为 190 ～ 210℃ 模具温度：80 ～ 105℃。为了减小成型后的收缩可选用较高的模具温度 注射压力：70 ～ 120MPa 注射速度：中等或偏高的注射速度 流道和浇口：可以使用任何类型的浇口。如果使用潜伏式浇口则要求浇口长度短些。对于 POM，一般建议采用热流道系统
PP（聚丙烯）	干燥处理：如果储存适当则不需要干燥处理 熔化温度：220 ～ 275℃，注意不要超过 275℃ 模具温度：40 ～ 80℃，建议使用 50℃。结晶程度主要由模具温度决定 注射压力：可达到 180MPa 注射速度：通常使用高速注射可以使内部压力减小到最小。如果制品表面出现缺陷，那么应采用较高温度下的低速注射工艺 流道和浇口：对于冷流道，典型的流道直径范围是 4 ～ 7mm。建议采用圆形的主流道和分流道。可以采用所有类型的浇口。典型的浇口直径范围是 1 ～ 1.5mm，有的也可以使用小到 0.7mm 的浇口。对于边缘浇口，最小的浇口深度应为塑件壁厚的一半，最小的浇口宽度应至少为塑件壁厚的 2 倍。PP 材料很适宜采用热流道系统

六、塑料的选用

塑料原料会影响到塑件的使用性能、塑件的成型工艺、塑件的生产成本以及塑件的质量。目前，作为原材料的合成树脂种类已达到上万种，实现工业化生产的也不下千余种。但实际上并不是所有工业化的合成树脂品种都获得了具体应用。最常用的树脂品种不外乎二三十种。因此，人们所说的塑料材料的选用，一般只局限于二十多个品种之间。

在实际选用过程中，有些塑料在性能上十分接近，难分伯仲，需要多方考虑、反复权衡，才可以确定下来。因此，塑料材料的选用是一项十分复杂的工作，缺乏可遵循的规律。对于某一塑件，从选材这个角度应从以下因素中考虑。

1. 选用的塑料要达到制品功能要求

要充分了解塑件的使用环境和实际使用要求，主要从以下几个方面考虑。

① 塑料的力学性能。如强度、刚性、韧性、弹性、弯曲性能、冲击性能以及对应力的敏感性等，是否满足使用要求。

② 塑料的物理性能。如对使用环境温度变化的适应性、光学特性、绝热或电气绝缘的程度、精加工和外观的完美程度等，是否满足使用要求。

③ 塑料的化学性能。如对接触物（水、溶剂、油、药品等）的耐性以及使用上的安全性等，是否满足使用要求。

根据材料性能数据选材时，塑料和金属之间有明显的差别，对金属而言，其性能数据基本上可用于材料的筛选和制品设计。但对具有黏弹性的塑料却不一样，各种测试标准和文献记载的聚合物性能数据是在许多特定条件下测定的，通常是在短时期作用力或者指定温度或低应变速率下测定的，这些条件可能与实际工作状态差别较大，尤其不适于预测塑料的使用强度和对温升的耐力，所有的塑料选材在引用性能数据时一定要注意与使用条件和使用环境是否相吻合，如不吻合则要把全部所引数据转换成与实际使用性能有关的工程性能数据，并根据性能的要求进行选材。

2. 塑料工艺性能要满足成型工艺的要求

材料的工艺性能对成型工艺能否顺利实施，模具结构和产品质量的影响很大。在选材时要认真分析材料的工艺性能，如塑料的收缩率的大小、各向收缩率的差异、流动性、结晶特性、热敏性等，以便正确制订成型工艺及工艺条件、合理设计模具结构。

3. 考虑塑料的成本

选用塑料材料时，要首选成本低的材料以便制成物美价廉的塑件，提高在市场上的竞争力。塑件的成本主要包括原料的价格、加工费用、使用寿命、使用维护费等，其说明见表 2-12。

表 2-12　塑料的成本说明

类别	说明
一般质量轻、比强度大的结构零件用塑料	一般结构零件，例如罩壳、支架、连接件、手轮、手柄等，通常只要求具有较低的强度和耐热性能，有的还要求外观漂亮，这类零件批量较大，要求有低廉的成本。大致可选用的塑料有：改性聚苯乙烯、聚乙烯、聚丙烯、ABS 等。其中前三种塑料经玻璃纤维增强后能显著提高机械强度和刚性，还能提高热变形温度。在精密、综合性能要求高的塑件中，使用最普遍的是 ABS 有时，也采用一些综合性能更好的塑件达到某一项较高性能指标，如尼龙 1010 和聚碳酸酯等
耐磨损传动零件用塑件	要求有较高的强度、刚性、韧性，耐磨损性和耐疲劳性，并有较高的热变形温度，如各种轴承、齿轮、凸轮、蜗轮、蜗杆、齿条、辊子、联轴器等，优先选用的塑件有 MC 尼龙（聚己内酰胺）、聚甲醛、聚碳酸酯，其次是聚酚氧（超高分子量环氧树脂）、氯化聚醚、线性聚酯，等等。其中 MC 尼龙可在常压下于模具内快速聚合成型，用来制造大型塑件；各种仪表中的小模数齿轮可用聚碳酸酯制造；聚酚氧特别适用于制造精密零件及外形复杂的结构件；而氯化聚醚可用做在腐蚀性介质中工作的轴承、齿轮，以及摩擦传动零件与涂层等

3. 赋形和固化

熔融塑料在注射时，经喷嘴进入模具中被赋予形状，并经冷却和固化而成为制品。但熔融塑料被充填到模具中的时间实际上只有数秒，要想观察其充填过程是非常困难的。美国人斯迪文森采用计算机模拟的方法，描绘了有两个浇口的热流道模具成型聚丙烯汽车门时的充填过程，并以此得到注射时间（即充填时间）、熔接痕及所需锁模力等，如图 3-11 所示是其模拟所得的模型。

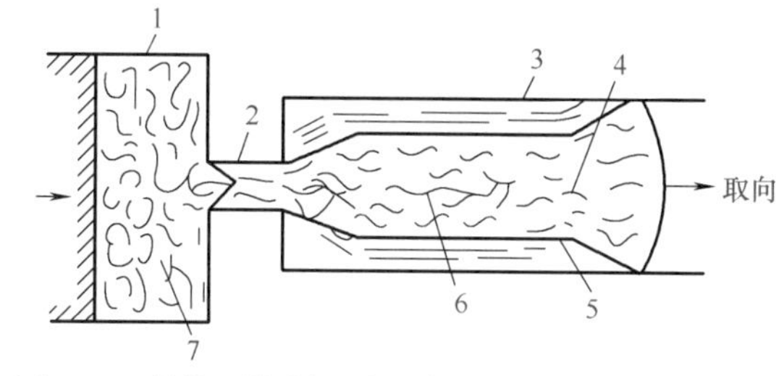

图 3-10 注塑时塑料流动引起的分子取向（定向作用）
1—注塑机；2—熔体注入模具的通道（实际上由主流道、浇口组成）；3—模具（型腔内部）；4—中心处流速较快的部分；5—沿型腔壁面而流速极慢的部分；6—同取向而拉伸展开的树脂分子；7—缠绕在一起的树脂分子

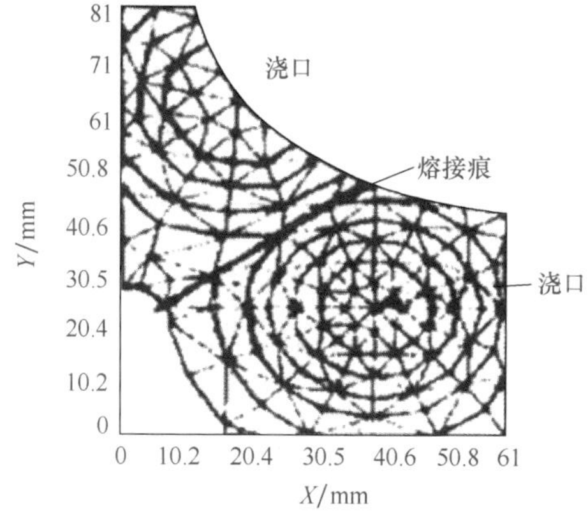

图 3-11 塑件（汽车车门）注塑时料流前端即熔接痕

从图 3-11 所示的熔体的流动充填状态看，和人们想象的相差不是很大，可能较正确地反映了汽车车门的实际充填过程。

现在，对注射过程的流动模拟已经有了很多种方法，如 FAN 法、CAIM 模拟系统、MoldFlow 模拟系统等。人们往往采用这些模拟手段来预测熔融塑料在模具中的充填过程，以进行更合理的模具设计、选择浇口位置和形式。

熔融塑料被赋形后就进入了固化过程，在固化过程中发生的主要现象是收缩，固化时因冷却引起的收缩和因结晶化而引起的收缩将同时进行。

图 3-12 表示三种不同结晶性的聚乙烯（PE）在温度下降时的收缩情况。

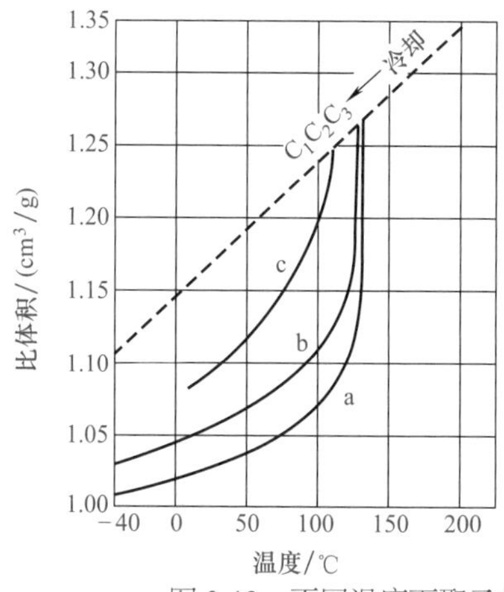

图 3-12 不同温度下聚乙烯（PE）的收缩情况

塑料在固化过程中其结晶性将对体积收缩产生较大的影响。在表 3-4 中给出了各种结晶型和非结晶型聚合物的成型收缩率，对非结晶型聚合物而言，其收缩率均在百分之零点几，相比之下结晶型聚合物的收缩率都较大，一般在百分之一以上。表 3-4 中所示聚酰胺塑料的下限值（打 * 号者），如 0.5%，是指在固化中采用急冷的方法将其结晶度控制在最小限度时所取的数值。

聚合物在固化过程中如果冷却不均，成型品中会因收缩的时间差而造成残余应力的蓄集。特别是对收缩率较大的结晶型聚合物，这一点必须引起注意。在某些情况下，采用较慢的冷却速度以减少收缩中的时间差，也是一种改善和减少制品残余应力的方法。

表 3-4　常见塑料的成型收缩率

类别	塑料名称	成型收缩率 /%	
		非增强	玻璃纤维增强
非结晶型塑料	聚苯乙烯（PS）	0.3 ～ 0.6	—
	苯乙烯 - 丁二烯共聚物（SB）	0.4 ～ 0.7	—
	苯乙烯 - 丙烯腈共聚物（SAN）	0.4 ～ 0.7	0.1 ～ 0.3
	ABS	0.4 ～ 0.7	0.2 ～ 0.4
	有机玻璃（PMMA）	0.3 ～ 0.7	—
	聚碳酸酯（PC）	0.6 ～ 0.8	0.2 ～ 0.5
	硬聚氯乙烯（HPVC）	0.4 ～ 0.7	—
	聚苯醚（PPO）	0.5 ～ 0.9	0.2 ～ 0.4
	聚砜（PSF 或 PSU）	0.6 ～ 0.8	0.2 ～ 0.5
	醋酸丁酸纤维素（CAB）	0.4 ～ 0.7	—
结晶型塑料	聚乙烯（PE）	1.2 ～ 1.8	—
	聚丙烯（PP）	1.2 ～ 2.5	0.5 ～ 1.2
	聚甲醛（POM）	1.8 ～ 3.0	0.2 ～ 0.8
	聚酰胺 6（尼龙 6）	*0.5 ～ 2.2	0.7 ～ 1.2
	聚酰胺 66（尼龙 66）	*0.5 ～ 2.5	—
	聚酰胺 610（尼龙 610）	*0.5 ～ 2.5	—
	聚酰胺 11（尼龙 11）	*1.8 ～ 2.5	—
	聚对苯二甲酸乙二醇酯（PET）	1.2 ～ 2.0	0.3 ～ 0.6
	聚对苯二甲酸丁二醇酯（PBT）	1.4 ～ 2.7	0.4 ～ 1.3

第二节　注塑成型的准备工作

一、塑料的配色及干燥

1. 塑料的配色

某些塑料制品对颜色有精确的要求，因此，在注塑时必须进行准确的颜色配比，常用的配色工艺有以下两种：

① 方法一是用色母料配色，将热塑性塑料颗粒按一定比例混合均匀即可用于生产，色母料的加入量通常为 0.1% ～ 5%。

② 方法二是将热塑性塑料颗粒与分散剂（也称稀释剂、助染剂）、颜色粉均匀混合成着

色颗粒。分散剂多用白油，25kg塑料用白油20～30mL。可用作分散剂的还有松节油、酒精以及一些酯类等。

热固性塑料的着色较为容易，一般将颜料混入即可。

2. 塑料的干燥

塑料材料分子结构中因含有酰胺基、酯基、醚基、腈基等基团而具有吸湿性倾向，由于吸湿而含有不同程度的水分，当水分超过一定量时，制品就会产生银纹、收缩孔、气泡等缺陷，同时会引起材料降解。

易吸湿的塑料品种有PA、PC、PMMA、PET、PSF（PSU）、PPO、ABS等，原则上，上述材料成型前都应进行干燥处理。不同的塑料，其干燥处理的条件不尽相同，常见塑料的干燥条件见表3-5。

表3-5 常见塑料的干燥条件

材料名称	干燥条件			
	干燥温度/℃	干燥时间/h	干燥厚度/mm	干燥要求（含水量）/%
ABS	80～85	2～4	30～40	0.1
PA	95～105	12～16	＜50	＜0.1
PC	120～130	＞6	＜30	0.015
PMMA	70～80	2～4	30～40	—
PET	140～180	3～4	＜50	—
PBT	120	＜5	＜30	—
PSF（PSU）	120～1 40	4～6	20	0.05
PPO	120～140	2～4	25～40	

干燥的方法很多，如循环热风干燥、红外线加热干燥、真空加热干燥、气流干燥等。应注意的是，干燥后的物料应防止再次吸湿。常见塑料成型前允许的含水量见表3-6。

表3-6 常见塑料成型前允许的含水量

塑料名称	允许含水量/%	塑料名称	允许含水量/%
PA6	0.10	PC	0.01～0.02
PA66	0.10	PPO	0.10
PA9	0.05	PSF（PSU）	0.05
PA11	0.10	ABS（电镀级）	0.05
PA610	0.05	ABS（通用级）	0.10
PA1010	0.05	CAB	0.20～0.50
PMMA	0.05	PS	0.10
PET	0.05～0.10	HIPS	0.10
PBT	0.01	PE	0.05
HPVC	0.08～0.10	PP	0.05
SPVC	0.08～0.10	PTFF（四氟乙烯）	0.05

二、嵌件的预热

由于塑料与金属材料的热性能差异很大，两者比较，塑料的热导率小，线胀系数大，成型收缩率大，而金属收缩率小，因此，有金属嵌件的塑料制品，在嵌件周围易产生裂纹，致使制品强度较低。

要解决上述问题，在设计塑料制品时，应加大嵌件周围塑料的厚度，加工时对金属嵌件进行预热，以减少塑料熔体与金属嵌件的温差，使嵌件四周的塑料冷却变慢，两者收缩相对均匀，以防止嵌件周围产生较大的内应力。

嵌件是否预热需要由塑料的性质、嵌件的大小和种类决定。对含有刚性分子链的塑料，如 PC、PS、PSF、PPO 等，当有嵌件时必须预热。而对含柔性分子链的塑料且嵌件又较小时，可不预热。

嵌件一般预热温度为 110 ～ 130℃，如铝、铜预热可提高到 150℃。

三、脱模剂的选用

对某些脱模结构复杂的塑料制品，注塑成型时需要在模具的型芯上喷洒脱模剂以使塑料制品从模具的型芯上顺利脱出。

传统的脱模剂有：硬脂酸锌、白油、硅油。除聚酰胺外，一般塑料均可使用硬脂酸锌，白油作为聚酰胺的脱模剂效果较好，硅油效果好，但使用不方便。

四、料筒和螺杆的清洗

1. 采用料筒清洗剂

如果注塑用原料更换比较频繁或者料筒中残料与换料的塑化温度范围相差较大，为了节省原料和提高工作效率，采用料筒清洗剂是比较经济的。料筒清洗剂是一种类似塑料的物质，在料筒中高温不熔融，在螺杆的螺纹槽中呈软化胶团状，在螺杆的螺纹槽中前移时可把残料带走，使料筒内得到清理。

清洗剂有 LQ-1、LQ-2、LQ-3、LQ-4、LQ-5 等品种。注射机型号及用量、适用温度范围见表 3-7。

表 3-7　料筒清洗剂品种、适用温度范围、注射机型号及用量

品种	适用温度范围 /℃	注射机型号	用量 /g
LQ-1 型	180 ～ 200	Z-S-60 以下	50
LQ-2 型	＞ 200 ～ 220	Z-S-60	＞ 50 ～ 100
LQ-3 型	＞ 220 ～ 240	XS-ZY-125	＞ 100 ～ 150
LQ-4 型	＞ 240 ～ 260	XS-ZY-250	＞ 150 ～ 200
LQ-5 型	＞ 260 ～ 280	XS-ZY-500 以上	适当增加

2. 采用换料射出法

如果准备更换的原料塑化温度范围高于料筒中残料的塑化温度范围，可把料筒和喷嘴加热升温至更换原料的最低塑化温度，然后加入新换料并连续对空注射，直至料筒中没有残料。

但如果料筒中残料的塑化温度范围高于准备更换料的塑化温度范围，应先将料筒加热升温至料筒中残料的塑化温度范围，进行残料的清除。后面可继续加入二次回收料进行清洗，最后投放新料生产，如果制品的颜色要求高，新料注塑所得的前几模可作废品处理。

第三节　注塑成型的工艺条件

一、影响工艺条件的因素

1. 塑料的收缩率

热塑性塑料成型收缩的形式及计算如前所述，影响热塑性塑料成型收缩的因素见表 3-8。

表 3-8　影响热塑性塑料成型收缩的因素

类别	说明
塑料品种	热塑性塑料成型过程中由于存在结晶化引起的体积变化，而且其内应力强，冻结在塑件内的残余应力大，分子取向性强，等等，因此与热固性塑料相比收缩率较大，收缩率范围宽、方向性明显。另外成型后的收缩、退火或调湿处理后的收缩率一般也都比热固性塑料大
塑件特性	成型时熔融料与型腔表面接触，外层立即冷却形成低密度的固态外壳。由于塑料的导热性差，使塑件内层缓慢冷却而形成收缩大的高密度固态层，所以壁厚大、冷却慢、高密度层厚的则收缩大。另外，有无嵌件及嵌件布局、数量都直接影响料流方向、密度分布及收缩阻力大小等，所以塑件的特性对收缩大小、方向性影响较大
进料口形式、尺寸、分布	这些因素直接影响料流方向、密度分布、保压补缩作用及成型时间。直接进料口、进料口截面大（尤其截面较厚的），则收缩小但方向性大，进料口宽及长度短的则方向性小。距进料口近的或与料流方向平行的则收缩大
成型条件	模具温度高、熔融料冷却慢、密度大、收缩大，尤其对于结晶料，则因结晶度高，体积变化大，因此收缩更大。模温分布与塑件内外冷却及密度均匀性也有关，直接影响到各部分收缩量大小及方向性。另外，保持压力及时间对收缩也影响较大，压力大、时间长的则收缩小但方向性大。注射压力高，熔融料黏度差小，层间剪切应力小，脱模后弹性回跳大，因此收缩也可适量地减小，料温高、收缩大，但方向性小。因此在成型时调整模温、压力、注射速度及冷却时间等诸因素也可适当改变塑件收缩情况 模具设计时根据各种塑料的收缩范围，塑件壁厚、形状，进料口形式尺寸及分布情况，按经验确定塑件各部位的收缩率，再来计算型腔尺寸。对高精度塑件及难以掌握收缩率时，一般宜用如下方法设计模具 ①对塑件外径取较小收缩率，内径取较大收缩率，以留有试模后修正的余地 ②试模确定浇注系统形式、尺寸及成型条件 ③要后处理的塑件经后处理确定尺寸变化情况（测量必须在脱模 24h 以后进行） ④按实际收缩情况修正模具 ⑤再试模并可适当地改变工艺条件，略微修正收缩值以满足塑件要求

2. 塑料的流动性能

热塑性塑料流动性大小，一般可根据分子量大小、熔融指数、阿基米德螺旋线流动长度、表观黏度及流动比（流程长度 / 塑件壁厚）等一系列指数进行分析。分子量小、分子量分布宽、分子结构规整性差、熔融指数高、螺旋线流动长度长、表观黏度小、流动比大的，流动性就好，对同一品名的塑料，必须检查其说明书判断其流动性是否适用于注塑成型。

各种塑料的流动性也因各成型因素而变，主要影响因素见表 3-8。

3. 塑料的结晶性能

热塑性塑料按其冷凝时是否出现结晶现象可划分为结晶型塑料与非结晶型（又称无定形）塑料两大类。所谓结晶现象即塑料由熔融状态到冷凝状态时，分子由独立移动、完全处于无次序状态，变成停止自由运动、有略微固定的位置的状态，并有一个使分子排列成为正规模型的倾向的一种现象。

在模具设计及选择注塑机时应注意对结晶型塑料有下列要求及注意事项。

① 料温上升到成型温度所需的热量多，要用塑化能力大的设备。

② 冷却固化时放出热量大，要充分冷却。

③ 熔融态与固态的密度差大，成型收缩大，易发生缩孔、气孔。

④ 模温低时，冷却快，结晶度低，收缩小，透明度高。结晶度与塑件壁厚有关，厚壁则冷却慢，结晶度高，收缩大，物性好。因此结晶型塑料应严格控制模温。

⑤ 各向异性显著，内应力大。脱模后未结晶化的分子有继续结晶化倾向，处于能量不平衡状态，易发生翘曲变形。

⑥ 结晶化温度范围窄，易发生未熔体注入模具或堵塞进料口现象。

4. 塑料的热敏性与水解性

热敏性塑料在分解时产生气体、固体等副产物，特别是有的分解气体对人体、设备、模具都有刺激、腐蚀作用或毒性。因此，模具设计、注塑机选择及成型时都应注意，应选用螺杆式注塑机，浇注系统截面宜大，模具和料筒应镀铬，不得有尖角滞料，必须严格控制成型温度，塑料中加入稳定剂，减弱其热敏性能。

有的塑料（如 PC）即使含有少量水分，但在高温、高压下也会发生分解，这种性能称为水解性，对此必须预先加热干燥。

5. 塑料的应力开裂及熔体破裂

有的塑料对应力敏感，成型时易产生内应力而质脆易裂，塑件在外力作用下或在熔剂作用下即发生开裂现象。为此，除了在原料内加入添加剂提高抗开裂性外，对原料应注意干燥，合理地选择成型条件，以减少内应力和增加抗裂性。并应选择合理的塑件形状，减少嵌件设置来尽量减少应力集中。模具设计时应增大脱模斜度，选用合理的进料口及顶出机构，成型时应适当地调节料温、模温、注射压力及冷却时间，尽量避免塑件在过于冷脆时脱模，成型后塑件还宜进行后处理，提高抗开裂性，消除内应力并禁止与熔剂接触。

当熔融的聚合物熔体以一定的速度在恒温下通过喷嘴孔时，其流速超过某值后，熔体表面发生明显横向裂纹称为熔体破裂，有损塑件外观及物性。因此在选用熔体流动速率高的聚合物等，应增大喷嘴、浇道、进料口截面，减少注塑速度，提高料温。

6. 塑料的热性能及冷却速度

各种塑料的比热容、热导率、热变形温度等热性能不同。比热容高的塑料塑化时需要热量大，应选用塑化能力大的注塑机。热变形温度高的塑料冷却时间短，脱模早，但脱模后要防止冷却变形。热导率低的塑料冷却速度慢（如离子聚合物等冷却速度极慢），因此必须充分冷却，要加强模具冷却效果。热浇道模具适用于比热容低、热导率高的塑料。比热容大、热导率低、热变形温度低、冷却速度慢的塑料则不利于高速成型，必须选用适当的注塑机及加强模具冷却。

各种塑料按其种类特性及塑件形状，要求必须保持适当的冷却速度。所以模具必须按成型要求设置加热和冷却系统，以保持一定模温。当料温使模温升高时应予冷却，以防止塑件脱模后变形，缩短成型周期，降低结晶度。当塑料余热不足以使模具保持一定温度时，则模具应设有加热系统，使模具保持在一定温度，以控制冷却速度，保证流动性，改善充填条件或用以控制塑件使其缓慢冷却，防止厚壁塑件内外冷却不均及提高结晶度等。对于流动性好、成型面积大、料温不均的则按塑件成型情况，需加热或加热与冷却交替使用或局部加热与冷却并用。

7. 塑料的吸湿性

塑料中因有各种添加剂，使其对水分有不同的亲疏程度，所以塑料大致可分为吸湿易黏附水分和不吸湿也不易黏附水分的两种，塑料中含水量必须控制在允许范围内，否则在高温、高压下水分变成气体或发生水解作用，使塑料熔体起泡、流动性下降及力学性能不良。

所以吸湿性塑料必须按要求采用适当的加热方法及规范进行预热，在使用时防止再吸湿。

二、设定工艺参数的一般流程与要点

1. 设置塑料的塑化温度（熔融温度）

① 熔融温度过低，塑料不能完全熔融或者流动比较困难。

② 熔融温度过高，塑料会降解。

③ 从塑料供应商那里获得准确熔融温度和成型温度。

④ 料筒上有三到五个加热区域，最接近料斗的加热区温度最低，其后逐渐增温，在喷嘴处加热区需保证温度的一致性。

⑤ 实际的熔融温度通常高于加热器设定值，主要是因为背压的影响与螺杆的旋转而产生的摩擦热。

⑥ 探针式温度计可测量实际的熔体温度。

2. 设置模具温度

① 从塑料供应商那里获取模温的推荐值。

② 模温可以用温度计测量。

③ 应该将冷却液的温度设置为低于模温 10 ～ 20℃。

④ 如果模温在 40 ～ 50℃之间或者更高，就要考虑在模具与锁模板之间设置绝热板。

⑤ 为了提高塑件的表面质量，有时设置较高的模温也是需要的。

3. 设置螺杆的注射终点

① 如图 3-13 所示，注射终点就是由注射充模阶段切换到保压阶段时螺杆的位置。

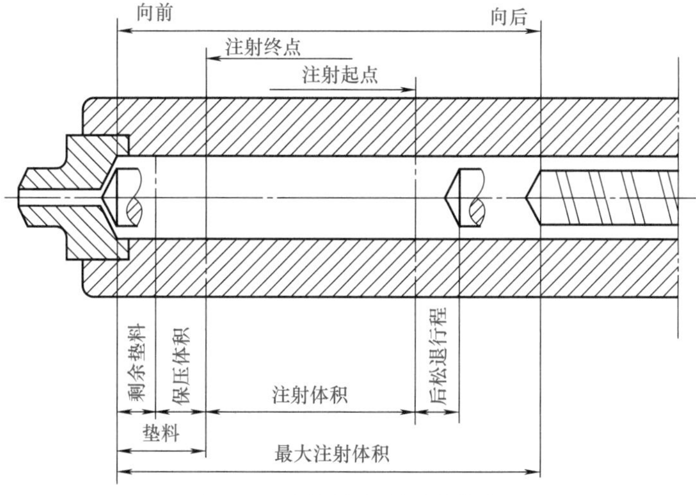

图 3-13　设置螺杆的注射终点

② 如图 3-13 所示，垫料不足的话塑件表面就有可能产生缩痕。一般情况下，垫料设定为 5 ～ 10mm。

③ 经验表明，如在本步骤中设定注射终点位置为充填型腔的 2/3，这样可以防止注塑机和模具受到损坏。

4. 设置螺杆转速

① 设置所需的螺杆转速来塑化塑料。

② 塑化过程不应该延长整个循环周期的时间，如果延长，就需提高速度。

③ 理想的螺杆转速是在不延长循环周期的情况下，设置的最小转速。

5. 设置背压

① 推荐的背压是 5 ～ 10MPa。

② 背压太低会导致不一致的制品出现。

③ 增加背压会增加摩擦热并减少塑化所需的时间。

④ 采用较低的背压时，会增加材料停留在料筒内的时间。

6. 设置注射压力

① 设置注射压力为注塑机的最大值，目的是能更好地利用注塑机的注射速度，所以注射压力设置将不会限制注射速度。

② 在模具被充满前，压力就会切换到保压压力，因此模具不会受到损坏。

7. 设置初始保压压力

① 设置初始保压压力为 0MPa，那么螺杆到达注射终点时就会停止，这样就可以防止注塑机和模具受到损坏。

② 保压压力将会增加，达到其最终设定值。

8. 设置注射速度和设计排气系统

① 采用更大的注射速度时，将会获得更小的流动阻力，更长的流动长度，更强的熔合纹强度。但是，这样就需要设置排气孔。

② 排气不畅的话会出现困气，在型腔里就会产生非常高的温度和压力，导致熔体烧焦、材料降解和短射。

③ 应该设计合理的排气系统，以避免或者减小由困气引起的缺陷。

④ 此外还需要定期地清洗模具表面和排气设施，尤其是对于 ABS、PVC 等材料。

9. 设置保压时间

① 理想的保压时间取浇口凝结时间和塑件凝固时间的最小值。

② 浇口凝结的时间和塑件凝固的时间可以计算或估计出。

③ 对于首次实验，可以根据 CAE（computer aided engineering，计算机辅助工程）软件预测的注射充模时间，设置保压时间为此注射充模时间的 10 倍。

10. 设置足够的冷却时间

① 冷却时间可以估计或计算，即持续冷却时间。

② 开始可以估计持续冷却时间为注射充模时间的 10 倍，例如，如果预测的注射充模时间是 0.85s，那么保压时间是 8.5s，而额外的冷却时间是 8.5s，这就可以保证塑件和流道系统充分固化以便脱模。

11. 设置模具开合时间

① 通常来说，开模时间设置为 2 ～ 5s，这包括开模、脱模、合模，如图 3-14 所示。

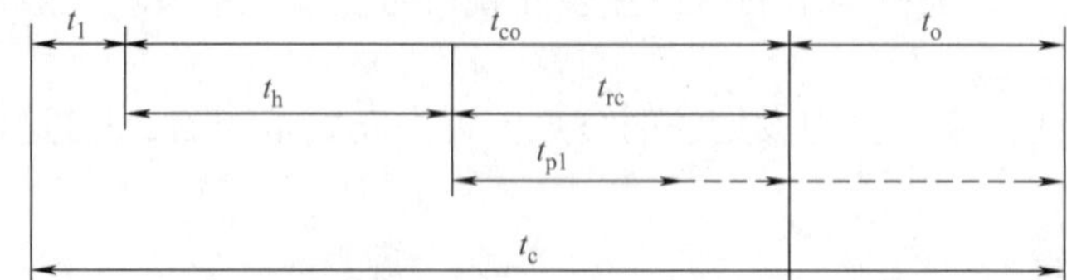

图 3-14　开模时间在注塑周期中的比例

t_1—注射充模时间；t_h—保压时间；t_{rc}—持续冷却时间；t_{p1}—塑化时间；t_o—开模时间；t_c—加工循环周期；t_{co}—冷却时间

② 加工循环周期是注射充模时间、保压时间、持续冷却时间和开模时间的总和。

12. 逐步增加注射体积直至充满模具的 95%

① CAE 软件可以测出塑件和浇口流道等质量，有了这些信息，加上已知的螺杆直径或料筒的内径，就可以估计出每次注射的注射量和注射起点位置。

② 因此，仅仅充填模具的 2/3，将保压压力设定为 0MPa。这样，在螺杆到达注射终点位置时，充模会停止，这可以保护模具。接下来，每步增加 5% 到 10% 的注射体积，直到充满模具的 95%。

③ 为了防止塑料从喷嘴流延，使用了压缩安全阀。在螺杆转动结束后，立即退几毫米，以释放在塑化阶段建立的背压。

13. 切换到自动操作

进行自动操作的目的是获得加工过程的稳定性。

14. 设置开模行程

开模行程包括了型芯高度、塑件高度、预留空间，如图 3-15 所示。应当使开模行程最短，每次开模时，起始速度应当较低，然后加速，在快结束时，再次降低速度。合模与开模的顺序相似，即慢—快—慢。

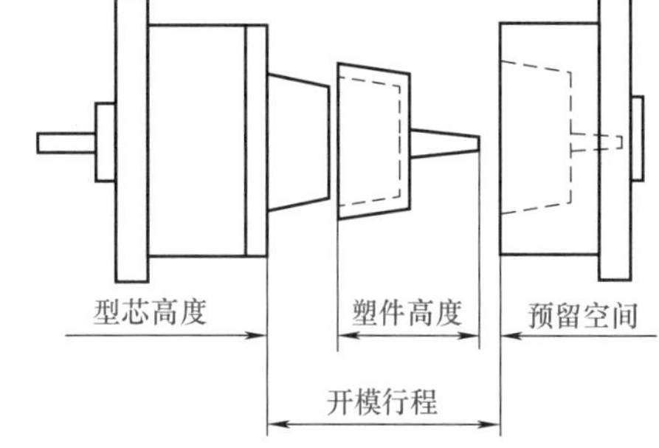

图 3-15　开模行程

15. 设置脱模行程、起始位置和速度

首先消除所有的滑动，最大的顶杆行程是型芯的高度。如果注塑机装有液压顶杆装置，那么开始位置设置在零件完全能从定模中取出的位置。当顶出的速度等于开模速度时，零件保留在定模侧。

16. 设置注射体积到模具充满 99%

① 当工艺过程已经固定（每次生产出同样的零件）时，调节注射终点位置为充满型腔的 99%。

② 这样可以充分利用最大的注射速度。

17. 逐步增加保压压力

① 逐步增加保压压力值，每次增加约 10MPa。如果型腔没有完全充满，就需要增加注射体积。

② 选择可接受的最低保压压力，这样可使制品内部的压力最小，并且能够节约材料，也降低了生产成本；一个较高的保压压力会导致高的内应力，内应力会使制品翘曲。可以通过将制品加热到热变形温度 10℃以下进行退火将内应力释放。

③ 如果垫料用尽了，那么保压的末期起不到作用，这就需要改变注射起点位置以增加注射体积。

④ 液压缸的液压可以通过注塑机的压力计读取。然而，螺杆前部的注射压力更为重要，为了计算注射压力，需要将液压乘以一个转换因子，转换因子通常可以在注塑机的注射部分或者用户指导手册中找到，转换因子通常为 10 ～ 15。

18. 得到最短的保压时间

① 若想获得最短保压时间，最简单的方法是开始设置一个较长的保压时间，然后，逐步减少直到出现缩痕的现象。

② 如果零件的尺寸较为稳定，可以利用如图 3-16 所示的关系来获得更精确的保压时间，

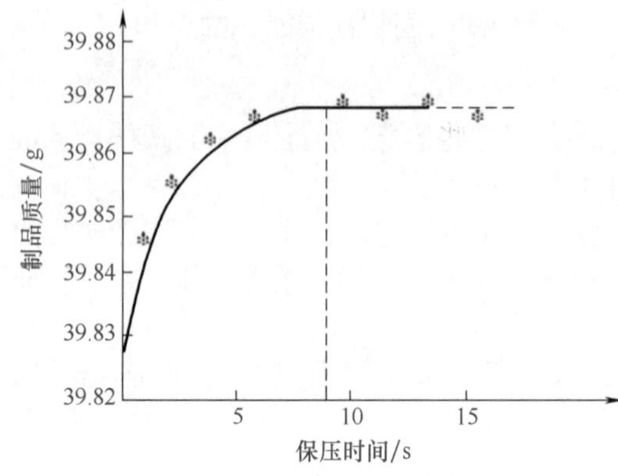

图 3-16　保压时间与制品质量的关系

根据图中制品质量和保压时间关系曲线，得到浇口或制品凝固的时间。例如，在9s之后，保压时间对于零件的质量没有影响，这就是最短保压时间。

19. 得到最短的持续冷却时间

减少持续冷却时间直到零件的最大表面温度达到材料的热变形温度，热变形温度可以从供应商提供的塑料材料手册中查到。

在上述过程中，如果是新产品投产，对工艺参数值没有把握时，应注意以下几点。

① 温度。偏低设置塑料温度（防止分解）和偏高设置模具温度。

② 压力。注射压力、保压压力、背压均从偏低处开始（防止过量充填引起模具、机器损伤）。

③ 锁模力。从偏大处开始（防止溢料）。

④ 速度。注射速度从稍慢开始（防止过量充填）；螺杆转速从稍慢开始；开合模速度从稍慢开始（防止模具损伤）；计量行程从偏小开始（防止过量填充）。

⑤ 时间。注射充模、保压时间从偏长开始（确认浇口密封）；冷却时间从偏长开始。

三、注塑压力

1. 塑化压力

螺杆式注塑机工作过程中，螺杆旋转后退时螺杆顶部物料所受到的压力称为塑化压力或背压。塑化压力可通过调整注塑机溢流阀而改变。

塑化压力对注塑成型的影响主要体现在物料的塑化效果及塑化效率的变化上。一般增大塑化压力之后，熔体压力也随之增大，有利于排出熔体中的气泡，提高熔体的致密程度。同时，增大塑化压力还可以使螺杆的后退速度降低，物料在料筒计量段的停留时间延长，塑化效果随之提高。但是，增大塑化压力的同时，螺杆转速也需相应提高，否则熔体逆流及漏流量将大大提高，塑化效果与塑化能力也就随之下降，不仅会使成型周期延长，而且还会使塑料热降解的可能性增大。

塑化压力的选择应遵循以下几个原则。

① 在满足塑化要求的前提下，塑化压力越低越好。

② 塑化压力的选择与塑料特性有关。成型热稳定性差的塑料时，塑化压力不宜过高，否则容易造成热降解，影响制件质量。成型熔融黏度高的塑料（如 PSU、PPO、PI 等）时，塑化压力同样不宜过高。塑化压力较大时，为保证塑化能力，往往增加螺杆转速，当熔体黏度较高时，很容易造成螺杆的传动系统过载。

③ 塑化压力的选择应与喷嘴结构结合起来考虑。对于直通式喷嘴，为了避免产生流延，塑化压力应该比较低；而对于针阀式喷嘴可选择较大的塑化压力。根据生产经验，塑化压力的范围通常在 3.4 ～ 27.5MPa，其中下限值适用于大多数塑料，特别是热稳定性较差的塑料。

2. 注射压力

注射压力是指柱塞或者螺杆向前移时，其头部向塑料熔体施加的压力。熔体在注射压力作用下克服成型过程中受到的流动阻力，以一定的速度、压力充满型腔，并受到一定的压实作用。注射压力对熔体的流动、充模及制件质量都有很大影响。如图 3-17 所示为注射压力对注塑成型及制件性能的影响，可作为成型过程中选择和控制注射压力的参考。

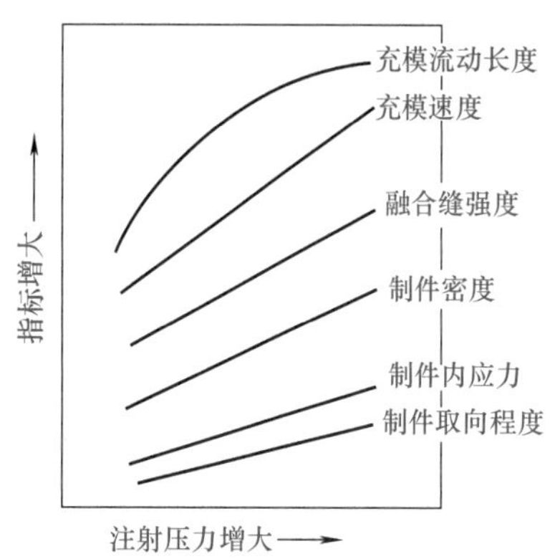

图 3-17 注射压力对成型过程及制件性能的影响

选择注射压力，需要同塑料性质、制件的结构特点和精度要求、喷嘴结构形式、浇口尺寸以及注塑机类型一起考虑。注射压力的范围通常在 40 ～ 200MPa。表 3-9 中提供了几种常用塑料的注射压力选择范围。

注射压力可遵循以下原则进行选择和控制：

① 当用流动性较好的塑料成型形状简单的厚壁制件时，注射压力可较低，一般不超过 70MPa。当塑料熔融黏度不太高、制件形状不太复杂且精度要求一般时，注射压力也不宜过高，范围在 70 ～ 100MPa。若塑料为中、高黏度，且对制件精度有一定要求，但制件形状不太复杂时，注射压力应略高，可取范围为 100 ～ 140MPa。如果塑料黏度高（如 PPO、PSU），且制件壁薄、形状复杂、要求精度高，则注射压力应较高，一般为 140 ～ 180MPa。对于优质、精密、微型制件，注射压力可取 180 ～ 250MPa 或更高。

表 3-9 几种常用塑料的注射压力选择范围

塑料名称	注射压力 /MPa			塑料名称	注射压力 /MPa		
	厚壁制件	一般制件	薄壁、窄浇口制件		厚壁制件	一般制件	薄壁、窄浇口制件
PE	70 ～ 100	100 ～ 120	120 ～ 150	POM	85 ～ 100	100 ～ 120	120 ～ 150
PVC	100 ～ 120	120 ～ 150	>150	PA	90 ～ 110	110 ～ 140	>140
PS	80 ～ 100	100 ～ 120	120 ～ 150	PC	100 ～ 120	120 ～ 150	>150
ABS	80 ～ 100	100 ～ 130	130 ～ 150	PMMA	100 ～ 120	120 ～ 150	>150

② 流道结构在一定程度上会影响注射压力的损失，因此，应根据流道实际情况调整注射压力的大小。

③ 在相同情况下，柱塞式注塑机要克服更大的摩擦阻力，会造成较大的压力损耗，因此，柱塞式注塑机所用的注射压力要比螺杆式注塑机大。

注射压力是注塑成型工艺中一个非常重要的因素。熔体充模过程中，注射压力不仅直接影响熔体的流动比，而且同注射速度密切相关。在其他条件相同的情况下，注射速度随注射压力的增大而提高。在充模过程中，要将注射速度控制在合理范围内，同时还应该注意注射压力的选择和控制并不是孤立的，它与其他工艺条件相互影响、相互作用。

（1）注射压力与塑料材料及制品厚度的关系

① 注射压力与塑料材料的关系。不同的塑料材料，其熔体的流动行为会不同，所需的注射压力亦不同。理论和经验表明，熔体黏度是流动性质中影响注射压力最显著的因素。材料选择是根据制品的使用要求而定的，确定材料种类、制品的形状和结构后，就只能通过调整浇口数量和位置来降低成型压力，或者通过提高熔体的温度来降低熔体黏度，进而达到降低成型压力的目的。当调整以上因素不能满足压力要求时，可以更换材料，或者修改制品的结构以满足压力要求。

② 注射压力与制品厚度的关系。制品厚度明显地影响所需的注射压力。制品的厚度越小，则熔体在流动时越容易冷却，流动也受到限制，因此熔体填充所需的压力越高。对于一定的塑料材料，在许可的注射压力下，具有特定的许可流长比 L（流动长度 / 制品的最小厚度），一般为 L=30 ～ 40，即熔体的流动长度越长，则制品的厚度必须越大。

（2）注射压力与注射时间及注射速度的关系

① 注射压力与注射时间的关系。一般而言，注射时间越短，熔体的容积流动速率越高，所需的注射压力也越高。对于一个固定的型腔容积而言，注射时间与容积流动速率成反比，但是高速填充产生的摩擦热会使材料温度升高；塑料熔化的高温和高剪切率（由于高流动速率）引起的摩擦热会使得熔体黏度降低，从而弥补了压力需求。

另一方面注射时间也同时取决于模壁的冷却效果。如果注射时间较长，则熔体在冷却过程中将产生较厚的凝固（固化）层，从而使流动管道变窄，因此需要较高的注射压力。

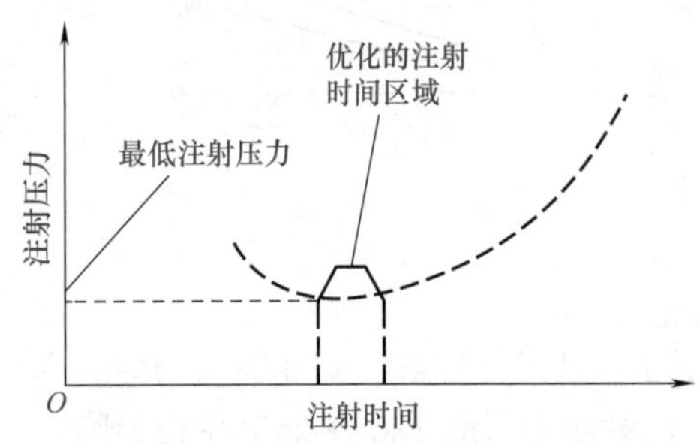

图 3-18　注射压力随注射时间的变化曲线

定性分析表明，注射时间与注射压力之间的关系呈现 U 形曲线，如图 3-18 所示，最佳注射时间位于曲线中注射压力的最低点，即：如果用较短的注射时间充满型腔，就必须要有很高的注射速度，因此也就必须要有较高的压力；当注射时间很长时，熔体温度下降，黏度增加，从而增加了填充难度，因此也需要很大的注射压力。只有在曲线的中间位置出现了一个最低点，此时的注射时间恰好对应于注射压力最低的区域。

② 注射压力与注射速度的关系。最佳的注射速度分布使熔体以较缓慢的流动速率通过浇口区域，以避免喷射流和过高的剪应力，然后增加流动速率使熔体填充大部分的型腔。在熔体完全填满型腔之前，注射速度会再度降低，以避免压力突增及因超过锁模力，使模具被撑开而造成溢料现象。

注射压力一般分为两个阶段：第一阶段是把塑料熔体高速地注射入模具中的阶段，此时的压力称为一次注射压力，这就是通常所称的注射压力；第二阶段是材料充满模具后所加的压力，称为二次注射压力（或保压压力）。因塑料熔体在流动时的抵抗与其熔融特性、制品结构及模具构造有关，所以一次注射压力要根据具体要求来设定，一般为 80 ～ 120MPa。

对熔体黏度特别高的材料或对尺寸精度要求特别高的制品，可采用 150 ～ 200MPa 的注射压力。一次注射压力过低，会引起充填不足的情况；一次注射压力较高，可使制品的密度增大、收缩率减小；一次注射压力过高，则会使制品产生毛边或较大的残余应力，有时还会使制品脱模困难而影响工效。因此，在试制时应从低压开始并逐渐提高，以确定合适的一次注射压力。

此外，注射压力的可调范围和注塑机的机型有关，也应引起注意。例如，成型各种家用小商品时，为了增加注射量一般倾向于使用螺杆直径较大的注塑机，即使是同一厂家同一机型的注塑机，如果螺杆直径不同的话，其最大注射压力也会发生变化，对最大注射压力能否满足要求应该进行确认。

（3）注射压力与熔体及模壁温度的关系

熔体及模具温度不仅对成型过程有影响，而且对制品的最终成型结果亦有直接影响。熔体及模具温度影响注射压力、制品的表面质量、成品的收缩变形、成型周期等，例如，升高熔体及模具温度会降低熔体的黏度，进而降低成型时所需的注射压力。经验分析表明，在特定材料的成型温度范围内，熔体温度每增加 10℃，将导致熔体黏度降低，从而使得注射压力降低约 10%。但是升高温度只对分子链较柔软的温敏性塑料有比较大的影响，例如 PC 等；升高温度对于分子链较刚性的剪敏性塑料影响却较小，例如 PP 等。过分地升高料筒温度则会使塑料降解，影响制品的表面质量和强度。根据经验，料筒温度每升高 1℃，注射压力往往会下降 1.5MPa 左右。另外料筒温度过高使得塑料黏度下降很大，导致飞边的出现和收缩痕迹的加重，因此在注塑过程中要合理地把握好这个参数。注射压力与熔体、模壁温度的关系（示例）见表 3-10。

表 3-10　注射压力与熔体、模壁温度的关系（示例）

序号	熔体温度 /℃	模壁温度 /℃	注射压力 /MPa
1	215	50	48.6
2	205	40	57.2
3	215	40	51.8
4	225	40	48.2
5	215	30	54.8

3. 型腔压力

型腔压力的变化对于成型制件的质量有着至关重要的影响。目前随着传感器技术的发展，型腔压力的测量已经达到了一个较高的水平。在典型零件的注射过程中，型腔压力随时间的变化可分为三个阶段：型腔充填（注射阶段）、熔体压缩（压缩阶段）和材料在压力作用下的冷却凝固（冷却定型阶段）。这三个阶段对于产品质量有一定影响。注射阶段主要影响注塑件的外观，而保压阶段控制注塑件的尺寸。注射阶段主要克服喷嘴到型腔的流动阻力，它对成型加工质量的影响最小，压缩和保压阶段对于制件质量有着重要的影响。

压力变化情况可以反映加工过程中典型缺陷的形成原因。从注射阶段切换到压力较低的保压阶段，如果设置不正确或者切换控制不可靠，造成压缩阶段的一个高压峰值则可能导致溢料甚至形成胀模，由此导致制件的质量和开模方向的尺寸产生显著变化。目前情况下，只有通过选择合适的切换点来避免压力峰值。

如图 3-19 所示为不同因素对型腔压力的影响。在注射阶段，如图 3-19（a）所示，不同的螺杆推进速度对压力的建立有很大影响；图 3-19（b）显示高温模具有利于压力在型腔内的传递；图 3-19（c）表明浇口设计对冷却阶段的保压有重要影响；由图 3-19（d）可以看出型腔内浇口附近和流动路径末端存在压力差。

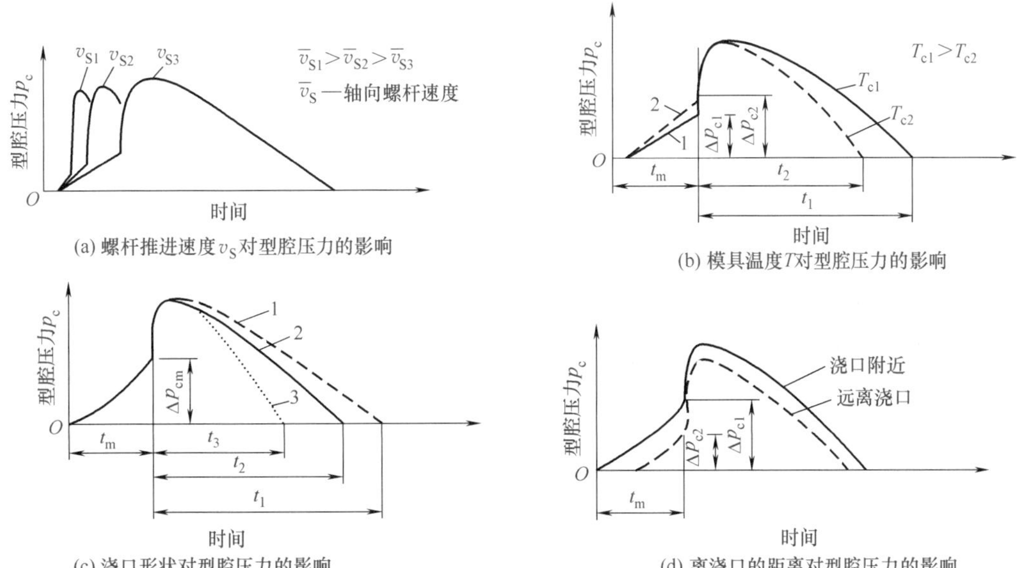

图 3-19　不同因素对型腔压力变化的影响

4. 注射压力－保压压力的切换

实际生产过程中并不知晓型腔压力，因此，从注射压力到保压压力的切换选择通常并不正确。如图 3-20 所示为不同的注射压力 - 保压压力切换情况对型腔压力的影响。

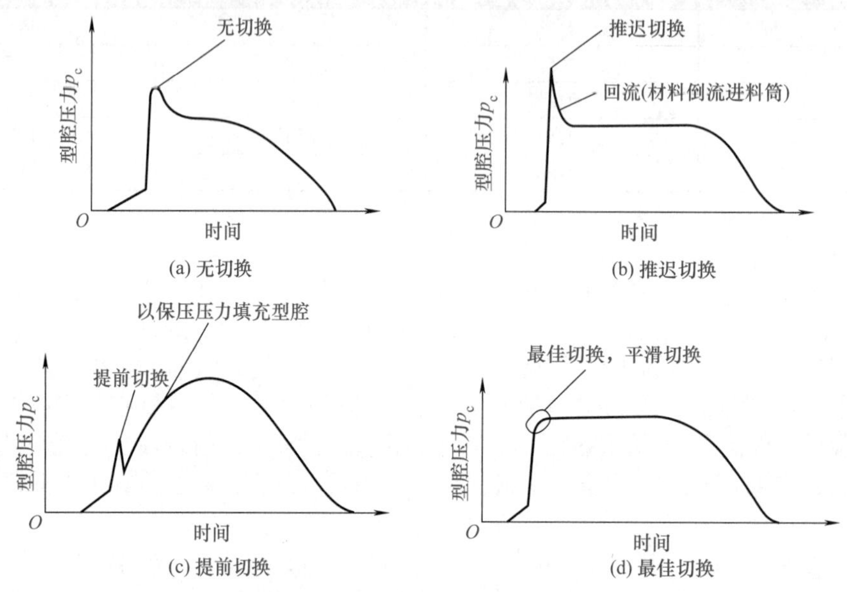

图 3-20　注射压力 - 保压压力切换对型腔压力的影响

如果所需最终压力接近填充压力，可采用无切换注射。这种情况主要适用于小浇口和制件的长度、厚度比较大的情况。

大浇口通常需要较高的注射速率，推迟切换注射可能造成保压过度，除影响制件尺寸和形成溢料以外，还会使型腔各边变形引起模具损坏，造成注塑机锁模机构过载。而锁模机构过载，会造成拉杆的永久变形，甚至在长期生产过程中导致拉杆断裂。

如图 3-20（b）所示，如果保压压力较小，同时还推迟保压压力切换时间，则会使熔体回流，在制件内产生不利的剪切取向。如果在浇口凝固前提前取消保压压力，也会产生同样的情况。

图 3-20（c）中的压力回落，表明保压压力切换过早。填充过程的压力平衡靠保压压力形成，对于完成充分填充来说，保压压力过小，势必造成注射速度过低。切换时刻流动瞬间停止，制件表面会产生难以消除的斑痕。

注射压力向保压压力的切换可分别通过时间控制、行程控制、型腔压力控制和锁模力控制进行选择，其说明见表 3-11。

表 3-11　注射压力向保压压力的切换的控制

类别	说明
时间控制	在注射开始后经过预定时间释放压力切换信号，这种方法没有考虑螺杆前端的熔体压缩、熔体黏度、进料精度或液压压力的变化，也没考虑螺杆推进速度的变化，而液压压力的变化会引起螺杆位置的变化以及相应的行程变化。因此，压力切换之后制件质量和尺寸波动较大。通常不建议采用依据时间进行压力切换的方法，实际上此方法也并不可取
行程控制	依据行程进行压力切换是实际生产中通常采用的方法。切换信号由行程开关发出，因此可以认为每次切换是在填充相同体积时发生的，制件质量的重复性可以保证。如果保压行程非常短，则不建议采用行程控制，因为行程过小会造成行程不能准确切换。该方法受螺杆行程变化、限位开关精度、止回阀以及熔体黏度变化的影响严重

续表

类别	说明
型腔压力控制	根据型腔压力切换的方法在实际生产中也已普遍应用。该方法是在型腔压力达到一定预定值后进行切换，效果相对较好。采用型腔压力控制可消除一些螺杆行程和止逆阀的影响。同时间控制和行程控制相比，这种方法不能补偿液压油、熔体以及模具温度的变化，即注射速率的变化 在熔体压缩阶段压力增长越快，这种切换方法越有效。控制上的精度和及时的切换可避免压力峰的产生。这种切换特别适用于以在分型面上的延伸为主，且不允许溢料的制件的成型加工，如厚度很小的箱体盖板
锁模力控制	压缩和保压阶段型腔压力的增长，可通过两种间接方法测量出来。一种方法是当确定注射开始时，根据机器锁模装置的模板和拉杆内的反作用力进行压力切换，锁模力可以通过拉杆或者拉杆螺母感应测量或用应变计测量。测量设备直接安装在机器上，避免了模具频繁更换压力传感器，大大降低了其损坏的可能性。这是一种经济的精确确定切换点的方法。另一种方法是在模具和模板之间安装一个载荷单元，这种方法已在全液压、曲肘机构等机型中使用过

5. 保压压力

保压压力是在第二个压力阶段施加在制件上的压力。通常保压压力和模具中的有效压力很少一致。保压压力和保压时间对制件尺寸精度与外观质量有重要的影响，它们决定了制件表面轮廓的清晰程度。通过调整制件尺寸或观察制件表面的缩痕是否消失，比较容易确定保压压力值，但保压时间的确定却比较困难，通过测量型腔压力可获得确切的保压时间。只有在浇口凝固之后，才能中止保压压力的变化对型腔压力的影响。浇口凝固之后，保压时间延长不会影响制件的质量，但会造成能源的浪费。如果无法直接测得型腔压力，可以通过系统测量制件质量与保压时间的关系来确定。

6. 螺杆背压

（1）背压的形成

在塑料熔融、塑化过程中，熔体不断移向料筒前端（计量室内），且越来越多，就逐渐形成一个压力，推动螺杆向后退。为了阻止螺杆后退过快，确保熔体均匀压实，需要给螺杆提供一个反方向的压力，这个反方向阻止螺杆后退的压力称为背压，如图 3-21 所示。

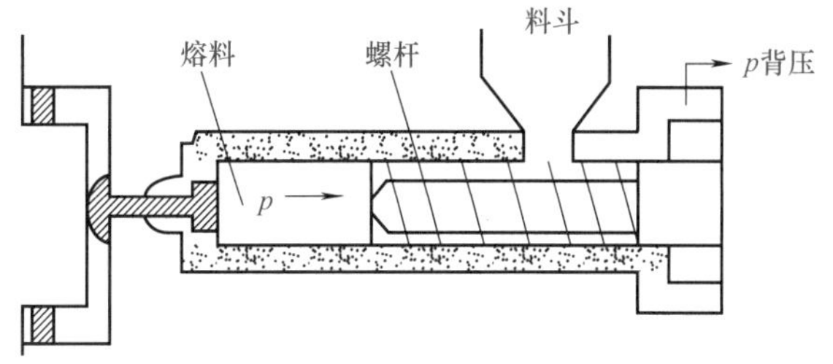

图 3-21　背压的形成原理

背压亦称塑化压力，它的控制是通过调节注射液压缸的回油节流阀（背压阀）实现的。预塑化螺杆注射液压缸后部都设有背压阀，调节螺杆旋转后退时注射液压缸泄油的速度，使液压缸保持一定的压力，全电动机的螺杆后移速度（阻力）是由 AC 伺服阀控制的。

（2）适当调校（提升）背压的好处

① 能将料筒内的熔体压实，增加密度，提高注射量、制品质量和制品尺寸的稳定性。

② 可将熔体内的气体“挤出”，减少制品表面的料花（银纹）、内部气泡，提高光泽均匀性。

③ 减慢螺杆后退速度，使料筒内的熔体充分塑化，增加色粉、色母与熔体的混合均匀度，避免制品出现混色现象。

④ 可改善制品表面的缩水和制品周边的走胶情况。

⑤ 能提升熔体的温度，提高熔体塑化的质量，改善熔体充模时的流动性，避免或减少制品表面银纹。

（3）背压过低可能导致的问题

① 螺杆后退过快，注入料筒前端的熔体密度小（较松散），带入空气相应增多。

② 会导致塑化质量差、注射量不稳定，制品的质量和尺寸变化增大。

③ 制品表面会出现缩水、银纹、光泽不匀等不良现象。

④ 制品内部易出现气泡，制品周边及加强筋等处容易充填不足。

（4）过高的背压可能导致的问题

① 料筒前端的熔体压力太高、料温高、熔体黏度下降，熔体在螺杆槽间产生的逆流增大，从而降低塑化效率（单位时间内塑化的料量）。

② 对于热稳定性差的塑料（如 PVC、POM 等）或着色剂，因熔体的温度升高且在料筒中受热时间延长而造成热分解，或着色剂变色程度增大，制品表面颜色、光泽变差。

③ 螺杆后退慢，预塑回料时间长，会增加成型周期的时间，导致生产效率下降。

④ 熔体压力高，注射后喷嘴容易发生熔体流延现象，在下一循环注射时，流延产生的冷料会堵塞浇口或导致制品中出现冷料斑。

⑤ 在注塑过程中，喷嘴可能出现熔体泄漏（漏胶）现象，不仅浪费原料，而且导致喷嘴附近的发热圈损坏。

⑥ 预塑机构和料筒磨损增大。

四、速度－压力（v–p）的切换

注射充模过程中当型腔快要充满时，螺杆的运动从速度控制转换到压力控制，这个转换点称为保压切换控制点，即 v-p 转换点。如图 3-22 所示。

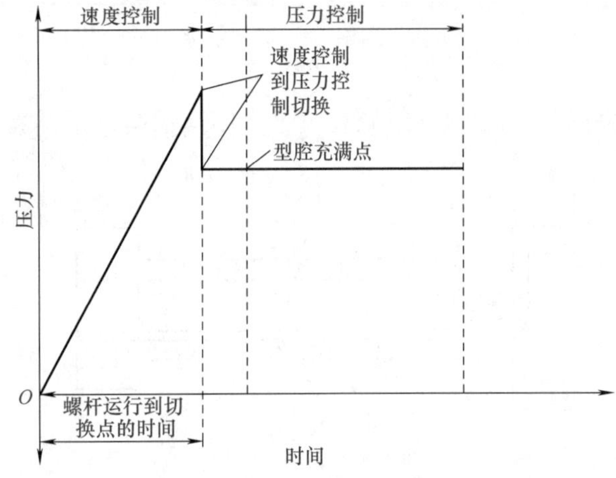

图 3-22　型腔从速度控制到压力控制持续充填过程图

正确设定保压切换控制点是注塑生产中很重要的工艺设置。过早转压就需要利用保压压力把过多的熔料推进型腔，这样很容易产生缺料；但如果保压太迟，则制品会被压缩过大，形成很多部位有溢边、制品内应力过高、脱模不够稳定等缺陷。

在生产实践中，常用的 v-p 切换方式有压力切换、时间切换和位置切换等。

压力切换意思是注塑机的优先权是压力，当机器检测到射出瞬间压力达到用户设定的 v-p 切换压力大小的时候，射出动作就切换为保压动作，直至完成保压。由于这种方法建立在稳定可靠的压力绝对值信号的基础上，因此，这种切换是最有效的。同时，由于采用了压力监控，从而消除了螺杆行程和止逆阀的影响。但是，这种方法不能补偿液压油、熔体以及模具温度的变化，即注射速率的变化。实践表明，压缩阶段的压力增长越快，这种方法越有效，因为在这种情况下，精确和及时的切换避免了压力峰的产生。

位置切换（也称行程切换）是指当螺杆射出动作到达用户设定的 v-p 切换位置时，射出动作就直接转换到保压动作。这种方法是较为常用的方法，实践证明也是有效的。切换信号由保压位置的限位开关发出，由于注射行程基本恒定，因此，可以认为这种切换在填充相同体积时发生一次。但如果保压行程非常短，这种方法就很不可靠，因为很小的变化会导致开关不能每次都准确启动，在这种情况下，最好不要进行切换。由于位置切换不考虑切换压

3. 赋形和固化

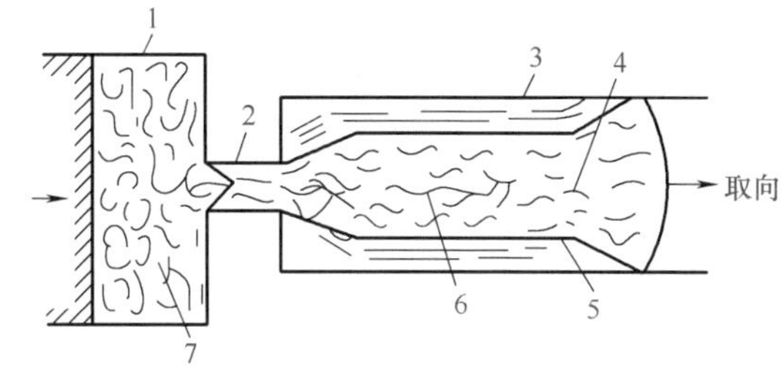

图 3-10 注塑时塑料流动引起的分子取向（定向作用）

1—注塑机；2—熔体注入模具的通道（实际上由主流道、浇口组成）；3—模具（型腔内部）；4—中心处流速较快的部分；5—沿型腔壁面而流速极慢的部分；6—同取向而拉伸展开的树脂分子；7—缠绕在一起的树脂分子

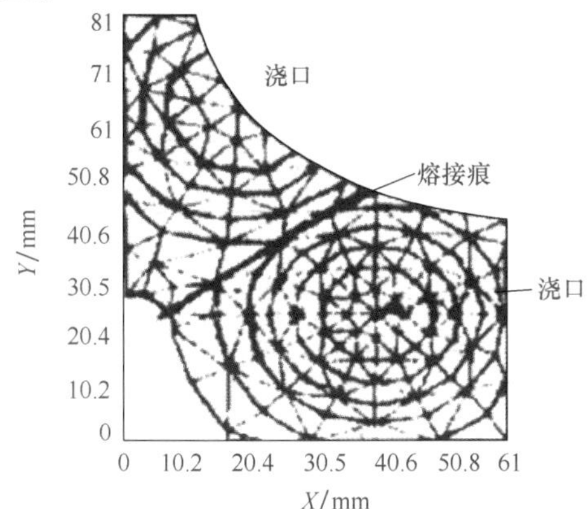

粗点线表示从浇口离开时间为 t=0.23s、0.43s、0.68s、0.93s、1.28s、1.48s 的料流前端，为熔接线段（熔接痕）

a — 相对密度为0.9645的PE；
b — 相对密度为0.95的PE；
c — 相对密度为0.918的PE

力，所以射出最高压力取值范围应尽量设置得宽松一些。

时间切换是指注射开始后经过预定时间，系统发出一个切换信号并将螺杆动作转换为保压动作。这种方法没有考虑螺杆前端的熔体压缩、熔体黏度、进料精度或液压压力等的变化，也没有考虑螺杆推进速度的变化，以及相应的行程变化，其结果是制品的质量和尺寸波动较大。因此，这种方法只适合一些精度要求不高的普通制品。

五、锁模力

锁模力是为了抵抗塑料熔体对模具的胀力而设定的，其大小根据注射压力等具体情况决定。但实际上，塑料熔体从注塑机的料筒喷嘴射出后，要经过模具的主流道、分流道、浇口而进入型腔，途中的压力损失是很大的。如图 3-23 所示为熔体从料筒进入模具的整个过程中压力的变化情况，从图中压力变化可知，到达型腔的末端时其压力将下降，仅相当于初始注射压力的 20%。

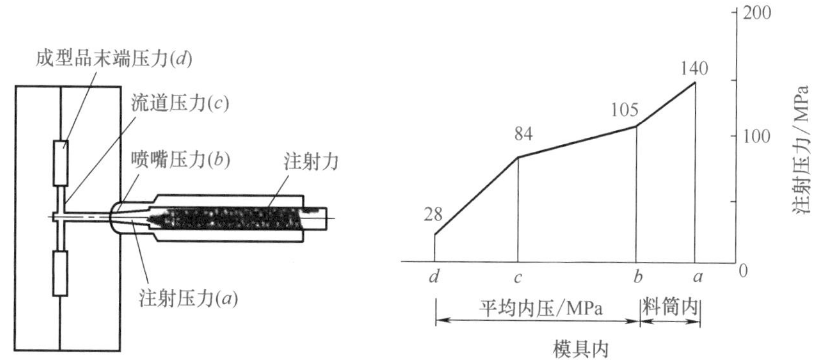

图 3-23 注射压力和模具内压力示意

因此，可以认为一般在注塑成型中型腔内的平均压力为 35 ～ 50MPa。具体对某一制件进行锁模力预测时，可以根据以下公式把包括流道和浇口在内的面积计算在内，模具一般就不会发生胀模现象。

$$F > Ap \times 10^3$$

式中 F——锁模力；

A——总投影面积，cm^2；

p——型腔内的平均压力（一般为 35 ～ 50MPa）。

对针点式浇口的模具进行总投影面积计算时可以不包括流道和浇口。对于使用聚碳酸酯、聚甲醛等工程塑料的制件，且要求精密度较高时，可采用 100MPa 作为型腔内平均压力进行计算。

六、注塑温度

注射成型过程中，料筒、喷嘴、熔体、液压油和模具等的温度，对保持制件的性能和尺寸的稳定都有重要的影响。其中，模具温度的影响最为显著，其具体说明见表 3-12。

表 3-12 注射成型过程中影响制件性能和尺寸稳定的各种温度

类别	说明
料筒温度	确定料筒温度时，应保证塑料塑化均匀，能顺利进行充模，同时又不造成塑料降解。料筒温度的确定包括以下六个原则

续表

类别	说明
料筒温度	①料筒温度应该维持在塑料的熔融温度 T_f 和热分解温度 T_d 之间的某一点。对于热稳定性较差的塑料，如PVC、POM等，料筒温度应选较低值；对于料筒温度为 $T_f \sim T_d$、温度区间较宽、熔融黏度大的塑料，料筒温度则应取得较高。同一种塑料，平均分子量高、分子量分布窄的塑料，料筒温度应取高些。对加有增塑剂、润滑剂等助剂的塑料，因其黏度低、流动性好，料筒温度可相对较低；而对于加有玻璃纤维或其他固体填料的塑料，料筒温度应相对较高。总之，料筒温度的确定应根据成型材料的热稳定性、流动性能等合理选择，保证整个成型过程中温度的稳定 ②为避免物料热分解，在控制好料筒最高温度的同时，还应严格控制物料在料筒内的停留时间，特别是热稳定性较差的塑料。停留时间的确定需考虑实际注射量与注塑机最大注射量的相对比例、注塑机的塑化能力等多方面因素 ③料筒温度的确定还与成型制件及模具的结构有关。通常注塑成型薄壁、结构复杂、带金属嵌件的制件时，料筒温度应较高，否则容易因熔体温度过低而出现充填不满等制件缺陷 ④在其他条件相同的条件下，注塑机类型不同时料筒温度的选择也不同，如柱塞式注塑机比螺杆式注塑机料筒温度高10～20℃ ⑤料筒温度的确定还需要与其他工艺条件一起考虑。改变料筒温度可起到与调整其他工艺条件相同的效果。如提高料筒温度与提高注射压力和注射速度一样，都可以提高熔体的充模流动长度 ⑥要保证温度平稳上升，达到均化的目的。料筒温度的分布通常是从料斗向喷嘴方向逐步升高，但这并不是绝对的，当成型材料中水分含量较高时，可使料筒后段温度略高，以利于水分的排出。如螺杆式注塑机可产生大量的剪切热，为防止物料分解，前段温度可略低于中段 料筒温度确定得是否合理可通过如下两种方法判断 ①对空注射法。对空注射熔体时，若熔体均匀、光滑、无气泡、色泽均匀，则认为料筒的温度合适；如果熔料表面粗糙，有银纹或变色现象，则说明料筒温度不合适 ②直接观察制件外观，若无缺陷，则认为料筒温度合适
喷嘴温度	为了防止直通式喷嘴的流延现象，喷嘴温度通常略低于料筒的最高温度。较低的喷嘴温度可以通过熔体因受到剪切作用而产生的热量得到部分补偿（剪切热引起的熔体温升与喷嘴直径和注射压力有关），但喷嘴温度不能太低，否则容易造成熔料堵塞喷嘴或进入型腔后影响制件质量
熔体温度	由图（a）可知，熔体温度降低，型腔压力随之下降，浇口凝固时间变短，这意味着制件的成型时间缩短，成型加工周期缩短。但此时熔体黏度增加，注射时间也增加，因此，需要使液压压力自动增加或可控增加。这就是保持熔体温度恒定的必要条件。这种情况即使是对受熔体温度影响较小的结晶型塑料也一样 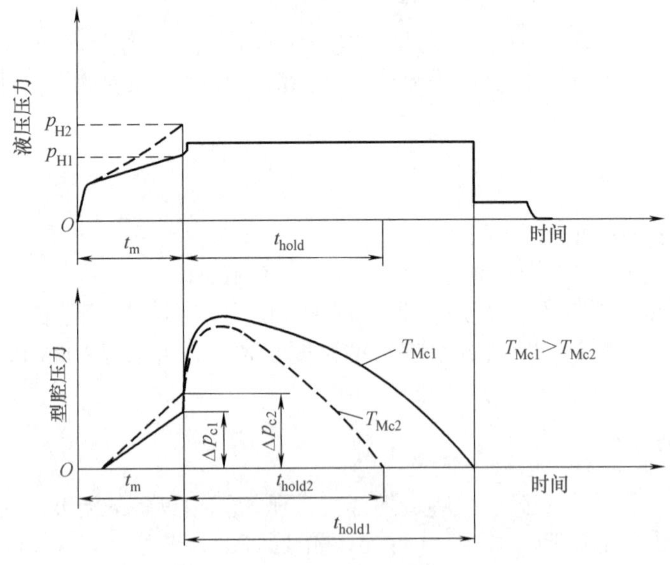 图(a) 熔体温度T_M对液压压力和型腔压力的影响
液压油温度（油温）	阀门内的能量损失和效率都会受到液压油黏度的影响，所有没有进行压力补偿的注塑机都受到油温的影响。要获得高质量的成型加工制件，就需要进行启动控制，在达到操作温度之后才能启动机器，进行注塑成型生产

续表

<table>
<tr><th>类别</th><th>说明</th></tr>
<tr><td>模具温度（模温）</td><td>模具温度是指与塑料直接接触的模壁温度，它直接影响塑料的充模流动性、制件的冷却速度、成型周期，以及制件的结晶、取向、收缩等的结果，是关系制件质量的重要因素。如图（b）所示为模具温度对注塑成型及制件性能的影响，可为模具温度的选择和控制提供参考
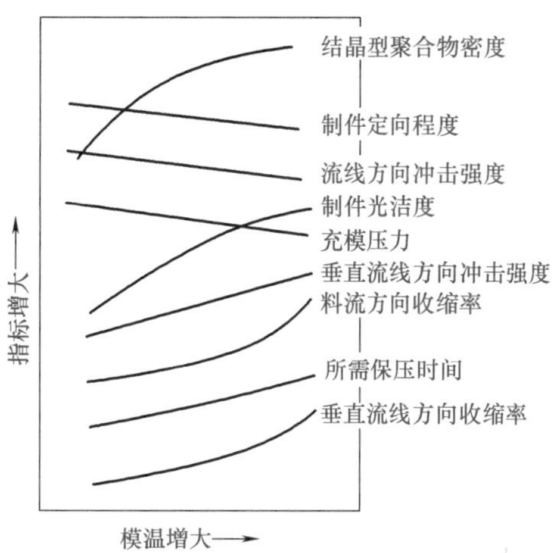

图(b)　模具温度对注塑成型及制件性能的影响
热塑性塑料注塑成型时，模具温度必须控制在塑料热变形温度或玻璃化转变温度以下，以保证制件脱模时有足够的刚度而不致变形。在这一总体原则下，模具温度应由塑料特性（是否结晶、熔融黏度大小等）、制件的结构特点（如形状的复杂程度、壁厚如何等）、制件的使用要求（如结晶型塑料的结晶度等）以及其他成型工艺条件来确定
对于无定形塑料，在不影响充模的条件下，模具温度可取得较低，这样有利于缩短成型周期，提高生产率。对于结晶型塑料，模温不仅影响其充模过程、成型周期，最重要的是将决定制件的结晶结构及结晶度，进而影响制件的性能
除了上述因素以外，模具温度的选择还应有利于型腔各处塑料的均匀冷却，因此，厚壁制件通常需选取较高的模温</td></tr>
</table>

七、注射速度和注射量

1. 注射速度

注塑成型过程中唯一重要的速度是螺杆推进速度，仅在注射过程中才起作用。注射压力、保压压力和型腔压力随螺杆推进速度的不同而变化，注射时间随着螺杆推进速度的增加而减小。由于喷嘴和浇口处的流动阻力较大，因此随着注射速度的增加，注射压力和保压压力迅速升高。实验表明，浇口附近在填充过程中的压力损失随着注射速度的减小而增加，这是叠加冷却效应的影响。冷却引起注射过程中型腔内熔体的黏度增加，而且凝固层厚度不断增加、凝固更快，使得流动通道变窄，阻碍了压力的传递。因此，型腔最大压力会随着注射速度的变化而变化。如果制件对于型腔的复制精确性降低，则必须进一步提高保压压力，以补偿低速充模的影响。考虑到能量成本以及制件质量，应尽可能选择较高的注射速度。

2. 注射量

注射量为制品和主流道、分流道等加在一起时的总质量（g），如果其值小于注塑机最大注射量（g）时，在理论上是可以成型的。一般情况下，注射量应小于注塑机的额定注射量的 85%。但实际使用的注射量如果太小的话，塑料会因在料筒中的滞留时间过长而产生热分解，为避免这种现象的发生，实际注射量应该在注塑机的额定注射量的 30% 以上。因此，一般注射量最好设定在注塑机额定注射量的 30% ～ 85%。

八、螺杆的注射位置

注射位置是注塑工艺中最重要的参数之一，注射位置一般是根据塑件和凝料（水口料）的总质量来确定的，有时要根据所用的塑料种类、模具结构、产品质量等来合理设定注射阶段注射的位置。

大多数塑料制品的注塑成型，均采用三段以上的注射方式，注射的位置包括残料量位置、注射的各段位置、熔体终点位置及倒索（抽胶）位置等。

九、注塑过程型腔压力的变化

型腔压力是能够清楚地表征注塑过程的唯一参数，只有型腔压力曲线能够真实地记录注塑过程中的注射、压缩和压力保持阶段，型腔压力变化是反映注塑件质量（如重量、形状、飞边、凹痕、气孔、收缩变形等）的重要特征，型腔压力的记录不仅提供了质量检验的依据，而且可准确地预测塑件的公差范围。

1. 型腔压力特征

型腔压力曲线如表 3-13 所示。表 3-13 中所示的图揭示了曲线相关特征点或时间段的压力变化效应。该型腔压力曲线反映了注塑过程的普遍状态。

表 3-13　型腔压力曲线

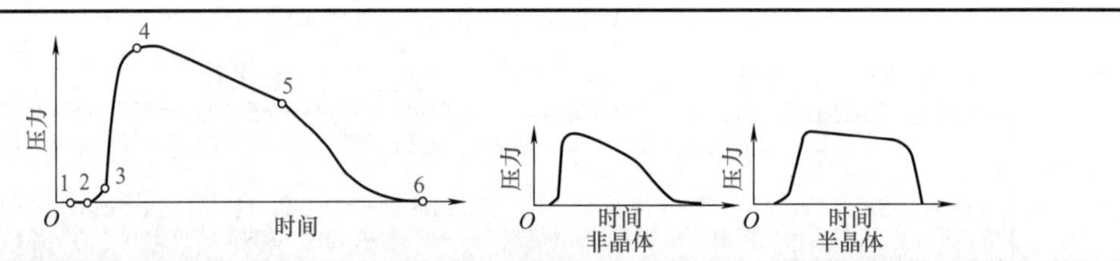

特征点	动作	过程事件	熔体注入	对材料、压力和注塑的影响
1	注射开始	液压上升，螺杆向前推进	—	—
1—2	熔体注入型腔	传感器所在位置的型腔压力 =1bar（$1bar=10^5Pa$）	—	—
2	熔体到达传感器	型腔压力开始上升	—	—
2—3	充填型腔	型腔压力取决于流动阻力	平稳上升	①缓慢注入 ②无压力峰 ③内部压力低
			快速上升	①快速注入 ②出现压力峰 ③内部压力大 ④注塑件飞边
3	充满型腔	理想的 V-p（体积 - 压力）切换时刻	—	①注射控制适当 ②切换适时，注塑件内部压力适中
3—4 （—5）	压缩熔体	体积收缩的平衡	平稳上升	①压缩率低 ②无压力峰 ③平稳过渡 ④注塑件内部压力低 ⑤可能产生气孔
			快速上升	①压缩率高 ②有压力峰 ③内部压力高 ④注塑件飞边 ⑤过渡注射
4	最大型腔压力	取决于保压压力和材料特性	—	—

续表

特征点	动作	过程事件	熔体注入	对材料、压力和注塑的影响
4—6	压力持续下降	—	非晶体材料	①保压时间适当 ②过程优化
4—6	压力下降出现明显转折	晶态固化	半晶体材料	①保压时间适当 ②过程优化
4—6	压力下降出现明显转折	熔体回流	非晶体材料	①保压时间过短 ②浇口未密封 ③注塑件凹陷
5	凝固点	浇口处熔体冷却（型腔内体积不变）	—	—
6	大气（压力 = 收缩）过程开始	保持尺寸稳定的重要依据	—	压力波动通常标志着注塑件尺寸不一致

2. 最大型腔压力

如图 3-24 所示，最大型腔压力取决于保压压力的设定值，也会受到注射速度、注塑件的几何形状、塑料本身的特性及模具和熔体温度的影响。

3. 型腔压力的作用时间

如图 3-25 所示，压力的突然下降表明保压时间过短，熔体尚未从凝固的浇口回流。

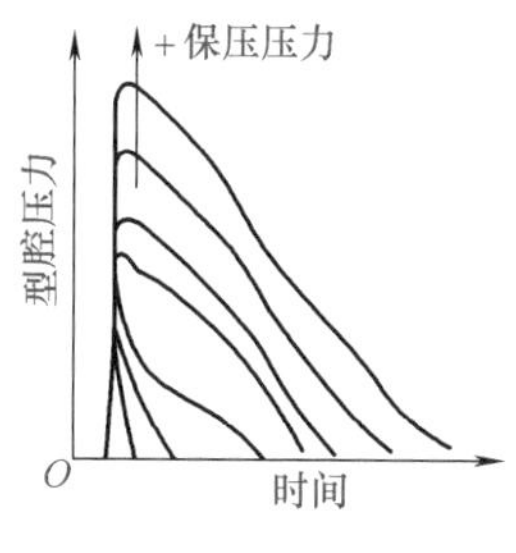

图 3-24　最大型腔压力

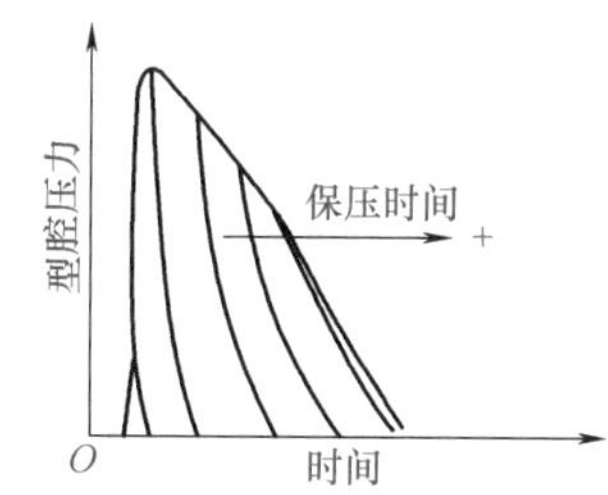

图 3-25　压力的作用时间

4. 型腔压力的变化曲线

一般而言，流动阻力小，压力损耗小，保压较完全，浇口封闭时间晚，补偿收缩时间长，型腔压力较高。

影响型腔压力的变化说明见表 3-14。

表 3-14　影响型腔压力变化的因素

影响因素	说明	图示
保压时间	保压时间越短，型腔压力降低越快	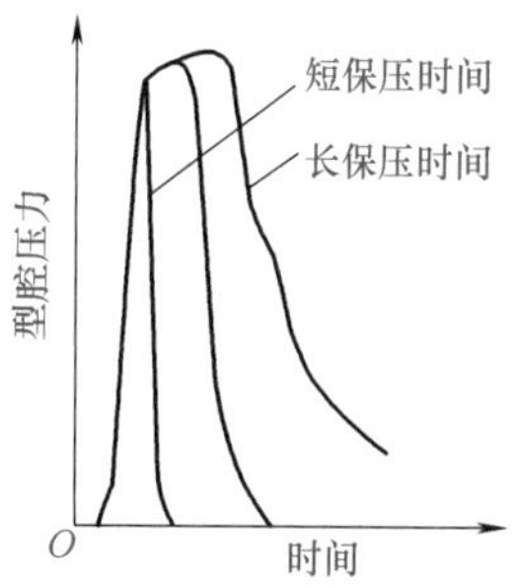

续表

影响因素	说明	图示
塑料熔体温度	注塑机喷嘴入口塑料温度越高，浇口越不易封口，补料时间越长，压力降低得越小，因此型腔压力较高	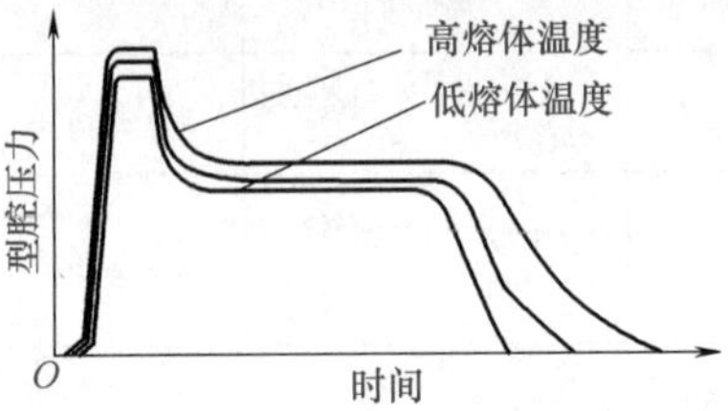 型腔压力；时间；O；高熔体温度；低熔体温度
模具温度	模具的模壁温度越高，与塑料的温度差越小，温度梯度越小，冷却速度较慢，塑料熔体传递压力时间较长，压力损失小，因此型腔压力较高。反之，模温越低，型腔压力越小	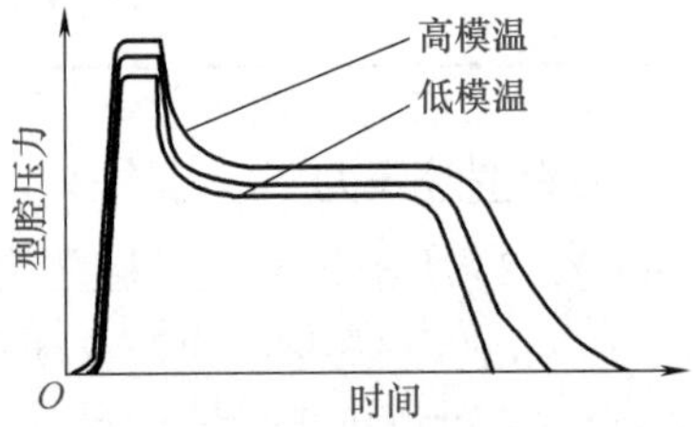 型腔压力；时间；O；高模温；低模温
塑料种类	保压及冷却过程中，结晶型塑料的比体积变化较非结晶型塑料大，型腔压力曲线较低	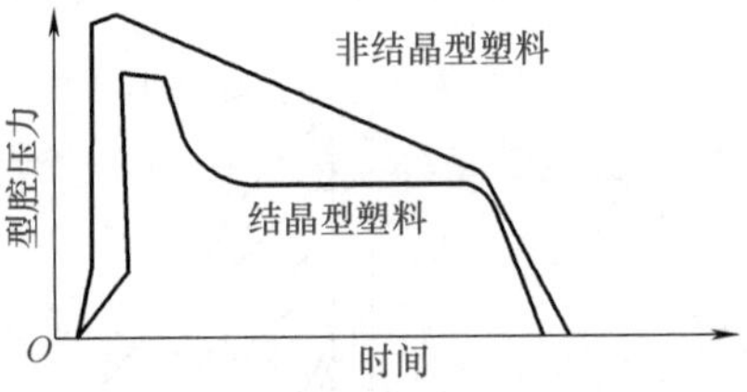 型腔压力；时间；O；非结晶型塑料；结晶型塑料
流道及浇口长度	一般而言，流道越长，压降损耗越大，型腔压力越低，浇口长度与型腔压力也是成反比的关系	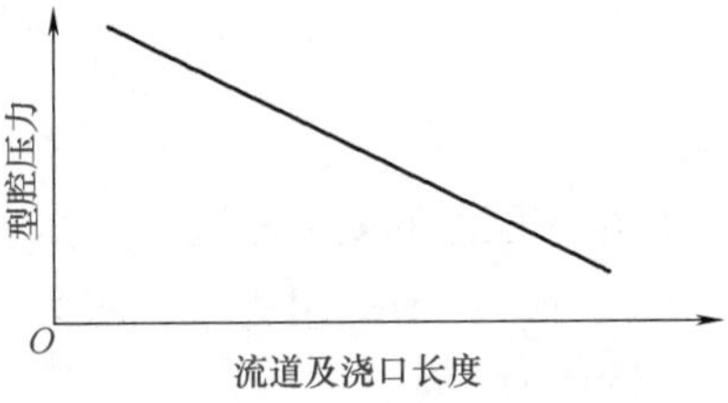 型腔压力；流道及浇口长度；O
流道及浇口尺寸	流道尺寸过小造成压力损耗较大，将降低型腔压力。浇口尺寸增加，浇口压力损耗小，使型腔压力增大。但截面积超过某一临界值，塑料通过浇口发生的黏滞加热效应削弱，料温降低，黏度提高，使压力传递效果变差，反而降低型腔压力	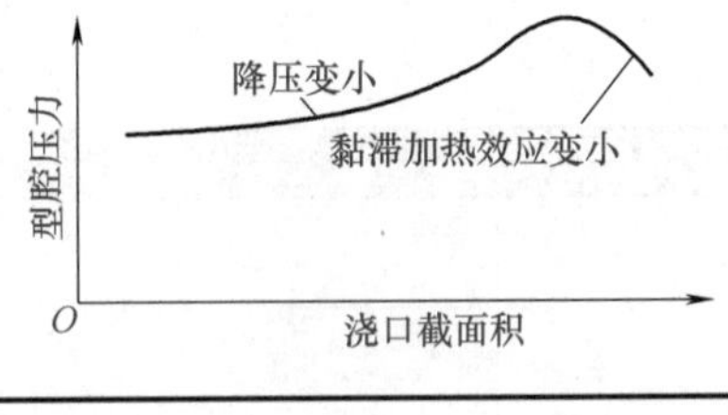 型腔压力；浇口截面积；O；降压变小；黏滞加热效应变小

十、注射时间及冷却时间

注射时间就是施加压力于螺杆的时间，包含塑料的流动、模具充填、保压所需的时间，因此注射时间、注射速度和注射压力都是重要的成型条件，设定正确的注射时间可以用两种方法：外观设定方法和重量设定方法。

尽管注射时间很短，对于成型周期的影响也很小，但是注射时间的调整对于浇口、流道和型腔等压力控制有着很大作用。合理的注射时间有助于熔体实现理想充填，而且对于提高制品的表面质量以及减小尺寸公差值有着非常重要的意义。注射时间可以通过冷却时间的长短来估计，而冷却时间则可以用以下公式来简单估算

$$t \approx \frac{\delta^2}{4\alpha}$$

式中　δ——需要冷却的制品厚度，mm；

α——塑料的热导率。

注射时间要远远低于冷却时间，大约为冷却时间的 $\frac{1}{15} \sim \frac{1}{10}$，这个规律可以作为预测塑件全部成型时间的依据。

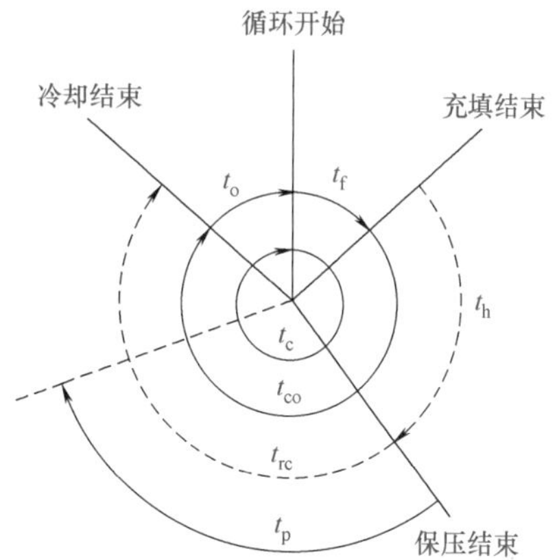

图 3-26　冷却时间占成型周期的比例

t_f—注射时间；t_h—保压时间；t_{rc}—剩余冷却时间；t_{co}—冷却时间；t_p—塑化时间；t_o—开模时间；t_c—循环时间（$t_f+t_{co}+t_o$）

冷却过程基本是由注塑开始而并不是注塑完成后开始，而冷却时间，应保证塑件定型能开模取出，一般冷却时间占整个注塑周期时间的 70% ～ 80%。冷却循环时间如图 3-26 所示。

第四节　透明塑料的性能及注塑工艺

一、透明塑料的品种及性能

目前工业上一般使用的透明塑料有 PMMA（聚甲基丙烯酸甲酯，俗称亚克力或有机玻璃）、PC（聚碳酸酯）、PET（聚对苯二甲酸乙二醇酯）、透明尼龙、SAN（苯乙烯 - 丙烯腈共聚物）、PSF（聚砜）等。其中使用最多的是 PMMA、PC 和 PET 三种塑料，下面就以这三种塑料为例，分析透明塑料的成型性能及注塑工艺。

透明塑料首先必须要有高透明度，其次要有一定的强度和耐磨性，能抵抗冲击，耐热性、耐化学腐蚀性要好，吸水率要小，只有这样才能在使用中满足透明度的要求而长久不变。表 3-15 所示为 PMMA、PC 和 PET 三种塑料的性能指标列表。

表 3-15　三种透明塑料性能对比

性能指标	PMMA	PC	PET
密度 /（g/cm^3）	1.18	1.20	1.37
拉伸强度 /MPa	75	66	65
缺口冲击 /（J/m^2）	1200	1900	1030
透明度 /%	92	90	86
变形温度 /℃	95	137	120
允许含水量 / %	0.04	0.02	0.03
收缩率 / %	0.5	0.6	0.2
耐磨性	差	中	良
耐化学性	良	良	优

注：1. 因品种繁多，这只是取平均值。实际不同品种数据有异。

2. PET 数据（力学性能方面）为经拉伸后的数据。

从表3-15数据可知PC是较理想的选择，但由于其原料价格较高而且注塑工艺相对困难，所以仍以选用PMMA为主（对一般要求的制品），而PET由于要经过拉伸才能得到好的力学性能，所以多在包装、容器中使用。

二、透明塑料注塑前的准备工作

透明塑料由于透光率要求高，必然严格要求塑料制品表面质量，不能有任何斑纹、气孔、泛白、雾晕、黑点、变色、光泽不佳等缺陷，因而在整个注塑过程对原料、设备、模具甚至制品的设计，都要十分注意，并提出严格甚至特殊的要求。由于透明塑料多熔点高、流动性差，因此，为保证制品的表面质量，往往对温度、注射压力、注射速度等工艺参数进行反复的摸索和调整，以使注塑时既能充满模，又不会产生内应力而引起制品变形和开裂。

透明塑料的原料准备、对设备和模具的要求、注塑工艺等方面应注意的事项见表3-16。

表3-16　透明塑料注塑前的准备工作

<table>
<tr><th>注意事项</th><th>说明</th></tr>
<tr><td>原料的干燥</td><td>由于在塑料中含有任何一点杂质，都可能影响制品的透明度，因此在储存、运输、加料过程中，必须注意原料的密封，保证原料干净。特别是原料中如果吸入过多的水分，加热后会引起原料变质，所以透明塑料注塑前一定要进行干燥，应注意的是，干燥过程中，输入的空气最好应经过滤、除湿，以保证原料不会被空气中的杂质污染。常见的三种透明塑料的干燥工艺条件如附表所示

附表　透明塑料的干燥工艺
<table>
<tr><th>塑料</th><th>干燥温度/℃</th><th>干燥时间/h</th><th>料层厚度/mm</th><th>备注</th></tr>
<tr><td>PMMA</td><td>70～80</td><td>2～4</td><td>30～40</td><td>采用热风循环干燥</td></tr>
<tr><td>PC</td><td>120～130</td><td>大于6</td><td>小于30</td><td>采用热风循环干燥</td></tr>
<tr><td>PET</td><td>140～180</td><td>3～4</td><td>小于50</td><td>采用连续干燥加料装置为佳</td></tr>
</table></td></tr>
<tr><td>料筒、螺杆及其附件的清洁</td><td>注塑机的螺杆及附件凹陷处存有旧料或杂质，特别是有热稳定性差的残存塑料存在，均可能污染透明塑料的原料。因此，在注塑机使用前、停机后都应用螺杆清洗剂清洗干净螺杆及其附件，使其不得粘有杂质，当没有螺杆清洗剂时，可用PE、PS等塑料对空注射来清洁螺杆。当临时停机时，为防止原料在高温下停留时间长而引起降解，应将干燥机和料筒温度降低，如PC、PMMA等料筒温度都要降至160℃以下（料斗温度对于PC应降至100℃以下）</td></tr>
<tr><td>塑件与模具应注意的问题</td><td>①壁厚应尽量均匀一致，脱模斜度要足够大
②过渡部分应逐步过渡或圆滑过渡，防止有尖角、锐边等的产生，特别是PC制品一定不要有缺口
③浇口和流道尽可能宽大、粗短，且应根据收缩冷凝过程设置浇口位置，必要时应设冷料穴
④模具表面应光洁，粗糙度要求应高（最好小于0.8μm）
⑤排气孔、排气槽等必须足够，以及时排出空气和熔体中的气体
⑥除PET外，壁厚不要太薄，一般不得小于1mm</td></tr>
<tr><td>注塑工艺方面应注意的问题</td><td>①应选用有专用螺杆、带单独温控喷嘴的注塑机
②在塑料熔体不分解的前提下，宜用较高注射温度
③注射压力一般较高，以克服熔体黏度大的缺陷，但压力太高会产生内应力，造成脱模困难和变形
④注射速度在满足充模的情况下，一般宜低，最好能采用慢—快—慢的多级注射工艺
⑤在满足制品充模，且不产生凹陷和气泡的情况下，保压时间和成型周期应该尽量短，以尽量缩短熔体在料筒的停留时间
⑥在满足塑化质量的前提下，螺杆转速和背压应尽量低，防止塑料产生降解
⑦制品的冷却好坏，对其表面质量影响极大，所以一定要精确控制模具温度，为减少流纹等缺陷，透明塑料注塑时的模温一般偏高</td></tr>
<tr><td>其他事项</td><td>为了防止制品表面受到污染，透明塑料注塑时一般不得使用脱模剂。原料中添加二次回收料时，回收料的比例不得超过20%
除PET外，制品注塑后都应进行后处理，以消除内应力。PMMA应在70～80℃热风中循环干燥4h以上。PC应在清洁空气、甘油或液体石蜡等中加热至110～135℃，时间根据制品大小确定，最长的需要十几个小时。而PET必须经过双向拉伸的工序，才能获得良好的力学性能</td></tr>
</table>

三、常用透明塑料的注塑工艺

三种常用透明塑料的注塑工艺说明见表 3-17。

表 3-17 三种常用透明塑料的注塑工艺说明

类别	说明
PMMA 的注塑工艺	PMMA 黏度大，流动性稍差，因此必须采用高料温、高注射压力进行注塑，注射温度对注塑成型的影响大于注射压力，但注射压力提高，有利于改善制品的收缩率。注射温度范围较宽，熔融温度为 160℃，而热分解温度达 270℃，料温调节范围宽，工艺性较好。要改善 PMMA 的流动性，可从注射温度着手 PMMA 制品冲击性差，耐磨性不好，易划花，易脆裂，因此应提高模温，改善冷凝过程以克服前述缺陷
PC 的注塑工艺	PC 黏度大，熔料温度高，流动性差，因此必须以较高温度（270 ～ 320℃之间）进行注塑。相对而言，PC 的料温调节范围较窄，工艺性不如 PMMA。注射压力对流动性影响较小，但因黏度大，仍需要较大注射压力，相应地，为了防止制品产生过大内应力，保压时间要尽量短。PC 的收缩率大，制品内应力大，易开裂，所以宜用提高温度而不是压力的方法去改善流动性，并且从提高模具温度、改善模具结构和对制品进行后处理等角度去减少开裂的可能。当注射速度低时，浇口处易产生波纹等缺陷，注塑机喷嘴温度要单独控制，模具温度要高，流道、浇口阻力要小
PET 的注塑工艺	PET 成型温度高，且料温调节范围窄（260 ～ 300℃），但熔化后，流动性较好，因此要在喷嘴中加防流延装置。制品的力学性能不好，必须通过拉伸工序和改性才能改善其力学性能。注塑时模具温度应精确控制，以防止制品翘曲。建议模具采用热流道，模具温度要稍高，否则会引起表面光泽差和脱模困难等缺陷

第五节 多级注塑成型的注塑工艺

一、注射速度对熔体充模的影响

影响充模的因素较多，从注塑成型条件上讲，充模与充模流动是否平衡、持续与注射速度（浇口处的表现）等因素密切相关。

如图 3-27 所示描述了 4 种不同注射速度下的熔体流动特征状态。其中图 3-27（a）显示出采用高速注射充模时产生的蛇形流或喷射现象；图 3-27（b）为使用中速偏高注射速度时熔体的流动状态，熔体通过浇口时产生的喷射现象减少，基本上接近扩展流状态；图 3-27（c）为采用中速偏低注射速度时熔体的流动状态，熔体一般不会产生喷射现象，熔体能以低速平稳的扩展流充模；图 3-27（d）为采用低速注射充模时熔体的流动状态，可能因为充模速度太慢而造成充模困难甚至失败。

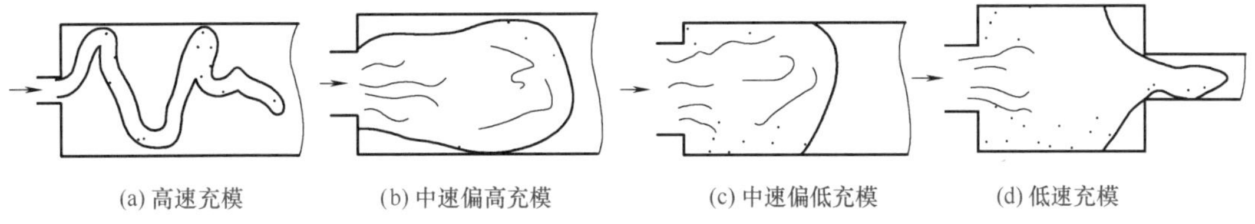

图 3-27 不同流动速度下的充模特征

通常聚合物熔体在扩展流［见图 3-27（c）］模型下进行的扩展流动也分三个阶段进行：熔体刚通过浇口时前锋料头为辐射状流动的初始阶段，熔体在注射压力作用下前锋料头呈弧状的中间流动阶段，以黏性熔体为前锋头料的匀速流动阶段。

初始阶段熔料的流动特征是，经浇口流出的熔料在注射压力、注射速度的作用下具有一定的流动动能，这种动能（这时刚进入型腔，不受任何流动阻力的影响）的大小影响着锋头熔料的辐射状态特征、扩散的体积大小等。当这种作用力特别强时，可能产生喷射现象；当这种作用力的动能适当时，从源头出发的熔体各流向分布均匀，扩散状态较佳。

随着初期阶段的发展，熔体将很快扩散，与型腔壁接触时会出现两种现象。

① 受型腔壁的作用力约束而改变了扩散的流向。

② 受型腔壁的冷却及摩擦作用而产生流动阻力，使熔体在各部位的流动产生速度差。这种流动特征表现为熔体各点的流动速度不等，熔体芯部的流速最大，前锋头料的流动呈圆弧状，同时各点的流动形成一个速度不等的拖曳及牵制，流动阻力随流动行程的增加而呈增大的趋势。

最后阶段流动的熔料以黏性熔模为锋头快速充模。在第一、第二阶段充模过程中注射压力与注射速度形成的动能是影响充模特征的主要因素。如图 3-28 所示为扩展流动变化过程及速度分布。塑件的形状是多种多样的，图 3-28 所示仅为一种模型。充模流动过程中的流动特征、能量损失与制品的形状关系甚大，而不同的塑料具有不同的流动特征。

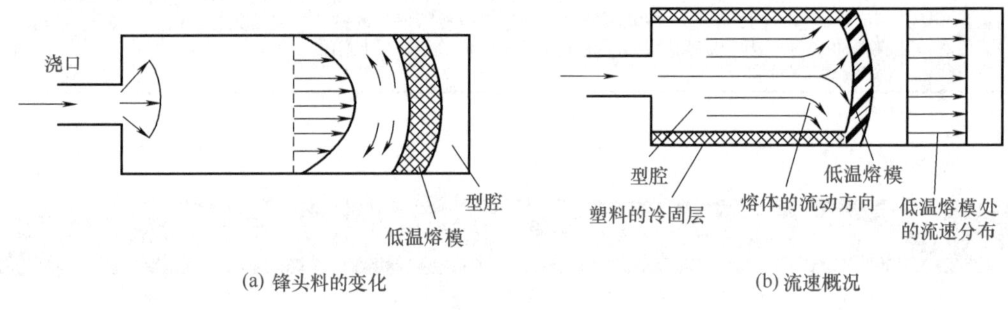

图 3-28　扩展流动过程的模型

二、多级注塑成型的原理及优点

1. 多级注射成型的工艺原理（表 3-18）

表 3-18　多级注射成型的工艺原理

原理	说明
熔体在型腔中流动的理想状态	匀速扩展流及塑料熔体从浇口开始流动的阶段不应发生类似于喷射的现象。要求熔体在流动到浇口的初级阶段不应具有特别大的流动动能（过大的流动动能会导致喷射及蛇形流）；在充模中期扩展流应具有一定的动能用以克服流动阻力，并使扩展流达到匀速扩展状态；在充模的最后阶段要求具有黏性的熔体快速充模，突破随着流动距离增加而增大的流动阻力，达到预定的流速均匀的稳态。从流变学原理判断，这种理想状态的流动可使注塑制品具有较高的物理力学性能，消除制品的内应力及取向，消除制品的凹陷缩孔及表面流纹，增加制品表面光泽的均匀性，等等
理想状态下熔体的流动方程	理想状态下型腔内熔体的流动表现为接近匀速流动。即线速度与注塑模型腔的形状、熔体的流动黏数等有关。要达到在型腔内各不同截面流速相同，即为 $$v_s = \frac{Q_s}{S_o}$$ 式中　v_s——熔体流速 Q_s——不同截面的体积流速 S_o——截面的面积 熔体的总流量为

续表

原理	说明
理想状态下熔体的流动方程	$$Q_V=vL$$ 式中 Q_V——熔体的总流量 v——熔体在截面的流速 L——型腔的理论流程 因而在注射控制中可以将不同形状的型腔分成多个区域。为了达到在整个型腔中理想的匀速流动，可以依据截面积的不同进行分段，并提供不同的流量及流动动能，体积流量 Q_{Vn} 为分段后第 n 段的流量，而体积流速 Q_{Sn} 为分段后第 n 段的流速
多级注射成型的实现	多级注射成型实质上是在塑料熔体向型腔充模的瞬间实现不同注射速度的控制，使塑料熔体在充模流动中达到一种近似理想的状态。这种理想状态下的充模流程不会给塑料制品带来质量缺陷，不会产生应力、取向力。一般而言，注射成型过程中，注射充模的过程仅需在几秒至十几秒内完成，而多级注射成型工艺就是要求在很短的时间内将充模过程转化为不同注射速度控制的多种充模状态的延续 按照实际多段注射状态的要求实施不同的注射量，熔体的动能必须由注塑机来实现。目前的注塑机控制已经可以实现分段甚至更多段的注射控制，如图（a）所示 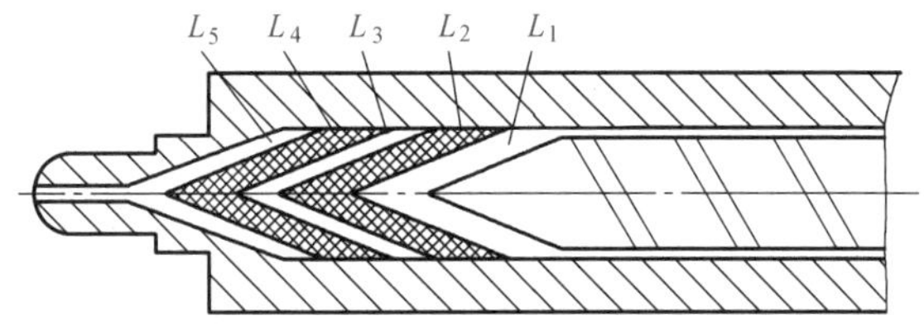 图(a) 注塑机螺杆的分段控制示意图 如图（a）所示可以实现 5 段注射控制，每段具有不同的注射量，注射量为 $$Q_{L_n}=\frac{\pi}{4}D^2L_n\rho$$ 式中 Q_{L_n}——注射量 L_n——注射行程 D——注塑机螺杆直径 ρ——塑料的密度 因而在每一段均可以使用不同的注射速度与注射压力来实现这一阶段熔料的动能。其中 L_n 段与前面在型腔中分区的 n 区对应。虽然它的流动动能受浇注系统的影响而发生改变，但要求其体积流量的变化要小 在生产实际中，实现多级注射的注塑机的注射速度是进行多级控制的，通常可以把注射过程如图（b）所示那样分 3 个或 4 个区域，并把各区域设置成各自不同的适当注射速度即可以实现多级注射成型。目前，一些注塑机还具有多级预塑和多级保压功能 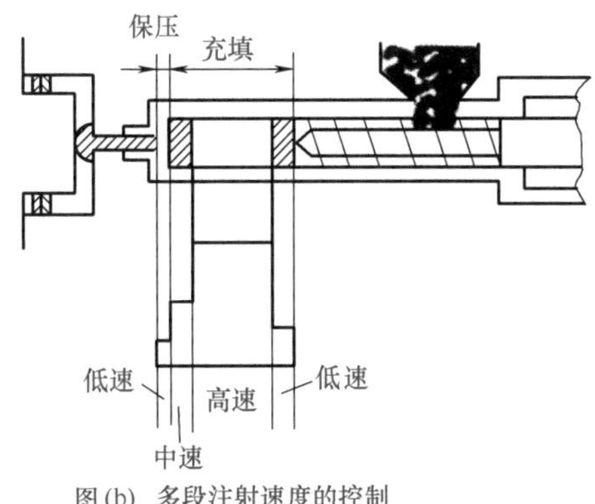 图(b) 多段注射速度的控制

<table>
<tr><th>原理</th><th>说明</th></tr>
<tr><td>多级注射成型工艺曲线</td><td>多级注射成型工艺虽然是对熔料充模状态的描述，但它的控制是由注塑机来实现的。从注塑机的控制原理来看，注射速度（或注射压力）与螺杆给料行程形成曲线关系。如图（c）所示为典型的多级注射成型工艺的曲线，表示即在注射过程中对不同的给料量应施加不同的注射压力与注射速度
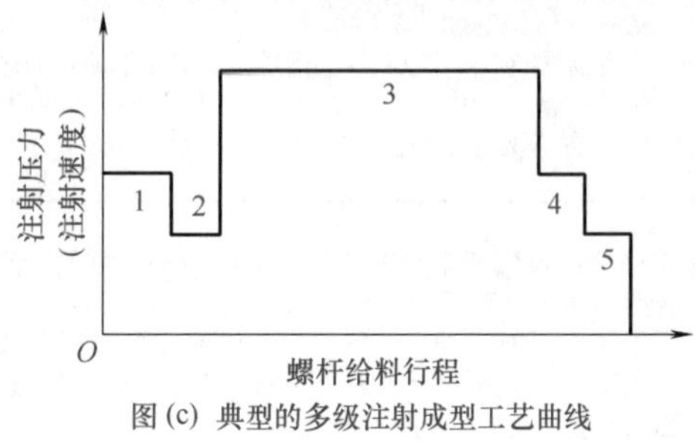

图(c) 典型的多级注射成型工艺曲线</td></tr>
</table>

2. 多级注射成型的优点

在注塑成型中，高速注射和低速注射各有优缺点。经验表明，高速注射大体上具有如下优点：缩短注射时间，增大流动距离，提高制品表面光洁度，提高熔接痕的强度，防止制品产生冷却变形。而低速注射大体上具有如下的优点：有效防止产生溢边，防止产生流动纹，防止模具跑气跟不上进料，防止带进空气，防止产生分子取向变形。

多级注射结合了高速注射和低速注射的优点，以适应塑料制品的几何形状日益复杂、模具流道和型腔各断面变化剧烈等的要求，并能较好地消除制品成型过程中产生的注射纹、缩孔、气泡、烧伤等缺陷。

多级注射成型工艺突破了传统的注射加保压的注射加工方式，有机地将高速与低速注射加工的优点结合起来，在注射过程中实现多级控制，可以克服注塑件的许多缺陷。如图3-29所示就采用了在注射的初期使用低速、型腔充填时使用高速、充填接近终了时再使用低速注射的方法，消除了乱流痕。通过注射速度的控制和调整，可以防止和改善制品外观如毛边、喷射痕、银纹、焦痕等各种不良现象。

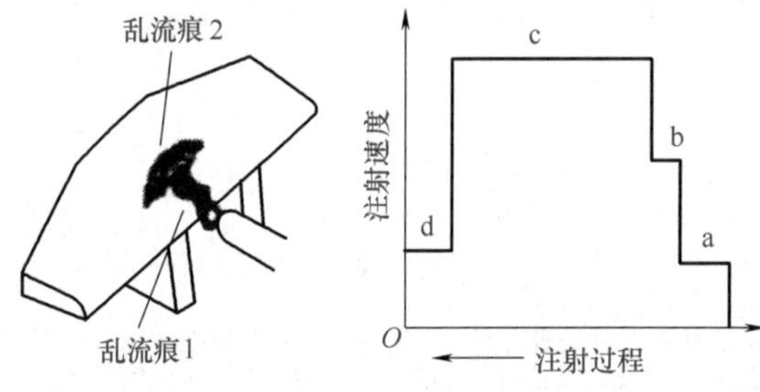

图3-29 注射过程中用不同的注射速度消除乱流痕

实践表明，通过多级程序控制注塑机的油压、注射速度、螺杆位置、螺杆转速，大都能改善注塑制品的外观不良现象。

三、多级注塑成型的工艺设置

多级注射成型工艺的曲线反映的是螺杆给料行程与注塑机提供的注射压力和注射速度的关系，因而设计多级注射成型工艺时需要确定两个主要因素，一是螺杆给料行程及分段；二是需要设置的注射压力与注射速度。如图3-30所示给出了典型的制品分区（分4区）与注塑机螺杆给料行程分段的对应关系。通常可以依据该对应关系确定出分段的规则，并可根据浇注分流的特征确定各段的工艺参数。

在实际生产中，多级注射控制程序可以根据流道的结构、浇口的形式及制品结构要求的不同，来合理设定多段注射压力、注射速度、保压压力和熔体充填方式，从而提高塑化效果、提高制品质量、降低不良率及延长模具、机器的寿命等。

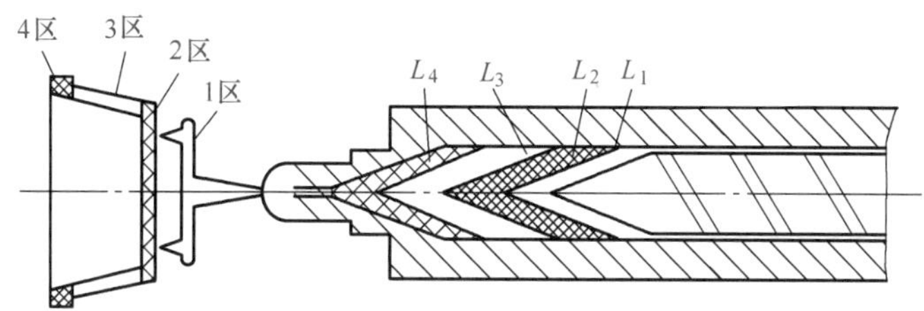

图 3-30　螺杆给料行程与制品分区的对应关系

1. 分级的设定

在进行多级注射成型工艺设计时，首先应对制品进行分析，确定各级注射的区域。制品一般分为 3 ～ 5 区，具体划分时要依据制品的形状特征、壁厚差异特征和熔料流向特征等进行，制品的壁厚一致或差异较小时近似为 1 区，以料流换向点或壁厚转折点为多级注射的每一区段转换点，浇注系统可以单独设置为 1 区。

在生产实践中，一般注塑时至少要设定三段或四段注射才是比较科学的。浇口和流道为第一段、进浇口处为第二段、型腔充填到 90% 左右时为第三段、剩余的部分为第四段（亦称末段）。

一定要根据流道的结构，浇口的形式、位置、数量和大小，塑件结构，制品要求及模具的排气效果等因素进行科学分析、合理设定多级注射程序。

① 对于直浇口的制品，既可以采用单级注射的形式，也可以采用多级注射的形式。对于结构简单、精度要求不高的小型塑件，可采用低于三级注射的控制方式。

② 对于结构复杂、精度要求较高、大型的塑料制品，原则上选择四级以上的注射工艺。

2. 注射进程的设置

如图 3-30 所示，根据制品的形状特征将其分区后，反映在注塑机螺杆上分别对应于螺杆的各段，那么螺杆的各分段距离可以依据分区的标准进行预算，首先预算出制品分区后对应的各段要求的注射量，采用对应方法可以计算出螺杆在分段中的进程，如 n 区的容积为 Q_{Vn}，则注塑机 n 段的行程为

$$L_n = \frac{Q_{\mathrm{V}n}}{\frac{\pi}{4}D^2}$$

在多级注射的注塑生产实践中，确定螺杆注射进程的方法如下。

第一级的注射终止位置是浇注系统的浇口终点。除直浇口，其余的几乎都采用中压中速或者中压低速。

第二级注射位置是从浇口终点开始至整个型腔 $\frac{1}{2}$ ～ $\frac{2}{3}$ 的空间。第二级注射应采用高压高速，高压中速或者中压中速，具体数值根据制品结构和使用的塑料材料而定。

第三级注射宜采用中压中速或中压低速，注射终止位置是恰好充满剩余的型腔空间。上述三级进程都属于熔体充填过程。

最后一级注射属于增压、保压的范畴，保压切换点就在这级注射至终止位置之间，切换点的选择依据有两种：计时和位置。

当注射开始时，注射计时即开始，同时计算各级注射终止位置。如果注射参数不变，依照原料的流动性不同，流动性较佳的，则最后一级终止位置比计时先到达保压切换点，此时完成充填和增压进程，此后注射进入保压进程，未达到的计时则不再计时而直接进入保压；流动性较差的，计时完成而最后一级注射终止位置还未到达切换点，同样不需等位置到达而

直接进入保压进程。

综上所述，设置多级注射的注射进程应注意以下几点。

① 塑料原料流动性中等的注塑，可在测得保压点后，再把时间加几秒，作为补偿。

② 塑料原料流动性差的注塑，如混合有回收料的塑料或低黏度塑料，由于注射过程不太稳定，使用计时来控制保压切换点更好，将保压切换点减小（一般把终止位置设定为零），以计时来控制，自动切换进入保压进程。

③ 塑料原料流动性好的注塑，以位置来控制保压切换点较佳，将计时加长，到达设定切换点后进入保压进程。

④ 保压切换点即模具型腔已充填满的位置，注射位置已难再前进，数字变换很慢，这时必须切换压力才能使制品完全成型，该位置在注塑机的操作画面上可以观察到（计算机语言）。

此外，关于多级保压的使用问题，可以按照以下方法确定：加强筋不多、尺寸精度要求不高的制品及采用高黏度原料的制品使用一级保压，保压压力比注射进程的压力高，保压时间短；而加强筋较多、尺寸精度要求高的制品，一般要启用多级保压。

3. 注射压力与注射速度的设定（表 3-19）

表 3-19　注射压力与注射速度的设定

类别	说明
浇注系统（第 1 段）的注射速度与注射压力	一般浇注系统的流道较小，常常使用较高的注射速度及注射压力，使熔体快速充满流道与分流道，并且使流道中的熔体压力上升，形成一定的充模势能。对于分流道截面积较大的模具，注射压力及注射速度可设置低些，反之，对于分流道截面积较小的模具，可设置高些
第 2 段的注射速度与注射压力	当熔体充满流道、分流道，冲破浇口（小截面积）的阻力开始充模时，所需要的注射速度可偏低些，克服不良的浇注纹及流动状态。在这一段可减小注射速度，而注射压力降幅较小，对于浇口截面积较大的可以不减小注射压力
第 3 段的注射速度与注射压力	如图 3-30 所示，第 3 段对应注射 3 区部分，3 区是注塑件的主体部分，此时熔体已完全充满型腔。为了实现扩散状态的理想形式，需要增速充模，因而在这一段需要注塑机提供较高的注射压力与注射速度。同时这一区段熔体流向转折点，熔体的流动阻力增大，压力损失较多，也需要补偿。一般来说，多级注射在这一区段均实施高速高压
第 4 段的注射速度与注射压力	从图 3-30 所示的对应关系判断，当熔体到达 4 区时，制件壁厚可变或不变化。熔体已基本充满型腔。由于熔体在 3 区获得了高压高速，因而在此阶段可进行缓冲，以实现熔体在型腔内的流动线速度在各部位近似一致。一般的设计原则是：进入 4 区时，若壁厚增大，可减速减压；若壁厚减小，可减速不减压，或者不减速而适当减压或不减压。总之，在 4 段既要使注射体现多级控制特点，又要使型腔压力快速增大

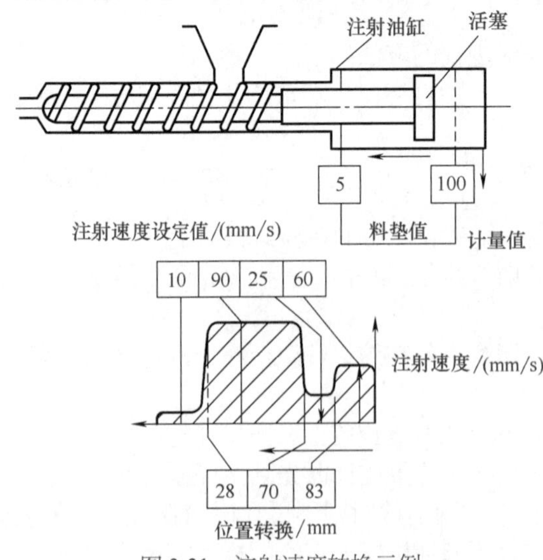

图 3-31　注射速度转换示例

如图 3-31 所示是根据工艺条件设置的不同速度，对注射螺杆进行多级速度转换（切换）的一个案例。

如图 3-32 所示是基于对制品几何形状分析的基础上选择的多级注射成型工艺。由于模具的型腔较深而制品壁又较薄，使模具型腔形成长而窄的流道，熔体流经这个部位时必须很快地通过，否则易冷却凝固，会有充不满型腔的危险，在此应设定高速注射。但是高速注射会给熔体带来很大的动能，熔体流到底时会产生很大的惯性冲击，导致能量损失和溢边现象。这时须使熔体减缓流速，降低充模压力而要维持保压压力（二次注射压力，后续压力）

使熔体在浇口凝固之前向型腔内补充熔体的收缩，这就对注塑过程提出多级注射速度与压力的要求。图 3-32 中所示的螺杆计量行程是根据制品用料量与缓冲量来设定的。注射螺杆从位置“97”到“20”是充填制品的薄壁部分，在此阶段设定高速值为 10，其目的是高速充模可防止熔体散热时间长而流动终止；当螺杆从位置“20”→“10”→“5”时，又设定相应的低速值 5，其目的是减少熔体流速及冲击模具的动能。当螺杆在“97”“20”“5”的位置时，设定较高的一次注射压力以克服充模阻力，从“5”到“2”时又设定了较低的二次注射压力，以便减小动能冲击。

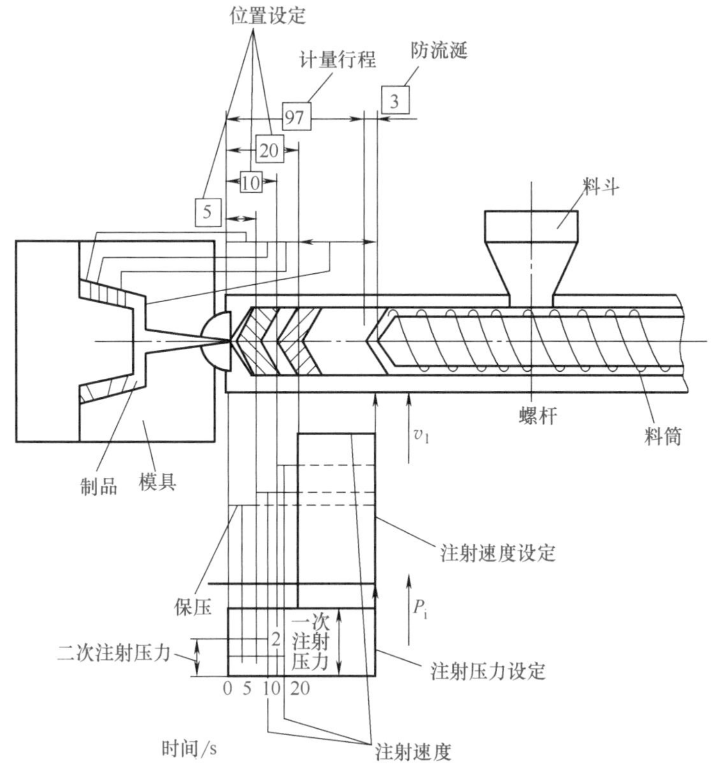

图 3-32　多级注射成型工艺示例

多级注射成型工艺是目前较为先进的注射成型技术。在多级注射成型工艺的研究中，对于注射成型过程中螺杆行程的分段较为精确，而在各段注射压力及注射速度的选择上经验性较强。一般的经验方法只能确定各段选用的注射压力及注射速度的段间对应关系，通常的做法是依据各段对应于注塑件各部位的截面积比例，在设计好多级注射成型工艺之后，需要通过多次试验反复修正，使选择的注射压力与注射速度达到最佳值。

第六节　精密塑料的注塑工艺

一、精密注塑成型的工艺特点

通常说的精密注塑成型是指注塑制品的精度应满足严格的尺寸公差、形位公差和表面粗糙度的要求。要进行精密注塑必须有许多相关的条件，而最本质的是塑料材料、注塑模具、注塑工艺和注塑设备这四项基本因素。

精密注塑成型这一概念，主要是区别于常规注塑成型，它是基于高分子材料的迅速发展，在仪表、电子领域里采用精密塑料零件取代高精度的金属零件的技术。目前针对精密注塑制品的界定指标有两个，一是制品尺寸重复精度，二是制品质量的重复精度。下面从制品尺寸重复精度方面分析精密注塑成型。但由于各种材料本身的性质和加工工艺不同，不能把塑料制品的精度与金属零件的精度等同起来。

精密注塑成型是一门涉及原材料性能、配方、成型工艺及设备等多方面的综合技术，精密塑料制品包括 DVD 数码光盘、DVD 激光头、数码相机零件、电脑接插件、导光板、非球面透镜等精密产品，这类产品的显著特点是不但尺寸精度要求高，而且对制品的内在质量和成品率要求也极高。成型制品的模具是决定该制品能否达到设计要求的尺寸公差的重要条件，而精密注塑机是保证制品始终在所要求的尺寸公差范围内成型及保证极高成品率的关键设备。塑料制品最高的精度等级是三级。

精密注塑成型具有如下特点：

① 制品的尺寸精度高、公差小，即有高精度的尺寸界限。

② 制品质量重复精度高，要求有尺寸稳定性。

③ 模具的材料好、刚性足，型腔的尺寸精度、粗糙度以及模板间的定位精度高。

④ 采用精密注塑机更换常规注塑机。

⑤ 采用精密注塑成型工艺。

⑥ 选择适用精密注塑成型的材料。

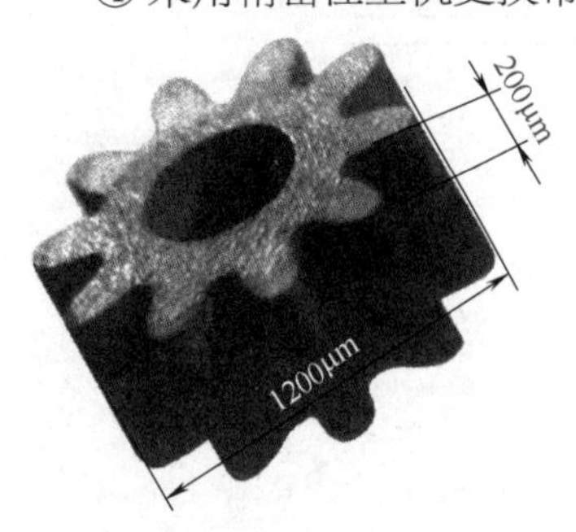

图 3-33　微型塑料齿轮

欲注塑出精密的塑料制品，需从材料选择、模具设计、注塑成型工艺、操作者的技术水平等四大因素进行严格控制。

如图 3-33 所示，精密注塑机要求制品尺寸精度一般在 0.01 ～ 0.001mm 以内，许多精密注塑还要求注塑机具有高的注射压力、注射速度，要求合模系统具有足够大的刚性和足够高的锁模精度。所谓锁模精度是指合模力的均匀性、可调性、稳定性和重复性高，开合模位置精度高；要求对压力、流量、温度、计量等都能精确控制到相应的精度，采用多级或无级注塑，保证成型工艺再现条件和制品尺寸的重复精度等。

二、精密注塑成型的塑料材料及收缩问题

1. 精密注塑成型的塑料材料

适用于精密注塑的塑料应具有如下特性：力学性能好、尺寸稳定性好、抗蠕变性能好、环境适应范围广。常用的有以下四种材料。

① POM、碳纤维增强 POM、玻璃纤维增强 POM。这种材料的特点是耐蠕变性能好，耐疲劳、耐候性、介电性能好，难燃，但加入润滑剂易脱模。

② PA 及玻璃纤维增强 PA66。其特点是抗冲击能力及耐磨性能强，流动性能好，可成型 0.4mm 壁厚的制品。玻璃纤维增强 PA66 具有耐热性（熔点 250℃），其缺点是具有吸湿性，一般成型后都要通过调湿处理。

③ 增强 PBT 聚酯。特点是成型周期短，成型时间比较如下：PBT ≤ POM≈PA66 ≤ PA6。

④ PC 及玻璃纤维增强 PC。特点是具有良好的耐磨性，增强后刚性提高，尺寸稳定性好，耐候性、难燃及成型加工性好。

2. 精密注塑成型的收缩问题

收缩有四种类型：热收缩、相变收缩、取向收缩以及压缩收缩（见表 3-20）。

表 3-20　精密注塑成型的收缩类型

类别	说明
热收缩	热收缩是成型材料与模具材料所固有的热物理特性。模具温度高，制品的温度也高，实际收缩率会增加，因此精密注塑的模具温度不宜过高
相变收缩	结晶型塑料在定向过程中，伴随高分子的结晶化，由于比体积减小而引起的收缩，即叫相变收缩。模具温度高，结晶度高，收缩率大。但另一方面，结晶度提高会使制品密度增加，线胀系数减小，收缩率降低。因此实际收缩率由两者综合作用而定
取向收缩	由于分子链在流动方向上的强行拉伸，使大分子在冷却时有重新卷曲恢复的趋势，在取向方向将产生收缩。分子取向程度与注射压力、注射速度、塑料温度及模具温度等有关。但主要的是注射速度
压缩收缩	一般塑料都具有压缩性，即在高压下比体积发生显著变化。在一般温度下，提高压力，成型制品比体积会减小，密度会增加，线胀系数减小，收缩率会显著下降。对应于压缩性，成型材料具有弹性复位作用，使制品收缩减小。影响制品压缩收缩的因素与成型条件和操作条件有关

第七节　气体辅助注塑成型

一、气体辅助设备（气辅设备）

气体辅助设备主要包括氮气发生器、气罐、气体辅助控制器、带有气道装置的注塑模具。它是独立于注塑机外的另一套系统，其与注塑机的唯一接口是注射信号连接线。生产之前需提前将气辅设备开启。注塑机将注射信号“注射开始”或“螺杆位置”传递给气辅控制器之后，便开始一个等待吹气和吹气过程，下一个注射过程开始时再给出另一个注射信号，开始另一个循环，如此反复进行。

气辅注塑所使用的气体必须是惰性气体，由于氮气容易获取，可以直接从大气中提取，因此通常采用氮气（N_2）。气体最高压力为 35MPa，特殊者可达 70MPa，氮气纯度≥ 98%。

气辅控制器是控制吹气时间和吹气压力的装置，它具有两组气路，可同时控制两组气路，气辅控制器设有气体回收功能，尽可能降低气体耗用量。今后气辅设备的发展趋势是将气辅控制器内置于注塑机内，作为注塑机的一项新功能。

二、气体辅助注塑成型工艺原理与特点

气体辅助注塑成型是指在注塑工艺中，在熔融塑料充填到型腔适当的时候（90% ～ 100%），向型腔内充入高压惰性气体，借助于气体的压力推动熔融塑料继续充填型腔，使塑件内部膨胀而形成中空，用气体保压来代替塑料保压过程的一种新兴的注塑成型技术。其原理如图 3-34 所示。

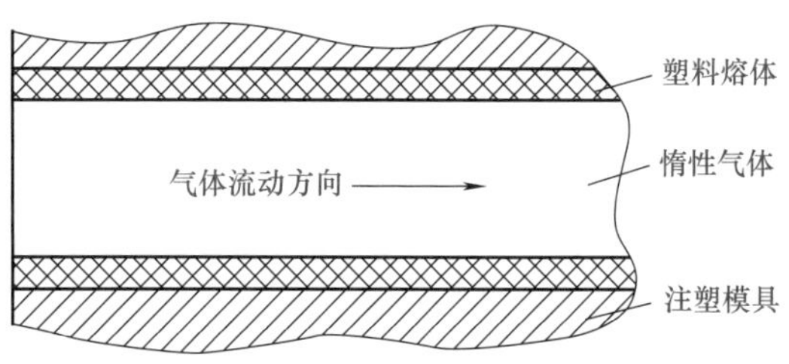

图 3-34　气体辅助注塑成型原理

气体辅助注塑成型的工艺流程如图 3-35 所示。该过程可以分为以下几个阶段：

① 注射期：以定量的塑化塑料充填到型腔内。这一阶段是为保证在吹气期间，气体不会把产品表面冲破及能有一理想的吹气气体。

② 吹气期：可以在注射期后的不同时间注入气体。气体注入的压力必须大于注射压力，以保证制品成中空状态。

③ 气体保压期：当产品内部被气体充填后，气体作用于产品中空部分的压力就是保压压力，可大大减低产品的收缩及变形。

④ 脱模期：随着冷却周期的完成，模具的气体压力降至大气压力，产品由型腔内顶出。

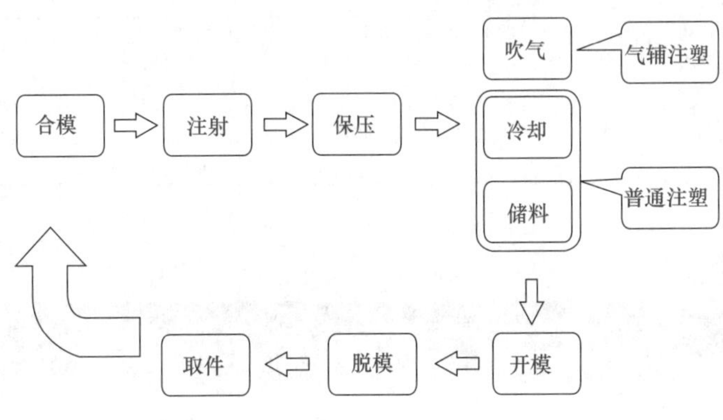

图 3-35　气体辅助注塑成型工艺流程

由于气体具有高效的压力传递性，可使气道内部各处的压力保持一致，因此，气体辅助注塑成型具有注射压力低、制品翘曲变形小、制品表面质量好以及易于加工壁厚差异较大的制品等优点。与传统的注塑成型工艺相比，气体辅助注塑成型有更多的工艺参数需要确定和控制，因而对于制品设计、模具设计和成型过程的控制都有特殊的要求。

三、气体辅助注塑成型的三种方式

气辅注塑成型有三种方式：溢料气辅注射工艺，缺料气辅注射工艺，满料气辅注射工艺，其说明见表 3-21。

表 3-21　气辅注塑成型的三种方式

方式	说明
溢料气辅注射工艺	如图（a）所示，将型腔全部注满，然后通过注射气体挤压一些熔体到溢流腔。溢流腔用来控制芯部材料的流动，从而实现芯部材料的均匀分布 1　2　3　4 气体(氮气) 塑料 模具 气体注入元件 图(a) 溢料气辅注射工艺过程

续表

方式	说明
缺料气辅注射工艺	如图（b）所示，熔体不将型腔全部注满，然后通过注射气体挤压熔体紧贴模具型腔壁而成型 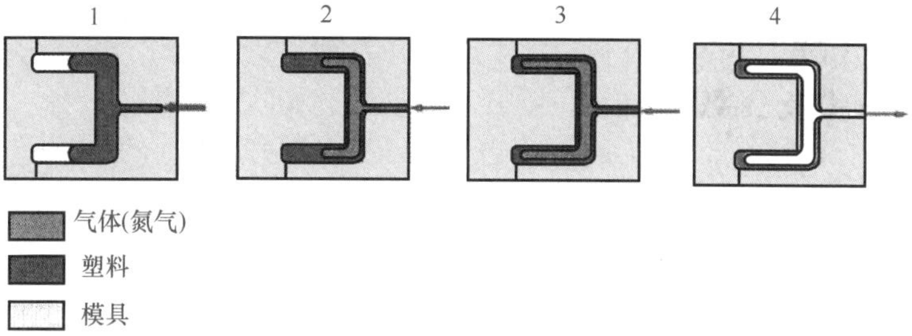 1 2 3 4 气体(氮气) 塑料 模具 图(b) 缺料气辅注射工艺过程
满料气辅注射工艺	如图（c）所示，熔体刚好将型腔全部注满，然后再通过注射气体将塑料进一步挤压密实再成型 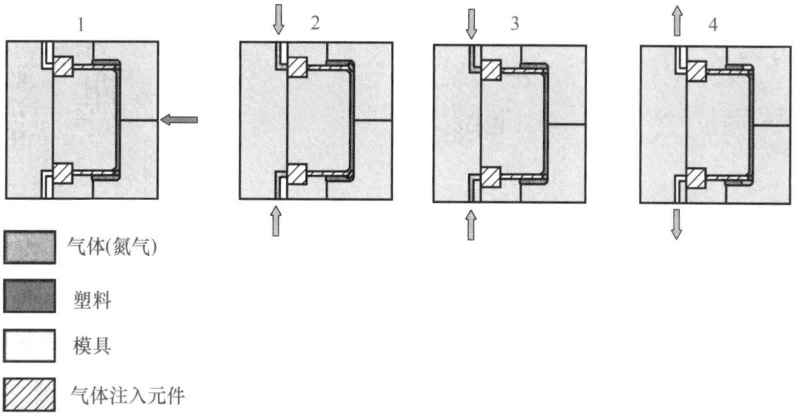 1 2 3 4 气体(氮气) 塑料 模具 气体注入元件 图(c) 满料气辅注射工艺过程

四、气体充填

气体辅助注塑成型工艺参数除了传统注塑工艺参数外，气体的充填压力曲线尤为重要，曲线在很大程度上决定了制品的质量。理论上气体的充填压力曲线如图 3-36 所示。

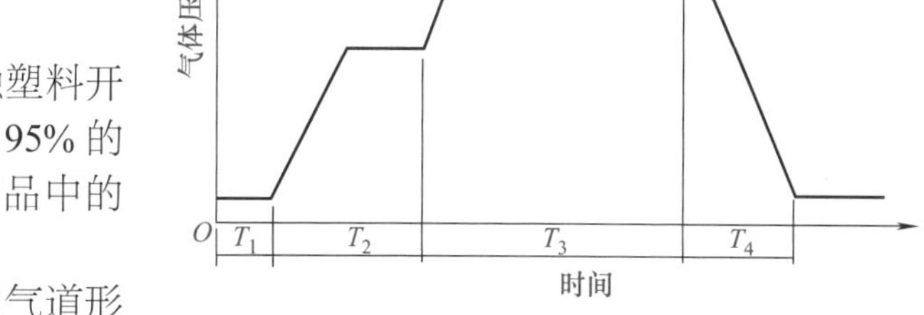

图 3-36　气体充填压力曲线

从图 3-36 中可以看出，气体充填过程分为 4 个阶段，分别如下：

① 延迟充填阶段 T_1。是指熔融塑料开始充填模具型腔到完成充填 90% ～ 95% 的这段时间，其长短取决于气道在产品中的位置等参数。

② 充填阶段 T_2。在这段时间内气道形成，充填动作全部完成。

③ 保压阶段 T_3。当制品内部被气体充填后，气体作用于成品中空部分的压力就成为保压压力，同时进行制品冷却。

④ 降压阶段 T_4。产品冷却定型后，释放气体并准备开模。

五、气辅注塑成型工艺涉及的主要参数

气辅注塑成型工艺涉及的主要参数有熔体注射量、熔体注射时间、气体延迟时间、气体注射压力、气体注射时间等。这些工艺参数对气辅成型制品的成型质量起着关键作用。通过对上述参数的优化，可确定工艺参数的较好组合和获得较好的制品成型质量，如注射量必须恒定（一般偏差控制在 ±0.5% 之内）。如果注射量大于优化注射量，则制品很容易出现缩痕；如果注射量小于优化注射量，则容易出现短射和吹穿等现象。

优化注射量可保证制品无缩痕、短射、吹穿及气滞现象，制品表面光滑。此外，气体注射压力也强烈地依赖于聚合物熔体的注射量。注射量的大小，决定气道内材料的多少，材料越多，越容易自溢，吹气阻力也越大，越容易出现气滞现象，所以要选择合适的平衡点。对溢料式气辅成型来说，用保压来控制气道内压力是较好的办法。

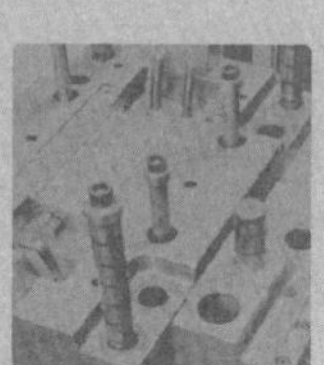

第四章 注塑模具设计

第一节 概　述

在我们日常工作和生活中，经常会碰到许多塑料制品，它们形态不一、五颜六色、功能多样，在不同环境中使用，能够满足人们的各种需求。实际上除了生活日用品之外，塑料制品在农业生产、仪器仪表、医疗器械、食品工业、建筑器材、汽车工业、航空航天、国防工业等众多领域都得到了极为普遍的应用。

在农业方面，大量塑料被用来制造地膜、育秧薄膜、大棚膜、排灌管道、渔网和浮标等；在工业方面，传动齿轮、轴承、轴瓦等许多零部件都可以用塑料制品来代替金属制品；在化学工业方面，可以用塑料来做管道、容器等防腐设备；在建筑领域，门窗、楼梯扶手、地板砖、天花板、卫生洁具等都可以用塑料制品；在国防工业和尖端技术中，常规武器、飞机、舰艇、火箭、导弹、人造卫星、宇宙飞船等，都有以塑料为材料的零件；在日用品方面，塑料制品更是不胜枚举，拖鞋、牙刷、香皂盒、儿童玩具、电视机、电风扇、洗衣机、电冰箱、空调等都有塑料制品的身影。

一、模具设计的基本要求

模具设计是模具企业中重要的一个技术岗位，要想成为一名合格的模具设计师，需要具备如下基本条件。

1. 掌握基础理论知识

基础理论方面包括机械制图和模具设计结构、注塑成型等知识。

不懂机械制图，就无法看图，无法了解零件结构，无法和别人交流技术，所以必须要懂得机械制图；模具设计结构知识很重要，各种典型的模具结构需要掌握了解，这是很专业的东西，搞懂这些后，才能面对各种复杂的产品；模具是为注塑成型生产服务的，设计师如果不懂成型原理，不了解产品成型中出现的技术问题，那么其本身模具设计水平也不会有多高。

2. 精通设计软件

当今模具设计及制造，均是采用数字化的方法进行，在计算机中完成。必须熟练掌握相关的模具软件，三维的如 Pro/E、UG、Solidworks 等，二维的如 AutoCAD 等。要会利用这些软件进行模具设计，具体说就是要会造型、分模，熟练使用 CAD 绘制模具图。这个环节没有学习掌握，那么一切都将是空谈。

3. 勇于实践，多看多练

空头的理论家谁都会做，但要想真正具备设计能力，必须要经过实践的锻炼。没有人天生就是设计师，每个人都要经历由不懂到懂，由懂得很少到懂得很多这么一个过程。就是那些优秀的模具设计师，也依然能够清晰地记得自己设计的模具第一次付诸加工时的心情——激动、紧张与兴奋！盼望它试模成功，因为这将检验自己的真正水平。模具技术本就是一门工程技术，来自于工程实践，必将在工程实践中得到不断发展，新手只有反复地实践，才能逐步掌握模具设计的真功夫，也才能更加的得心应手。

许多模具初学者，害怕下车间，不愿意到加工现场，嫌那些地方环境枯燥，无聊无趣。可事实上，只有懂得加工工艺，了解车间各机床的加工情况，才能够合理地设计模具，否则设计出的模具零件，有可能根本就无法加工出来。

4. 切勿浮躁，勤奋谦虚

最后是态度问题，从事模具这一行要有一种不怕吃苦、踏实努力、谦虚谨慎的工作态度。一件事情的成功，需要踏踏实实、坚持努力的态度。

眼下有不少青年学子，初入模具这一行，热情很高，认为是技术活，薪酬不错。可他们刚毕业，没设计经验，怎能马上搞设计？须知科班毕业，拿了大学文凭，只能表明你学过模具设计，而不代表你就会干好。需要下车间，了解加工工艺、配模工艺、成型工艺等，与车间师傅尽早交流沟通，对于设计模具大有裨益，即使将来从事管理工作，也会得心应手。从加工一线走出来的模具设计师往往底气十足，经验十足，更具有竞争力，也是模具管理人才的首选。

二、模具的生产流程

为帮助读者更好地理解，首先简单介绍一下实际加工现场模具生产流程，使读者对模具生产所涉及的各个环节有所了解，这样才能更好地指导学习。

对于一个模具公司（厂）来说，从接到订单开始，直至模具交付客户，大致流程如图 4-1 所示。

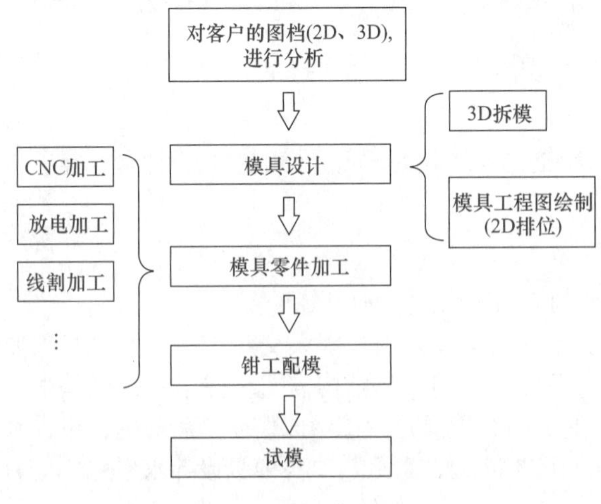

图 4-1　模具生产流程

图 4-1 所示是模具生产的大致流程，需要说明的是不同的加工现场模具生产流程可能略有些不同。

1. 产品分析

模具厂接单案例通常有三种情况：一是客户给图纸，并无产品实物，这个图纸可能是二维（2D）图档，或者是三维图档（3D 数据文件），或者 2D 和 3D 图档都有；二是客户给产品实物，并没有图纸；三是既有图纸也有产品。

无论何种情况，一旦接单，那么就由模具厂来负责承包制作模具，设计任务就下发给设计人员，其会在模具设计之前，首先进行产品分析，即仔细研究产品，根据加工现场实际情况，看看需要做成什么结构的模具才合适。模具既要能够加工出来，又要保证质量，更需考虑其生产成本。所以在有些时候并不单纯是个技术问题，往往需要和客户及主管充分交换意见方能对模具结构最终定型。

单纯从模具设计的角度来说，产品分析的主要内容包括产品需要出几腔、进胶如何设计、分型面怎么走、对应的大致模具结构是什么样子等。

2. 模具设计

产品分析完后，就开始模具设计。即根据产品的不同结构特点，使用相关软件设计出对应的模具结构。在当今现代化的加工条件下，它具体指的是 3D 分模及 2D 排位（见表 4-1），这是模具设计师的主要工作。

表 4-1　3D 分模及 2D 排位说明

<table>
<tr><th>类别</th><th>说明</th></tr>
<tr><td>3D 分模</td><td>分模也称为拆模，如图（a）所示，它是指运用模具软件根据产品模型，把模具（毛坯）分开，从而得到组成模具型腔的零件。具体来说就是将模具的 3D 模型放缩后，利用 3D 软件如 Pro/E、UG 等将模具拆分为动模仁、定模仁、斜顶、滑块、镶件等。3D 拆模是整个模具设计过程中最重要的核心工作。只有经过拆模，才能将模具里面成型产品的动、定模仁等相关零件设计出来，才能为后续的零件加工提供数据文件
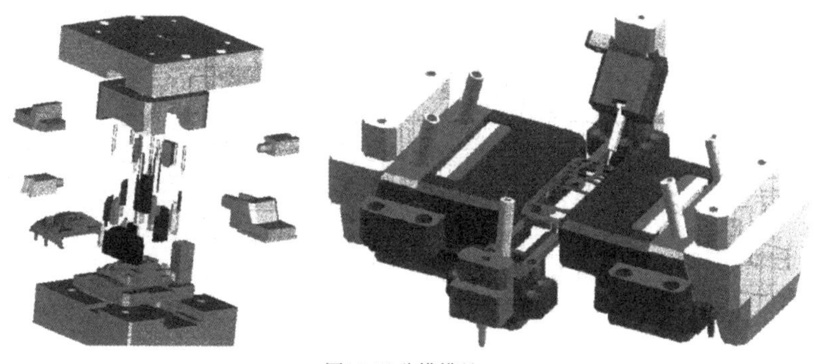
图(a) 3D分模模具
3D 分模，并不仅仅是指软件操作。如果简单地认为掌握了分模就掌握了模具设计，那就错了。在很久以前，产品都很简单，计算机也不普及，通过简单的机床和人脑的计算就可以把模具做出来。随着产品的要求不断提高，产品的结构日趋复杂，如牵扯到产品的各种复杂曲面部分，必须借助于数控加工才能够做出来。然而，采用数控加工，就要编制刀路程序，而要编制刀路程序，首先必须要有零件模型。这个零件模型，即是组成模具的 3D 零件，它就是通过计算机自动分模产生的。因此，对于当今模具加工来说，没有 3D 分模，设计加工模具简直是不可想象的
虽说 3D 分模是借助软件来自动完成的，但是软件不是万能的，它是不知道这里做什么结构，那里做什么结构的。软件仅仅是取代人脑进行数学计算，简化程序而已。因此，必须懂得模具设计知识，然后才能借助软件进行操作，来表达设计思路。不懂模具结构设计而去分模，分出的零件能不能加工、结构合理不合理都是不确定的
现在模具 CAD/CAE/CAM 技术已经在大大小小的模具厂得到了普及，设计模具零件，已经不需要大量的手工计算了，完全可以借助模具软件（Pro/E、UG 等）来设计</td></tr>
<tr><td>2D 排位</td><td>2D 排位主要是指绘制模具组立图（装配图）。这里也包括绘制零件图、线割图、放电加工图等。图纸对模具加工非常重要，即使在数字化加工的条件下，对于大多加工企业来说依然需要图纸。一般情况下设计人员在完成 3D 拆模后，就要绘制模具工程图，以供加工车间各工序加工师傅使用。清晰、完整、准确的模具工程图纸十分有必要
2D 排位与 3D 分模一样，专业性很强，并不是 AutoCAD 会用了，就能画模具图了。这需要懂模具结构设计知识，并且要熟练使用模具设计工具软件，才能够画好。在具体排位时，有许多细节和画法是表达模具结构所特有的，需要不断实践才能掌握</td></tr>
</table>

3. 模具零件加工

模具零件加工，即根据设计图纸将各个模具零件加工出来。模具零件加工大致分为两种，一种是普通加工，包括车床、铣床、磨床、钻床等；一种是特种加工，包括电火花线切割加工、电火花放电加工、数控加工中心加工等。具体采用何种加工方式，要根据待加工零件的特点、生产成本、交货期、精度要求等来定，并非越精密的设备就越好。在普通的模具企业，通常情况下车间里两种加工设备都会有。模具零件加工类型见表 4-2。

表 4-2　模具零件加工类型

类别	说明
普通加工	普通加工即用普通车床、普通铣床、普通磨床、台钻、摇臂钻等进行的加工，模具加工企业一般来说都离不开这些设备，它们对于一些简单的零件，加工起来十分快速方便
CNC 加工	随着计算机技术的飞速发展，现今的模具加工现场早已经使用计算机控制机床进行作业了。数控机床可以按照技术人员事先编好的程序自动对产品和零部件进行加工，这就是我们说的“数控加工”。CNC 是英文 computerized numerical control（计算机数字化控制）的缩写，它包括数控铣加工、数控车加工、数控电火花加工等。对模具加工来说，CNC 加工普遍是指数控铣加工
放电加工	放电加工此处指的是电火花加工，如图（a）所示。它是利用浸在工作液中的两电极间的脉冲放电来蚀除导电材料的，英文简称 EDM（electrical discharge machining）。放电加工是模具加工中很典型的一种加工方法，特别适合用于难以切削的材料和复杂形状工件。放电加工主要用于加工具有复杂形状的型孔和型腔的模具和零件，加工各种硬、脆材料，如硬质合金和淬火钢等，加工深细孔、异形孔、深槽、窄缝和切割薄片等 图(a) 放电加工
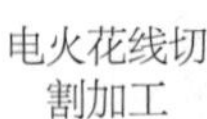 电火花线切割加工	电火花线切割加工，英文简称 WEDM（wire electrical discharge machining），有时又称线切割，如图（b）所示。其基本工作原理是利用连续移动的细金属丝（称为电极丝）作电极，对工件进行脉冲火花放电切割成型  图(b) 线割加工 它主要用于加工各种形状复杂和精密细小的工件，各种微细孔槽、窄缝、任意曲线等，具有加工余量小、加工精度高、生产周期短、制造成本低等突出优点，在模具加工生产中获得广泛的应用，一般模具车间必备此类加工设备

4. 钳工配模

模具零件全部加工完毕后，就要由钳工师傅来装配模具，由于所有的机床加工都有误差，模具零件加工完后不一定能正好装配成功，这就需要非常耐心、细心地去装配。钳工丰富的配模经验在这显得无比重要，一个熟练的模具钳工老师傅堪比模具设计师。

5. 试模

钳工配模后，在交付客户之前必须要试模。即将模具装在注塑机上打一些塑件，以检验模具是否存在问题。如出现问题，要仔细分析原因。通常来说，试模过程中会出现各种各样的问题，大部分会集中反映在产品质量上。究其原因，可能是模具设计的问题，或是成型工艺的问题，也可能是装配过程中出现的问题，等等。只有试制出合格的产品，客户满意后，此套模具才算合格。

三、模具的设计步骤与审核

1. 模具的设计步骤

（1）确定型腔的数目

确定型腔数目的条件有：最大注射量、锁模力、产品的精度要求、经济性等。

（2）选择分型面

分型面的选择应以模具结构简单、分型容易，且不影响塑件的外观和使用为原则。

（3）确定型腔的布置方案

型腔的布置应尽可能采用平衡式排列，以保证各型腔平衡进料。型腔的布置还要注意与冷却管道、推出机构布置的协调问题。

（4）确定浇注系统

浇注系统包括主流道、分流道、浇口和冷料穴。浇注系统的设计应根据模具的类型、型腔的数目及布置、塑件的原料及尺寸等因素。

（5）确定脱模方式

模具的脱模方式的设计，首先应根据塑件所留在模具的不同部位而设计不同的脱模方式。因为注塑机的推出顶杆在动模部分，所以模具的脱模推出机构一般都设计在模具的动模部分。设计中，除了将较长的型芯安排在动模部分以外，还常设计用拉料杆来强制塑件留在动模部分。但也有些塑件的结构要求塑件在分型时留在定模部分，在定模一侧设计推出装置。推出机构的设计也应根据塑件的不同结构设计出不同的形式。

（6）确定调温系统结构

模具的调温系统主要由塑料种类决定。模具的大小、塑件的物理性能、外观和尺寸精度都对模具的调温系统有影响。

（7）确定凹模和型芯的固定方式

当凹模或型芯采用镶块结构时，应合理地划分镶块并同时考虑镶块的强度、可加工性及安装固定方式。

（8）确定排气形式

一般注射模的排气可以利用模具分型面和推出机构与模具的间隙，而对于大型和高速成型的注射模，必须设计相应的排气形式。

（9）确定注射模的主要尺寸

根据相应的公式计算成型零件的工作尺寸及确定模具型腔的侧壁厚度、型腔底板、型芯垫板、动模板的厚度、拼块式型腔的型腔板厚度及注射模的闭合高度。

（10）选用标准模架

根据设计、计算的注射模的主要尺寸，来选用注射模的标准模架，并尽量选择标准模具零件。

（11）绘制模具的结构草图

在以上工作的基础上，绘制注射模的完整的结构草图，这是模具设计十分重要的工作。

（12）校核模具与注塑机有关尺寸

对所使用的注塑机的参数进行校核：包括对最大注射量、注射压力、锁模力及模具的安装部分的尺寸、开模行程和顶出机构的校核。

（13）注射模结构设计的审查

根据上述有关注射模结构设计的各项要求设计出来的注射模，应进行初步审查并征得用户的同意，同时，也有必要对用户提出的要求加以确认和修改。

（14）绘制模具的装配图

装配图是模具装配的主要依据，因此应清楚地表明注射模的各个零件的装配关系、必要的尺寸（如外形尺寸、定位圈直径、安装尺寸、活动零件的极限尺寸等）、序号、明细栏、标题栏及技术要求，并对所使用的注塑机的参数进行校核。技术要求的内容为以下几项：

① 模具结构的性能要求，如推出机构、抽芯机构的装配要求。

② 模具装配工艺的要求，如分型面的贴合间隙、模具上下面的平行度要求。

③ 模具的使用要求。

④ 防氧化处理、模具编号、刻字、油封及保管等要求。

⑤ 有关试模及检验方面的要求。

如果凹模或型芯的镶块太多，可以绘制动模或定模的部件图，并在部件图的基础上绘制装配图。

（15）绘制模具零件图

由模具装配图或部件图拆绘成零件图的顺序为：先内后外，先复杂后简单，先成型零件后结构零件。

（16）复核设计图样

注射模设计的最后审核是注射模设计的最后把关，应多关注零件的加工性能。

2. 模具的审核

由于注射模具设计直接关系到能否成型、产品的质量、生产周期及成本等许多至关重要的问题，因此，当设计完成后，应进行审核，审核的内容见表 4-3。

表 4-3　注射模具的审核内容

类别	说明
基本结构方面	①注射模的机构和基本参数是否与注塑机匹配 ②注射模是否具有合模导向机构，机构设计是否合理 ③分型面选择是否合理，有无产生飞边的可能，塑件是否滞留在设有顶出脱模机构的动模（或定模）一侧 ④型腔的布置与浇注系统的设计是否合理。浇口是否与塑料原料相适应，浇口位置是否恰当，浇口与流道几何形状及尺寸是否合适，流动比数值是否合理 ⑤成型零部件设计是否合理 ⑥顶出脱模机构与侧向分型或抽芯机构的设计是否合理、安全和可靠。它们之间或它们与其他模具零部件之间有无干涉或碰撞的可能，脱模板（推板）是否会有凸模咬合的可能 ⑦是否有排气机构，其形式是否合理 ⑧是否需要温度调节系统，如果需要，其热源和冷却方式是否合理，温控元件是否足够，精度等级如何，寿命长短如何，加热和冷却介质的循环回路是否合理 ⑨支承零部件结构是否合理 ⑩外形尺寸能否保证安装，固定方式的选择是否合理可靠，安装用的螺栓孔是否与注塑机动定模固定板上的螺孔位置一致

续表

类别	说明
设计图纸方面	①装配图。零部件的装配关系是否明确，配合代号标注得是否恰当合理，零件的标注是否齐全，与明细栏中的序号是否对应，有关的说明是否具有明确的标记，整个注射模的标准化程度如何 ②零件图。零件号、名称、加工数量是否有确切的标注，尺寸公差和形位公差标注是否合理、齐全，成型零件容易磨损的部位是否预留了修磨量，哪些零件具有超高精度要求，这种要求是否合理，各个零件的材料选择是否恰当，热处理要求和表面粗糙度要求是否合理 ③制图方法。制图方法是否正确，是否合乎国家标准，图面表达的几何图形与技术要求是否容易理解
注射模设计质量	①设计注射模时，是否正确地考虑了塑料原料的工艺特性、成型性能，注塑机类型可能对成型质量产生的影响，成型过程中可能产生的缺陷是否在注射模设计时采取了相应的预防措施 ②是否考虑了塑件对注射模导向精度的要求，导向结构设计是否合理 ③成型零部件工作尺寸计算是否正确，能否保证产品的精度，其本身是否有足够的强度和刚度 ④支承零部件能否保证模具具有足够的整体强度和刚度 ⑤是否考虑了试模和修模要求
装拆及搬运条件方面	有无便于装拆时用的撬槽、装拆孔、牵引螺钉和起吊装置（如供搬运用的吊环或起重螺栓孔等），对其是否做出了标记

第二节　分型面设计

模具上用以取出塑件和凝料的可分离的接触表面称为分型面。分型面的设计在注射模的设计中占有相当重要的位置，分型面的设计可以对塑件的质量、模具的整体结构、工艺操作的难易程度及模具的制造等都有很大的影响。

现在模具生产多采用模仁结构，模仁是注塑模具的核心部分，它是模具里面最重要的组成部分，制品的成型部分就在模仁里面，制品的形态变化多端，对应的模仁结构复杂程度也就不一样。对于模具加工来说大部分加工时间都花费在了模仁上。

实际上，不管模具有无采用模仁，制品在模具中成型部分结构设计总是相同的。本节重点讲述成型零件设计的一些要点，包括拔模、分型面的选择、镶件的做法等。

一、拔模

1. 拔模的必要性

如图 4-2 所示的产品是一个简单的塑料盒子，侧壁采用不同的设计，在模具里面成型后，会包紧在后模仁上面，如果要将其从模仁上面顶出来，哪种形式更容易呢？

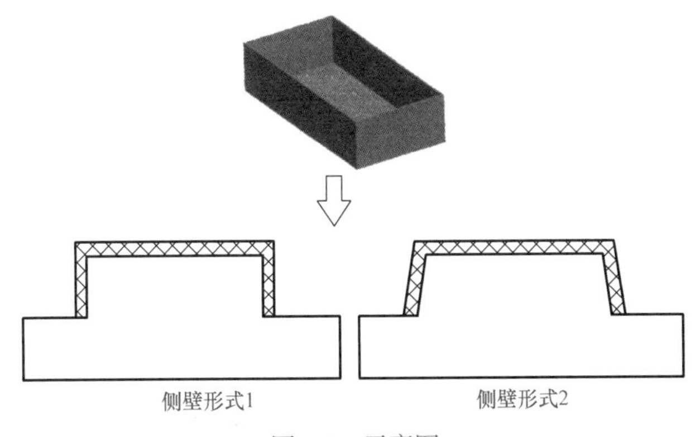

图 4-2　示意图

如图 4-2 所示的两种形式的差别仅仅在于一个盒子的侧壁做了直身面，另一个的侧壁倾斜了一个角度。凭日常生活经验来说，似乎第 2 种形式，产品更容易从模仁上面脱出来，第 1 种形式，产品则会包得很紧，顶出会很吃力。

实际情况确实如此，只有产品设计时侧壁倾斜了角度，成型后才能更顺利地从模具上面脱出，我们把这种产品侧壁设计成倾斜角度的做法，称为拔模，而其对应的斜度，称为拔模斜度。

拔模斜度是指在与模具表面直接接触并垂直于分型面的产品特征上设计略微斜度，正是由于这个斜度的存在，才会使模具被打开的瞬间在塑件和成型零件之间产生间隙，从而让制件可以轻松地脱离模具。如果在设计中不考虑拔模斜度，由于热塑性塑料在冷却过程中会收缩，紧贴在模具型芯上很难被正常地顶出，即使顶出也可能会导致制品被拉伤或变形。

然而，产品拔模的方向是有讲究的，拔模方向不正确可能会导致模具无法加工或者产品脱不出模具，下面我们还以上面那个简单产品为例，分析一下其侧壁可能的拔模形式，如图 4-3 所示。

图 4-3　不同拔模形式示意图

仔细对图 4-3 所示的四种形式进行分析，即可发现图 4-3（c）和图 4-3（d）所示的拔模形式是错误的，因为内壁拔模方向错误导致在产品内壁形成了倒勾，开模后产品顶不出来。就算被强迫顶出来了，产品也会被破坏或有较大的变形，此处以图 4-3（c）为例，其脱模过程如图 4-4 所示。

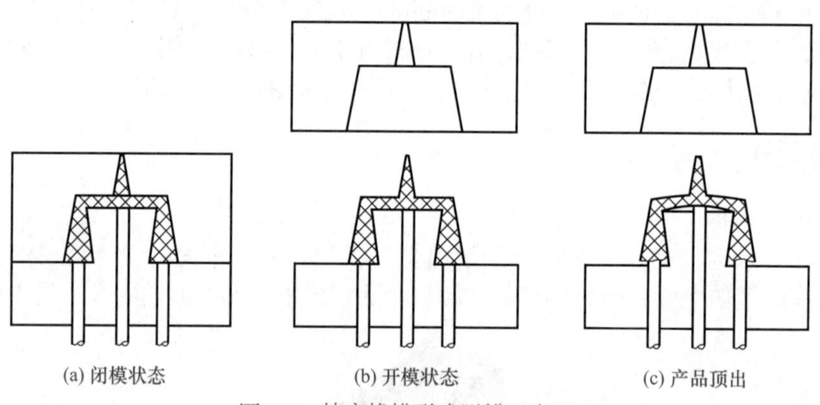

图 4-4　特定拔模形式脱模示意图

分析图 4-4 我们可以体会到制品添加拔模斜度是多么重要。一般来说，塑胶产品最好在产品设计时就要拔模，这个工作应该由造型设计师或产品设计师来完成，有丰富经验的产品设计师往往会知晓这一点。

然而有的时候产品在做造型的时候并未做拔模斜度就提供给模具设计师使用，而模具设计师为了分模，不得不专门抽出时间来拔模，尽管这本是产品设计师应该做的活。更糟糕的情况是，如果产品实在设计得无法满足模具开模，就不得不更改造型，甚至重新构建产品模型，这浪费了大量的时间。

事实上，这种情况在实际设计加工现场很常见。如要解决这个问题，一要靠各自的职业操守，认真负责，该是自己的工作一定要做到位，不给下一环节增添麻烦；二是靠沟通协调，互相学习交流，了解造型和模具设计的内在关系。相关人员只有互相了解对方工作，才能共同完成任务。

某些有资质的公司在产品设计阶段就要求模具设计工程师参与进去，协同开发，这是一个很不错的方法，毕竟设计的产品是要开模具的，尽早互相交流意见，会少出错误，提高工作效率。

2. 拔模斜度的选取

拔模对产品来说很重要，它关系到产品能否顺利脱出。有读者可能会问：拔模后产品尺寸是否会变化？

那是肯定的，一旦拔模，哪怕拔模斜度很小，产品的尺寸也会变化。但塑胶制品与其他产品一样，对于其尺寸，都有一个公差范围，只要尺寸在合理的范围内波动，均可以满足要求，另外塑料本身就具有弹性，即使尺寸不像金属制品那样精准，它也可以通过自身的弹性来满足使用。

尽管如此，拔模斜度还是应该在满足脱模的情况下，越小越好，毕竟其造成的尺寸波动还是有的。对于普通的模具来说，精度要求不高，拔模斜度可选大一点。现在，随着加工设备的日益先进，成型工艺的不断优化，以及对产品的苛刻要求，有些产品就不允许拔模。

至于拔模斜度的大小，这个问题比较灵活，不好做统一规定，应视产品具体结构来定，另外产品所用塑料的种类、特性及产品表面精度要求等因素对拔模斜度都有影响。

通常拔模斜度取 0.5°、1°、2°。设计拔模斜度应注意以下几点。

① 拔模斜度在不影响外观和功能情况下能大就尽量大。

② 尺寸大的制品，应采用较小的拔模斜度。

③ 制品形状复杂不易拔模的，应选用较大的拔模斜度。

④ 制品收缩率大，拔模斜度也应加大。

⑤ 增强塑料宜选大拔模斜度，含有自润滑剂的塑料可用小拔模斜度。

⑥ 制品壁厚大，拔模斜度也应大。

⑦ 制品精度要求越高，拔模斜度应越小。

以上是拔模斜度选取的一些要点，单就某个产品而言，具体设计时以上各点可能会互相矛盾，这就需要综合多种因素考虑，灵活运用。

二、分型面的选择

1. 分型面的位置及形式

注射模可有一个分型面，也可有多个分型面，分型面应尽可能简单，以便于塑件的脱模和模具的制造。分型面的位置及形状如图 4-5 所示，图 4-5（a）所示为平直分型面，图 4-5（b）所示为倾斜分型面，图 4-5（c）所示为阶梯分型面，图 4-5（d）所示为曲面分型面，图 4-5（e）所示为瓣合分型面。

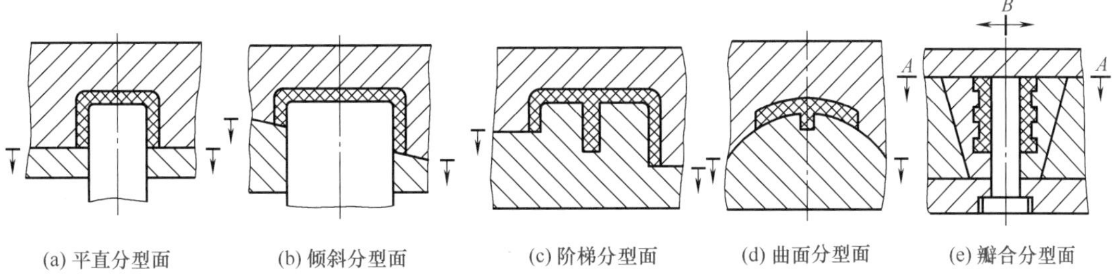

图 4-5　分型面的位置及形状

在模具装配图上，分型面的标示一般采用如下方法：当模具分开时，若分型面的两边的模板都做移动，用“←┼→”表示；若其中一方不动，另一方移动，用“├→”表示，箭头指向移动的方向；多个分型面，应按先后次序标示出，如“*A*”“*B*”“*C*”等。

从图 4-5 中可以看出，分型面选取的不同，将直接导致模具的前、后模结构不同。所以说设计分型面的过程其实也就是确定模具结构的过程，你要确定产品哪个地方出前模，哪个地方出后模。设计分型面时要考虑诸多影响因素，例如，必须要考虑产品顶出是否容易，好不好加工，有没有影响产品外观，等等。分型面选好，就等于设计工作做好了一半。

时至今日，模具设计早已使用计算机辅助设计了，各种模具软件如 CREO 等，都能够自动化分模，模具设计师的主要工作之一就是分模。分模说白了，也就是确定分型面。只有设计者面对产品懂得如何选取其分型面，才能操作软件去分模。所以说，分型面的选取关系到模具设计的成败。

工程中，并不是所有的产品都像盖子这样简单，能够让我们凭生活经验就能确定其分型面，产品往往是复杂多变、形态各异的，这就要求设计师认真仔细，选择最佳的分型面位置。

2. 分型面的选取原则

如前所述，分型面的确定是一个很复杂的问题，受到许多因素的制约，常常是顾此失彼。所以在选择分型面时应抓住主要因素，放弃次要因素。不同的设计人员有时对主要因素的认识也不尽一致，这与自身的工作经验有关。且有些塑件分型面的选择简单明确并且唯一，有些塑件则有许多方案可供选择。

分型面位置应设在塑件脱模方向上最大外形的投影边缘部位。

如图 4-6 所示为一个周边倒圆的产品，它的分型面选择如图 4-7 所示。

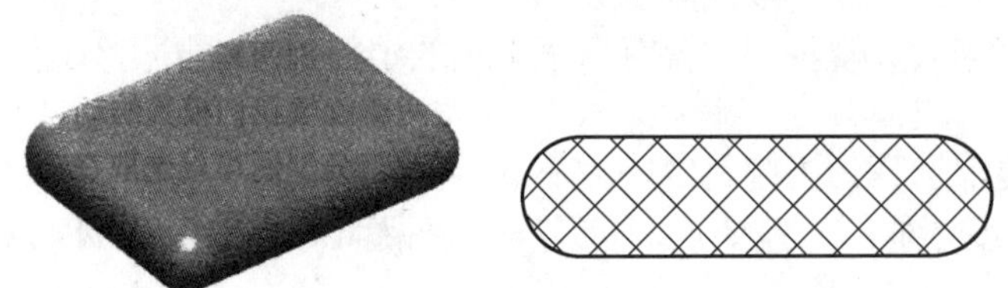

图 4-6　周边倒圆产品

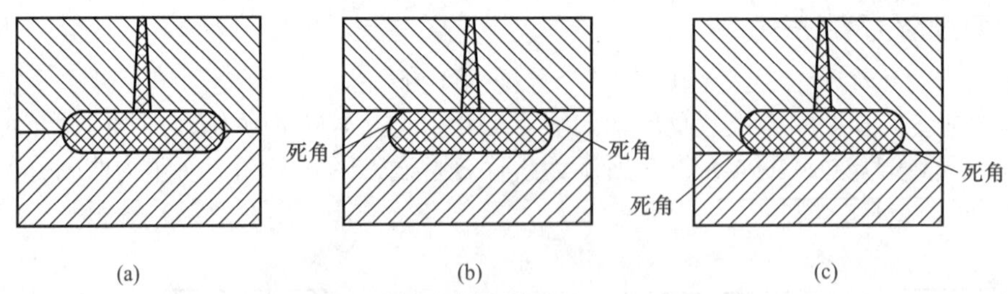

图 4-7　周边倒圆角产品分型面选择

如图 4-7（b）所示的形式后模无法加工出来，即使能够加工出来，开模后，由于死角的存在，也会影响产品的顶出；图 4-7（c）所示的形式与图 4-7（b）相同，产品不会随动模一起向下运动，会留在前模，且无法顶出；只有图 4-7（a）所示的形式，分型面处于产品的最大外形投影线处，这样分模结构既不会影响产品的顶出，也容易加工，但会在其圆角的分模处存在合模线，影响产品外观。但这个没有办法，不可避免。因此，在选择塑件分型面时，要选沿其开模方向的最大外形投影线。

塑件的最大外形是判断分型面的一个最基本、最重要的方法。大多数壳类、盖状产品均可采用这种方法得出分型面。

分型面的选择好坏对塑件质量、操作难易、模具结构及制造都有很大的影响。通常应遵循的原则见表 4-4。

表 4-4　分型面的选取原则

选取原则	图示	说明
有利于塑件脱模	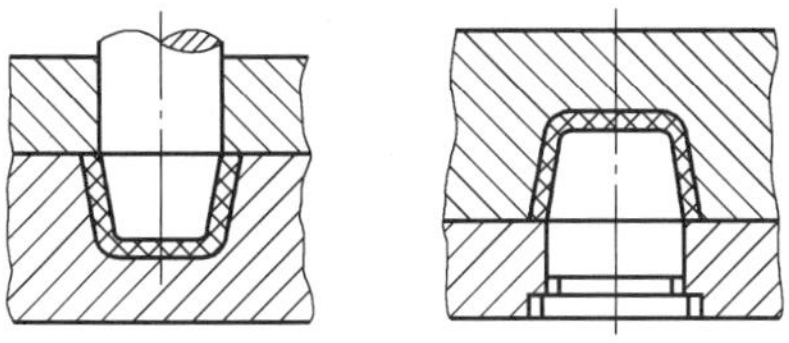 (a)　(b)	从塑件脱模角度来说，尽量将塑件留在动模，这样方便产品的顶出，如果留在定模的话，无疑将加大模具的复杂程度。如左图（a）所示，开模后，由于塑件的抱紧力，将留在定模，所以就没有左图（b）的形式好
确保表面质量	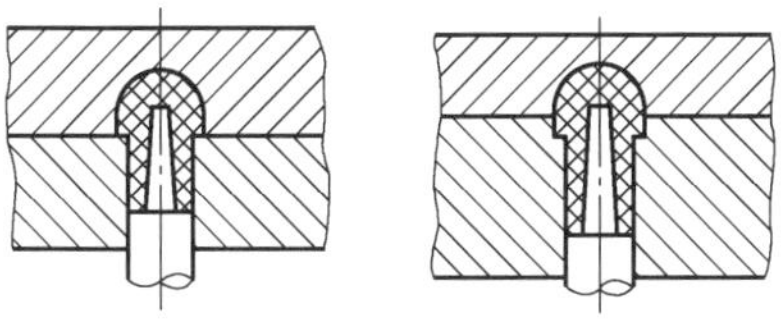 (a)　(b)	对于绝大部分制品来说，外观面均要求严格，尽量没有合模线痕迹，所以在选分型面时尽量避免定在塑件的外观面上，除非不得已的情况。如左图（b）所示，左图（b）的分型面定在了外观面，顶出后，产品的外观面将有一圈合模痕迹
有利于模具加工	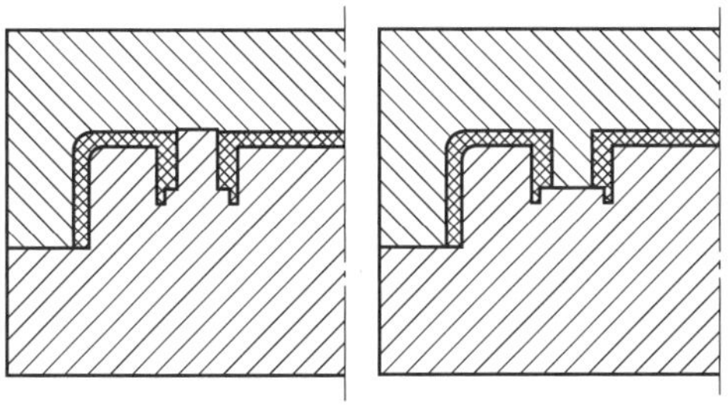 (a)　(b)	分型面的选择要有利于模具加工。如左图图（a）、图（b）所示，两种分型面所取位置不一样。图（a）对应的前模为一平面，好加工，图（b）对应的前模有一凸起，不好加工。另外图（b）这种形式增加了产品留定模的可能性
有利于排气	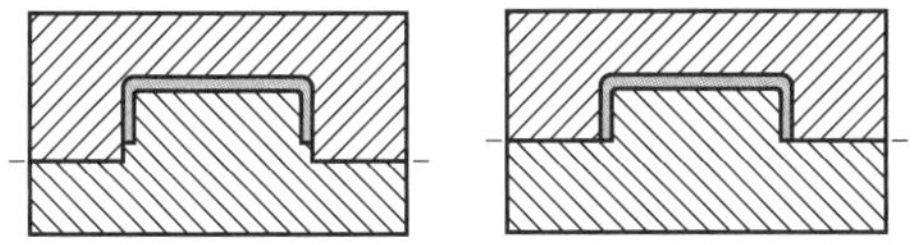 (a)　(b)	当分型面作为主要排气渠道时，应将分型面设计在塑料的流动末端，以利于排气。如左图图（a）、图（b）所示，图（a）的分型面排气效果就不如（b）的好
有利于侧向抽芯	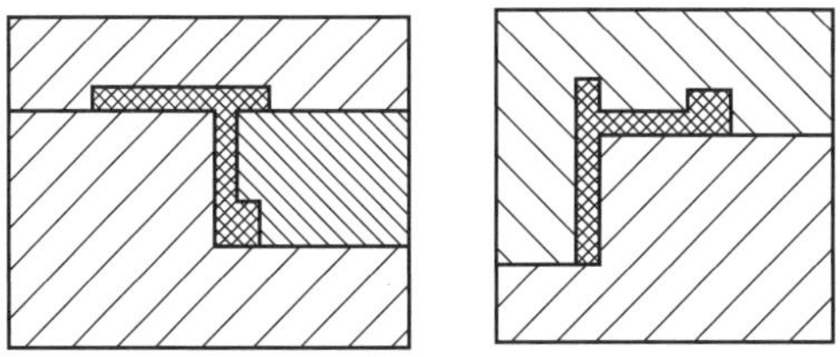 (a)　(b)	分型面的选择要有利于简化模具结构，并尽可能地避免侧向抽芯。分型面选择应尽量避免形成侧孔、侧凹，如左图图（a）、图（b）所示。图（a）所示形式分型面会形成侧凹，必须抽芯后，才能够脱模；图（b）所示形式分型面则无需侧抽芯即可脱模

以上总结了设计分型面时需要考虑的一些情况，因塑件的形状千差万别，此处不再一一赘述，具体分型面的选择还有待于在工程实践中，不断地积累经验，学习提高。

3. 模具定位设计

对于一些精度要求高的模具，或分型面为大曲面、分型面高低距离较大时，可考虑给模具做定位设计。承担模具定位功能的结构在模具中有一个专门的术语——管位，如图 4-8 所示。

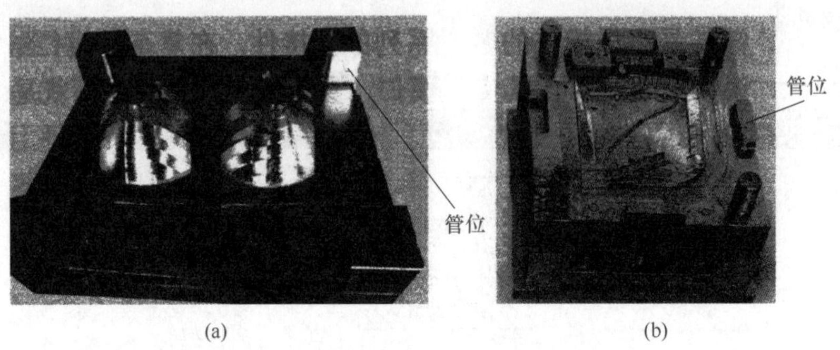

图 4-8　管位示意图

管位结构形式可以是虎口形、长条形、圆形等，无论何种形式，它总是在一个模板上（如前模板）凸起来，而在另一个模板上（如后模板）凹进去。

理论上模具最好都做管位，但有些厂出于对模具材料成本和加工成本的考虑，对一些产量不大、精度要求比较低的简单模具，就没有专门做管位，而是依靠产品本身的分型面结构来起定位作用。

实际工程中，虎口形式的管位用得比较多，虎口管位做在模板上和模仁上都可以。可以单独做，然后镶嵌上去，也可以原身留，但实际上很少采用镶嵌的方式。

如图 4-9 所示，为一种虎口管位设计细节。虎口大小根据模仁尺寸而定，如模仁的长和宽在 200mm 以下的，做 4 个 15mm × 8mm 的虎口，斜度约为 10°；若模仁的长度和宽度在 200mm 以上的，其虎口尺寸不小于 20mm × 10mm。

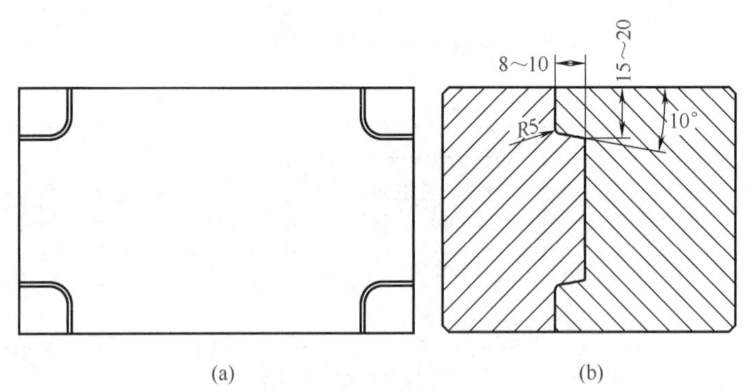

图 4-9　虎口管位设计示意图

虎口的排列方式比较随意，原则上需要尽量平衡对称，至于模仁上的虎口是做凹进去还是凸出来，需要具体问题具体分析，以省材料、加工方便为原则。为防止模仁装反，虎口要做防呆处理，即其中一个作为基准的虎口跟其他的虎口尺寸不一样，这样装配的时候就不容易出错。

虎口的斜度一般取 3° ～ 10°，在没有插穿的情况下，可以自由取度数，如果有插穿的情况，则虎口的斜度不能大于插穿的角度，这也是插穿角度一般取大于 3° 的原因之一（插穿的度数一般取 3° ～ 5°）。

三、镶件的做法

1. 镶件

用来成型制品的是动、定模仁，然而绝大多数情况下，动、定模仁并非是“铁板一块”，其内部也是由众多的镶件构成，这正如计算机键盘，看似一个整体，里面却是由一个个按键构成的。镶件是组成模仁的一系列的拼接件，在复杂的模仁结构中往往根据需要存在许多镶件结构。

动、定模仁形式如图 4-10 所示，图 4-10（a）所示为一个整体模仁，图 4-10（b）所示是将凸起部分拆分出来，单独加工，再装配进去。两种形式结构虽有区别，但它们承担的成型功能是一样的。模仁拆镶件的情况，如图 4-11 所示。

图 4-10 与图 4-11 是模仁内部结构拆分出镶件的示意图，可以看出动、定模仁不一定就是一个独立整体，其内部可根据需要拆分出各种形式的镶件结构，由镶件和模仁的其他部分构成了成型制品的模具腔壁。镶件和动、定模仁可以分别备料加工，然后装配在一起。

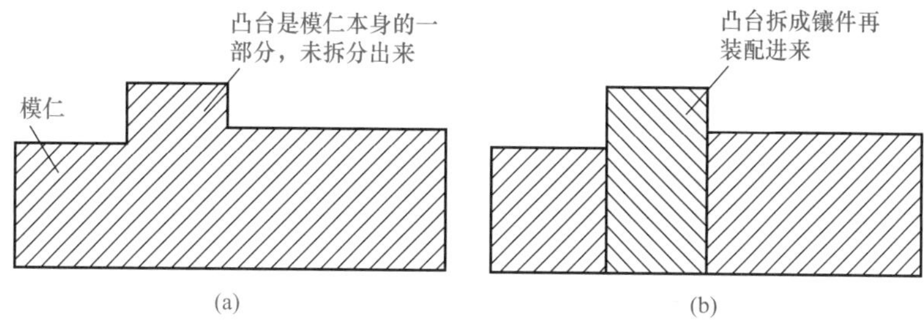

图 4-10　动、定模仁结构形式示意图

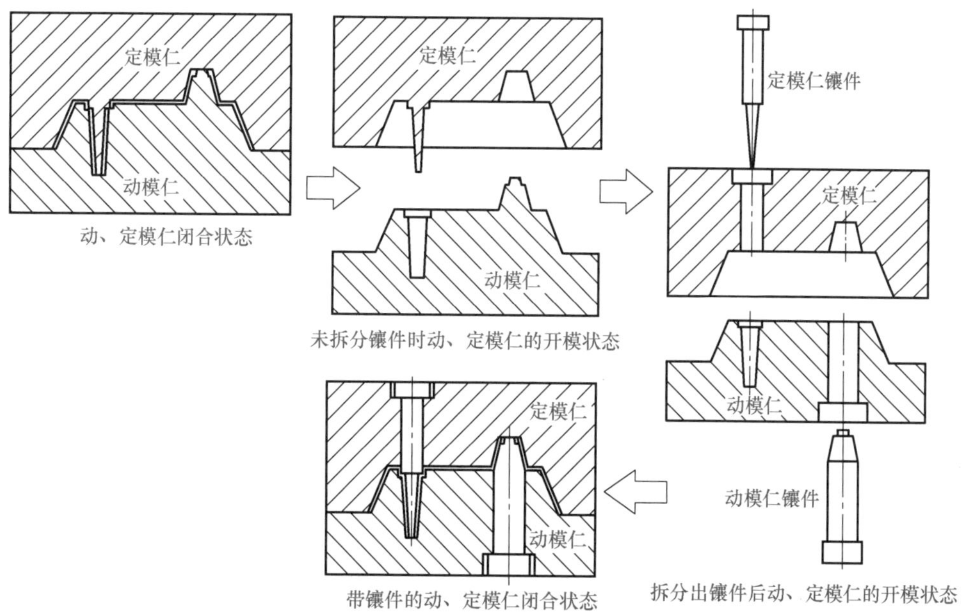

图 4-11　动、定模仁拆镶件示意图

2. 镶件的意义

为什么模仁结构内部要拆分出镶件呢？这个和许多因素有关，或为降低成本，或为加工方便，或为排气需要，等等。拆镶件常见的原因与说明见表 4-5。

表 4-5　拆镶件常见的原因与说明

原因	说明
方便加工与维修	模具是相当复杂的零件，在加工过程中，往往会遇到一些复杂的结构、特殊的形状，加工困难，并且不易维修。对于这些结构形状，可以用拆镶件的方法来降低其加工与维修难度。如图（a）所示，在模仁曲面上有一柱形凸起，凸起与曲面交接处直接加工比较困难，如图（b）所示，可拆成镶件的形式如图（c）所示 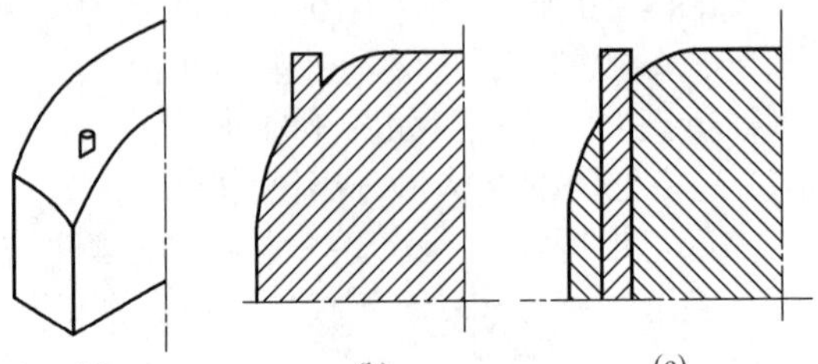 (a)　(b)　(c)
便于成型和脱模	如果产品中有较深的筋或其他不易成型的结构，这些结构在成型时易造成缺料、烧焦、接痕等缺陷。拆镶件可以有效地解决这一问题，镶件周边的间隙不仅利于成型时排气，还能防止产品在脱模时可能出现的真空粘模现象 如图（a）所示筋太深且薄，如果不拆镶件很难充满，而且会烧焦；如图（b）所示，若不拆镶件，容易出现包风现象，而且在顶出时会因真空而顶不出 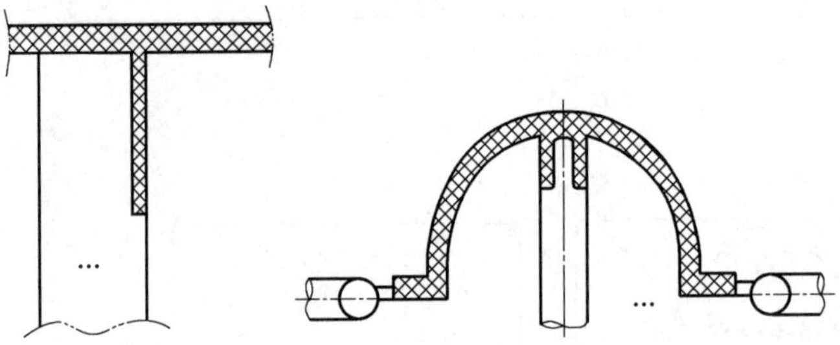 (a)　(b)
增加模具强度	在模仁或滑块等成型零件上有小面积插破（或靠破）时，为了增强模具强度，提高模具寿命，可以把插破（或靠破）部分拆成镶件，用较好的材料替代 如右图所示，若不拆镶件，插破地方很薄，使用一般材料强度会不足，将其拆成镶件，用较好的材料替代（如弹簧钢），可以增加模具强度 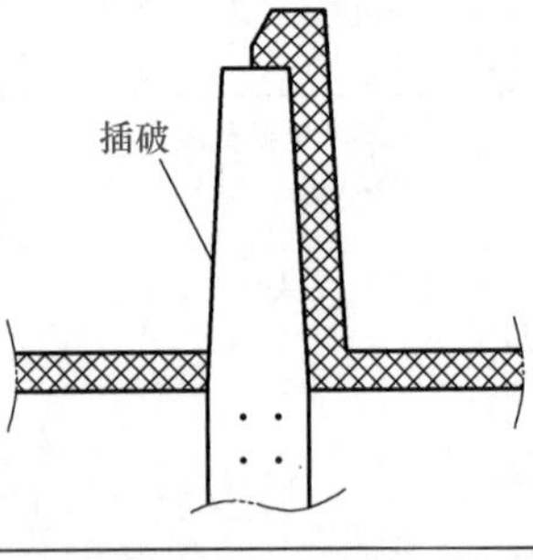 插破
节省材料，降低成本	在模仁或滑块等成型零件上，当部分形状高出其他面很多，或者不利于加工时，可以拆镶件来节省材料，降低加工成本，否则备料时尺寸将增加，加工也费时，成本将有很大的浪费 当考虑准备拆分模仁结构中的镶件时，应在尽可能满足客户外观要求和保证良好的成型质量的情况下，力求简捷，加工方便、节约材料、降低成本。拆分模仁中的镶件时应考虑以下几点 ①对一个制品来说，具体什么部位需要拆分出镶件，这主要是根据实际加工现场的加工能力及产品的具体结构情况而定的。一般来说，形状复杂、加工困难、不易成型、有多处配合需多次修配的地方要考虑拆成镶件 ②产品的外观面尽量不要拆镶件，如果必须出镶件结构，必须要与客户确认镶件的拆法后方可进行 ③对于大型的拼装模具，镶件结构形状应尽可能规则，且长、宽尺寸尽可能取整，以减少因机械精度等原因造成的加工误差，可有效防止组装偏位造成的合模困难 ④当产品的结构中存在通孔和盲孔时，对应成型位置一般要用拆镶件来处理

3. 靠破、插破与枕位

对于塑胶产品中的通孔的成型，靠破和插破两个专业术语需要解释一下。如图 4-12 所示的产品顶面有两处通孔，此处没有塑料，那么成型时，前、后模应该在这里相碰，即这个地方都将被金属占据。如图 4-13 为其模具成型示意图。

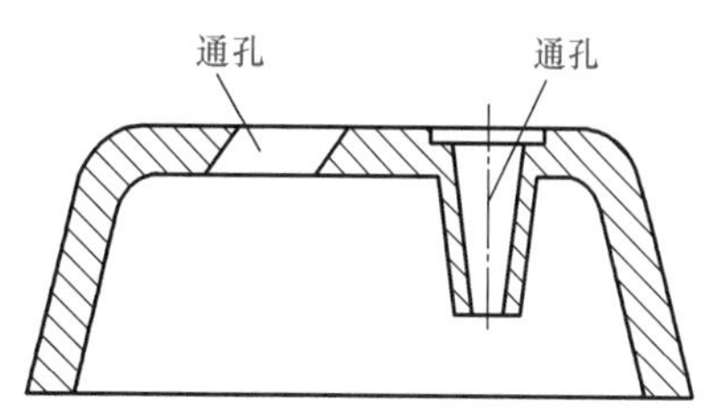

图 4-12 产品顶面通孔示意图

如图 4-13 所示，动、定模仁有些部分是相互碰在一起。注意：没有拔模斜度的相碰称为靠破，也有人称为碰穿；而有拔模斜度的相碰称为插破，也称插穿。

如果产品上出现断差，如图 4-14（a）所示，在做分型面时为了更好地封胶，分型面需要沿着断差横向拉出来一段距离，这段距离就称为枕位，如图 4-14（b）所示。枕位距离一般取 5 ～ 8mm。

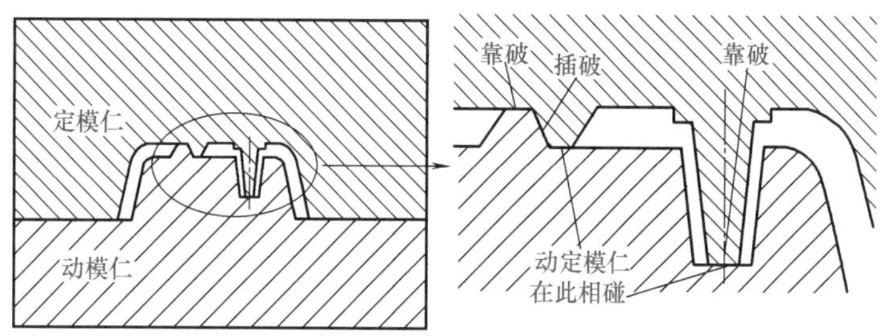

图 4-13 顶面有通孔产品模具成型示意图

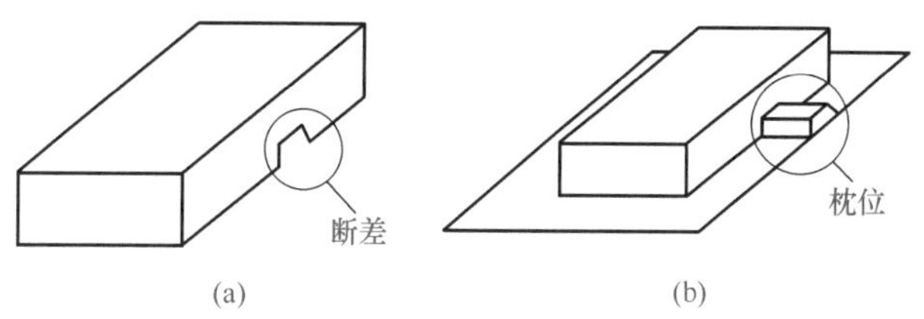

图 4-14 断差与枕位示意图

4. 镶件的固定

镶件的固定一般来说有两种方式：一种是采用镶件自身所带的挂台固定，另一种是用螺钉固定。当镶件较小时用挂台，当镶件较大时最好用螺钉。当然，在有些情况下，也兼而有之。镶件固定的几种常用形式见表 4-6。

表 4-6 镶件固定的几种常用形式

常用形式	图示	说明
固定板上固定		这是常用的镶件固定方法，结构简单，加工方便，应用较为广泛，固定板上对应于镶件挂台的地方做 0.6 ～ 1mm 的避空，主要为方便装配

续表

常用形式	图示	说明
螺钉固定	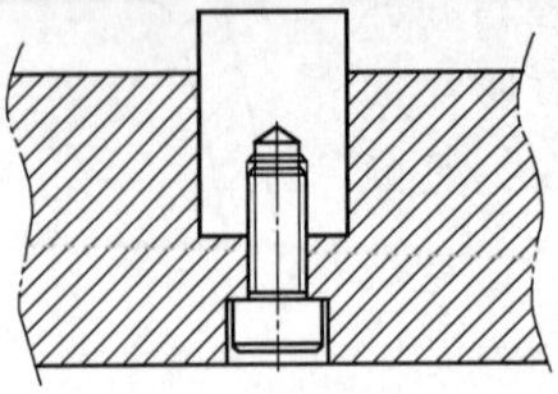	镶件直接用螺钉固定，也是一种常用的固定方法。主要在镶件较大时使用，结构简单，加工方便
挂台和螺钉同时固定	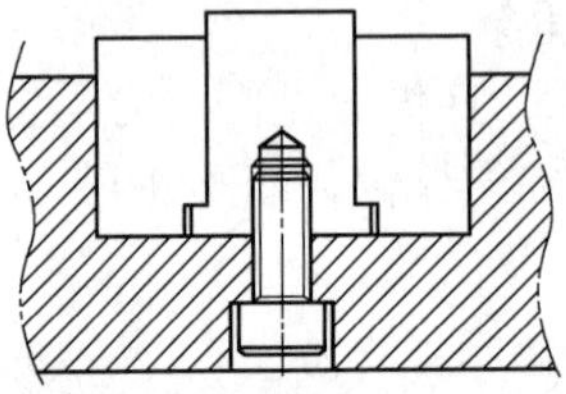	挂台和螺钉同时使用的情况也较常见，主要用于连拆镶件的情况。镶件比较大，结构简单，加工方便，但镶件不易安装
定位销固定	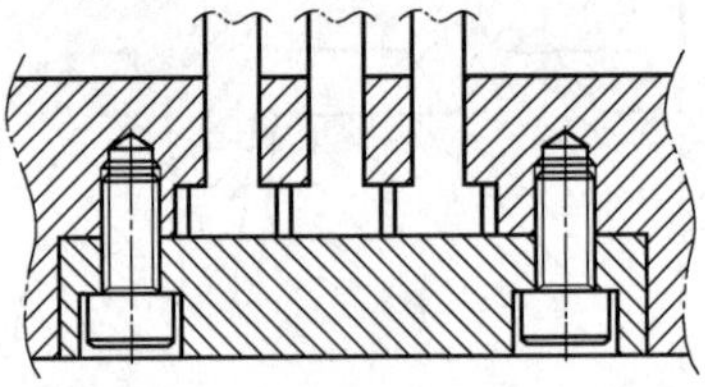	当圆形镶件比较多，且排列密集时，为了防止镶件转动，可以磨掉镶件轴肩一侧，使其平面互相接触起防转作用。如果镶件不能紧靠在一起排列，可以用定位销来防止转动
自攻螺钉顶紧固定	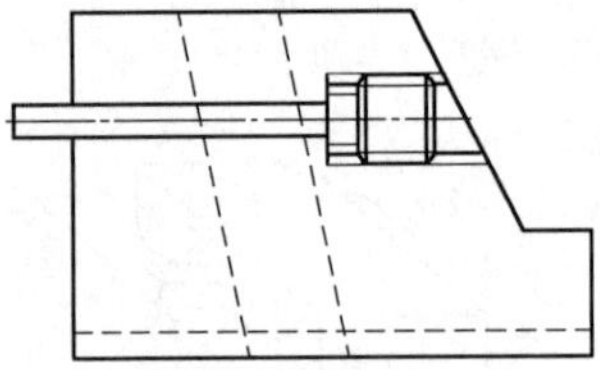	用自攻螺钉顶紧固定也是一种常用的镶件固定方法，多用于圆形细小镶件并且镶件数量较少的情况，在滑块型芯上应用较多。结构简单，加工方便

第三节　浇注系统及其设计

一、浇注系统及其设计原则

1. 浇注系统

（1）浇注系统的作用与分类

浇注系统的作用是使塑料熔体平稳且有顺序地填充到型腔中，并在填充和凝固过程中把压力充分传递到各个部位，以获得组织紧密、外形清晰的塑料制件。

普通浇注系统分直浇口和横浇口两种类型。直浇口适用于立式或卧式注塑机，如图 4-15 所示，其主流道一般是垂直于分型面的。而横浇口只适用于角式注塑机，如图 4-16 所示，其主流道平行于分型面。

（2）浇注系统的组成

普通浇注系统一般由主流道、分流道、浇口和冷料穴四个部分组成，如图 4-15 所示，其组成说明见表 4-7。

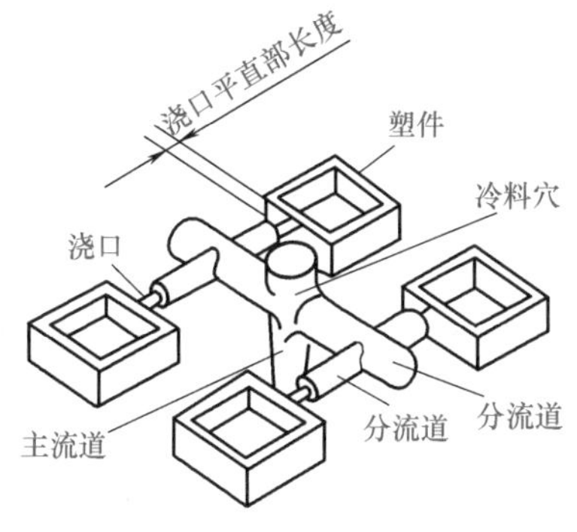

图 4-15　卧（立）式注塑机用模具的浇注系统

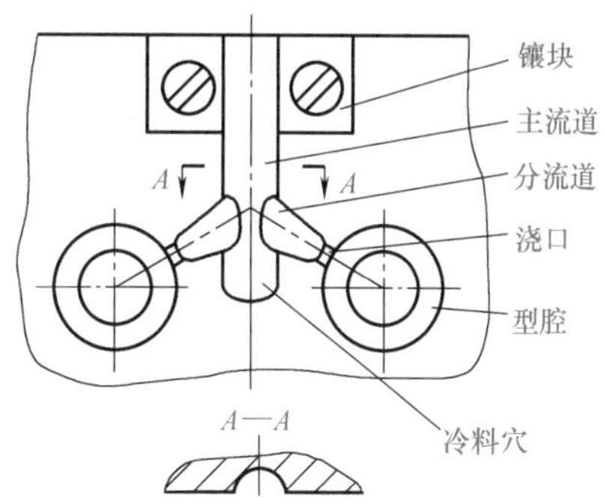

图 4-16　角式注塑机用模具的浇注系统

表 4-7　浇注系统的组成

组成部分	说明
主流道	从注塑机喷嘴与模具接触处起到分流道为止的一段料流通道为主流道，负责将塑料熔体从喷嘴引入模具
分流道	主流道与浇口之间的料流通道为分流道，是塑料熔体由主流道流入型腔的过渡段，在多腔模中还起着将熔体向各个型腔分配的作用
浇口	连接分流道与型腔，中间一段截面积非常小、长度又短的通道称为浇口，其主要作用有如下三点 ①较小的截面，促进从此流过的塑料熔体剪切、摩擦，可给予从分流道流经的受阻力影响而使压力和温度有所下降的塑料熔体产生加速度和较大剪切热，使熔体在充模时具有较快的流动速度和较好的流动性。 ②在注塑的冷却定型阶段，由于浇口的截面积小、长度短、可以快速凝结，防止因保压压力不足而引起倒流现象 ③浇口截面及长度皆小，因而经冷却后，容易修饰，容易与制品分离，也容易与料把（流道形成的）分离
冷料穴	冷料穴一般开设在主流道末端位置，当分流道较长时，其末端也可以开设冷料穴。冷料穴主要收集每次注射成型时流动熔体前锋的冷料头，避免这些冷料进入型腔，影响制品的质量，或防止冷料头堵塞浇口，造成注射失败

2. 浇注系统的设计原则（表 4-8）

表 4-8　浇注系统的设计原则

原则	说明
排气良好	能顺利地引导熔融塑料充填到型腔的各个深度，不产生涡流和紊流，并能使型腔内的气体顺利排出
流程短	在满足成型和排气良好的前提下，要选取短的流程来充填型腔，且应尽量减少弯折，以降低压力损失，缩短填充时间
防止型芯和嵌件变形	防止型芯和嵌件变形，应尽量避免熔融塑料正面冲击直径较小的型芯和金属嵌件，防止型芯弯曲变形和嵌件移位变形
整修方便	浇口位置和形式应结合塑件形状考虑，做到整修方便并无损塑件的外观和使用
防止塑件翘曲变形	在流程较长或需开设两个以上浇口时更应注意防止塑件翘曲变形
合理设计冷料穴或溢料槽	冷料穴或溢料槽设计是否合理，直接影响塑件的质量
浇注系统的断面积和长度	浇注系统的断面积和长度应尽量取小值，以减少浇注系统占用的塑料量，从而减少回收料

二、浇注系统的设计

（一）主流道设计

主流道是从注塑机喷嘴与模具接触的部位开始到分浇道为止的一段通道。在卧式或立式注塑机上，主流道垂直于分型面。为了能使凝料顺利地从主流道中拔出，主流道设计成圆锥形（主流道的设计参考尺寸见表 4-9）。对于安装在角式注塑机上的注射模具，主流道平行于分型面。主流道大多设计成等径圆柱形，而且直接开设在模具的分型面上。

定位环的作用主要是使注塑机喷嘴与模具的主流道准确对正、定位。

表 4-9　主流道部分尺寸

符号	名称	尺寸
d	主流道小端直径	注塑机喷嘴直径 +（0.5 ～ 1）mm
SR	主流道球面半径	喷嘴球面半径 +（1 ～ 2）mm
h	球面配合高度	3 ～ 5mm
α	主流道锥角	2° ～ 6°
L	主流道长度	尽量≤ 60mm
D	主流道大端直径	$d+2L\tan\frac{\alpha}{2}$

1. 主流道衬套

由于主流道要与高温塑料熔体及注塑机喷嘴反复接触，所以只有在小批量的注塑生产中，注射模的主流道在注射模的定模板上加工，大部分注射模中主流道部分常设计成可拆卸、可更换的主流道衬套，主流道衬套属于注射模的通用件。如图 4-17 所示为注射模主流道衬套与注射模定模板的固定形式，主流道衬套的推荐尺寸及与定模板孔的配合见表 4-10。

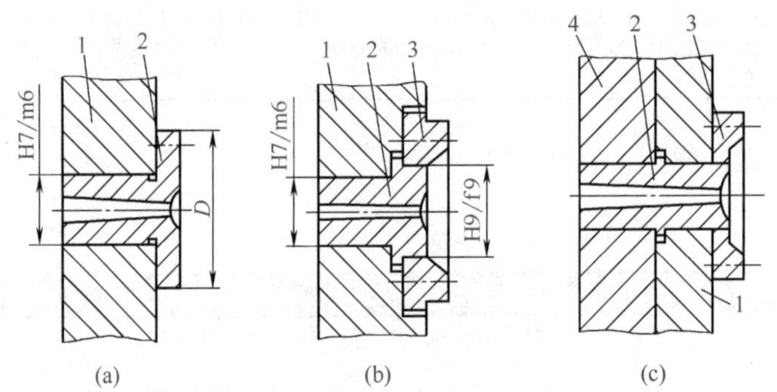

图 4-17　主流道衬套的固定形式

1—定模底板；2—主流道衬套；3—定位圈；4—定模板

表 4-10　注射模主流道衬套的推荐尺寸　　单位：mm

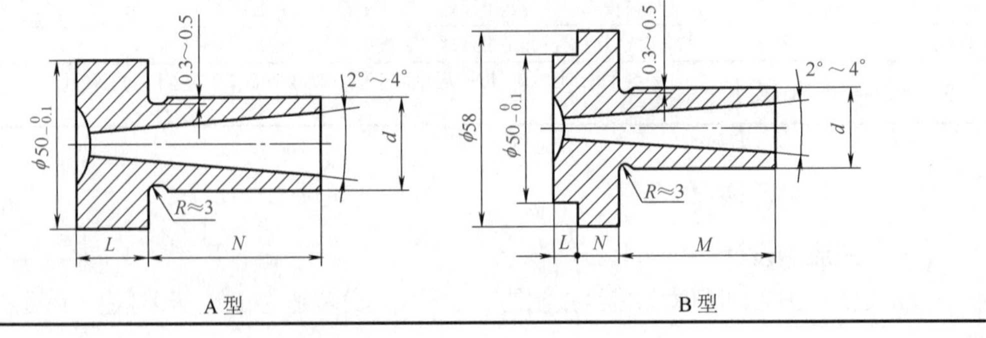

续表

公称尺寸 d	A 型		B 型		配合定模板孔的公差 D（H7）
	尺寸	公差	尺寸	公差	
16			16	+0.019 +0.007	+0.019 0
20	20	+0.023 +0.008	20	+0.023 +0.008	+0.023 0
25	25		25		
30	30	+0.027 +0.009	30	+0.027 +0.009	+0.027 0
35	35		35		
40	40		40		

2. 定位圈

很多注射模具的定位采用单独加设定位圈的方法，如图 4-17（b）、图 4-17（c）所示。也有用主流道衬套实现定位的，如图 4-17（a）所示，主流道衬套 2 既起主流道作用，它的外径 D 又起到了注射模与注塑机的定位作用。主流道衬套和定位圈要与所选注塑机的喷嘴和定位孔相一致。定位圈为标准件，其结构和尺寸见表 4-11。

表 4-11　定位圈的尺寸标准　　单位：mm

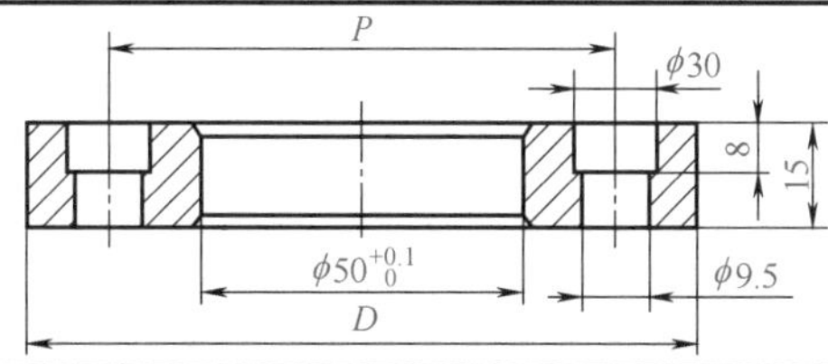

公称尺寸	D		P	公称尺寸	D		P
	尺寸	公差			尺寸	公差	
90	90	−0.2 −0.4	70	125*	125	−0.2 −0.4	90
100	100	−0.2 −0.4	75	（127）	（127）	−0.2 −0.4	90
（101.6）	（101.6）	−0.2 −0.4	75	150	150	−0.2 −0.4	120
110*	110	−0.2 −0.4	75	（152.4）	（152.4）	−0.2 −0.4	120
120	120	−0.2 −0.4	90	175*	175	−0.2 −0.4	120

注：1. 表中括号内的尺寸尽量不要采用。

2. 具有 * 标记的尺寸虽然在标准中没有，却是通常采用的规格。

（二）分流道设计

分流道是主流道与浇口之间的通道。在多型腔的模具中必不可少，而在单型腔模具中，有时可省去。

1. 分流道的截面形状

常用的分流道的截面形状有圆形、梯形、U 形等，如图 4-18 所示。流道的截面积越大，压力的损失越少，流道的表面积越小，热量的损失越少。用分流道的截面积与表面积的比值来表示分流道的效率，效率越高，流道设计得越合理。

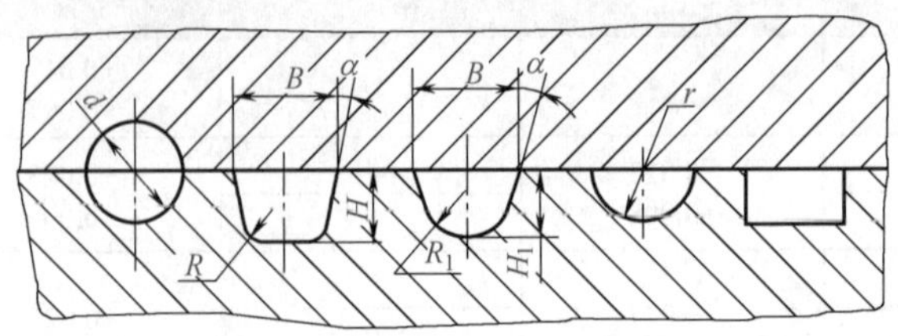

图 4-18　分流道的截面形状

各种截面的分流道的截面积的效率及性能见表 4-12。常用塑料的分流道直径见表 4-13。

表 4-12　不同截面分流道的效率、性能及选择

分流道的截面形状	流道效率	流动阻力	脱模	加工性	选用情况
圆形	0.25	小	好	不易对中	常用
梯形	0.195	较小	好	好	最常用
半圆形	0.153	较大	好	好	较常用
方形	0.25	大	不好	好	不用

综合来看，分流道的截面宜采用梯形，分流道表面粗糙度 *Ra* 的值取 1.6μm，另外，分流道的布置应尽量取平衡式排列。

表 4-13　常用塑料的分流道直径

塑料品种	分流道直径 /mm	塑料品种	分流道直径 /mm
ABS、AS	4.8 ～ 9.5	聚丙烯	4.8 ～ 9.5
聚甲醛	3.2 ～ 9.5	聚乙烯	1.6 ～ 9.5
丙烯酸酯	8.0 ～ 9.5	聚苯醚	6.4 ～ 9.5
耐冲击丙烯酸酯	8.0 ～ 12.7	聚苯乙烯	3.2 ～ 9.5
聚酰胺 6（尼龙 6）	1.6 ～ 9.5	聚氯乙烯	3.2 ～ 9.5
聚碳酸脂	4.8 ～ 9.5		

2. 分流道与浇口的连接

分流道与浇口的连接处应加工成斜面，并用圆弧过渡，有利于塑料熔体的流动及填充，如图 4-19 所示。

（三）浇注系统的平衡

1. 一模多腔浇注系统的分类

对于中小型的塑件，目前广泛采用一模多腔的设计，浇注系统的设计要保证使所有的型腔同时均一地被充填。如果不是同时被充满，那么先充满的型腔的塑料熔体就会停止流动，浇口就开始冷凝，型腔内的塑件也就不能被压实和保压，因此，就无法得到尺寸正确、物理性能良好的塑件。所以，必须对模具的浇注系统进行平衡，即在相同的温度和压力下，使所有的型腔在同一时刻被同时充满。表 4-14 列出了两种浇注系统及优缺点介绍。

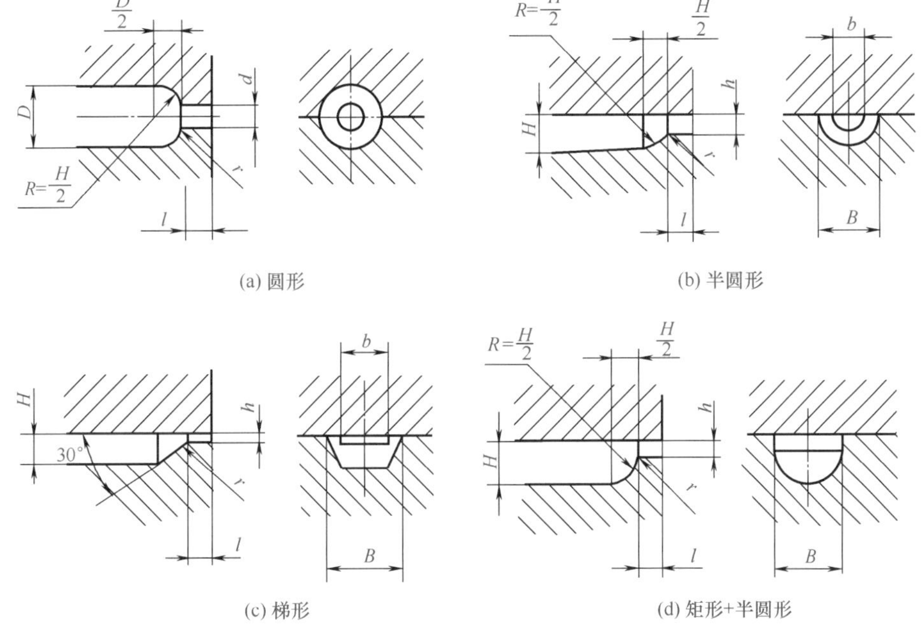

(a) 圆形　　(b) 半圆形

(c) 梯形　　(d) 矩形+半圆形

图 4-19　不同截面形状的分流道与浇口的连接

表 4-14　平衡式浇注系统和非平衡式浇注系统比较

类型	简图	优点和缺点
平衡式浇注系统	(a)　(b)	优点：分流道与浇口的长度、形状、截面尺寸都对应相等，可以保证在相同的温度和压力下，使所有的型腔在同一时刻被同时充满 缺点：一般来说，流道较长，增加了温度和压力的损失；模板尺寸较大，增加了塑料的消耗量和模具的成本；加工比较困难
非平衡式浇注系统	(a)　(b)	优点：模板的尺寸较小，模具的加工较容易 缺点：分流道的长度、形状和尺寸各不相同，无法进行平衡进料

2. 一模多腔非平衡式浇注系统的人工配平

为了使各型腔能同时均衡地充满，必须将浇口做成不同的截面形状或不同的长度，实现人工平衡，常采用的是浇口平衡系数法来配平。对于相同制品、多型腔的浇口平衡如下式：

$$k = \frac{S}{L\sqrt{a}}$$

式中　k——浇口的平衡系数，它与通过浇口的熔体质量成正比；

S——浇口的截面积，mm^2；

L——浇口的长度，mm；

a——流道的长度，mm。

例：如图 4-20 所示为一模十腔的注射模具。已知塑件相同；浇口的截面是矩形，且浇口长度相同，为 1.27mm；各段分流道截面为圆形，直径为 5.08mm。为了保证均衡进料，

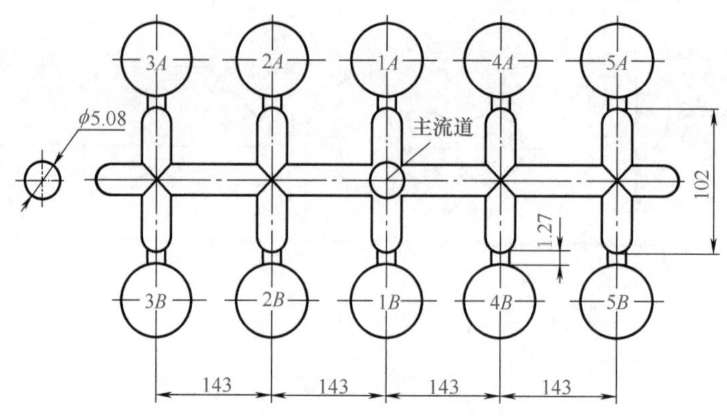

图 4-20　一模十腔的注射模具

各浇口的截面尺寸应为多少？

解：由图 4-20 可知，型腔 1*A*、1*B* 位置对称，浇口的截面尺寸应相同，设浇口截面积为 S_1，浇口的平衡系数为 k_1；2*A*、2*B*、4*A*、4*B* 位置对称，浇口的截面尺寸应相同，设截面积为 S_2，浇口的平衡系数为 k_2；3*A*、3*B*、5*A*、5*B* 位置对称，浇口的截面尺寸应相同，设截面积为 S_3，浇口的平衡系数为 k_3。计算的步骤是：先求出分流道的直径，再将 2*A*、2*B*、4*A*、4*B* 这一组浇口作为基准浇口，确定其截面积 S_2，采用平衡系数计算出 S_1 和 S_3。

分流道的截面积

$$S=\pi(5.08/2)^2=20.27\ (\mathrm{mm}^2)$$

矩形浇口的截面积应为分流道截面积的 3% ～ 9%，型腔 2*A*、2*B*、4*A*、4*B* 浇口的截面积

$$S_2=0.07S=1.42\ (\mathrm{mm}^2)$$

由于塑件相同，各浇口平衡系数均应相同，即：

$$k_1=k_2=k_3$$

由式 $k=\dfrac{S}{L\sqrt{a}}$ 可计算出，$k_1=0.73\ (\mathrm{mm}^2)$；$S_3=1.87\ (\mathrm{mm}^2)$。

由于矩形浇口的长宽比为 3 ∶ 1，可以很容易得到：型腔 1*A*、1*B* 的浇口截面长为 1.47mm，宽为 0.49mm；型腔 2*A*、2*B*、4*A*、4*B* 的浇口截面长为 2.07mm，宽为 0.69mm；型腔 3*A*、3*B*、5*A*、5*B* 的浇口截面长为 2.37mm，宽为 0.79mm。

由此可知，为了使型腔能同时充满，应将靠近主流道处的浇口做得小些，而将远离主流道的浇口做得大一些。在模具的生产中，浇口平衡试模步骤如下：首先根据计算的各浇口尺寸加工，（加工尺寸取小值）；试模后检查每个型腔的塑件质量（后充满的型腔其塑件的端部会产生补缩不足的微凹）；将后充满的型腔的浇口宽度略为修大，尽可能不改变浇口的厚度，因为浇口厚度不一，则浇口冷凝封固的时间也就不一；重复试模，直到塑件质量满意为止。

3. 一模一腔多浇口浇注系统的平衡

对于大型或特殊要求塑件的注射模常采用单型腔多浇口的浇注系统，设计这类系统时，主要应用原则见表 4-15。

表 4-15 一模一腔多浇口浇注系统的应用原则

应用原则	图例及说明
对于薄壁塑件或平板塑件，采用多浇口可以消除或减少塑件的变形	
对于深腔塑件，采用多浇口有利于熔体平衡进料	
使用中有受力要求的塑件，采用多浇口，可以减少熔接痕、增强塑件的强度及使其变形减小	用 30% 的玻璃纤维增强尼龙 6（PA6）制作的 4.95kg 的箱形制件，采用如图所示的 4 个浇口，塑件的边缘变形很小

（四）冷料穴设计

1. 冷料穴的作用

冷料穴的作用是储存因两次注射间隔而产生的冷料头及熔体流动的前锋冷料，以防止熔体冷料进入型腔，影响塑件的质量。

2. 冷料穴的位置

冷料穴常常设计在主流道的末端，当分流道较长时，在分流道的末端有时也开设冷料穴。卧式或立式注塑机使用的模具的冷料穴设置在主流道正对面的动模上，直径稍大于主流道的大端直径，以利于冷料流入。角式注塑机使用的模具的冷料穴为主流道的延长部分。

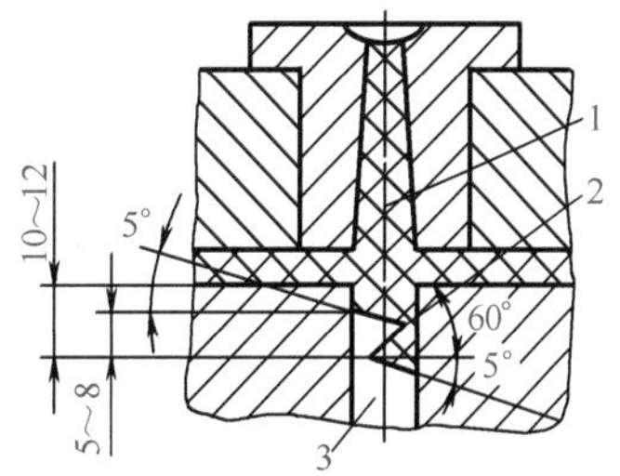

图 4-21 带 Z 形头拉料杆的冷料穴示意图

1—主流道；2—冷料穴；3—拉料杆

3. 冷料穴的结构

（1）头部带推杆或拉料杆的冷料穴

① 带 Z 形头拉料杆的冷料穴（如图 4-21 所示）。既起冷料穴的作用，又兼有分型时将主流道的凝料从主流

道衬套中拉出并滞留在动模一侧的作用。开模后，塑件稍做侧向移动，凝料会连同塑件一起从冷料穴拉料杆脱落。

② 带推杆的锥形和槽形的冷料穴（如图 4-22 所示）。除了起冷料穴的作用外，还兼有分型时将主流道的凝料从主流道衬套中拉出并滞留在动模一侧的作用。开模后，推杆将凝料连同塑件一起推出。适用于弹性好的软质塑料，易实现自动化操作。

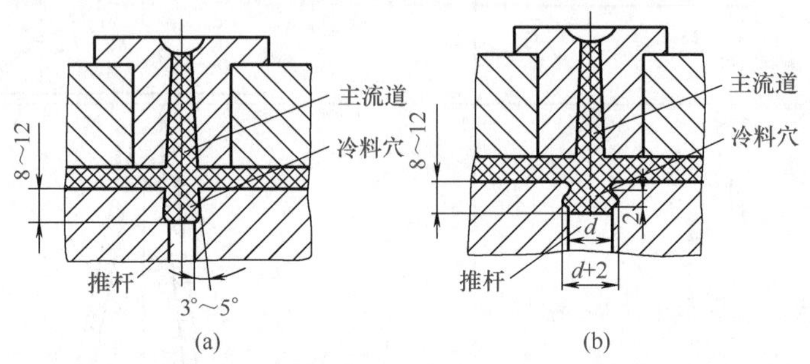

图 4-22　带推杆的冷料穴示意图

（2）用推件板脱模的冷料穴（如图 4-23 所示）

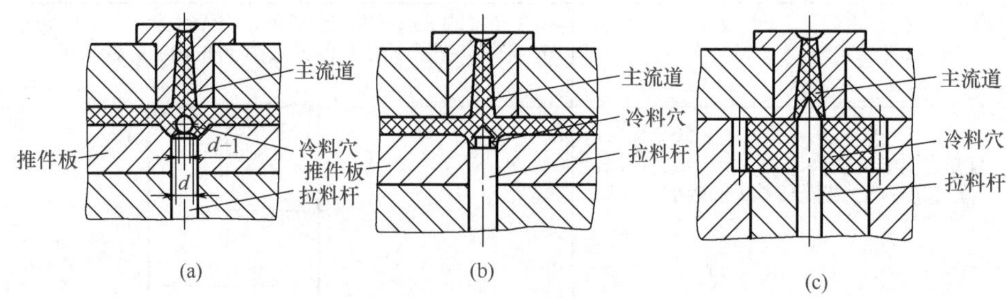

图 4-23　用推件板脱模的冷料穴示意图

冷料进入冷料穴后，紧包在拉料杆的球形、蘑菇形或锥形头部上，开模时，便可将主流道凝料从主流道中拉出，当推件板从型芯上推出塑件时，同时也将主流道凝料从拉料杆上刮下来。此结构形式一板用于具有推件板的模具。

（3）流道延长式冷料穴（如图 4-24 所示）

将注射模的主流道或分流道延长，形成主流道或分流道冷料穴。常用于角式注射机使用的模具的主流道［如图 4-24（b）所示］或卧式注射机使用的模具的分流道［如图 4-24（a）所示］。

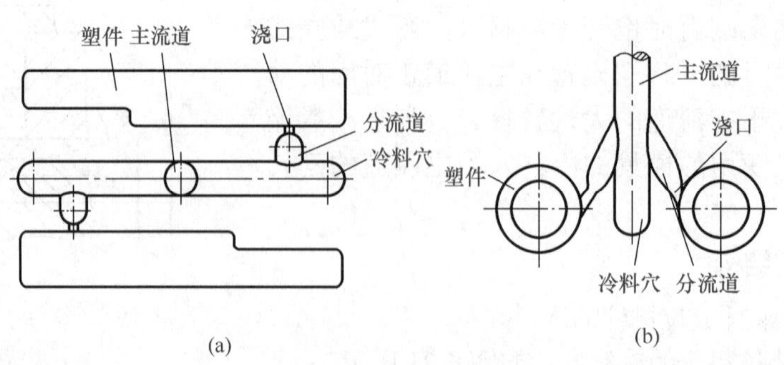

图 4-24　流道延长式冷料穴示意图

4. 拉料杆

头部有各种形状的拉料杆在模具开模时，起到将凝料从定模部分脱出和将塑件留在动模的作用，拉料杆为模具常用件，其形式、结构和尺寸见表 4-16。

表 4-16　拉料杆形式、结构和尺寸

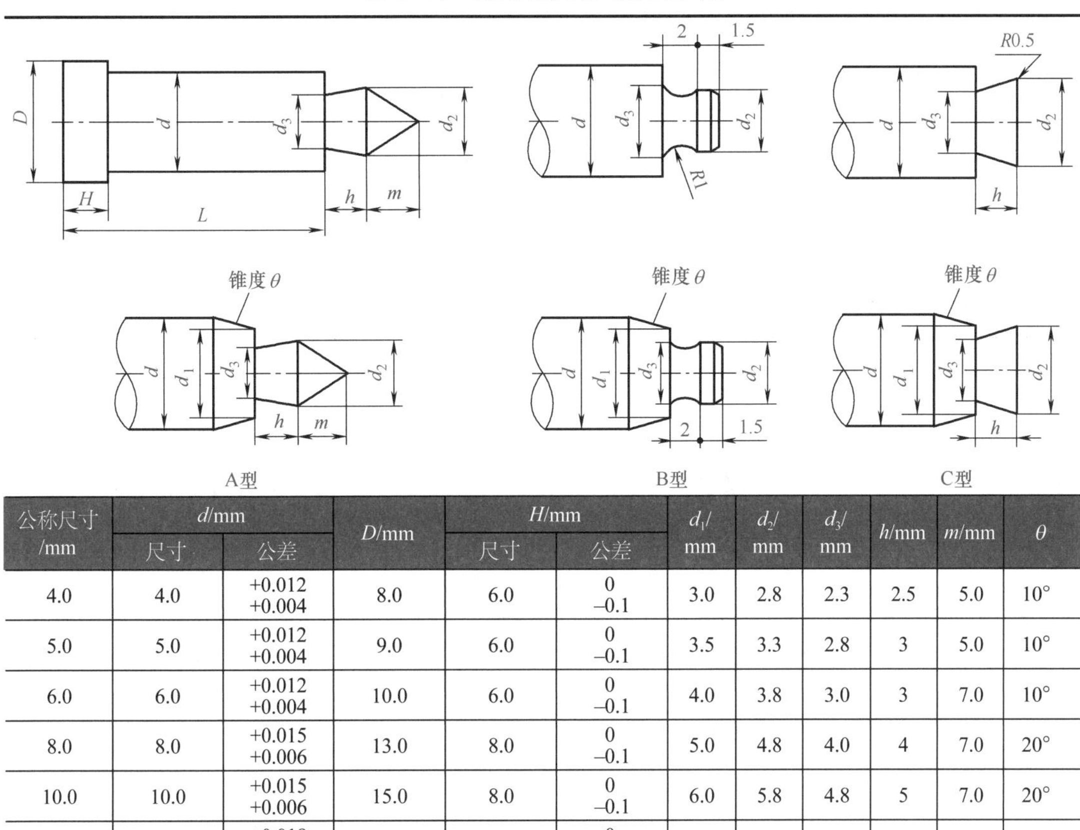

公称尺寸/mm	d/mm 尺寸	d/mm 公差	D/mm	H/mm 尺寸	H/mm 公差	d_1/mm	d_2/mm	d_3/mm	h/mm	m/mm	θ
4.0	4.0	+0.012 +0.004	8.0	6.0	0 –0.1	3.0	2.8	2.3	2.5	5.0	10°
5.0	5.0	+0.012 +0.004	9.0	6.0	0 –0.1	3.5	3.3	2.8	3	5.0	10°
6.0	6.0	+0.012 +0.004	10.0	6.0	0 –0.1	4.0	3.8	3.0	3	7.0	10°
8.0	8.0	+0.015 +0.006	13.0	8.0	0 –0.1	5.0	4.8	4.0	4	7.0	20°
10.0	10.0	+0.015 +0.006	15.0	8.0	0 –0.1	6.0	5.8	4.8	5	7.0	20°
12.0	12.0	+0.018 +0.007	17.0	8.0	0 –0.1	8.0	7.2	6.2	5	7.0	20°

（五）浇口设计

1. 浇口的作用

浇口是连接流道与型腔的一段细短通道，它是浇注系统的关键部分，浇口的作用如下：

① 熔体充模后，首先在浇口处凝固，当注射机的螺杆退回时，可防止熔体向流道回流。

② 熔体在流经狭窄的浇口时，产生摩擦热，使熔体升温，有助于充模。

③ 易于切除浇口凝料，二次加工方便。

④ 对于多型腔模具，浇口能用来平衡进料，对于多浇口单型腔模具，浇口既能用来平衡进料，又能控制熔接痕在塑件中的位置。

2. 浇口的尺寸

浇口的截面积一般取分流道截面积的 3% ～ 9%，截面的形状多为矩形（宽度与厚度的比为 3 ∶ 1）或圆形，浇口的长度约为 1 ～ 1.5mm，浇口的设计应取小值，以便在试模时，加以逐步修正。

3. 浇口的位置

浇口开设的位置对塑件的质量影响很大，在确定浇口的位置时，应遵循以下原则：

① 浇口应设置在能使型腔的各个角落同时充满的位置。

② 浇口应设置在塑件较厚的部位，使熔体从厚断面流入薄断面，以利于补料。

③ 浇口应设置在有利于排除型腔中的气体的部位。

④ 浇口应设置在能避免塑件表面产生熔接痕的部位。

⑤ 对于带有细长型芯的模具，浇口位置的设置应使进料沿型芯轴向均匀进行，以免型芯被熔体冲击而变形。

⑥ 浇口的设置应避免引起熔体的断裂。

⑦ 浇口的设置应不影响塑件的外观。

⑧ 浇口不要设置在塑件使用中承受弯曲载荷或冲击载荷的部位。

4. 浇口的类型与应用（表 4-17）

表 4-17　浇口的类型与应用

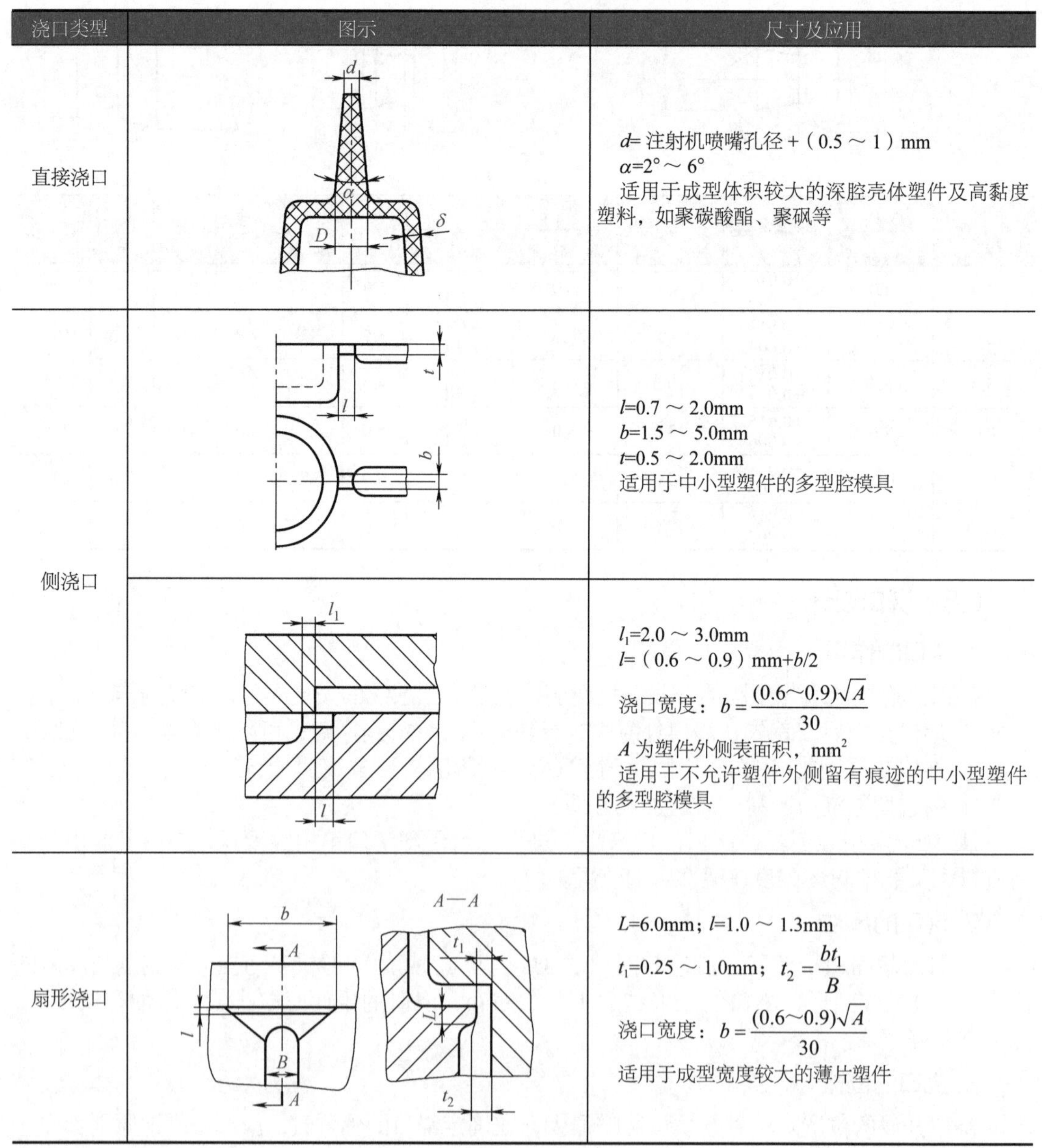

浇口类型	图示	尺寸及应用
直接浇口		d= 注射机喷嘴孔径 +（0.5 ～ 1）mm α=2° ～ 6° 适用于成型体积较大的深腔壳体塑件及高黏度塑料，如聚碳酸酯、聚砜等
侧浇口		l=0.7 ～ 2.0mm b=1.5 ～ 5.0mm t=0.5 ～ 2.0mm 适用于中小型塑件的多型腔模具
		l_1=2.0 ～ 3.0mm l=（0.6 ～ 0.9）mm+$b/2$ 浇口宽度：$b=\dfrac{(0.6\sim0.9)\sqrt{A}}{30}$ A 为塑件外侧表面积，mm^2 适用于不允许塑件外侧留有痕迹的中小型塑件的多型腔模具
扇形浇口		L=6.0mm；l=1.0 ～ 1.3mm t_1=0.25 ～ 1.0mm；$t_2=\dfrac{bt_1}{B}$ 浇口宽度：$b=\dfrac{(0.6\sim0.9)\sqrt{A}}{30}$ 适用于成型宽度较大的薄片塑件

续表

浇口类型	图示	尺寸及应用
平缝浇口	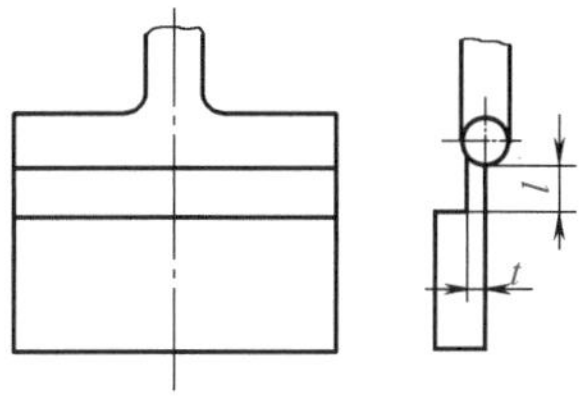	l=0.65mm 左右 t 取料厚的 30% ~ 70%，一般在 0.25 ~ 0.65mm 浇口宽度约为型腔宽度的 25% ~ 100% 适用于成型大面积扁平塑件
环形浇口	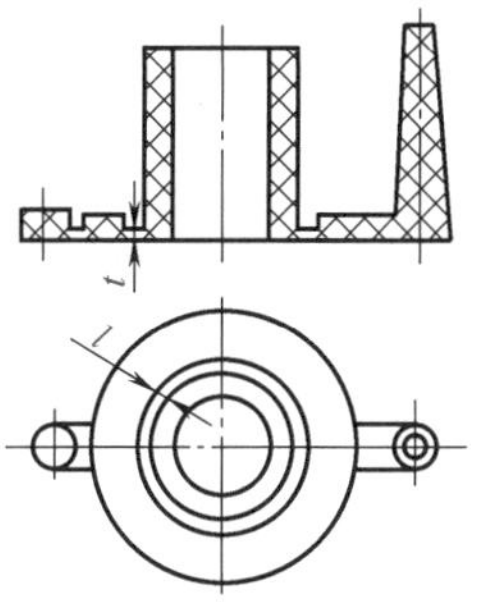	l=0.7 ~ 1.2mm t=0.35 ~ 1.5mm 适用于成型一模多件薄壁筒形或中间带孔强度要求较高的塑件
盘形浇口	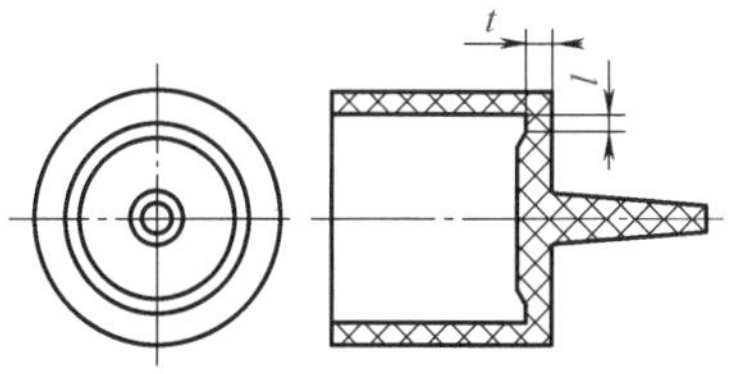	l=0.7 ~ 1.2mm t=0.35 ~ 1.5mm 应用场合范围一般同环形浇口，但塑件外侧不允许有浇口痕迹
轮辐浇口	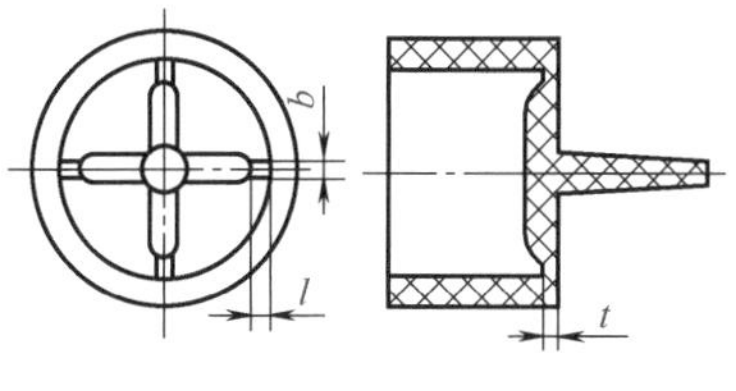	l=0.8 ~ 1.8mm b=0.6 ~ 6.4mm t=0.5 ~ 2.0mm 盘形浇口和侧浇口的改进，易于去除凝料，且省料，但塑件强度稍低
爪形浇口	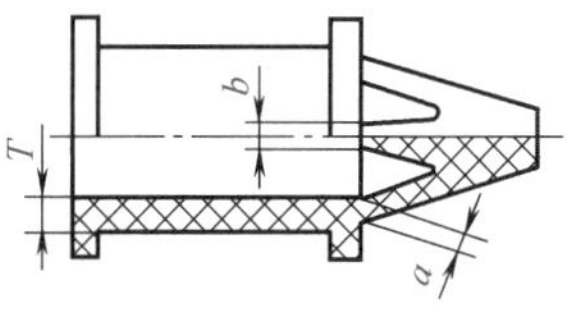	a=（0.3 ~ 0.7）T b=2 ~ 3mm 适用于成型内孔小且同轴度较高的细长管状塑件
点浇口	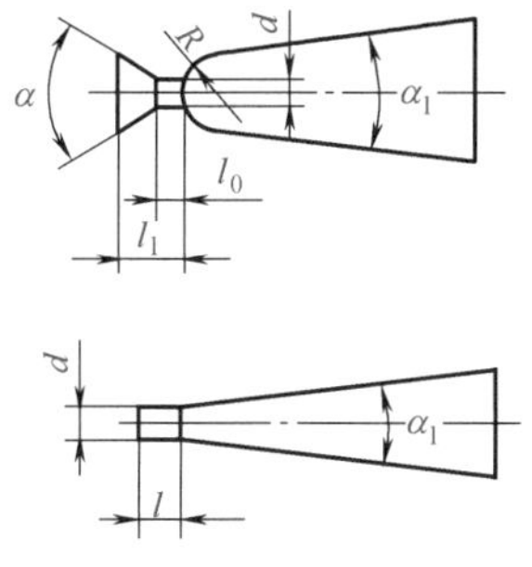	d=0.8 ~ 2.0mm α=60° ~ 90° α_1=12° ~ 30° l=0.8 ~ 1.2mm l_0=0.5 ~ 1.5mm l_1=1.0 ~ 2.5mm 适用于成型各种壳、盒塑件；浇口痕迹较小，易于自动切断，适用于具有双分型面的模具

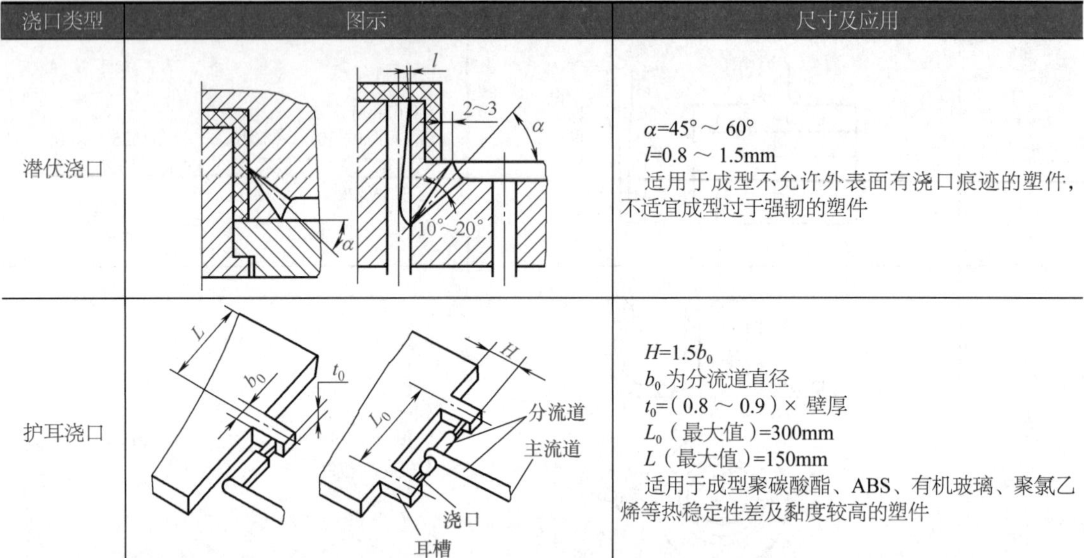

浇口类型	图示	尺寸及应用
潜伏浇口	l, 2~3, α, 10°~20°	α=45° ~ 60° l=0.8 ~ 1.5mm 适用于成型不允许外表面有浇口痕迹的塑件，不适宜成型过于强韧的塑件
护耳浇口	L, b_0, t_0, H, L_0, 分流道, 主流道, 浇口, 耳槽	H=1.5b_0 b_0为分流道直径 t_0=（0.8 ~ 0.9）× 壁厚 L_0（最大值）=300mm L（最大值）=150mm 适用于成型聚碳酸酯、ABS、有机玻璃、聚氯乙烯等热稳定性差及黏度较高的塑件

（六）排气系统和引气系统设计

1. 排气系统

当塑料熔体充填型腔时，必须顺序地排出型腔及浇注系统内的空气及因塑料受热而产生的气体。如果气体不能被顺利地排出，塑件会由于充填不足而出现气泡、接缝或表面轮廓不清等缺点，甚至因气体受压而产生高温，使塑料焦化。注射模的排气通常采取以下四种方式。

（1）利用配合间隙排气

分型面之间、推出机构与模板之间及活动型芯与模板之间的配合间隙可进行排气，间隙值为 0.03 ~ 0.05mm。适用于中小型简单型腔模具。

（2）在分型面上开设排气槽排气

分型面上的排气槽的形式及尺寸如图 4-25 所示。对于大型模具，型腔最后充填的部位在分型面上。如图 4-25（a）所示的排气槽为燕尾式，排气顺畅，如图 4-25（b）所示的排气槽为转弯形式，可以防止喷出伤人，也可降低高压熔体的动能。排气槽的深度见表 4-18。

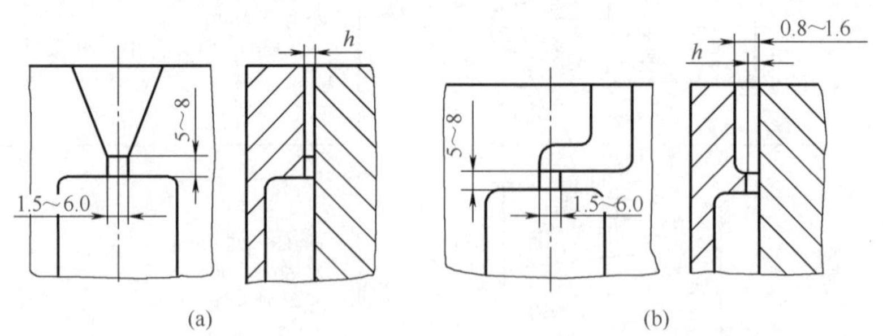

图 4-25　排气槽结构形式示意图

（3）利用排气塞排气

排气塞是一种特别烧制的有气孔的金属块，结构如图 4-26 所示。注意，应在模具中开孔，以便使排气塞内的气体可以排出。用于无法用配合间隙、排气槽两种方法排气的模具。

表 4-18 排气槽的深度 单位：mm

塑料	深度 h	塑料	深度 h
聚乙烯（PE）	0.02	聚酰胺（PA）	0.01
聚丙烯（PP）	0.01 ～ 0.02	聚碳酸酯（PC）	0.01 ～ 0.03
聚苯乙烯（PS）	0.02	聚甲醛（POM）	0.01 ～ 0.03
ABS	0.03	丙烯酸 - 丙烯酸酯共聚物	0.03

（4）利用真空泵排气

利用真空泵吸出型腔内滞留的气体，会在塑件上留下痕迹，故应设置在塑件内侧。适用于成型大型、复杂或加热易放出热量的塑料。

（5）利用负压法排气

在型芯之间加工冷却回路时，不设置密封装置。利用冷却回路内的负压通水，使水道内的冷却水压力低于大气压，从而将气体排入冷却水道。

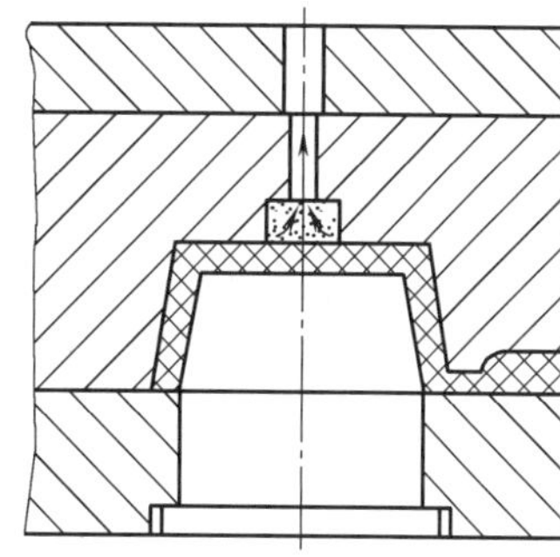

图 4-26 排气塞结构示意

2. 引气系统

排气是制件成型的需要，而引气是制件脱模的需要。对于大型深壳塑料制件，注塑成型后，型腔内气体被排除。制件表面与型芯表面之间在脱模过程中形成真空，难于脱模。若强制脱模，制件会变形或损坏，因此必须设引气装置。

由于热固性塑料制件在型腔内的收缩小，特别是不采用镶拼结构的深型腔，在开模时空气无法进入型腔与制件之间，使制件黏附在型腔的情况比热塑性塑料制件更为严重，因此模具内必须引入气体，使制件顺利脱模。

常见的引气装置形式有以下几种：

（1）利用排气间隙引气

在模具成型分型面配合间隙排气的场合，排气间隙即为引气间隙。

（2）镶嵌式侧隙引气

镶块或型芯与其他成型零件为过盈配合时，空气无法引入型腔，若配合间隙放大，则镶块的位置精度降低，所以考虑在镶块侧面的局部开设引气槽，并延续到模外。当制件接触部分槽深不大于 0.05mm 时，以免被溢料堵塞，故延长部分深度为 0.2 ～ 0.8mm，如图 4-27 所示。

（3）气阀式引气

如图 4-28 所示，开模时推件板将制件推出，制件与型芯之间形成真空，将止回阀吸开，空气便能引入，而当注射充模时，由于熔体压力和弹簧的作用力将止回阀关闭。此种方式比较理想，但阀芯与阀座之间需研磨，加工要求高。

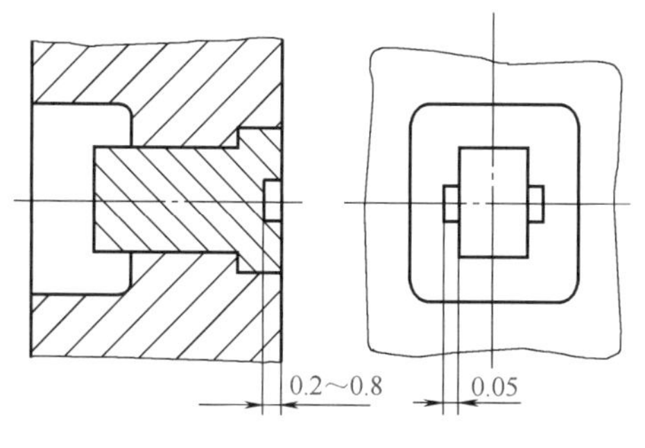

图 4-27 镶嵌式侧隙引气

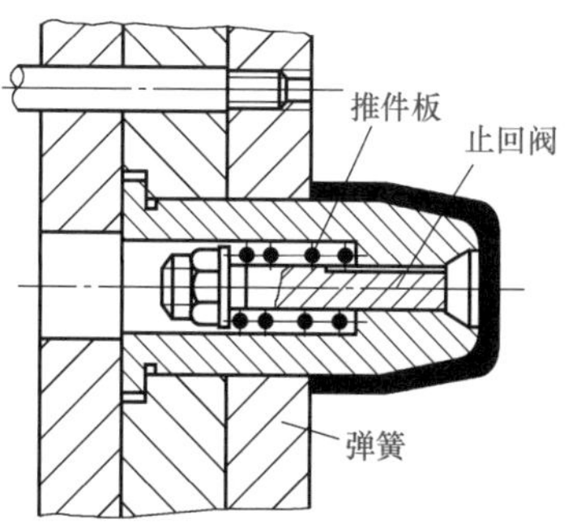

图 4-28 气阀式引气

第四节 成型零件

模具中成型零件决定塑件的几何形状和尺寸，成型零件包括凹模、型芯、镶块、成型杆和成型环等。

一、成型零件的结构设计

（一）凹模

凹模是成型塑件外表面的主要零件，其结构分类见表 4-19。

表 4-19 凹模结构分类

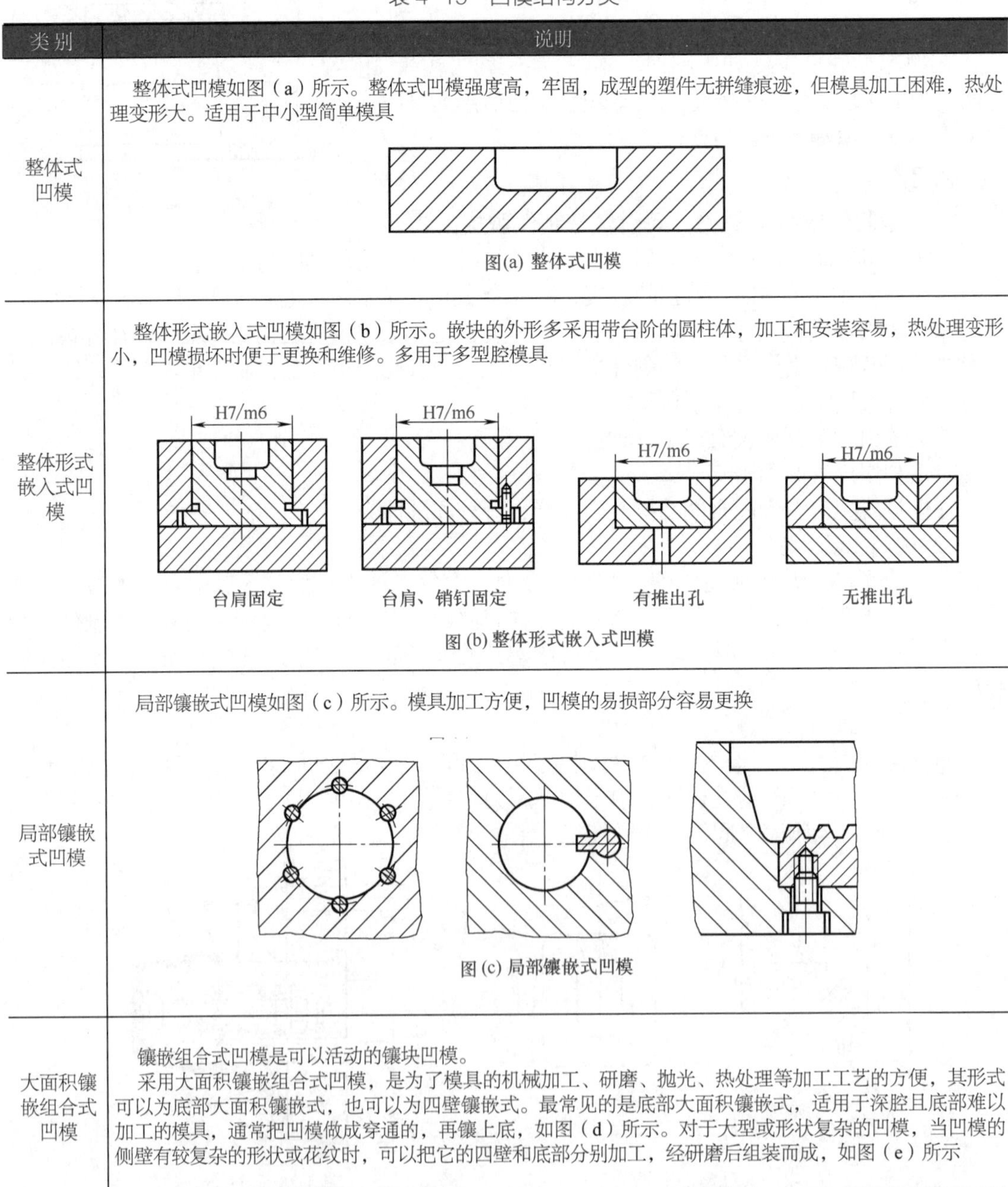

类别	说明
整体式凹模	整体式凹模如图（a）所示。整体式凹模强度高，牢固，成型的塑件无拼缝痕迹，但模具加工困难，热处理变形大。适用于中小型简单模具 图(a) 整体式凹模
整体形式嵌入式凹模	整体形式嵌入式凹模如图（b）所示。嵌块的外形多采用带台阶的圆柱体，加工和安装容易，热处理变形小，凹模损坏时便于更换和维修。多用于多型腔模具 H7/m6　H7/m6　H7/m6　H7/m6 台肩固定　台肩、销钉固定　有推出孔　无推出孔 图 (b) 整体形式嵌入式凹模
局部镶嵌式凹模	局部镶嵌式凹模如图（c）所示。模具加工方便，凹模的易损部分容易更换 图 (c) 局部镶嵌式凹模
大面积镶嵌组合式凹模	镶嵌组合式凹模是可以活动的镶块凹模。 采用大面积镶嵌组合式凹模，是为了模具的机械加工、研磨、抛光、热处理等加工工艺的方便，其形式可以为底部大面积镶嵌式，也可以为四壁镶嵌式。最常见的是底部大面积镶嵌式，适用于深腔且底部难以加工的模具，通常把凹模做成穿通的，再镶上底，如图（d）所示。对于大型或形状复杂的凹模，当凹模的侧壁有较复杂的形状或花纹时，可以把它的四壁和底部分别加工，经研磨后组装而成，如图（e）所示

类别	说明
大面积镶嵌组合式凹模	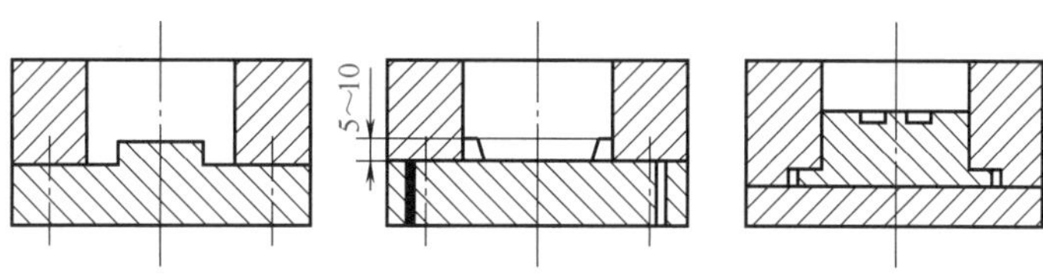 图(d) 底部大面积镶嵌组合式凹模 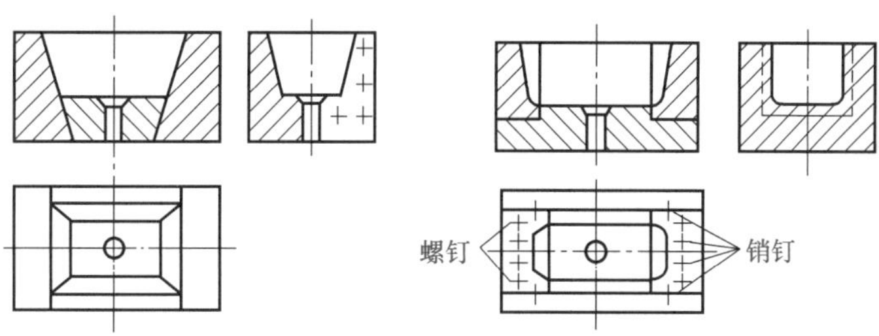 图(e) 凹壁镶嵌组合式凹模 在底部大面积镶嵌式结构中，要注意模框强度，底板必须有足够厚度，以免变形而楔入塑料，造成脱模不畅。图（d）中的左图的镶嵌形式较简单，但结合面处应仔细磨平，以避免损伤该处的锐棱，更不能带圆角，以免造成脱模倒锥度。图（d）中的中间图和右图所示的结构制造稍麻烦，但垂直的配合面不易嵌入塑料 四壁镶嵌式组合模具，侧壁配合面经磨削抛光后，用销钉和螺钉定位紧固，如图（e）中的左图所示。由于塑料的压力甚大，对于侧壁面积较大的型腔，用螺钉紧固易被拉伸变形 [图（e）中的左图所示]，或剪切变形 [图（e）中的右图所示] 为此，可在外侧再加靠山或将上面几部分组合后过盈（加预应力）压入模框中，如图（f）所示，但这样将增加模具的尺寸和质量，对于大模具就不适合了 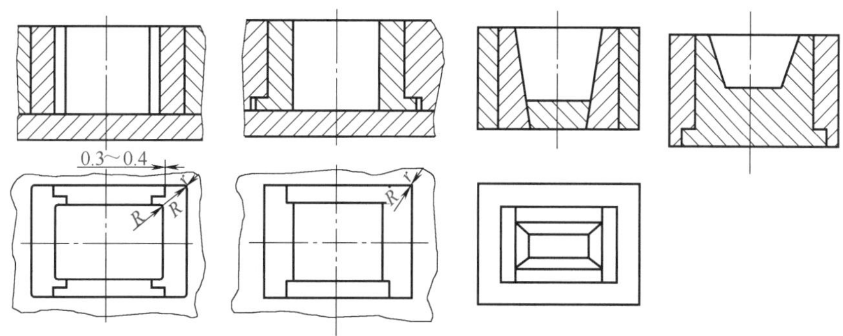 图(f) 大型镶嵌组合式凹模 大面积镶嵌式凹模最主要的缺点是塑件外观上有拼痕，在超大型模具设计中，除非有很特殊的原因，一般不将模具做成这种形式，多数情况下还是做成局部镶拼的形式，既能简化加工，又不增大模具的尺寸 这类凹模具有下列优点 ①可将形状复杂的凹型腔进行分割加工，以便降低整体加工难度，或者将复杂的内形加工转化为多个简单的外形加工，大大降低加工难度及成本

续表

类别	说明
大面积镶嵌组合式凹模	②由于成型的小镶块尺寸测量方便，凹模的形状和尺寸精度容易保证 ③对于尺寸较大、形状又特别复杂的凹模，可采用小镶块进行拼接。小镶块加工方便，特别是易于热处理及抛光加工 ④对于模具凹模中不同部位，可以选材不一致，以节约优质钢 ⑤拼接缝经处理后不会溢料，还可作为排气间隙 这类凹模具有下列缺点 ①各镶块的配合是制作关键，如果处理不好，会从拼缝处溢料，给产品表面造成缺陷 ②随着镶块的数量增多，模具的复杂程度及配合精度要求提高 ③整块凹型腔的公差来自各镶件的制造公差
瓣合式凹模	瓣合式凹模采用了通过锁紧瓣模块，或者在开模时打开瓣模块的机构。当瓣合式模块数量等于 2 时，将它们组成的凹模称为哈夫（Half）凹模，瓣合式凹模其实就是采用侧抽芯式模具。也可以根据制品特殊外形，将其分成两块以上的多块成型镶块加工制造，然后拼装固定在一起组合成凹模形状。这类凹模有局部、底部、侧部及多组块形式，适应性广，特别适合于形状复杂的大、中型注塑模具 瓣合式凹模适用于具有侧向分型的模具。凹模可以做成两瓣或多瓣的。两瓣式凹模由瓣合模块、定位销和模套组成 如图（g）左图所示的凹模适用于单型腔、小型件成型模具。如图（g）中间图片所示的凹模适于多型腔模具，有 T 形斜滑槽，在顶出凹模模块的同时，可以自动地分开瓣合模块，生产效率较高。如图（g）右图为铰链结构，可以省去对瓣合模块的装卸操作，大大地提高生产效率 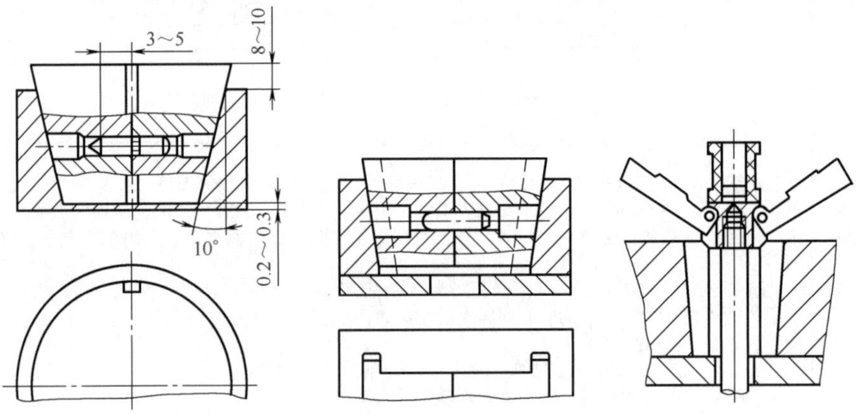 3～5 8～10 10° 0.2～0.3 图(g) 瓣合式凹模

（二）型芯和成型杆

大的型芯也称为凸模，是成型塑件中较大的、主要内形的零件；成型杆一般是指成型塑件的孔或凹槽的小型芯。

1. 型芯的结构及特点

① 整体式型芯（如图 4-29 所示）。型芯结构牢固，成型塑件的质量好。但模具的加工量大，耗钢材多，热处理变形大。适用于塑件的内形比较简单的型芯。

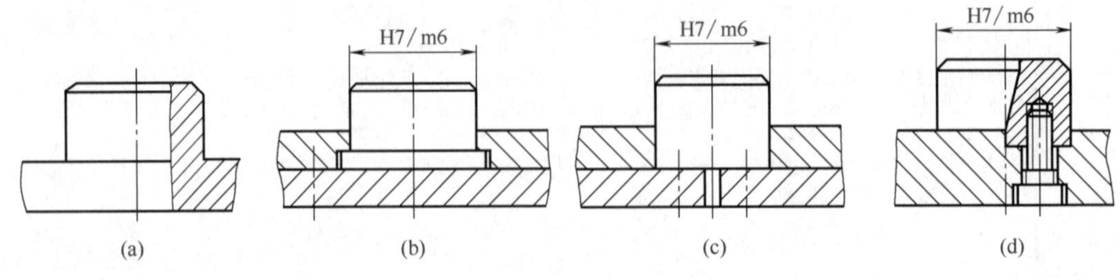

图 4-29　整体式型芯示意图

② 组合式型芯（如图 4-30 所示）。组合式的型芯使加工变得简单、容易。减少贵重模具钢的耗量，节省加工工时，避免大型件的热处理变形。适用于塑件内形复杂、机加工困难的型芯。

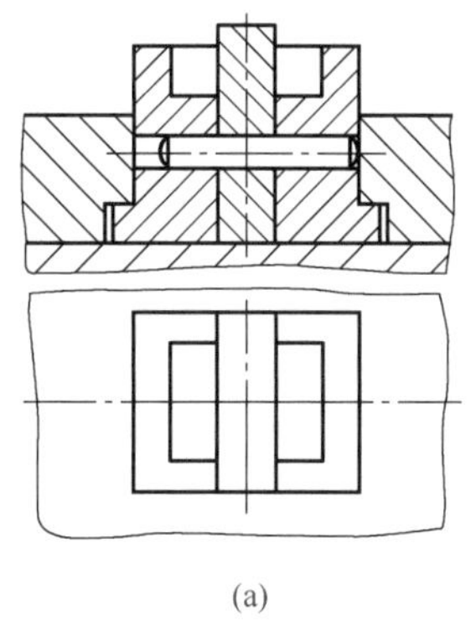

(a)

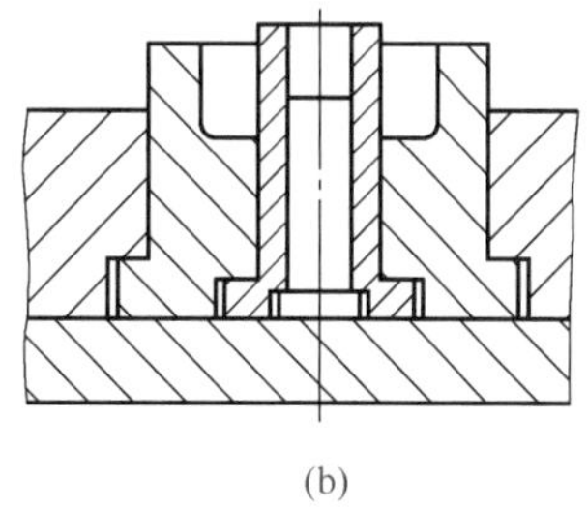

(b)

图 4-30　组合式型芯示意图

2. 成型杆的结构及特点

成型杆通常单独制造，再嵌入模板中，如图 4-31 所示为成型杆常用的几种固定方式。对于异形成型杆，为了制造的方便，常将其设计成圆形与异形两段，在固定时需注意定位，如图 4-32 所示。对于几个靠得很近的型芯，用台肩固定时，如台肩发生干涉，应将干涉的部位磨去，如图 4-33 所示。

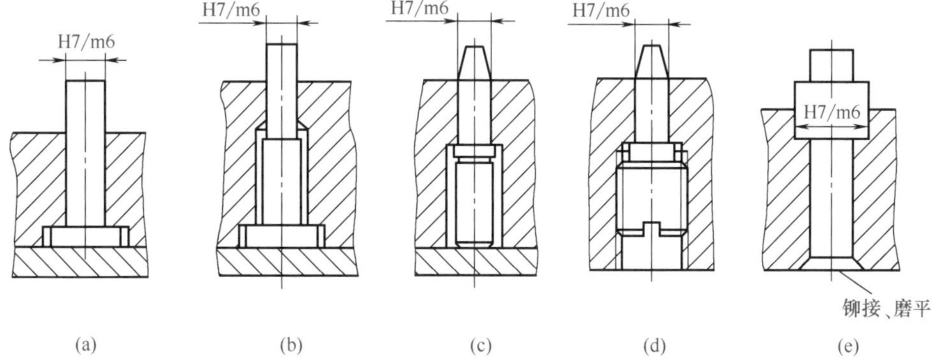

图 4-31　成型杆常用的几种固定方式

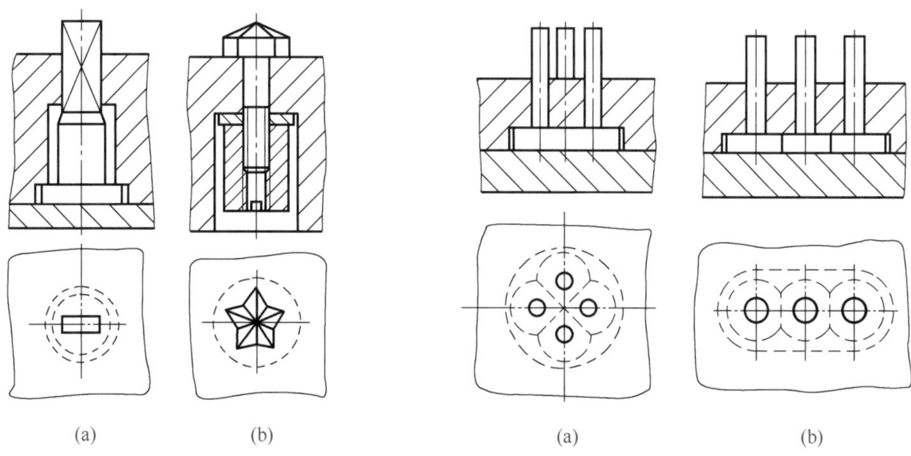

图 4-32　异形型芯的固定

图 4-33　多个互相靠近型芯的的固定

（三）螺纹型芯和螺纹型环的结构

塑件上的螺孔用螺纹型芯来成型，带有外螺纹的塑件用螺纹型环来成型。螺纹型芯和型环成型后的脱卸方式，分为自动脱卸和手动脱卸。对于自动脱卸的机构将在推出机构中讨论，此处仅介绍手动脱卸机构。

1. 螺纹型芯

螺纹型芯是表面带有外螺纹的成型杆，它可以成型塑件上的螺孔，也可用来固定带螺孔的嵌件。要求螺纹型芯在模具内要可靠定位，不因外界振动或料流的冲击而发生位移。在开模时能随塑件一起方便地取出，并能从塑件上顺利地卸除，螺纹型芯在模具内的安装形式如图 4-34 所示。

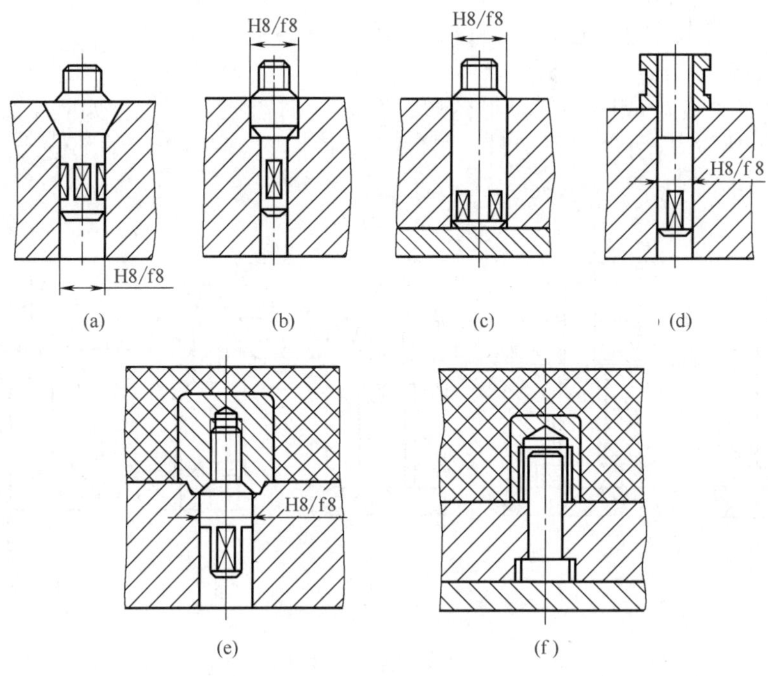

图 4-34　螺纹型芯在模具的安装形式

如图 4-34（a）所示的锥面会阻止熔融的塑料进入螺纹型芯的安装孔内，另外，也起可靠定位的作用；如图 4-34（b）所示的圆柱台阶也起定位的作用，并能防止螺纹型芯下沉；如图 4-34（c）所示利用外圆柱面定位，并加垫板以防止螺纹型芯下沉；如图 4-34（d）、（e）、（f）所示为安装固定金属螺母嵌件的型芯在模具的安装形式。图 4-34（d）所示是利用圆柱面定位，利用嵌件接触面防止下沉；图 4-34（e）所示是将嵌件下端嵌入模具中，以增加嵌件的稳定性；图 4-34（f）所示是将螺母嵌件空套在固定在模具上的小光杆型芯上，螺母嵌件仅会有一小段被挤入塑料原料，不会影响使用，而塑件可以直接从小光杆型芯上被推出，省去了塑件脱模后需要手工卸螺纹型芯的操作。

对于安装在立式注射机和卧式注射机所使用的模具动模部分的螺纹型芯，由于合模时冲击比较大，型芯插入时应有弹性连接装置，如图 4-35 所示。如图 4-35（a）、（b）所示为适用于直径小于 8mm 的型芯；如图 4-35（c）、（d）所示为常用于直径 5 ～ 10mm 的型芯；如图 4-35（e）、（f）所示为适用于直径大于 10mm 的型芯。

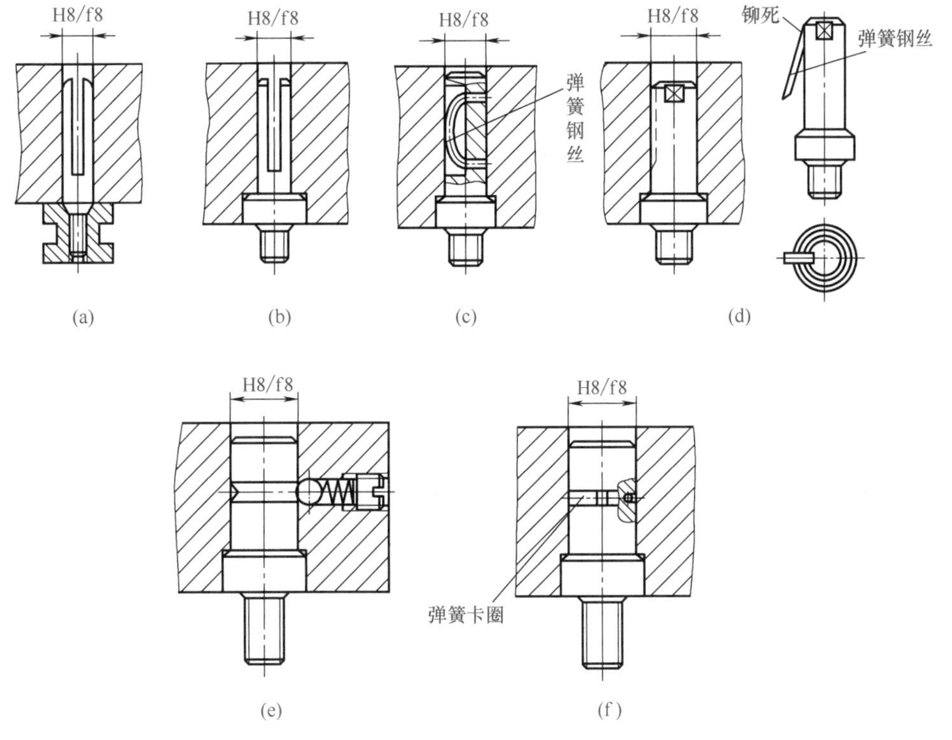

图 4-35　带弹性连接的螺纹型芯的安装形式

2. 螺纹型环

螺纹型环是带有内螺纹的成型环。螺纹型环是在模具闭合之前装入型腔内，成型后随塑件一起脱模的，脱模后在模外将螺纹型环从塑件上卸下，螺纹型环常见的结构如图 4-36 所示。

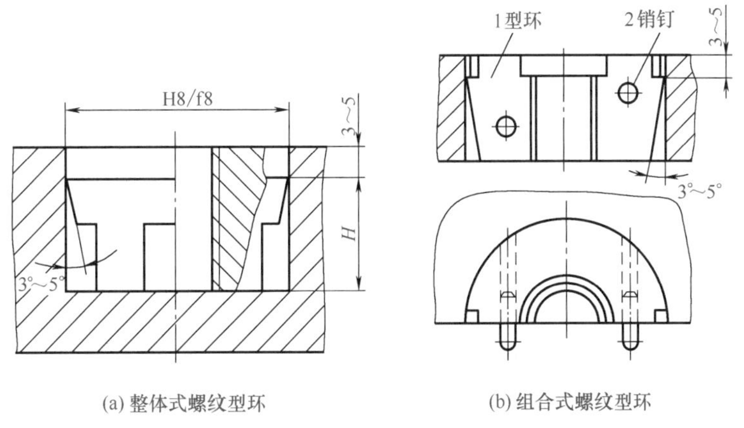

图 4-36　螺纹型环的结构

如图 4-36（a）所示是整体式螺纹型环，型环与模板的配合为 H8/f8，配合段长度为 3 ～ 5mm，为了便于安装，接着配合段的是斜度为 3° ～ 5° 的锥形段。型环的最下端为扳手段，这一段被铣成四方的截面，以便使用扳手将螺纹型环从塑件上拧下。如图 4-36（b）所示是组合式螺纹型环，型环1由两瓣拼合而成，两瓣中间用销钉2定位。成型后用尖劈状分模器楔入型环两边的楔形槽内，使螺纹型环分开。这种结构的螺纹型环卸除时迅速而且省力，但会在成型的塑料外螺纹上留下难以修整的拼合痕迹，因此，此结构只适用于精度要求不高的粗牙螺纹的成型。

二、成型零件工作尺寸及设计计算

成型零件工作尺寸是指成型零件上直接用来构成塑件的尺寸，主要有凹模、型芯、成型杆及成型环的径向尺寸，凹模的深度尺寸和型芯的高度尺寸，型芯和型芯之间的位置尺寸，等等。在模具的设计中，应根据塑件的尺寸、精度等级及影响塑件的尺寸和精度的因素来确定模具成型零件的工作尺寸及精度。

1. 影响塑件的尺寸和精度的因素（表4-20）

表4-20　影响塑件的尺寸和精度的因素

因素	说明
成型收缩率	塑件成型后的收缩率与塑料的品种、塑件的结构、模具的结构以及成型的工艺条件等因素有关，因此，在生产中，成型收缩率的波动很大，从而其引起的塑件尺寸误差也较大，塑件的尺寸变化值为 $\delta_S=(\delta_{max}-\delta_{min})L_S$ 式中　δ_S——塑料收缩率波动而引起的塑件尺寸误差，mm δ_{max}——塑料的最大收缩率 δ_{min}——塑料的最小收缩率 L_S——塑件尺寸，mm 由成型收缩率波动而引起的塑件尺寸误差一般要求控制在塑件尺寸公差的1/3以内
成型零件的制造公差	成型零件的制造精度是影响塑件的尺寸精度的重要因素之一。显然，成型零件的制造公差越小，塑件的尺寸精度越高，但模具的制造成本和周期也会加大。实践表明，如果成型零件的制造公差等级在IT7～IT8之间，则成型零件的制造公差占塑件尺寸公差的1/3，即 $\delta_Z=\frac{1}{3}\Delta$ 式中　δ_Z——成型零件的制造公差，mm Δ——塑件的尺寸公差，mm
成型零件的磨损	模具在使用过程中，由于塑料熔体流动的冲刷、脱模时与塑件的摩擦、成型过程中可能产生的腐蚀性气体的锈蚀，以及由于以上原因造成的成型零件表面粗糙度数值增大而要求重新抛光等，均会造成模具成型零件尺寸的变化，凹模的尺寸会变大，型芯的尺寸会减小。这种由于磨损而造成的模具成型零件尺寸的变化，与塑件的产量、塑料原料及模具等都有关系。在计算成型零件的工作尺寸时，对于小批量的塑件，且模具表面耐磨性好的（如高硬度模具材料、模具表面进行过镀铬或氮化处理的），其磨损量应取小值；对于玻璃纤维作原料的塑件，其磨损量应取大值；对于与脱模方向垂直的成型零件的表面，磨损量应取小值，甚至可以不考虑磨损量；而对于与脱模方向平行的成型零件的表面，应考虑磨损量；对于中小型塑件，模具的成型零件最大磨损量δ_C可取塑件公差的1/6，而对比大型塑件，模具的成型零件最大磨损量δ_c应取塑件公差的1/6以下
安装配合的误差	模具的成型零件配合间隙的变化，会引起塑件的尺寸变化。例如型芯按间隙配合安装在模具内，则塑件孔的位置误差要受到配合间隙值的影响，若采用过盈配合，则不存在此误差。模具安装配合间隙的变化而引起塑件的尺寸误差用δ_j来表示

综上所述，塑件在成型过程产生的最大尺寸误差应该是上述各种误差的总和，即：

$$\delta=\delta_S+\delta_Z+\delta_c+\delta_j$$

式中　δ——塑件的成型误差，mm；

δ_S——塑料收缩率波动而引起的塑件尺寸误差，mm；

δ_Z——成型零件的制造公差，mm；

δ_c——成型零件的最大磨损量，mm；

δ_j——模具安装配合间隙的变化而引起塑件的尺寸误差，mm。

塑件的成型误差应小于塑件的尺寸公差值，即：

$$\delta \leqslant \Delta$$

在一般情况下，塑料收缩率波动、成型零件的制造公差和成型零件的磨损是影响塑件尺寸和精度的主要原因。对于大型塑件，其塑料收缩率对塑件的尺寸公差影响最大，应稳定成型工艺条件，并选择收缩率波动较小的塑料来减小塑件的成型误差；对于中小型塑件，成型零件的制造公差及磨损对塑件的尺寸公差影响最大，应提高模具精度等级和减小磨损来减小塑件的成型误差。

2. 成型零件工作尺寸

如图 4-37 所示为塑件尺寸与成型零件工作尺寸的关系。为了计算上的统一，做了必要的规定见表 4-21，成型零件工作尺寸的计算见表 4-22。

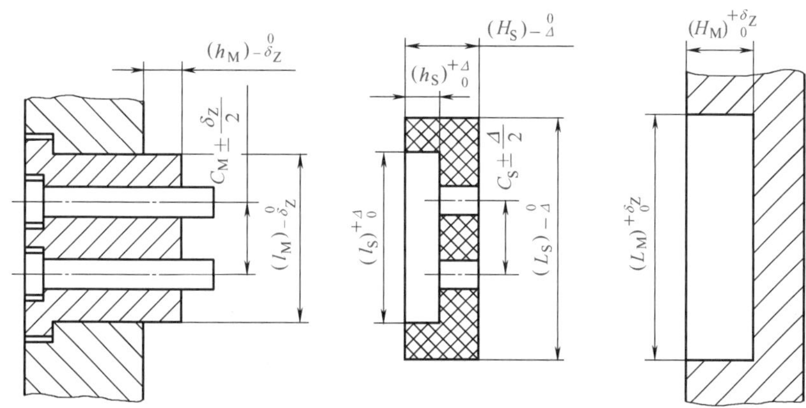

图 4-37　塑件尺寸与成型零件工作尺寸的关系

表 4-21　塑件尺寸与成型零件工作尺寸的取值规定

塑件尺寸的分类	塑件尺寸的取值规定		成型零件工作尺寸的取值规定		
	基本尺寸	偏差	成型零件	基本尺寸	偏差
外形尺寸 L、H	最大尺寸 L_S、H_S	负偏差 $-\Delta$	凹模	最小尺寸 L_M、H_M	正偏差 δ_Z
内形尺寸 l、h	最小尺寸 l_S、h_S	正偏差 Δ	型芯	最大尺寸 l_M、h_M	负偏差 $-\delta_Z$
中心距 C	平均尺寸 C_S	对称 $\pm\Delta/2$	型芯	平均尺寸 C_M	对称 $\pm\delta_Z/2$

表 4-22　成型零件工作尺寸的计算

尺寸类别		计算方法	说明
深度及高度尺寸	凹模的深度尺寸 $(H_M)_0^{+\delta_Z}$	$(H_M)_0^{+\delta_Z}=[(1+\overline{S})H_S-x\Delta]_0^{+\delta_Z}$ 式中，H_S 为塑件的高度最大尺寸，mm；x 的取值范围在 1/2 ～ 1/3 之间，尺寸大、精度要求低的塑件取小值，反之，取大值。其余各符号的意义同下文及表 4-21 与图 4-37	①深度、高度尺寸仅考虑受 δ_S、δ_Z、δ_j 的影响 ②深度、高度成型尺寸的校核，如下 $(S_{max}-S_{min})H_S$（或 h_S）$+\delta_Z+\delta_j<\Delta$
	型芯的高度尺寸 $(h_M)_{-\delta_Z}^{0}$	$(h_M)_{-\delta_Z}^{0}=\left[(1+\overline{S})h_S+\left(\frac{1}{2}\sim\frac{1}{3}\right)\Delta\right]_{-\delta_Z}^{0}$ 式中，h_S 为塑件的内形深度的最小尺寸，mm	

续表

<table>
<tr><th colspan="2">尺寸类别</th><th>计算方法</th><th>说明</th></tr>
<tr><td rowspan="2">径向尺寸</td><td>凹模的径向尺寸
$(L_M)^{+\delta_Z}_{0}$</td><td>$(L_M)^{+\delta_Z}_{0}=[(1+\overline{S})L_S-x\Delta]^{+\delta_Z}_{0}$
式中 $\overline{S}$——料的平均收缩率
L_s——塑件的外形径向最大尺寸，mm
x——系数，尺寸大、精度低的塑件，x=0.5，尺寸小、精度高的塑件，x=0.75
Δ——塑件尺寸的公差，mm</td><td rowspan="2">①径向尺寸仅考虑受 δ_S、δ_Z、δ_c 的影响
②为了保证塑件实际尺寸在规定的公差范围内，对成型尺寸需进行校核，如下
$(S_{max}-S_{min})L_S$（或 l_S）$+\delta_Z+\delta_c<\Delta$</td></tr>
<tr><td>型芯的径向尺寸
$(l_M)^{\ 0}_{-\delta_Z}$</td><td>$(l_M)^{\ 0}_{-\delta_Z}=[(1+\overline{S})l_S+x\Delta]^{\ 0}_{-\delta_Z}$
式中，l_S 为塑件的内形径向的最小尺寸，mm</td></tr>
<tr><td colspan="2">型芯的中心距尺寸
$C_M\pm\frac{\delta_Z}{2}$</td><td>$C_M\pm\frac{\delta_Z}{2}=(1+\overline{S})C_S\pm\frac{\delta_Z}{2}$
式中，C_S 为塑件孔或凸台间中心距尺寸，mm</td><td>中心距尺寸的校核，如下
$(S_{max}-S_{min})C_S<\Delta$</td></tr>
</table>

3. 螺纹型环和螺纹型芯工作尺寸的计算

由于塑料收缩率等的影响，用标准螺纹型环和螺纹型芯成型的塑件，其螺纹不会标准化，会在使用中无法正确旋合。因此，必须要计算螺纹型环和螺纹型芯工作尺寸，以成型出标准的塑件螺纹，螺纹型环和螺纹型芯工作尺寸的计算见表 4-23。

表 4-23　螺纹型环和螺纹型芯工作尺寸的计算

<table>
<tr><th rowspan="2">类型</th><th colspan="2">计算公式</th></tr>
<tr><th>螺纹型环</th><th>螺纹型芯</th></tr>
<tr><td rowspan="2">螺纹大径
螺纹中径
螺纹小径</td><td>$(D_{M大})^{+\delta_Z}_{0}=[(1+\overline{S})D_{S大}-\Delta_{中}]^{+\delta_Z}_{0}$
$(D_{M中})^{+\delta_Z}_{0}=[(1+\overline{S})D_{S中}-\Delta_{中}]^{+\delta_Z}_{0}$
$(D_{M小})^{+\delta_Z}_{0}=[(1+\overline{S})D_{S小}-\Delta_{中}]^{+\delta_Z}_{0}$</td><td>$(d_{M大})^{\ 0}_{-\delta_Z}=[(1+\overline{S})d_{S大}-\Delta_{中}]^{\ 0}_{-\delta_Z}$
$(d_{M中})^{\ 0}_{-\delta_Z}=[(1+\overline{S})d_{S中}-\Delta_{中}]^{\ 0}_{-\delta_Z}$
$(d_{M小})^{\ 0}_{-\delta_Z}=[(1+\overline{S})d_{S小}-\Delta_{中}]^{\ 0}_{-\delta_Z}$</td></tr>
<tr><td colspan="2">式中 $D_{M大}$、$D_{M中}$、$D_{M小}$——螺纹型环的大、中、小径，mm
$d_{M大}$、$d_{M中}$、$d_{M小}$——螺纹型芯的大、中、小径，mm
$D_{S大}$、$D_{S中}$、$D_{S小}$——塑件外螺纹大、中、小径基本尺寸，mm
$d_{S大}$、$d_{S中}$、$d_{S小}$——塑件内螺纹大、中、小径基本尺寸，mm
$\overline{S}$——塑料的平均收缩率
$\Delta_{中}$——塑件螺纹中径公差，mm。目前我国尚无专门的塑件螺纹公差标准，可参照相关标准中的金属螺纹公差标准中精度最低者选用
δ_Z——螺纹型环、螺纹型芯直径制造公差，mm，其值可取 $\Delta_{中}/5$ 或查表 4-24</td></tr>
<tr><td>螺距尺寸</td><td colspan="2">$(P_M)\pm\frac{\delta_Z}{2}=(1+\overline{S})P_S\pm\frac{\delta_Z}{2}$
式中 P_M——螺纹型环或螺纹型芯螺距，mm
P_S——塑件外螺纹或内螺纹螺距的基本尺寸，mm
δ_Z——螺纹型环、螺纹型芯螺距制造公差，mm，查表 4-25</td></tr>
<tr><td>牙型角</td><td colspan="2">如果塑料均匀地收缩，则不会改变牙型角的度数，公制螺纹为 60°，英制螺纹为 55°</td></tr>
</table>

表 4-24　螺纹型环、螺纹型芯的直径制造公差值

螺纹类型	螺纹直径/mm	制造公差 δ_z/mm			螺纹直径/mm	制造公差 δ_z/mm		
		外径	中径	内径		外径	中径	内径
粗牙	3 ~ 12	0.03	0.02	0.03	36 ~ 45	0.05	0.04	0.05
	14 ~ 33	0.04	0.03	0.03	48 ~ 68	0.06	0.05	0.06
细牙	4 ~ 22	0.03	0.02	0.03	6 ~ 27	0.03	0.02	0.03
	24 ~ 52	0.04	0.03	0.04	30 ~ 52	0.04	0.03	0.04
	56 ~ 68	0.05	0.04	0.05	56 ~ 72	0.05	0.04	0.05

表 4-25　螺纹型环、螺纹型芯的螺距制造公差值

螺纹直径/mm	配合长度 L/mm	制造公差 δ_z/mm
3 ~ 10	~ 12	0.01 ~ 0.03
12 ~ 22	>12 ~ 20	0.02 ~ 0.04
24 ~ 68	>20	0.03 ~ 0.05

按照上述的螺纹型环和螺纹型芯的计算，螺距带有不规则的小数。加工这样特殊的螺距很困难，应尽量避免。如果在使用时采用收缩率相同或相近的塑件外螺纹与塑件内螺纹相配合，那么在设计螺纹型环、螺纹型芯的螺距时，不必考虑收缩率。如果在使用时，塑料螺纹与金属螺纹配合的牙数小于 7 ~ 8，那么在设计螺纹型环、螺纹型芯螺距时，也不必考虑收缩率。当配合牙数过多时，由于螺距的收缩累计误差很大，必须按表 4-23 来计算螺距，并采用在车床上配置特殊齿数的变速挂轮等方法来加工带有不规则小数的特殊螺距的螺纹型环或型芯。

4. 凹模侧壁及底板厚度的计算

凹模在成型过程中受到塑料熔体的高压作用，应具有足够的强度和刚度。理论分析和生产实践表明，对于大尺寸凹模，刚度不足是主要因素，凹模应以满足刚度条件为基准；而对于小尺寸的凹模，强度不足是主要因素，凹模应以满足强度条件为基准。

强度不足，会使模具发生塑性变形，甚至破碎，因此，强度计算的条件是满足受力状态下的许用应力。而刚度不足，会导致凹模尺寸扩大，会在注射时产生溢料现象，会使塑件的精度降低或脱模困难，因此，刚度计算的条件可以从以下几个方面来考虑：

（1）防止溢料

当高压熔体注入型腔时，凹模型腔的某些配合面产生间隙，间隙过大则会产生溢料。在不产生溢料的前提下，将允许的最大间隙值 $[\delta]$ 作为型腔的刚度条件。各种常用塑料的最大不溢料间隙值见表 4-26。

表 4-26　常用塑料的型腔允许最大间隙值

黏度特性	塑料品种举例	保证顺利脱模型腔最大间隙值 $[\delta]$/mm
低黏度塑料	尼龙（PA）、聚乙烯（PE）、聚丙烯（PP）、聚甲醛（POM）	0.025 ~ 0.04
中黏度塑料	聚苯乙烯（PS）、ABS、聚甲基丙烯酸甲酯（PMMA）	0.05
高黏度塑料	聚碳酸酯（PC）、聚砜（PSF 或 PSU）、聚苯醚（PPO）	0.06 ~ 0.08

（2）保证塑件尺寸精度

当塑件要求整体或部分有较高的精度时，模具就必须要有很好的刚度，以保证塑料熔体在注入型腔时不产生过大的弹性变形。表 4-27 列出了由塑件尺寸精度确定的刚度条件的经验公式。

表 4-27　保证塑件尺寸精度的型腔允许最大间隙 [δ] 值

塑件尺寸 /mm	经验公式计算 [δ]	塑件尺寸 /mm	经验公式计算 [δ]
～ 10	$\Delta_i/3$	＞ 200 ～ 500	$\Delta_i/[10(1+\Delta_i)]$
＞ 10 ～ 50	$\Delta_i/[3(1+\Delta_i)]$	＞ 500 ～ 1000	$\Delta_i/[15(1+\Delta_i)]$
＞ 50 ～ 200	$\Delta_i/[5(1+\Delta_i)]$	＞ 1000 ～ 2000	$\Delta_i/[20(1+\Delta_i)]$

注：Δ_i 为第 i 级公差塑件的公差值。

（3）保证塑件顺利脱模

如果凹模的刚度不足，在熔体高压作用下会产生过大的弹性变形，当变形量超过塑件的收缩量时，塑件被紧紧包住而难以脱模，强制顶出会使塑件划伤或破裂，因此型腔的允许弹性变形量小于塑件壁厚的收缩值，即：

$$[\delta]<\delta\overline{S}$$

式中　$[\delta]$——保证塑件顺利脱模的型腔允许最大间隙值，mm；

δ——塑件壁厚，mm；

$\overline{S}$——塑料的平均收缩率。

上述要求在设计模具时，以这些条件中最苛刻的条件（即允许的最小变形量）为设计标准。

对凹模（型腔）的侧壁和底板的厚度做精确的力学计算是相当困难的，一般在工程设计上常采用表 4-28 计算公式来近似地计算凹模的侧壁和底板的厚度。

表 4-28　凹模的侧壁和底板厚度的计算公式

类型	图示	部位	按强度计算	按刚度计算
整体式圆形凹模		侧壁	$t_{强}=r\left(\sqrt{\dfrac{[\sigma]}{[\sigma]-2p}}-1\right)$	$t_{刚}=r\left(\sqrt{\dfrac{\dfrac{E[\delta]}{rp}-(\mu-1)}{\dfrac{E[\delta]}{rp}-(\mu+1)}}-1\right)$
		底板	$t'_{强}=\sqrt{\dfrac{3pr^2}{4[\sigma]}}$	$t'_{刚}=\sqrt[3]{\dfrac{0.1758pr^4}{E[\delta]}}$
组合式圆形凹模		侧壁	$t_{强}=r\left(\sqrt{\dfrac{[\sigma]}{[\sigma]-2p}}-1\right)$	$t_{刚}=r\left(\sqrt{\dfrac{\dfrac{E[\delta]}{rp}-(\mu-1)}{\dfrac{E[\delta]}{rp}-(\mu+1)}}-1\right)$
		底板	$t'_{强}=\sqrt{\dfrac{1.22pr^2}{[\sigma]}}$	$t'_{刚}=\sqrt[3]{\dfrac{0.74pr^4}{E[\delta]}}$

续表

类型	图示	部位	按强度计算	按刚度计算
整体式矩形凹模	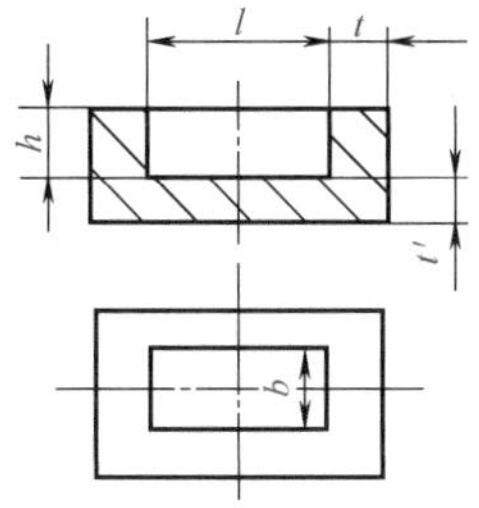	侧壁	$t_{强}=\sqrt{\dfrac{6M}{[\sigma]}}$	$t_{刚}=\sqrt[3]{\dfrac{cph^4}{E[\delta]}}$
		底板	$t'_{强}=\sqrt{\dfrac{6M}{[\sigma]}}$	$t'_{刚}=\sqrt[3]{\dfrac{c'pb^4}{E[\delta]}}$
组合式矩形凹模	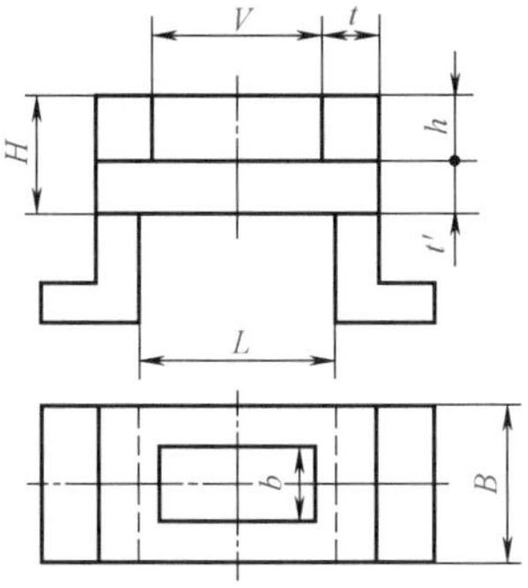	侧壁	$t_{强}=\sqrt{\dfrac{phl^2}{2H[\sigma]}}$	$t_{刚}=\sqrt[3]{\dfrac{phl^4}{32EH[\delta]}}$
		底板	$t'_{强}=\sqrt{\dfrac{3pbl^2}{4B[\sigma]}}$	$t'_{刚}=\sqrt[3]{\dfrac{5pbl^4}{32EB[\delta]}}$

注：表中所例各公式中 $t_{强}$——按强度计算的型腔侧壁厚度，mm；
$t_{刚}$——按刚度计算的型腔侧壁厚度，mm；
$t'_{强}$——按强度计算的底板厚度，mm；
$t'_{刚}$——按刚度计算的底板厚度，mm；
r——型腔内半径，mm；
$[\sigma]$——许用应力，MPa；
p——型腔内熔融塑料的压力，MPa；
E——弹性模量，MPa，一般取 2.06×10^5MPa；
$[\delta]$——许用变形量，mm；
μ——泊松比；
h——型腔深度，mm；
l——型腔侧壁长边长度，mm；
H——型腔侧壁总高度，mm；
b——底板受压宽度，mm；
B——底板总宽度，mm；
M——最大弯矩，N·mm；
c，c'——系数，见表 4-29。

表 4-29　系数 c，c' 取值

h/l	c	l/b	c'
0.3	0.903	1.0	0.0138
0.4	0.570	1.1	0.0164
0.5	0.330	1.2	0.0188
0.6	0.188	1.3	0.0209
0.7	0.177	1.4	0.0226
0.8	0.073	1.5	0.0240

续表

h/l	c	l/b	c'
0.9	0.045	1.6	0.0251
1.0	0.031	1.7	0.0260
1.2	0.015	1.8	0.0267
1.5	0.0063	1.9	0.0272
2.0	0.0020	2.00	0.0277

在工厂中，也常用经验数据或者有关表格来进行简化对凹模侧壁和底板厚度的设计。

第五节 合模导向及定位机构

合模导向机构对于注塑模具来说是不可少的部件，因为模具闭合时要求有一定的方向和位置，必须导向。导柱安装在动模或者定模一边均可。有细长型芯时，以安装在细长型芯一侧为宜。通常导柱设在模板四角。

导向机构主要有定位、导向、承受一定侧压力等三个作用。定位作用即是为了避免模具装配时方位搞错而损坏模具，并且在模具闭合后使型腔保持正确的形状，不致因为位置的偏移而引起塑件壁厚不均，或者模塑失败。导向作用则是指在动、定模合模时，首先导向机构引导动模、定模正确闭合，避免凸模或型芯撞击型腔，损坏零件。承受一定侧压力作用是指塑料注入型腔过程中会产生单向侧压力，或由于注塑机精度的限制，使导柱在工作中承受了一定的侧压力，当侧压力很大时，不能单靠导柱来承担，需要增设锥面定位装置。对于三板模、脱模板等，导柱还要承受悬浮模板的重力。

合模导向及定位机构主要有导柱导向和锥面定位两种形式，下面就这两种机构的设计分别进行介绍。

一、导柱导向机构

导柱导向机构设计包括对导柱、导向孔的要求和典型结构导柱在模具上的布置等内容。

1. 导柱典型结构及要求

（1）导柱的典型结构

导柱的典型结构如图 4-38 所示，模具上导柱可不需要油槽。A 型用于简单模具的小批

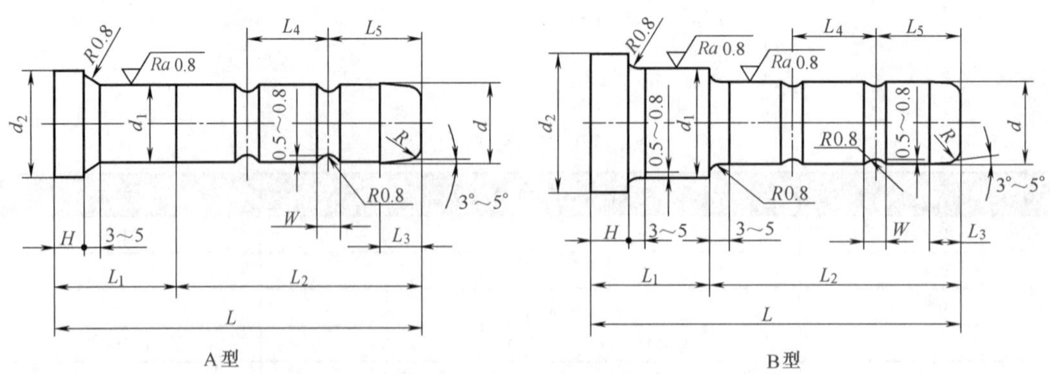

图 4-38 导柱典型结构

量生产，可不需要导套，导柱直接与模板中的导向孔配合，但是孔易磨损。如果在模板中设导套，导向孔磨损后，只要更换导套即可。B 型用于精度要求高、生产批量大的模具，要有导套配合，导套的外径与导柱的 d_1 相等，也就是导柱的固定孔与导套的固定孔同径，两孔可以一刀加工，以保证位置精度。另有一种 C 型结构是在 B 型的尾部有一和 d_1 等直径的定位长度，在国外标准模架上大量采用，可省去定位销。为了提高生产率，导柱一般做成标准件，因而推荐使用图 4-38 所示的两种典型结构。

（2）对导柱结构和材料等的要求

导柱的长度必须比凸模端面的高度要高出 6 ～ 8mm，凸模进入型腔前用导柱导正，避免型芯型腔相碰而损坏。对导柱结构和材料等的要求见表 4-30。

表 4-30　对导柱结构和材料等的要求

项目	说明
形状	导柱的端部做成锥形或半球形的先导部分，使导柱能顺利进入导向孔
材料	导柱应具有硬而耐磨的表面，坚韧而不易折断的内芯，因此多采用低碳钢（20 钢）经渗碳淬火处理，或碳素工具钢（TA、T10）经淬火处理，硬度为 50 ～ 55HRC
配合精度	导柱同导套的配合都是间隙配合，中小型模具间隙小于 0.04mm，大型模具可略大，A、B 型导柱装入模板多用过渡配合，如图 4-39 所示。此外，还有其他固定形式，如图 4-40 所示。图 4-40（a）所示为导柱以过渡配合装入固定板，采用铆接固定的装配形式，这种形式多用于小直径的导柱。图 4-40（b）所示的形式是为了便于加工，使导柱固定部分直径与导向孔直径相同。图 4-40（c）所示为用螺钉固定导柱的形式，这三种固定形式目前很少采用
表面粗糙度	配合部分表面粗糙度要求 Ra=0.8μm，或者更小

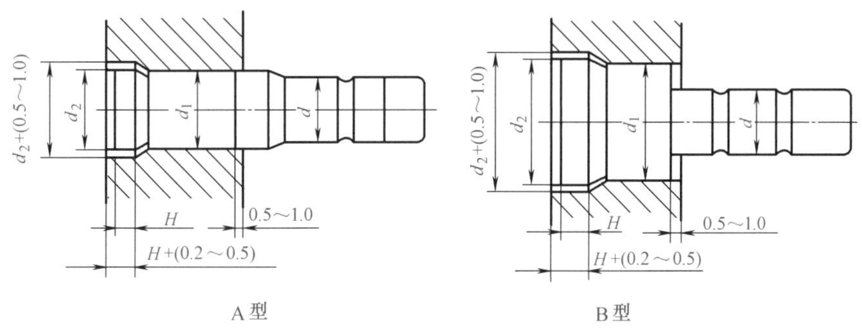

图 4-39　导柱配合固定形式

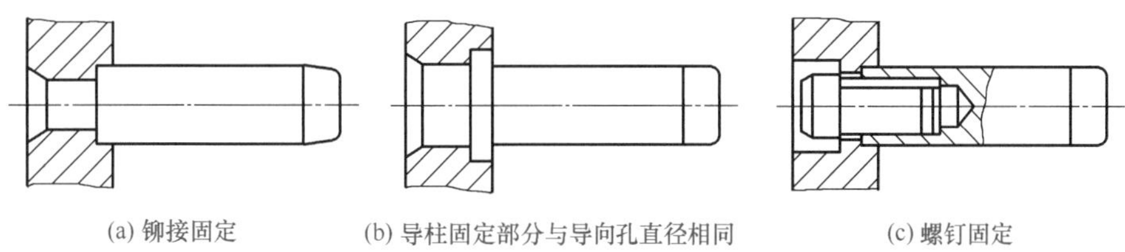

图 4-40　不常用的导柱固定形式

2. 导向孔、导套的典型结构及要求

（1）导向孔的典型结构

导向孔可以直接设在模板上。这种形式加工简单，但热处理困难，损坏后不易修理，适用于生产批量小、精度要求不高的场合。为了检修更换方便，保证导向机构的精度，导向孔

一般采用镶入导套的形式。典型结构如图 4-41 所示，这两种结构配合导柱 A、B 型，其中一种也是在尾部加一定位部分，可省去定位销，并能提高导向的精度。

（2）对导向孔结构的要求（表 4-31）

表 4-31　对导向孔结构的要求

项目	说明
形状	为了使导柱进入导套比较顺利，在导套的前面设计一倒圆角 R，内孔有一定锥度。为了装配方便，外圆头部也有锥度。导向孔最好打通，否则，导柱进入未打通的导向孔（不通孔）时，孔内空气无法逸出，而产生反压力，给导柱的进入造成阻力，合模时有较大噪声。当结构需要开不通孔时，就要在不通孔的侧面增加通气孔，如图 4-42（a）所示，或者在导柱上磨出排气槽，如图 4-42（b）所示
材料	导套可用淬火钢等耐磨材料制造，但其硬度应低于导柱硬度。这样可以改善摩擦，以防止导柱与导套拉毛。多用 20 钢渗碳后淬火或 T8A、T10 淬火
导套精度与配合	导套同模板的装配为，一般 A 型用过渡配合，B 型用过盈配合，如图 4-43 所示。为了可靠起见，可以再用止动螺钉紧固。如图 4-44（a）所示为导套的侧面加工一平面切口或小坑，用螺钉固定的方法，要注意导套的压入方向。如图 4-44（b）所示为以环形槽代替切口的方法，加工工序略为简单。导套在淬火时可能产生裂纹，最好将环形槽底部做成圆角，以弥补缺陷。如图 4-44（c）所示为侧面开孔并用螺钉固定的方法，与图 4-44（a）一样，要注意导套的压入方向。如图 4-44（d）所示为最简单的方法，导套压入后在端部用铆接的方法固定，只是不易更换
表面粗糙度	配合部分表面粗糙度要求为 Ra=0.8μm，或者更低

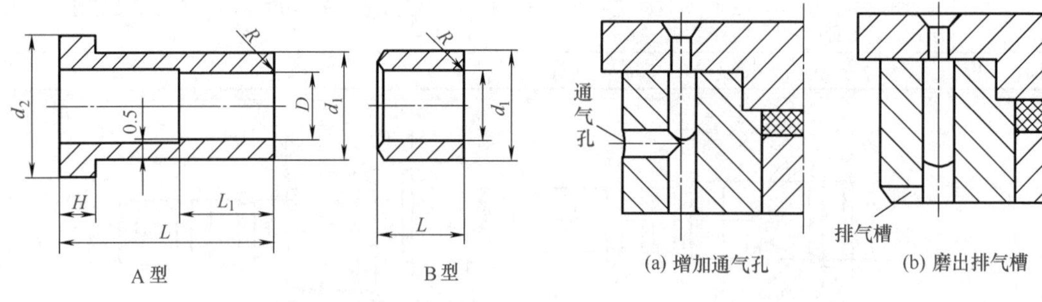

图 4-41　导向孔、导套典型结构

图 4-42　通气位置

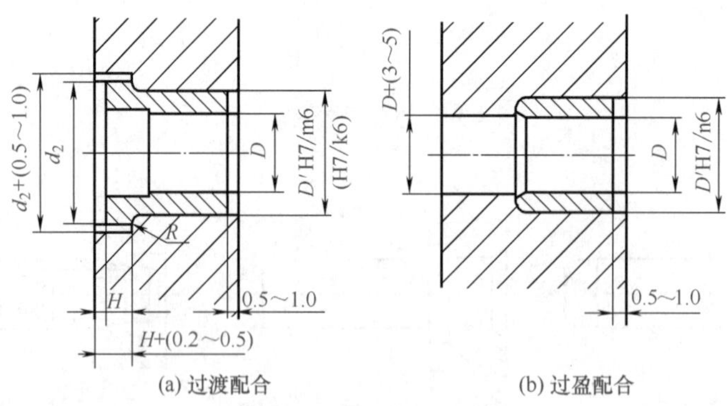

图 4-43　与固定孔配合

3. 导柱布置

根据模具的形状和大小，在模具的空余位置设导柱和导套。导柱一般为 2 ～ 4 根，其布置原则是必须保证动、定模只能按一个方向合模，不要在装配或合模时因为方位搞错使模具损坏，同时，长导柱不要妨碍塑件和浇注系统的取出。导柱布置形式如图 4-45 所示。如图 4-45（a）所示为两根直径不同的导柱，对称布置。如图 4-45（b）所示的形式适用于外形为

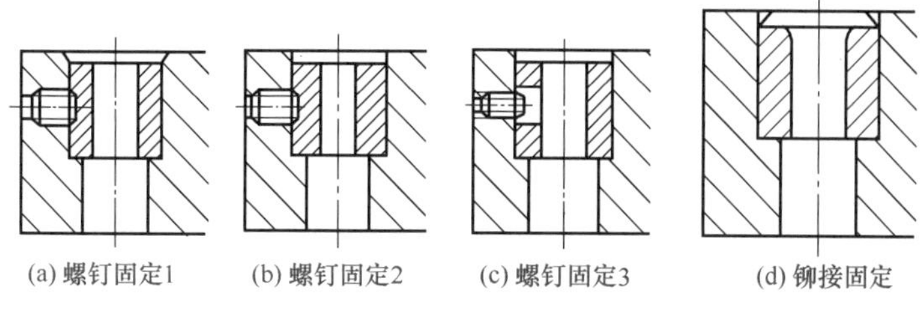

图 4-44　固定形式

圆形的模架。如图 4-45（d）所示为四根直径不同的导柱，对称布置。标准模架上，一般是用如图 4-45（c）所示的形式。对于大型模具，导柱导套的数目可能用得更多，可用粗导向和精确导向两组。

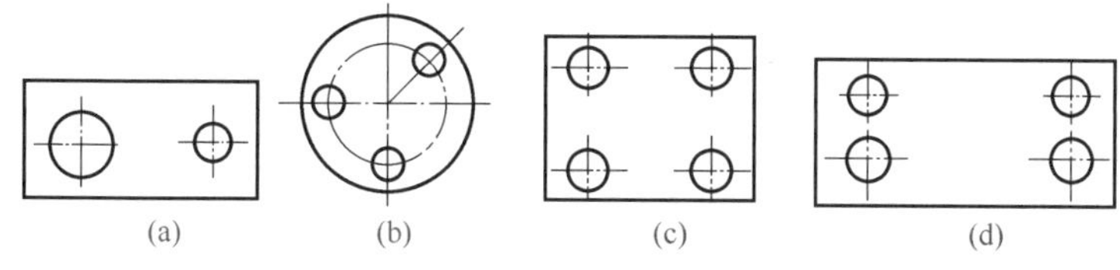

图 4-55　导柱布置形式

4. 导柱与导套配合实例

由于模具的结构不同，选用的导柱和导套的结构也不同，常见的配合形式如图 4-46 所示。如图 4-46（a）所示配合形式为直接在型板上加工导向孔，容易磨损；导柱固定部分用过渡配合，伸入导向孔部分用间隙配合；用于小批量低精度塑件的模具。如图 4-46（b）所示配合形式是比较常见的一种结构。如图 4-46（c）所示为用 A 型导柱、B 型导套的结构。如图 4-46（d）所示为用 B 型导柱、B 型导套的结构。如图 4-46（e）所示为用 B 型导柱、A 型导套的结构。还有上述改良型的导柱导套的用法，这种结构在标准模架上很常见。如图 4-46（d）和图 4-46（e）所示的两种结构，导柱固定孔与导套固定孔尺寸一致，便于配合加工，保证了同轴度。有些标准模架采用带定位的导柱导套，装配略有差异。

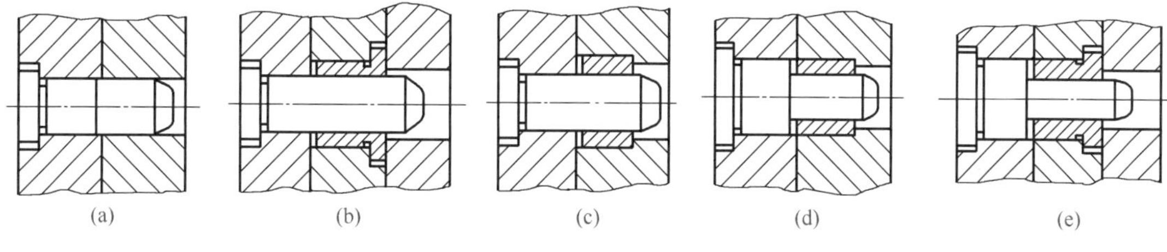

图 4-46　导柱与导套的配合形式

5. 设计导柱导向机构的注意事项

① 导柱应合理均匀地分布在模具分型面的四角。导柱至模具的边缘应有足够的距离，以保证模具的强度。导柱的直径应根据模具的尺寸来选取，关于导柱的直径的选取和布置的位置可参考标准模架。为了不使模具在装配或合模时将方向搞错，导柱的布置方式常采用等直径导柱的不对称布置或不等直径导柱的对

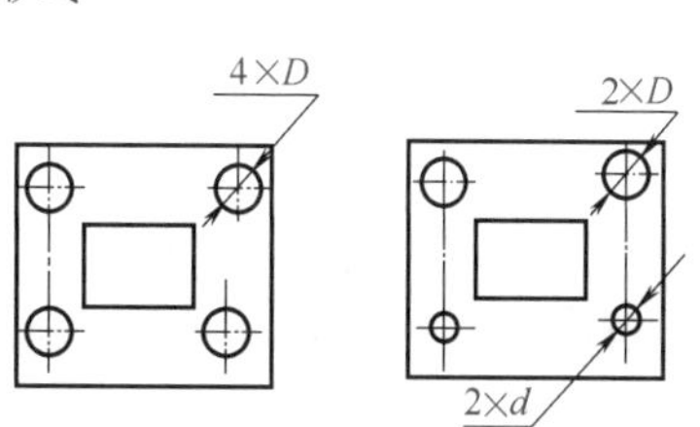

图 4-47　保证正确合模方向的导柱布置

称布置方式，如图 4-47 所示。

② 导柱的长度应比型芯端面的高度高出 6 ～ 8mm，以免在错误定位时，型芯进入凹模型腔与其相碰而损坏。

③ 导柱设置在动模一侧可以起到保护型芯的作用，塑件脱模时，可以起到支承推件板的作用；设置在定模一侧可以起到方便塑件脱模支承浇道板的作用。在设计中，应根据具体情况，来选择导柱的设置，但一般设置在动模一侧。

④ 导柱的导滑部分的配合为 H8/f7，导柱、导套固定部分的配合都按 H8/s7。

⑤ 除了在动模和定模之间设置导柱、导套以外，还需要在推板与动模座板之间设置导柱、导套，以保证推板的顺利推出。

二、锥面定位机构

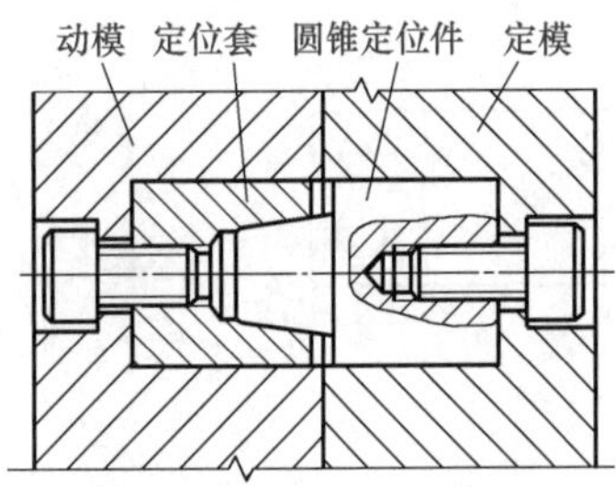

图 4-48　圆锥定位件的定位形式

1. 圆锥定位件

如果模具承受较大的侧向压力，就无法仅仅依靠导柱定位，需要在分型面的周边加设圆锥定位件，其定位形式如图 4-48 所示。定位钉、定位键的锥面斜度为 10°，其结构、尺寸及技术要求见相关标准。

2. 锥面定位模板

在成型精度要求高的大型、薄壁、深腔的塑件时，型腔内的熔体产生的侧压力往往会引起型芯或凹模的偏移，需在模板上制作锥面。锥面角度越小越有利于定位，但由于开模力的关系，锥面角也不宜过小，一般取 5° ～ 20°，常用 15°。配合高度在 15mm 以上，两锥面都要进行淬火处理（或安装淬火镶块），型芯模板应环抱凹模模板，这样在成型过程中，由于承受一定的侧向压力的作用，凹模模板不会因受力而向外胀开，如图 4-49 所示。

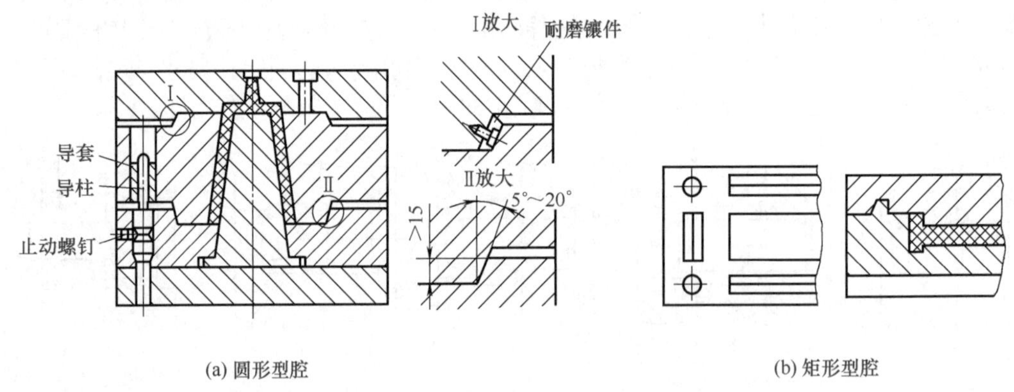

图 4-49　锥面定位机构

第六节　推出机构

在经过加料、塑化、注射及冷却几个步骤以后，塑件及浇注系统的凝料被从模具的型腔推出，推出机构的动作是通过装在注塑机合模机构上的顶杆或液压缸来完成的。推出塑件的机构称为推出机构或脱模机构。

一、推出机构的组成、分类及对推出机构的要求

1. 推出机构的组成

推出机构主要是由推出零件、推出零件固定板和推板、推出机构的导向与复位部件等组成。图 4-50 所示的单分型面注射模是由推出机构推板 13、推杆固定板 14、拉料杆 15、推板导柱 16、推板导套 17、推杆 18、限位钉 12 和复位杆 19 组成。开模时，动模部分向左移动，拉料杆 15 勾住凝料，使凝料与塑件一同留在动模部分。开模一段距离后，当注塑机的顶杆（非液压式）接触模具推板 13 后，推杆 18、拉料杆 15、与推杆固定板 14 及推板 13 一起静止不动，当动模部分继续向左移动时，塑件就被推杆从型芯上推出。模具闭合时，由复位杆 19 将上述推出机构复位，限位钉 12 的作用是使推板与动模底板之间留有空隙以便保证推板的正常复位，还可对推出机构起支承和调整作用，推板导柱 16 和推板导套 17 用于推出机构的导向。

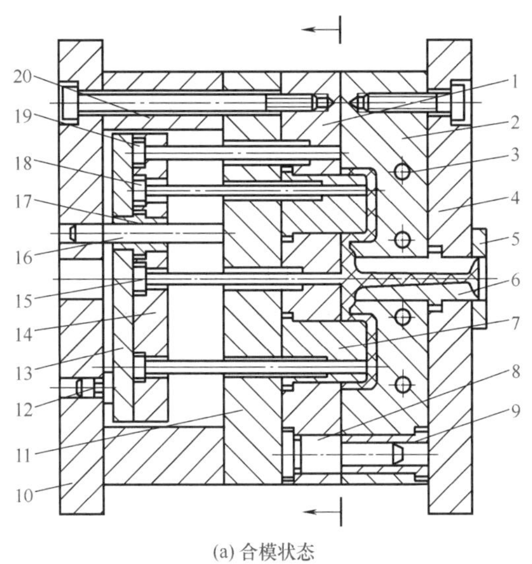

(a) 合模状态

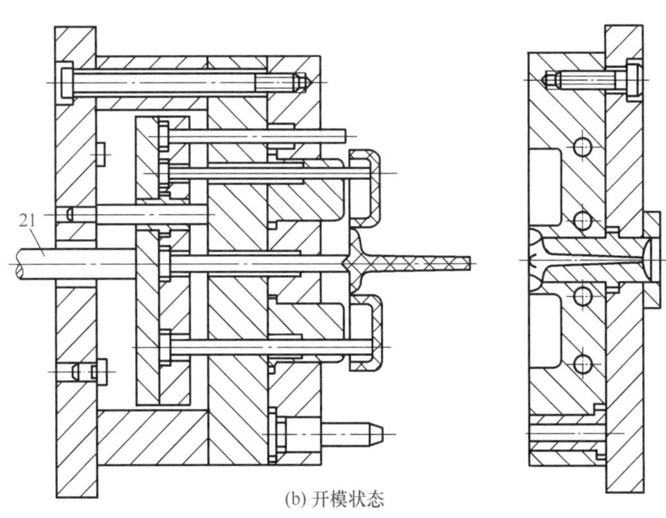

(b) 开模状态

图 4-50　单分型面注射模的结构

1—动模板；2—定模板；3—冷却水道；4—定模座板；5—定位圈；6—浇口套；7—型芯；8—导柱；9—导套；10—动模座板；11—支承板；12—限位钉；13—推板；14—推杆固定板；15—拉料杆；16—推板导柱；17—推板导套；18—推杆；19—复位杆；20—垫块；21—注塑机顶杆

2. 推出机构的分类

推出机构可以按动力来源分类，也可以按模具结构分类，具体分类方法见表4-32。

表4-32 推出机构的分类

分类		说明
按动力来源分类	手动脱模	当模具分模后，用人工操纵脱模机构，脱出塑件，多用于注塑机不设推出装置的定模一方
	机动脱模	靠注塑机的开模动作推出塑件。开模时塑件先随动模一起移动，到一定位置时，推出机构被注塑机上固定不动的顶杆顶住而不能随动模移动。动模继续移动时，塑件由推出机构推出型腔 当定模部分也设推出机构时，可以通过拉杆或链条等装置，在动模开到一定位置时，拉动定模推出机构，实现机动脱模 带螺纹的塑件可用手动或机动实现旋转运动，推出塑件
	液压脱模	注塑机上设有专用的顶出液压缸，当开模到一定距离后，活塞动作，实现脱模
	气动脱模	利用压缩空气将塑件由型腔中吹出
按模具结构的分类		由于塑件形状的不同，推出机构可分为简单推出机构、双推出机构、顺序推出机构、二级推出机构、浇注系统推出机构，以及带螺纹塑件的推出机构等

3. 对推出机构的要求（表4-33）

表4-33 对推出机构的要求

要求	说明
塑件留于动模	模具的结构应保证塑件在开模过程中留在具有推出装置的半模（动模）上。若因塑件几何形状的关系，不便留在动模时，应考虑对塑件的外形进行修改或在模具结构上采取强制留模措施，若实在不易处理时，应在另一个半模（定模）上设推出装置
塑件不变形、损坏	要保证塑件在推出过程中不变形，这是推出机构应当达到的基本要求。要做到这一点，首先必须正确地分析塑件对型腔的附着力的大小和所在部位，以便选择合适的推出方式和推出位置，使脱模力得以均匀合理地分布 由于塑件收缩时包紧型芯，因此顶出力作用点应尽可能靠近型芯。同时推出力应施于塑件刚度强度最大的部位，如肋部、壳体侧壁等处，作用面积也应尽可能大一些 塑件与型腔的附着力，多由塑件收缩引起，它与塑料的性能、塑件的几何形状、模具温度、冷却时间、脱模斜度以及型腔的表面粗糙度有关。由于影响因素较多，精确计算异形塑件的推出力比较困难，常用与类似塑件比较的方法，即收缩率大、壁厚、型芯形状复杂、脱模斜度小以及型腔表面粗糙度值高时，脱模阻力就大；反之则小。应综合上述因素来确定推出零件的结构尺寸
良好的塑件外观	推出塑件的位置应尽量设在塑件内部，以免损伤塑件的外观
结构可靠	推出机构要工作可靠、运动灵活、制造方便、配换容易

二、脱模力计算及推出零件尺寸的确定

1. 脱模力计算

将塑件从包紧的型芯上推出所需克服的阻力称为脱模力。脱模阻力主要包括由于塑件收缩包紧型芯而造成的塑件与型芯间的摩擦阻力，而对于不带通孔的壳体类塑件，脱模时，大气压力也是脱模阻力的一大组成部分。

如图4-51所示进行塑件脱模时的型芯受力分析，根据平衡原理，可列出下列平衡方程：

$$\sum F_x=0$$

即：

$$F_t+F_b\sin\alpha=F\cos\alpha$$

式中　F_b——塑件对型芯的包紧力，N；
F——脱模时型芯所受的摩擦阻力，N；
F_t——脱模力，N；
α——型芯的脱模斜度。

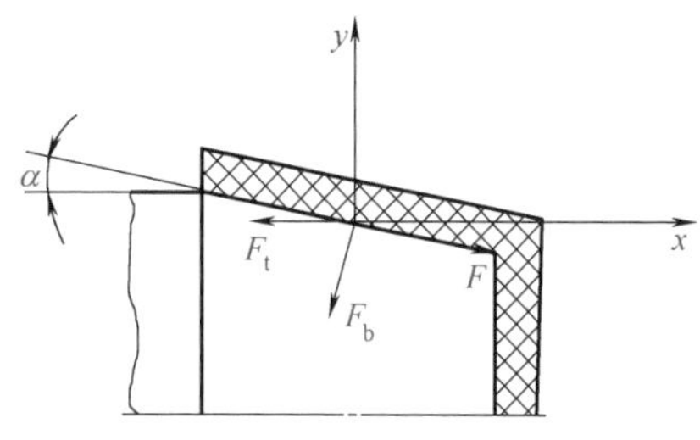

图 4-51　塑件脱模时的型芯受力分析

又
$$F=F_b\mu$$
$$F_t=F_b(\mu\cos\alpha-\sin\alpha)$$
$$F_b=Ap$$
$$F_t=Ap(\mu\cos\alpha-\sin\alpha)$$

式中　μ——塑料对模具钢的摩擦因数，约为 0.1 ～ 0.3；
A——塑件包容型芯的面积，mm^2；
p——塑件对型芯单位面积上的包紧力，MPa，一般情况下，模外冷却的塑件 p 取 24 ～ 39MPa，模内冷却的塑件 p 取 8 ～ 12MPa。

由上式可以看出，脱模力的大小随塑件包容型芯的面积的增加而增大，随脱模斜度的增加而减小。由于影响脱模力大小的因素很多，如推出机构本身运动时的摩擦阻力、塑料与钢材间的黏附力、大气压力及成型工作条件的波动等，因此要考虑到所有因素的影响较困难，而且也只能是个近似值。

2. 推出零件尺寸的确定

在推出机构中，推件板的厚度和推杆的直径是推出机构设计的关键。而推件板的厚度和推杆的直径是靠对推件板和推杆的强度和刚度的校核来确定的，见表 4-34。

表 4-34　推出零件尺寸的计算

推出零件尺寸名称	计算公式	各参数的意义
圆形推件板厚度 t/mm	$t=\left(\dfrac{CFR^2}{E\delta}\right)^{\frac{1}{3}}$	C——系数，见表 4-35； F——脱模力，N； R——作用在推件板上的推杆的半径，mm E——模具钢的弹性模量，一般取 2.1×10^5MPa δ——推件板中心所允许的最大变形量，mm，一般取塑件在被推出方向上的尺寸公差的 $\frac{1}{10}\sim\frac{1}{5}$ L_0——推件板长度方向上两推杆的最大距离，mm B——推件板宽度，mm L——推杆长度，mm n——推杆数目 $[\sigma]$——推杆材料的许用应力，MPa
矩形推件板厚度 t/mm	$t=0.54L_0\left(\dfrac{F}{EB\delta}\right)^{\frac{1}{3}}$	
推杆直径 d/mm	$d=K\left(\dfrac{L^2F}{nE}\right)^{\frac{1}{4}}$ 当 d 确定后，进行强度校核： $\sigma=\dfrac{4F}{n\pi d^2}\leqslant[\sigma]$	

表 4-35　系数 C 的值

R/r	1.25	1.50	2.00	3.00	4.00	5.00
C	0.0051	0.0249	0.0877	0.2090	0.2930	0.3500

用上述方法来确定推出零件的尺寸十分繁琐。一般在模具设计时，当模具的外形尺寸设计好后，可选择推荐模架，推件板的厚度就可确定，而推杆的直径可依据塑件的结构、尺寸、模具的结构及推杆的数量，根据经验来选定，只有当脱模力较大、模具选择较小或推杆太细时，才进行上述的校核。

三、推出机构的类型

（一）一次推出机构

一次推出机构是最常见的结构形式，包括推杆推出机构、推管推出机构、推板推出机构、活动镶件或凹模推出机构、多元件综合推出机构和气动推出机构等多种类型。

1. 推杆推出机构

推杆推出机构是最常见的一种推出机构形式（如图 4-52 所示）。由于推杆加工简单，更换方便，脱模效果好，因此在生产中广泛应用。但是，因为推出面积一般比较小，易引起应力集中而顶穿塑件或使塑件变形，所以很少用于脱模斜度小和脱模阻力大的管件或箱类塑件。

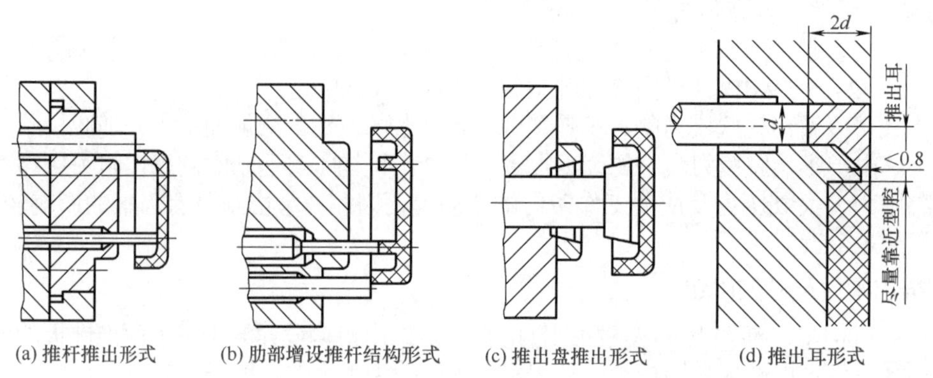

(a) 推杆推出形式　(b) 肋部增设推杆结构形式　(c) 推出盘推出形式　(d) 推出耳形式

图 4-52　推杆推出机构形式

（1）推杆设计注意事项（表 4-36）

表 4-36　推杆设计注意事项

设计项目	说明
推出位置	推杆的推出位置应设在脱模阻力大的地方，如图 4-52（a）所示。盖或箱类塑件，侧面是阻力最大的地方，因此在端面设置推杆是理想的，而在里面设置推杆时，以靠近侧壁的地方为好。如果只在中心部分推出，可能塑件会出现裂纹或被顶穿的现象。当塑件各处脱模阻力相同时，推杆应均等设置，使塑件脱模时受力均匀，以免塑件变形。局部有细而深的凸台或肋时，如果仅以推杆推侧壁，会产生裂纹，甚至使塑件局部留于模具内，所以必须在凸台或肋的底部增设推杆，如图 4-52（b）所示，以便可靠地脱模 推杆不宜设在塑件最薄处，以免塑件变形或损坏；当结构需要设在薄壁处时，可通过增大推出面积来改善塑件受力状况。如图 4-52（c）所示为采用推出盘推出的形式
直径	推杆直径不宜过细，应有足够的刚度承受推出力，当结构限制推出面积较小时，为了避免细长杆变形，可设计成阶梯形推杆，如图 4-52（b）所示
装置位置	推杆端面应和型腔在同一平面或比型腔的平面高出 0.05 ～ 1mm，否则会影响塑件使用
数量	在保证塑件质量，能够顺利脱模的情况下，推杆的数量不宜过多。当塑件不允许有推出痕迹时，可用推出耳的形式，如图 4-52（d）所示，脱模后将推出耳剪掉

按照塑件的形状，推杆的断面形状除了最常用的圆形外，还有各种特殊的断面形状。这些特殊断面形状的推杆，其本身的加工和热处理并不太困难，但是孔的加工却很困难，必须用电火花等特殊加工方法，因此应尽量少采用特殊断面形状的推杆。

（2）推杆形状与尺寸要求

推杆的材料多用 45 钢、T8 或 T10。推杆头部要淬火处理达 50HRC 以上，表面粗糙度

值 Ra 要求在 0.8μm 以下，推杆的滑动配合部分 Ra 为 0.8μm 即可，其他部位的表面粗糙度值还可以大些。

如图 4-53 所示为各种推杆形式。A 型是最简单的结构形式，应用最广，直径 d 与型腔部分推杆孔的配合一般为 H7/f8，装配部分应保证有 $D-d=4\sim6$mm 的轴肩固定（轴肩厚约 4 ～ 6mm）。这三部分尺寸关系也适用以下几种形式。B 型是阶梯形推杆，用于推杆直径较小的情况，为了增加推杆的刚度，将非推出部分推杆直径扩大到 d_1，一般 $d_1=2d$。C 型为阶梯形插入式推杆结构，由于推杆较细，与塑料接触的滑动配合部分要选用优质钢材。因此，直径为 d 的部分插入直径为 d_1 的结构中，插入部分用过渡配合，插入部分长度 $M=(4\sim6)d$，然后以焊接固定（C 型上面两图所示）。D 型是特殊断面形状的直接切削加工的推杆。E 型是特殊断面形状的插入式推杆，为了防止拔出，在杆的两端铆接使之固定，插入部分长度 $M=(1\sim2)d$，$O=(0.3\sim0.5)d$，$P=(0.4\sim0.7)d$，$Q=3\sim4$mm。以上各种形式推杆的 L 和 N 值均由结构决定。如图 4-54 所示为各种推杆的应用实例。如图 4-54（a）所示为 A 型推杆应用实例，推杆与推杆孔的配合部分长度 $S=(2\sim3)d$；如图 4-54（b）和图 4-54（c）所示为阶梯形推杆的整体式和插入式（B 型、C 型推杆）应用实例，由于推杆直径较小，配合部分长度一般等于 10mm。如图 4-54（d）和图 4-54（e）所示为特殊断面形状的推杆整体式和插入式（D 型、E 型推杆）实例。

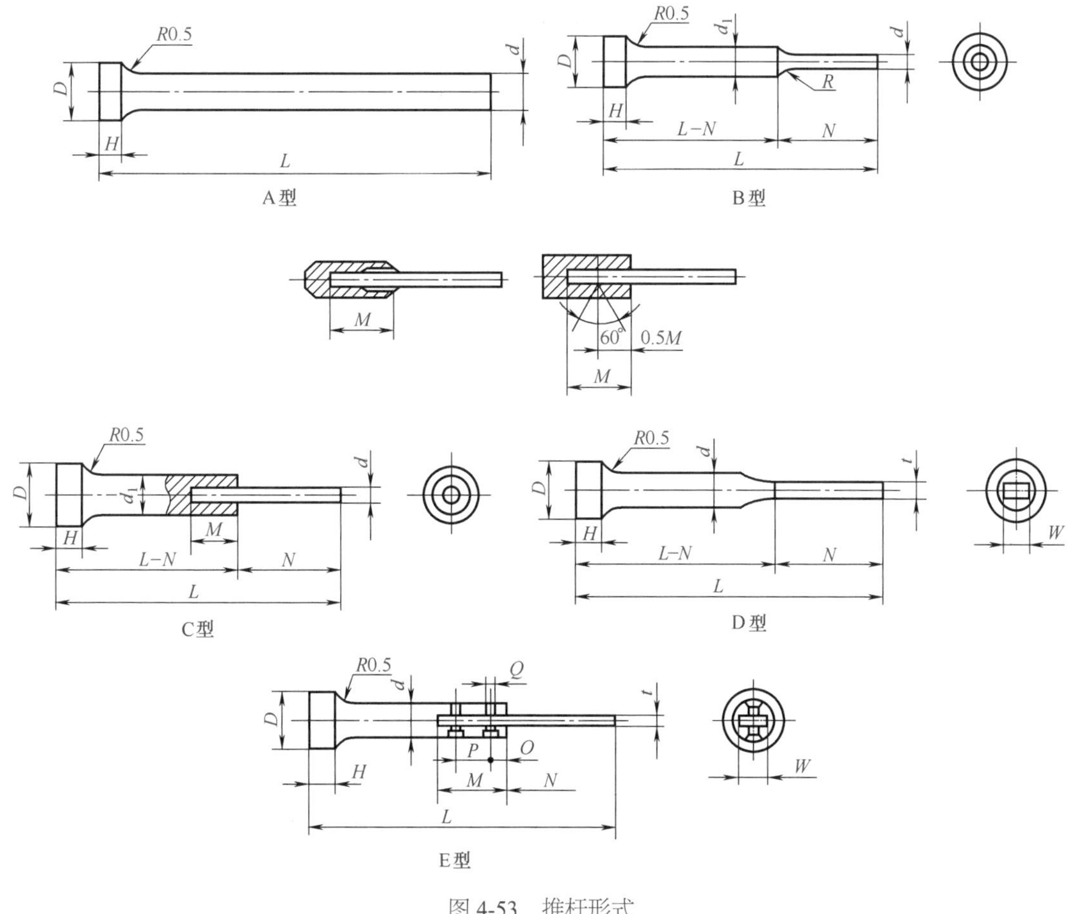

图 4-53　推杆形式

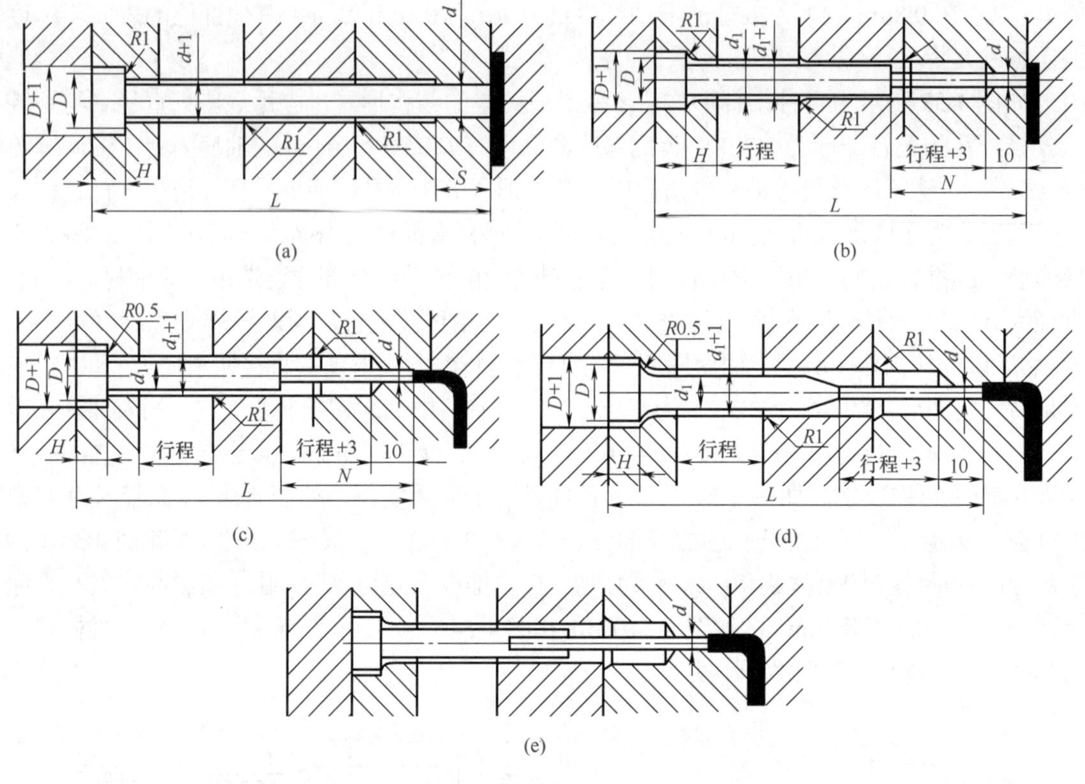

图 4-54　各种推杆应用实例

（3）推杆与推杆固定板的连接形式

推杆的固定形式，即与推杆固定板的连接形式如图 4-55 所示。如图 4-55（a）所示为最常用的结构形式；如图 4-55（b）所示的结构采用了垫块或垫圈来代替固定板上的凹坑，使之加工简化；如图 4-55（c）所示的结构特点是推杆高度可以调节，螺母起固定锁紧作用；如图 4-55（d）所示的结构用于推杆固定板较厚的情况，推杆采用螺钉紧定；如图 4-55（e）所示的结构用于细小的推杆，以铆接的方法固定；如图 4-55（f）所示的结构用于粗大的推杆，采用螺钉的方法紧固。

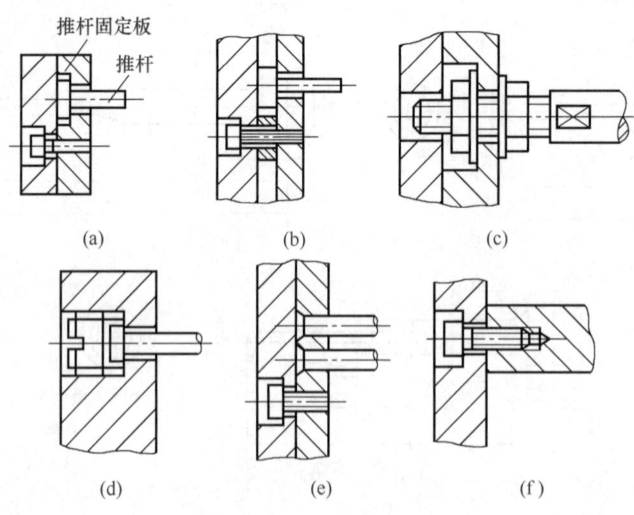

图 4-55　推杆的固定形式

2. 推管推出机构

推管是推出圆筒形塑件的一种特殊结构形式，其脱模运动方式与推杆相同。由于塑件几何形状呈圆筒形，在其成型部分必然设置一个型芯，所以要求推管的固定形式必须与型芯的固定方法相适应。

如图 4-56（a）所示为型芯用方销中键固定的方式，要求推管在轴向开槽，容纳与方销（或键）相干涉部分，槽的位置与长短依模具结构和推出距离而定，这种形式型芯的紧固力较小；如图 4-56（b）所示为型芯固定在模具底板上的形式，型芯较长，但结构可靠，多用于脱模距离不大的场合；如图 4-56（c）所示为推管在型板内滑动的形式，可以缩短推管和型芯的长度，但型板的厚度增加。

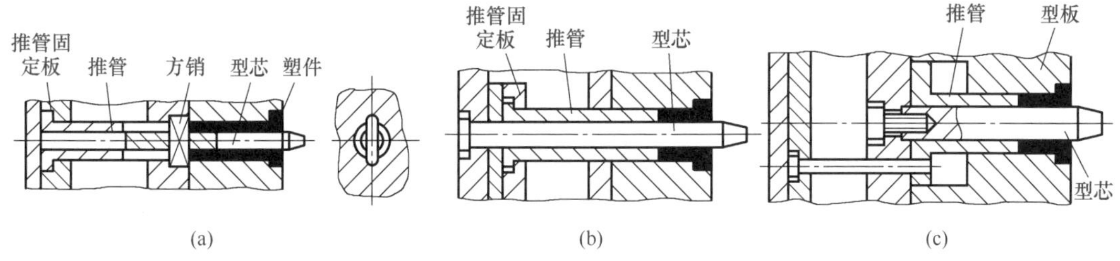

图 4-56　推管推出机构

推管的材料和推杆一样，多用 45 钢、T8 或 T10 等。端部要淬火，硬度达 50HRC 以上，表面粗糙度值 *Ra* 要求在 0.8μm 以下，滑动配合部分 *Ra* 可为 0.8μm，其他部分的表面粗糙度值还可以大些。

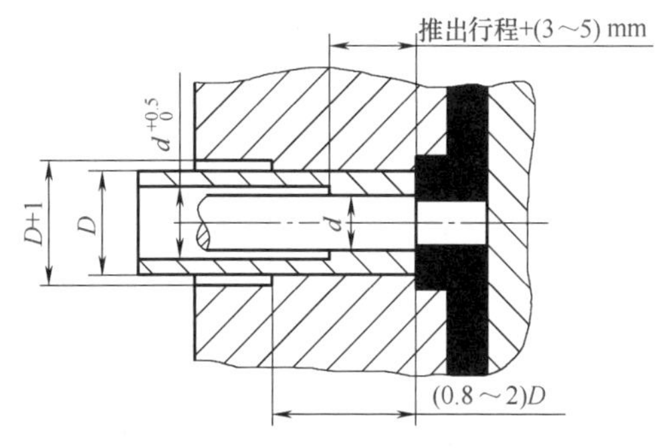

图 4-57　推管的形状

推管的形状如图 4-57 所示。推管的内径与型芯配合，外径与模板配合，一般均为间隙配合。对于小直径推管取三级精度，大直径推管取二级精度。推管与型芯的配合长度为推出行程加 3 ～ 5mm，推管与模板的配合长度一般为（0.8 ～ 2）*D*，其余部分扩孔，推管扩孔直径为（*d*+0.5）mm，模板扩孔直径为（*D*+1）mm。

3. 推板推出机构

凡是薄壁容器、壳体形塑件以及不允许在塑件表面留有推出痕迹的塑件，可采用推板脱模。推板推出的特点是推出力均匀，运动平稳，且推出力大。但是对于非圆外形的塑件，其配合部分加工较困难，如图 4-58 所示为 5 种推板推出机构。其中，如图 4-58（a）和图 4-58（b）所示为推板与推件板之间采用了固定连接，以防止推板在推出过程中脱落。在生产实践中也经常见到推板和推件板之间无固定连接的形式，如图 4-58（e）所示，只要严格控制推出距离，导柱有足够的长度，推件板也不会脱落。如图 4-58（a）和图 4-58（e）所示的结构应用最广；如图 4-58(b）所示的结构推板镶入动模板内，结构比较紧凑；如图 4-58（e）所示的结构适用于两侧具有推出杆的注塑机，模具结构可以大为简化，但推板要适当增大和加厚，以增加刚度；如图 4-58（d）所示的结构用定距螺钉的头部顶推件板，定距螺钉的另一端和推板连接，这样可以省去推杆固定板。

推板推出机构不必另设复位机构。在合模过程中，待分型面一接触，推板即可在锁模力的作用下回到初始位置。

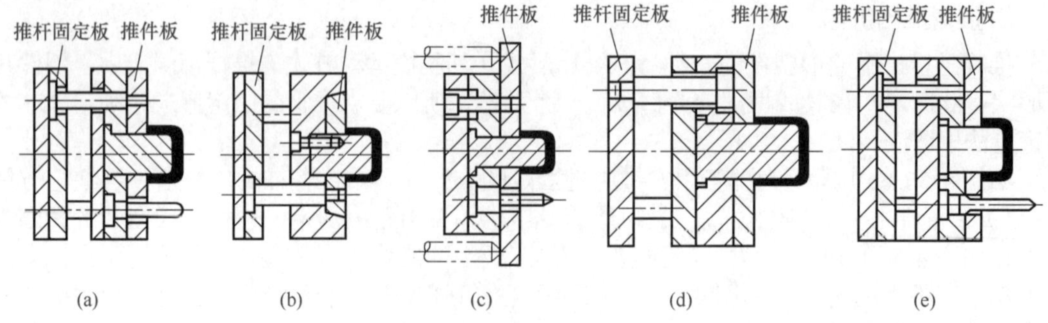

图 4-58　推板推出机构

为了减少脱模过程中推板和型芯的摩擦，在推板和型芯之间留有 0.2mm 的间隙，如图 4-59 所示。其配合锥度还起到了辅助定位作用，防止推板偏心而引起溢料。

对于大型深腔的容器，特别是采用软质塑料时，若用推板脱模，应考虑附设进气装置（如图 4-60），以防止在脱模过程中塑件内腔形成真空，造成脱模困难，甚至使塑件变形损坏。当推板推出塑件，在型芯与塑件中间出现真空时，如图 4-60 所示的结构是靠大气压力使中间进气阀进气的。

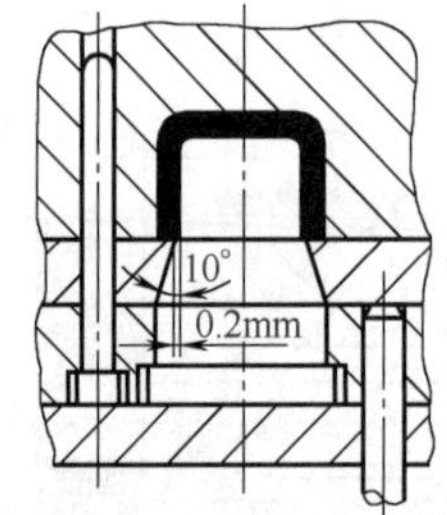

图 4-59　带周边间隙和锥形配合面推件板

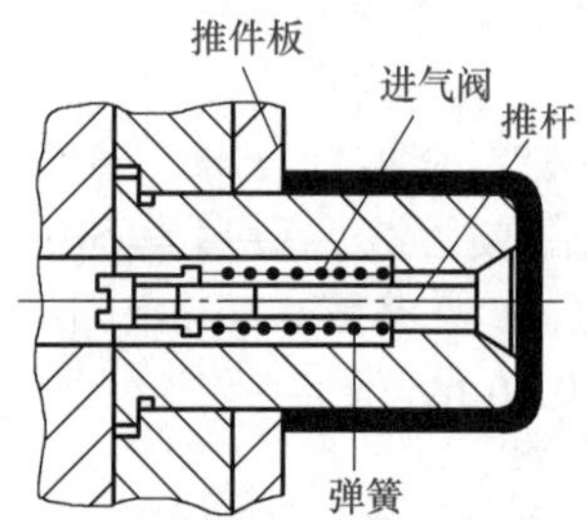

图 4-60　进气装置

4. 活动镶件或凹模推出机构

当有一些塑件由于结构形状和所用材料的关系，不能采用推杆、推管、推板等推出机构脱模时，可用成型镶件或凹模带出塑件。如图 4-61 所示为利用活动镶件推出塑件的结构。如图 4-61（a）所示的结构用推杆顶螺纹型芯。如图 4-61（b）所示的结构用推杆顶螺纹型环，为便于螺纹型环安放，推杆采用弹簧复位。如图 4-61（c）所示的结构利用成型塑件内壁突出部分的镶块推出塑件。以上三种都是成型镶件和塑件一起推出模外。如图 4-61（d）所示的结构镶块固定在推杆上，塑件脱模时，镶块不与模体分离，故在推出动作完成后，尚需将塑件用手取下。如图 4-62 所示为利用凹模推出机构脱模，塑件脱离型芯后还要用手将塑件从型腔中取出，因此型腔数不能太多，否则取出塑件困难。

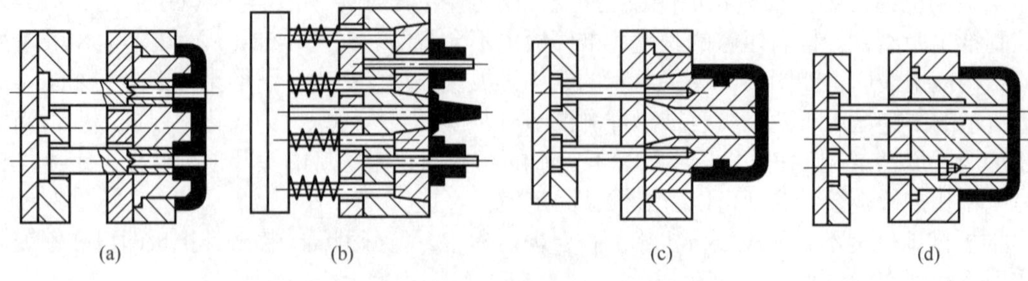

图 4-61　利用活动镶件推出塑件的机构

5. 多元件综合推出机构

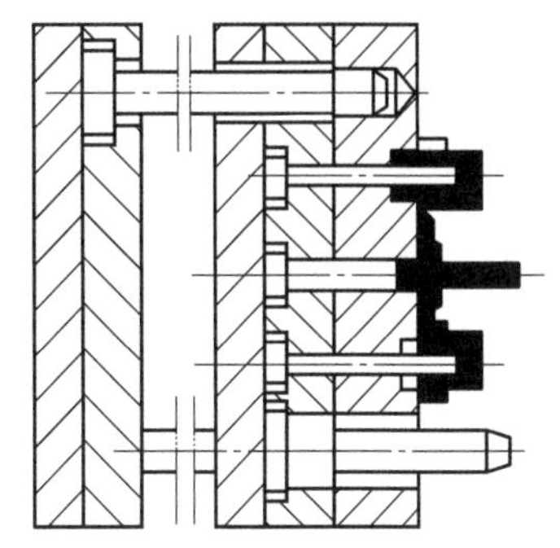

图 4-62　利用凹模推出机构

在实际生产中往往遇到一些复杂塑件，如果采用单一的脱模形式，不能保证塑件的质量，这时就要采用两种或两种以上的多元件综合推出机构，如图 4-63 所示。如图 4-63（a）所示为推杆、推板并用的例子，因为在型芯内有脱模阻力大的部分，若仅用推板脱模，可能产生断裂或残留的现象，因此增加推杆，可保证塑件顺利脱模，但是由于推杆在型芯内部，所以给型芯的冷却带来了困难。如图 4-63（b）所示结构，局部有脱模斜度小且深的管状凸起，在其周边和里面脱模阻力大，因此采用推管和推杆并用机构。图 4-63（c）所示的塑件与图 4-63（b）所示的塑件相同，是采用的推板和推管并用的机构。

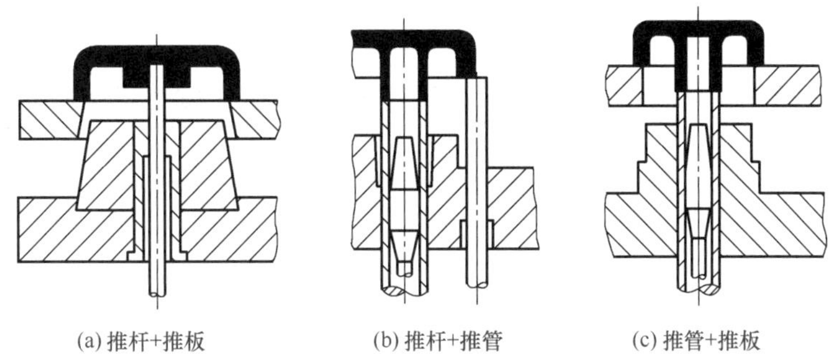

图 4-63　多元件综合推出机构

6. 气动推出机构

使用气动推出机构（如图 4-64 所示）虽然要设置通过压缩空气的通路和气门等，但加工比较简单，对于深腔塑件，特别是软性塑料的脱模是有效的。塑件固化后开模，通入 0.1 ～ 0.4MPa 压缩空气，使阀门打开，空气进入型芯与塑件之间，使塑件脱模。

如图 4-65 所示的结构用于深腔薄壁的塑件。为了保证塑件质量，除了采用推板推出外，还在推板和型芯间吹入空气，使脱模顺利、可靠。

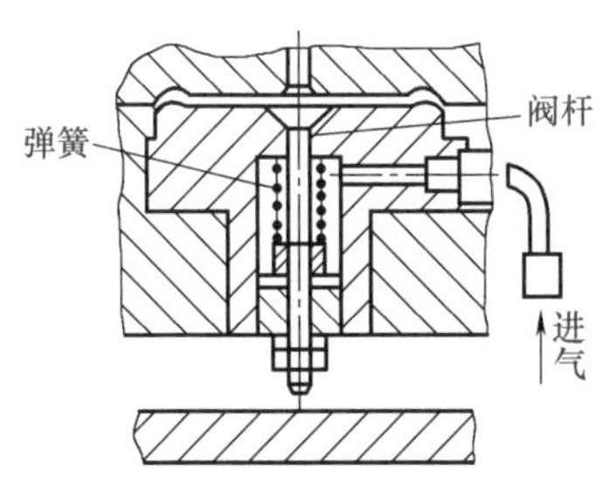

图 4-64　气动推出机构

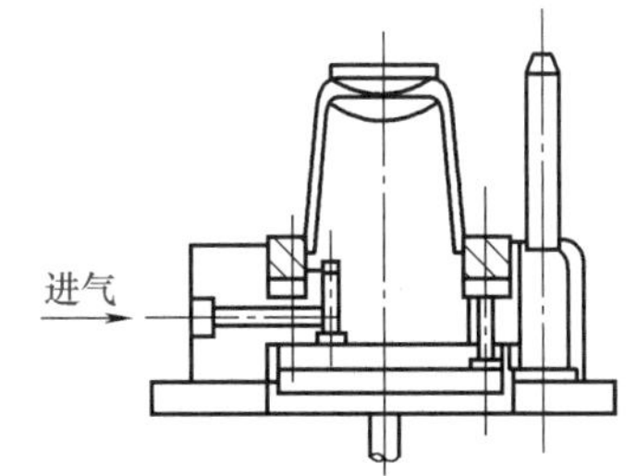

图 4-65　推板与气动联合推出机构

7. 推出系统辅助零件

为了保证塑件的顺利脱模和各个推出部分运动灵活，以及推出元件的可靠复位，必须有以下辅助零件的配合使用。

① 导向零件。大面积的推板在推出过程中，防止其歪斜和扭曲是很重要的，否则会造

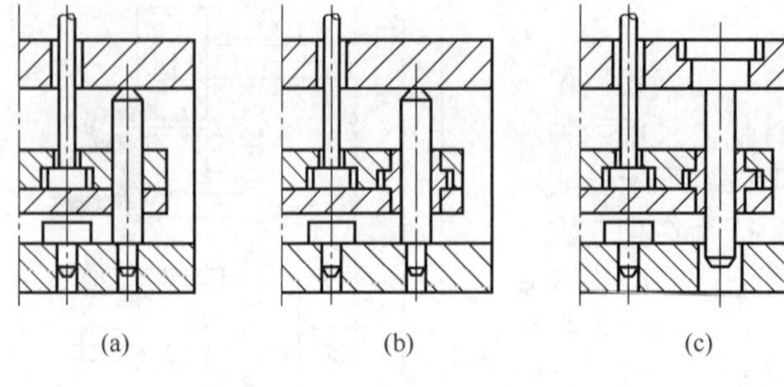

图 4-66　推出系统的导向装置

成推杆变形、折断或使推板与型芯磨损研伤。因此，要求在推出机构中设置导向装置，如图 4-66 所示。如图 4-66（a）和图 4-66（b）所示，结构中的导柱还起支承作用，以减少中间垫板的弯曲变形；对于生产批量小、推杆数量少的模具，推出导向系统可以不用导向套，如图 4-66（a）所示；导柱也有固定在中间垫板上的，如图 4-66（c）所示。

② 复位杆（回程杆、反推杆）。脱模机构在完成塑件脱模后，为进行下一个循环，必须回到初始位置，除推板脱模外，其他脱模形式一般均需设复位杆。目前常用的回程形式有复位杆、推杆兼复位杆及弹簧回程三种，其说明见表 4-37。

表 4-37　常用的回程形式

回程形式	说明及图示
复位杆回程	如图（a）所示复位杆的工作端面顶在不淬火的定模固定板上，为此需在定模固定板上镶入一淬火垫块，以免在工作中复位杆将定模固定板推出凹坑，影响准确复位；如图（b）所示复位杆是顶在淬火的分型面上的 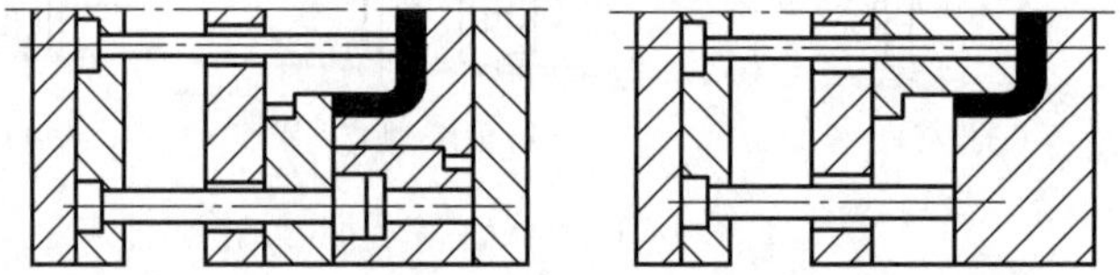 (a)　(b)
推杆兼复位杆回程	在塑件的几何形状和模具结构允许的情况下，推杆兼复位杆的形式如下图（a）、图（b）所示 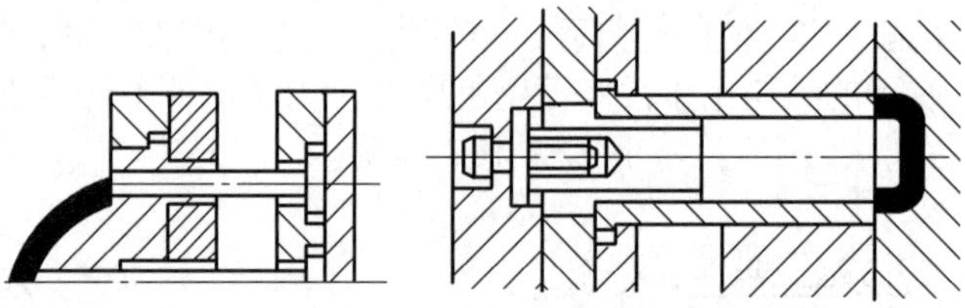 (a) 简单式　(b) 复杂式
弹簧回程	利用弹簧的弹力使脱模系统复位，即弹簧回程。如图（a）所示为在弹簧的内孔装一定位杆，以免工作时弹簧扭斜；如图（b）所示为当推板的空位不够时，将弹簧套在推出元件上的形式。使用弹簧回程结构简单，但需注意弹力要足够。因弹簧易失效，要按时更换 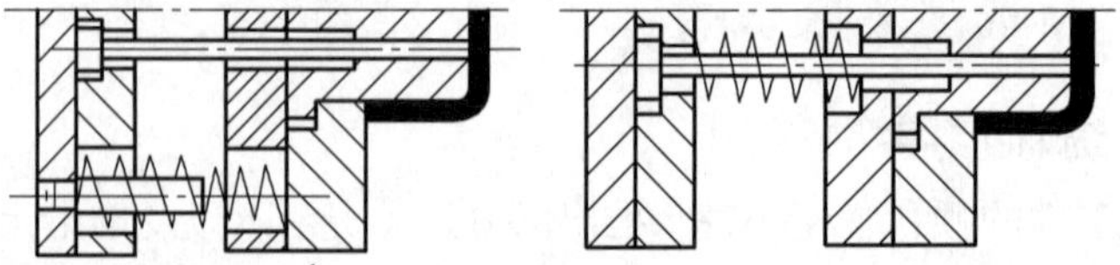 (a)　(b)

（二）二级推出机构

在一般情况下，塑件的推出可以采用上述的推出机构，进行一次推出。但是，由于塑件的特殊形状或生产自动化的需要，在一次推出动作完成后，塑件仍然不能自动脱落或难以从型腔中取出，此时就必须再增加一次推出动作才能使塑件脱落。有时为了避免一次推出塑件受力过大，也采用二次推出。如薄壁深腔塑件或形状复杂的塑件，由于塑件和模具的接触面积很大，若一次推出易使塑件破裂或变形，因此采用二次推出，以分散脱模力，保证塑件质量。这类采用二次推出的二级推出机构又称为二级脱模机构。

1. 气动和液动二级推出机构

气动和液动二级推出机构（如图 4-67 所示），如图 4-67（a）所示为塑件靠推板顶出完成第一次从凸模脱离后，靠压缩空气从型板上被吹出完成第二次脱模。如图 4-67（b）所示，第一次塑件脱离凸模利用液压缸来实现，第二次脱模靠推出机构实现。

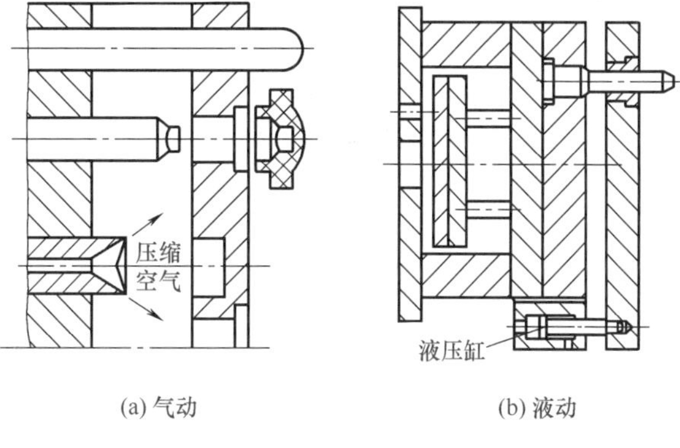

图 4-67　气动和液动二级推出机构

2. 弹簧式二级推出机构

弹簧式二级推出机构（如图 4-68 所示），先用弹簧完成第一次推出，然后用推杆顶出塑件，实现第二次推出，适用于小型塑件注射模。

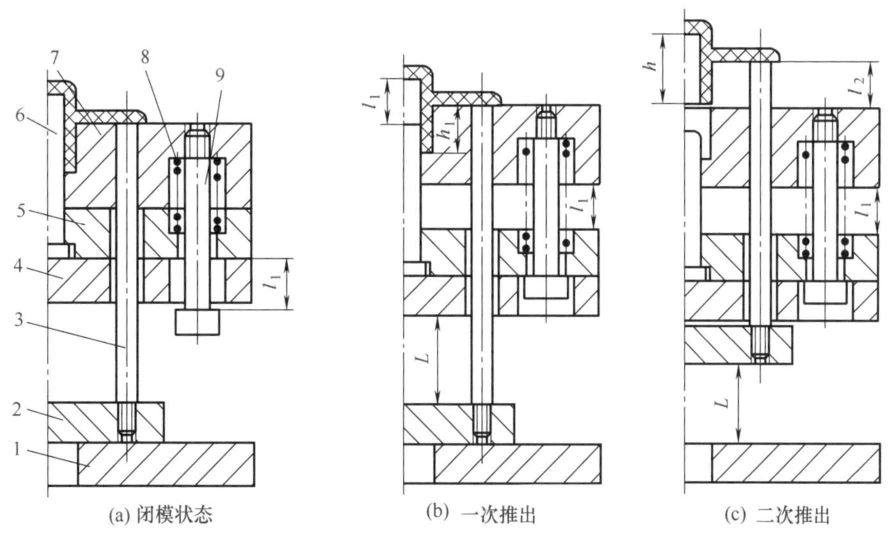

图 4-68　弹簧式二级推出机构

1—动模座板；2—推板；3—推杆；4—支承板；5—动模板；6—型芯；7—凹模型板；8—弹簧；9—限位杆

3. 拉杆式二级推出机构

拉杆式二级推出机构（如图 4-69 所示），脱模开始后，先是拉杆 3 拉动推件板 4，后继续运动，当凸块 1 触到长销 2 时，拉杆 3 转动并脱离推件板 4，完成第一次推出。再继续运

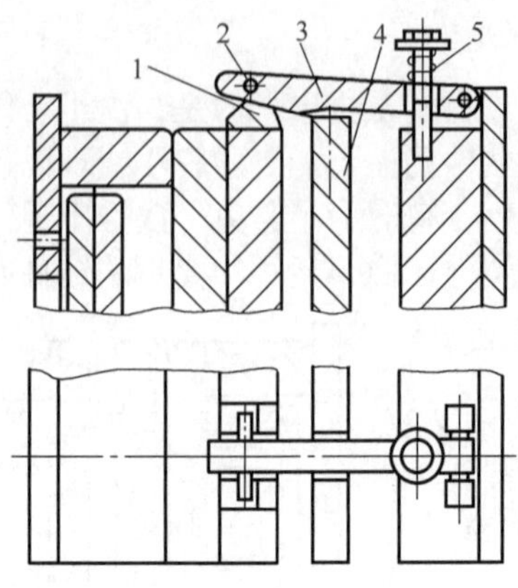

图 4-69　拉杆式二级推出机构
1—凸块；2—长销；3—拉杆；4—推件板；5—弹簧

动，由顶出机构实现二次推出。

4. 斜楔滑块式二级推出机构

斜楔滑块式二级推出机构（如图 4-70 所示），第一次推出，由推杆 3 推动凹模板 7，使塑件脱离型芯，当第一次推出后，斜楔 6 触到滑块 4 时，滑块向模具中心移动并使推杆 3 落入推板 12 的孔中，凹模板 7 下落，再继续推出推板 12，使塑件脱离凹模板 7，实现二次推出。

5. 八字形摆杆式二级推出机构

八字形摆杆式二级推出机构（如图 4-71 所示），由于八字形摆杆的作用，二次推板运动的距离大于一次推板向前运动的距离，推杆就将塑件从凹模型板中顶出，完成二次推出。

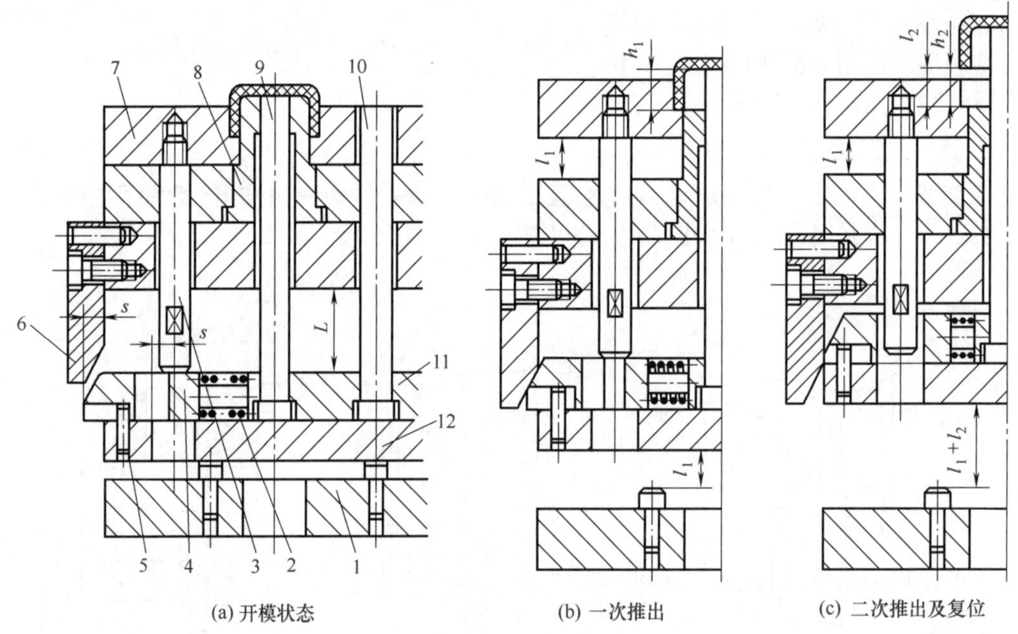

图 4-70　斜楔滑块式二级推出机构
1—动模座板；2—压缩弹簧；3、9—推杆；4—滑块；5—限位销；6—斜楔；7—凹模板；8—型芯；10—复位杆；11—推杆固定板；12—推板

（三）双推出机构

在设计模具时，原则上应力求使塑件留在动模一边。但有时由于塑件形状比较特殊，会使塑件留于定模一边或者留于动、定模的可能性都存在，这样就应考虑在定模上设置推出机构。如图 4-72 所示为两种常见的结构形式。图 4-72（a）所示的结构利用弹簧的弹力使塑件首先从定模内脱出，留在动模上，然后再利用动模上的推出机构使塑件脱模。这种形式结构紧凑、简单，适用于塑件对定模黏附力不大、脱模距离不长的塑件，要注意弹簧的失效问题；图 4-72（b）所示的结构利用杠杆的作用实现定模脱模的结构，开模时固定于动模上的滚轮压动杠杆，使定模推出装置动作，迫使塑件留于动模上，然后再利用动模上的推出机构

使塑件脱模。

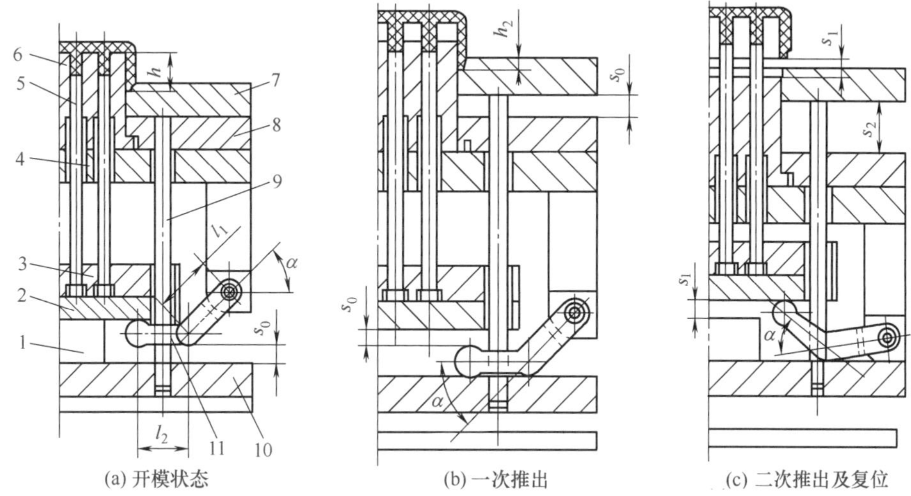

图 4-71　八字形摆杆式二级推出机构

1—不定距块；2—二次推板；3—推杆固定板；4—支承板；5、9—推杆；6—型芯；7—凹模型板；8—型芯固定板；10—一次推板；11—八字形摆杆

如图 4-73 所示为气动双推出机构，动定模均有进气口与气动阀门。开模时，首先定模的气动阀门开启，使塑件脱离定模而留在动模型芯上，动模气动阀门关闭。开模终止时，动模气动阀门开启把塑件吹落。

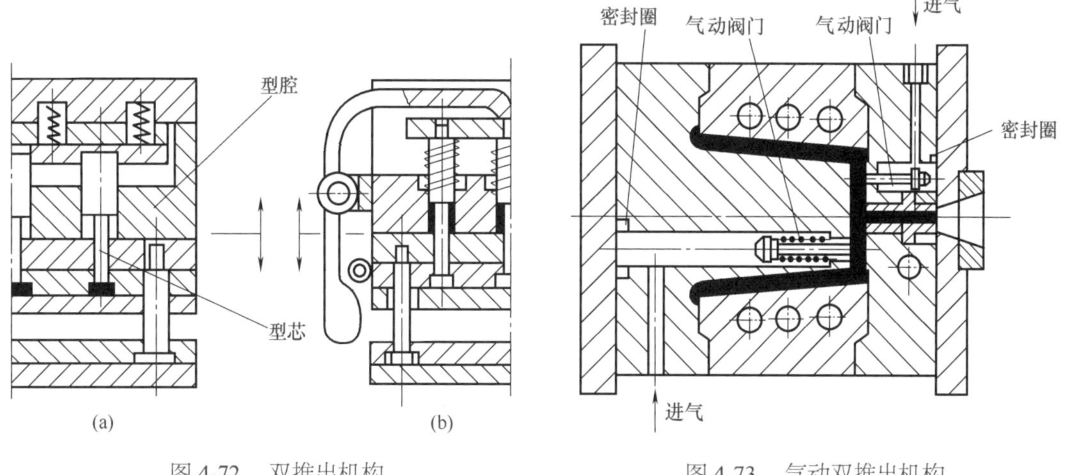

图 4-72　双推出机构

图 4-73　气动双推出机构

（四）顺序推出机构

根据塑件外形需要，模具在分型时须先使定模分型，然后再使动、定模分型，这样的装置叫顺序推出或顺序脱模机构，又叫定距分型拉紧机构。例如，塑件的结构需要先脱开定模内的一些成型部分，或者是为了取出点浇口的浇注系统凝料，以及活动侧型芯设置在定模上时都需要首先使定模分开一定距离后模具再分型。

1. 弹簧顺序推出机构

如图 4-74 所示，在闭模时弹簧受压缩，开模过程中借助弹簧的恢复力使 *A—A* 面首先分

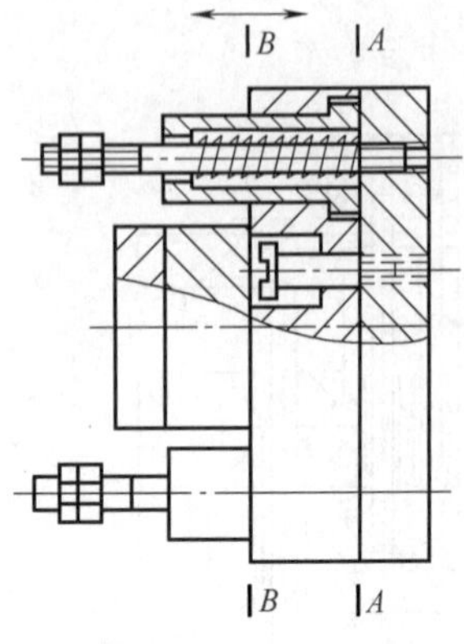

图 4-74　弹簧顺序推出机构

型。分到一定距离后，限位螺钉限制定模移动，模具从 $B—B$ 面分型脱模。

2. 拉钩顺序推出机构

如图 4-75、图 4-76 所示为拉钩顺序推出机构的两种形式。图 4-75（a）中设置了拉紧装置，由压块 1、挡块 2 和拉钩 3 组成，弹簧的作用是使拉钩处在拉紧挡块的位置。开模时首先从 $A—A$ 面分型，开到一定距离后，拉钩 3 在压块 1 的作用下，产生摆动而脱钩，定模在拉板 4 的限制下停止运动，从 $B—B$ 面分型。图 4-75（b）中的结构的动作原理与图 4-75（a）相同，所不同的是用滚轮 6 代替了压块 1 的作用，为了便于脱模，拉钩拉住动模上挡块的角度 α 取 1° ～ 3° 为宜。如图 4-76 所示为拉钩顺序推出机构的另一种形式，动作原理同第一种形式。

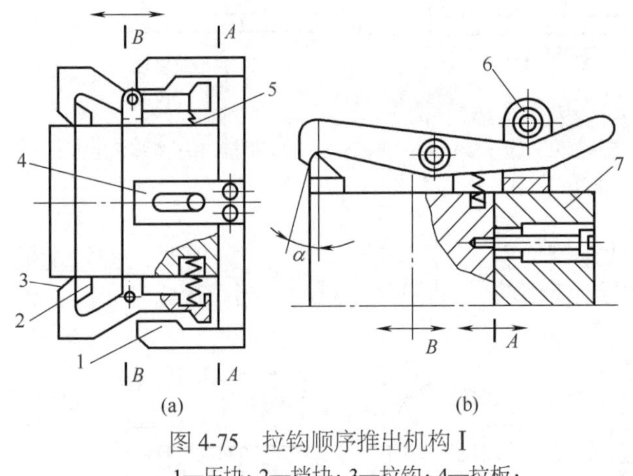

图 4-75　拉钩顺序推出机构 Ⅰ

1—压块；2—挡块；3—拉钩；4—拉板；5—弹簧；6—滚轮；7—定模

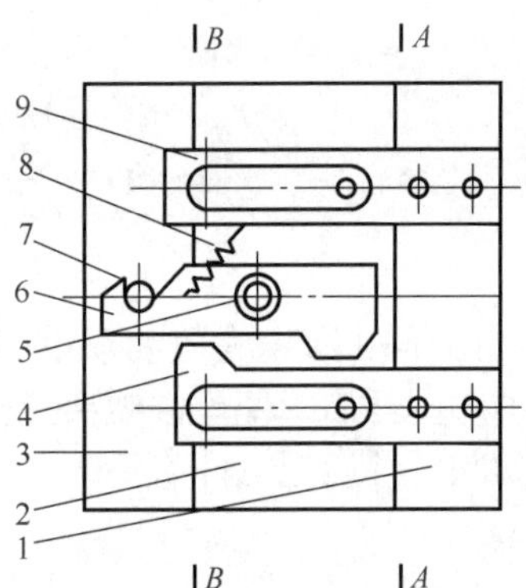

图 4-76　拉钩顺序推出机构 Ⅱ

1—定模板；2—定模型腔；3—动模板；4—凸块；5—转轴；6—拉钩；7—圆销；8—拉伸弹簧；9—定距拉板

3. 滑块顺序推出机构

图 4-77 所示为滑块顺序推出机构。固定于动模 2 上的拉钩 4 紧钩住能在定模 3 内移动的滑块 5，开模时动模 2 通过拉钩 4 带动定模 3，使 A 面首先分型，分开一定距离后，滑块 5 受到限距压块 8 斜面的作用向模内移动而脱离拉钩 4，由于定距螺钉的作用，在动模继续移动时，分型面 B 分开。闭模时滑块 5 在拉钩 4 斜面的作用下向模内移动，当模具完全闭合后，滑块 5 在弹簧 9 的作用下复位，使拉钩 4 钩住滑块 5，恢复拉紧位置。

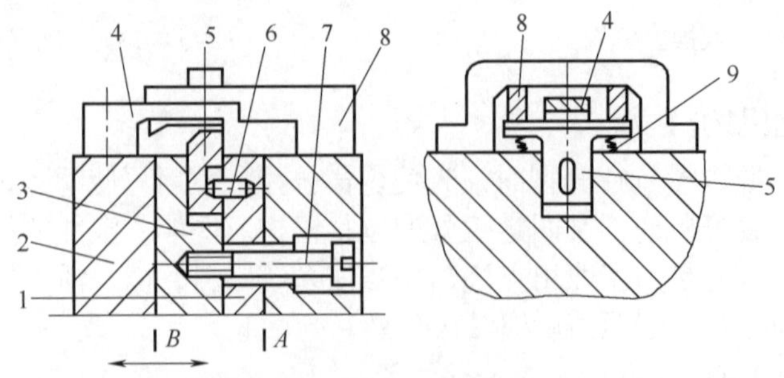

图 4-77　滑块顺序推出机构

1—垫板；2—动模；3—定模；4—拉钩；5—滑块；6—定距销钉；7—定距螺钉；8—限距压块；9—弹簧

4. 导柱顺序推出机构

图 4-78 所示为导柱顺序推出机构。开模时，由于弹簧 8 的作用，使定位钉 7 紧压在导柱 1 的半圆槽内，以使模具从 *A* 面分型。当导柱拉杆 3 上的凹槽与限距钉 4 相碰时，定模型腔 2 停止运动，强制定位钉 7 退出导柱 1 的半圆槽，模具从 *B* 面分型。继续开模时，在推杆的作用下，推板 5 将塑件推出。这种机构简单，但是拉紧力小，只能用于塑料黏附力小的场合。

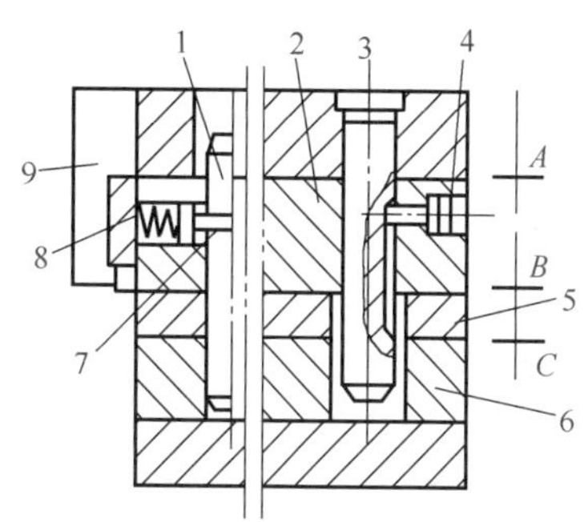

图 4-78 导柱顺序推出机构

1—导柱；2—定模型腔；3—导柱拉杆；4—限距钉；5—推板；6—动模固定板；7—定位钉；8—弹簧；9—锁紧楔

（五）带螺纹塑件的推出机构

塑件的内、外螺纹分别由螺纹型芯和型环成型，由于带螺纹的塑件的特殊性，塑件要从螺纹型芯和型环上脱出，两者必须有相对运动，塑件必须采取止转措施，即在塑件的设计时，要在塑件的内外表面或端面上设计防转花纹或图案，如图 4-79 所示。图 4-79 中图（a）、（b）、（c）、（d）为外形有防转结构的塑件，图（e）、（g）、（h）为端面有防转图案的塑件，图（f）为内表面有防转结构的塑件。

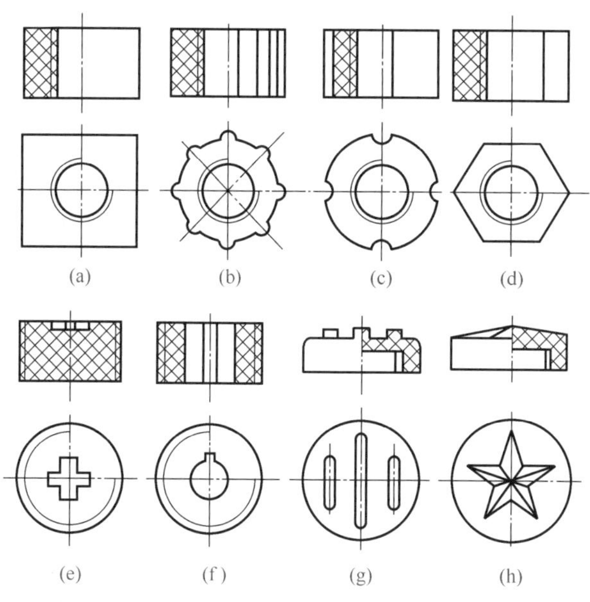

图 4-79 带螺纹的塑件止转设计

带螺纹塑件的推出可分为强制脱螺纹的方式、活动的螺纹型芯与螺纹型环的形式、塑件或模具的螺纹部分回转（旋转脱模）的方式三种。

1. 强制脱螺纹方式

强制脱螺纹的模具结构比较简单，适用于精度要求不高的塑件。可以利用塑件的弹性强制脱螺纹，也可以利用硅橡胶螺纹型芯强制脱螺纹。

（1）利用塑件的弹性强制脱螺纹

利用塑件本身（如聚乙烯和聚丙烯塑料）的弹性，用推板将塑件从型芯上强制脱出。同时避免如图 4-80 所

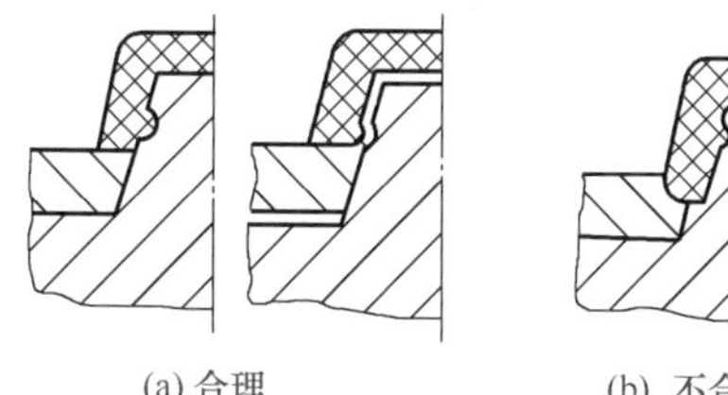

图 4-80 利用塑件的弹性强制脱螺纹

示的圆弧形端面作为推出面，因为这种情况塑件脱模困难。

（2）利用硅橡胶螺纹型芯强制脱螺纹

利用具有弹性的硅橡胶制造的螺纹型芯强制脱螺纹，如图 4-81 所示。开模分型时，在弹簧 5 的压力作用下，首先推出橡胶型芯中的芯杆 6，使硅橡胶螺纹型芯 4 产生收缩，再在推杆 1 的作用下将塑件 2 推出。这种模具的结构简单，但是硅橡胶螺纹型芯的寿命短，只用于小批量生产。

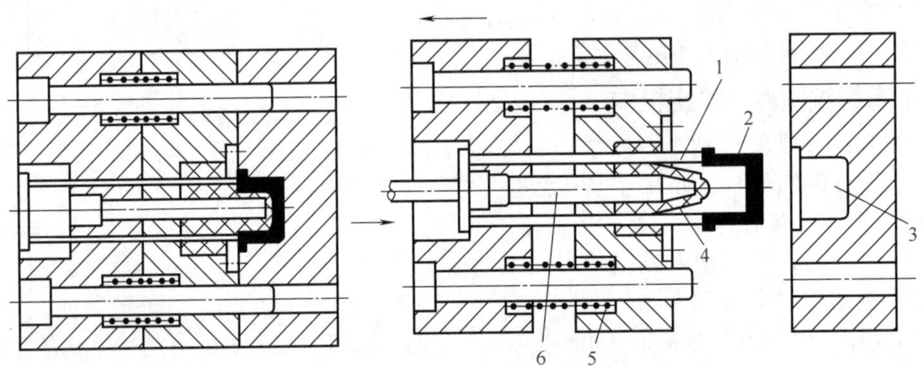

图 4-81　利用硅橡胶螺纹型芯强制脱螺纹

1—推杆；2—塑件；3—型腔；4—硅橡胶螺纹型芯；5—弹簧；6—芯杆

2. 活动的螺纹型芯或型环的形式

将螺纹型芯与塑件一起脱模，在机床外与塑件分离，如图 4-82 所示。开模后，注塑机顶杆推动推板 1、楔板 2 向顶出方向移动，在楔板 2 及活动板 5 的作用下，将卡销 6 从螺纹型芯 9 的环形槽内抽出，随后推杆 4 将螺纹型芯 9 从动模 8 中推出，最后在模外手工将螺纹型芯从塑件中脱出。

对于精度要求不高的外螺纹塑件的模具，可采用两块拼合的螺纹型环，如图 4-83 所示。开模时，在斜导柱 2 的作用下，螺纹型环 3 左右分开，推件板推出塑件 1。

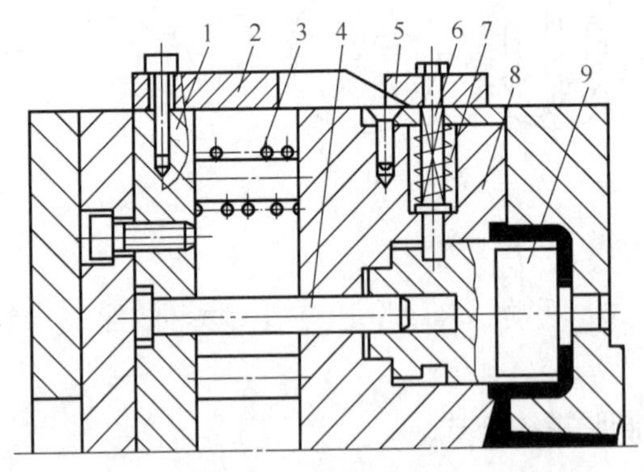

图 4-82　活动的螺纹型芯与塑件一起脱模

1—推板；2—楔板；3、7—弹簧；4—推杆；

5—活动板；6—卡销；8—动模；9—螺纹型芯

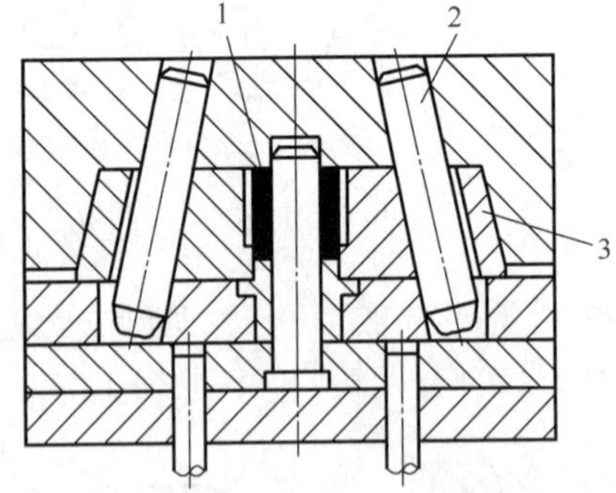

图 4-83　拼合的螺纹型环成型外螺纹的模具结构

1—塑件；2—斜导柱；3—螺纹型环

对于精度要求不高的内螺纹塑件，可设计成间断内螺纹，由拼合的螺纹型芯成型，如图 4-84 所示。开模后塑件留于动模，推出时推杆 8 带动推板 4，推板 4 带动滑动螺纹型芯 10 和推件板 3 一起向上运动，同时滑动螺纹型芯 10 向内收缩，使塑件脱模。

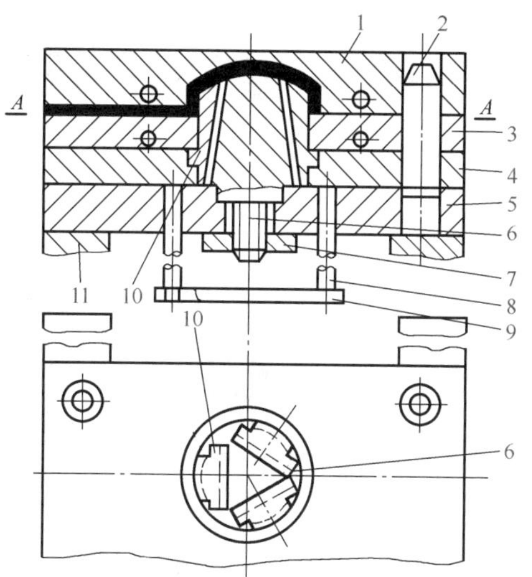

图 4-84　拼合螺纹型芯模具结构

1—定模板；2—导柱；3—推件板；4、9—推板；5—动模板；6—中心型芯；
7—固定托板；8—推杆；10—滑动螺纹型芯；11—动模座板

3. 旋转脱模方式（表 4-38）

表 4-38　旋转脱模方式

旋转脱模方式	说明及图示
手动旋转脱模	如图（a）所示，开模后通过手轮转动轴 1，驱使螺纹型芯 7 旋转，塑件轴向退出，由于弹簧 4 和花键轴 5 的作用，活动型芯 6 与塑件同步运动并将塑件推离螺纹型芯 7 图(a) 手动旋转脱螺纹
开模力脱螺纹	如图（b）所示，开模时，齿条 1 带动齿轮 2，通过轴 3 及齿轮 4、5、6、7 的传动，使螺纹型芯 8 按旋出方向旋转，拉料杆 9 随之转动，从而使塑件与浇口料同时脱出 如图（c）所示为螺旋杆、齿轮脱螺纹机构。开模时，在二次分型机构［图（c）中未绘出］的控制下，首先脱掉浇口料。当推板 7 与凹模 8 分型时，螺旋杆 1 与螺旋套 2 做相对直线运动，因螺旋杆 1 的一端由定位键固定，因此迫使螺旋套 2 转动，从而带动齿轮 3 及螺纹型芯 4 转动，同时弹簧 5 推动推管 6 及推板 7，使其始终推牢塑件，防止塑件随螺纹型芯转动，从而顺利脱模

续表

旋转脱模方式	说明及图示
开模力脱螺纹	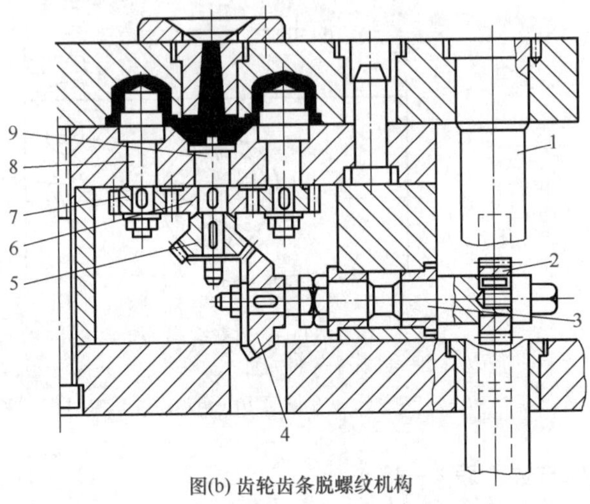 图(b) 齿轮齿条脱螺纹机构 1—齿条；2、4 ～ 7—齿轮；3—轴；8—螺纹型芯；9—拉料杆 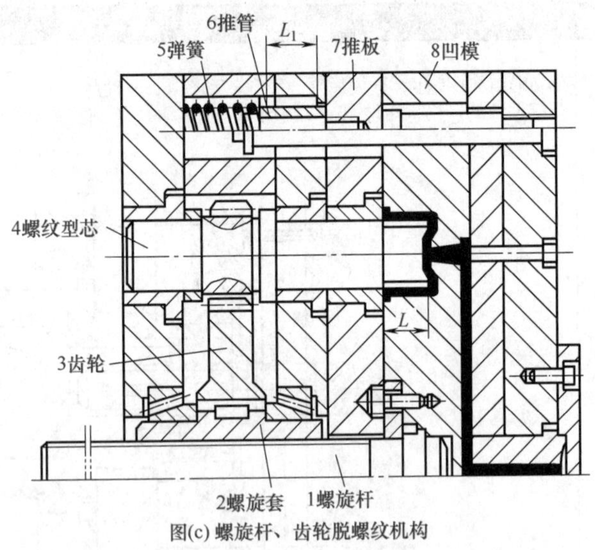 图(c) 螺旋杆、齿轮脱螺纹机构 如图（d）所示为斜导柱、螺旋杆脱螺纹机构。开模时，斜导柱 1 带动螺旋杆 2，由于滚珠 3 的作用使齿轮 5 转动，通过齿轮 4 使带有齿轮的螺纹型芯 6 按旋出方向旋转，从制件中脱出。螺旋杆 2 带有大导程螺旋槽，其螺旋方向由成型螺纹的螺旋方向及传动级数决定

<table>
<tr><th>旋转脱模方式</th><th>说明及图示</th></tr>
<tr><td>开模力脱螺纹</td><td>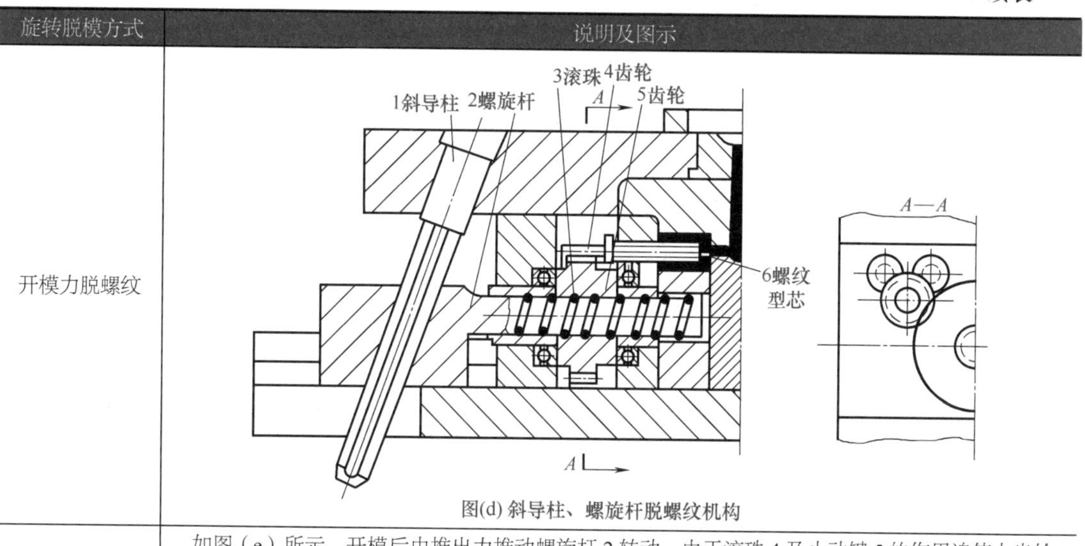图(d) 斜导柱、螺旋杆脱螺纹机构</td></tr>
<tr><td>推出力脱螺纹</td><td>如图（e）所示，开模后由推出力推动螺旋杆2转动，由于滚珠4及止动键5的作用迫使内齿轮3旋转，从而带动螺纹型环7转动，塑件靠其内肋止转并被轴向推出
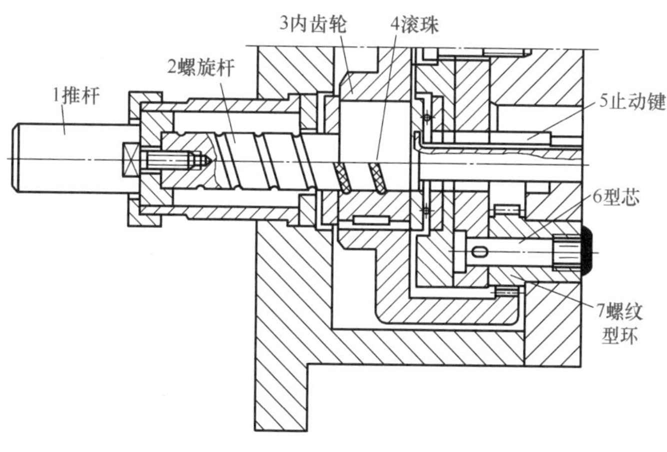图(e) 推出力脱螺纹机构</td></tr>
<tr><td>其他动力驱动脱螺纹</td><td>用液压缸和气缸的平动带动齿条是自动脱螺纹的常用方法之一，其驱动的方法和普通侧抽芯也是类似的，但是最后目的是要得到转动运动。电动机以及液压马达有时也用于自动脱螺纹机构。图（f）所示为液压驱动自动脱螺纹机构
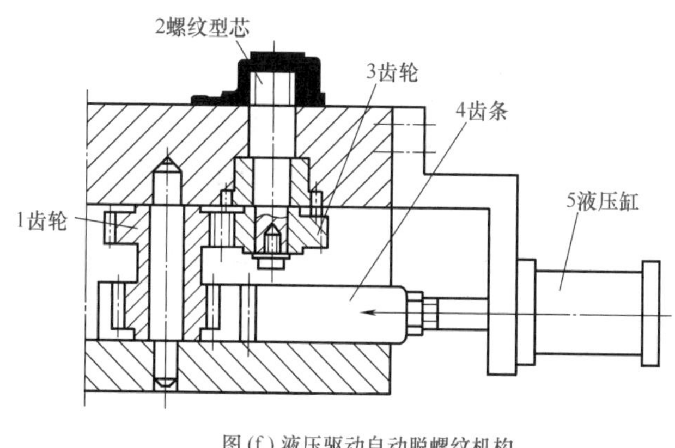图(f) 液压驱动自动脱螺纹机构</td></tr>
</table>

（六）浇注系统凝料的自动脱出机构

对于除了点浇口或潜伏浇口以外的浇口，模具应设计成单分型面的注射模具，将浇口凝料与塑件一起脱模，在模外对塑件进行后续加工，使浇口凝料与塑件分离。而对于点浇口或潜伏浇口，由于浇口截面小，在开模的同时，将塑件与浇口凝料分离，实现浇口的自动切断，并分别从模具上脱下，这种模具的结构有利于提高生产效率，实现自动化生产。

1. 点浇口凝料的自动脱出机构

采用点浇口的模具通常为三板式模具，两个分型面分别取出塑件和浇注系统凝料。为了适应自动化生产的要求，采用顺序分型机构使点浇口自动切断，浇口凝料坠落，通常可参考表 4-39 给出的几种形式。

表 4-39　点浇口凝料的自动脱出形式

形式	说明及图示
推杆拉断点浇口	如图（a）所示，开模时模具首先沿 *A*—*A* 面分开，流道凝料被带出定模座板 8，当限位螺钉 1 对推板 2 限位后，流道凝料推杆 4、推杆 5 将浇注系统凝料推出 A 1限位螺钉　2推板　3镶件　4推杆　5推杆　6复位杆　7流道板　8定模座板 A 图(a) 推杆拉断点浇口
侧凹拉断点浇口	如图（b）所示，分流道尽头有一小斜孔，开模时确保模具先由 *A*—*A* 面分开，点浇口被拉断，流道凝料被中心拉料杆拉向定模一侧，当限位螺钉起作用后，动模与定模型腔板分开，中心拉料杆随之失去作用，流道凝料自动坠落。如图（c）所示为另一种机构形式，分流道尽头做成斜面，开模时首先从 *A*—*A* 面分型，点浇口被拉断，同时拉料杆 2 相对于动模移动 *L* 距离；继续开模，型芯固定板 1 碰到拉料杆 2 的台阶，拉料杆 2 将主流道凝料脱出，随后定模型腔板 3 将流道凝料从拉料杆 2 上推出，流道凝料自动坠落 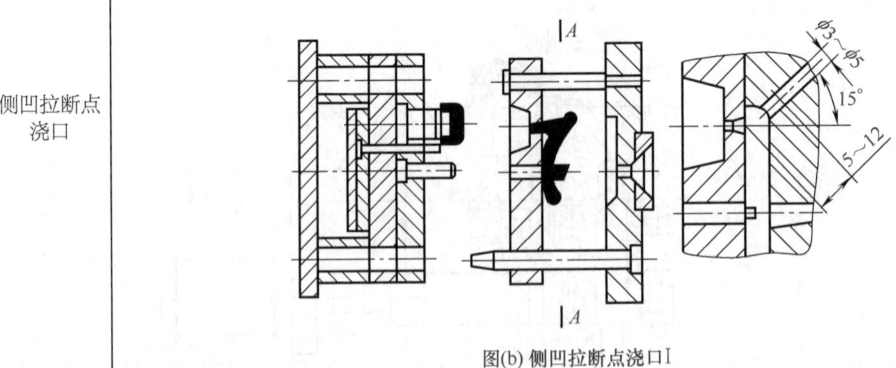 图(b) 侧凹拉断点浇口Ⅰ

续表

形式	说明及图示
侧凹拉断点浇口	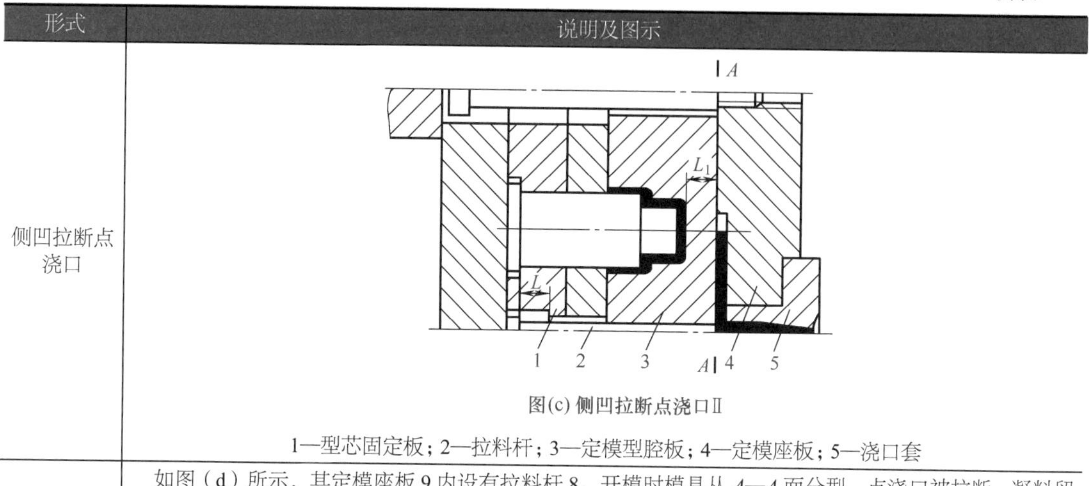 图(c) 侧凹拉断点浇口Ⅱ 1—型芯固定板；2—拉料杆；3—定模型腔板；4—定模座板；5—浇口套
拉料杆拉断点浇口	如图（d）所示，其定模座板 9 内设有拉料杆 8，开模时模具从 *A*—*A* 面分型，点浇口被拉断，凝料留于推件板 7 上；继续开模，定模型腔板 5 碰到拉杆 4 的台阶，拉杆 4 带动推件板 7 将浇注系统凝料从拉料杆 8 和浇口套 10 中脱出并自动坠落；随后拉杆 2 起限位作用，模具沿 *C*—*C* 面分型并取出塑件。如图（e）所示为浮动拉钩式自动脱落流道凝料结构，开模时，模具首先沿 *A*—*A* 面分型，拉料杆 3 将主流道凝料拉出，浮动拉钩 4 随之移动；随后定模座板 5 碰到浮动拉钩 4 的台阶时，浮动拉钩 4 将点浇口拉断，并拉出定模型腔板 2；当限位螺钉 1 起作用后，模具沿 *B*—*B* 面分型，定模型腔板 2 将浇注系统凝料从拉料杆 3 上刮落，凝料自动坠落 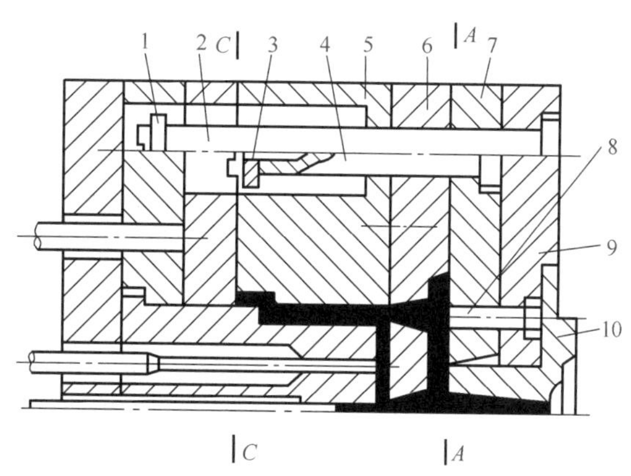 图(d) 拉料杆拉断点浇口 1—垫圈；2、4—拉杆；3—垫圈；5—定模型腔板；6—浇口板；7—推件板；8—拉料杆；9—定模座板；10—浇口套 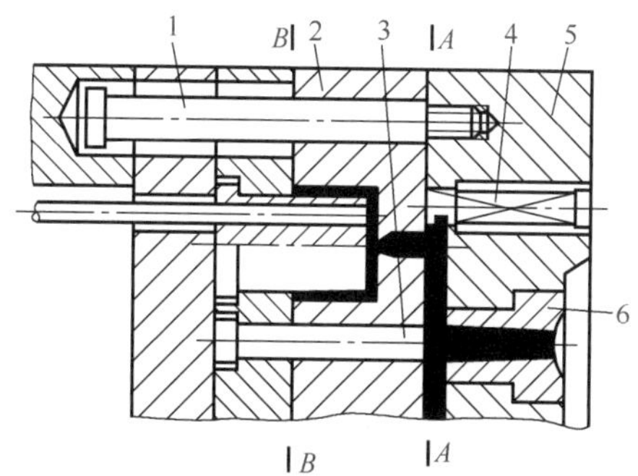 图(e) 浮动拉钩式自动脱落流道凝料结构 1—限位螺钉；2—定模型腔板；3—拉料杆；4—浮动拉钩；5—定模座板；6—浇口套

续表

<table>
<tr><th>形式</th><th>说明及图示</th></tr>
<tr><td>推件板拉断点浇口</td><td>如图（f）所示，开模时模具首先沿 A—A 面分型，主流道脱出浇口套；当限位螺钉 4 起限位作用时，模具沿 B—B 面分型，推件板 3 将点浇口拉断，并将凝料从定模型腔板 1 中拉出自动坠落。如图（g）所示为杠杆式推件板拉断点浇口结构。开模时模具首先沿 A 面分型，拉出主流道凝料，继续开模，当拉钩 9 和杠杆 7 接触时，迫使推件板 5 拉断点浇口，并将流道凝料推离定模型腔板 1，使之自动坠落
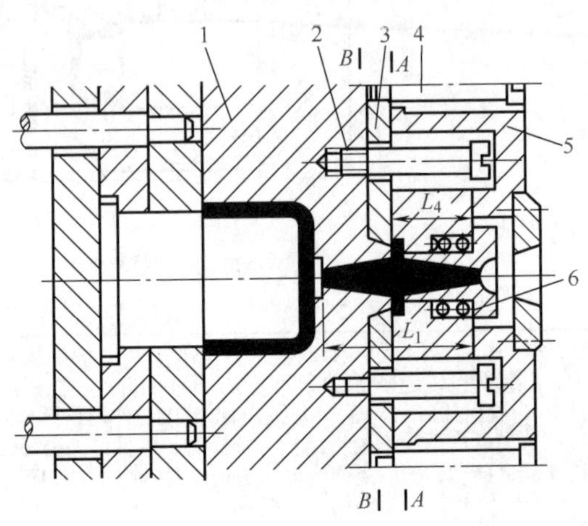

图(f) 推件板拉断点浇口
1—定模型腔板；2、4—限位螺钉；3—推件板；5—定模座板；6—浇口套
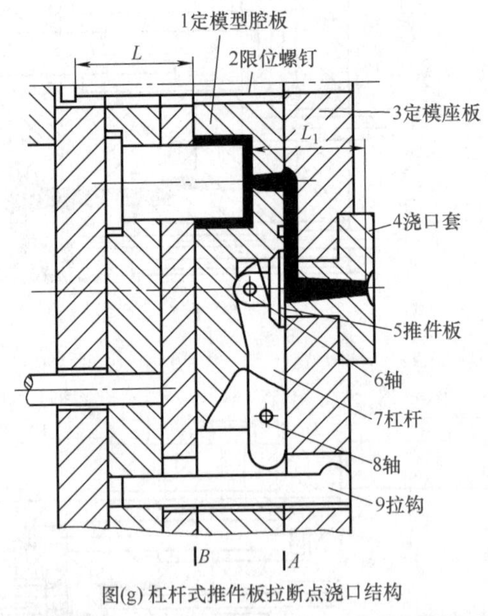

图(g) 杠杆式推件板拉断点浇口结构</td></tr>
</table>

2. 潜伏浇口凝料的自动脱出机构

采用潜伏浇口的模具，其脱模装置必须分别设置塑件和流道凝料的推出零件，在推出过程中，浇口被剪断，塑件与浇注系统凝料各自自动脱出。如图 4-85 所示，推出过程中，推杆 1 和推杆 2 分别推动浇口和塑件，动模 3 将浇口切断，与塑件分离，浇注系统凝料和塑件分别被推出。如图 4-86 所示为推杆上开设附加浇口的潜伏浇口凝料的脱出。如图 4-87 所示为潜伏浇口凝料差动自动脱出，顶出时，推杆 2 首先推动塑件并将浇口切断，随后当推杆固定板接触限位圈 4 时，推杆 3 推动浇注系统凝料自动脱出。

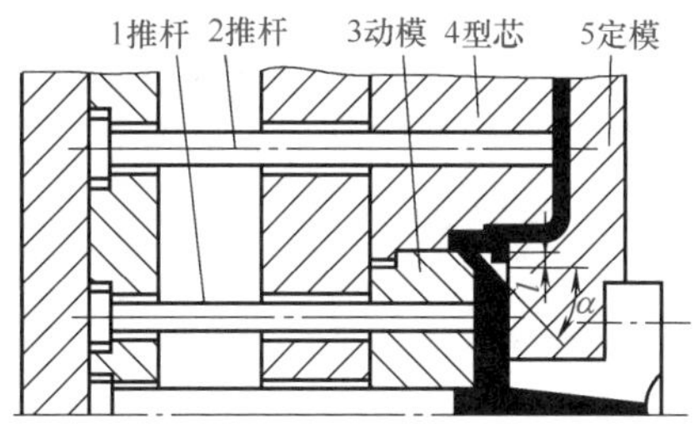

图 4-85　潜伏浇口凝料的自动脱出

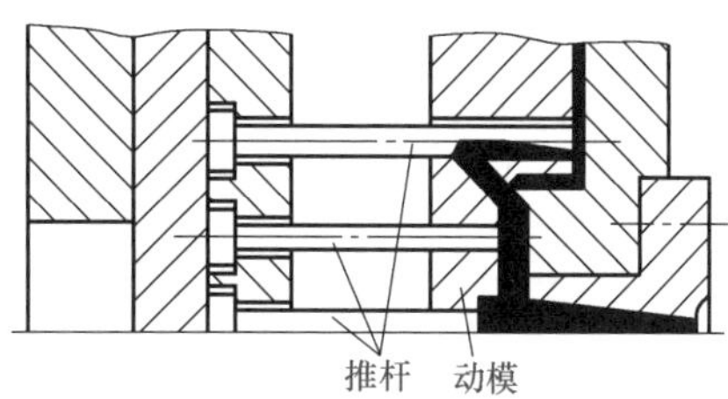

图 4-86　推杆上开设附加浇口的潜伏浇口凝料的脱出

四、推出机构的导向与复位

为了保证推出机构在工作过程中灵活、平稳，推出机构需要设计导向装置；而在每次合模后，推出机构要回到原来的位置上，以组成完整的型腔，推出机构需要设计复位装置。

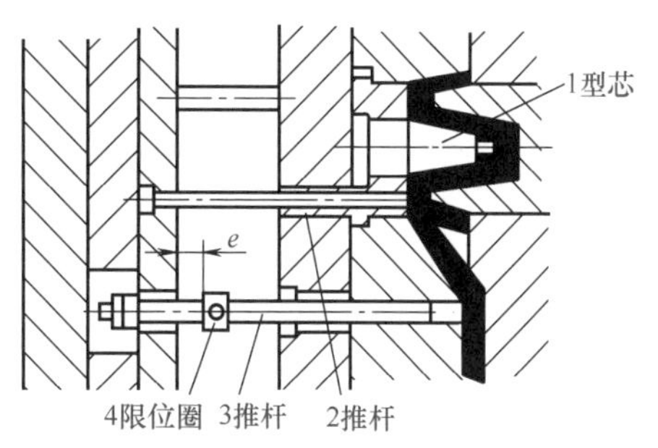

图 4-87　潜伏浇口凝料的差动自动脱出

1. 推出机构的导向装置

推出机构的导向装置如图 4-88 所示。图 4-88 中图（a）、（b）的结构有导柱与导套的配合，延长了导向的寿命，而且推板导柱还起着支承动模支承板的作用，可提高支承板的刚性，适用于生产批量大，模具尺寸大的场合；图 4-88（c）所示的结构适用于生产较小批量塑件的小型模具。推板导柱的数量依据模具的大小而定，至少要设置两根，大型模具要装四根。

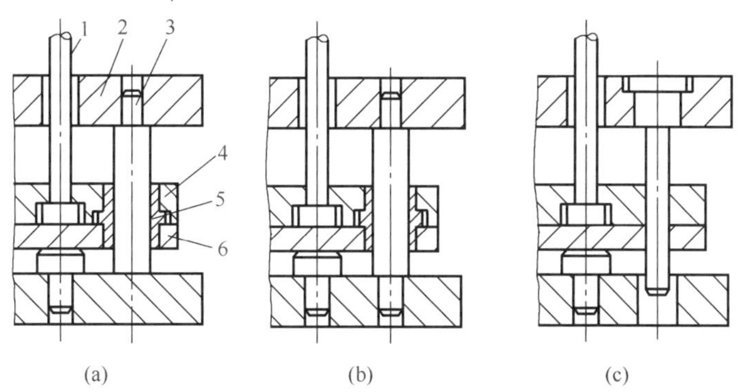

图 4-88　推出机构的导向装置

1—推杆；2—支承板；3—推板导柱；4—推杆固定板；5—推板导套；6—推板

2. 推出机构的复位装置

为了使模具的推出机构在合模后能回到原来的位置，需设置复位装置。当模具无活动嵌件、斜滑块装置时，其推出机构用图 4-50 所示模具的复位杆复位即可。但模具如果装有活动嵌件或滑块复位发生干涉，就需要安装先复位装置，见第七节“侧向分型与侧抽芯机构”。

第七节　侧向分型与侧抽芯机构

当塑件的侧壁带有孔、凹槽或凸台时，成型这类塑件的模具结构需由可侧向移动的零件组成，并在塑件脱模之前，将模具的可侧向移动的成型零件从塑件中抽出，带动侧向成型零件作侧向移动（抽拔与复位），整个机构称为侧向分型与侧抽芯机构。

一、侧向分型与侧抽芯机构的分类方式（表 4-40）

表 4-40　侧向分型与侧抽芯机构的分类方式

分类	说明
机动式侧向分型与侧抽芯机构	①斜导柱的侧向分型与侧抽芯机构。利用注塑机的开模力（作为动力）和开模行程，通过斜导柱等零件，在塑件脱模之前，将模具的可侧向移动的成型零件从塑件中抽出。这类机构结构复杂，但不再需要特别的设备，而且生产率高，在生产中应用广泛。斜导柱的侧向分型与侧抽芯机构按结构不同可以分为斜导柱、弯销及斜导槽等多种形式。主要适用于延时抽芯或抽芯力不大的型芯 ②斜滑块的侧向分型与侧抽芯机构。利用注塑机的推出力（作为动力）和推出行程来完成斜滑块的侧向分型与侧抽芯动作。主要适用于抽芯深度较浅，面积较大的型芯
齿轮齿条侧向分型与侧抽芯机构	齿轮齿条侧向分型与侧抽芯机构是以齿轮齿条传动的形式，实现侧向分型或侧向抽芯动作的。这类机构适用于较长的抽芯距和较大的抽芯力的情况
液压或气动侧向分型与侧抽芯机构	液压或气动侧向分型与侧抽芯机构是以液压系统或气压系统实现侧向分型或侧向抽芯动作的。这类机构多用于抽芯力大、抽芯距离较长的场合，这类机构还有抽芯动作平稳的优点，其缺点是液压或气动装置成本较高，但目前的一些新型的注塑机自带这类的装置
手动侧向分型与侧抽芯机构	手动侧向分型与侧抽芯机构是利用人力将模具的可侧向移动的成型零件从塑件中抽出。这类机构操作不方便，劳动强度大，生产率低；但模具结构简单，成本低。常用于产品的试制或小批量的生产。手动侧向分型与侧抽芯机构分为模内手动侧向分型与侧抽芯机构和模外手动侧向分型与侧抽芯机构，而模外手动侧向分型与侧抽芯实际就是带活动镶件的模具
弹簧侧向分型与侧抽芯机构	弹簧侧向分型与侧抽芯机构适用于塑件上的侧凹很浅或者侧壁处有个别小的凸起，抽芯力和抽芯距不大的情形

二、抽芯距与抽芯力的计算

1. 抽芯距的计算

侧向型芯从成型位置到不妨碍塑件脱模的推出位置所移动的距离称为抽芯距，用 s 来表示。如图 4-89 所示。

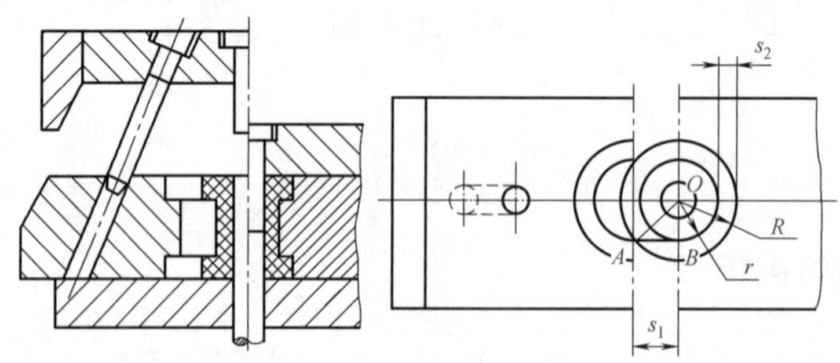

图 4-89　塑件的抽芯距 s

抽芯距 s 应比塑件的侧孔、侧向凹槽或侧向凸台的高度大 2 ～ 3mm。注射模的抽芯距

$s=s_1+$（2 ～ 3）mm，而不是 $s=s_2+$（2 ～ 3）mm，可见抽芯距 s 应按侧型芯或侧型腔的移动距离即完全不妨碍塑件的脱模的移动距离来设计，在 ABO 中，$OA=R$，$AB=s_1$，$OB=r$，则 $s_1=\sqrt{R^2-r^2}$，故 $s=\sqrt{R^2-r^2}$ +（2 ～ 3）mm。

2. 抽芯力的计算

抽芯力的计算同脱模力的计算是类似的。对于侧抽芯的抽芯力，往往采用如下的公式来估算：

$$F_c=chp(\mu\cos\alpha-\sin\alpha)$$

式中 F_c——抽芯力，N；

c——侧型芯成型部分的截面平均周长，mm；

h——侧型芯成型部分的高度，mm；

p——塑件对型芯单位面积上的包紧力，MPa，一般情况，模外冷却的塑件 p 取 24 ～ 39MPa，模内冷却的塑件 p 取 8 ～ 12MPa；

μ——塑料对模具钢的摩擦因数，一般为 0.1 ～ 0.3；

α——侧型芯的脱模斜度或倾斜角。

三、机动式侧向分型与侧抽芯机构

（一）斜导柱的侧向分型与侧抽芯机构

1. 斜导柱的侧向分型与侧抽芯机构的设计要点

斜导柱的侧向分型与侧抽芯机构的设计有三大要素：一是侧型芯的平稳导滑；二是注射时侧型芯的牢固锁紧；三是侧抽芯结束时滑块的可靠定位。

（1）斜导柱的设计（表 4-41）

表 4-41 斜导柱的设计说明

设计内容	说明
斜导柱的结构	斜导柱的结构如图（a）所示 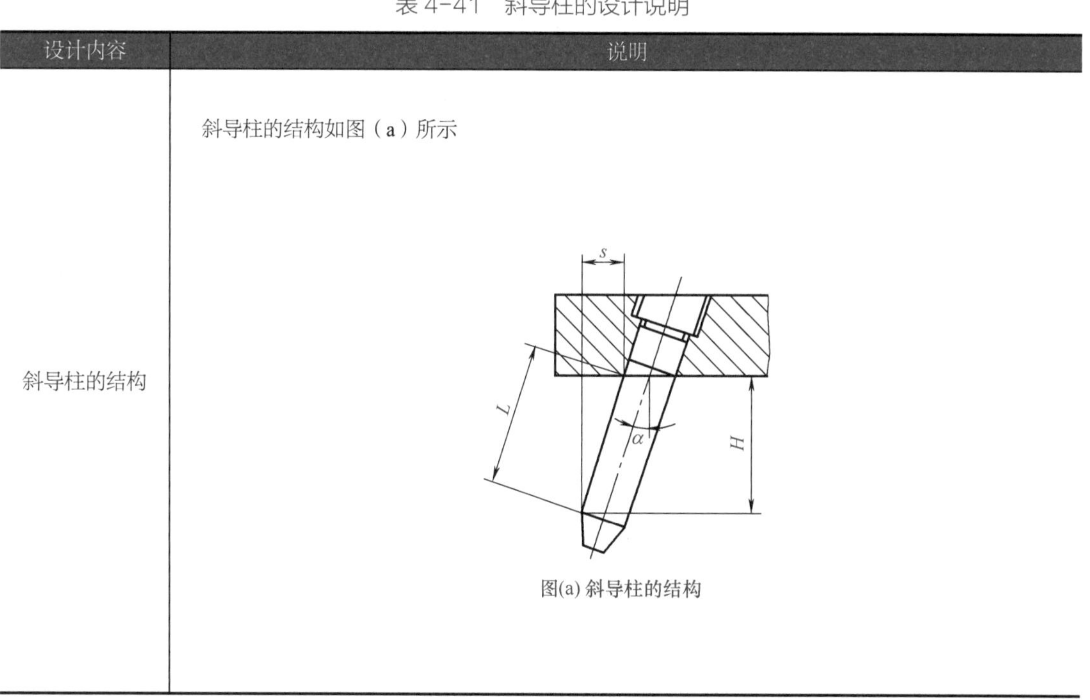 图(a) 斜导柱的结构

续表

<table>
<tr><th>设计内容</th><th>说明</th></tr>
<tr><td>斜导柱倾斜角</td><td>

斜导柱倾斜角的大小，既关系到开模所需的力、斜导柱所受的弯曲力和能提供的抽芯力，又关系到斜导柱的有效长度、抽芯距及开模行程。从侧抽芯时的开模力和开模距两个方面来确定斜导柱的倾斜角，如图（b）所示是斜导柱抽芯时的受力图

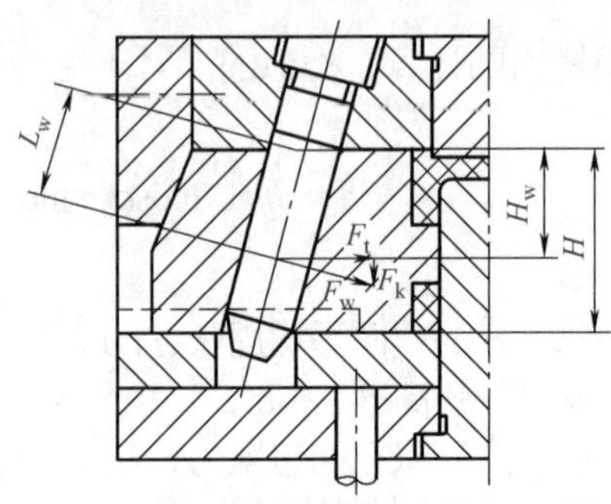

图(b) 斜导柱抽芯时的受力图

从图（a）、图（b）可知，抽芯距 s 一定时，斜导柱的倾斜角 α 越大，斜导柱的有效长度 L、开模距 H 越小，越有利于减小模具的尺寸，F_t 一定，斜导柱所受的弯曲力 F_w 和开模力 F_k 则越大，影响了斜导柱和模具的刚度和强度；而 α 越小，斜导柱和模具的受力越小，但要在获得相同的抽芯距 s 的情况下，斜导柱的有效长度 L 和开模距 H 越大，使模具的尺寸变大。因此，斜导柱的倾斜角 α 要兼顾到开模力和开模距这两方面，理论推导，α 取 22° 33′，比较理想，但在设计中一般取 $12° \leqslant \alpha \leqslant 25°$

当抽芯方向与模具开模方向不垂直而成一定交角时，也可采用斜导柱抽芯机构，如图（c）、图（d）所示为抽芯方向与模具开模方向不垂直的情况

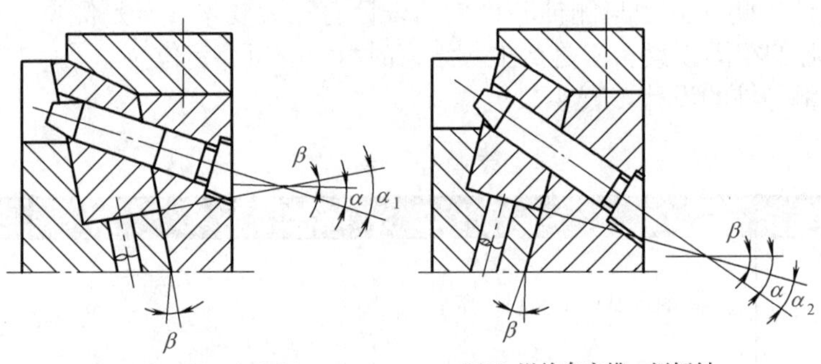

图(c) 滑块向动模一侧倾斜　　图(d) 滑块向定模一侧倾斜

如图（c）所示为滑块向动模一侧倾斜 β 角的情形，由图可知，斜导柱的有效倾斜角 $\alpha_1=\alpha+\beta$，所以，斜导柱的倾斜角取 $12°-\beta \leqslant \alpha \leqslant 20°-\beta$

如图（d）所示为滑块向定模一侧倾斜 β 角的情形，由图可知，斜导柱的有效倾斜角 $\alpha_2=\alpha-\beta$，所以，斜导柱的倾斜角取 $12°+\beta \leqslant \alpha \leqslant 20°+\beta$

确定斜导柱的倾斜角 α：当抽芯距小、抽芯力大时，α 取小值；而当抽芯距大、抽芯力小时，α 取大值。如果斜导柱在模具中对称布置，抽芯力可以互相抵消，α 值可取大些，而若斜导柱在模具中呈非对称布置，α 值应取小些

</td></tr>
<tr><td>斜导柱的长度</td><td>

如图（e）所示可计算出斜导柱的长度

$$L=s/\sin\alpha$$

$$L_z = L_1 + L_2 + L_3 + L_4 + L_5$$

$$= \frac{d_2}{2}\tan\alpha + \frac{h}{\cos\alpha} + \frac{d}{2}\tan\alpha + \frac{s}{\sin\alpha} + 5\sim10(\mathrm{mm})$$

式中　L_z——斜导柱总的长度，mm
　　　d_2——斜导柱固定部分大端的直径，mm

</td></tr>
</table>

<table>
<tr><th>设计内容</th><th>说明</th></tr>
<tr><td>斜导柱的长度</td><td>h——斜导柱固定板的厚度，mm
d——斜导柱工作部分的直径，mm
s——抽芯距，mm
L——斜导柱的有效长度，mm
$$L_\alpha = L_2 - l = \frac{h}{\cos\alpha} - \frac{d_1}{2}\tan\alpha$$
式中 L_α——斜导柱安装固定部分的长度，mm
d_1——斜导柱固定部分的直径，mm
图(e) 斜导柱的长度示意</td></tr>
<tr><td>斜导柱的直径</td><td>$$d = \sqrt[3]{\frac{10F_t L_w}{[\sigma_w]\cos\alpha}}$$
式中 d——斜导柱的直径，mm
F_t——斜导柱的侧抽芯力，N
L_w——斜导柱弯曲力臂，mm
$[\sigma_w]$——斜导柱所用材料的许用弯曲应力，MPa
α——斜导柱的倾斜角
由于计算比较复杂，也可查表来确定，步骤如下
根据抽芯力 F_t 和斜导柱的倾斜角 α，在表 4-42 可查得最大的弯曲力 F_w
然后再根据 F_w、α 和 H_w［侧型芯滑块所受的脱模力作用线与斜导柱中心线的交点到斜导柱固定板的距离，见图（b）所示］在表 4-43 中可查得斜导柱的直径 d</td></tr>
</table>

表 4-42　最大的弯曲力 F_w 与抽芯力 F_t 和斜导柱倾斜角 α 的关系

F_w/kN	α/（°）					
	8	10	12	15	18	20
	F_t/kN					
1.00	0.99	0.98	0.97	0 96	0.95	0.94
2.00	1.98	1.97	1.95	1.93	1.90	1.88
3.00	2.97	2.95	2.93	2.89	2.85	2.82
4.00	3.96	3.94	3.91	3.86	3.80	3.76
5.00	4.95	4.92	4.89	4.82	4.75	4.70

续表

F_w/kN	α/(°)					
	8	10	12	15	18	20
	F_t/kN					
6.00	5.94	5.91	5.86	5.79	5.70	5.64
7.00	6.93	6.89	6.84	6.75	6.65	6 58
8.00	7.92	7.88	7.82	7.72	7.60	7.52
9.00	8.91	8.86	8.80	8.68	8.55	8.46
10.00	9.90	9.85	9.78	9.65	9.50	9.40
11.00	10.89	10.83	10.75	10.61	10.45	10.34
12 00	11.88	11.82	11.73	11.58	11.40	11.28
13.00	12.87	12.80	12.71	12.54	12.35	12.22
14 00	13.86	13.79	13.69	13.51	13.30	13.16
15.00	14.85	14.77	14.67	14.47	14.25	14.10
16.00	15.84	15.76	15.64	15.44	15.20	15.04
17.00	16.83	16.74	16.62	16.40	16.15	15.93
18.00	17.82	17.73	17.60	17.37	17.10	17.80
19.00	18.81	18.71	18.58	18.33	18.05	—
20.00	19.80	19.70	19.56	19.30	19.00	18.80
21.00	20.79	20.68	20.53	20.26	19.95	19.74
22.00	21.78	21.67	21.51	21.23	20.90	20.68
23.00	22.77	22.65	22.49	22.19	21.85	21.62
24.00	23.76	23.64	23.47	23.16	22.80	22.56
25.00	24.75	24.62	24.45	24.12	23.75	23.50
26.00	25.74	25.61	25.42	25.09	24.70	24.44
27.00	26.73	26.59	26.40	26.05	25.65	25.38
28.00	27.72	27.58	27.38	27.02	26 60	26.32
29.00	28.71	28.56	28.36	27.98	27.55	27.26
30.00	29.70	29.65	29.34	28.95	28.50	28.20
31.00	30.69	30.53	30.31	29.91	29.45	29.14
32.00	31.68	31.52	31.29	30.88	30.40	30.08
33.00	32.67	32.50	32.27	31.84	31.35	31.02

表 4-43 斜导柱倾角 α、高度 H_w、最大弯曲力 F_w、斜导柱直径 d 之间的关系

斜导柱倾角 α/(°)	H_w/mm	最大弯曲力 F_w/kN																													
		1	2	3	4	5	6	7	8	9	10	11	12	13	14	15	16	17	18	19	20	21	22	23	24	25	26	27	28	29	30
		斜导柱直径 d/mm																													
8	10	8	10	10	12	12	14	14	14	15	15	16	16	18	18	18	18	18	20	20	20	20	20	20	20	22	22	22	22	22	22
	15	8	10	12	14	14	15	16	16	18	18	18	20	20	20	20	20	22	22	22	22	24	24	24	24	24	24	24	25	25	25
	20	10	12	14	14	15	16	18	18	20	20	20	20	22	22	22	24	24	24	24	24	25	25	25	26	26	26	28	28	28	28
	25	10	12	14	15	18	18	18	20	20	22	22	22	24	24	24	24	25	25	26	26	26	28	28	28	28	28	30	30	30	30
	30	10	14	15	16	18	1 8	20	20	22	22	24	24	24	24	25	26	26	28	28	28	28	28	30	30	30	30	32	32	32	32
	35	12	14	16	18	18	20	20	20	22	24	24	25	25	26	26	28	28	28	30	30	30	30	30	32	32	32	34	34	34	34
	40	12	14	16	18	20	20	22	22	24	24	25	26	26	28	28	28	30	30	30	30	32	32	32	32	34	34	34	34	34	35
10	10	8	10	12	12	12	14	14	14	15	15	16	18	18	18	18	18	18	20	20	20	20	20	20	22	22	22	22	22	22	22
	15	8	12	12	14	14	15	16	16	18	18	18	20	20	20	20	22	22	22	22	22	22	24	24	24	24	24	24	25	25	25
	20	10	12	14	14	15	16	18	18	20	20	20	22	22	22	22	24	24	24	24	24	25	25	25	26	26	28	28	28	28	28
	25	10	12	14	15	18	18	18	20	20	22	22	22	24	24	24	24	25	25	26	26	28	28	28	28	28	30	20	30	30	30
	30	12	14	15	16	18	20	20	22	22	22	24	24	24	25	25	26	26	28	28	28	28	30	30	30	30	30	32	32	32	32
	35	12	14	16	18	20	20	20	22	22	24	24	25	25	26	26	28	28	28	30	30	30	30	32	32	32	32	32	34	34	34
	40	12	14	18	18	20	22	22	24	24	24	25	26	26	28	28	28	30	30	32	30	32	32	32	32	34	34	34	34	34	36
12	10	8	10	12	12	12	14	14	14	15	16	16	16	18	18	18	18	18	20	20	20	20	20	20	22	22	22	22	22	22	22
	15	8	12	12	14	14	15	16	16	18	18	18	20	20	20	20	22	22	22	22	22	22	24	24	24	24	24	24	24	25	25
	20	10	12	14	14	16	16	18	18	20	20	20	22	22	22	22	24	24	24	24	26	26	26	25	26	26	26	28	28	28	28
	25	10	12	15	16	18	18	20	20	20	22	22	22	24	24	24	24	25	25	26	26	26	28	28	28	28	30	30	30	30	30
	30	12	14	15	16	18	20	20	22	22	22	24	24	24	25	25	25	26	28	28	28	28	30	30	30	30	30	32	32	32	32
	35	12	14	16	18	20	20	22	22	24	24	24	25	25	25	28	28	28	28	30	30	30	30	32	32	32	32	32	34	34	34
	40	12	14	16	18	20	22	22	24	24	24	25	26	26	28	28	28	30	30	30	32	32	32	32	32	34	34	34	34	34	35
15	10	8	10	12	12	12	14	14	14	15	16	16	16	18	18	18	18	18	20	20	20	20	20	20	22	22	22	22	22	22	22
	15	10	12	12	14	14	15	16	16	18	18	20	20	20	20	20	22	22	22	22	22	24	24	24	24	24	24	24	25	25	25
	20	10	12	14	14	16	16	18	18	20	20	20	22	22	22	22	22	22	24	24	24	25	25	26	26	26	28	28	28	28	28
	25	10	12	14	16	18	18	20	20	20	22	22	22	24	24	24	24	25	25	26	26	28	28	28	28	28	30	30	30	30	80
	30	12	14	15	16	18	20	20	22	22	22	24	24	24	25	25	26	26	28	28	28	28	30	30	30	30	30	32	32	32	32
	35	12	14	16	18	20	20	22	22	24	24	24	24	25	26	28	28	28	28	28	30	30	30	32	32	32	32	32	34	34	34
	40	12	15	16	18	20	22	22	24	24	24	25	26	28	28	28	30	30	30	30	32	32	32	32	34	34	34	34	34	35	36
18	10	8	10	12	12	14	14	14	16	15	16	16	18	18	18	18	18	20	20	20	20	20	20	22	22	22	22	22	22	22	22
	15	10	12	12	14	14	14	16	18	18	18	18	20	20	20	20	22	22	22	22	22	24	24	24	24	24	24	25	25	25	25
	20	10	12	14	15	16	18	18	20	20	20	20	22	22	22	22	24	24	24	24	25	25	25	26	26	26	28	28	28	28	28
	25	10	14	14	16	18	18	20	20	20	22	22	22	24	24	24	25	25	26	26	26	28	28	28	28	28	30	30	30	30	30
	30	12	14	15	18	18	20	20	22	24	22	24	24	24	25	25	26	26	28	28	28	30	30	30	30	30	32	32	32	32	32
	35	12	14	16	18	20	20	22	24	24	24	24	24	26	26	28	28	28	30	30	30	30	30	32	32	32	32	34	34	34	34
	40	12	15	18	18	20	22	22	24	24	25	25	26	28	28	28	30	30	30	30	32	32	32	32	34	34	34	34	34	34	35
20	10	8	10	12	12	14	14	14	14	15	16	16	18	18	18	18	18	20	20	20	20	20	20	22	22	22	22	22	22	22	22
	15	10	12	12	14	14	15	16	18	18	18	18	20	20	20	20	22	22	22	22	22	24	24	24	24	24	25	25	25	25	25
	20	10	12	14	14	16	18	18	18	20	20	20	22	22	22	22	24	24	24	24	25	25	25	26	26	28	28	28	28	28	28
	25	10	14	14	16	18	18	20	20	20	22	22	22	24	24	24	25	25	26	26	26	28	28	28	28	30	30	30	30	30	30
	30	12	14	15	18	18	20	20	22	22	22	24	24	24	25	25	26	28	28	28	28	30	30	30	30	30	32	32	32	32	32
	35	12	14	16	18	20	20	22	22	24	24	24	24	26	26	28	28	28	28	30	30	30	32	32	32	32	32	34	34	34	34
	40	12	14	18	18	20	22	22	24	24	25	25	26	28	28	28	30	30	30	30	32	32	32	32	34	34	34	34	34	35	35

（2）侧滑块的设计

在侧滑块（简称为滑块）上安装侧型芯或侧向成型块，因此，为了保证成型工艺的可靠和塑件的尺寸的准确，侧滑块的导滑不但要灵活，而且要准确。滑块的设计说明见表4-44。

表4-44 滑块的设计说明

设计内容	说明
滑块的形式	滑块可以分为整体式和组合式两种。在滑块上直接制出侧型芯或侧向成型块为整体式结构，这种结构适合于形状简单的侧向移动零件。而在大多数的设计中，均采用将侧型芯或侧向成型块与滑块分开制造，即为组合式结构，这种结构可以节约模具钢材，且加工容易，因此应用广泛。如图（a）~图（f）所示为侧型芯与滑块的连接形式 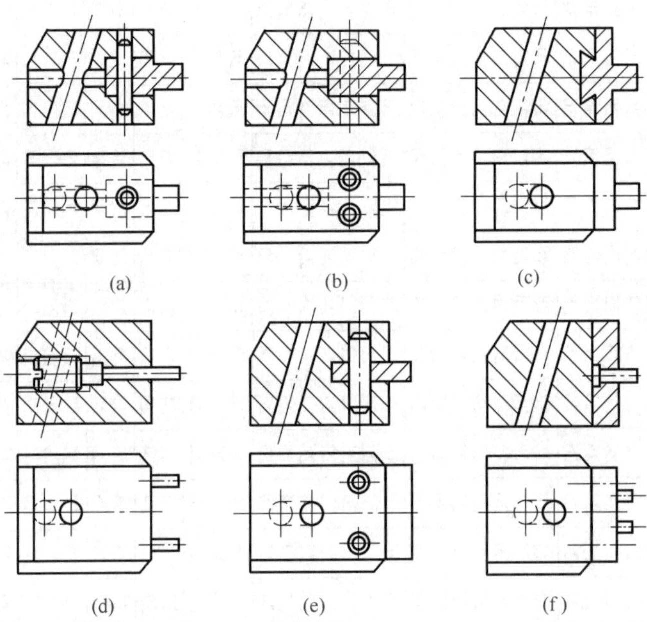 (a) (b) (c) (d) (e) (f) 如图（a）、（b）所示都适用固定小型芯，在嵌入滑块部分加大，以H7/m6的配合镶入滑块，并以销钉定位；如图（c）所示的连接采用燕尾槽固定，适用于固定大型芯；如图（d）所示的连接采用螺钉固定，适用于固定小型芯；如图（e）所示的连接采用通槽嵌装和销钉固定，适用于薄片型芯；如图（f）所示的连接采用压板和螺钉固定，适用于固定多型芯
滑块的导滑形式	滑块在抽芯和复位过程中，需要沿一定的方向平滑地往复移动，不应发生卡滞和跳动等现象，实现这种运动的关键是滑块在导滑槽内的运动。导滑槽多为T形槽或燕尾槽，滑块的导滑形式如图（a）～图（g）所示。当采用T形槽导滑时，T形槽与滑块在移动方向的导滑，一般都是靠T形滑块的两个长垂面与相应的T形槽的两个垂面配合，而在高度方向还是靠T形滑块的一字形凸台面与T形槽的水平槽的两个水平面配合导滑。配合精度为H8/f8，如果在配合面上成型，为了防止塑料熔体溢入间隙，应采用H8/f7或H8/g7的配合精度。配合部分的粗糙度值均应 $Ra \leqslant 0.8\mu m$ 如图（a）所示，导滑槽是T形整体式的，结构紧凑，但模具制造困难，精度不高，多用于小型模具的抽芯；图（b）和图（c）中的导滑槽是分体式的，由于采用分体式结构的模具制造容易，而且制造的精度高，使用也相当广泛；图（d）和图（e）是在分体式结构的基础上，将盖板制成了局部式，这样我们可以仅对导滑部分淬火、磨削，由于导滑部分的精度大大提高，因此这种侧滑块使用得最为广泛；图（f）的移动方向的导滑靠中间的镶块，而高度方向还是靠T形槽；图（g）中的导滑槽是燕尾槽形整体式的，其结构紧凑，精度高，但加工困难

设计内容	说明
滑块的导滑形式	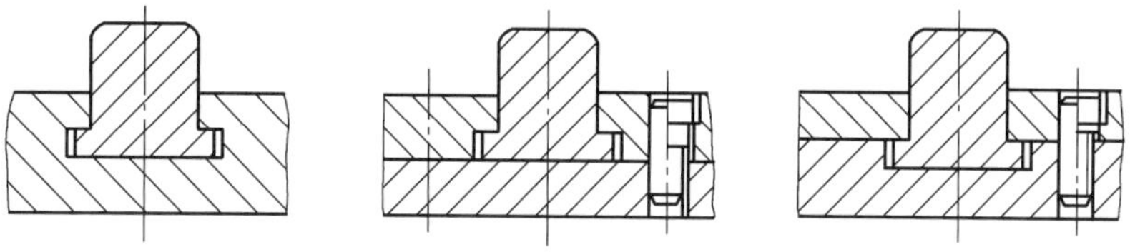 (a) (b) (c) 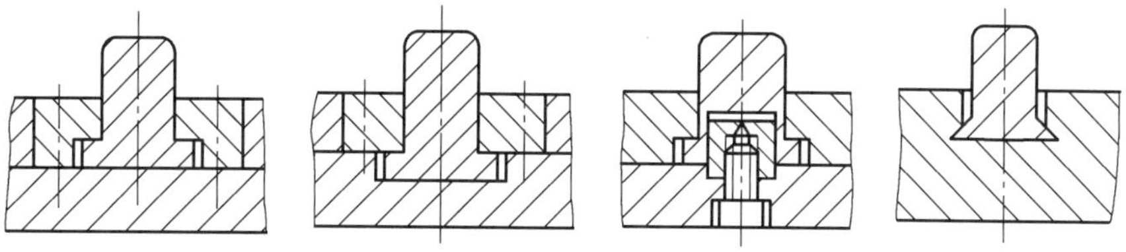 (d) (e) (f) (g) 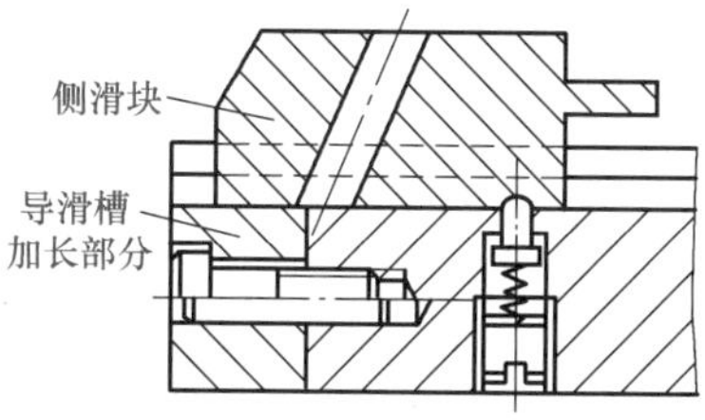 侧滑块 导滑槽加长部分 (h) 滑块与导滑槽要有一定的配合长度。滑块在完成抽芯动作后，留在导滑槽中的长度不应小于滑块长度的2/3，否则，滑块在开始复位时，容易发生倾斜。有时为了不增加模具的尺寸，可以在模具上加长导滑槽，如图（h）所示
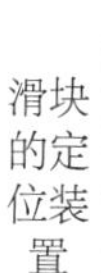 滑块的定位装置	为了保证斜导柱在合模时可靠地进入滑块的斜孔，滑块在抽芯后的终止位置必须定位，如图（a）～图（e）所示为滑块常见的定位装置 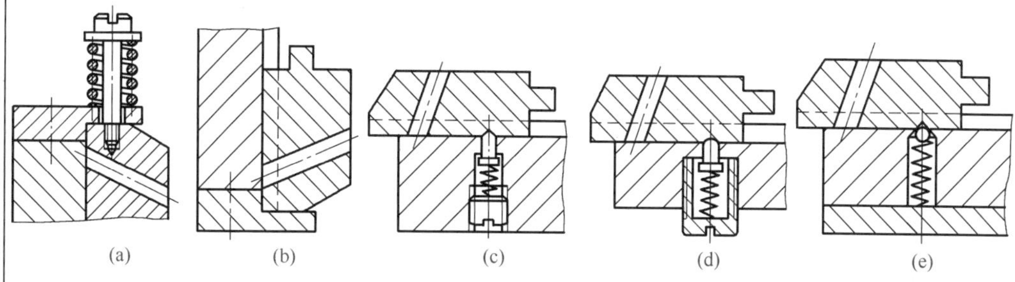 (a) (b) (c) (d) (e) 其中如图（a）所示是依靠压缩弹簧的恢复来将滑块定位在限位挡块处，此结构适用于任何方向上的抽芯动作；如图（b）所示是依靠滑块的自重来将滑块定位在限位挡块处，此结构只适用于向下的抽芯动作；如图（c）、图（d）和图（e）所示也是依靠压缩弹簧的恢复，将顶销或钢球在滑块的抽芯过程中插入预先设计的滑块定位穴中，来将滑块定位在限位挡块处，这类结构适用于侧向的抽芯动作

（3）楔紧块的设计（表4-45）

表 4-45　楔紧块的设计说明

设计内容	说明
楔紧块的结构形式	为了防止活动型芯和滑块在成型过程中受力移动，或斜导柱的受力过大，模具应设置楔紧块，以便在合模时，将滑块压紧。楔紧块的常见结构形式如图（a）～图（f）所示 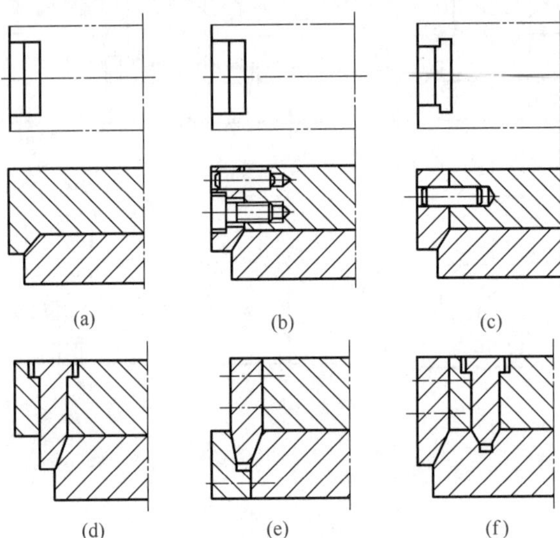 如图（a）所示，楔紧块与模板制成一体式结构，此结构牢固可靠，但消耗的模具材料多，加工不方便，适用于侧向力较大的场合；图（b）采用销钉定位、螺钉固定楔紧块的结构，此结构简单，加工方便，应用广泛，但所承受的侧向力较小；图（c）采用销钉定位、T 形槽固定楔紧块的结构，此结构能承受较大的侧向力，但加工不方便，拆装困难，不常使用；图（d）把楔紧块用 H7/f6 的配合整体镶入模块中，此结构承受的侧向力要比图（b）结构的大；图（e）又在楔紧块的背面设置了一个后挡块，对楔紧块起加强作用；图（f）采用双楔紧块的结构，此结构适合于侧向力很大的场合，但安装、调试较困难
楔紧块的楔紧角的选择	当斜导柱带动滑块做抽芯移动时，楔紧块的楔紧角 α' 必须大于斜导柱的斜角 α，只有这样，当模具开模时，楔紧块才会先离开滑块，以便滑块进行侧向的抽芯动作。如图（a）所示，当滑块移动方向与合模方向垂直时，取 $\alpha'=\alpha+(2°\sim3°)$；如图（b）所示，当滑块向动模一侧倾斜 β 角时，取 $\alpha'=\alpha+(2°\sim3°)=\alpha_1-\beta+(2°\sim3°)$；如图（c）所示，当滑块向定模一侧倾斜 β 角时，取 $\alpha'=\alpha+(2°\sim3°)=\alpha_2+\beta+(2°\sim3°)$。 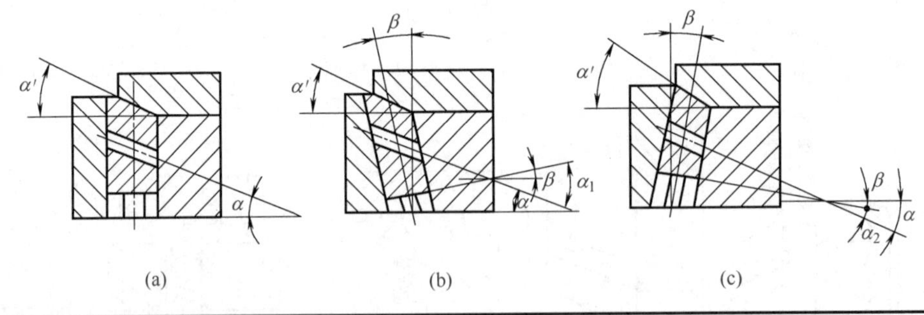

2. 推杆先复位设计

对于斜导柱在定模、滑块在动模的侧抽芯注射模中，在一定条件下合模时，因滑块先于推杆复位而会发生干涉现象，造成活动型芯与推杆的碰撞，如图 4-90 所示。

发生干涉现象的条件是侧向型芯与推杆在垂直于开模方向平面上的投影发生重合，并且，若推杆的推出距离高于侧型芯的最低面，就有可能发生干涉现象，这时的模具就要设计推杆先复位机构，见表 4-46。

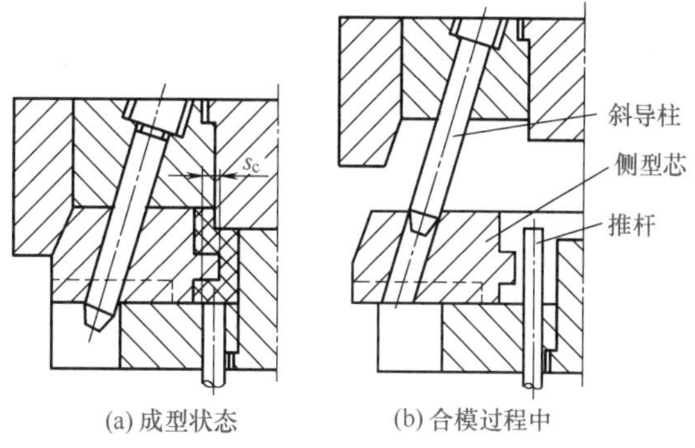

图 4-90　干涉现象

表 4-46　推杆先复位机构

型式	简图	说明
弹簧导销先复位	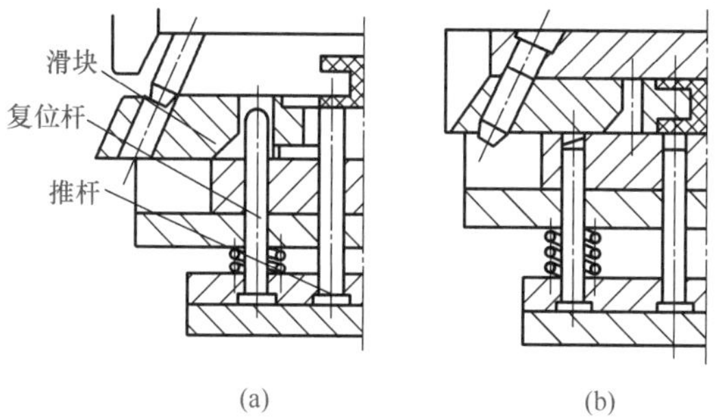 滑块 复位杆 推杆 (a)　(b)	如左图（a）所示为开模状态，图（b）为合模状态。合模时，在弹簧恢复力作用下，复位杆和推杆同时迅速复位
三角形滑块先复位	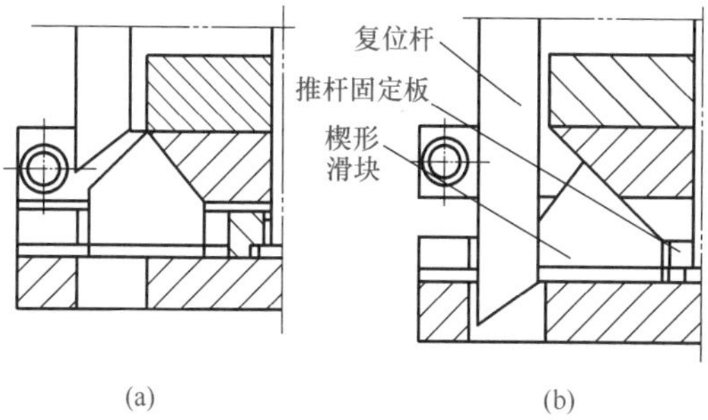 复位杆 推杆固定板 楔形滑块 (a)　(b)	如左图（a）所示为开模状态，图（b）为合模状态。合模时，复位杆迫使楔形滑块一边向内移动，一边垂直下移，带动推杆固定板后退复位
摆杆先复位	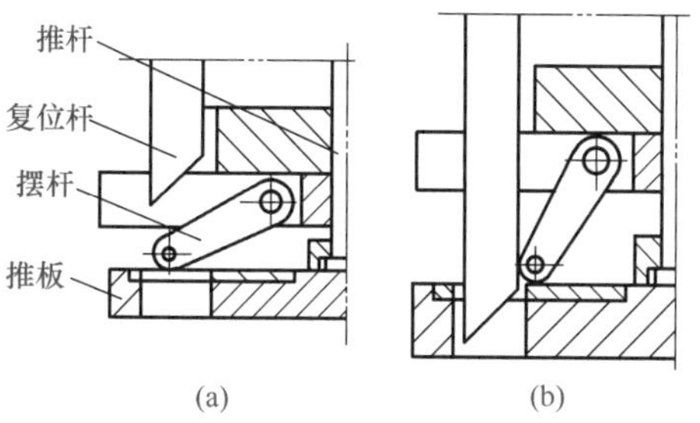 推杆 复位杆 摆杆 推板 (a)　(b)	如左图（a）所示为开模状态，图（b）为合模状态。合模时，复位杆推动摆杆转动，带动推杆复位

续表

型式	简图	说明
杠杆先复位	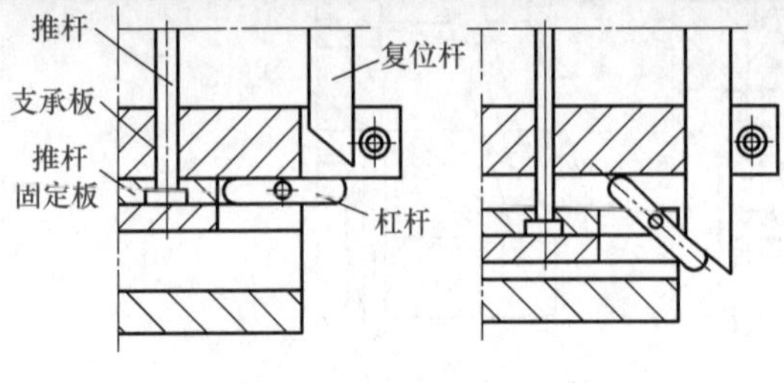 推杆 复位杆 支承板 推杆固定板 杠杆 (a) (b)	如左图（a）所示为开模状态，图（b）为合模状态。合模时，复位杆端部的45°斜面推动杠杆的外端，杠杆内端顶在模具支承板上，推动推杆固定板，使推杆复位
连杆先复位	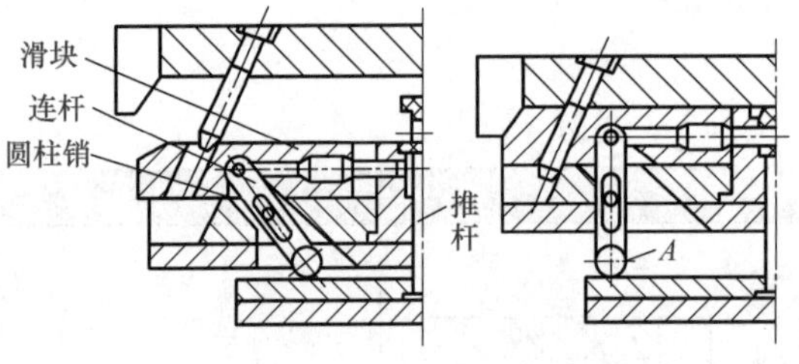 滑块 连杆 圆柱销 推杆 A (a) (b)	如左图（a）所示为开模状态，图（b）为合模状态。合模时斜导柱一旦驱动滑块运动，由于滑块的作用，连杆绕圆柱销转动，连杆 *A* 端迫使推杆复位
弹簧先复位	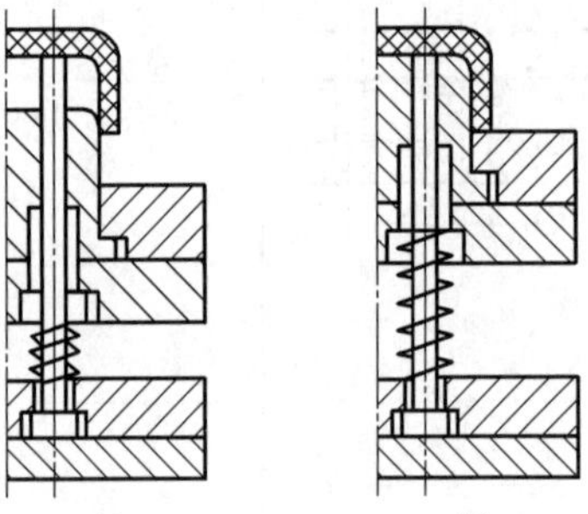 (a) (b)	如左图（a）所示为开模状态，图（b）为合模状态。开模时，弹簧受压，合模时，推杆借弹簧的弹力复位。结构简单，但弹簧容易失效

3. 类似斜导柱的侧向分型与侧抽芯机构

（1）弯销侧向分型与侧抽芯机构

弯销侧向分型与侧抽芯机构的工作原理和斜导柱的侧向分型与侧抽芯机构基本相同，只是用矩形截面的弯销代替斜导柱。一般来说，弯销及导滑孔的加工要困难一些，但它也有斜导柱所不及的优点：一是强度高，可采用较大的倾斜角；二是可以延时抽芯。如图4-91所示，弯销的工作面与滑块的斜面可以设计一段较长的距离，设计时根据需要，在开模分型时，弯销可暂不工作，直至接触滑块，侧抽芯机构才开始抽拔。

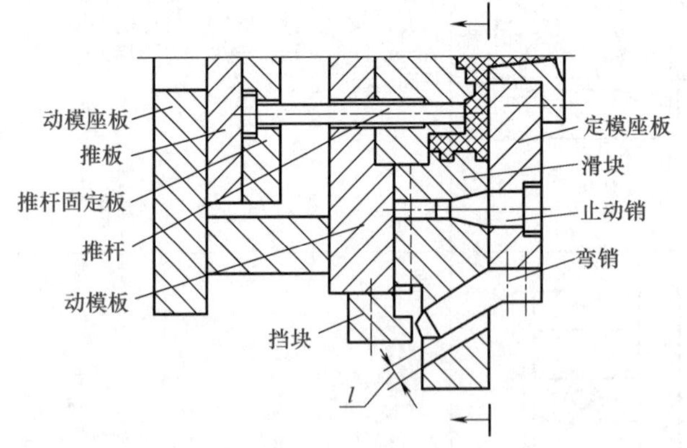

图4-91　弯销侧向抽芯机构

（2）斜导槽侧向分型与侧抽芯机构

斜导槽侧向分型与抽芯机构是由固定在模外的斜导槽板与固定于滑块上的圆柱销（滑

销）连接所形成，如图 4-92 所示。斜导槽可以设计成不同斜度的几段用以控制抽芯的动作。

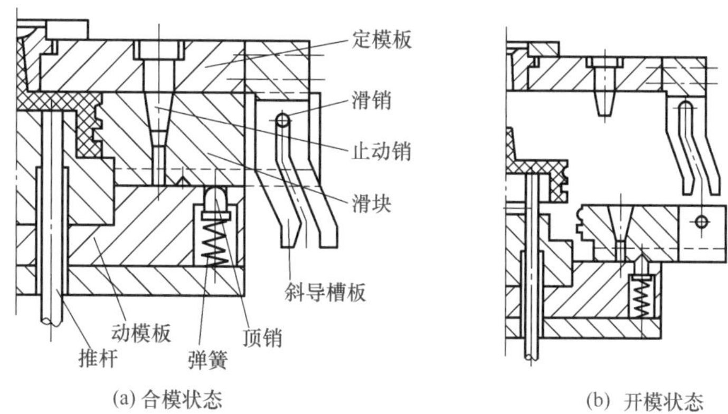

图 4-92 斜导槽侧向分型与侧抽芯机构

（二）斜滑块的侧向分型与侧抽芯机构

斜滑块的侧向分型与侧抽芯机构主要用于抽芯距小、侧向成型面积大及侧抽芯力较大的情况。

1. 斜滑块的侧向分型与侧抽芯机构的常见形式（表 4-47）

表 4-47 斜滑块侧向分型与抽芯机构的常见形式

形式	简图	说明
斜滑块外侧分型与抽芯		
矩形斜导槽导滑	斜滑块 螺钉 推板	开模后，推杆推动斜滑块沿矩形斜导槽运动，并向两侧分开，实现抽芯和顶件动作。螺钉起定位作用
斜楔导滑	斜滑块 推杆 斜楔	开模后，推杆推动斜滑块沿斜楔斜面运动同时向两侧分开，实现抽芯和顶件动作

续表

形式	简图	说明
斜杆导滑	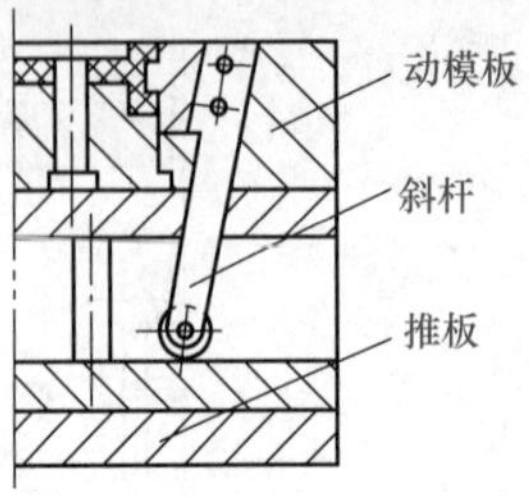 动模板 斜杆 推板	开模后，机床顶杆推动推板，带动斜杆沿动模板的斜导槽运动，同时做抽芯和顶件动作
导钉导滑	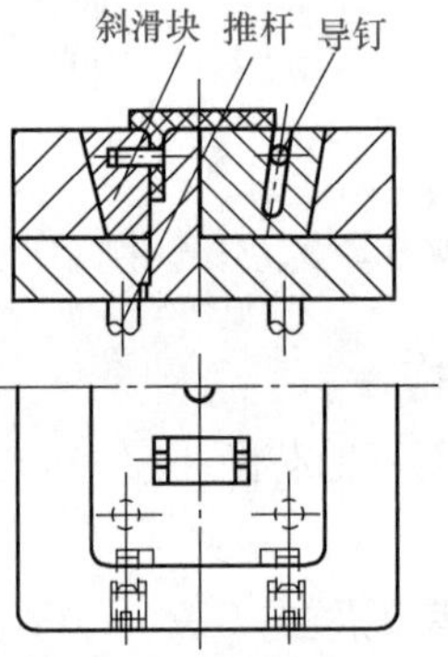 斜滑块 推杆 导钉	开模后，推杆推动斜滑块，使斜滑块在导钉的作用下向上运动，并向两侧分开，实现抽芯和顶件动作
斜滑块内侧分型与抽芯		
锥面导滑	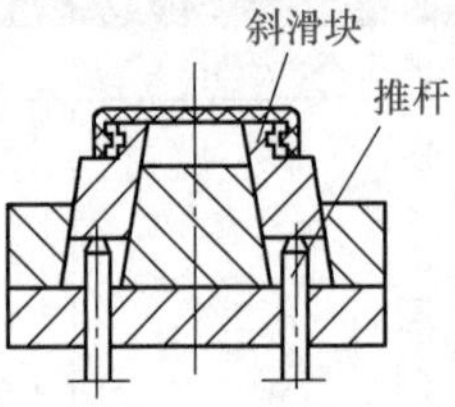 斜滑块 推杆	开模后，推杆推动斜滑块沿锥面进行内侧抽芯和顶件
斜杆导滑	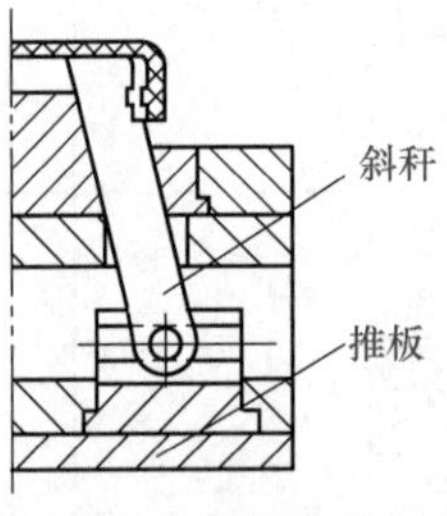 斜杆 推板	开模后，机床顶杆推动推板，带动斜杆做内侧抽芯和顶件动作

2. 斜滑块的设计（表 4-48）

表 4-48　斜滑块的设计说明

设计内容	说明
斜滑块的倾斜角及斜滑块的推出行程	由于斜滑块的强度较高，其倾斜角要比斜导柱的倾斜角大一些，一般在 30° 及以内选取 斜滑块的推出行程：在立式模具中其不大于斜滑块高度的 1/2，卧式模具中不大于斜滑块高度的 1/3。如果塑件的结构有更大的侧向分型与侧抽芯距离时，可加长斜滑块导向的长度

续表

设计内容	说明
斜滑块的组合形式	根据塑件的具体情况，斜滑块通常由 2 ～ 6 块组成瓣合凹模，斜滑块的组合形式如图（a）至图（e）所示。在确定斜滑块的组合形式时，要注意斜滑块组合部分的强度及塑件表面的镶拼痕迹 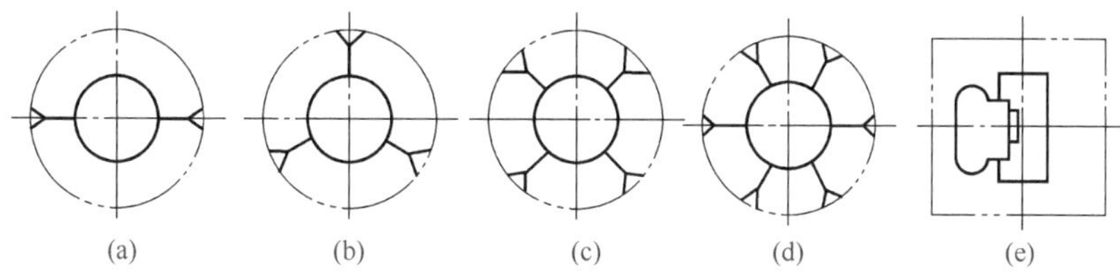 (a) (b) (c) (d) (e)
斜滑块的导滑形式	斜滑块的导滑形式按其导滑部分的形状可分为矩形、半圆形、燕尾形等，如图（a）～图（f）所示为斜滑块的导滑形式 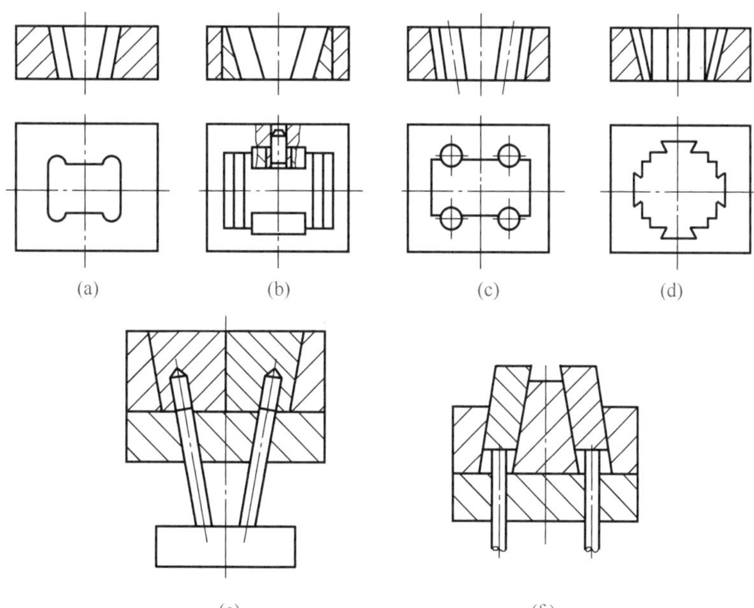 (a) (b) (c) (d) (e) (f) 图（a）至图（d）为没有装入斜滑块的导槽结构。图（a）为整体式的导滑槽，加工困难，精度不高，热处理变形大；图（b）采用镶块导滑，可提高导滑精度，加工容易；图（c）为斜向镶入导柱导滑；图（d）是燕尾槽导滑，主要适用于小模具多滑块的情况，模具结构紧凑，但加工复杂；图（e）是利用斜推杆与动模支承板之间的斜向间隙配合作为导向的，推板推动斜推杆，斜推杆在斜向驱动斜滑块分型的同时，下端在推板上滑动，应注意斜推杆与推板的硬度，均要求在 55HRC 以上；图（f）是用型芯拼块作斜滑块的导向，在内抽芯时常常采用
斜滑块的装配要求	为了避免溢料的发生，必须保证斜滑块与定模板的紧密配合，斜滑块在装配后，应与模套底面留有 0.2 ～ 0.5mm 的间隙，而斜滑块的顶面要高出模套 0.4 ～ 0.6mm，如图（a）所示 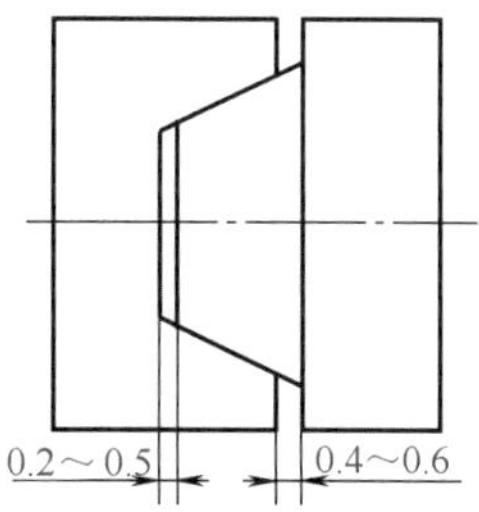 图(a) 斜滑块的装配要求

3. 斜滑块的侧向分型与侧抽芯机构的设计要点（表 4-49）

表 4-49 斜滑块的侧向分型与侧抽芯机构的设计要点

要点	说明
正确选择主型芯的位置	如图 4-93 所示表示了主型芯位置选择不同，斜滑块分型后，塑件的脱模情况不同。很显然，如图（a）所示，由于主型芯设计在定模上，在斜滑块侧向分型时，塑件可能会黏附在塑件收缩较大的斜滑块上，而无法正常脱模；如图（b）所示为主型芯设计在动模上，在斜滑块侧向分型时，塑件由于在主型芯的约束下，无法黏附在斜滑块上，塑件可顺利脱模
开模时斜滑块的止动	由于注塑机的推出机构设置在动模部分，因此，塑件需留在模具的动模部分。对于斜滑块的侧向分型机构，模具开模时，动、定模分型，斜滑块要与动模在一起，当塑件的结构比较特殊，塑件可能留在定模部分时，模具要设计斜滑块的止动装置。如图 4-94（a）所示，模具设置了弹簧顶销 6，压住斜滑块 4，以防止开模时，斜滑块与动模分离 斜滑块的止动还可以采用如图 4-94（b）所示的导销止动机构。固定在定模板上的导销 7 与斜滑块 4 呈 H8/f8 的间隙配合，开模时，由于导销的约束，斜滑块无法进行侧向的分型运动，也起到了对斜滑块的止动作用，防止了斜滑块与动模板的分离
斜滑块的限位装置	为了防止斜滑块在顶出时，滑出导滑槽，对斜滑块应设计限位装置，如图 4-95 所示

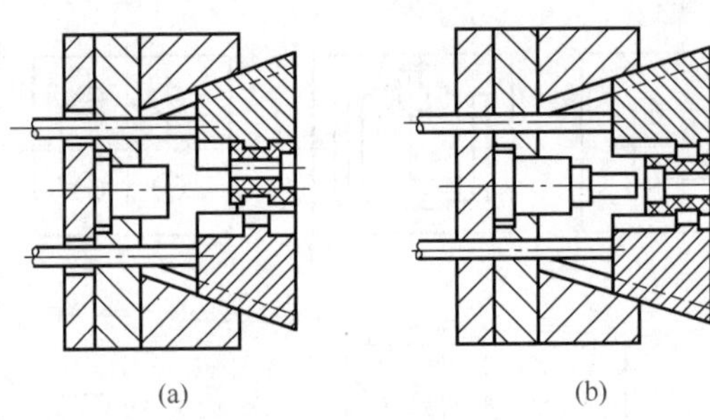

图 4-93 主型芯位置的选择

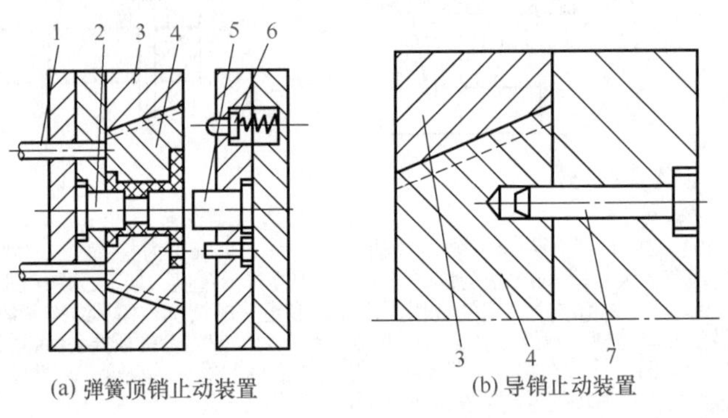

图 4-94 斜滑块的止动装置

1—推杆；2—主型芯；3—模套；4—斜滑块；5—定模型芯；6—弹簧顶销；7—导销

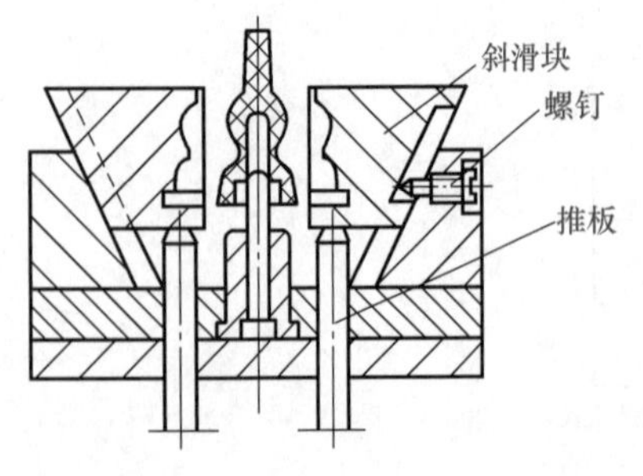

图 4-95 斜滑块的限位装置

四、齿轮齿条侧抽芯机构

齿轮齿条侧抽芯机构中齿条的固定位置不同，抽芯的种类也不同。齿条有固定在定模上的，也有固定在推板上的，型芯有直型芯，也有弧形型芯。

1. 齿条固定在定模的侧向抽芯机构

齿条固定在定模的侧向抽芯机构如图 4-96 所示，塑件上的斜孔由齿条型芯 2 成型。开模时，固定在定模上的传动齿条 4，通过齿轮 3 带动齿条型芯 2 抽出塑件。开模到终点位置时，传动齿条 4 脱离齿轮 3。为了防止再次合模时齿条型芯 2 不能恢复原位，在齿轮 3 的轴上装有定位钉 1，使齿轮 3 始终保持在与传动齿条 4 最后脱离的位置上。

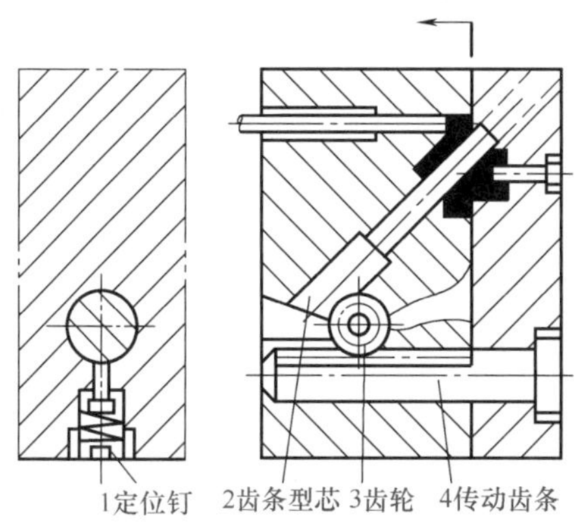

图 4-96　齿条固定在定模的侧向抽芯机构

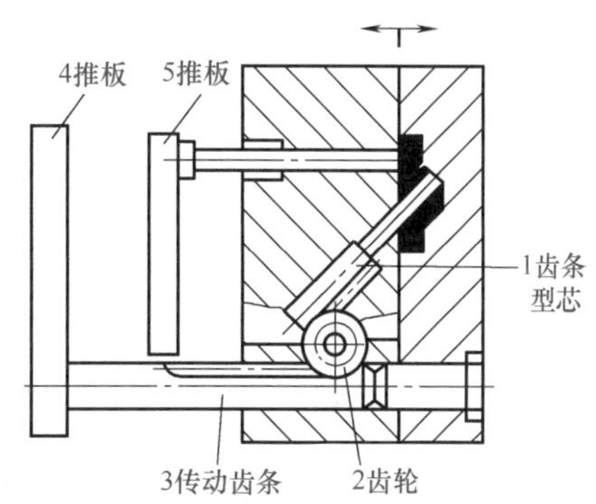

图 4-97　齿条固定在推板上的侧向抽芯机构

2. 齿条固定在推板上的侧向抽芯机构

如图 4-97 所示，在推出塑件前，必须先将斜向型芯抽出。开模后，在推出力作用下，传动齿条 3 首先通过齿轮 2 将齿条型芯 1 抽出。继续开模时，推板 5 与推板 4 接触并同时运动，推杆将塑件推出。由于传动齿条 3 与齿轮 2 始终啮合，所以齿轮轴上不需再设定位装置。如果抽芯距长，而推出行程不宜太大时，可将齿轮 2 做成齿数不等的双联齿轮，用加大传动比的方法可以获得较长的抽芯距。

3. 齿轮齿条抽弧形型芯机构

如图 4-98 所示，塑件为电话受话器。利用开模力使固定在定模上的齿条 1 拖动动模边的直齿轮 2，通过互成 90° 的斜齿轮转向后，由直齿轮 6 带动弧形齿条型芯 3 沿弧线抽出。同时装在定模上的斜导柱使滑块 4 抽出，塑件由推杆推出模外。这种结构的抽芯距可以很长。

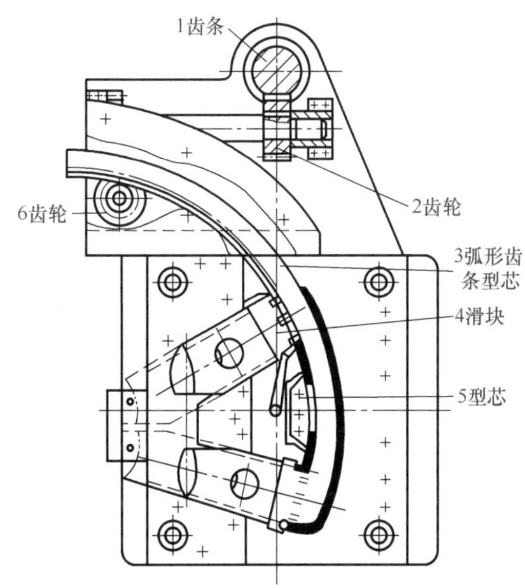

图 4-98　齿轮齿条抽弧形型芯机构

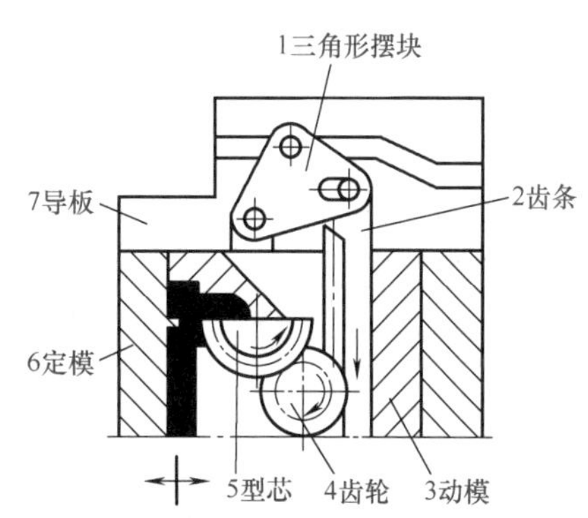

图 4-99　齿轮齿条与三角形摆块组合的抽芯机构

如图 4-99 所示为齿轮齿条与三角形摆块组合的抽芯机构。导板 7 固定在定模 6 上，导板上的导滑槽按抽芯距的大小而确定。三角摆块起杠杆作用，一点固定在动模支架上，一点用长圆孔与齿条 2 连接，一点在导板 7 的导滑槽中滑动，使齿条 2 推向模内移动，通过齿轮 4 的传动使型芯 5 抽出塑件。此种结构与图 4-96 所示结构相比较，抽芯距较短。

如图 4-100 所示为抽弧形型芯机构。短连杆 4 的轴与齿轮轴连接，靠模具的开闭动作使长连杆 3 带动短连杆 4 摆动，从而使模内齿轮 2 旋转，齿条型芯 1 完成抽芯动作。由于摆动角度的限制，这种结构的抽芯距也较小。

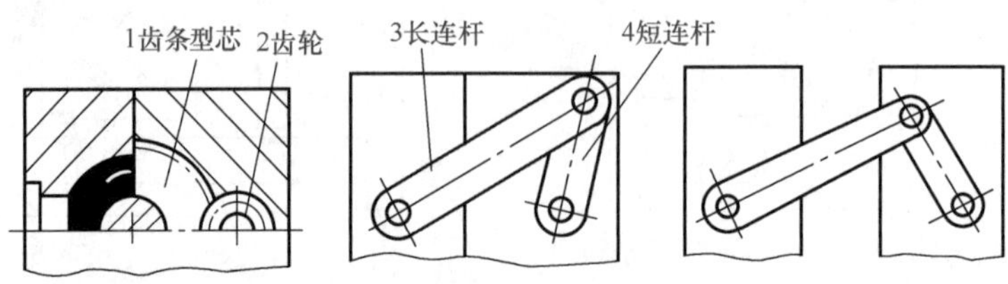

图 4-100　抽弧形型芯机构

以上抽芯机构都是利用齿轮拖动齿条将型芯抽出，只是动力来源不同。这些机构适用于抽任意斜度的型芯和圆弧形型芯，只是结构复杂一些。

五、液压或气压抽芯机构

侧型芯的移动是靠液体或气体的压力，通过液压缸（或气缸）、活塞及控制系统而实现的。如图 4-101 所示的气压抽芯是侧型芯在定模一边，利用气缸在开模前使侧型芯移动，然后再开模的。这种结构没有锁紧装置，因此必须像如图 4-101 所示的那样，侧孔为通孔，使得侧型芯没有侧压力，或是侧型芯承受侧压力很小，气缸压力即能使侧型芯锁紧不动。

如图 4-102 所示为有锁紧装置的液压抽芯机构，侧型芯在动模一边。开模后，首先由液压抽出侧型芯，然后再推出塑件，推出系统复位后，侧型芯再复位。液压抽芯可以单独控制型芯的运动，不受开模时间和推出时间的影响。

如图 4-103 所示为液压抽长型芯机构。由于采用了液压抽芯，因此避免了瓣合模组合形式，使模具结构简化。并且当侧型芯很长、抽芯距很大时，用斜导柱抽芯机构也不合适，用液压抽芯比较好，液压抽芯抽芯力大，运动平稳。

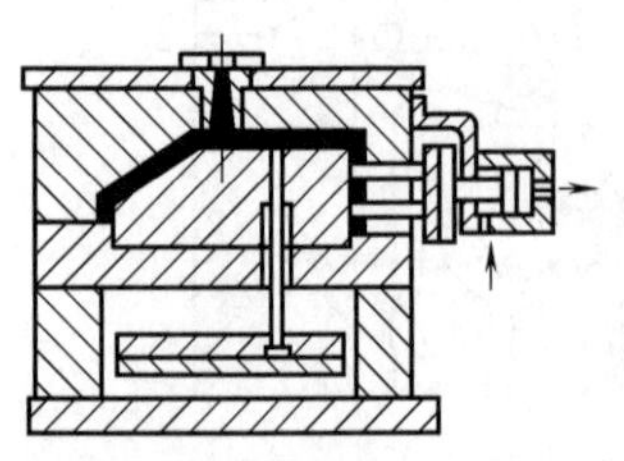

图 4-101　气压抽芯机构

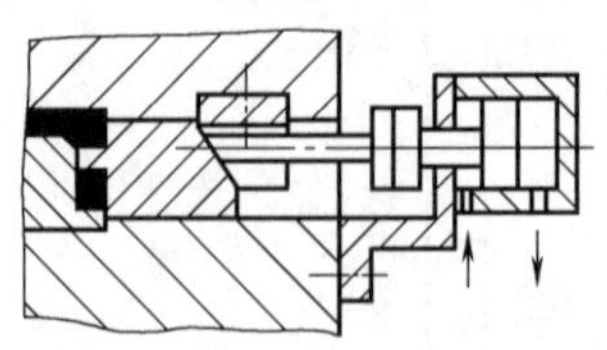

图 4-102　液压抽芯机构

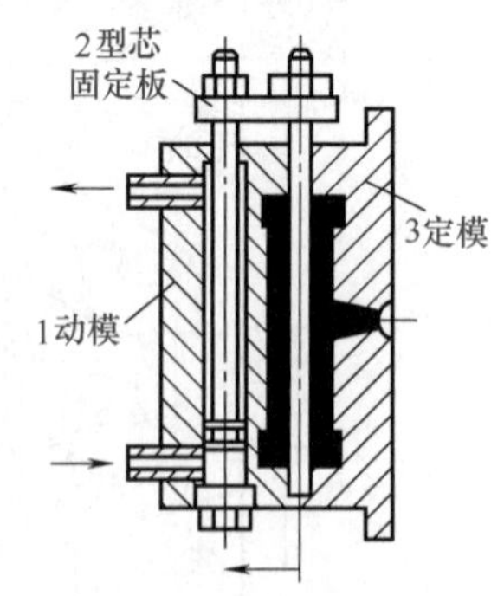

图 4-103　液压抽长型芯机构

六、手动分型抽芯机构

手动分型抽芯机构多用于试制和小批量生产的模具。用人力将型芯从塑件上抽出，劳动强度很大，生产率很低，但是结构简单，模具加工周期短，制造成本低，所以有时依旧采用。手动分型抽芯多用于型芯、螺纹型芯、成型块的抽出，可分为模内手动分型抽芯和模外手动分型抽芯两种。

1. 模内手动分型抽芯机构

模内手动分型抽芯机构指在开模前，用手扳动模具上的分型抽芯机构完成抽芯动作，然后再开模，推出塑件。模内手动分型抽芯机构多利用丝杠、斜槽或齿轮装置，具体说明见表 4-50。

表 4-50　模内手动分型抽芯机构

类别	说明
丝杠模内手动分型抽芯机构	利用丝杠和螺母的配合，将型芯推出，丝杠可以一边转动一边抽出，也可以只转动，由滑块移动来实现抽芯动作。如图（a）所示结构用于圆形侧型芯；如图（b）和图（d）所示结构用于非圆形成型侧孔；如图（c）所示结构用于多型芯的同时抽拔；如图（e）所示结构用于成型面积大，而支架承受不了较大的成型压力时，用斜楔锁紧来确保成型孔深的尺寸精度 (a)　(b) (c)　(d)　(e)
斜槽模内手动分型抽芯机构	斜槽模内手动分型抽芯机构动作原理和机动斜槽分型一样，只是用人力使转盘转动。如图（a）和图（b）所示为斜槽模内手动分型抽芯结构，如图（a）所示为偏心转盘的结构，如图（b）所示为偏心滑板的结构。其适用于抽芯距不大的小型芯，结构简单，操作方便 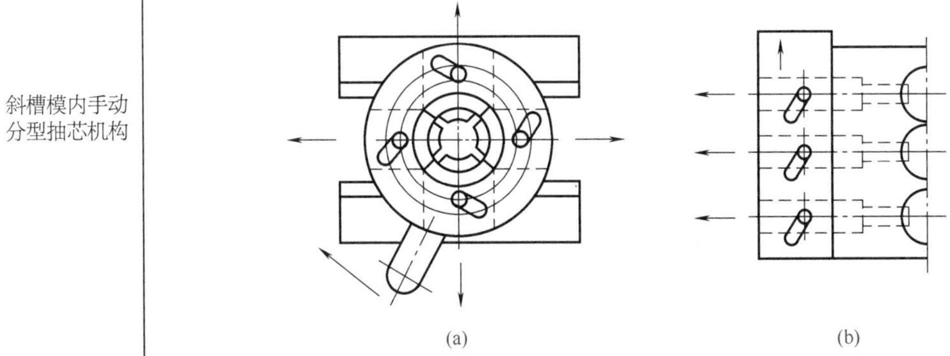 (a)　(b)

续表

类别	说明
齿轮模内手动分型抽芯机构	齿轮模内手动分型抽芯是通过齿轮与齿轮的传动或齿轮与齿条的传动使型芯抽出。如图（a）左图所示为用于大塑件的锥齿轮抽芯机构，一模一件。如图（a）右图所示为一腔几件的锥齿轮抽芯机构。如图（b）所示为齿轮齿条抽芯机构。开模后，转动手柄 3，齿轮 4 带动齿条型芯 2 抽出。由于齿条无自锁作用，齿条型芯 2 复位后由锁紧楔 1 锁住型芯 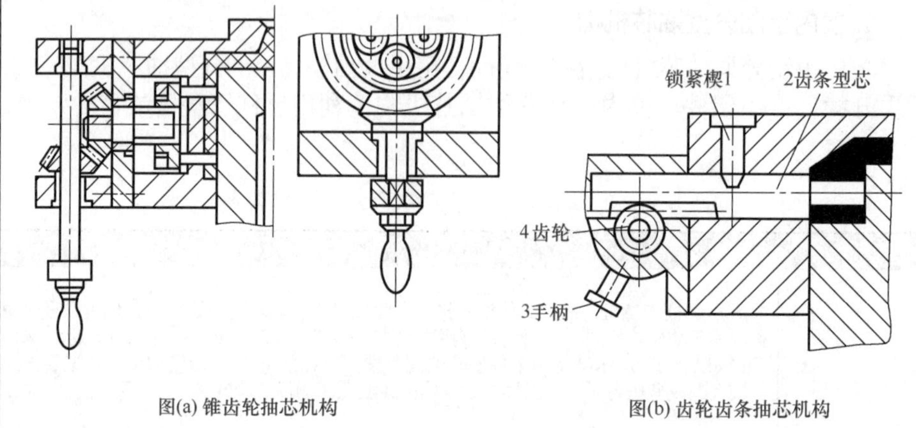 图(a) 锥齿轮抽芯机构　图(b) 齿轮齿条抽芯机构

2. 模外手动分型抽芯机构

模外手动分型抽芯机构是指镶块或型芯和塑件一起被推出模外，然后用人工或简单的机械将镶块从塑件上取下的结构。塑件受到结构形状的限制或生产批量很小，不宜采用前面所介绍的几种抽芯机构时，可以采用模外手动分型抽芯机构，如图 4-104 所示。这种结构应既要便于取件，又要有可靠的定位，防止在成型过程中镶块产生位移，影响塑件的尺寸精度。如图 4-104（a）所示机构利用活动镶块的顶面与定模型芯的顶面相密合而定位。如图 4-104（b）所示机构在活动镶块上设一个平面与分型面相平，在闭模时，分型面将活动镶块压紧。如图 4-104（c）所示机构的活动镶块用斜面与凸模配合，注射压力将活动镶块压紧。如图 4-104（d）所示机构是由于内侧凸起部分有嵌件，很难用其他形式抽芯，所以采用活动镶块

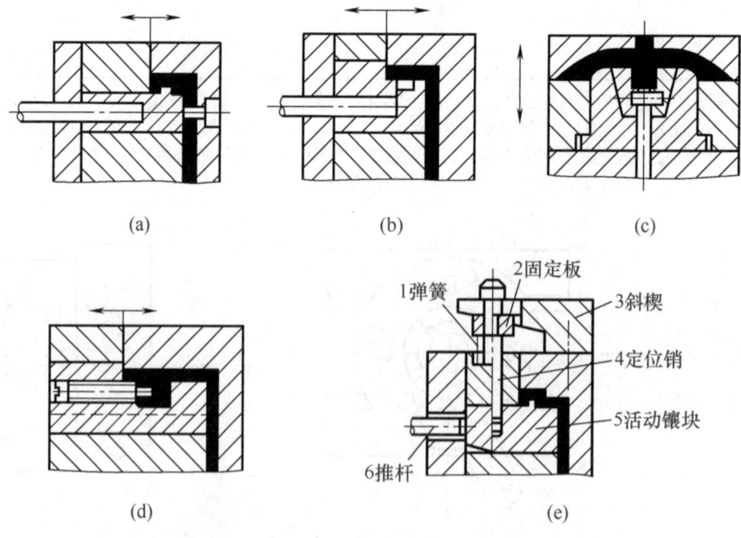

图 4-104　模外手动分型抽芯机构

形式。开模后，活动镶块和塑件一起被推出模外，首先卸下安装嵌件的螺钉，然后再取下活动镶块。当不能采用前几种定位形式时，可用如图 4-104（e）所示机构。开模后，斜楔 3 与固定板 2 脱离，在弹簧 1 的作用下，定位销 4 抽出后开始推出塑件。合模过程是推杆 6 复位后，将活动镶块 5 放入模内，然后合模，定位销在斜楔的作用下插入活动镶块的孔内，起定位作用。

第八节　温度调节系统

模具的温度调节指的是对模具进行冷却或加热，既关系到塑件的质量，又关系到生产效率。必须根据要求使模具温度控制在一个合理的范围内，以得到高品质的塑件，达到高的生产效率。由于各种塑料的性能和成型工艺不同，对模具的温度要求也不同。

由相关资料可知，一般的塑料都需要 200℃左右的温度从注塑机的喷嘴注射到模具内，熔体在 60℃左右的模具内固化、脱模，其热量除少数辐射、对流到大气环境以外，大部分是由通入模具内的冷却水带走的。而当有些塑料的成型工艺要求模具的温度较高（80 ～ 120℃）时，模具不能仅靠塑料熔体来加热，需对注射模设计加热系统。

由此可见，有的模具仅需要设置冷却系统，适用于要求模具温度较低（一般小于 80℃）的塑料，如聚乙烯、聚丙烯、聚苯乙烯、ABS 等；而对于要求模具温度较高的塑料，如聚碳酸酯、聚砜、聚苯醚等，或模具较大，散热面积广等，其模具不仅需要设置冷却系统，还需要设置加热系统，以便在注射之前对模具进行加热，当模具的温度达到塑料的成型工艺要求时，即可关闭加热系统。如果在注射一段时间后，模具的温度高于塑料的成型工艺要求时，就要打开模具的冷却系统，使模具的温度冷却到要求的温度下，以适应成型工艺的需要。

一、模具温度调节的重要性

1. 模具温度及其调节系统对塑件质量的影响（表 4-51）

表 4-51　模具温度及其调节系统对塑件质量的影响

影响方面	说明
塑件的尺寸精度	模具的温度稳定、冷却速度均匀可以减少塑料的成型收缩率的波动，是塑件减少变形、保证尺寸稳定的根本条件。对于黏度低、流动性好、对模具温度要求较低的塑料（如聚乙烯、聚丙烯、聚苯乙烯等），为了使模具温度均匀，应尽量减少冷却水出入口的温度差，宜采用常温水，甚至温水对模具进行冷却。这里尤其要注意那些壁厚不均匀、形状较复杂的塑件，确定好冷却管道的布置
塑件的力学性能	对于结晶型塑料，结晶度越高，塑件的应力开裂倾向越大，从减少应力开裂的角度出发，降低模温是有利的。但对于聚碳酸酯一类的高黏度无定形塑料，其应力开裂的倾向与塑件的内应力的大小有关，提高模温，有助于减少塑件中的内应力，从而减少了由于应力而引起开裂的可能
塑件的表面质量	提高模具的温度可以改善塑件的表面光洁度，过低的模温会使塑件的轮廓不清晰，并产生明显的熔接痕

2. 模具温度及其调节系统对生产效率的影响

据实验表明，当塑料熔体在注射模中稳定注射时，其温度由 200℃降至 60℃，释放的热量中的 5% 是以辐射、对流的方式散发到大气中，其余 95% 的热量都是由冷却介质（一般是水）带走的，模具的冷却时间一般约占整个注射循环周期的 2/3，可见注塑的生产效率主要取决于模具的冷却时间，可以从下式来理解模具温度与生产效率的关系：

$$Q=A_1h_1\Delta\theta t_2$$

式中 Q ——塑料传给模具的热量，J；

A_1 ——模具型腔的表面积，m^2；

h_1 ——塑料对模具材料的传热系数，$W/(m^2\cdot K)$；

$\Delta\theta$ ——模具型腔内塑料与模具型腔表壁的温度差，℃；

t_2 ——塑件在模具内停留的时间，s。

如果塑料种类、模具设计和成型工艺已定，那么 Q、A_1 及 h_1 也就确定了，则：

$$t_2 \propto 1/\Delta\theta$$

由上式可知，塑料在模具内停留的时间 t_2 与模具型腔内塑料与模具型腔表壁的温度差 $\Delta\theta$ 成反比，如果要提高生产效率（即减小 t_2 的值）的话，必须在工艺条件的允许下增大 $\Delta\theta$ 的值。然而，型腔接受塑料熔体传递的热量会逐渐升温，$\Delta\theta$ 必然减小。如果模具没有温度调节系统的话，必然靠增加塑料在模具内停留的时间来完成换热。因此，除去薄壁小型件的注射模可利用自然冷却以外，大部分塑件的模具都需要设置冷却系统，进行人工冷却，以增大 $\Delta\theta$ 的值，提高生产效率。

二、模具温度与塑料成型温度的关系

注入模具的熔融塑料，必须在模具内冷却固化才能成为制件。所以模具温度必须低于注入型腔的熔融塑料温度。为了提高成型效率，一般通过缩短冷却时间来缩短成型周期。虽然模具温度越低，冷却时间就越短。但是这种规则不能适用于所有的塑料。因塑料自身的性质及制件要求的性能各不相同，要求的模具温度也各不相同。必须根据不同的要求，选择适当的温度。与各种塑料相适应的模具温度见表 4-52。

表 4-52　各种塑料的成型温度与相适应的模具温度

塑料名称	成型温度 /℃	模具温度 /℃	塑料名称	成型温度 /℃	模具温度 /℃
LDPE	190 ～ 240	20 ～ 60	PS	170 ～ 280	20 ～ 70
HDPE	210 ～ 270	20 ～ 60	AS	220 ～ 280	40 ～ 80
PP	200 ～ 270	20 ～ 60	ABS	200 ～ 270	40 ～ 80
PA6	230 ～ 290	40 ～ 60	PMMA	170 ～ 270	20 ～ 90
PA66	280 ～ 300	40 ～ 80	HPVC	190 ～ 215	20 ～ 60
PA610	230 ～ 290	30 ～ 60	SPVC	170 ～ 190	20 ～ 40
POM	180 ～ 220	60 ～ 120	PC	250 ～ 290	90 ～ 110

三、冷却系统的计算

冷却系统的计算是要计算冷却介质的传热面积，为以后的冷却系统的结构设计提供依据。目前，有关冷却系统设计的计算机软件比较准确、简单，但这类软件都是商业软件，并不是所有的设计单位都有这类的软件，很多情况还需要设计者进行冷却系统的计算。下面介绍注射模冷却系统的设计与计算。

1. 塑料传给模具的热量

$$Q=nmq \tag{4-1}$$

式中 Q——单位时间内（每小时）塑料传给模具的热量，kJ；
n——每小时的注射次数；
m——每次注射的塑料量（包括浇注系统质量），kg；
q——单位质量的塑料在型腔内散发的热量，kJ/kg。

式（4-1）中的 q 值由下式得到：

$$q=C_p(\theta_1-\theta_0)+q_m \tag{4-2}$$

式中 C_p——塑料的比热容，kJ/（kg·K），其值可查相关资料；
θ_1——塑料充模的温度，℃；
θ_0——塑件脱模的温度，℃；
q_m——结晶型塑料的熔化潜热，kJ/kg，其值可查相关手册。

注意：式（4-2）中的 θ_1 按相关资料中的注塑机喷嘴的温度取值，θ_0 按相关资料中的模具温度取值。非结晶型塑料，不取 q_m 项。

2. 由冷却水带走的热量

$$Q_w=95\%Q \tag{4-3}$$

式中 Q_w——单位时间内（每小时）模具由冷却水带走的热量，kJ；
Q——单位时间内（每小时）塑料传给模具的热量，kJ，由式（4-1）得到。

3. 热传导面积（冷却水道表壁的面积）A_w

$$A_w=\frac{Q_w}{3.6h_w\Delta\theta} \tag{4-4}$$

式中 A_w——热传导面积（冷却水道表壁的面积），m^2；
h_w——冷却水对其管壁的传热系数，见式（4-5），W/（m^2·K）；
$\Delta\theta$——模具型腔表面的平均温度与冷却水的平均温度的差值，℃，其中冷却水的平均温度是指冷却水进口与出口的温度平均值。

$$h_w=2041(1+0.015\bar{\theta}_w)\frac{V^{0.87}}{d_w^{0.13}} \tag{4-5}$$

式中 d_w——冷却水道直径，mm；
V——冷却水的流速，m/s；
$\bar{\theta}_w$——冷却水的平均温度，℃。

注意：冷却水道的直径 d_w 应在模具设计时给出，为了使冷却水在管中呈紊流状态，d_w 应小于 20mm，且产生紊流的最小流速见表 4-53。

表 4-53　不同直径的冷却水道产生紊流的最小流速

d_w/mm	8	10	12	15	20
V/（m/s）	1.66	1.32	1.10	0.87	0.66

4. 冷却水管总长度 L_w

$$L_w=\frac{A_w}{\pi d_w}$$

式中 L_w——冷却水管总长度。

四、冷却系统设计的原则（表 4-54）

表 4-54　冷却系统设计的原则

原则	简图	说明
冷却水道需设计成回路	—	冷却水道必须是一个回路，使水道中的水能循环。当水道较长时，随着水温的升高，模具的温度不均匀，可设计成多个回路
冷却水道应尽量多、截面尺寸应尽量大	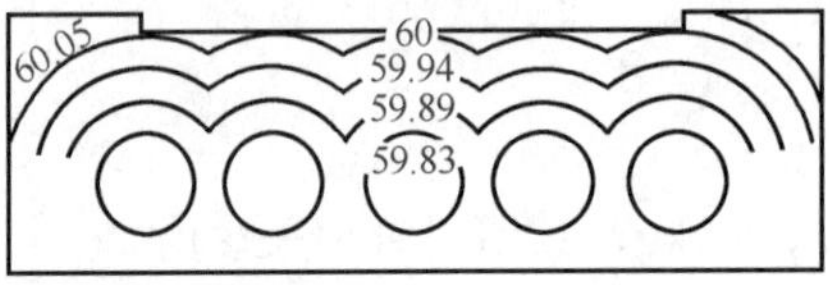 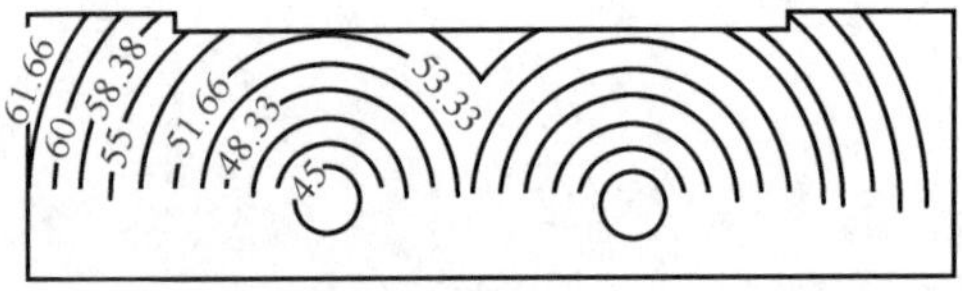 60.05 60 59.94 59.89 59.83 (a) 61.66 60 58.38 55 51.66 48.33 45 53.33 (b)	图（a）所示的冷却水道为五个，直径较大，型腔的表面温度较均匀，在 60 ～ 60.5℃之间；图（b）所示的冷却水道为两个，直径较小，型腔的表面温度不均匀，温度在 53.33 ～ 58.38℃之间
冷却水道与型腔表面之间的距离应尽量相等	—	当塑件壁厚较均匀时，冷却水道与型腔表面之间的距离应相等；当塑件壁厚不均匀时，厚的地方，冷却水道与型腔表面之间的距离应近些，冷却水道的间距也应小一些。冷却水道的孔边与型腔表面之间的距离一般应大于 10mm，通常为 12 ～ 15mm
冷却水道的入口宜选在浇口附近	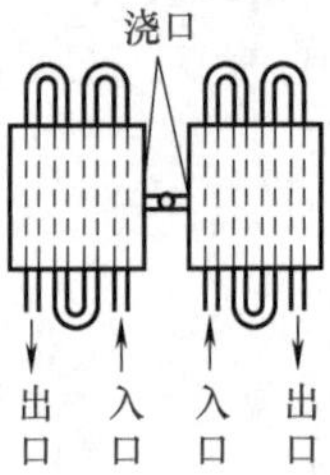 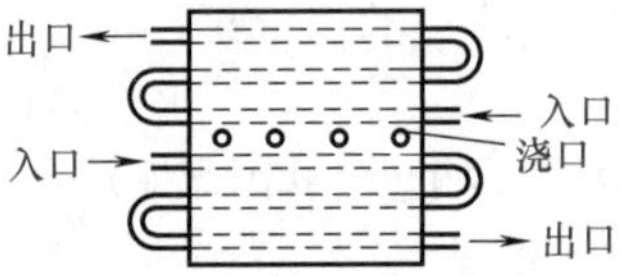 浇口 出口 入口 入口 出口 (a) 出口 入口 浇口 入口 出口 (b)	塑料熔体在充填型腔时，模具的浇口处是最热的部分，距浇口越远的地方温度越低，为了得到等温的型腔表面，冷却水道的入口宜选在浇口附近，出口选在熔体流动的末端
冷却水道的出、入口温差应尽量小	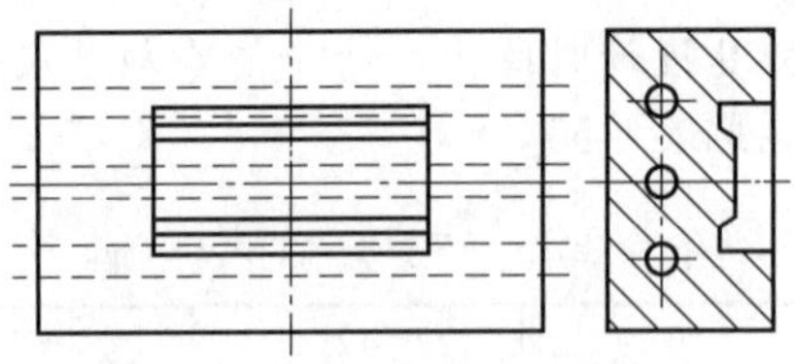 (a) 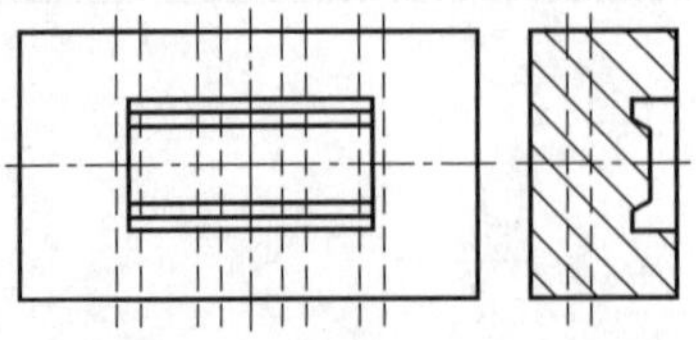 (b)	图（a）所示的冷却水道较长，其出、入口温差会加大；图（b）所示的冷却水道较短，其出、入口温差会减小。为了减小出、入口温差，必要时，要在模具上设置多对冷却水道的出口和入口

续表

原则	简图	说明
冷却水道应沿着塑料收缩的方向设置	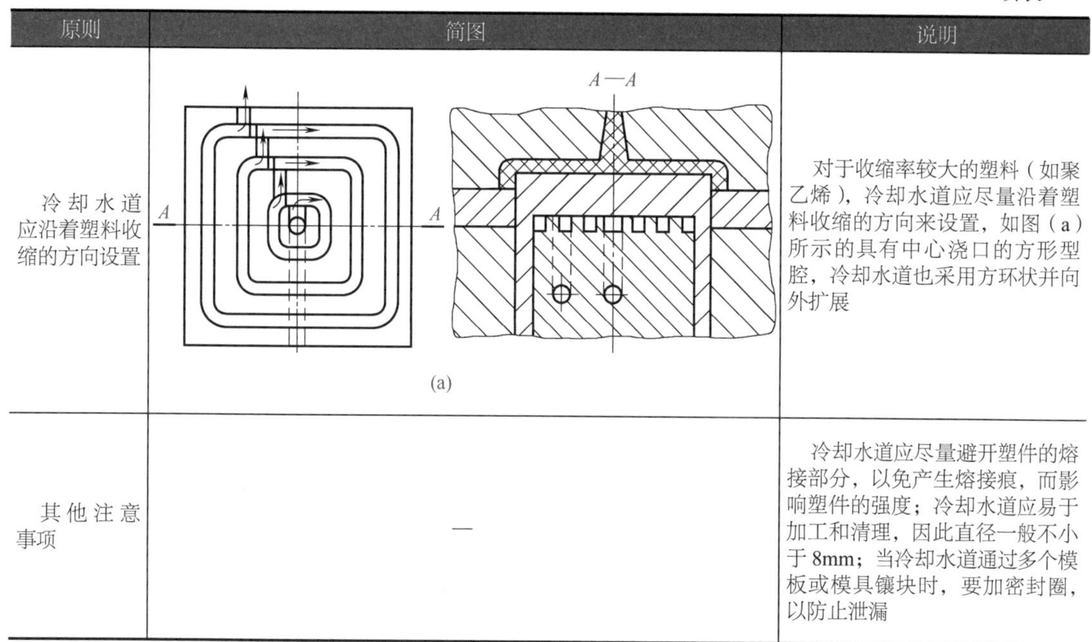 (a)	对于收缩率较大的塑料（如聚乙烯），冷却水道应尽量沿着塑料收缩的方向来设置，如图（a）所示的具有中心浇口的方形型腔，冷却水道也采用方环状并向外扩展
其他注意事项	—	冷却水道应尽量避开塑件的熔接部分，以免产生熔接痕，而影响塑件的强度；冷却水道应易于加工和清理，因此直径一般不小于 8mm；当冷却水道通过多个模板或模具镶块时，要加密封圈，以防止泄漏

五、常见的冷却系统结构

由于塑件的形状不同，其冷却水道的位置和形状也各不相同，常见冷却系统的结构见表 4-55。

表 4-55　常见冷却系统的结构

塑件形状	结构简图	说明
塑件浅而扁平	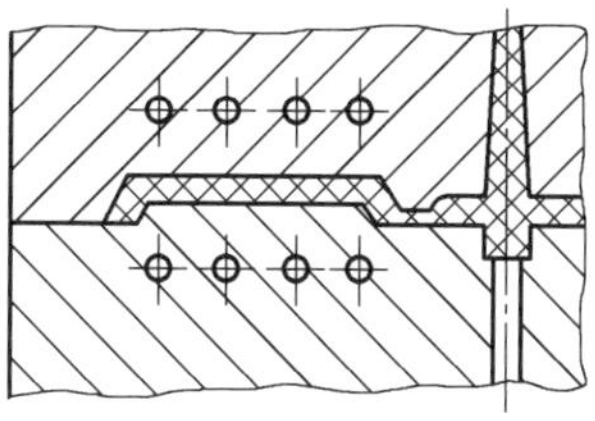	在动模板和定模板上距型腔表面相同的距离钻孔
塑件中等深度	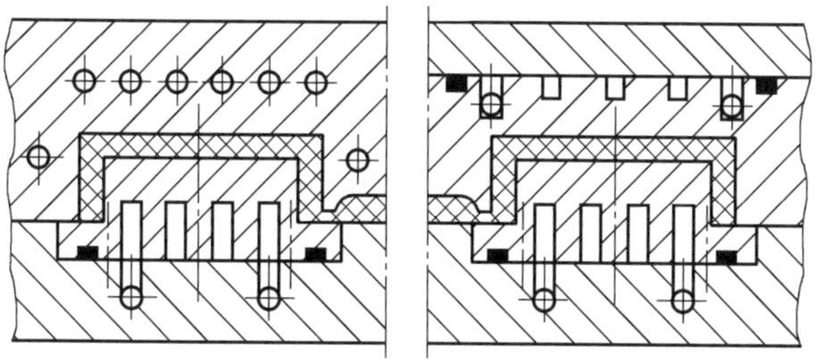 (a)　(b)	由于型芯容易积聚热量，可按塑件的形状铣出冷却槽；可以在型腔底部和侧壁等距离钻孔，如图（a）所示，也可以铣出冷却槽，加强冷却效果，如图（b）所示

续表

塑件形状	结构简图	说明
塑件细长空心	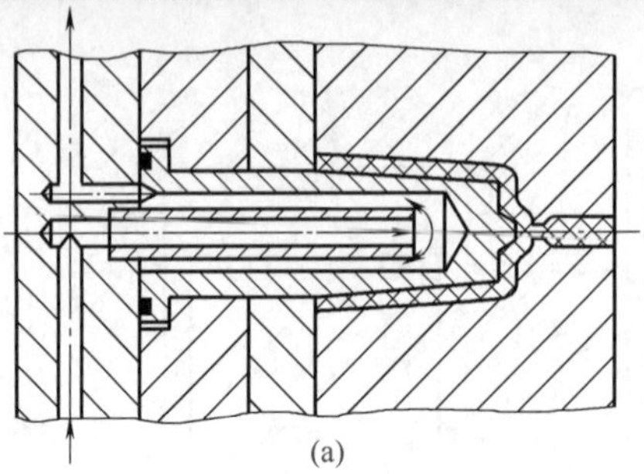 (a) 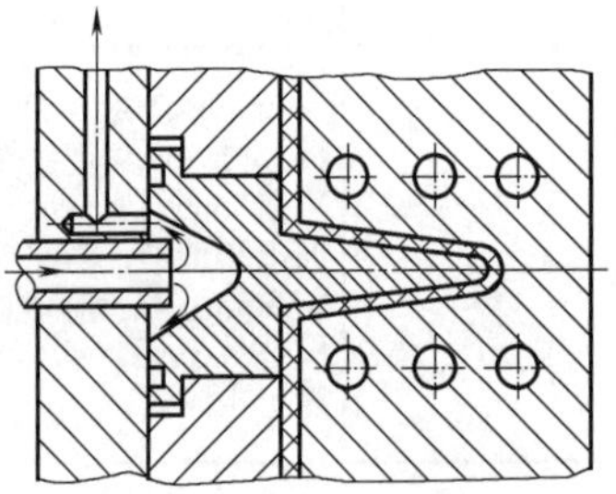 (b) 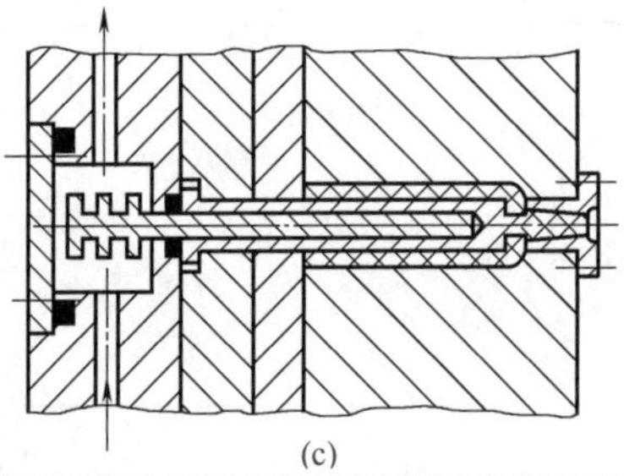 (c)	型芯的冷却方法有两种，一种是采用喷射式水道的方法，如图（a）所示。另一种是采用间接冷却法，型芯用导热性良好的铍铜制造，然后用喷射管将水喷至型芯尾端进行冷却，如图（b）所示。也可将铍铜的一端加工出翅片，把另一端插入型芯中，如图（c）所示 喷嘴管为标准件，推荐尺寸见表4-56
塑件型腔深	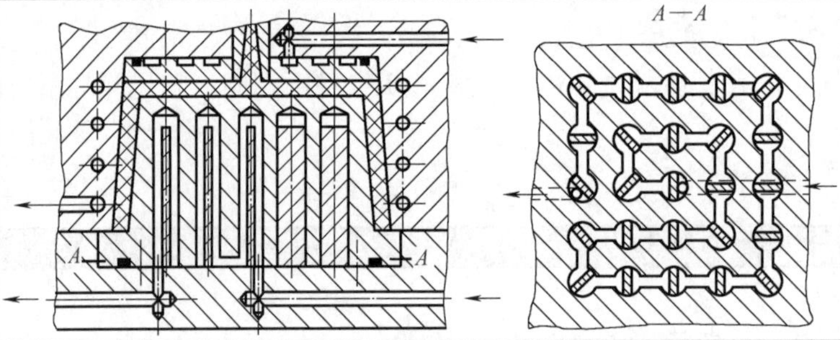 A—A	在型芯上，钻出若干个盲孔，并在型芯的底部铣出连接盲孔的槽，使其形成一个螺旋回路，并将每个盲孔用隔板分成底部相连的两个部分，使其与冷却水道形成一个回路

表 4-56　喷嘴冷却水管道（喷嘴管）的推荐尺寸　　单位：mm

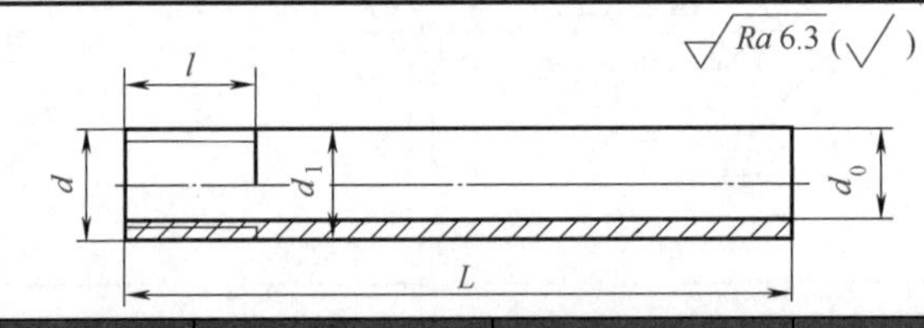

规格	d_1	d_0	l	L	材料
M3×0.5	3	1.5	6	按需要设计	H62
M4×0.5	4	2.5	6		
M6×0.5	6	4	9		
M8×0.5	8	5	12		
M12×0.5	12	8	15		

六、模具加热系统的设计

1. 加热装置

当塑料的成型工艺要求模具的温度在80℃以上时，模具必须设置加热装置。模具加热方法很多，可以用热水、热油、蒸汽及电加热等方法。如果介质是各种流体，其设计方法类似于冷却水道的设计。目前，普遍应用的方法是电加热温度调节系统，常用的电加热方式如图 4-105 所示，其中图（d）所示的电加热元件（电热棒），其外形尺寸规格见表 4-57。

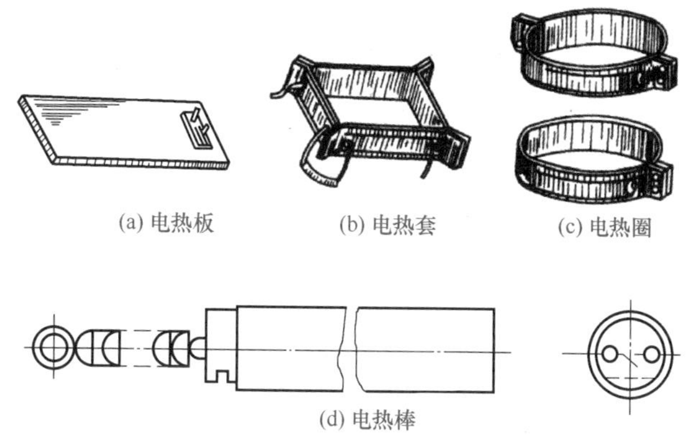

图 4-105　加热装置

表 4-57　不同公称直径的标准电热棒外形尺寸规格　　单位：mm

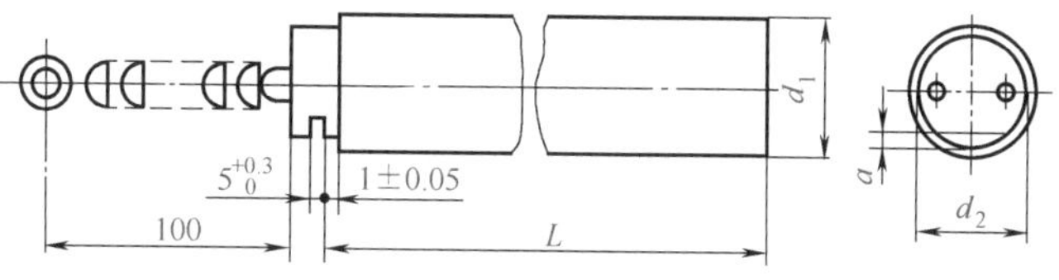

公称直径 d_1		13	16	18	20	23	32	40	50
误差		±0.1		±0.12			±0.22		±0.3
盖板直径 d_2		8	11.5	13.5	14.5	18	26	34	44
槽深 a		1.5	2	3			5		
长度 L	60_{-3}^{0}	60	88	80	100	120	—	—	—
	80_{-3}^{0}	80	110	110	125	160	—	—	—
	100_{-4}^{0}	100	125	140	160	200	250	—	—
	125_{-4}^{0}	125	160	175	200	250	320	—	—
	160_{-4}^{0}	160	200	225	250	320	400	500	—
	200_{-4}^{0}	200	250	280	320	400	500	600	—
	250_{-5}^{0}	250	320	350	400	500	600	800	1000
	300_{-5}^{0}	300	375	420	480	600	750	1000	1250
	400_{-5}^{0}	—	500	550	630	800	1000	1250	1600
	600_{-5}^{0}	—	—	700	800	1000	1250	1600	2000
	650_{-6}^{0}	—	—	—	900	1250	1600	2000	2500
	800_{-8}^{0}	—	—	—	—	1600	2000	2500	3200
	1000_{-10}^{0}	—	—	—	—	2000	2500	3200	4000
	1200_{-10}^{0}	—	—	—	—	—	3000	3200	4750

2. 电加热装置的功率

（1）计算法

电加热装置加热模具的总功率可以表示为：

$$P=\frac{mC_{\mathrm{p}}(\theta_2-\theta_1)}{3600\eta t}$$

式中 P——加热模具所需的总功率，kW；

m——模具的质量，kg；

C_{p}——模具材料的比热容，kJ/（kg·K）；

θ_1——模具的初始温度，℃；

θ_2——模具要求加热后的温度，℃；

η——加热元件的效率，取 0.3 ～ 0.5；

t——加热时间，h。

（2）经验法

计算模具的电加热装置功率是一项很复杂的工作，生产中为了方便，依据单位质量模具所需电加热功率的经验数据，计算模具所需的电加热总功率。

$$P=mq$$

式中，q 为单位质量模具加热至成型温度所需的电功率，W/kg。电热圈加热的小型模具，q=40W/kg；电热圈加热的大型模具，q=60W/kg；电热棒加热的小型模具（40kg 以下），q=35W/kg；电热棒加热的中型模具（40 ～ 100kg），q=30W/kg；电热棒加热的大型模具（100kg 以上），q=20 ～ 25W/kg。

第九节　热固性塑料的注塑成型工艺及模具

一、热固性塑料注塑成型工艺

热固性塑料与热塑性塑料的注塑成型工艺的主要差异表现在熔体注入模具后的固化成型阶段，热塑性塑料的固化成型基本是一个从高温液相到低温固相的物理转变过程，而热固性塑料的固化成型却依赖高温高压下的交联化学反应。正是由于这一差异，导致了两种塑料的注塑成型工艺条件的不同。

（一）温度

1. 料筒温度

对于热固性塑料，为了防止熔体在料筒内发生早期硬化，并兼顾料筒温度对塑化的影响以及物料内剪切摩擦的影响，料筒温度取小值，并对料筒温度进行严格的控制。通常将料筒温度分成二至三段，根据不同的热固性塑料，料筒加料一侧的温度控制在 20 ～ 70℃，而料筒喷嘴一侧的温度控制在 70 ～ 95℃。对于喷嘴的温度，要使熔体具有良好的流动性，又能接近硬化临界温度，以保证塑料的注射填充，同时有利于硬化定型。对于不同的热固性塑料，喷嘴的温度控制在 75 ～ 100℃，在此温度下，熔体在通过喷嘴时，温度可达到 100 ～ 130℃，这样，即可满足上述两个方面的要求。

2. 模具温度

模具温度是影响热固性塑料固化定型的关键因素，直接关系到成型质量的好坏和生产效率的高低。模温过低，硬化时间长；模温高，又会因硬化速度过快而难以排出低分子挥发气体，导致塑件出现组织疏松、气泡和颜色发暗等缺陷。通常对于不同的热固性塑料，模具的温度控制在 150 ～ 220℃。另外，型芯的温度要比凹模的温度高 10 ～ 15℃，以利于塑件的硬化定型。

（二）压力

1. 注射压力

当热固性塑料的填料较多，黏度较大，且在注射过程中对熔体有温升要求时，其注射压力要大一些。一般情况下，不同塑料的注射压力在 118 ～ 235MPa 之间，注射速度一般在 3 ～ 4.5mm/s 之间。

2. 保压压力

保压压力和保压时间直接影响型腔压力、塑件收缩和密度大小。目前，由于热固性塑料熔体的硬化速度比以前有很大提高，且模具大多采用点浇口，浇口的凝结比较快，因此，保压压力比注射压力稍低一些，保压时间也比热塑性塑料略少一些。根据不同的塑料和塑件的厚度及浇口的大小，型腔的保压压力取 30 ～ 70MPa。

3. 背压和螺杆转速

热固性塑料注射时的背压不能过大，以免引起塑料的过早硬化，甚至可以完全放松注塑机的背压阀，仅靠注射螺杆后退时的摩擦阻力作为背压，但要注意塑料的计量准确（因为背压小，塑料易充入空气，使计量不稳定）。同时，注塑机螺杆的转速不宜过大，一般取 40 ～ 60r/min，以便塑料受热均匀。

（三）其他工艺条件

1. 成型周期

热固性塑料的成型周期应包括注射时间、保压时间和硬化定型时间。热固性塑料的注射时间一般为 2 ～ 10s，保压时间为 5 ～ 20s，硬化定型时间应根据塑件最大的壁厚来确定。但一定要注意热固性塑料的质量，国产的热固性塑料一般按 8 ～ 12mm/s 的硬化速度来确定硬化定型时间，国外的快速注射塑料的硬化速度一般为 5 ～ 7mm/s。

2. 热固性塑料在料筒中的存放时间及其注射量

对于热固性塑料来说，注塑机在注射完成后，留在料筒中的少量已塑化的塑料，若存放时间稍长，就会发生硬化现象，从而影响塑件的质量，甚至使注塑机无法工作。为此，需严格地控制热固性塑料在料筒中的存放时间，其时间长短可按下式计算：

$$t_s = \frac{m_z}{m_i} t$$

式中 t_s ——塑料在料筒内的存放时间，s；

m_z ——料筒中容纳的塑料总量（包括螺杆螺旋槽内的塑料），g；

m_i ——注塑机每次的注射量，g；

t ——成型周期，s。

可见，塑料在料筒中的存放时间与 m_z 和 t 成正比，根据经验，m_i=（0.7 ～ 0.8）m_z 较为合适。如果 m_i 较小，在注射若干次以后，需要空注射一次，以清除料筒内已经塑化较久的热固性塑料。

3. 排气

由于热同性塑料在硬化定型中，会挥发出大量的反应气体，因此排气问题对热固性塑料就显得很重要。可采取两种方法来考虑排气问题：第一，在模具中设置排气系统；第二，在成型操作中采取卸压开模放气措施，对于厚壁塑件，卸压开模时间可控制在 0.2s。

4. 常用热固性塑料注射工艺条件（见表 4-58）

表 4-58　热固性塑料的典型注射工艺条件

项目		酚醛	脲甲醛	三聚氰胺	不饱和聚酯	环氧树脂	聚对（邻）苯二甲酸二烯丙酯	有机硅	聚酰亚胺
螺杆转速 /（r/min）		40 ～ 80	40 ～ 50	40 ～ 50	30 ～ 80	30 ～ 60	30 ～ 80	—	30 ～ 80
喷嘴温度 /℃		90 ～ 100	75 ～ 95	85 ～ 95	—	80 ～ 90	—	—	120
机筒温度 /℃	前段	75 ～ 100	70 ～ 95	80 ～ 105	70 ～ 80	80 ～ 90	80 ～ 90	88 ～ 108	100 ～ 130
	后段	40 ～ 50	40 ～ 50	45 ～ 55	30 ～ 40	30 ～ 40	30 ～ 40	65 ～ 80	30 ～ 50
模具温度 /℃		160 ～ 169	140 ～ 160	150 ～ 190	170 ～ 190	150 ～ 170	160 ～ 175	170 ～ 216	170 ～ 200
注射压力 /MPa		98 ～ 147	60 ～ 78	59 ～ 78	49 ～ 147	49 ～ 118	49 ～ 147	—	49 ～ 147
背压 /MPa		0 ～ 0.49	0 ～ 0.29	0.196 ～ 0.49	—	＜ 7.8	—	—	—
注射时间 /s		2 ～ 10	3 ～ 8	3 ～ 12	—	—	—	—	20
保压时间 /s		3 ～ 15	5 ～ 10	5 ～ 10	—	—	—	—	—
硬化时间 /s		15 ～ 50	15 ～ 40	20 ～ 70	15 ～ 30	60 ～ 80	30 ～ 60	30 ～ 60	60 ～ 80

注：注射有机硅塑料时，机筒分三段控温，前段 88 ～ 108℃，中段 80 ～ 93℃，后段 65 ～ 80℃。

二、热固性塑料模具设计

热固性塑料注射模与热塑性塑料注射模的总体结构基本是一致的。但由于两种塑料成型工艺的差异，热固性塑料注射模在浇注系统、成型零件、导向机构、推出机构、温度调节系统及排气槽的结构等方面与热塑性塑料注射模有一些区别。目前在有些国家，无流道的热固性塑料注射模使用较普遍，以解决热固性塑料凝料不能回收的问题，我们将在下一部分来介绍这类模具，下面仅对采用普通浇注系统的热固性塑料注射模进行介绍，如图 4-106 所示为这种注射模的典型结构。

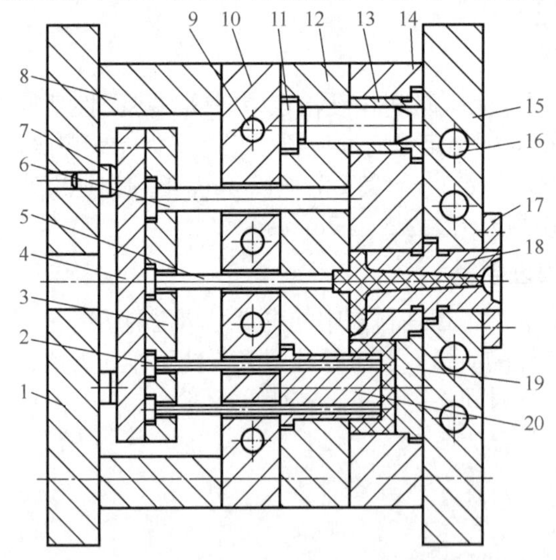

图 4-106　采用普通浇注系统的热固性塑料注射模

1—动模座板；2—推杆；3—推杆固定板；4—推板；5—主流道推杆；6—复位杆；7—支承钉；8—垫块；9、16—加热器安装孔；10—支承板；11—导柱；12—动模板；13—导套；14—定模板；15—定模座板；17—定位圈；18—浇口套；19—定模镶块；20—凸模

1. 浇注系统

热固性塑料注射模浇注系统的机构组成、类型和形状等与热塑性塑料的注射模是一致的。但是热固性塑料在料筒内没有加热到足够的温度，因此，在流动过程中需适当地升温，以加速其固化速度，缩短成型周期。浇注系统设计说明见表 4-59。

表 4-59 浇注系统设计说明

类别	说明
主流道	热固性塑料的主流道要求细短一些，以便靠摩擦热来使塑料升温，并且减少不能回收的凝料。卧式注塑机使用的注射模的主流道仍采用圆锥形，主流道小端直径应比喷嘴出料直径大 0.5 ～ 1mm，锥角为 1° ～ 2°。主流道衬套上凹球面半径比喷嘴头部的球面半径大 0.5mm，与分流道过渡处的圆角半径可取 3 ～ 8mm。角式注塑机使用的注射模的主流道采用圆柱形
拉料腔	热塑性塑料注射模的主流道端部被称为冷料穴，而热固性塑料注射模将这一部位称为拉料腔。热固性塑料注射模的拉料腔的作用主要是收集前端的局部过热而提前硬化的熔体，另外，也能帮助塑件留在动模部分。但由于热固性塑料硬且脆，因此，拉料腔应设计成具有较小锥度的倒锥形
分流道	热固性塑料注射模分流道截面可设计成圆形、梯形、U 形、半圆形和矩形等。分流道的截面形状要与长度联合考虑：如分流道较长时，宜选用圆形、梯形、U 形截面，以减少流动阻力；如分流道较短时，宜选用半圆形和矩形截面，因为半圆形和矩形截面的效率较低，可使塑料熔体在较小的截面内增加摩擦而快速升温 为了加工方便，分流道常采用梯形或半圆形截面。分流道的截面积可用下式来估算： $$A=0.26m+20$$ 式中 A——分流道截面积，mm^2 m——流经分流道的塑料量（包括分流道内的塑料量），g 如果采用梯形截面作为分流道，其梯形截面的底边取 4 ～ 6mm，侧边斜度为 15°，高度为宽度的 2/3。根据经验可知，中小型塑件的分流道截面高度取 2 ～ 4mm，而较大的塑件取 4 ～ 8mm 热塑性塑料注射模的分流道的排布方式与热固性塑料是相同的，应尽量采用平衡进料，但要注意热固性塑料的分流道应尽可能短一些，以减少凝料量，提高效益
浇口	热固性塑料注射模的浇口类型、形状、位置的选择与热塑性塑料的注射模基本一致，可参考热塑性塑料的注射模来选择 热固性塑料由于比较脆，而且温升过高，会造成塑料硬化，因此，像点浇口、潜伏浇口、侧浇口、扇形浇口及平缝浇口的截面积都不宜过小。一般点浇口的直径不小于 1.2mm，通常在 1.2 ～ 2.5mm 内选取，侧浇口的深度在 0.8 ～ 3mm 内选取

由于热固性塑料的填料多，对浇注系统的磨损比较严重，因此生产批量较大时，热固性塑料注射模的浇注系统多采用耐热耐磨的特种钢材做镶件。

2. 型腔位置和对成型零件的要求

（1）型腔位置

由于热固性塑料的注射压力比热塑性塑料的大，模具一旦受力不均匀，会产生较大的飞边溢料。因此，型腔在分型面上的布置应使其投影中心和注射模的合模力中心重合，如不能重合，也应力求使两者的偏心尽可能小，如果注射模有多个型腔，应注意对称布置。

（2）对成型零件的要求

对热固性塑料注射模成型零件有如下要求：

① 成型零件应尽量采用整体式结构。因为热固性塑料的注射压力较大，成型零件不宜采用镶拼式结构，以免在拼缝上产生溢料。

② 正确选择塑料的收缩率。对于同一种热固性塑料来说，不同的成型方法，其收缩率是不同的，注射成型收缩率最大；压缩成型收缩率次之；压注成型收缩率最小。

③ 对模具成型零件材料的要求较高。热固性塑料成型时，由于塑料的填料及成型时的高温高压，对模具成型零件的磨损较严重，而且在热固性塑料的硬化成型过程中，会释放出大量的腐蚀性气体。因此，模具的成型零件不但要选择较好的模具材料，还需要进行热处理，重要的成型零件的硬度应在 53 ～ 57HRC 以上。成型零件的表面应采用尽量低的表面粗糙度，必要时还需要进行镀铬处理，镀层的厚度为 0.01 ～ 0.015mm。

3. 脱模（推出）机构

热固性塑料注射模的脱模（推出）机构与热塑性塑料注射模的脱模（推出）机构完全相同。但是，由于热固性塑料的注射压力较大，所以，要避免推出机构与动模板的间隙出现溢料。因此，第一，要使推出机构与动模板的间隙值小于 0.01 ～ 0.03mm；第二，要尽量采用推杆结构，避免使用推管或推件板结构，如果不能采用推杆结构，也应采用如图 4-107（b）所示的整体敞开式推件板结构，可用压缩空气的方法来清除落入模板间的废料碎屑。

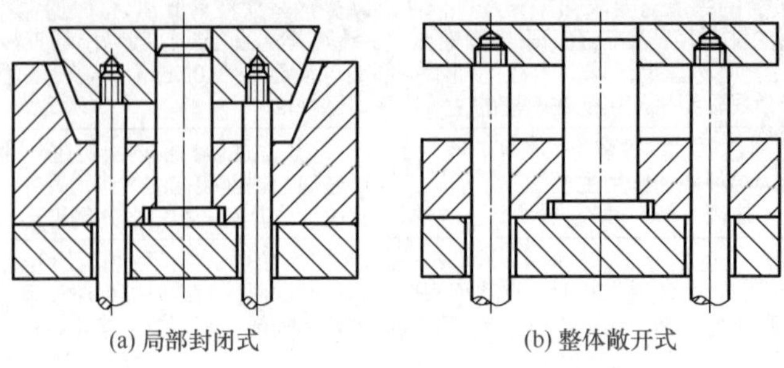

图 4-107　推件板脱模结构

另外，热固性塑料注射工艺要求模具温度高于注塑机料筒温度，容易造成塑件与型芯之间有较大的真空吸力，脱模力较大。因此，塑件要选择大一些的脱模斜度和光滑的侧壁，在包紧力大的地方，要多设置一些推杆。

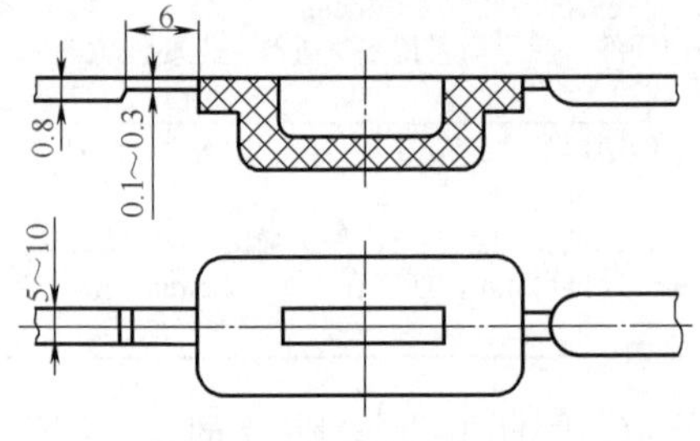

图 4-108　热固性塑料注射模的排气槽

4. 排气槽

热固性塑料在硬化成型过程中，会释放出大量的气体，无法像热塑性塑料注射模那样，通过分型面或推杆与型芯的间隙进行充分排气，热固性塑料注射模必须设计排气槽，排气槽的结构及尺寸如图 4-108 所示。

5. 加热系统

热固性塑料注射成型过程中，塑件成型的温度在 200℃左右，所以模具必须安装加热装置。加热装置一般采用电热棒，也可采用电热圈。将电热棒分别安装在动模板和定模板的加热器安装孔内（见图 4-106 的 9、16），或将电热圈分别套在动模板和定模板上，加热元件的电功率可按热塑性塑料的加热装置的功率来计算，也可按下式来估算：

$$P=0.2V$$

式中　P ——加热元件总功率，W；

V ——模具的体积，cm^2。

需要注意的是，在加热系统的设计中，应注意加热元件的布置，保证模具型腔的温差在 5℃以内。

第十节　模架的设计

模架是注塑模的骨架和基体，模具的每一部分都要“寄生”于其中，通过它将模具的各个部分有机地联系在一起。标准模架一般由定模座板（或叫定模底板、定模座）、定模固定板（或叫定模板）、动模固定板（或叫动模板）、动模垫板（或叫支承板）、垫块（或叫垫脚、模脚、支承块）、动模座板（或叫动模底板、动模座）、推杆固定板、推板（或叫推出底板）、导柱、导套、复位杆等组成。另外，根据需要，还有特殊结构的模架，如点浇口模架、带推板推出的模架等。模架中其他部分要根据需要进行补充，如精确定位装置、支承柱等。

如图 4-109 所示为最常用的一种注塑模标准模架。

一、固定板及垫板

固定板是用以固定凸模（或型芯）、凹模、导柱、导套、推杆等的。为了保证凹模、型芯或其他零件的固定稳固，固定板应有一定的厚度，并有足够的强度。一般用 45 钢制成，最好经调质处理，硬度为 235HBW。

垫板是盖在固定板上面或垫在固定板下面的平板，它的作用是防止凹模、型芯 / 凸模、导柱、导套或推杆等脱出固定板，并承受凹模、型芯 / 凸模或推杆等的压力，因此它要具有较高的平行度和硬度。一般用 45 钢，经调质处理硬度为 235HBW，或 50 钢、40Cr、40MnB、40MnVB、45Mn2 等，经调质处理硬度为 235HBW，或结构钢 Q235 ～ Q275。在有些场合，由于只需固定板或固定方式的不同，可省去垫板。动模垫板还起到了支承板的作用，其要承受成型压力导致的模板弯曲应力。

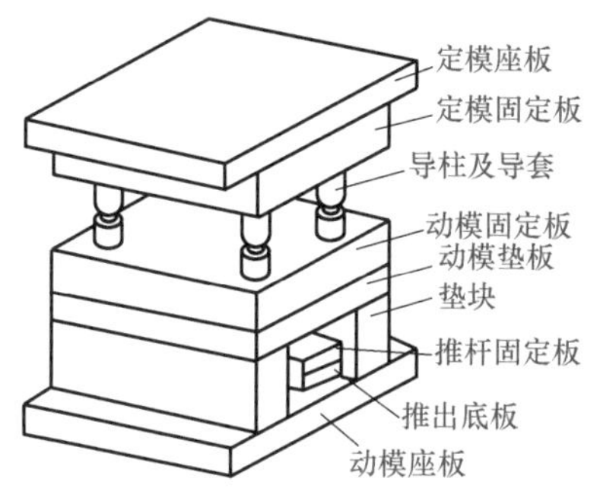

图 4-109　最常见的一种注塑模架结构

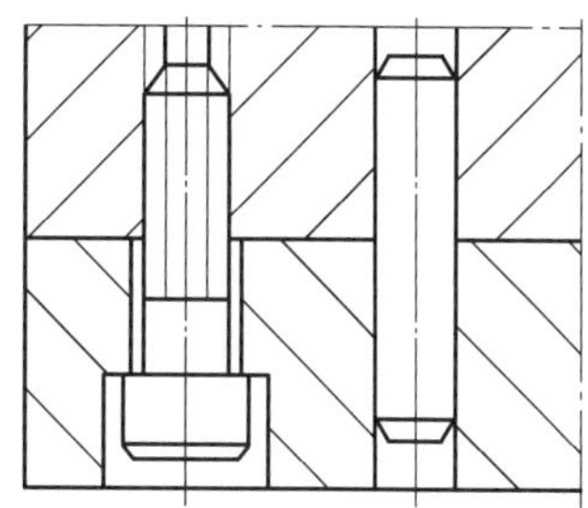

图 4-110　垫板与固定板的连接

垫板与固定板的连接方式常采用螺钉连接，在需要保证固定板与垫板之间的位置时，还要加销钉定位，连接方式如图 4-110 所示。

二、支承件

1. 垫块（支承块）

垫块（支承块）的主要作用是在动模座板和动模垫板之间形成顶出机构的动作空间，或是调节模具的总厚度，以适应注塑机的模具安装厚度要求。

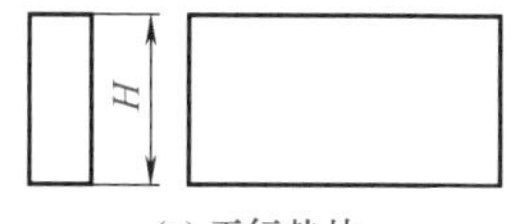

(a) 平行垫块

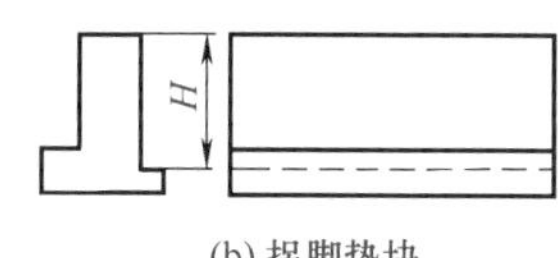

(b) 拐脚垫块

图 4-111　垫块的形式

垫块的结构形式如图 4-111 所示。平行垫块［如图 4-111（a）所示］常用于大型模具；拐脚垫块［又称模脚，如图 4-111（b）所示］，省去了动模板，常用于中小型模具。

垫块一般用中碳钢制造，也可用结构钢 Q235 制造，或用灰铸铁 HT200、球墨铸铁等制造。

垫块的高度不能过高，也不能过低。垫块的高度计算式为：

$$h_{垫块}=h_{限钉}+h_{推垫}+h_{推固}+S_{推}+\delta$$

式中　$h_{垫块}$——垫块的高度；

$h_{限钉}$——推板限位钉的高度；

$h_{推垫}$——推板的厚度；

$h_{推固}$——推杆固定板的厚度；

$S_{推}$——推出塑件所需的推出行程；

δ——推出行程的余量，一般为 3 ~ 6mm，以免推板顶到动模垫板。

另外，若在推板与动模垫板之间加入弹簧起复位或起平稳、缓冲作用时，则垫块高度还要再加上所用弹簧并紧后的高度。若不用限位钉，则把 $h_{限钉}$=0 代入上式计算即可。

模具组装时，应注意所有垫块高度应一致，否则由于负荷不均匀会造成动模板损坏。垫块与动模座板和动模垫板之间可以不用销钉定位，要求高时可用销钉定位，如图 4-112 左图所示。另外当动模座板与动模垫板之间采用间接连接时，动模垫板与垫块之间要用螺钉、销钉连接，动模座板与垫块之间也要用螺钉、销钉连接，如图 4-112 右图所示。

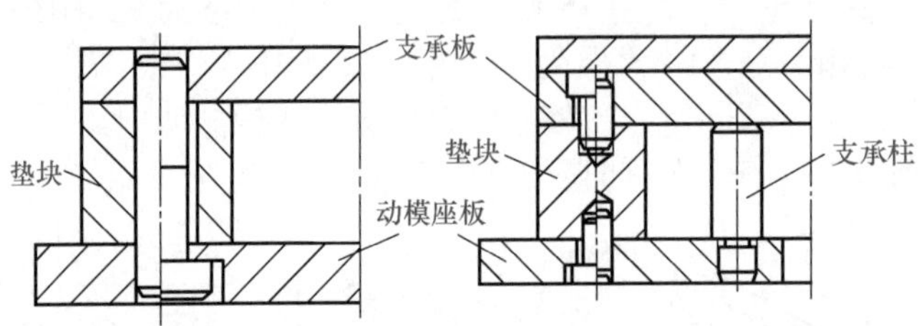

图 4-112　垫块与动模座板之间的连接及支承柱的安装形式

2. 支承柱

大多数模具要求在推出空间的面积上加以补充支承，通常采用圆柱形支承柱（空心或实心），如图 4-113 所示。有时它还能起到对推杆固定板导向的作用。支承柱的连接方式如图 4-112 右图和图 4-114 所示。支承柱的工作高度必须与垫块的工作高度一致。支承柱的个数通常可为 2、3、4、6、8 等，尽量均匀分布，一般应根据动模垫板的受力工作状况以及可用的空间而定。支承柱可用 45 钢，经调质处理，硬度为 235HBW。

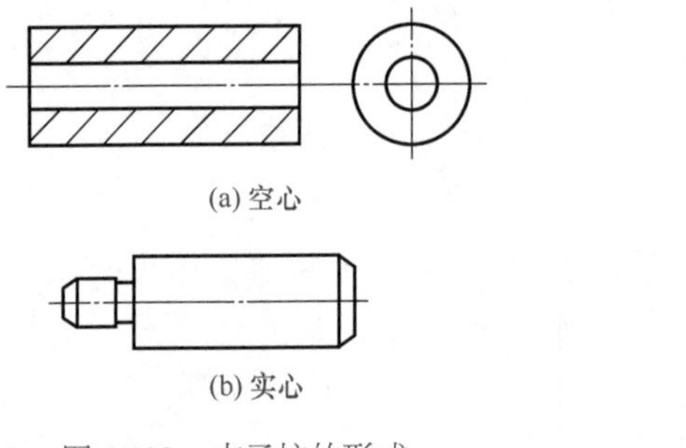

图 4-113　支承柱的形式

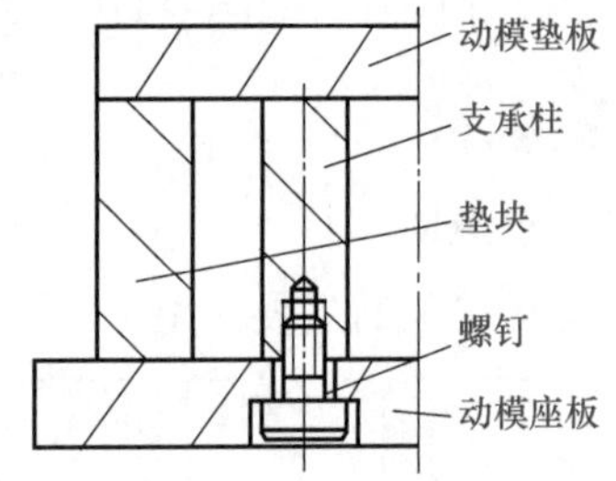

图 4-114　支承柱的安装形式

三、吊装

对于大、中型模具，为方便模具制造、装配、装模生产和储运，通常在模具上开设一定尺寸的吊装螺孔，以便安装吊环。小型模具可不进行吊装设计，但有时根据需要，也可设计吊装螺孔。

通常在动模座板、动模垫板、动模固定板、定模固定板、定模座板、垫块、推板等上均需开设吊装螺孔。一般螺孔位置：当模具卧装于注塑机上时，在模板上下端面的中央；当模具立装于角式注塑机时，在模板左右端面的中央。若在一个端面上需开设两个螺孔，则在端面上沿中心对称开设。另外，在尺寸较大且较沉的型芯 / 凸模、凹模等镶块上的适当位置也需开设吊装螺孔。螺孔尺寸的大小要保证吊环的强度足够，并能使吊环的螺牙全部利用，即要保证螺孔有一定的深度。

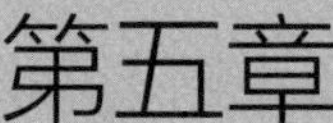

第五章 注塑模具制造

第一节　概　　述

模具制造应与模具设计等协同保证注塑模的使用，也可以说，模具制造是完成模具设计的内容，但模具制造也对模具设计提出了一定的要求，否则不能制造或很难实现，或制造经济性很差。

一、注塑模具的制造过程

注塑制件的形状不同、精度不同、生产数量不同，则模具的设计结构、加工要求、材料选用等就不同，模具的加工工艺也就自然不同。虽有诸多不同，但一般都按下列过程制造模具：熟悉制件要求→模具结构设计→模具材料准备→编排加工工艺→选择加工设备→模具零件加工→模具零件热处理→模具零件检验→零部件装配→模具总装配→试模→修整→模具终检入库。制造过程的具体说明见表 5-1。

表 5-1　注塑模具的制造过程

过程	说明
熟悉制件要求	通过对制件使用性能的了解，掌握制件的使用和注射成型等精度要求
模具结构设计	根据注塑制件形状和使用性能、生产批量等优选和完成模具结构设计 ①根据注塑制件形状合理确定分型面 ②根据制件和分型面确定型芯和型腔结构 ③以脱模方法确定脱模结构 ④以型腔数和注塑机类型确定主、分流道形式 ⑤根据模具零件在制件成型中的功能和模具零件在制件成型生产过程中的磨损情况和影响，确定模具材料 ⑥根据模具制件成型功能确定其他相关结构以及模具外形尺寸 ⑦根据模具的结构绘制模具零件图，计算、确定模具零件尺寸
模具材料准备	根据模具结构和模具零件图所规定的材料来准备，按尺寸要求留出装夹加工余量
编排加工工艺	根据各模具零件加工精度与要求，确定加工方法及各工序精度要求，编排合理的加工工艺

续表

过程	说明
选择加工设备	根据各模具零件形状和加工精度要求，选择相应的加工设备，保证各模具零件形状和精度达到要求
模具零件加工	按照模具零件加工工序要求，确定合理的进给量和转速等加工参数，及时检验测量，保证模具零件形状和精度要求
模具零件热处理	模具工作零件使用产生的磨损会影响制件精度，因此要根据模具工作零件和相关零件的功能要求，确定相应的热处理方案，以提高模具零件的硬度，提高模具零件的使用寿命，保证注塑制件精度要求
模具零件检验	检验模具零件的形状、表面粗糙度、尺寸精度、硬度等是否达到设计要求，为保证制件精度奠定基础
零部件装配	在模具零件检验已达到要求的基础上，进行机构功能部件装配，通过修配调整，达到各部件功能装配要求，为保证模具总装配精度打下基础
模具总装配	待模具零部件装配达到要求后，进行模具总装配，并根据总装配实际检测的精度，进行相应调整，保证总装配质量达到最佳状态，从而保证注塑成型的制件达到要求
试模	模具装配结束后，为了解模具结构功能是否合理，生产的注塑制件是否达到要求，就必须通过模具的试生产来了解模具工作情况。试模为确定模具精度和制件质量提供依据，为模具的调试修整提供相关参数
修整	根据实际试模过程掌握的数据、试生产的制件精度、所检测的实际误差，找出影响的因素，进行相应的修整调试，确保模具总装配精度，保证制件精度达到要求
模具终检入库	模具修整后再试模，并检验合格后，入库待生产

二、模具制造工艺系统

1. 总工艺系统和子工艺系统

在模具制造的整个工艺过程中，可以将一道工序在一台加工机床上加工的系统，认为是一个子工艺系统，而将该零件全部加工完成的工艺流程中所有子工艺系统总和看成一个总工艺系统（相当于一个流水线，即总工艺系统将各子工艺系统在空间上进行了有时间顺序的排列连线）。对于每个子工艺系统来说，其均包含机床、夹具、量具、辅具和被加工的工件等。

各子工艺系统之间有联系，如工件的输运机构，即模具车间常用的桥式起重机、叉车等，相当于流水线中的物流机构。

在工艺系统的保障中有水、电、气（如压缩空气，用于加工过程中一些需要气动的机构以及吹除切屑、清理工件等）。

对于每一个子工艺系统，有的自带测量系统，以确认是否满足加工要求。如果没有自带测量系统，则其均要在加工过程中与公用的测试间进行联系。

每一个子工艺系统的结果，都是朝着最终完成模具装配这个方向。因此，可以认为在每个子工艺系统中都装配了一部分模具。在所有子工艺系统都完成以后，再进行总装配，从而完成模具成品。

2. 加工机理及工艺分析

在各子工艺系统和总工艺系统中，进行切削加工的原理和切削工艺参数分析、系统静态和动态性能（如振动、刚性、误差等）分析、所能达到的工件质量（精度、表面质量）和生产率分析、总工艺系统的编排设计（即工艺流程设计原理，相当于各子工艺系统在总工艺系统中处于什么位置和阶段，如粗加工、半精加工、精加工阶段等）。

三、模具加工制造方法

1. 常规加工制造方法及钳工

主要是利用机械切除力进行加工，如锯削、刨削（插削、拉削）、铣削、车削、钻削

（扩孔、铰孔、锪）、镗削、磨削、珩磨、多工种复合机床上的加工（如组合机床、加工中心等的加工）等。

2. 非传统加工制造方法及热处理、焊接

主要利用物理能、化学能，包括一些机械能等来进行加工。非传统加工制造方法包括常说的特种加工和基于特种加工技术的新的综合技术。前者有化学能主导的特种加工 [化学加工、照相腐蚀、CVD（化学气相沉积）、电化学加工（如电解加工、电镀、电铸）等]、物理能主导的特种加工［电火花成型加工、电火花线切割加工、激光加工、等离子体加工、燃热加工、PVD（物理气相沉积）等］和机械能主导特种加工（超声波加工、磨料流动加工等）。后者有快速成型 / 零件制造技术（激光光刻、选择性激光烧结、分层实体制造、3D 打印、BPM（弹道粒子制造）、FDM（熔融沉积成型）等）、表面工程（如表面清洁、表面光整、表面保护、表面改性等）和微细、纳米加工等方法。

3. 成型加工

成型加工就是用模具加工模具，主要利用材料的变形等来进行加工。如锻造、冷挤压、低压铸造、失蜡铸造、陶瓷型铸造、壳型铸造等。

四、加工方法在模具加工中的应用

选择加工方法应先分析加工模具零件的内容（如加工零件表面、加工零件结构等），以及各种加工方法的加工余量、加工精度及表面粗糙度（见表 5-2）等。注塑模加工的内容分类及其所需加工方法如下：

（1）平面加工，即加工所得形状为平面。对应加工工种有锯削、刨削、插削、铣削、平面磨、电解磨等。

（2）孔类加工，即加工所得形状为孔类（内形）。对应加工工种有钻削、扩孔、铰孔、镗削、攻螺纹、内圆磨、珩磨、电火花线切割等。

（3）轴类加工，即加工所得形状为轴类（外形）。对应加工工种有车削、外圆磨、电火花线切割等。

（4）型面、曲面、立体加工，即加工所得形状为型面、曲面、空间立体。对应加工工种有铣削、成型磨削、电火花成型、电火花线切割、电铸、电解、快速模型制造、锻造、冷挤压等。

（5）表面处理及加工，即对模具零件表面进行加工及处理，包括表面光整、图案、文字、表面强化等。对应加工工种有雕刻、研磨、抛光、电解抛光、CVD、照相腐蚀、化学镀、电镀、PVD、喷涂、超声波抛光等。

（6）装配，即把模具零件组装成一个完整的模具。

（7）材料性能处理，如热处理等。

表 5-2　各种加工方法的加工余量、加工精度及表面粗糙度

加工方法		本道工序单面经济加工余量 /mm	经济加工精度	表面粗糙度 Ra/μm
刨削	半精刨	0.8 ～ 1.5	IT10 ～ IT12	6.3 ～ 12.5
	精刨	0.2 ～ 0.5	IT8 ～ IT9	3.2 ～ 6.3
铣削	划线铣	1 ～ 3	1.6mm	1.6 ～ 6.3
	靠模铣	1 ～ 3	0.04mm	1.6 ～ 6.3
	粗铣	1 ～ 2.5	IT10 ～ IT11	3.2 ～ 12.5
	精铣	0.5	IT7 ～ IT9	1.6 ～ 3.2
	仿形雕刻	1 ～ 3	0.1mm	1.6 ～ 3.2

续表

加工方法		本道工序单面经济加工余量 /mm	经济加工精度	表面粗糙度 Ra/μm
车削	靠模车	0.6 ～ 1	0.24mm	1.6 ～ 3.2
	成型车	0.6 ～ 1	0.1mm	1.6 ～ 3.2
	粗车	1	IT11 ～ IT12	6.3 ～ 12.5
	半精车	0.6	IT8 ～ IT10	1.6 ～ 6.3
	精车	0.4	IT6 ～ IT7	0.8 ～ 1.6
	精细车、金刚车	0.15	IT5 ～ IT6	0.1 ～ 0.8
钻削		—	IT11 ～ IT14	6.3 ～ 12.5
扩孔	粗扩	1 ～ 2	IT12	6.3 ～ 12.5
	铸孔或冲孔后的一次扩孔	1 ～ 1.5	IT11 ～ IT12	3.2 ～ 6.3
	细扩	0.1 ～ 0.5	IT9 ～ IT10	1.6 ～ 6.3
铰孔	粗铰	0.1 ～ 0.15	IT9	3.2 ～ 6.3
	精铰	0.05 ～ 0.1	IT7 ～ IT8	0.8
	细铰	0.02 ～ 0.05	IT6 ～ IT7	0.2 ～ 0.4
锪	无导向锪	—	IT11 ～ IT12	3.2 ～ 12.5
	有导向锪	—	IT9 ～ IT11	1.6 ～ 3.2
镗削	粗镗	1	IT11 ～ IT12	6.3 ～ 12.5
	半精镗	0.5	IT8 ～ IT10	1.6 ～ 6.3
	高速镗	0.05 ～ 0.1	IT8	0.4 ～ 0.8
	精镗	0.1 ～ 0.2	IT6 ～ IT17	0.8 ～ 1.6
	细镗、金刚镗	0.05 ～ 0.1	IT6	0.2 ～ 0.8
磨削	粗磨	0.25 ～ 0.5	IT7 ～ IT8	3.2 ～ 6.3
	半精磨	0.1 ～ 0.2	IT7	0.8 ～ 1.6
	精磨	0.05 ～ 0.1	IT6 ～ IT7	0.2 ～ 0.8
	细磨、超精磨	0.005 ～ 0.05	IT5 ～ IT6	0.025 ～ 0.1
	仿形磨	0.1 ～ 0.3	0.01mm	0.2 ～ 0.8
	成型磨	0.1 ～ 0.3	0.01mm	0.2 ～ 0.8
	坐标磨	0.1 ～ 0.3	0.01mm	0.2 ～ 0.8
珩磨		0.005 ～ 0.03	IT6	0.05 ～ 0.4
钳工划线		—	0.25 ～ 0.5mm	—
钳工研磨		0.002 ～ 0.015	IT5 ～ IT6	0.025 ～ 0.05
钳工抛光	粗抛	0.05 ～ 0.15	—	0.2 ～ 0.8
	细抛、镜面抛	0.005 ～ 0.01	—	0.001 ～ 0.1
电火花成型加工		—	0.05 ～ 0.1mm	1.25 ～ 2.5
电火花线切割		—	0.005 ～ 0.01mm	1.25 ～ 2.5
电解成型加工		—	0.05 ～ 0.2mm	0.8 ～ 3.2
电解抛光		0.1 ～ 0.15	—	0.025 ～ 0.8
电解修磨		0.1 ～ 0.15	IT6 ～ IT7	0.025 ～ 0.8
电解磨削		0.1 ～ 0.15	IT6 ～ IT7	0.025 ～ 0.8
照相腐蚀		0.1 ～ 0.4	—	0.1 ～ 0.8
超声抛光		0.02 ～ 0.1	—	0.01 ～ 0.1
磨料流动抛光		0.02 ～ 0.1	—	0.01 ～ 0.1
锻造		—	IT15 ～ IT16	—
冷挤压		—	IT7 ～ IT8	0.08 ～ 0.32

续表

加工方法	本道工序单面经济加工余量 /mm	经济加工精度	表面粗糙度 *Ra*/μm
低压铸造	—	IT11 ～ IT15	—
石蜡铸造	—	IT8 ～ IT13	1.6 ～ 6.3
陶瓷型铸造	—	IT11 ～ IT13	3.2 ～ 6.3
壳型铸造	—	IT10 ～ IT13	3.2

注：经济加工余量是指本道工序比较合理、经济的加工余量。本道工序加工余量要视加工基本尺寸、工件材料、热处理状况、前道工序的加工结果等具体情况而定。所有工序加工余量的总和为此零件的总加工余量。本道工序后面的所有工序的加工余量总和为本道工序留给后续工序的加工余量。

第二节　常规加工方法

一、锯削

锯削加工就是用锯对材料或工件进行切断及切槽等，常用于模具下料。

1. 锯削的基本方法

锯削的基本方法包括锯削时锯弓的运动方式和起锯方法。

锯弓的运动方式有两种，一种是直线往复运动，此方法适用于锯缝底面要求平直的槽和薄型工件。另一种是摆动式，锯削时锯弓两端可自然上下摆动，这样可减少切削阻力，提高工作效率。

起锯是锯削工作的开始，起锯质量的好坏直接影响锯削质量。起锯有近起锯和远起锯两种，如图 5-1 所示，在实际操作中较多采用远起锯。锯削时，无论采用哪种起锯方法，其起锯角要小（不超过 15° 为宜）。若起锯的角度太大，锯齿会钩住工件的棱边，造成锯齿崩裂。但起锯角也不能太小，起锯角太小，锯齿不易切入，锯条易滑动而锯伤工件表面。另外，起锯时压力要轻，同时可用拇指挡住锯条，使它正确地锯在所需的位置上，如图 5-1（d）所示为用拇指挡住锯条起锯。

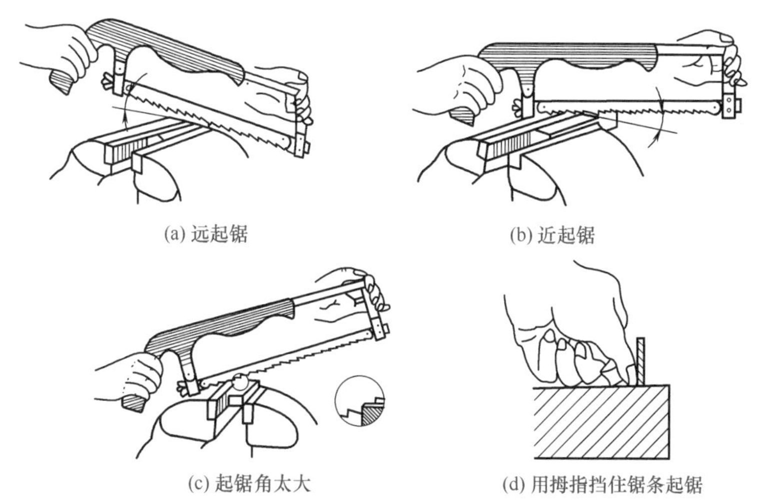
(a) 远起锯　(b) 近起锯　(c) 起锯角太大　(d) 用拇指挡住锯条起锯

图 5-1　起锯方法

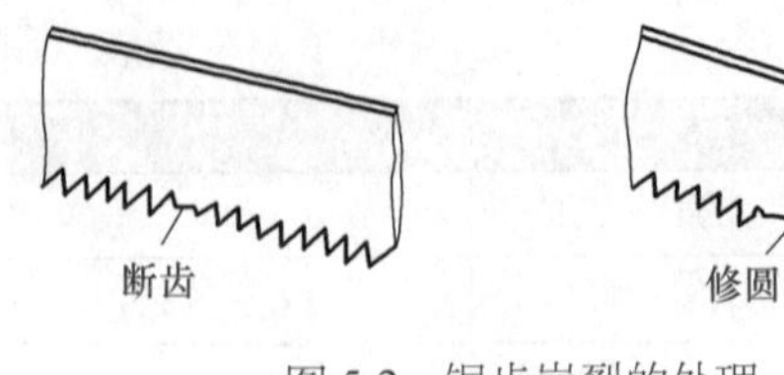

图 5-2　锯齿崩裂的处理

发现锯齿崩裂应立即停止锯削，取下锯条在砂轮上把崩齿的地方小心磨光，并把崩齿后面几齿磨低些，如图 5-2 所示为锯齿崩裂的处理。从工件锯缝中清除断齿后可继续锯削。

2. 锯削的要点

① 工件的夹持应稳当牢固，不可有弹动。工件伸出部分要短，并将工件夹在虎钳的左面。

② 锯削时，两手作用在手锯上的压力和锯条在工件上的往复速度，都将影响到锯削效率。锯削时的压力和速度，必须按照工件材料的性质来确定。

锯削硬材料时，因不易切入，压力应该大些，锯削软材料时，压力应小些。但不管何种材料，当向前推锯时，对手锯要加压力，向后拉时，不但不要加压力，还应把手锯微微抬起，以减少锯齿的磨损。当锯削快结束时，压力应减小。钢锯的锯削速度以每分钟往复 20 ～ 40 次为宜。锯削软材料速度可快些，锯削硬材料速度应慢些。速度过快锯齿易磨损，过慢则效率不高。锯削时，应使锯条全部长度都参加锯削，但不要碰撞到锯弓架的两端，这样锯条在锯削中的消耗能平均分配于全部锯齿，从而延长锯条使用寿命。相反，如只使用锯条中间一部分，将造成锯齿磨损不匀，缩短锯条使用寿命。锯削时一般往复长度不应小于锯条长度的三分之二。

二、刨削、插削、拉削

刨削、插削和拉削在加工原理上是类似的。

1. 刨削

刨削加工是在刨床上用刨刀对工件进行加工，常用作模具的粗加工。刨床可加工平面（水平面、垂直平面、斜面）、沟槽（直槽、T 形槽、V 形槽、燕尾槽）及某些成型面。刨削加工的尺寸公差等级可达 IT8 ～ IT9，表面粗糙度 *Ra* 可达 3.2 ～ 6.3μm。刨削所使用的刨床有牛头刨床、龙门刨床、仿形刨床（又称刨模机）。刨床采用的装夹附件主要有台虎钳、压板、挡铁等。

（1）平面粗刨后留给精铣的加工余量（表 5-3）

表 5-3　平面粗刨后留给精铣的加工余量　　单位：mm

平面长度	平面宽度		
	≤ 100	>100 ～ 200	>200
≤ 100	0.6 ～ 0.7	—	—
>100 ～ 250	0.6 ～ 0.8	0 .7 ～ 0.9	—
>250 ～ 500	0.7 ～ 1.0	0.75 ～ 1.0	0.8 ～ 1.1
>500	0.8 ～ 1.0	0.9 ～ 1.2	0.9 ～ 1.2

（2）牛头刨床型号及刨削加工范围

① 牛头刨床型号。常见牛头刨床有机械传动和液压传动两种，如 BS6065 型为机械式牛头刨床，最大加工长度 650mm。BYS60100 型为液压式牛头刨床，最大加工长度 1000mm，如图 5-3 所示。

② 刨削的加工范围。模具的加工制造中，刨床常用来加工中大型模具零件坯料的外形平面和有垂直度要求的侧面，如刨削加工台阶面、直角沟槽、斜面、曲面、燕尾槽和 T 形槽，也可用来刨削齿条和复合机床导轨表面。如图 5-4 所示为刨削加工基本内容。

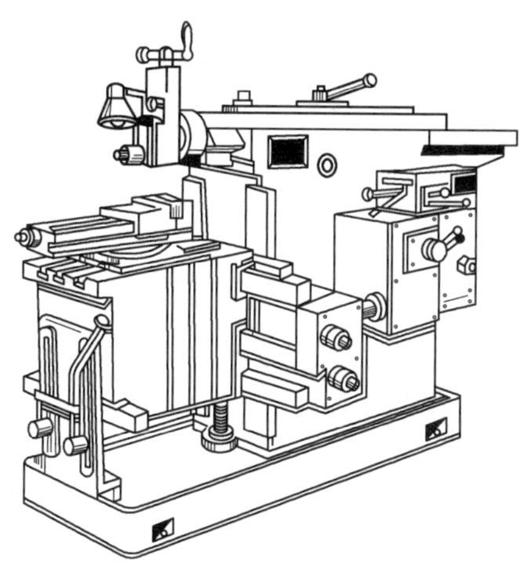

图 5-3 BYS60100 型液压式牛头刨床

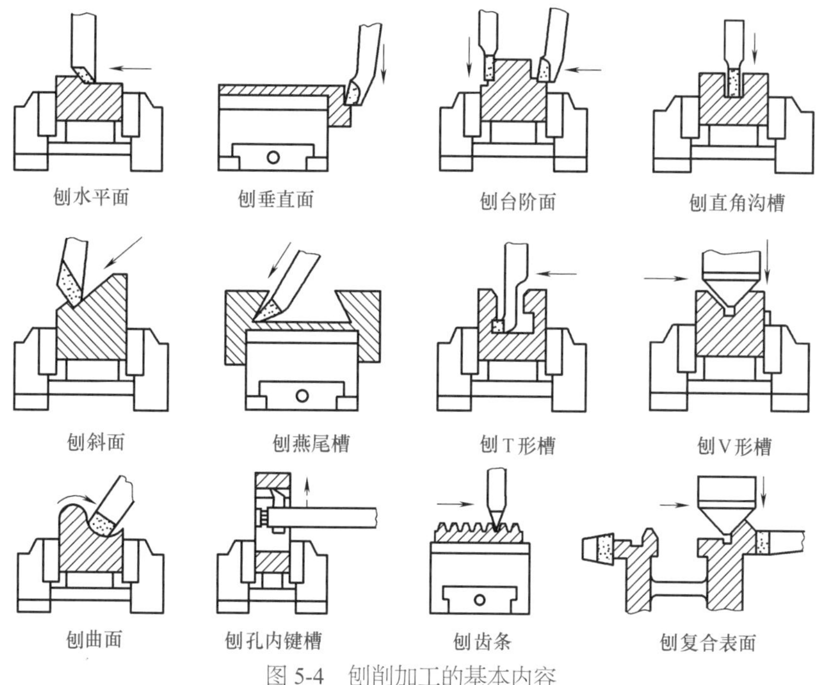

图 5-4 刨削加工的基本内容

（3）模板的刨削加工方法（表 5-4）

表 5-4 模板的刨削加工方法

类别	说明
模具板料外形刨削加工	①选择待加工模板大面之一，用平口钳装夹后刨平面，注意留平行面加工余量，作为基准 1 ②加工与基准 1 相邻的面，作为基准 2，要求基准 2 与基准 1 垂直，一般可在装夹过程中用直角尺校准 ③加工与基准 1、基准 2 相邻的面，作为基准 3，要求基准 3 与基准 1、基准 2 相互均垂直 ④加工基准 1 相对面，要求与基准 1 平行，装夹时，基准 1 表面与垫铁表面应平行，接触良好（如图 5-5 所示），加工过程中及时检查，保证尺寸要求 当模板的基准面宽而长，且加工面又比较狭窄时，可用角铁装夹工件，装夹时让基准面与角铁的一面贴合，角铁的另一面直接固定在刨床工作台面上，如图 5-6 所示。进行刨削加工，可获得精度较高的垂直平面 ⑤加工基准 2 相对面，达到平行精度和尺寸要求 ⑥加工基准 3 相对面，达到平行精度和尺寸要求 ⑦检测，待后续精加工

续表

类别	说明
模板成型面的刨削加工	①按模板成型面加工要求，选择基准，以基准划出成型面加工线 ②选择好相应的加工刀具，加工时以成型面加工线决定切削的进给量与方向，注意进给量的大小。精加工时须选用或修磨相应曲线的成型刀具，同样可以降低加工面表面粗糙度，提高成型面加工精度，如图 5-7 所示 ③检测，待后续精加工

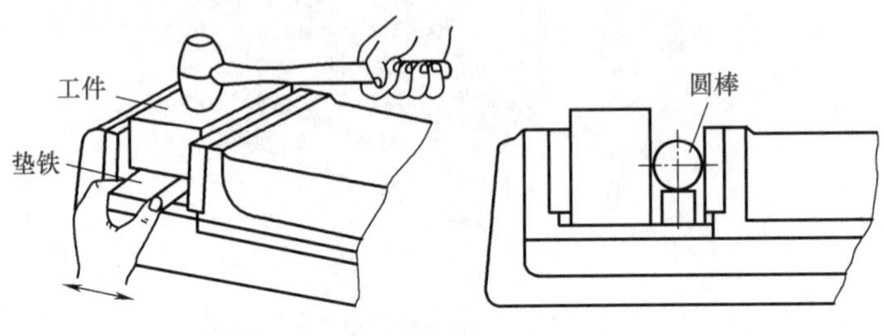

图 5-5　模板的装夹

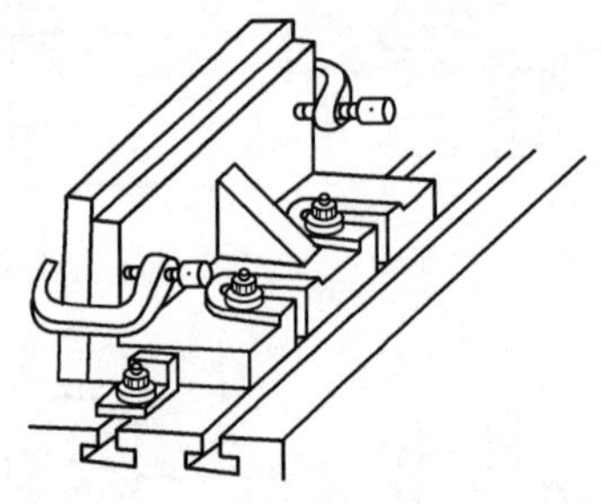
图 5-6　用角铁装夹模板

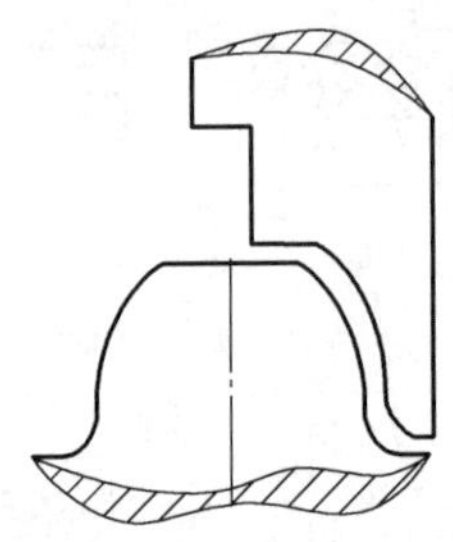
图 5-7　成型面加工

2. 插削

在插床上对工件进行切削加工，称为插削。

插床的结构原理与牛头刨床类似，其滑枕在垂直方向做往复运动（即主运动）。因此，插床实际上是一种立式刨床。插床的工作台由下滑板、上滑板及圆工作台三部分组成。下滑板用于横向进给，上滑板用于纵向进给，圆工作台用于回转进给。

插床主要用于零件的内孔表面加工，如方孔、长方孔、多边形孔及孔内键槽等，除了一般的插削加工外，还有插齿加工，也可加工某些外表面。插床的生产率较低，多用于单件小批量生产和修配工作。

3. 拉削

拉削是在拉床上用拉刀对工件进行加工的方法。拉削相当于把推力改为拉力的插削，常用来加工工件的键槽等。在模具制造中，拉削用得比较少。

三、车削

在车床上用车刀进行切削加工称为车削加工。车削的主运动是工件的旋转运动，进给运动是刀具的移动，因此，车床可加工各种零件上的回转表面，应用十分广泛，在生产中具有重要的地位。

车床的加工范围较广，可加工内外圆柱面、内外圆锥面、端面、沟槽、螺纹、成型表面以及滚花等。此外，还可在车床上进行钻孔、铰孔和镗孔。

车削加工的尺寸公差为 IT6 ～ IT9，表面粗糙度值 Ra 为 0.8 ～ 12.53μm。

1. 常用车床型号及加工范围

（1）常用车床型号

模具加工中常见普通车床有 C6132A 型（最大加工直径 320mm，最大加工长度 1000mm）和 CA6140 型（最大加工直径 400mm，最大加工长度 750mm）等，CA6140 型车床如图 5-8 所示。

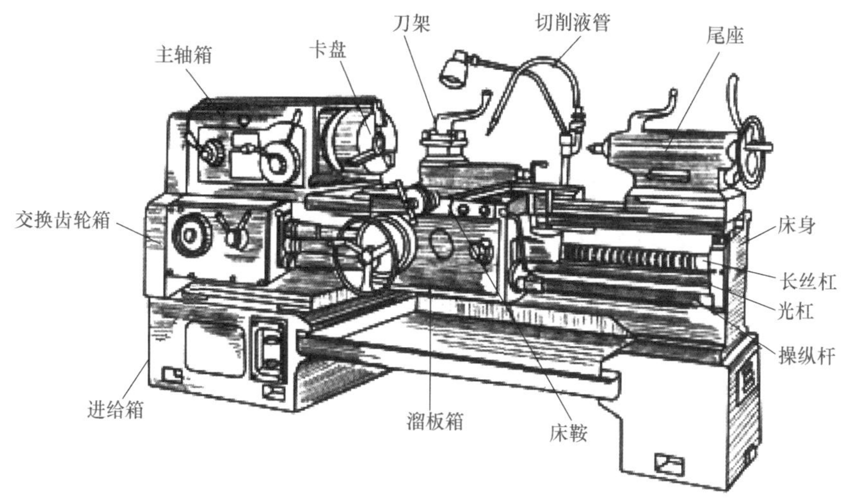

图 5-8 CA6140 型卧式车床外形

（2）常用车床的加工范围

普通车削加工在模具零件制造中的加工内容有：平面加工、内孔外圆加工、内外沟槽加工、轴向内外圆弧加工、内外螺纹加工等。

2. 车刀

（1）车刀切削部分常用材料

目前，车刀切削部分的常用材料有高速钢和硬质合金两大类。其选用说明见表 5-5。

表 5-5 刀具材料及其选用说明

类型	说明
高速钢	高速钢是一种含有 W（钨）、Mo（钼）、Cr（铬）、V（钒）等合金元素较多的合金工具钢。它是综合性能比较好的一种刀具材料，可以承受较大的切削力和冲击力，并具有热处理变形小、能锻造、易磨出较锋利的刃口等优点。适合制造各种小型及形状复杂的刀具，如成型车刀、各种钻头等。但高速钢的耐热性较差，不能用于高速切削
硬质合金	硬质合金是用高硬度、难熔的金属碳化物（WC、TiC、TaC、NbC 等）微米级的粉末与 Co（钴）、Mo（钼）、Ni（镍）等金属黏结剂烧结而成的粉末冶金制品。常用的黏结剂是 Co，碳化钛基硬质合金的黏结剂则是 Mo、Ni。硬质合金高温碳化物的含量超过高速钢，具有硬度高、熔点高、化学稳定性好和热稳定性好等特点，切削效率是高速钢刀具的 5 ～ 10 倍。但硬质合金韧性差、脆性大，承受冲击和振动的能力低。硬质合金现在仍是主要的刀具材料

（2）车刀的结构

车刀在结构上可分为整体式、机夹式、焊接式、可转位式等四种形式，其类型特点及用途见表 5-6。

表 5-6　车刀类型特点及用途

名称	简图	特点及用途
整体式	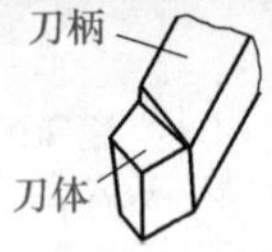 刀柄 刀体	用整体高速钢制造，刃口可磨得较锋利。主要用于小型车床或加工非铁金属
机夹式	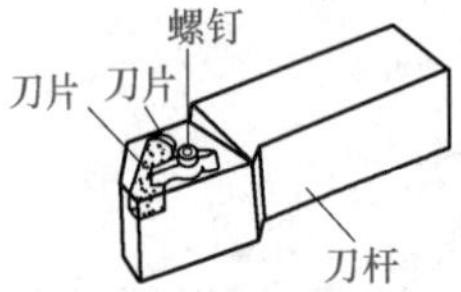 螺钉 刀片　刀片 刀杆	避免了焊接产生的应力、裂纹等缺陷，刀杆利用率高。刀片可集中刃磨获得所需参数，使用灵活方便，用于车削外圆、车削端面、镗孔、切断、车削螺纹等
焊接式	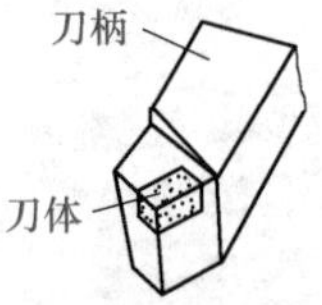 刀柄 刀体	焊接硬质合金或高速钢刀片结构紧凑，使用灵活，用于各类车刀特别是小刀具
可转位式	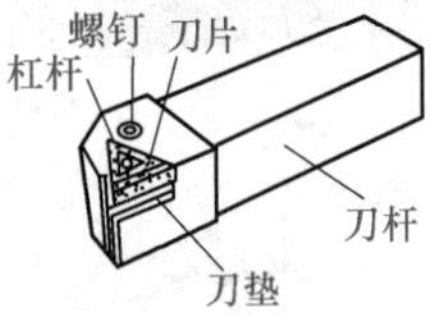 螺钉　刀片 杠杆 刀杆 刀垫	避免了焊接式的缺点，刀片可快换转位，生产率高，断屑稳定，可使用涂层刀片。用于大中型车床加工外圆或端面、镗孔，特别适用于自动生产线、数控机床

（3）常用车刀的种类及用途（表 5-7）

表 5-7　常用车刀的种类及用途

车刀种类	车刀的外形图	用　途	车削示意图
45° 车刀 （弯头车刀）	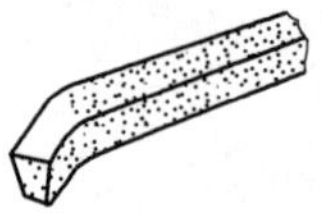	车削工件的外圆、端面和倒角	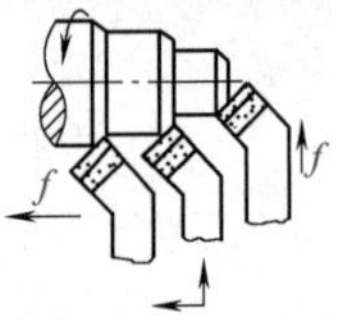 f　f
75° 车刀	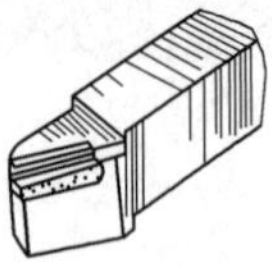	车削工件的外圆和端面	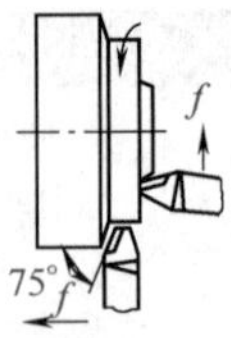 f 75°　f
90° 车刀 （偏刀）		车削工件的外圆、台阶和端面	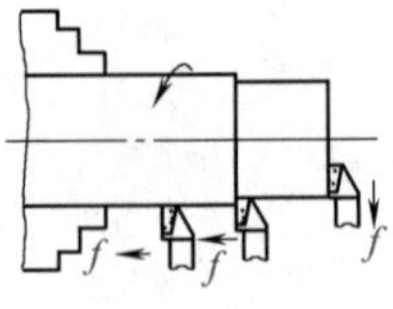 f　f　f
圆头车刀	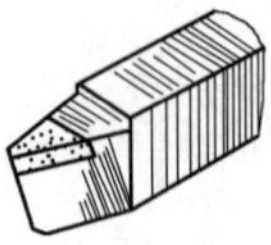	车削工件的圆弧或成型面	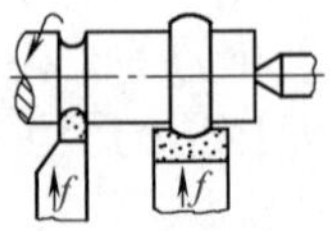 f　f

续表

车刀种类	车刀的外形图	用　途	车削示意图
切断刀		切断工件或在工件上车槽	
内孔车刀		车削工件上的内孔	
螺纹车刀		车削螺纹	

（4）车刀的安装

车刀安装在刀架的左侧，刀尖应与工件轴线等高，一般用尾座顶尖校对，用垫刀片调整。车刀在方刀架上伸出的长度，一般以刀体高度的 1.5 ～ 2 倍为宜，垫刀片应平整对齐。

3. 工件的安装

车工在车削时，工件必须安装在车床的夹具上，经过定位、夹紧，使工件在加工过程中始终保持正确的位置。工件安装是否正确可靠，直接影响生产效率和加工质量，应该十分重视。

4. 模具零件的车削加工方法

（1）模具板料平面的车削加工

采用四爪卡盘装夹（如图 5-9 所示），用直角尺校正或用靠山靠平，即可较方便地加工小型模具板料的平面，能获得较好的平面度和垂直度。

（2）回转体类模具零件的车削加工

① 选择合适的车刀，可较方便地在普通车床上加工模具零件的内孔、外圆、内外沟槽、内外锥度，加工精度较高。如刃磨成型车刀，可车削成型面，从而提高加工效率，如图 5-10 所示。

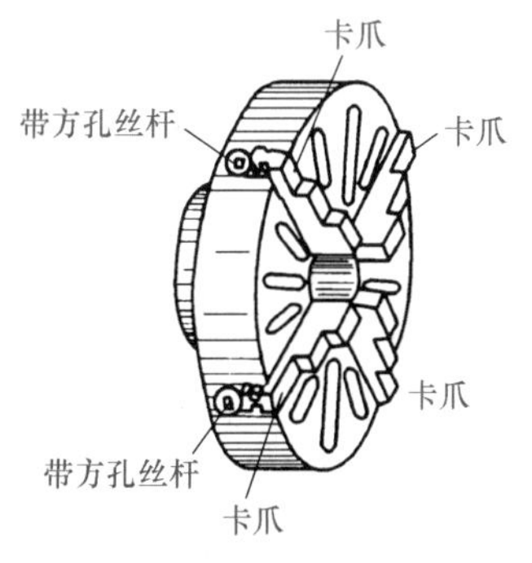

图 5-9　四爪卡盘

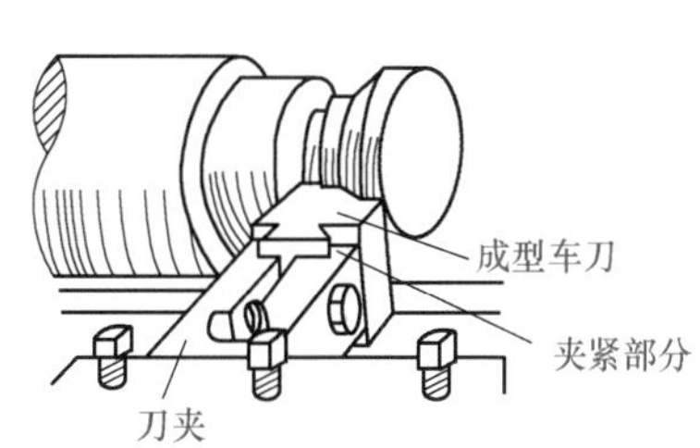

图 5-10　用成型车刀车削成型面

② 如果操作者技术水平较高，则可在车床上双手控制加工具有复杂曲面的模具零件。如图 5-11 所示，车床中滑板加上仿形靠模装置，可高效加工曲面。有仿形靠模装置的车床

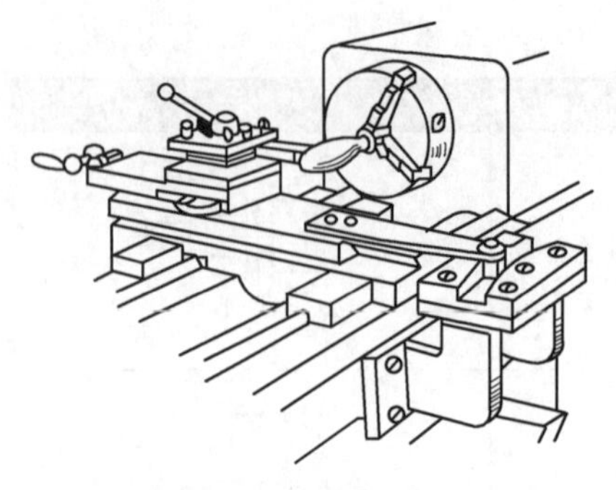

图 5-11　用仿形靠模车床加工曲面

很适宜批量加工模具零件或机械配件，具有独特的优越性。

③ 根据螺纹牙型角和形状，刃磨好相应的螺纹车刀，调整好相应的进给比，可进行内外螺纹的车削加工，并采用相应的环规或三针法进行测量，可保证内外螺纹精度要求。对模具零件的型芯或型腔，为了脱模顺利，应尽可能降低其内外螺纹的表面粗糙度，其方法是选用合理的切削液。通过实践比较，采用浓度较高的乳化液为切削液，螺纹表面光滑，表面粗糙度小，效果很好。

④ 对普通车床进行一些小的技术性改造，如根据加工件的形状和加工要求，制作相应的专用的夹具、辅具和刀具，可扩大普通车床的加工范围，可在普通车床上进行铣削、镗削、磨削、研磨等，达到一机多用的目的。

四、铣削

在铣床上用铣刀进行切削加工称为铣削加工。

铣床主要用来加工各类平面、沟槽和成型面，也可进行钻孔、铰孔和镗孔。铣削加工的尺寸公差等级一般为 IT8 ～ IT9，表面粗糙度值 *Ra* 一般为 1.6 ～ 6.3μm。

普通铣床种类较多，并各有特点，按照结构和用途的不同可分为：卧式升降台铣床、立式升降台铣床、龙门铣床、仿形铣床、工具铣床等。其中，卧式升降台铣床和立式升降台铣床的通用性最强，在模具制造中应用也最广泛。这两类铣床的主要区别在于主轴轴心线相对于工作台的位置不同，主轴轴心线垂直于工作台的为立式铣床，主轴轴心线与工作台平行的为卧式铣床。

1. 常用铣床型号及加工范围

（1）常用铣床型号

如图 5-12 所示为 X5030 型立式铣床，其工作台宽 300mm，长 1100mm。如图 5-13 所示为 X6135 型卧式万能铣床，其工作台宽 350mm，长 1600mm。

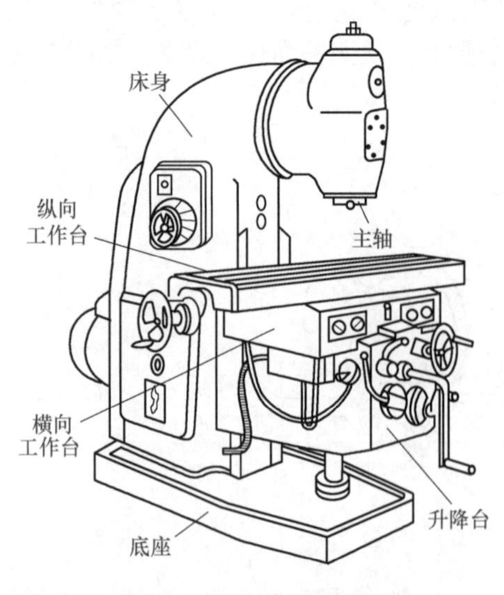

图 5-12　X5030 型立式铣床

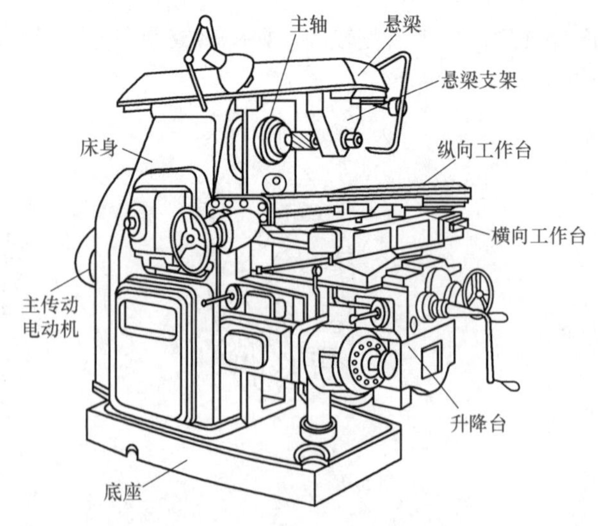

图 5-13　X6135 型卧式万能铣床

（2）常用铣床的加工范围

① 立式铣床。立式铣床的加工范围很广，铣削刀具的种类也很多，选择不同的铣削刀具，能完成不同的铣削功能。一般加工范围有：加工模具板料的各个平面、滑块的台阶面和斜面，加工模具零件的成型面，加工模具的导滑槽（如直沟槽、燕尾槽、T形槽等），也可以利用手动进给加工模具的型芯和型腔的曲面组合体。

② 卧式铣床。卧式铣床的加工范围同样很广，选择不同的铣削刀具，能完成不同的铣削功能。一般加工范围有：加工模具零件的宽、窄直槽，用锯片铣刀切断模具零件，用成型刀可加工模具零件的成型面和斜面，用斜齿铣刀可加工模具滑块的台阶面和模具板料的平面，加工时刀具和模具零件刚性好，加工效率高。

2. 铣刀

（1）铣刀的种类

如图 5-14 所示为铣刀的种类，铣刀是多刀（齿）多刃刀具，其种类繁多，一般有两种分类方法。

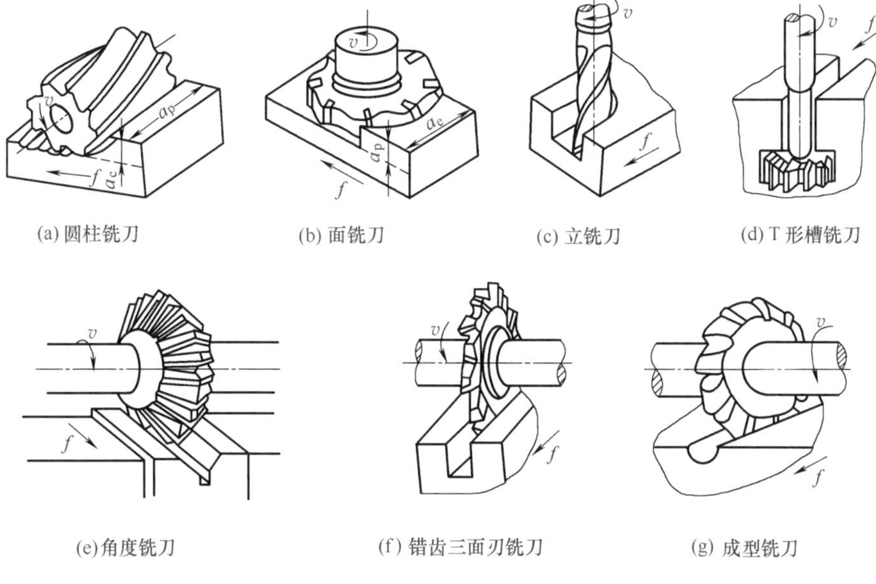

(a) 圆柱铣刀　(b) 面铣刀　(c) 立铣刀　(d) T 形槽铣刀

(e) 角度铣刀　(f) 错齿三面刃铣刀　(g) 成型铣刀

图 5-14　铣刀的类型

① 按其切削部分的材料分：高速钢和硬质合金两种。

② 按其用途分：铣平面的铣刀，如圆柱铣刀、面铣刀等；铣沟槽用的铣刀，如立铣刀、T形槽铣刀、角度铣刀、错齿三面刃铣刀等；铣成型面用的铣刀，如成型铣刀等。

（2）铣刀的选用

各种型式的铣刀有各自对应的用途，有些铣刀可以有多种用途，而一些铣刀只能进行单一的铣削加工。因此，选用铣刀首先应根据铣刀的用途进行选择。各种铣刀用途可参见表 5-8，如果需要该种铣刀的详细技术参数，可按标准号查阅有关数据。

表 5-8　铣刀型式选择参照

品种	用途	简图
直柄立铣刀	用于铣削平面和台阶。该铣刀分细齿和粗齿两种。细齿用于半精铣平面和台阶；粗齿用于粗铣平面和台阶	
锥柄立铣刀		

续表

品种	用途	简图
直柄键槽铣刀	用于加工圆头封闭或半封闭式的键槽。键槽铣刀在圆周上及端面上都有切削刃，工作时它能垂直进给及沿轴向进给	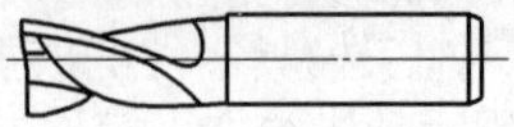
锥柄键槽铣刀		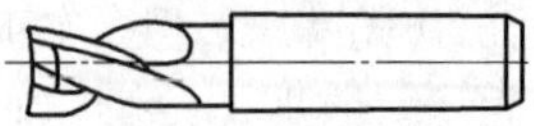
半圆键槽铣刀	用于铣削半圆键槽	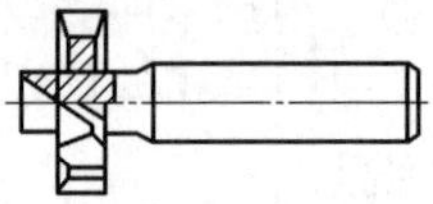
燕尾槽铣刀	用于加工燕尾槽	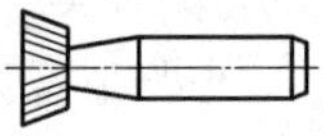
T形槽铣刀	用于加工T形槽	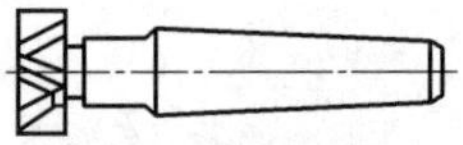
套式立铣刀	用于半精铣平面	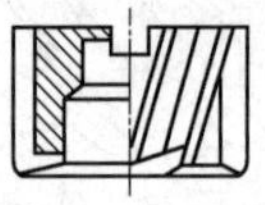
镶齿套式面铣刀	用于铣削较宽的平面。刀齿磨损后，可以调节径向伸出量	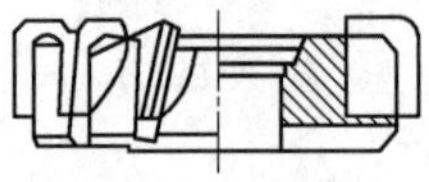
圆柱形铣刀	用于铣削平面。圆柱形铣刀分细齿和粗齿两种。细齿用于半精铣平面，粗齿用于粗铣平面	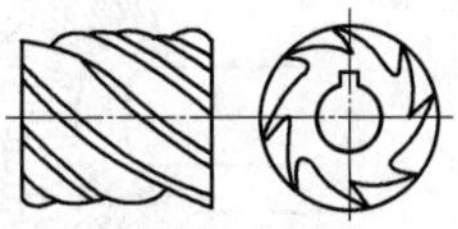
三面刃铣刀	用于加工凹槽和台阶。该铣刀分直齿和错齿两种。直齿用于半精铣凹槽和台阶，错齿用于粗铣凹槽和台阶	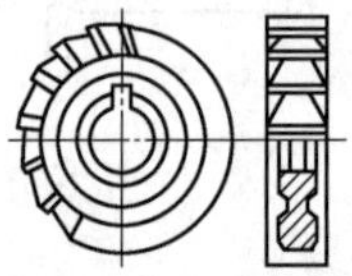
镶齿三面刃铣刀	用于加工凹槽和台阶。刀齿磨损后，铣刀宽度可以调整	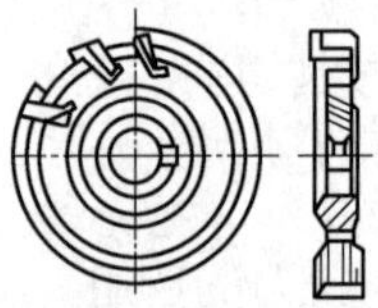
锯片铣刀	用于铣削窄面深的槽或锯断工作。分细齿、中齿和粗齿三种。细齿适用于铣削黑色金属，粗齿适用于铣削轻金属	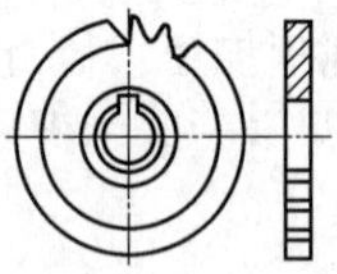
尖齿槽铣刀	用于加工H9级轴槽	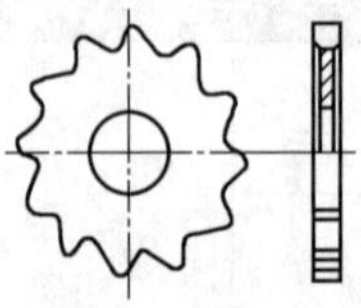

续表

品种	用途	简图
单角铣刀	用于铣削角度槽	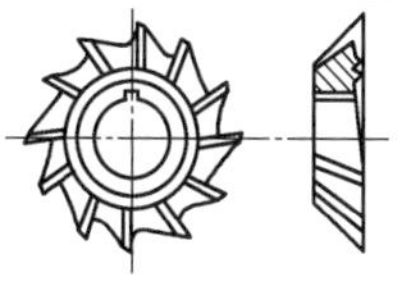
不对称双角铣刀	用于加工各种刀具的刃沟	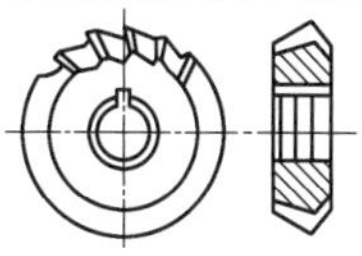
对称双角铣刀	用于加工有螺旋沟的尖齿及铲齿铣刀的刃沟	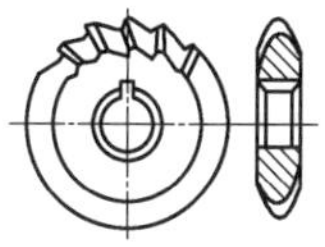
凸半圆铣刀	用于铣削半圆槽	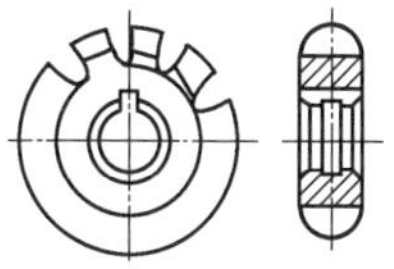
凹半圆铣刀	用于铣削凸半圆形的工件	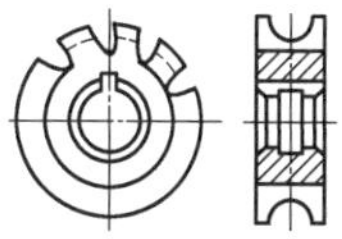
盘形齿轮铣刀	主要用于加工精度较低的直齿圆柱齿轮，有时也用于加工斜齿圆柱齿轮、齿条以及有空刀槽的人字齿轮	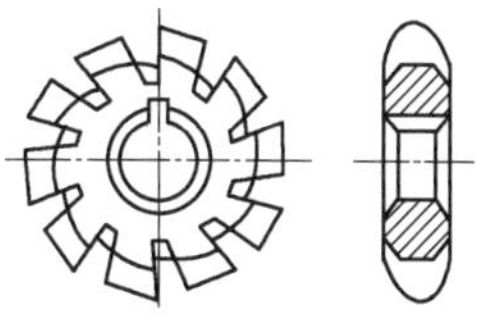
盘形直齿锥齿轮铣刀	用于加工精度较低的直齿圆锥齿轮。为与盘形齿轮铣刀区别，在铣刀端面上标有“⏢”标记	
链轮铣刀	用于加工套筒滚子链链轮	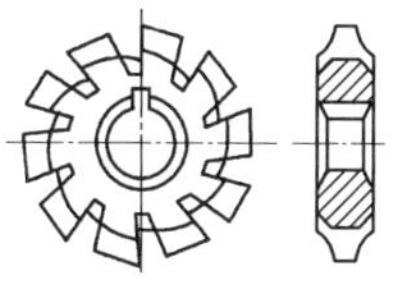

（3）铣刀的安装

铣刀安装是铣削前必要的准备工作，其安装方法的正确与否，决定了铣刀的回转精度高低，并将影响铣削加工质量以及铣刀的使用寿命，因此安装铣刀必须要有一个正确的方法和步骤。

3. 模具零件的铣削加工方法

（1）平面的铣削加工

根据模具零件平面的大小和加工余量，可选择不同的刀具进行加工。

对斜面进行加工，转动铣刀切削位置铣斜面。这种铣削形式是在立式铣床上按照工件的斜度要求，将立铣头转动到相应角度，把斜面铣出来。如果在万能或卧式铣床上采用这种方法加工斜面，需要安装万能铣头，铣头能在主轴线纵向和横向两个相互垂直的平面内做360°的转动，所以它能与工作台台面成任何角度，完成铣斜面工作。

在立式铣床上或在卧式铣床上安装万能铣头铣斜面时，二者确定铣头扳转角度数值的方法是相同的，都是根据工件斜面的倾斜度和所使用铣刀的情况而定，可按照表 5-9 给出的方法进行铣削加工。

表 5-9　铣斜面方法

方法	说明
方法一	斜面和工作台的垂直面相交成角度 β，若用铣刀的圆周刀齿切削，如图（a）所示，这时，铣头（铣刀）扳转角度 α 应等于 β，即 $\alpha=\beta$；当使用铣刀的端面刀齿切削时，如图（b）所示，铣头应扳转角度 $\alpha=90°-\beta_1=90°-\beta$ 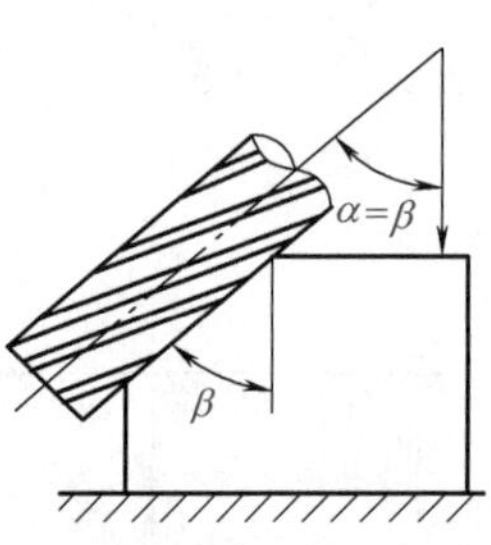 图(a) 铣刀圆周刀齿铣斜面(1) 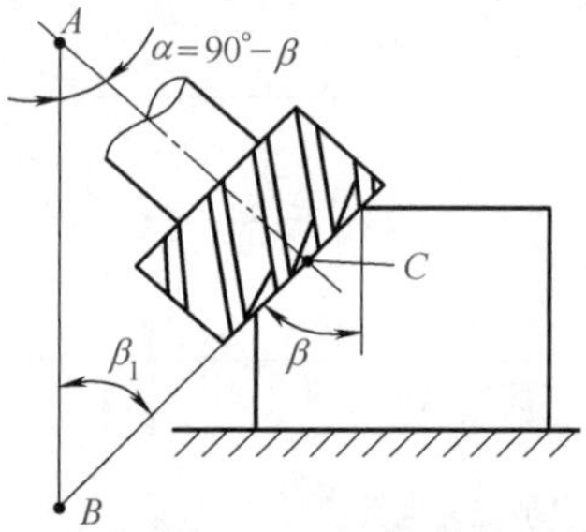　图(b) 铣刀端面刀齿铣斜面(1)
方法二	斜面和工作台平行的水平面相交成角度 β，若用铣刀的端面刀齿切削，如图（c）所示，这时，铣头（铣刀）扳转角度 α 应等于 β，即 $\alpha=\beta$；当使用圆周刀齿切削时，如图（d）所示，铣头应扳转角度 $\alpha=90°-\beta_1=90°-\beta$ 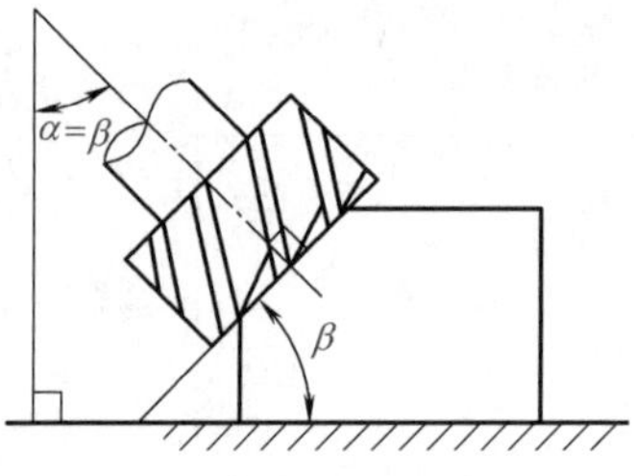 图(c) 铣刀端面刀齿铣斜面(2) 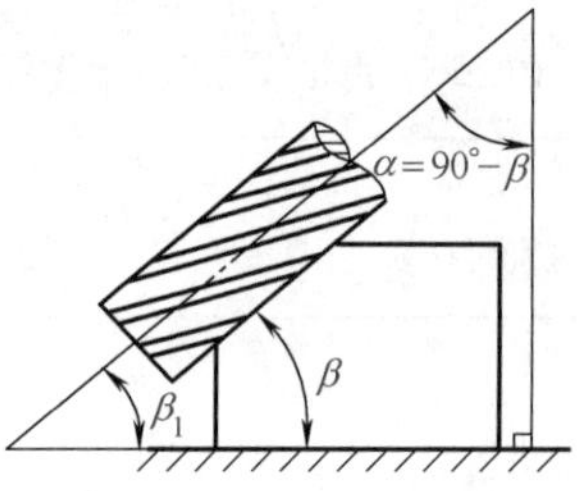　图(d) 铣刀圆周刀齿铣斜面(2)
方法三	如果给定的角度是斜面和工作台垂直线间所夹的钝角 β，当用铣刀的圆周刀齿切削时，如图（e）所示，铣头应扳转角度 $\alpha=180°-\beta$；当用端面刀齿切削时，如图（f）所示，$\alpha=\beta-90°$ 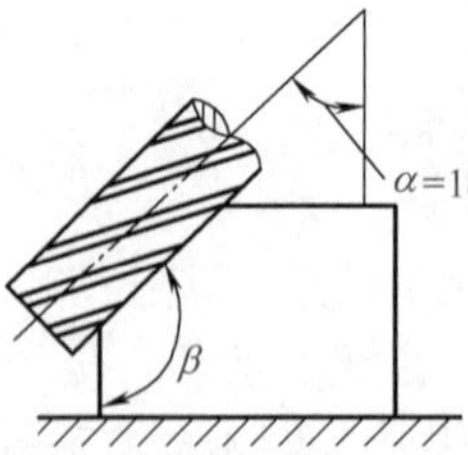 图(e) 铣刀圆周刀齿铣斜面(3) 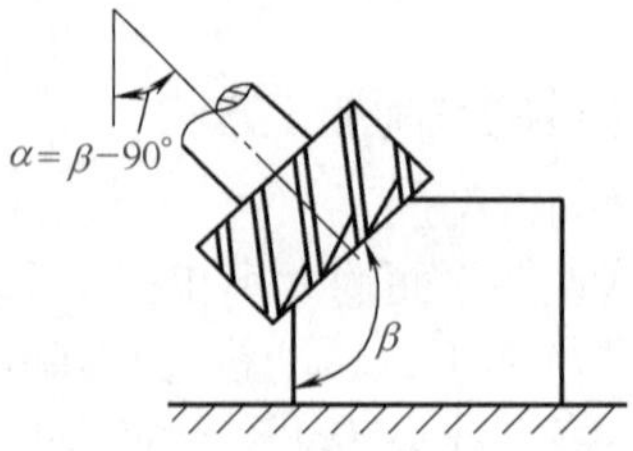　图(f) 铣刀端面刀齿铣斜面(3)

方法	说明
方法四	如果给定的角度是斜面和工作台面平行的水平面间所夹的钝角β，当用铣刀的圆周刀齿切削时，如图（g）所示，铣头应扳转角度$\alpha=\beta-90°$；当用端面刀齿切削时，如图（h）所示，铣头应扳转角度$\alpha=180°-\beta$ $\alpha=\beta-90°$　β　　$\alpha=180°-\beta$　β 图(g) 铣刀圆周刀齿铣斜面(4)　　图(h) 铣刀端面刀齿铣斜面(4)

当模具板料面积较大时，可选用盘形铣刀进行机动切削加工，由于切削刃具采用的是硬质合金刀片，切削效率高，表面粗糙度值较小，若刀具刃口磨损，更换方便可靠。

当模具板料面积较小时，如滑块的台阶面等，可选用多刃立铣刀进行手动或机动切削加工。由于铣刀是由高速钢制作而成，红硬性不及硬质合金，切削加工时必须加注冷却润滑液，以提高加工表面质量，延长刀具使用寿命。

（2）槽的铣削加工

在侧向分型抽芯的注塑模具中，滑块导滑装置均设计成T形槽或燕尾槽导滑，制造时应根据导滑槽不同的要求选择合适刀具进行铣削加工。

① T形槽铣削加工。可选用立铣刀和T形槽铣刀，按图5-15所示加工。加工前首先按模具零件T形槽位置要求划线，按加工界线冲眼；用立铣刀由浅入深加工直槽，待直槽加工达到深度要求后，再用T形槽铣刀进行加工，达到图纸精度要求。铣T形槽时，由于排屑、散热都比较困难，加之T形槽铣刀的颈部较小，容易折断，故加工对不宜选用过大的铣削用量，可能情况下要考虑选用不同直径的T形槽铣刀，进行分层粗、精切削加工，减小切削抗力对刀具的影响，提高T形槽的加工精度。

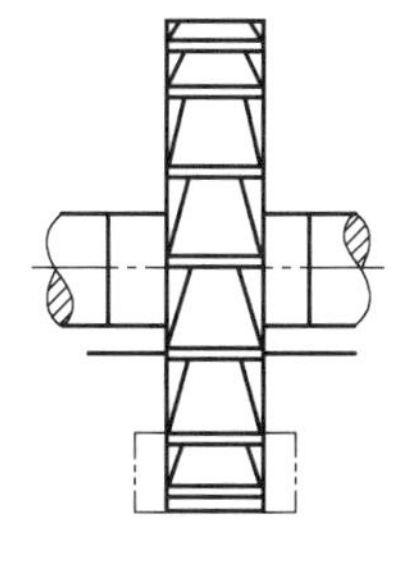

(a)用三面刃盘铣刀铣直槽

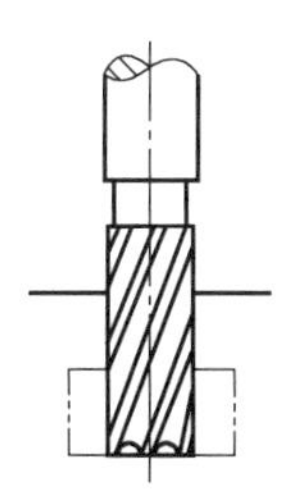

(b)用立铣刀铣直槽

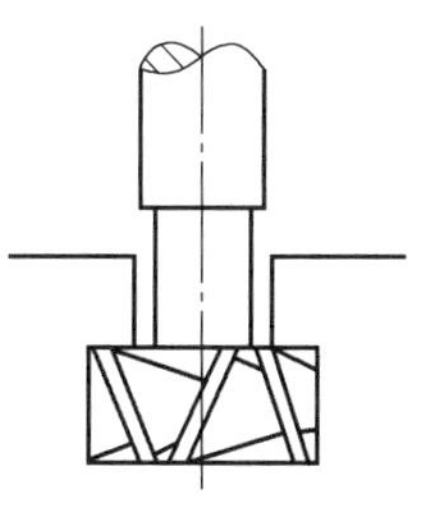

(c)铣T形槽底槽

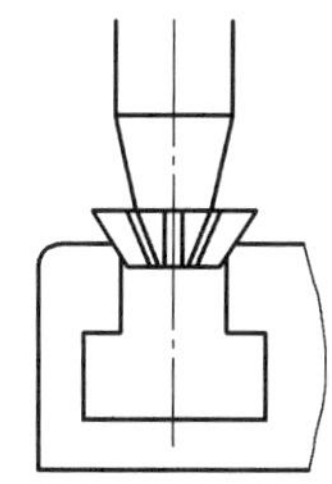

(d)铣T形槽槽口倒角

图5-15　铣T形槽

② 内燕尾槽和外燕尾槽的铣削加工。内燕尾槽与外燕尾槽是配合使用的，如图5-16所示。对其角度、宽度和深度都有较高的精度要求，对燕尾槽上斜面的平面度要求也较高，且表面粗糙度*Ra*值要小。燕尾槽的角度有45°、50°、55°、60°等多种，一般采用55°。

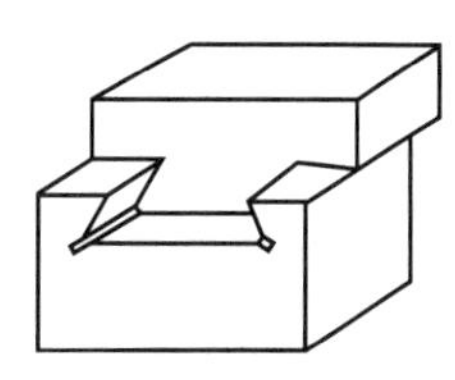

图5-16　内燕尾槽与外燕尾槽

因为内燕尾槽与外燕尾槽是作为导向零件用的，所以技术要求非常严格，主要包括以下参数项目，见表 5-10。

表 5-10　燕尾槽的技术要求

参数项目	说明
角度	燕尾槽的角度要求很高，以保证内燕尾槽和外燕尾槽能密切配合
宽度、深度尺寸	燕尾槽的宽度、深度尺寸要求很高
各表面的表面粗糙度	组成燕尾槽的各表面的表面粗糙度要小。有些精度要求较高的燕尾槽导轨，铣削后还要经过磨、刮等精密加工
各表面的平面度	组成燕尾槽的各表面的平面度误差要小

此外，对组成燕尾各表面的表面硬度也有很高的要求

a. 内燕尾槽和外燕尾槽的铣削方法。铣削内燕尾槽时，第一步先铣出直槽，如图 5-17（a）所示，然后使用燕尾槽铣刀铣削燕尾槽，如图 5-17（b）所示。铣削外燕尾槽时，先铣出台阶，如图 5-18（a）、（b）所示，然后铣出燕尾槽，如图 5-18（c）、（d）所示。燕尾槽铣刀刚度弱，容易折断，所以，在切削中要经常清理切屑，防止堵塞，选用的铣削用量要适当，并且注意充分使用切削液。

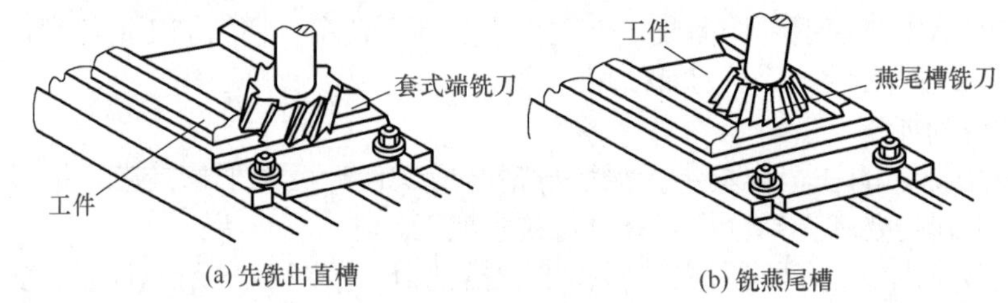

图 5-17　内燕尾槽的铣削方法

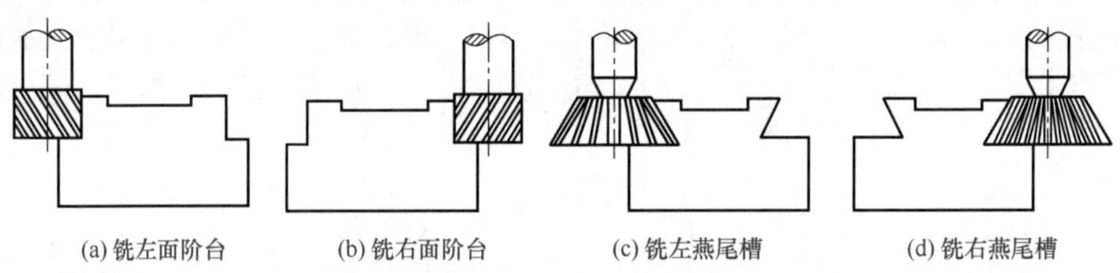

图 5-18　外燕尾槽的铣削方法

在缺少合适的燕尾槽铣刀情况下，可以使用单角铣刀代替进行加工，如图 5-19 所示。这时，使用的单角铣刀的角度要和燕尾槽角度相一致，并且，铣刀杆不要露出铣刀端面，防止有碍切削（可选用内胀式夹紧铣刀的铣刀杆）。

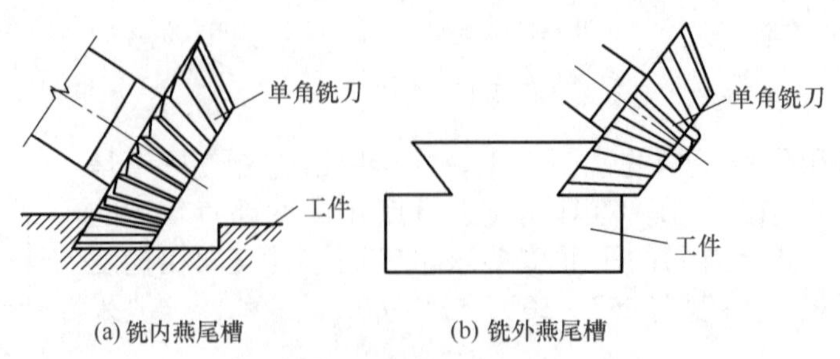

图 5-19　单角铣刀铣燕尾槽

b. 燕尾槽类工件测量计算。内燕尾槽和外燕尾槽的角度都可使用万能角度尺测量，槽深和燕尾高度可使用深度游标卡尺或高度游标卡尺进行测量。由于这类工件受倒角和空刀槽的影响，因此它的宽度尺寸往往不容易测量准确，对于尺寸精度要求较高的工件，可采用间接测量的方法。

c. 内、外燕尾槽铣削加工的检验。燕尾槽对称度的检验与 V 形槽测量方法相仿，与侧面的平行度的检验也可采用类似方法，只是测量点在标准圆棒的两端最高点。表面粗糙度用目测比较检验；用万能角度尺测量燕尾槽槽形角。由几何关系可知，采用这种测量方法，只要保证槽底与工件上平面平行，测得的角度即为槽形角。用内径千分尺和外径千分尺测内燕尾槽和外燕尾槽的宽度时，注意标准圆棒的精度是否适合、圆棒与槽侧是否贴合良好。

③ 键槽的铣削加工。在注塑模具传动机构中，为了传递转矩，配合件常采用键与键槽来达到目的。键槽加工时，可选用键槽铣刀来加工，一般要求铣刀直径尺寸与键槽尺寸相一致，以提高键槽精度和加工效率。

（3）型芯、型腔过渡圆弧的铣削加工

模具零件型芯、型腔的形状是按制件形状成型需要而决定的，因此型芯、型腔的加工方法也是按其形状加工的需要而决定的。型芯、型腔的内角常用圆弧过渡，铣削加工时首先按图样要求准确划线，在加工界线冲眼，如图 5-20 所示，再根据圆弧大小选择相应直径的立铣刀进行手动进给加工。刀具直径小，切削速度要高，进给速度要慢，防止铣削刀具折断，并且要加充足的切削液冷却，要分粗、精加工，保证模具型芯、型腔的加工精度。

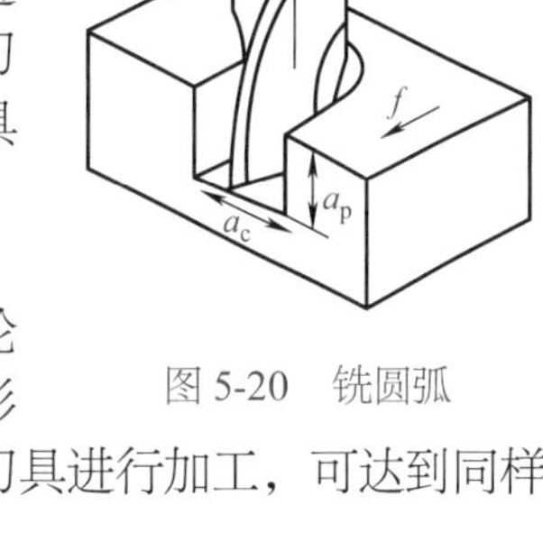

v
f
a_p
a_c
图 5-20　铣圆弧

（4）成型面的铣削加工

模具零件的成型面，如果是标准形状，如直齿条，可用齿轮铣刀在卧式铣床上进行切削加工，加工时加切削液冷却，可得到形状一致、精度较高的模具零件。如果是非标准形状体，也可定制刀具进行加工，可达到同样的精度要求，如图 5-21 所示。

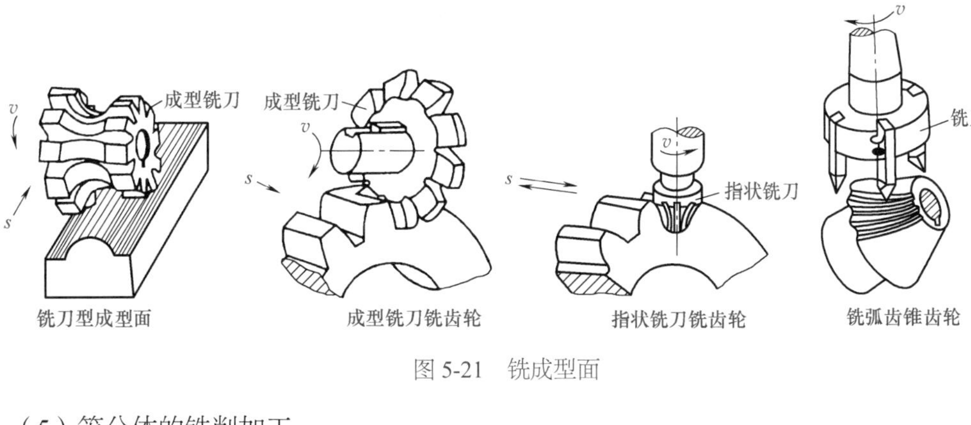

成型铣刀
v
s
铣刀型成型面
成型铣刀
v
s
成型铣刀铣齿轮
s
v
指状铣刀
指状铣刀铣齿轮
v
铣刀盘
铣弧齿锥齿轮
图 5-21　铣成型面

（5）等分体的铣削加工

模具零件加工表面具有等分要求时，如多角等分体、圆周等分孔等，在按要求选择刀具的同时，可采用万能分度头装夹模具坯料，根据等分要求正确计算并求出分度头手柄转动圈数和手柄孔位。在上一个工位加工结束下一个工位开始加工前，转动求得的圈数和手柄孔位再进行加工，按此类推，达到相应的等分要求和加工精度要求。

分度头是铣床上的重要附件和夹具，在铣削中应用很广泛。分度头有多种形式，常用的有万能分度头和简单分度头等。

① 万能分度头。F11125 型万能分度头在铣床上较常使用，其主要结构和传动系统如图 5-22 所示。

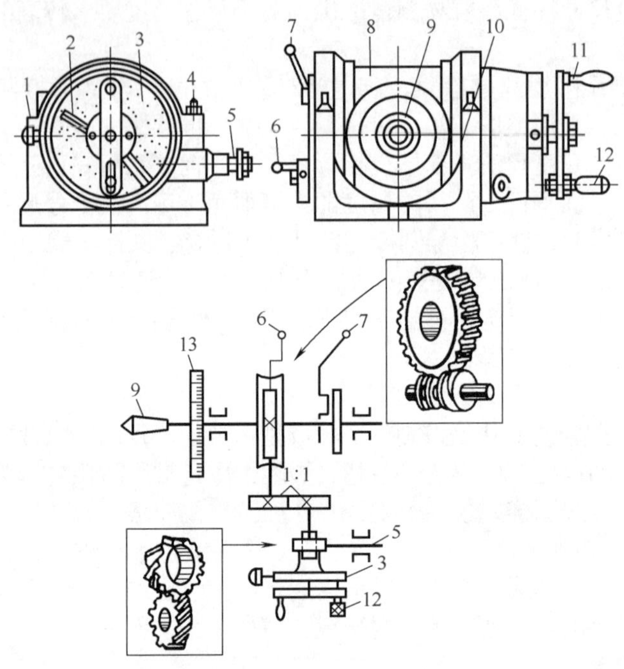

图 5-22　F11125 型万能分度头的结构和传动系统

1—分度盘紧固螺钉；2—分度叉；3—分度盘；4—螺母；5—交换齿轮轴；6—蜗杆脱落手柄；7—主轴锁紧手柄；8—回转体；9—主轴；10—基座；11—分度手柄；12—分度定位销；13—刻度盘

分度头主轴 9 是空心的，两端均为莫氏 4 号内锥孔，前端锥孔用于安装顶尖或锥柄芯轴，后端锥孔用于安装交换齿轮芯轴，作差动分度、直线移距及加工小导程螺旋面时安装交换齿轮之用。主轴 9 的前端外部有一段定位锥体，用于三爪自定心卡盘连接盘的安装定位。

装有分度蜗轮的主轴安装在回转体 8 内，可随回转体 8 在分度头基座 10 的环形导轨内转动。因此，主轴 9 除安装成水平位置外，还可在 -6° ～ +90° 范围内任意倾斜，调整角度前应松开基座 10 上部靠主轴 9 后端的两个螺母 4，调整之后再予以紧固。主轴 9 的前端固定着刻度盘 13，可与主轴 9 一起转动。刻度盘 13 上有 0° ～ 360° 的刻度，可作分度之用。

分度盘（又称孔盘）3 在圆周上有数圈均布的定位孔，在分度盘 3 的左侧有一分度盘紧固螺钉 1，用以紧固或微量调整分度盘 3。在分度头的左侧有两个手柄：一个是主轴锁紧手柄 7，在分度时应先松开，分度完毕后再锁紧；另一个是蜗杆脱落手柄 6，它可使蜗杆和蜗轮脱开或啮合。蜗杆和蜗轮的啮合间隙可用偏心套调整。在分度头右侧有一个分度手柄 11，当转动分度手柄 11 时，通过一对传动比 1 ∶ 1 的直齿圆柱齿轮副及一对传动比为 1 ∶ 40 的蜗杆副使主轴旋转。此外，分度盘右侧还有一根安装交换齿轮用的交换齿轮轴 5，它通过一对传动比为 1 ∶ 1 的交错轴斜齿轮副和空套在分度手柄轴上的分度盘 3 相联系。

分度头基座 10 下面的槽里装有两块定位键。可与铣床工作台面的 T 形槽直槽相配合，以便在安装分度头时，使主轴线准确地平行于工作台的纵向进给方向。

F11125 型万能分度头备有两块分度盘 3，正、反面都有数圈均匀分布的孔圈。常用分度盘孔圈数见表 5-11。

使用分度盘可以解决不是整转数的分度，可进行一般的分度操作。

表 5-11　分度盘的孔圈数

盘块数	分度盘的孔圈数
带一块盘	正面：24、25、28、30、34、37、38、39、41、42、43 反面：46、47、49、51、53、54、57、58、59、62、66
带两块盘	第一块正面：24、25、28、30、34、37 反面：38、39、41、42、43 第二块正面：46、47、49、51、53、54 反面：57、58、59、62、66

在分度时，每分度一次都要计数孔的数量，可利用分度叉来计数，如图 5-23 所示。松开分度叉紧固螺钉，可任意调整两分度叉脚之间的孔数，为了防止转动分度手柄时带动分度叉转动，用弹簧片将分度叉压紧在分度盘上。分度叉两叉脚之间的实际孔数，应比所需的孔数多一个孔，因为第一个孔是作起始孔而不计数的。如图 5-23 所示是每分度一次摇过 5 个孔距的情况。

② 简单分度头。简单分度头如图 5-24 所示，它结构简单，分度精度不高，所以，只能用于一般工件的分度，使用时，把它固定在工作台上，松开螺母，圆转盘可在 360° 范围内自由转动，分度完毕后，将螺母拧紧。制作这种分度头时，注意使底盘的下平面与上平面和圆转盘的下平面都要互相平行，且与圆转盘的回转轴线垂直。

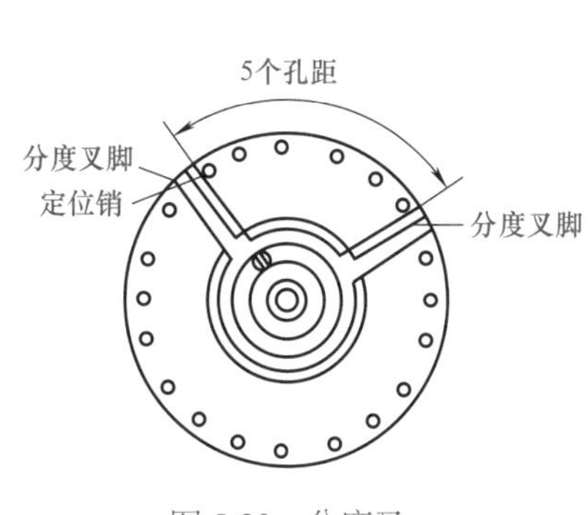

图 5-23　分度叉

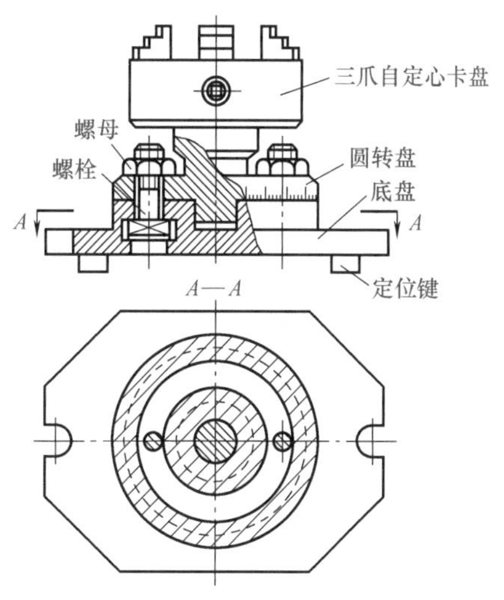

图 5-24　垂直式简单分度头

③ 分度方法与计算（表 5-12）。

表 5-12　分度方法与计算

分度方法	计算说明
简单分度法	简单分度法是分度中最常用的一种方法。分度时，先将分度盘固定，转动手柄使蜗杆带动蜗轮旋转，从而带动主轴和工件转过所需的角度（数转）。由分度头的传动系统可知，分度手柄的转数和工件圆周等分数 z 关系如下 $$n=\frac{40}{z}$$ 式中　n——分度手柄转数，r 40——分度头定数 z——工件圆周等分数（齿数或边数）

续表

分度方法	计算说明
角度分度法	角度分度法实质上是简单分度法的另一种形式，从分度头结构可知，分度手柄转动 40r，分度头主轴带动工件转 1r，也就是工件转了 360°。因此，分度手柄转 1r 工件转过 9°，根据这一关系，可得出角度分度计算公式 $$n=\frac{\theta}{9°}\left(或 n=\frac{\theta}{540'}\right)$$ 式中　θ——工件所需转过的角度，(°)[或(′)]
直线移距分度法	所谓直线移距分度法，就是把分度头主轴（或侧轴）和纵向工作台丝杠用交换齿轮连接起来，移距时只要转动分度手柄，通过交换齿轮，使工作台做精确移距的一种分度方法。常用的直线移距法是主轴交换齿轮法。主轴交换齿轮法的传动系统如图（a）所示 由于主轴交换齿轮法蜗杆蜗轮的减速，当分度手柄转了很多圈后，工作台才移动一个较小的距离，所以移距精度较高。交换齿轮的计算公式如下 $$\frac{z_1 z_3}{z_2 z_4}=\frac{40s}{nP_{丝}}$$ 式中　z_1、z_3——主动齿轮齿数 z_2、z_4——从动齿轮齿数 s——工件移距量，即每等分、每格的距离，mm $P_{丝}$——工作台纵向丝杠螺距，mm 40——分度头定数 n——每次分度时分度手柄转数，r 按上式计算时，式中的 n 可以任意选取，但在单式轮系中交换齿轮的传动比不大于 2.5，在复式轮系中传动比不大于 6，以使传动平稳 图(a) 主轴交换齿轮法传动系统

例： 铣一槽数 z=23 的工件，求每铣一条槽后分度手柄应转过的转数 n。

解： 根据公式 $n=\frac{40}{z}$，可得

$$n=\frac{40}{23}=1\frac{17}{23}=1\frac{34}{46}$$

选用分度盘上孔数为 46 的孔盘，每铣一条槽后分度手柄应先转 1 圈，再转过 34 个孔距即可。

五、钻孔、扩孔、铰孔、锪孔与锪平面

1. 钻孔

（1）钻床

① 台式钻床。简称台钻，是一种小型机床，安放在钳工台上使用。其钻孔直径一般在 12mm 以下。由于加工的孔径较小，台钻主轴转速较高，最高时每分钟可达近万转，故可加工 ϕ1mm 以下的小孔。主轴转速一般通过改变 V 带在带轮上的位置来调节。台钻的主轴进给运动由手完成。台钻小巧灵便，主要用于加工小型工件上的各种孔，钳工加工中用得最多。

② 立式钻床。简称立钻，一般用来钻中型工件上的孔，其规格用最大钻孔直径表示。常用的有 ϕ25mm、ϕ35mm、ϕ40mm、ϕ50mm 等几种。

立钻主要由机座、立柱、主轴变速箱、进给箱、主轴、工作台和电动机等组成。主轴变速箱和进给箱与车床类似，分别用以改变主轴的转速与直线进给速度。钻小孔时，转速需高些；钻大孔时，转速应低些。

钻孔时，工件安放在工作台上，通过移动工件位置使钻头对准孔的中心。

③ 摇臂钻床。用来钻削大型工件的各种螺钉孔、螺纹底孔和油孔等。它有一个能绕立柱旋转的摇臂。主轴箱可以在摇臂上做横向移动，并随摇臂沿立柱上下做调整运动。刀具安装在主轴上，操作时能很方便地调整到需钻削的孔中心位置，而工件不需移动。摇臂钻床加工范围广，在单件和成批生产中都可采用。

④ 深孔钻床。是专门化机床，专门用于加工深孔，例如加工枪管、炮管和机床主轴等零件的深孔。这种机床加工的孔较深，为了减少孔中心线的偏斜，加工时通常是由工件转动来实现主运动，深孔钻头并不转动，只做直线的进给运动。此外，由于被加工孔较深而且工件往往又较长，为了便于排除切屑及避免机床过于高大，深孔钻床通常采用卧式的布局。因此，深孔钻床的布局与车床类似。在深孔钻床中备有切削液输送装置（由刀具内部输送切削液至切削部位）及周期退刀排屑装置。

⑤ 微孔钻床。是专门用于加工微型孔的钻床，这种钻床具有精确的自定心系统，保证在钻削过程中，钻头不被损坏。

（2）钻头

① 麻花钻。是钻孔的主要工具。孔直径小于 12mm 时一般为直柄钻头，孔直径大于 12mm 时为锥柄钻头。

麻花钻有两条对称的螺旋槽，用来形成切削刃，并用于输送切削液和排屑。前端的切削部分有两条对称的主切削刃，两刃之间的夹角称为顶角，其值为 $2\theta_0=116° \sim 118°$。两个顶面的交线称为横刃，钻削时作用在横刃上的轴向力很大。故大直径的钻头常采用修磨的方法，缩短横刃，以降低轴向力。导向部分上的两条刃带在切削时起导向作用，同时又能减小钻头与工件孔壁的摩擦。

麻花钻的装夹方法因其柄部的形状不同而不同。

锥柄可以直接装入钻床的主轴孔内，较小的钻头可用过渡套筒安装。直柄钻头则用钻夹头安装。

② 精孔钻。模具零件的小孔，可用精孔钻加工。精孔钻由麻花钻修磨而成。其特点是切削刃两边磨出顶角为 8° ～ 10° 的修光刃，同时磨出 60° 的切削刃。在低的切削速度（2～8m/min）和较小的进给量（0.1～0.2mm/r）下进行扩孔。扩孔余量一般为 0.1 ～ 0.3mm。尺寸精度可达 IT7 ～ IT8，表面粗糙度 *Ra* 可达 0.4 ～ 1.6μm。

③ 小孔钻头。用来钻削小孔或微孔。

（3）钻孔方法

钻床钻孔时，钻头旋转（主运动）并做轴向移动（进给运动）。

由于钻头结构上存在一些缺点，如刚性差、切削条件差，故钻孔精度低，尺寸公差等级一般为 IT12 左右，表面粗糙度 *Ra* 为 12.5μm 左右。

① 钻孔前的准备。钻孔前，工件要划线定心，在工件孔的位置划出加工圆和检验圆，并在加工圆和中心冲出样冲眼。

根据孔径大小选取合适的钻头，检查钻头主切削刃是否锋利和对称，如不合要求，应认真修磨。装夹时，应将钻头轻轻夹住，开车前检查是否放正，若有摆动，则应纠正，最后用力夹紧。

② 工件的安装。对不同大小与形状的工件，可用不同的安装方法。一般可用机用平口钳等装夹。在圆柱形工件上钻孔，可放在 V 形块上进行，也可用机用平口钳装夹。较大的

工件则用压板螺钉直接装夹在机床工作台上。

在成批和大量生产中，钻孔时广泛应用钻模夹具。

③ 钻孔操作。按划线钻孔时，应先对准样冲眼试钻一浅坑，如有偏位，可用样冲重新冲孔纠正，也可用錾子錾出几条槽来纠正。钻孔时，进给速度要均匀，将要钻通时，进给量要减小。钻韧性材料要加切削液。钻深孔（孔深 L 与直径 d 之比大于 5）时，钻头必须经常退出排屑。

钻床钻孔时，孔径大于 30mm 的孔也需分两次钻出。

2. 扩孔和铰孔

用扩孔钻对已经钻出的孔进行扩大加工称为扩孔。扩孔所用的刀具是扩孔钻。扩孔钻的结构与麻花钻相似，但切削刃有 3 或 4 个，前端是平的，无横刃，螺旋槽较浅，钻体粗大结实，切削时刚性好，不易弯曲。扩孔尺寸公差等级可达 IT9 ～ IT10，表面粗糙度 *Ra* 可达 3.2μm。扩孔可作为终加工，也可作为铰孔前的预加工。

铰孔又称铰削，是孔的精加工。铰孔可分为粗铰和精铰。精铰加工余量较小，只有 0.05 ～ 0.15mm，尺寸公差等级可达 IT7 ～ IT8，表面粗糙度 *Ra* 可达 0.8μm。铰孔前工件应经过钻孔—扩孔（或镗孔）等加工。

铰孔所用刀具是铰刀。铰刀有手用铰刀和机用铰刀两种，手用铰刀为直柄，工作部分较长。机用铰刀多为锥柄，可装在钻床、车床或镗床上进行铰孔。铰刀的工作部分由切削部分和修光部分组成。切削部分呈锥形，担负着切削工作；修光部分起着导向和修光作用。铰刀有 6 ～ 12 个切削刃，每个切削刃的切削负荷较轻。

铰孔时选用切削速度应较低，进给量应较大，并要使用切削液。铰削铸铁件用煤油，铰削钢件用乳化液。

锥铰刀用以铰削锥度为 1 ∶ 50 的定位销孔。对于直径较小的锥销孔，可先按小头直径钻孔；对于直径大而深的锥销孔，可先钻出阶梯孔，再用锥铰刀铰削。

在铰削的最后阶段，要注意用锥销试配，以防将孔铰大。孔铰好之后，要清洗干净。锥销放进孔内，用手按紧时，其头部应高于工件平面 3 ～ 5mm，然后用铜锤轻轻敲紧。装好的锥销其头部可以略高于工件平面，当工件平面与其他零件接触时，锥销头部则应低于工件平面。

3. 锪孔与锪平面

在孔口表面用锪钻加工出一定形状的孔或凸台的平面，称为锪削，如图 5-25 所示。锪削又分锪孔和锪平面。

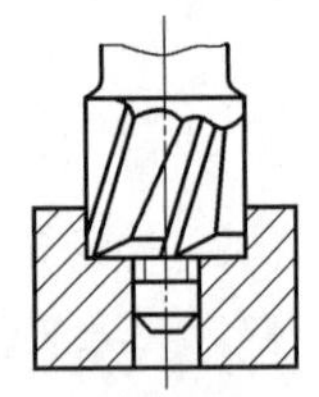

(a) 锪圆柱形埋头孔

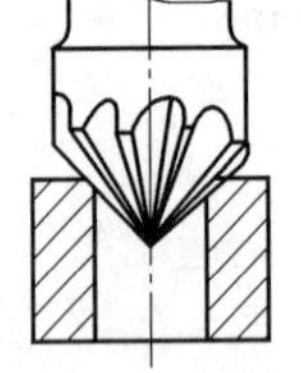

(b) 锪锥形埋头孔

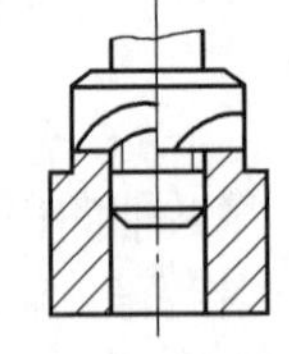

(c) 锪凸台的平面

图 5-25　锪削工作

圆柱形埋头孔锪钻的端刃起主要的切削作用，周刃作为副切削刃起修光作用。为了保持原有孔与埋头孔同心，锪钻前端带有导柱，与已有的孔滑配，起定心作用。

锥形锪钻顶角有 60°、75°、90°、120°四种，其中 90°用得最广泛。锥形锪钻有 6 ～ 12 个切削刃。

端面锪钻用于锪与孔垂直的孔口端面（凸台平面）。小直径孔口端面可直接用圆柱形埋头孔锪钻加工，较大孔口的端面也可另行制作锪钻。

锪削时，切削速度不宜过高，需加润滑油，以免锪削表面产生径向振纹或出现多棱形等质量问题。

六、镗削

1. 镗床

镗床有普通镗床、坐标镗床、数控镗床等。坐标镗床万能回转台除了能绕主分度回转轴做任意角度回转运动外，尚能绕辅助回转轴做 0° ～ 90° 的倾斜回转运动。主回转运动由手轮带动蜗杆副实现，倾斜回转运动由另一手轮带动蜗杆副实现。手柄用以固定主分度回转轴，另一手柄用以固定辅助回转轴。松开一手柄，转动偏心套，可使蜗杆副脱开，实现转台快速转动。当倾斜回转精度要求较高（30″ 以下）时，可利用正弦规和块规来控制。

2. 镗削工艺

（1）基准找正

在坐标镗加工中，根据工件形状特点，定位基准有：

① 工件上划线确定的基准。

② 圆形件上已加工的外圆或内孔。

③ 矩形件或不规则外形件上已加工的孔。

④ 矩形件或不规则外形件上已加工的相互垂直面。

（2）镗淬硬工件

在没有坐标磨床的情况下，为了解决热处理后的变形，必要时可以用硬质合金刀具镗淬硬的工件。但需注意以下几点：

① 刀杆尽量短，刀杆材料用 40Cr，硬度为 43 ～ 48HRC，以提高刀杆的刚性。

② 硬质合金刀切削刃上磨出宽度约 0.3mm 的负前角（约 -10°），以提高切削刃的强度。

③ 进给量根据工件硬度按表 5-13 选用。

表 5-13　镗淬硬工件的进给量

工件硬度 HRC	43 ～ 48	53 ～ 58	60 ～ 63
进给量 /（mm/r）	0.06 ～ 0.09	0.09 ～ 0.11	0.10 ～ 0.13

④ 镗淬硬工件的主轴转速按表 5-14 选用。

表 5-14　镗淬硬工件的主轴转速

镗孔直径 /mm	5.5 ～ 8	＞ 8 ～ 10	＞ 10 ～ 15	＞ 15 ～ 20	＞ 20 ～ 25	＞ 25 ～ 30	＞ 30 ～ 50	＞ 50 ～ 70
主轴转速 /（r/min）	1300	1100	900	700	500	300	200	100

⑤ 减小镗孔锥度的方法。加工硬度为 50 ～ 55HRC 的 T8A 材料时，可采取上下行程都吃刀的方法。加工硬度为 60 ～ 63HRC 的 Cr12MoV 钢制件时，如果工件硬度均匀，也可采取上下行程都吃刀的方法，但由于硬度高，刀头磨损快，最后精镗要注意保持刃口锋利；当硬度不均匀时，只宜在下行程时吃刀，并根据硬度改变进给量。

3. 镗孔尺寸精度与表面粗糙度（表 5-15）

表 5-15　镗孔尺寸精度与表面粗糙度

加工步骤	孔距精度（机床坐标精度的倍数）	孔径精度	表面粗糙度 *Ra*/μm	适应孔径 /mm
钻中心孔→钻→ 钻→扩→ 精钻	1.5 ～ 3	IT7	1.6 ～ 0.8	＜ 8

续表

加工步骤	孔距精度（机床坐标精度的倍数）	孔径精度	表面粗糙度 Ra/μm	适应孔径 /mm
钻中心孔→钻→ 钻→扩→ 精铰	1.2 ～ 3	IT7	1.6 ～ 0.8	＜ 20
钻→半精镗→精钻	1.2 ～ 2	IT7	1.6 ～ 0.8	＜ 8
钻→半精镗→精铰	1.2 ～ 2	IT7	0.8 ～ 0.4	＜ 20
钻→半精镗→精镗	1.2 ～ 2	IT6 ～ IT7	0.8 ～ 0.4	＜ 20

七、磨削

磨削是在磨床上用砂轮或其他磨具以较高的线速度，对工件表面进行微量精密切削加工的方法。磨削加工是零件精加工的主要方法之一。磨削的尺寸公差等级可达 IT5 ～ IT6，表面粗糙度 Ra 一般为 0.2 ～ 0.8μm。

1. 常见的磨削方式

常见的磨削方式如图 5-26 所示。

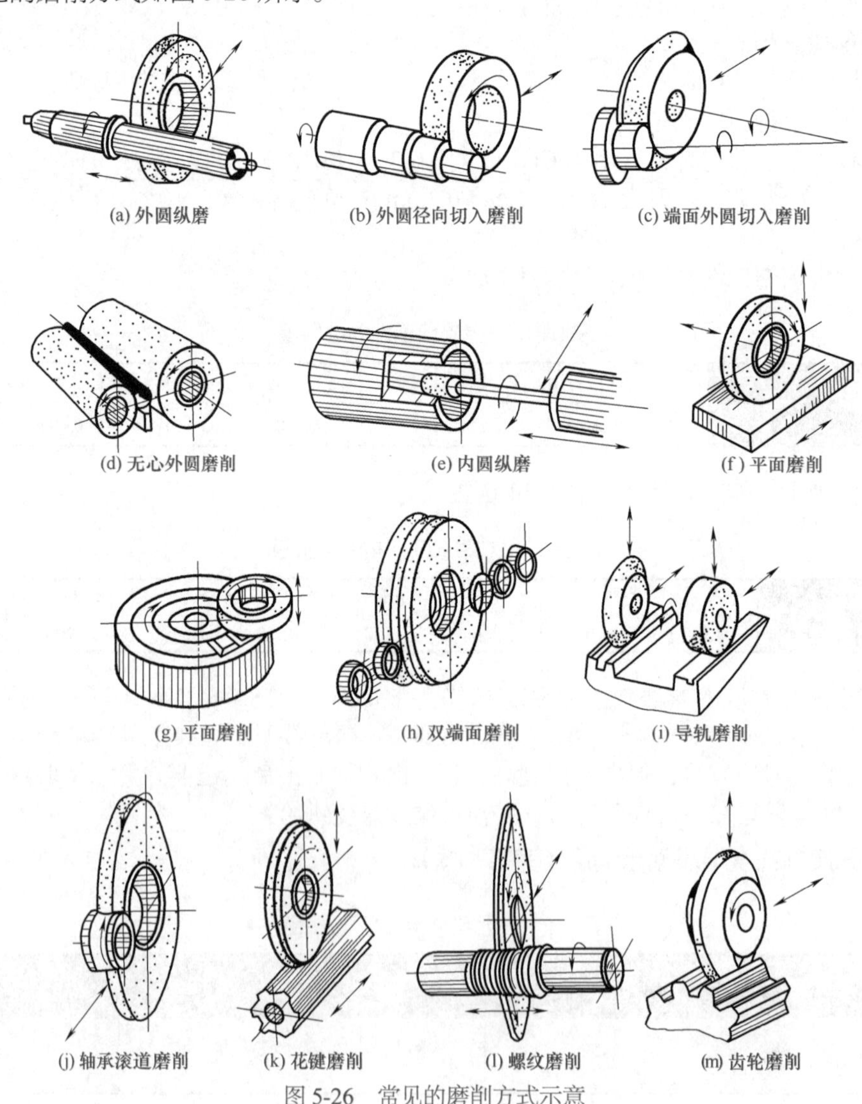

图 5-26　常见的磨削方式示意

2. 常见磨床的种类

磨床的种类很多，有平面磨床、内圆磨床、外圆磨床、无心磨床、导轨磨床、工具磨床、专业化磨床、精密磨床、砂带磨床及其他磨床。磨削在模具零件加工中，一般为精加工，它的加工精度可达 0.01mm，表面粗糙度 *Ra* 可达 0.4 ～ 1.6μm，在生产中应用较多的是平面磨床，内、外圆磨床，无心磨床，等等。

3. 模具制造常用磨床及磨削加工方法

（1）手摇平面磨床及磨削加工方法

如图 5-27 所示为 MDS618 型手摇平面磨床，工作台宽 150mm、长 450mm，其加工范围及加工方法见表 5-16。

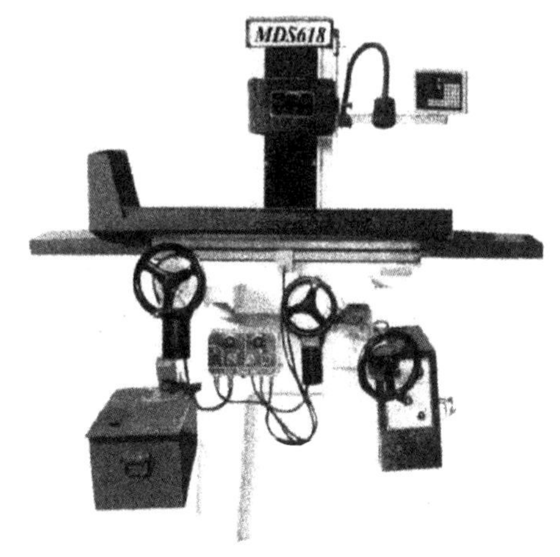

图 5-27　MDS618 型手摇平面磨床

表 5-16　手摇平面磨床的加工范围及加工方法

项目	说明
加工范围	在模具零件的制造加工中，这类磨床由于机床工作台尺寸较小，手动操作灵活，数显切削进刀，加工的模具零件精度高，常用于各种平面、斜面、沟槽的磨削精加工
加工方法	①将被加工的模具零件进行测量，确定磨削用量，将基准与磨床工作台表面擦干净，使之贴合，打开电磁吸盘开关，吸牢被加工件。如果零件比较小，可用平口钳装夹，调整好位置，吸牢于工作台上 ②根据被加工件的磨削要求，相应选择磨削砂轮的粒度和形状，调整好磨削位置 ③试切削。由于磨削加工是精加工，磨削用量极小，所以试切削十分重要，要仔细观察试切削火花，防止超量切削造成事故 ④切削加工要严格控制磨削用量，粗、精加工分次切削完成。加工过程中，需及时检测模具零件尺寸，根据实际检测结果指导加工，保证模具零件精度符合图纸要求

（2）普通平面磨床及磨削加工方法

如图 5-28 所示为 M7140 型普通平面磨床，工作台宽 400mm、长 1000mm，其加工范围及加工方法见表 5-17。

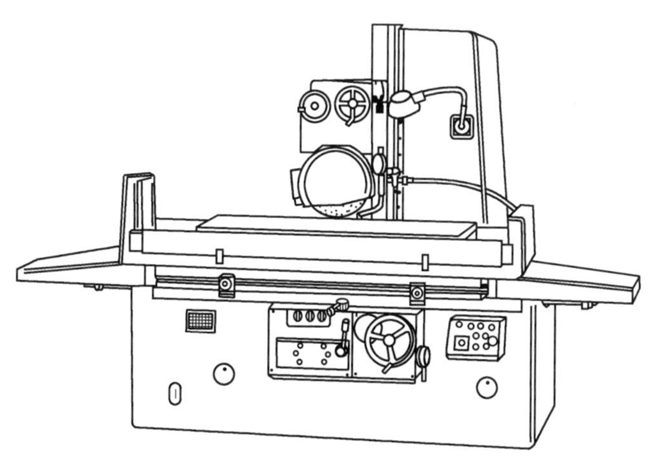

图 5-28　M7140 型普通平面磨床

表 5-17　普通平面磨床的加工范围及加工方法

项目	说明
加工范围	普通平面磨床与手摇平面磨床加工原理和功能一样，手摇平面磨床的砂轮较小，可根据模具零件的平面、斜面、曲面等加工要求进行选择，加工精度高。普通平面磨床主要用于加工较大型的模具零件的平面和槽，可自动走刀，加工效率高，尺寸精度稍低于手摇平面磨床，非平面的零件表面加工比较困难
砂轮的选择	砂轮的硬度是指砂轮在外力作用下磨粒脱落的难易程度。砂轮的硬度对磨削生产率和磨削表面质量都有很大的影响。如果砂轮太硬，磨粒磨钝后仍不能脱落，磨削效率很低，工作表面很粗糙，并可能被烧伤；如果砂轮太软，磨粒还未磨钝已从砂轮上脱落，砂轮损耗大，形状不易保持，影响工件质量。选择合适的砂轮硬度，磨粒磨钝后因磨削力增大而自行脱落，使新的锋利磨粒露出，砂轮具有自锐性，则磨削效率高，工件表面质量好，砂轮的损耗也小 磨削软材料时要选较硬的砂轮，磨削硬材料时则要选软砂轮；磨削软而韧性大的有色金属时，砂轮硬度应选得软一些；磨削导热性差的材料时应选较软的砂轮；端面磨削比圆周磨削，砂轮硬度应更软些；在同样的磨削条件下，树脂结合剂砂轮比陶瓷结合剂砂轮的硬度要高 1 ～ 2 级；砂轮旋转速度高时，砂轮的硬度可选软 1 ～ 2 级；用冷却液磨削要比干磨时的砂轮硬度高 1 ～ 2 级。结合剂的选择应根据磨削方法、使用速度和表面加工要求等条件予以考虑 砂轮的粒度是指砂轮中磨粒尺寸的大小，磨料粒度选择的原则是：粗磨时，应选用磨粒较粗大的砂轮，以提高生产效率；精磨时，应选用磨粒较细小的砂轮，以获得较小的表面粗糙度。常用磨削用砂轮粒度的选择见表 5-18
磨削温度	磨削时由于切削速度很高，切削厚度很小，切削刃很钝，因此切除单位体积切削层所消耗的功率大约为车削、铣削等切削加工方法的 10 ～ 20 倍，磨削所消耗的能量大部分转变为热能，使磨削区形成高温区域。通常磨削温度是指磨削过程中磨削区域的平均温度，约在 400 ～ 1000℃之间。磨削温度影响磨粒的磨损及磨屑与磨粒的黏附，会造成工件表面的加工硬化、烧伤和裂纹，使工件热膨胀、翘曲，形成内应力。为此，磨削时需采用大量的切削液进行冷却，并冲走磨屑和碎落的磨粒，保证零件的磨削加工精度
加工方法	①一般的平面加工方法与手摇平面磨床相近，利用磨床磁性工作台吸住零件进行加工。如果是斜面磨削加工，可采用手动进刀方法完成加工 ②检测被磨削坯料，调整好正弦规或万能精密虎钳角度，将被磨削坯料装夹牢固 ③将虎钳钳口置于与工作台运动平行方向，并且使正弦规的角度倾斜于起磨方向，以保证磨削过程平稳 ④磨削过程中，吃刀量要小，分粗、精加工，并注意及时检测角度，保证磨削精度达到图纸要求

表 5-18　常用磨削用砂轮粒度的选择

类别	粒度号	颗粒尺寸 /μm	应用范围
磨粒	12 ～ 36	（2000 ～ 1600）～（500 ～ 400）	荒磨、打磨毛刺
	46 ～ 80	（400 ～ 315）～（200 ～ 160）	粗磨、半精磨、精磨
	100 ～ 280	（160 ～ 125）～（50 ～ 40）	半精磨、精磨、珩磨
微粉	W40 ～ W28	（40 ～ 28）～（28 ～ 20）	珩磨、研磨
	W20 ～ W14	（20 ～ 14）～（14 ～ 10）	研磨、超精磨
	W10 ～ W5	（10 ～ 7）～（5 ～ 3.5）	研磨、超精磨、镜面磨削

（3）外圆磨床及磨削加工方法

如图 5-29 所示为 M1432B 型万能外圆磨床，最大磨削直径为 320mm。

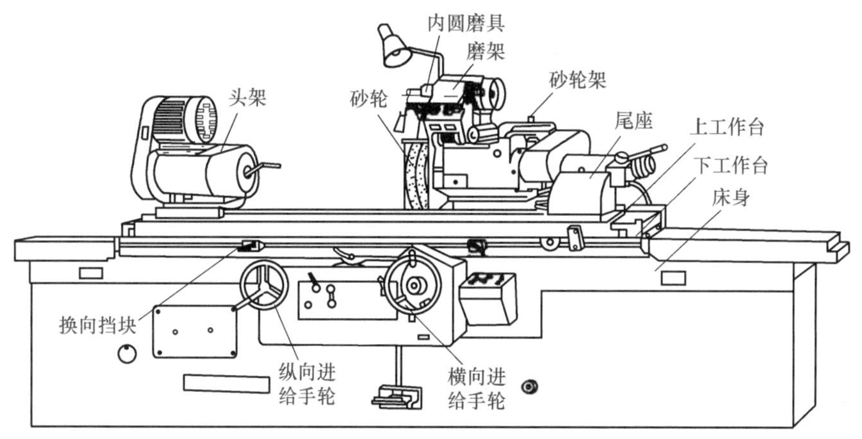

图 5-29　M1432B 型万能外圆磨床

① 加工范围。在注塑模具制造中，万能外圆磨床常用来磨削模具零件的外圆和内孔、内外圆锥面，能保证一轴多肩的同轴度要求，磨削后的轴类零件圆柱度较好，表面粗糙度较小。一般适宜较大型轴类模具零件（如大型芯）的精加工，能减小注塑制件脱模阻力，保证注塑制件的精度符合要求。

② 外圆磨削加工方法。常用的外圆磨削加工方法有：纵向磨削法、切入磨削法、分段磨削法和深切缓进磨削法等。磨削时可根据工件形状、尺寸、磨削余量及加工要求选择合适的方法。

a. 模具轴类型芯粗加工前，首先两轴端要加工中心孔。

b. 以两中心孔定位，粗、半精加工轴类型芯外圆表面。

c. 热处理，使轴类型芯达到相应硬度要求。

d. 粗、精研磨轴两端中心孔。

e. 以两中心孔定位，粗、精磨轴类型芯外圆，达到相应的尺寸精度和表面粗糙度要求。磨削时要注意冷却润滑，减小热变形。

以上四种外圆磨削加工方法，无论采用哪种，选取磨削用量的原则都是粗磨时以提高生产率为主，精磨时以保证精度和表面粗糙度为主。为此，粗磨时可选较大的背吃刀量，较高的工件转速，较大的纵向进给量，而且要选择粒度大、硬度软、组织松的砂轮。但切入磨削则不能用太软的砂轮。精磨时，应选取较小的背吃刀量、较慢的工件转速和较小的纵向进给量。另外，砂轮的粒度要小，硬度要适当提高，组织要相应紧密些。在特殊情况下，磨削用量要视具体情况选用。磨削刚性好的工件时，可进一步加大背吃刀量和纵向进给量；磨削刚性差的细长轴或薄壁件则应相反；工件材料硬、导热性差，则背吃刀量应减小，而纵向进给量可大些；容易烧伤的工件，为缩短砂轮与工件接触时间、加速散热，应加大纵向进给量和工件转速。

（4）内圆磨削加工方法

内圆磨削用于内孔的精加工，在内圆磨床或万能外圆磨床上进行。可加工通孔、不通孔、圆柱或圆锥孔、台阶孔和孔端面等。内圆磨削的尺寸公差等级可达 IT6 ～ IT7 级，表面粗糙度 *Ra*0.8 ～ 0.2μm。采用高精度内圆磨削工艺，尺寸精度可以控制在 0.005mm 以内，表面粗糙度 *Ra*0.1 ～ 0.025μm。

① 内圆磨削的特点及常用方法（表 5-19）。在万能外圆磨床上利用内圆磨具可进行各种模具零件的内孔磨削、内圆锥孔磨削、内台阶孔磨削，磨削尺寸精度均较高，表面粗糙度较小。如模具零件的非标准导套可在一次装夹中完成内外圆的磨削加工。

表 5-19　内圆磨削的特点及常用方法

项目	说明
内圆磨削的特点	①内圆磨削由于孔径的限制，所用砂轮直径小，转速受磨头的限制（机械式磨头转速为 10000 ～ 20000r/min），磨削速度在 20 ～ 30m/s 之间，甚至更小。加工表面粗糙度参数值较外圆磨削大 ②因内圆磨削砂轮转速高，故每一磨粒单位时间内参加切削的次数比外圆磨削高十几倍，且砂轮与工件接触弧比外圆磨削长，因此磨削热和磨削力都比较大，磨粒容易磨钝，工件易发热和烧伤 ③因切削液不易进入磨削区域，冷却条件差；磨屑不易排除，容易造成砂轮堵塞，从而影响表面质量，磨削铸铁件时尤为明显 ④砂轮轴悬臂伸出较长，且直径细、刚性较差，容易产生弯曲变形的振动，除影响加工精度和表面粗糙度外，也限制了磨削用量的提高，制约了生产效率的提高 为了保证磨孔的质量和提高生产率，必须根据磨孔的特点，合理地使用砂轮和接长轴，正确选择磨削用量，改进工艺
内圆磨削的常用方法	砂轮与工件孔壁接触的位置，由磨床的横向进给机构决定。在万能外圆磨床上磨内圆时，砂轮与孔的前壁接触，这时砂轮的横向进给方向与磨外圆时相同。在内圆磨床上磨削内孔时，为了便于操作者观察加工表面，砂轮一般与孔的后壁接触。另外为了提高磨削效率，砂轮的旋转方向与工件的旋转方向相反。内圆磨削的常用方法见表 5-20

表 5-20　内圆磨削的常用方法

磨削表面特征	图示	砂轮运动	工件运动	备注
纵向进给磨削				
通孔	砂轮工作表面 1 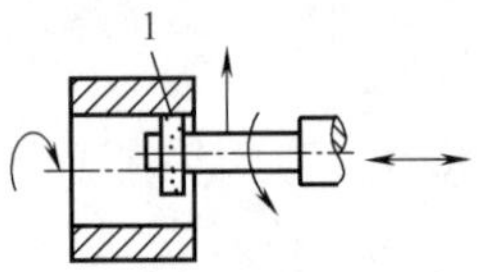	①旋转 ②纵向往复 ③横向进给	旋转	
锥孔	砂轮工作表面 1 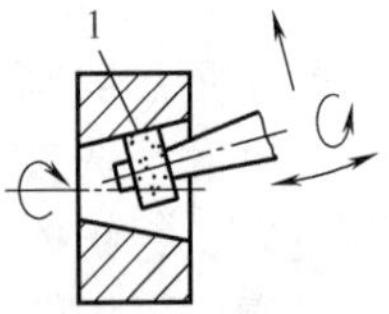 磨头扳转角度	①旋转 ②纵向往复 ③横向进给	旋转	磨头架偏转 1/2 锥角
锥孔	砂轮工作表面 1 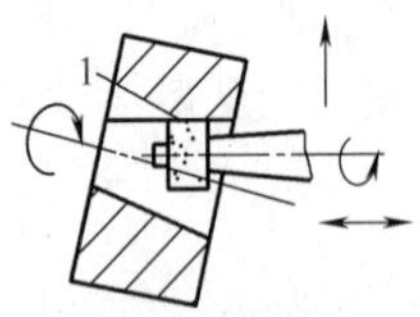 工件扳转角度	①旋转 ②纵向往复 ③横向进给	旋转	工件用专用夹具夹持，工件偏转 1/2 锥角
不通孔	砂轮工作表面 1、2 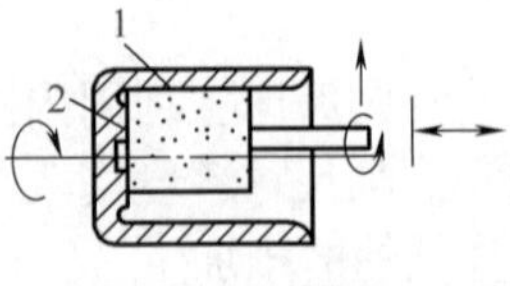	①旋转 ②纵向往复 ③靠端面	旋转	

续表

磨削表面特征	图示	砂轮运动	工件运动	备注
台阶孔	砂轮工作表面 1、2 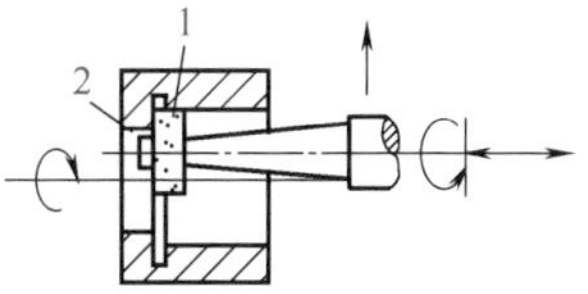	①旋转 ②纵向往复 ③靠端面	旋转	
小直径深孔	砂轮工作表面 1 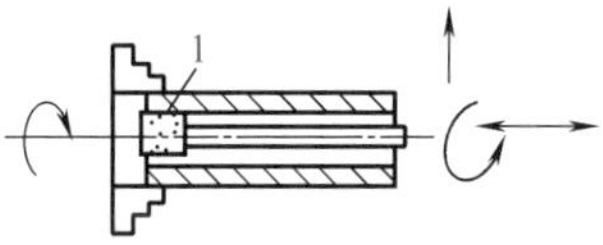	①旋转 ②纵向往复 ③横向进给	旋转	增加接长轴刚性，保证砂轮锋利，减少背吃刀量，注意排屑和冷却
间断表面通孔	砂轮工作表面 1 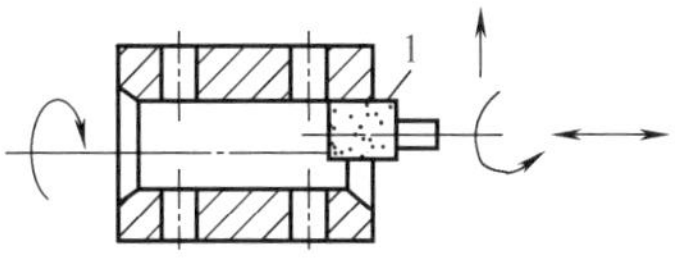	①旋转 ②纵向往复 ③横向进给	旋转	增加接长轴刚性，保证砂轮锋利，减少背吃刀量，注意排屑和冷却 增加砂轮直径，必要时在槽或孔内嵌硬木或胶木
行星磨削				
通孔	砂轮工作表面 1 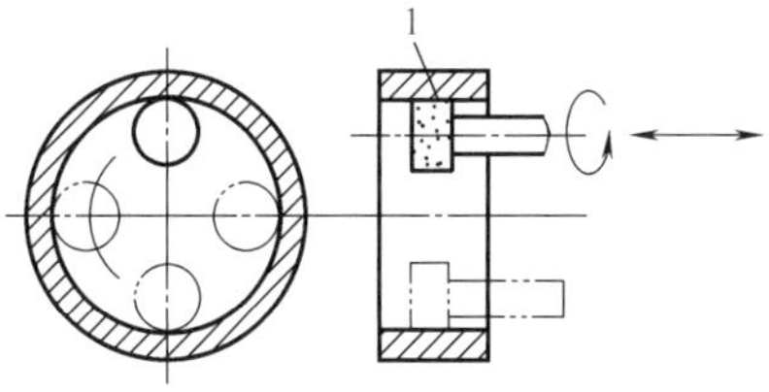	①绕自身轴线旋转 ②绕孔中心线旋转，纵向往复	固定	工件体积大或外形不规则时最方便
台阶孔	砂轮工作表面 1、2 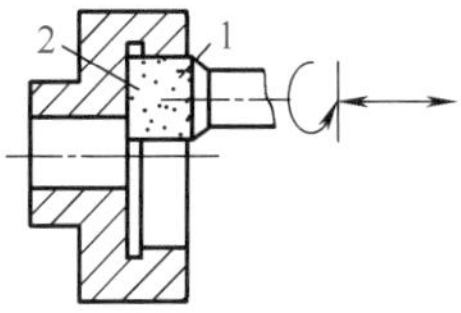	端面停靠，其余同上	固定	
横向进给磨削				
窄通孔	砂轮工作表面 1 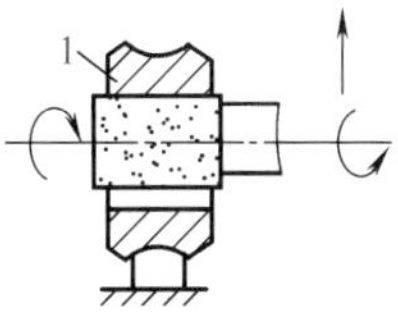	①旋转 ②横向进给	旋转	
端面	砂轮工作表面 2 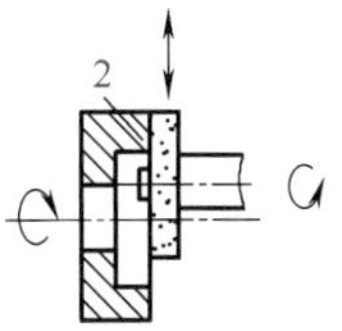	①旋转 ②横向进给	旋转	

续表

磨削表面特征	图示	砂轮运动	工件运动	备注
成型磨削				
带环沟槽内圆面	砂轮工作表面 1	①旋转 ②沿砂轮轴线微量位移	旋转	
凹球面	砂轮工作表面 1			砂轮直径 $d_s=\sqrt{d_\omega\left(\frac{d_\omega}{2}+K\right)}$ 倾斜角 $\sin\alpha=\frac{d_s}{d_\omega}$ 式中，d_ω 为工件内球直径；K 为常数，工件球面大于半圆为正，小于半圆为负，等于半圆为零

如果是通孔，可采用纵磨法进行磨削，磨削时可用三爪卡盘装夹，待工件和磨具均达到正常转速后，可通过试磨→试测→正常磨削，达到尺寸精度。

如果是内台阶孔，纵磨深度不能超过台阶退刀槽宽度的 2/3，防止碰撞造成事故，试磨时可根据磨削深度调整好定位挡块，保证批量生产不出事故。

② 内圆磨削中应注意的问题及说明（表 5-21）。

表 5-21　内圆磨削中应注意的问题及说明

应注意的问题	说明
纵向磨削内孔时工作台行程长度的调整方法	纵向磨削内孔时工作台行程长度的调整方法如图（a）、（b）、（c）所示。 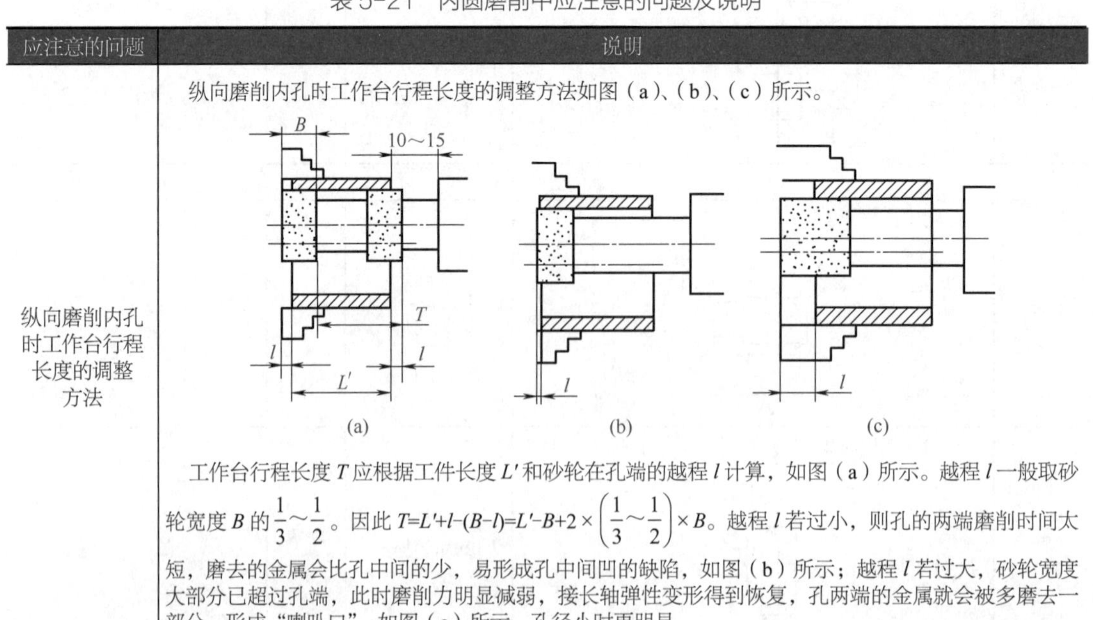 (a)　(b)　(c) 工作台行程长度 T 应根据工件长度 L' 和砂轮在孔端的越程 l 计算，如图（a）所示。越程 l 一般取砂轮宽度 B 的 $\frac{1}{3}\sim\frac{1}{2}$。因此 $T=L'+l-(B-l)=L'-B+2\times\left(\frac{1}{3}\sim\frac{1}{2}\right)\times B$。越程 l 若过小，则孔的两端磨削时间太短，磨去的金属会比孔中间的少，易形成孔中间凹的缺陷，如图（b）所示；越程 l 若过大，砂轮宽度大部分已超过孔端，此时磨削力明显减弱，接长轴弹性变形得到恢复，孔两端的金属就会被多磨去一部分，形成“喇叭口”，如图（c）所示，孔径小时更明显

续表

应注意的问题	说明
内孔产生锥度的调整方法	在万能外圆磨床上磨内圆时，找正工件锥度的方法与磨外圆时相同。在内圆磨床上磨内孔时，要找正头架。即要求头架主轴的回转中心与工作台纵向运动方向平行。如果内圆产生倒锥［如图（a）所示］，松开头架压紧螺钉，头架绕轴心做顺时针转动，让内孔在 a 处多磨去一些；如果内圆产生顺锥［如图（b）所示］，头架绕轴心做逆时针转动，让内孔 b 处多磨去一些。头架转动的数值可以由顶在卡盘外圆上的百分表上读出。可以反复多次，直到符合要求为止。此外，砂轮磨钝、堵塞、磨损不均匀，接长轴的弹性变形，越程 l 未调整好以及工件的热胀冷缩等都会造成锥度。要具体问题具体分析，对症下药 (a)　(b)
光滑不通孔磨削的注意事项	光滑不通孔的磨削与通孔的磨削相似，但需注意以下几点 ①左挡铁必须调整正确，防止砂轮端面与孔底相撞。可先按孔深在外壁上做记号，当砂轮和工件均不转动时，移动工作台纵向行程，到位置后紧固挡铁 ②为防止产生顺锥，可以在孔底附近做几次短距离的往复行程，砂轮在孔口的越程要小一些 ③及时清除孔内的磨屑
横向磨削内孔时的注意事项	横向磨削法生产效率高，适用于磨削长度不大的内孔工件，如图（a）所示。但在磨削中应注意以下问题 ①在万能外圆磨床上磨台阶孔时，要检查砂轮轴线与工作台纵向行程方向是否平行；在内圆磨床上磨台阶孔时，应检查头架主轴的回转轴线与工作台纵向行程方向是否平行。否则内孔端面会产生中凸或中凹 ②横向切入时，切削负荷重，砂轮易磨钝。可先用粒度号数较小的砂轮，加强接长轴刚性，尽量减小接长轴的悬伸长度，及时修整砂轮 ③为了降低内孔的表面粗糙度，最后可进行光磨，并手动使工件在纵向有微量的往复行程 ④如磨削图（b）所示的内台阶端面时，砂轮的直径应小于 30mm，否则会影响内端面的平面度。如内孔 ϕ40mm 与 ϕ20mm 有同轴度要求时，则应在一次装夹中用调换接长轴的方法，将两孔全部磨好，以保证两孔的同轴度 (a)　(b)
间断表面孔磨削的注意事项	内孔表面如有沟槽［如图（a）所示］、键槽［如图（b）所示］或径向通孔［如图（c）所示］，则砂轮与孔壁接触有间断现象，内孔容易产生形状误差，磨削时要采取相应的措施 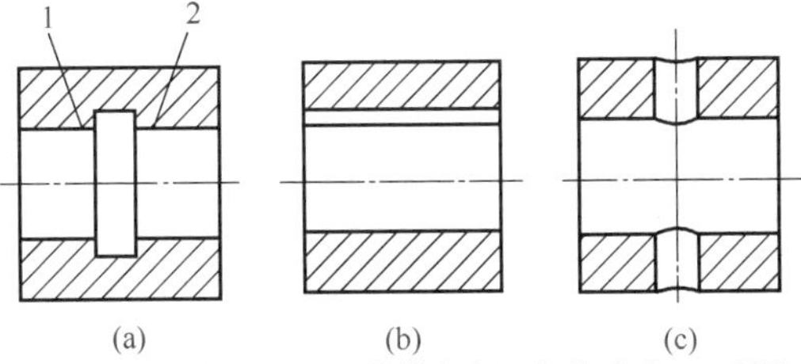 (a)　(b)　(c) 磨削如图（a）所示的内孔时，在表面 1 和 2 的地方容易产生喇叭口。采取对策是适当加大砂轮宽度，尽量选直径较大的接长轴，并用金刚石及时修整砂轮。磨削如图（b）所示的内孔时，在键槽边口容易产生塌角。可适当增大砂轮直径，减小砂轮宽度，提高接长轴的刚性。对于精度较高的内孔，则可在键槽内镶嵌硬木或胶木。磨削如图（c）所示的内孔时，孔壁容易产生多角形，可适当增加砂轮直径，采用刚性好的材料做接长轴，并及时修整砂轮 上述三种类型的零件在精磨时都应减小背吃刀量、增加光磨次数，方能保证工件的加工精度和表面粗糙度。此外用纵向磨削法磨削时还应注意 ①充分冷却 ②磨台阶孔时，为了保证台阶孔的同轴度，要求工件在一次装夹中将几个孔全部磨好，并细心调整挡铁位置，防止砂轮撞击到孔的内端面。内（外）端面与孔有垂直度要求时，可选用杯形砂轮，将端面磨出。直径不宜过大，以保证砂轮在工件内端面单方向接触，否则将影响内端面的垂直度 ③砂轮退出内孔表面时，要先将砂轮从横向退出，然后再从纵向进给方向退出，以免工件产生螺旋痕迹

续表

应注意的问题	说明
磨削薄壁套时的注意事项	磨削薄壁零件的内孔时，由于受到夹紧力、磨削力、磨削热、内应力等因素的影响而产生变形。故在加工时应注意以下几点 ①减少切削力和磨削热的影响，应将粗磨和精磨分开进行，使粗磨产生的变形能在精磨中得到纠正。并严格控制精磨的磨削用量和夹紧力。充分冷却，以减少工件的热变形 ②磨削薄壁零件内孔时，砂轮的粒度要粗些，硬度要软些，以提高砂轮的磨削性能与自锐能力 ③改进工件的装夹方式，减少夹紧力作用下工件产生的变形，工艺上可采取以下措施：改变夹紧力的方向，即将径向夹紧改为轴向夹紧，使夹紧力作用在刚性较大的部位；当需要径向夹紧时，为减小夹紧变形和使变形均匀，加工中可用过渡套、弹性套或扇形爪，使径向夹紧力沿圆周均匀分布；制造工艺凸台或工艺螺纹，以减小夹紧变形 ④减少热处理的影响。热处理工序应置于精磨之前，以便使热处理引起的变形在精磨中得到纠正

（5）无心磨床及磨削加工方法

如图 5-30 所示为 M1083A 型无心磨床外形，最大磨削直径为 190mm，最大磨削长度为 250mm，图 5-31 所示为无心外圆磨削原理示意图。

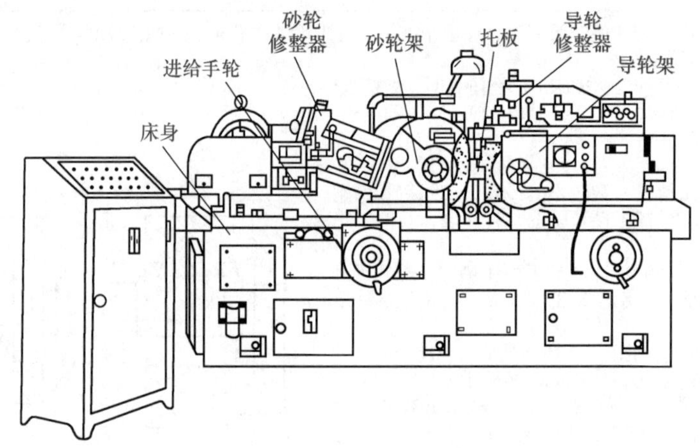

图 5-30　M1083A 型无心磨床外形

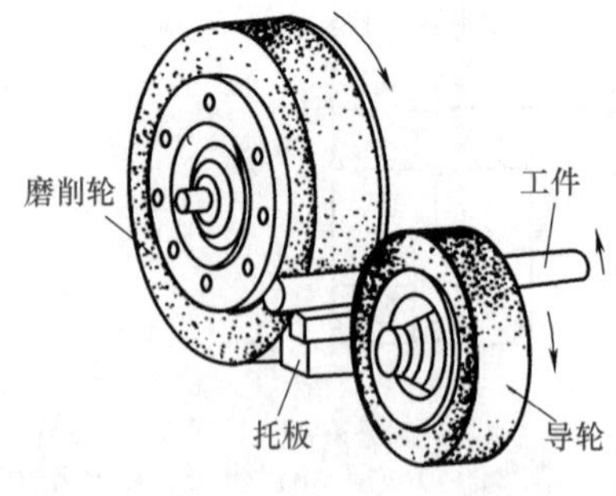

图 5-31　无心外圆磨削原理示意图

无心磨削就是工件不定中心自由地置于磨削轮、导轮之间，并以托板支承所进行的磨削，如图 5-31 所示。无心磨削主要有无心外圆磨削和无心内圆磨削。无心磨削可对工件的外圆面、内圆面、内外圆锥面等进行磨削，还能磨削螺纹及其他形面，是一种能适应大批量生产的高效磨削方法。外圆磨削的加工精度可达 1T6 ～ IT7；圆度可达 0.0005 ～ 0.001mm，表面粗糙度 *Ra* 可达 0.1 ～ 0.025μm。

① 无心磨削的形式和特点（表 5-22）。

表 5-22　无心磨削的形式和特点

项目	说明
磨削形式	无心磨削是工件不定中心的磨削，主要有无心外圆磨削和无心内圆磨削，如图 5-32 所示。无心外圆磨削时，工件 2 安置在磨削轮 1 与导轮 3 之间，由托板 4 托住下部，磨削轮起磨削作用，导轮带动工件旋转并推动工件靠近磨削轮。内圆磨削时工件 2 安装在导轮 3、支承轮 5、压紧轮 6 之间，工作时导轮起传动作用，工件以与导轮相反的方向旋转，磨削轮 1 对工件内孔进行磨削

续表

项目	说明
磨削特点	①无心外圆磨削工件两端不打中心孔，不用顶针支承工件。由于工件不定中心，磨削余量相对减少 ②无心外圆磨削不能磨轴向带槽沟的工件，磨削带孔的工件时，不能纠正孔的轴心线位置，工件的同轴度较低；无心内圆磨削一般情况下只能加工可放于滚柱上滚动的工件，特别适用于磨削套圈等薄壁工件。磨套类零件由于是以自身外圆为定位基准，因此不能修正内、外圆间的原有同轴度误差 ③无心磨削机动时间与上下料时间重合，易于实现磨削过程自动化，生产效率高 ④在无心磨削过程中，工件中心的位置变化大小取决于工件磨削前的原始误差、工艺系统刚性、磨削用量及其他磨削工艺参数（如工件中心高、托板角等） ⑤无心磨削工件运动的稳定性、均匀性，取决于机床传动链、工件形状、重量，导轮及支承的材料、表面形态、磨削用量及其他工艺参数 ⑥无心磨削机床的调整时间较长，对调整机床的技术要求也较高，不适用于单件小批量生产

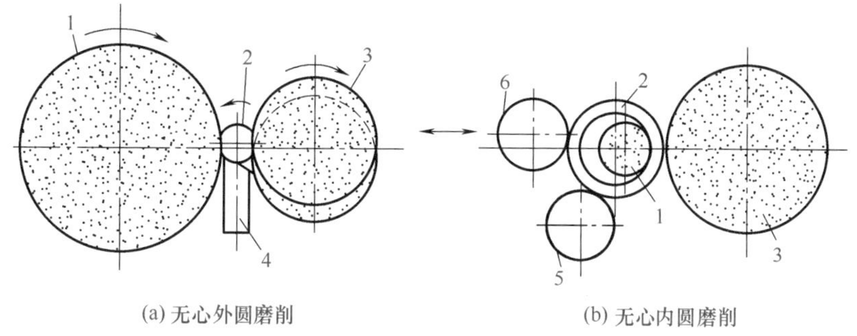

图 5-32　无心磨削的形式

1—磨削轮（砂轮）；2—工件；3—导轮；4—托板；5—支承轮；6—压紧轮

② 无心磨削中导轮转速、倾角与工件转速的关系。

无心磨削的导轮转速、倾角与工件转速的关系如图 5-33 所示。在无心外圆磨削中，导轮的直径尺寸和转速都比磨削轮要小，工件与导轮之间的摩擦力较大，所以工件被导轮带动并与导轮成相反方向旋转，同时为了满足贯穿法磨削的要求，导轮轴心线相对工件轴线倾斜一定角度 θ，此时导轮的圆周速度 v_o 分解为如图 5-33 所示垂直方向分速度 v_w 和水平方向分速度 v_f。因工件的纵向进给速度等于导轮水平方向分速度 v_f，工件的圆周速度等于导轮的切向分速度 v_w。如果导轮与工件表面之间无滑动，则工件的纵向进给速度取决于导轮的转速和倾角的大小。

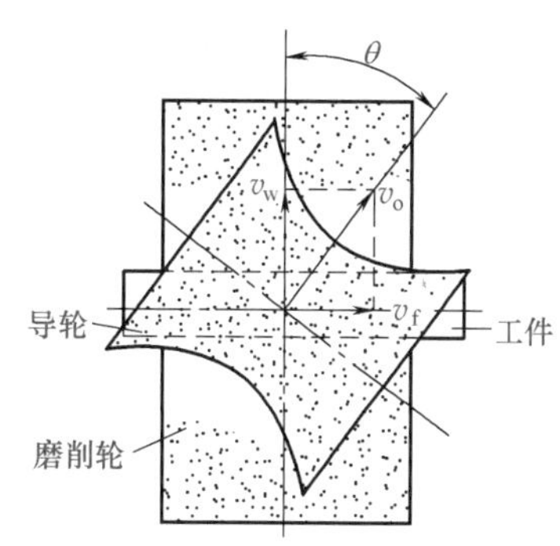

图 5-33　无心磨削的导轮转速、倾角与工件转速的关系

导轮的倾角增大时，工件纵向进给速度增大，生产效率提高，但工件表面粗糙度增大。通常精磨时取 θ=1°30′ ～ 2°30′；粗磨时取 θ=2°30′ ～ 4°。导轮转速、倾角与工件转速的关系如下：

$$v_o = \frac{\pi D_o n}{1000}$$

$$v_w = v_o\cos\theta$$

$$v_f = v_o\sin\theta$$

式中　v_w——工件的圆周速度；

v_f——工件的纵向进给速度；

v_o——导轮的圆周速度；

θ——工件轴线与导轮轴心线夹角（导轮倾角）；

n——导轮转速；

D_o——导轮直径。

③ 无心磨削常用方法（表 5-23）。

表 5-23　无心磨削常用方法

磨削表面特征	简图	说明
纵向贯穿磨削法（通磨外圆）		
细长轴	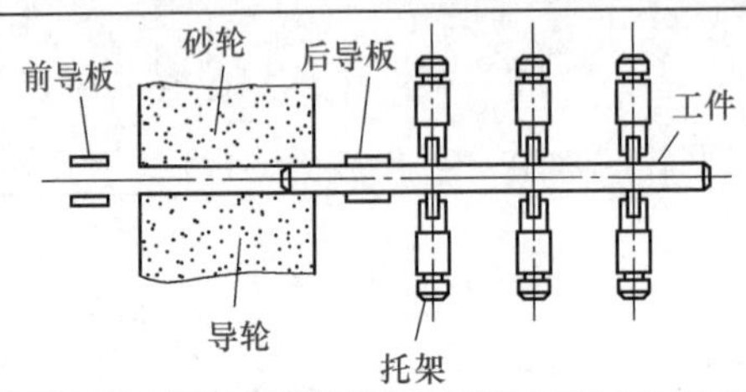 前导板 砂轮 后导板 工件 导轮 托架	导轮倾角一般 1°30′～2°30′，若工件弯曲度大，需多次磨削时可为 3°～4°。工件中心应低于砂轮中心，工件直线通过 正确调整前、后导板和托架
同轴、同径不连续外圆	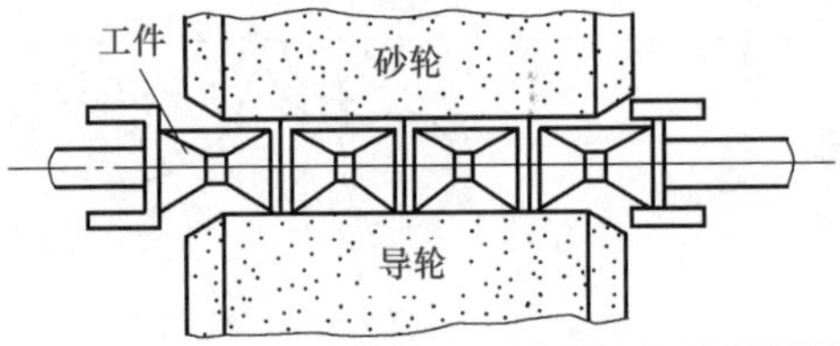 工件 砂轮 导轮	工件较短，磨削重心在磨削轴颈处。要使工件靠在一起，形成一个整体，进行贯穿磨削
外圆锥面	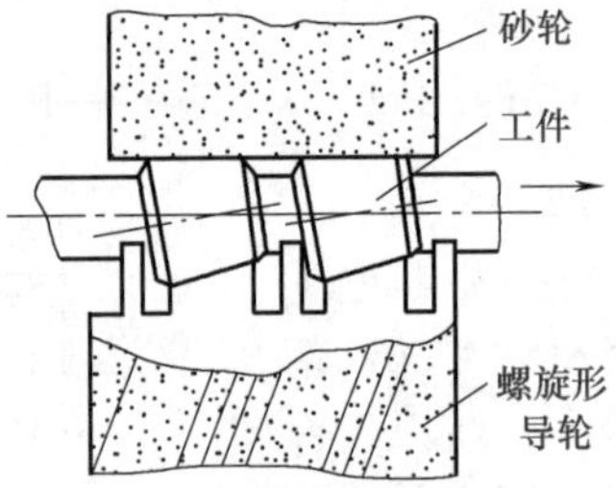 砂轮 工件 螺旋形导轮	将导轮修成螺旋形，带动工件前进进行磨削，又称强迫通磨。适用于大批量生产
球面滚子外圆	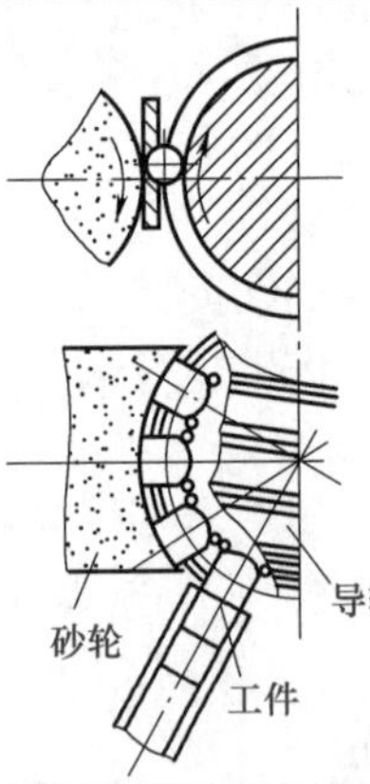 导轮 砂轮 工件	将导轮修成相应形状，进行通磨。适用于大批量生产
圆球面	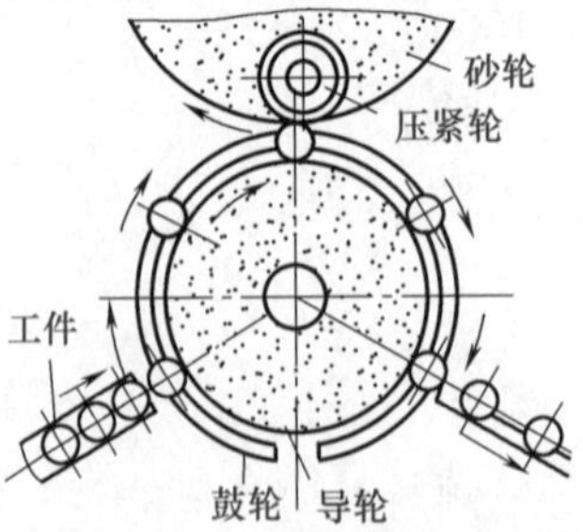 砂轮 压紧轮 工件 鼓轮 导轮	开有槽口的鼓轮围绕常规导轮慢速旋转，每个槽口相当于磨削支板，导轮回转使工件自转，压紧轮使工件与导轮保持接触，保证恒速自转

续表

磨削表面特征	简图	说明
	切入磨削法	
台阶轴外圆	砂轮 挡销 工件 导轮	修整导轮和砂轮，使其形状和尺寸与工件相对应，导轮倾斜 15′～30′，工件在很小的轴向力作用下紧贴挡销 导轮进给或导轮与砂轮同时进给
	砂轮 工件 导轮	导轮倾斜 15′～30′，砂轮修整成一个台阶，尺寸与工件相对应 一般导轮进给
球面滚子外圆	砂轮 工件 挡销 导轮	导轮和砂轮都修整成凹球面，切入磨削
圆球面	砂轮 工件 导轮	砂轮修整为凹球面，导轮进给
外圆锥面	砂轮 工件 α 导轮	将导轮架转过 α 角（等于工件锥角），适用于 α 较小的场合
	α 砂轮 工件 导轮	将砂轮修整成斜角为 α。适用于 α 较小的场合
	砂轮 工件 α 导轮	将导轮修整成斜角为 α。适用于 α 较小的场合

续表

磨削表面特征	简图	说明
外圆锥面	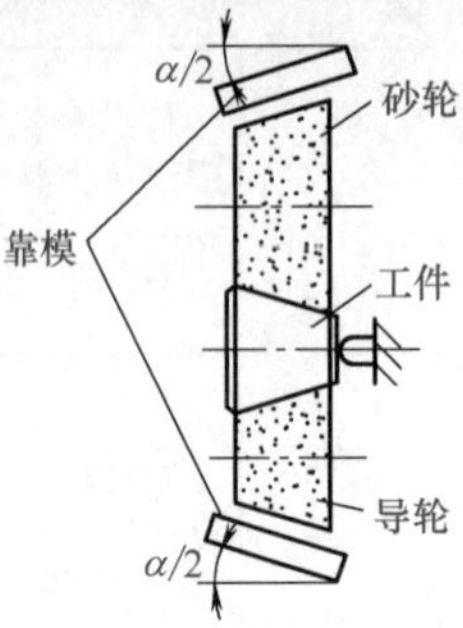	当工件锥角 α 较大时，砂轮和导轮都修整成斜角为 $\alpha/2$ 的锥形。若 $\alpha/2$ 超出机床刻度范围，修整砂轮和导轮时，需采用斜度为 $\alpha/2$ 的靠模
顶尖形工件外圆	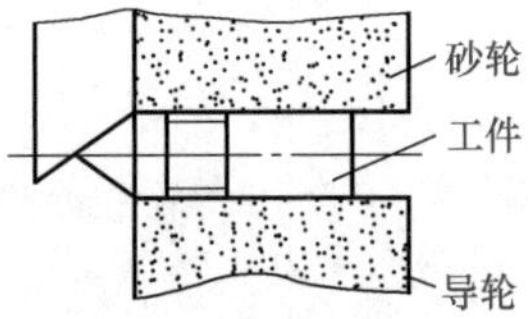	将砂轮修整成相应形状，导轮进给
	定程磨削法	
带端面外圆	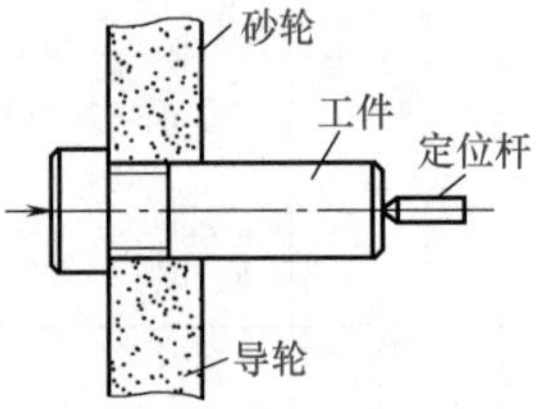	先通磨外圆。工件顶住定位杆后定程磨削，适用于阶梯轴、衬套、锥销等
	混合磨削法	
带圆角外圆	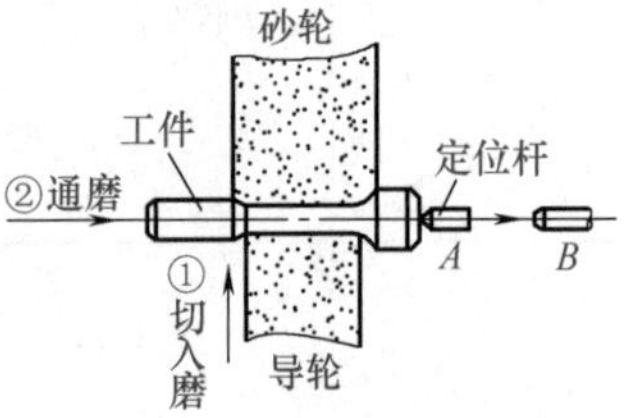	切入磨 - 通磨混合磨法：切入磨中间部分外圆与圆弧后，定位杆由 *A* 退至 *B* 位置，通磨小端外圆
带端面外圆	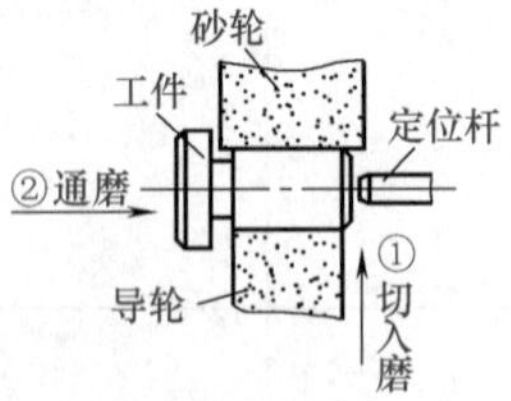	切入磨 - 通磨 - 定程磨混合磨法
阶梯外圆与端面垂直	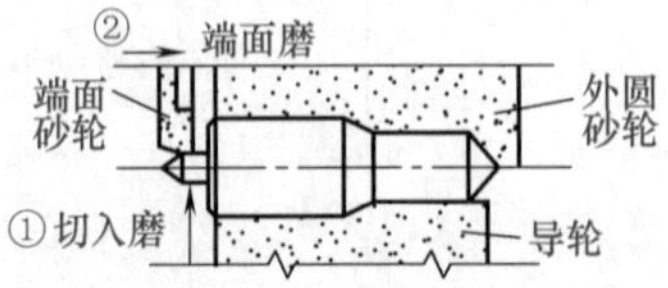	切入磨 - 端面磨混合磨法：先切入磨出阶梯外圆，再由端面砂轮轴向进给磨出端面

续表

<table>
<tr><th>磨削表面特征</th><th>简图</th><th>说明</th></tr>
<tr><td colspan="3">无心顶尖磨削法</td></tr>
<tr><td>光滑外圆、阶梯套筒外圆等</td><td>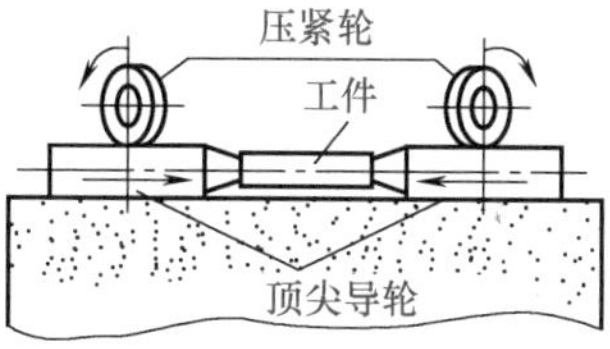</td><td>对于同轴度和圆度同时要求很高（$< 1\mu m$）的细长工件，用普通贯穿法磨削达不到要求，可在工件每端选配一高精度（公差为 $0.5\mu m$）顶尖，将此组件用两个弹簧加载的压紧轮压在导轮与支板形成的V形内，每个压紧轮可分别调整，使顶尖始终顶住工件。导轮旋转，顶尖也带动工件旋转，砂轮进给，磨削工件</td></tr>
<tr><td>外圆面</td><td>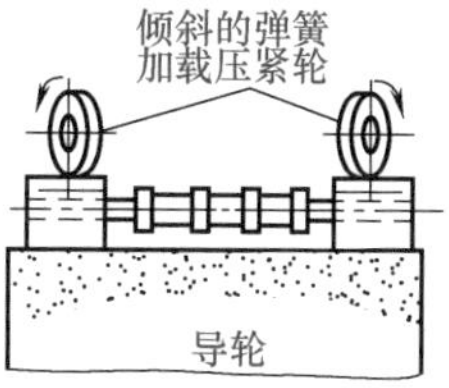</td><td>顶尖的外径比工件外径尺寸大，磨削时，顶尖和工件组成的组件形成一个整体，提高了工件的刚性，而且这个组件在磨削时是不定中心的</td></tr>
<tr><td colspan="3">无心内圆磨削法</td></tr>
<tr><td rowspan="4">内孔</td><td>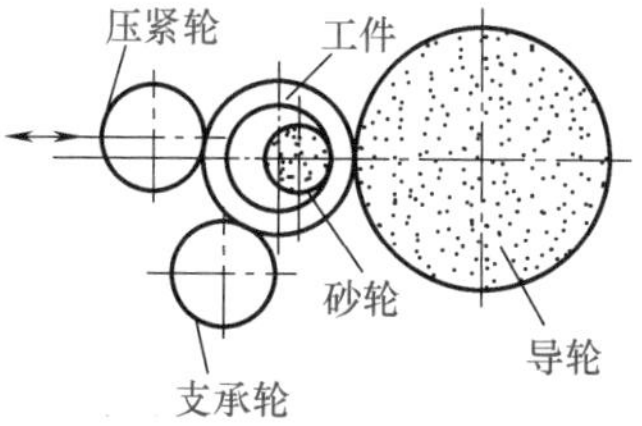</td><td>工件在导轮带动下，在支承轮上回转，工件和砂轮中心连线与导轮中心等高
支承轮有振摆</td></tr>
<tr><td>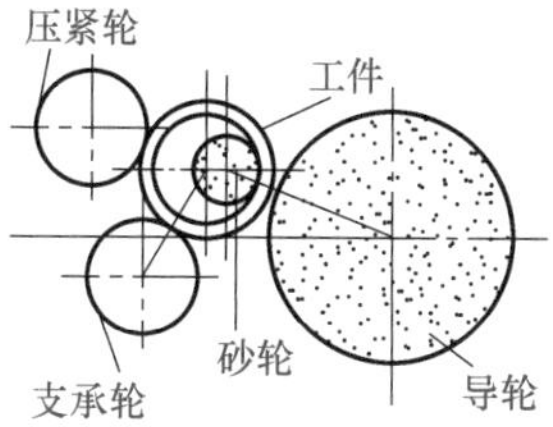</td><td>工件和砂轮中心连线高于导轮中心，加工精度高</td></tr>
<tr><td>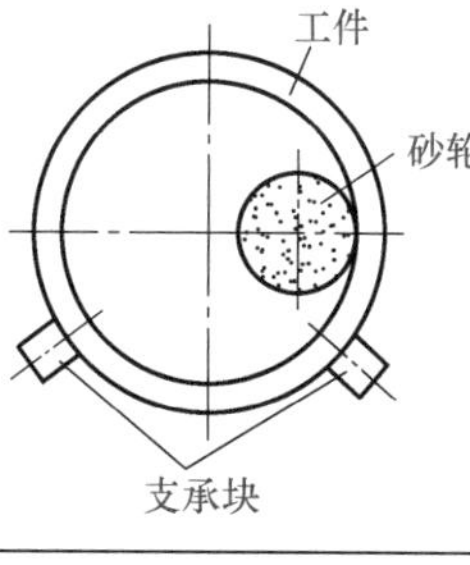</td><td>工件靠外圆定位，由支承块支承，刚性好，常用电磁无心夹具装夹</td></tr>
<tr><td>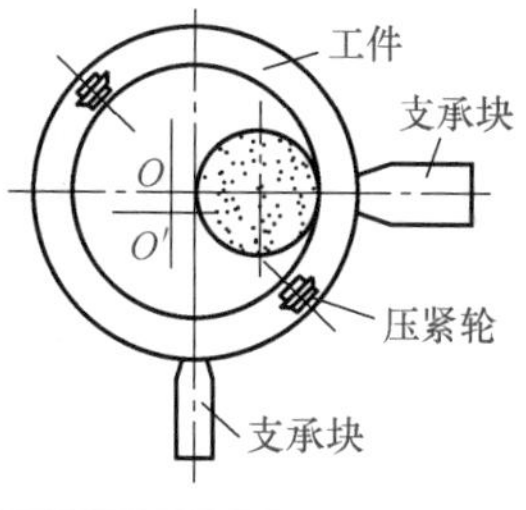</td><td>工件被两个压紧轮压在拨盘上，支承块支承，工件中心和主轴中心偏心安装，靠工件端面和拨盘间摩擦力将工件压在支承块上旋转</td></tr>
</table>

续表

磨削表面特征	简图	说明
滚子轴承圈内球面	砂轮 工件 工件 支承块 加压滚轮	在轴承磨床上，工件和砂轮互成 90° 旋转，磨出球面，称为横轴磨削法
内锥面	支承轮 $\alpha/2$ 砂轮 工件 $\alpha/2$ 导轮	导轮与支承轮一起转过一定角度

在 M1083A 型无心磨床上磨削加工坯料时可采用贯穿磨削法磨削，磨削时将工件从机床前面放到导板上，推至磨削区。工件被推入磨削区后，既做旋转运动，同时又沿轴向向前移动，穿过磨削区，从机床另一端出去就磨削完毕。磨削时，工件一个接一个地通过磨削区，加工便连续进行。为了保证导轮和工件间为直线接触，导轮的形状应修整成回转双曲面形。这种方法适用于磨削不带台阶的圆柱形工件，如直导套和定位销磨削。

采用切入磨削法时先将工件放在托板和导轮上，然后由工件（连同导轮）或砂轮做横向进给。此时导轮的中心线仅倾斜一个很微小的角度（约 30′），以便使导轮对工件产生一微小的轴向推力，将工件靠向挡块，保证工件有可靠的轴向定位。这种方法适用于磨削不能纵向通过的阶梯轴类零件，如导柱的磨削。

加工方法如下：

① 准备好磨削坯料，根据磨削尺寸调整好磨削砂轮与导轮之间的间隙，并调准托板位置，做好磨削前的相关准备工作。

② 试磨调整。开动机床，待达到正常转速后，根据工件形状采用贯穿磨削法或切入磨削法进行磨削，并及时检测尺寸精度，根据检测结果调整托板或两轮之间的距离，达到工件尺寸精度要求为止。

③ 磨削加工。待试磨达到要求后，方可进行批量磨削，但磨削过程中，仍需经常检测零件尺寸，防止砂轮磨损影响工件尺寸精度。

④ 磨削安全。磨削不同形状的零件，应采用不同的磨削方法。磨削过程中，有台阶的导柱类零件不可采用贯穿磨削法，以免造成恶性事故。

第三节　数控加工技术

一、概述

目前模具制造行业中，一方面，除标准件外，大部分注塑模具零件属单件、小批量的生产，而且所占的比例越来越大；另一方面，注塑制件产品的精度和质量也在不断提高，要求注塑模具零件的加工精度必须不断提高。随着行业竞争越来越激烈，制件产品更新换代也越来越快，要求注塑模具制造的周期越来越短，注塑模具零件的生产率也必须提高。普通机床越来越难以满足快速加工精密注塑模具零件的需要，数控切削加工在模具制造行业中的应用则越来越普遍。

模具制造行业中常用的数控切削机床有：数控车床、数控铣床、数控加工中心等。

数控机床的特点及说明见表 5-24。

表 5-24　数控机床的特点及说明

特点	说明
加工精度高	机床的数控装置可以对机床运动中产生的位移、热变形等导致的误差通过测量系统进行有效的补偿，可以获得很高且稳定的加工精度。另外，数控机床是受数字信息指令控制，并自动进行加工的，所以使用数控机床减少了操作人员因技术水平的高低而产生的人为误差，提高了同一批零件加工尺寸的一致性，使加工质量稳定、产品合格率高
生产效率高	数控机床生产效率最高可达到普通机床的十几倍。原因在于数控机床的自动化程度较高，简化了生产工序，以及夹具设计制造、多次装夹定位和检测等工作带来了辅助时间，因而大大提高了生产效率
适用范围广	因数控机床一次装夹可完成多道工序的加工，而且加工过程是通过程序控制的，故当加工的零件发生变化时，除更换刀具和夹具外，只需按零件图的尺寸精度、形位精度和技术要求编写出加工程序，输入数控系统的计算机中即可加工，所以数控加工特别适用于单件小批量生产
劳动强度低	数控机床一人可操作多台，工作中，特别是大批量生产中，机床是自动加工，工人只做一些工件的装夹及测量工作，除此之外，工人多数时间在操作控制键盘和观察机床加工中的机床运行状态，这样工人的劳动强度和工作环境都得到了大大的改善
网络化控制	一台计算机通过网络可控制多台数控机床，也可实现在多台数控机床间建立通信网络，这有利于形成计算机辅助设计、生产管理和制造一体化的集成制造系统，还可实现无人化生产，使数控机床充分发挥其自动化的优势

二、数控机床与模具

模具作为现代工业生产的重要工艺装备之一，对产品的产量和质量起着非常重要的作用。过去模具零件的加工依赖于手工操作，制造的质量不易保证，也难以在短期内完成。目前模具加工广泛采用数控加工技术，从而为单件小批量的曲线、曲面模具自动加工提供了极为有效的手段。通过采用数控机床，模具零件的加工过程发生了很大的变化。用数控机床定位钻孔，减少了手工划线工序，而且孔位精度也有了提高。所以，模具行业离不开数控机床，数控机床在模具行业中得到了广泛的应用和迅速的发展。模具生产的特点及说明见表 5-25。

表 5-25　模具生产的特点及说明

特点	说明
模具型面复杂	如汽车覆盖件、飞机零件、玩具、家用电器等，其表面形状经常是由多种曲面组合而成的，这样相应的模具型腔、型芯也就比较复杂，甚至某些曲面必须用数学计算方法进行处理
模具表面质量、精度要求高	模具通常是由上模、下模和模架组成的，模具中还有许多拼合模块件。上模与下模的组合、镶块与型面的配合、镶块之间的拼合等均要求有很高的加工精度和很低的表面粗糙度。精密模具的尺寸精度往往要达到微米级
加工工序多	模具的型面复杂，零件种类多，一套模具需经过多道工序完成
生产批量小	模具作为零件生产的工艺装备，属于单件、小批量生产产品
模具用材料硬度高、价格贵	模具常用材料有 Cr12、CrWMn 等，价格较贵，且对加工工艺有严格的要求

三、数控铣床与模具

数控铣床分为两轴（两坐标联动）数控铣床、两轴半数控铣床和多轴数控铣床。两轴数控铣床常用于加工平面类零件；两轴半数控铣床一般用于粗加工和二维轮廓的精加工；三轴及三轴以上的数控铣床称为多轴数控铣床，可以用于加工复杂的三维零件。按结构形式数控铣床可以分为三类：立式数控铣床、卧式数控铣床和龙门数控铣床。

在模具加工中，数控铣床使用非常广泛，可以用于加工具有复杂曲面及轮廓的型腔、型芯以及电火花加工所需的电极等，也可以对工件进行钻、扩、铰及镗孔加工和攻螺纹等。

另外，数控系统配备了数据采集功能后，可以通过传感器对工件或实物进行测量，和采集所需的数据。有些系统能对实物进行扫描并自动处理扫描数据，然后生成数控加工程序，这在反求工程中具有重要的意义。

四、加工中心与模具

加工中心按结构形式分为立式加工中心、卧式加工中心和龙门加工中心等；按功能分为以镗孔为主的加工中心、以铣削为主的加工中心和高速铣削加工中心等。

一方面，加工中心主轴转速与进给速度高，一次装夹后通过自动换刀完成多个表面的自动加工，自动处理切屑，而且具有复合加工功能，所以加工效率高；另一方面，加工中心具有很高的定位精度和重复定位精度，可以达到很高的加工质量并具有较高的加工质量稳定性。

（1）适合在加工中心上加工的工件

加工中心是机电一体化的高科技设备，投资大，运行成本高，所以选用适合的加工对象对取得良好的经济效益很重要。下列工件适合在加工中心上加工：

① 多工序集约型工件，即一次安装后需要对多表面进行加工，或需要用多把刀具进行加工的工件。

② 复杂、精度要求高的单件小批量工件。

③ 成组加工、重复生产型的工件。

④ 加工具有复杂形状或异形曲面的模具、航空零件等。

（2）加工中心在模具加工中的应用

加工中心的这些特点非常适合具有复杂型腔曲面模具的单件生产，在模具加工中应用广泛，主要有以下几个方面：

① 模板类零件的孔系加工。

② 石墨电极加工中心，用于石墨电极的加工。

③ 模具型腔、型芯面的加工。

④ 文字、图案雕刻。

五、模具 CAM 技术

广义地说，模具计算机辅助制造（computer aided manufacturing，CAM）是利用计算机对模具制造进行全过程的规划、管理和控制。一般模具 CAM 技术包括计算机辅助编程、数控加工、计算机辅助工艺过程设计（computer aided process planning，CAPP）、模具辅助生产管理等。这里 CAM 仅指计算机辅助编程。

模具 CAM 系统充分利用在 CAD 中已经建立的零件几何信息，通过人工或自动输入工艺信息，由软件系统生成 NC（numerical coutrol，数值控制）代码，并对加工过程进行动态仿真，最后在数控机床上完成零件的加工。现在的 CAM 软件大多具有如下特点与功能：

① 从 CAD 中获得零件的几何信息。CAM 系统通过人机交互的方式或自动提取 CAD 信息，其既不同于手工编程需要人工计算，又不需要用数控语言的语句来描述零件。多数系统都能把 CAD 与 CAM 很好地集成。

② 数控加工的前置处理，即把零件模型转换成加工所需的工艺模型。

③ 生成各种加工方法的刀具轨迹，选择刀具、工艺参数，计算切削时间，等等。

④ 根据刀具轨迹文件生成数控机床的数控程序。

⑤ 对加工过程进行仿真，预先检验加工过程。

⑥ 编辑管理 NC 程序，实现 CAM 软件与 NC 设备的通信。

六、高速切削技术

高速加工（主要指高速切削加工）是指使用超硬材料刀具，在高转速、高进给速度下提高加工效率和加工质量的现代加工技术。由于这种加工方法可以高效率地加工出高精度及高表面质量的零件，因此在模具加工中得到了广泛的应用。

1. 高速切削的定义

目前，高速切削没有一个统一的定义。对于不同的加工方式、不同的工件材料，高速切削的速度是不同的。通常高速切削指切削速度比常规切削速度高出 5 ～ 10 倍。一般将主轴转速高于 8000r/min、最大进给速度高于 30m/min 的切削加工定义为高速切削加工。

2. 高速切削的特点

高速切削时，刀具高速旋转，而轴向、径向切入量小，大量的切削热量被高速离去的切屑带走，因此切削温度及切削力会减少，刀具的磨损小，也使得加工精度进一步地提高。在高速加工中加入高压的切削液或压缩空气，不仅可以起到冷却的作用，而且可以将切屑从加工表面上排除，避免刀具的损坏。因而，高速加工具有加工效率高、加工质量高、刀具磨损小的特点。

3. 高速切削的应用

如今，各种商业化高速机床已经进入市场，应用于飞机、汽车及模具制造。

模具型腔一般是形状复杂的自由曲面，材料硬度高。常规的加工方法是粗切削加工后进行热处理，然后进行磨削或电火花精加工，最后手工打磨、抛光，这样使得加工周期很长。高速切削加工可以达到模具加工的精度要求，减少甚至取消了手工加工。而且采用新型刀具材料，如人造聚晶金刚石（PCD）、立方氮化硼（CBN）、金属陶瓷等，高速切削可以加工硬度达到 60HRC 甚至更高的工件材料，可以加工淬硬后的模具。高速切削加工在模具制造中具有高效、高精度以及可加工高硬材料的优点，在模具加工中得到广泛的应用。高速切削加工技术引进模具，主要应用于以下几个方面：

① 淬硬模具型腔的直接加工。由于高速切削采用极高的切削速度和超硬刀具，可直接加工淬硬材料，因此高速切削可以在某些情况下取代电火花型腔加工。与电火花加工相比，加工质量和加工效率都不逊色，甚至更优，而且省略了电极的制造。

② 电火花加工所需电极的制造。应用高速切削技术加工电极可以获得很高的表面质量和精度，并且提高了电火花的加工效率。

③ 快速模具的制造。由于高速切削技术具有很高的加工效率，可以实现由模具型腔的三维模型到满足设计要求的模具的快速转化，真正实现快速制模。

第四节　特种加工

随着模具工业的发展和科学技术的进步，以及大量高硬度、高强韧性等特殊性能的新材料在模具上的应用，使得常规的切削加工制模技术遇到许多新的困难和问题，特别是形状复杂的模具型腔、凸模和凹模型孔等的加工，采用常规的切削方法往往很难完成。然而，应运而生的各项特种加工技术在模具制造中的应用，使得困难迎刃而解。因此可以说，特种加工技术在模具制造中的应用，是模具制造工艺的一次重大突破。

特种加工是直接利用电能、热能、光能、化学能、电化学能及声能等进行加工的方法。特种加工与常规切削加工相比，其加工机理完全不同。目前，在注塑模具制造中应用的特种加工主要有：电火花成型加工、电火花线切割加工、电解成型加工及电解抛光等。

一、电火花成型加工

电火花成型加工分为电火花型腔加工和电火花穿孔线切割加工，广泛应用于模具制造行业，其中电火花型腔加工可以加工各种复杂形状的型腔，型腔模包括锻模、压铸模、胶木膜、塑料模、挤压模等。型腔的加工比较困难，主要因为均是盲孔加工，工作液循环和电蚀产物排除条件差，工具电极损耗后无法靠主轴进给补偿精度，金属蚀除量大；其次是加工面积变化大，加工过程中电规准的变化范围也较大，并由于型腔复杂，电极损耗不均匀，对加工精度影响很大。因此，对型腔模的电火花加工，既要求蚀除量大，加工速度快，又要求电极损耗低，并保证所要求的精度和表面粗糙度。

（一）电火花加工的原理、条件与特点

1. 电火花加工的基本原理

电火花加工的基本原理是基于工具和工件电极（正、负电极）之间脉冲性火花放电时的电腐蚀现象来蚀除多余的金属。电火花放电时火花通道中瞬时产生大量的热，达到很高的温度，足以使任何金属材料局部熔化、气化而被蚀除掉，形成放电凹坑。

通常，电火花加工是在液体介质中进行的，电极间介质的击穿是脉冲放电的开始阶段，两极间的液体介质中含有各种杂质，当有电场作用时这些杂质被吸向电场强度最大区域，并沿电力线形成特殊的接触桥，缩短了实际的极间距离，降低了间隙击穿电压，即在相同的电压下大大提高了电场强度。在电场作用下，电子高速向阳极运动，并在运动中撞击介质中的中性分子和原子，产生碰撞电离，形成带负电的粒子（主要是电子）和带正电的粒子（正离子），导致带电粒子雪崩式增多。当电子到达阳极时，介质被击穿，产生火花放电，形成导电通道，随后电源中积聚的能量沿放电通道注入两极放电点及间隙中。利用两个电极之间产生火花放电时的电蚀效应来蚀除多余金属材料，以达到对零件的尺寸、形状及表面质量等预定的加工要求。

电火花加工原理如图 5-34 所示。工件与工具分别与脉冲电源的两个不同极性输出端相连接，自动进给调节装置使工件和电极间保持近乎相等的放电间隙。两电极间加上脉冲电压后，在间隙最小处或绝缘强度最低处将工作液介质击穿，形成放电火花。放电通道中等离子瞬时高温使工件和电极表面都被蚀除掉一小部分材料，使各自形成一个微小的放电坑。脉冲放电结束后，经过一段时间间隔，工作液恢复绝缘，下一个脉冲电压又加在两极上，同样进行另一个循环，形成另一个小凹坑。当这种过程以相当高的频率重复进行时，工具电极不断地调整与工件的相对位置，加工出所需要的零件。从微观上看，加工表面是由很多个脉冲放电小坑组成的。放电凹痕剖面如图 5-35 所示。

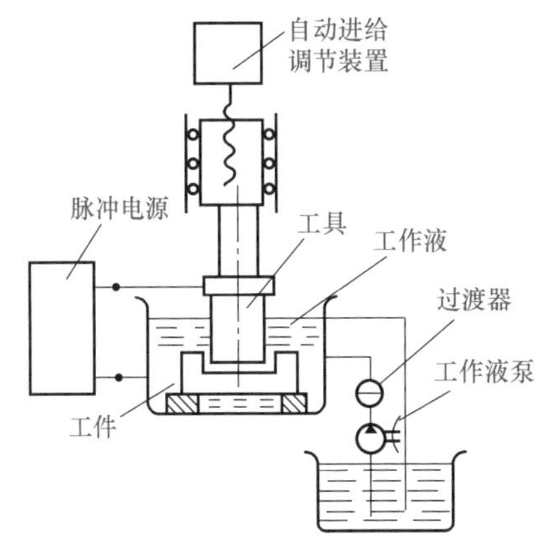

图 5-34　电火花加工原理图

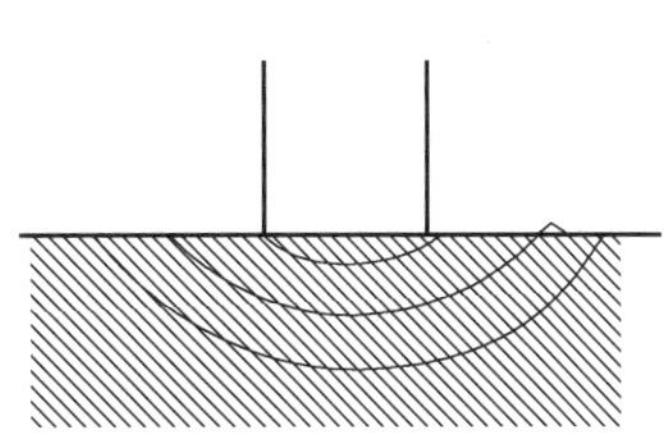

图 5-35　放电凹痕剖面示意图

2. 电火花加工的基本条件

基于上述原理，实现电火花加工的基本条件如下：

① 工具和工件之间要有一定的距离，通常为几微米至几百微米，并能维持这一距离。

② 在脉冲放电点必须有足够大的能量密度，即放电通道要有很大的电流密度，一般为 $10^5 \sim 10^6 A/cm^2$，这样，放电时产生大量的热足以使金属局部熔化和气化，并在放电爆炸力的作用下，把熔化的金属抛出来。

③ 放电应是短时间的脉冲放电，放电的持续时间为 $10^{-7} \sim 10^{-3}s$，这样才能使放电所产生的热量来不及传导扩散到其余部分，将每次放电分布在很小的范围内。不会像持续电弧放电，产生大量热量，使金属表面熔化、烧伤。

④ 脉冲放电需要重复多次进行，并且每次脉冲放电在时间上和空间上是分散的，即每次脉冲放电一般不在同一点进行，避免发生局部烧伤。

⑤ 电火花放电加工必须在具有一定绝缘性能的液体介质中进行。液体介质又称工作液，必须具有较高的绝缘强度，一般电阻率为 $10^3 \sim 10^7 \Omega \cdot cm$，以利于产生脉冲性的放电火花。同时，工作液中应及时清除电火花加工过程中产生的金属小屑、炭黑等电蚀产物，并对工具电极和工件表面有较有效的冷却作用，以保证加工能正常地持续进行。

3. 电火花加工的特点

① 便于对用机械切削加工难以加工或无法加工的工件（如淬硬的钢制模具件、硬质合金制模具零件等）进行加工。

② 由于工具电极与被加工的工件在加工过程中不接触，导致两者间的宏观作用力和很小，故便于加工工件的小孔、深孔和窄缝部位，而不受工具电极和工件刚度的限制。对于模具的各种型孔、立体曲面、复杂形状的部位，均可采用电火花加工方法一次完成加工。

③ 工具电极所用的材料不必比工件硬。

④ 直接利用电能、热能进行加工，便于实现对加工过程的自动控制。

⑤ 脉冲放电持续时间短，放电产生的热影响区小，可以确保良好的加工精度和表面质量。

⑥ 可以在同一机床上，通过调整脉冲参数来进行粗、精加工。

（二）电火花成型机床的组成及其作用

现以汉川 DM7132 精密电火花成型机床为例进行说明。机床主要由主机（包括自动调节系统的执行机构）、脉冲电源、自动进给调节系统（伺服进给系统）、工作液过滤和循环系统等几部分组成。

1. 机床总体部分

如图 5-36 所示，主机主要包括：床身 1、立柱 2、主轴头 3、工作台 4 及工作液槽几部分。床身和立柱是机床的主要结构件，要有足够的刚度。床身工作台面与立柱导轨面间应有一定的垂直度要求，还应保持较高的精度，这就要求导轨具有良好的耐磨性和充分消除材料内应力等。纵向、横向移动的工作台一般是靠刻度手轮来调整位置。高精度机床常采用光学坐标读数或磁尺数显等装置进行坐标显示。

主轴头是电火花成型机床中最关键的部件，是自动调节系统中的执行机构。它是由伺服进给机构、导向和防扭机构、辅助机构三部分组成。由它控制工件与工具电极之间的放电间隙，对加工工艺指标的影响极大。对主轴头的要求是：结构简单、传动链短、传动间隙小、热变形小、具有足够的精度和刚度，以适应自动调节系统的惯性小、灵敏度好、能承受一定负载的要求。经济型电火花成型机床主轴头位置移动常用大量程百分表显示。

2. 工具电极夹具及平动头

（1）可调节工具电极角度的夹头

工具电极的装夹及其调节装置的形式很多，其作用是调节工具电极和工作台的垂直度以及调节工具电极在水平面内微量的扭转角。常用的工具电极夹具有十字铰链式和球面铰链式。

（2）平动头

电火花加工也和切削加工一样按先粗后精原则，粗加工的火花间隙比半精加工的要大，而半精加工的火花间隙比精加工的又要大一些。当用一个电极进行粗加工后，其底面和侧壁四周的表面粗糙度很差，为了将其修光，就得改变规准逐挡进行修整。由于后挡规准的放电间隙比前挡小，对工件底面可通过主轴进给进行修光，而四周侧壁却无法修光。平动头就是为解决四周侧壁的修光问题和提高其尺寸精度而设计的。

平动头的动作原理是：利用偏心机构将伺服电动机的旋转运动，通过平动轨迹保持机构，转化成电极上每一个质点都能围绕其原始位置在水平面内做的平面小圆周运动，其中每个质点运动轨迹的半径就称为平动量。许多小圆的外包络线就形成加工表面，如图 5-37 所示。其运动半径即图中的平动量 Δ 通过调节可由零逐步扩大，以补偿粗、中、精加工的火花放电间隙之差，从而达到修光型腔的目的。

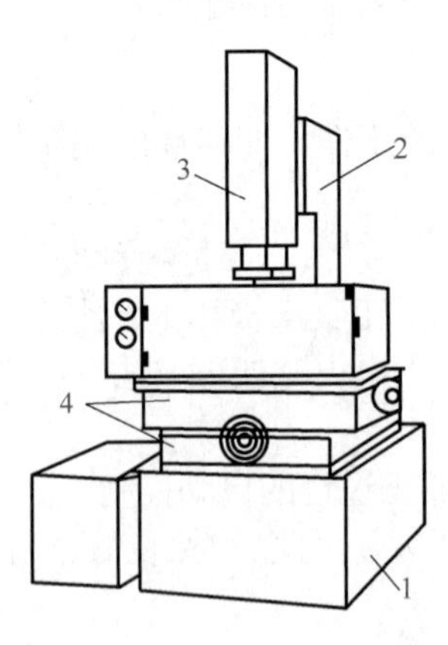

图 5-36　电火花成型机床

1—床身；2—立柱；3—主轴头；4—工作台

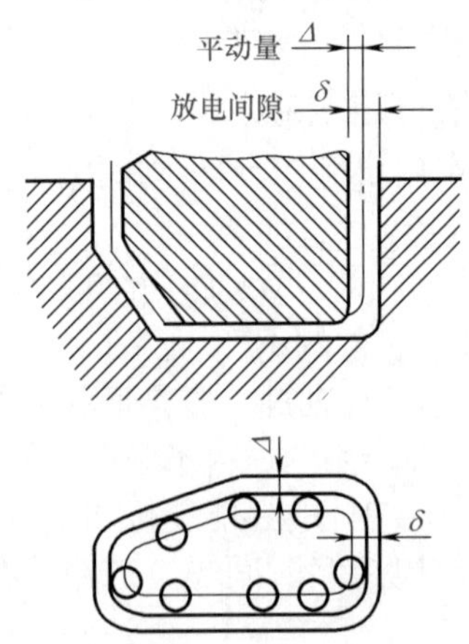

图 5-37　平动加工时电极运动轨迹

3. 工作液循环、过滤系统

工作液循环、过滤系统包括工作液箱、电动机、泵、过滤装置、工作液槽、油杯、管道、阀门以及测量仪表等。放电间隙中的电蚀产物除了靠自然扩散、定期抬刀以及使工具电极附加振动等办法外，常采用强迫工作液循环的办法加以排除，以免间隙中电蚀产物过多，引起已加工过的侧表面间二次放电，影响加工精度，此外也可起到冷却作用。如图 5-38 所示为工作液强迫循环的两种方式。如图 5-38（a）、（b）所示为冲油式，较易实现，排屑冲刷能力强，一般常采用，但电蚀产物仍通过已加工区，稍影响加工精度；如图 5-38（c）、（d）所示为抽油式，在加工过程中，分解出来的气体（H_2、C_2H_2 等）易积聚在抽油回路的死角处，遇电火花引燃会爆炸“放炮”，因此一般用得较少，但在要求小间隙、精加工时也会使用。为了不使工作液越用越脏，影响加工性能，必须加以净化、过滤。其具体方法有：

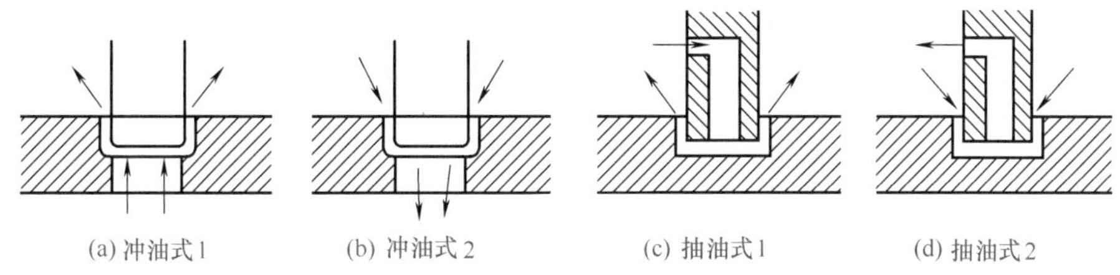

图 5-38　工作液强迫循环方式

① 自然沉淀法。这种方法速度太慢，周期太长，一般只用于单件小用量或精微加工。

② 介质过滤法。此法常用黄沙、木屑、棉纱头、过滤纸、硅藻土、活性炭等作为过滤介质。这些介质各有优缺点，但对中小型工件以及加工用量不大时，一般都能满足过滤要求，可就地取材，因地制宜。其中，过滤纸效率较高，性能较好，已有专用纸过滤装置生产供应。目前生产上应用的循环系统形式很多，常用的工作液循环过滤系统应可以冲油，也可以抽油。

4. 脉冲电源

电火花加工用的脉冲电源的作用是把工频交流电流转换成一定频率的单向脉冲电流，以供给火花放电间隙所需要的能量来蚀除金属。脉冲电源对电火花加工的生产率、表面质量、加工速度、加工过程的稳定性和工具电极损耗等技术、经济指标有很大的影响。电火花成型机床的脉冲电源是整个设备的重要组成部分。脉冲电源输出的两端分别与工具电极和工件连接。在加工过程中向间隙不断输出脉冲，当工具电极和工件达到一定间隙时，工作液被击穿而形成脉冲火花放电。由于极性效应，每次放电而使工件材料被蚀除。工具电极向工件不断进给，使工件被加工成要求形状。一般情况下对脉冲电源有以下要求：

① 能输出一系列脉冲。

② 每个脉冲应具备一定的能量，波形要合适，脉冲电压幅值、电流峰值、脉宽和间隔都要满足加工要求。

③ 工作稳定可靠，不受外界干扰。

常用的脉冲电源有张弛式、电子管式、闸流管式、晶体管式和晶闸管式，而高档的电火花成型机床则配置了微机数字化控制的脉冲电源。

5. 伺服进给系统

在电火花加工过程中，工具电极和工件之间必须保持一定的间隙，由于火花放电间隙很小，且与加工规准、加工面积、工件蚀除速度等有关，因此很难采用人工进给，也不能像机床那样采用自动、等速进给，而必须采用伺服进给系统。这种不等速的伺服进给系统也称为自动进给调节系统。

电火花成型机床的自动进给调节系统的功能就是在加工过程中始终保持合适的火花放电

间隙，任务在于通过改变、调节进给速度，使进给速度接近并等于蚀除速度，以维持一定的平均放电间隙，保证电火花加工正常而稳定地进行，以获得较好的加工效果。

（三）电火花成型加工工艺方法

1. 单电极直接成型法

单电极直接成型法主要用于加工深度很浅的浅型腔模，如各种纪念章、证章的花纹模，在模具表面加工商标、厂标、中文外文字母，以及工艺美术图案、浮雕等。除此以外，也可用于加工无直壁的型腔模具或成型表面。因为浅型腔花纹模要求精细的花纹，所以不能采用平动或摇动加工；而无直壁的型腔表面都与水平面有一倾斜角，工具电极在向下垂直进给时，对倾斜的型腔表面有一定的修整、修光作用。

2. 单电极平动法

如图 5-39 所示，单电极平动法在型腔模电火花加工中应用最广泛。它是采用一个电极完成型腔的粗、中、精加工的。首先采用低损耗、高生产率的粗规准进行加工，然后利用平动头做平面小圆运动，按照粗、中、精的顺序逐级改变电规准。与此同时，依次加大电极的平动量，以补偿前后两个加工规准之间型腔侧面放电间隙差和表面微观不平度差，实现型腔侧面仿型修光，完成整个型腔模的加工。

单电极平动法的最大优点是只需一个电极、一次装夹定位，便可达到 ±0.05mm 的加工精度，并方便排除电蚀产物。它的缺点是难以获得高精度的型腔模，特别是难以加工出清棱、清角的型腔。因为平动时，电极上的每一个点都按平动头的偏心半径做圆周运动，清角半径由偏心半径决定。此外，电极在粗加工中容易引起不平的表面龟裂状的积炭层，影响型腔表面粗糙度。为弥补这一缺点，可采用精度较高的重复定位夹具，将粗加工后的电极取下，经均匀修光后，再重复定位装夹，再用平动头完成型腔的终加工，这样可消除上述缺陷。

3. 多电极更换法

如图 5-40 所示，多电极更换法是采用多个电极依次更换加工同一个型腔，每个电极加

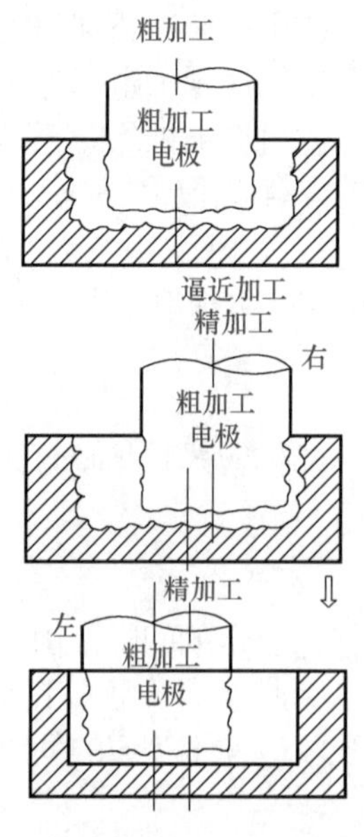

图 5-39　单电极平动加工示意图

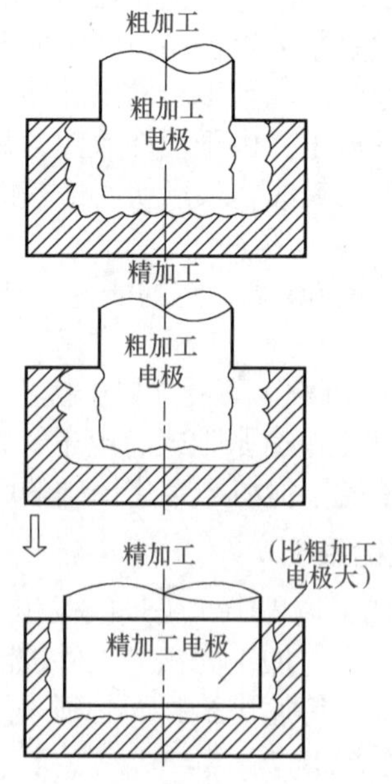

图 5-40　多电极更换法示意图

工时必须把上一规准的放电痕迹去掉。一般用两个电极进行粗、精加工就可满足要求；当型腔模的精度和表面质量要求很高时，可采用三个或更多个电极进行加工，但要求多个电极的一致性好、制造精度高。另外，更换电极时要求定位装夹精度高，因此一般只用于精密型腔的加工，例如盒式磁带、收录机、电视机等机壳的模具，都是用多个电极加工出来的。

4. 分解电极法

如图 5-41 所示，分解电极法是单电极平动加工法和多电极更换加工法的综合应用。它工艺灵活性强，仿形精度高，适用于尖角窄缝、沉孔、深槽多的复杂型腔模具的加工。根据型腔的几何形状，把电极分解成主型腔和副型腔电极分别制造。先加工出主型腔，后用副型腔电极加工尖角、窄缝等部位的副型腔。此方法的优点是可以根据主、副型腔不同的加工条件，选择不同的加工规准，有利于提高加工速度和改善加工表面质量、同时还可以简化电极制造，便于修整电极。缺点是更换电极时主型腔和副型腔电极之间要求有精确的定位。

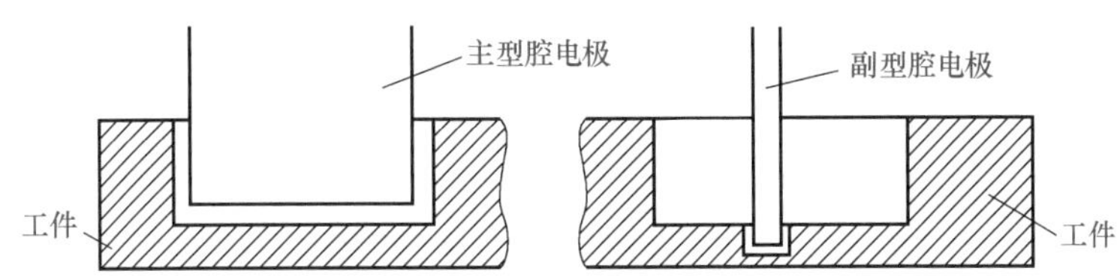

图 5-41　分解电极法加工示意图

（四）电火花型腔加工工艺

1. 根据加工对象确定加工工艺

根据加工对象确定加工工艺的步骤主要分为以下几点：

① 根据加工坯料尺寸和外形来决定加工设备大小、装夹定位。

② 根据型腔的大小来决定脉冲功率的大小以及电极材料等。

③ 根据工件材料决定工艺方法，包括加工制造方法、定位和校正方法、排屑方法、电极设计和制造、油孔的大小和位置、电规准的选择和安排等。

④ 根据加工表面粗糙度和精度要求来确定电规准预设值和各电规准加工量，控制电极损耗。

2. 电极设计

① 选择电极材料。电火花型腔加工的电极材料常用纯铜与石墨。纯铜的选材要求是无杂质经锻压的电解铜。石墨的选材要求是质细、致密、颗粒均匀、气孔率小、灰分少，最好是超纯、等静压石墨。

② 设计电极。根据模具大小、深浅、复杂程度及精度要求确定电极缩小量，再按型腔图样尺寸计算电极水平方向及垂直方向的尺寸大小。

③ 电极加工。

3. 电极与工件的装夹定位

电极和工件在电火花加工前，必须借助通用或专用的工装夹具及测量仪器进行装夹和校正定位。电极和工件装夹定位的质量，直接影响加工过程的稳定性和整个模具的加工精度。其类型及特点说明见表 5-26。

表 5-26 电极与工件的装夹定位的特点及说明

类别	说明
电极的装夹与校正	电极装夹与校正的目的，是把电极牢固地装夹在主轴的电极夹具上，并使电极轴线与主轴进给轴线一致，保证电极与工件的垂直和相对位置，如图（a）所示 ①装夹电极的注意事项：a. 电极与夹具的安装面必须清洗或擦拭干净，保证接触良好。b. 用螺钉紧固时，用力要适当，避免用力过大使电极变形，也切忌用力过小使电极在加工中松动 ②电极常用的校正方法：a. 按电极基准面校正电极，当电极侧面有较长直壁面时，可用精密角尺或百分表按直壁面校正。b. 按辅助基准面（固定板）校正电极，对于型腔外形不规则、四周直壁部分较短的电极，用辅助基准面进行校正。如图（a）所示，用百分表检验辅助基准面与工作台面的平行性，就可完成电极的校正。c. 按电极端面火花打印校正电极，用精规准使电极与模块平面上放电打印，调节到四周均匀出现放电火花，即完成了电极的校正 图(a) 型腔模电极校正
工件的装夹与定位	一般情况下，工件可直接装夹在垫块或工作台面上。采用下冲油时，工件可装夹在油杯上，通过压板压紧。工作台有坐标移动时，应使工件基准线与拖板一轴移动方向一致，便于电极和工件间的校正定位 ①工件的定位。工件定位分两种情况，一种是划线后按目测打印法校正，适合于工件毛坯余量较大的加工，这种定位方法较简单；另一种是借助量具块规、卡尺等和专用夹具来定位，适合于工件加工余量少、定位较困难的加工 ②工件的压装。工作台上的油杯及盖垫板中心孔要与电极轴同心，以利于油路循环，提高加工稳定性。同时，使工件与工作台平行，并用压板妥善地压紧在油杯盖板上，防止在加工中由于"放炮"等因素造成工件的位移
电极与工件相对位置的校正	为确定电极与工件之间的相对位置，可采用方法如下 ①目测法。目测电极与工件相对位置，利用工作台纵、横坐标的移动加以调整，以达到校正的目的 ②打印法。用目测大致调整好电极与工件的相对位置后，接通脉冲电源粗规准，加工出一浅印，使模具型孔周边都有放电加工量，再继续放电加工 ③测量法。利用量具（如块规、卡尺）定位 在采用组合电极加工时，其与工件的校正方法和单电极一样，但应注意，位置确定后，应使每个预孔都要加工到

4. 工件的准备

工件的准备是指在电火花型腔加工前的各种加工。一般情况下，工件必须在电火花加工前进行金属切削加工和钻孔攻螺纹等加工，有的还需进行热处理、去锈、退磁等工序。为便于定位和观察，大多数工件还应该制造定位基准。对于无法直接固定于工作台上的工件，有时要开设工艺孔或采用专用工具、夹具来固定。某些定位很困难的工件可留有适当的加工余量，待电火花加工后再进行加工。由于电火花加工时电极损耗是不可避免的，加工量越大，电极损耗就越大，加工精度就越低。另外电火花加工与金属切削加工相比，加工效率比较低，因而在进行电火花型腔加工之前，应用切削加工方法对工件进行预加工，以提高加工效率和加工精度。

5. 电火花型腔加工中的冲、抽油

电火花型腔加工中的冲、抽油是电火花加工工艺中不可缺少的措施。它可促进工作液介质消电离过程和加工中电蚀产物的排除，避免电弧放电，加速工具电极和工件表面放电区域的冷却，从而达到改善电火花加工条件、提高加工速度和稳定性的目的。但是，若冲、抽油作用力过大，则工具电极表面不易吸附沉积炭黑膜，电极的损耗也会相应地增加。采用冲、抽油措施时，应将冲、抽油压力控制在较小的范围之内，即接近稳定加工的临界压力范围内。

6. 电火花型腔加工的规准选择与转换

电规准是指电火花型腔加工过程中一组电参数，如电压、电流、脉宽、脉冲间隙等。电规准选择正确与否，将直接影响着模具加工工艺指标。应根据工件的要求（电极和工件的材料、加工工艺指标和经济效果等）来确定电规准并在加工过程中及时地转换。其规准选择与

转换说明如下：

（1）规准选择

在粗加工时，要求高生产率和低电极损耗，这时应优先考虑采用较宽的脉冲宽度（例如在 400μs 以上），然后选择合适的脉冲峰值电流并应注意加工面积和加工电流之间的配合关系。通常，当采用石墨电极加工钢时，最高电流密度为 3 ～ 5A/cm^2，采用纯铜电极加工钢时可稍大一些。

中规准与粗规准之间并没有明显的界限，应按具体加工对象划分。一般选用脉冲宽度 T_{on} 为 20 ～ 400μs、电流峰值 I_P 为 10 ～ 25A 进行中加工。精加工窄脉宽时，电极损耗率较大，一般为 10% ～ 20%，好在加工余量很小，一般单边不超过 0.1 ～ 0.2mm。若表面粗糙度 Ra 不大于 2.50μm，一般都选用窄脉宽（T_{on}：2 ～ 20μs）、小峰值电流（$I_P < 10$A）进行加工。

（2）规准转换

规准转换的挡数，应根据所加工型腔的精度、形状复杂程度和尺寸大小等具体条件确定。每次规准转换后的进给深度，应等于或稍大于上挡规准形成的表面粗糙度值的一半，或当加工表面刚好达到本挡规准对应的表面粗糙度时，应及时转换规准，这样既达到修光的目的，又可使各挡的金属蚀除量最少，进而尽可能地提高加工速度和降低电极损耗。

平动量的分配是单电极平动加工法的一个关键问题，主要取决于被加工表面由粗变细的修光量，此外还和电极损耗、平动头原始偏心量、主轴进给运动的精度等有关。一般，中规准加工时平动量为总平动量的 75% ～ 80%，中规准加工后，型腔基本成型，只留很少余量用于精规准修光。原则上每次平动或摇动的扩大量，应等于或稍小于上次加工后遗留下来的最大表面粗糙度（不平度）值 R_{max}（μm），至少应修去上次留下 R_{max} 的 $\frac{1}{2}$。本次平动修光后，又残留下一个新的不平度 R_{max}，有待于下次平动修去其 $\frac{1}{2}$～$\frac{1}{3}$。具体电规准、参数的选择可参见电火花加工工艺曲线的相关资料。

（五）电火花型腔加工实例

1. 整体式型腔加工实例

如图 5-42 所示为圆形型腔结构尺寸图，圆形型腔一般采用车削方法进行加工。为了保证型腔内孔过渡圆弧的尺寸精度，应采用数控车削的方法完成加工。圆形型腔的加工工艺过程见表 5-27。

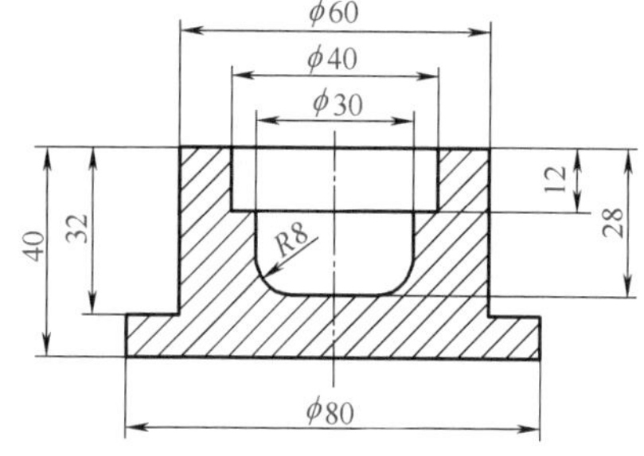

图 5-42　圆形型腔

表 5-27　圆形型腔加工工艺过程

序号	工艺名称	简图	工艺内容	设备
1	备料		下圆棒料，尺寸大小为 ϕ85mm × 60mm	锯床
2	车削		车削装夹台阶，调头粗车型腔外圆，钻孔 ϕ8	车床

续表

序号	工艺名称	简图	工艺内容	设备
3	车削		粗、精车型腔内孔、外圆，调头车削取总长	数控车床
4	抛光	—	表面粗糙度 *Ra* 控制在 0.8μm 以内	车床
5	检验	—	—	—
6	热处理	—	表面渗碳处理	—
7	抛光	—	型腔表面粗糙度 *Ra* 控制在 0.4μm 以内	超声波抛光机
8	待装配	—	—	—

2. 组合式型腔加工实例

如图 5-43 为注塑模具型腔滑块零件图，型腔组合比较复杂，若采用分道加工要达到设计精度有较大难度。如果选择电火花成型加工，则只要将电极加工正确，成型加工时放电规准调整合理，就能加工出合格的型腔。其主要技术要求如下：

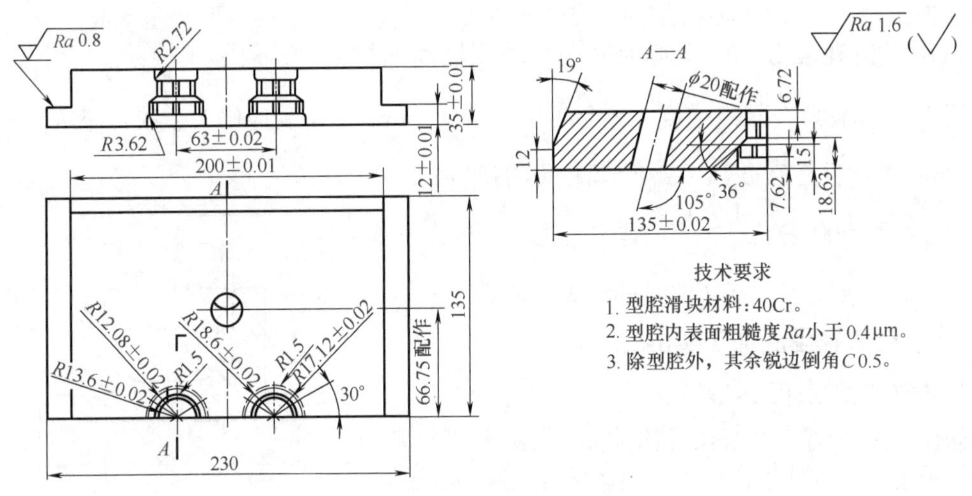

图 5-43　注塑模具型腔滑块

（1）电极的加工

电极常选用的材料为红铜，加工前根据制件形状要求，注意定尺寸时考虑放电间隙和加工平动量的影响，如精度要求不高，可在普通机床上完成加工辅以钳工手工精修。如图 5-43 所示的型腔有一定尺寸要求，可采用数控铣床或加工中心进行加工。

如图 5-44 所示为加工型腔的电极零件图。该电极的加工工艺过程见表 5-28。

（2）型腔的加工工艺过程

型腔坯料已加工好，“ϕ20”斜孔待后配作，本节介绍型腔内表面的加工。表 5-29 为型腔的电火花加工工艺过程。

由于在这副注塑模具中，型腔滑块是成对使用的，因此在加工完一块型腔滑块后，应立即在电火花成型机上加工另一半型腔滑块。

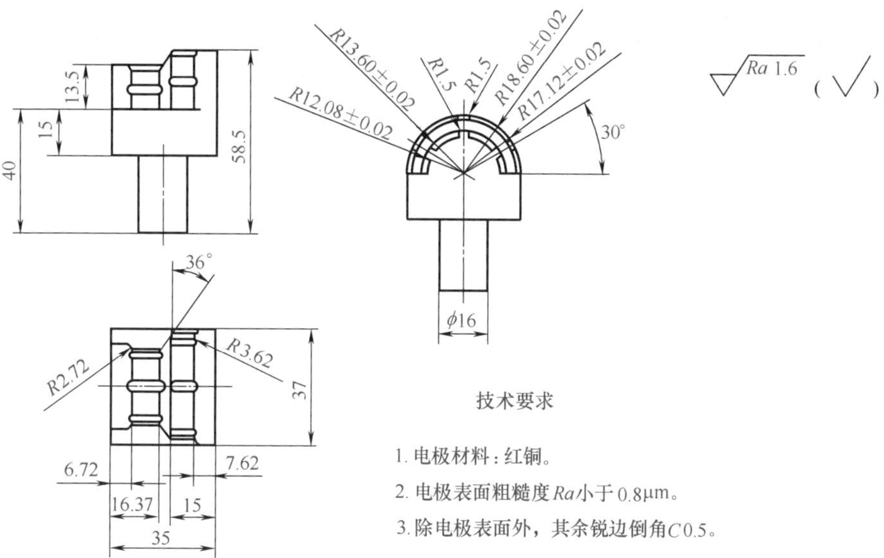

图 5-44　加工型腔的电极

表 5-28　电极加工工艺过程

序号	工艺名称	简图	工艺内容	设备
1	备料		下方料，尺寸为47mm×45mm×68mm	锯床
2	车削		车削定位基准 $\phi16$	车床
3	装夹找正	—	装夹找正	数控铣床
4	铣削		按要求铣削表面	数控铣床
5	局部精修	—	按制件电极要求局部精修	钳工设备
6	抛光	—	表面粗糙度 Ra 控制在 0.8μm 以内	钳工设备
7	检验	—	—	—

表 5-29　型腔电火花加工工艺过程

序号	工艺名称	简图	工艺内容	设备
1	装夹找正		按要求将型腔滑块坯料装夹至成型机工作台，百分表找正定位	电火花成型机
2	试放电		确定放电深度基准	电火花成型机
3	加工		编入深度，调整电规准。加工型腔	电火花成型机
4	加工		调整位置，加工型腔	电火花成型机
5	局部精修	—	按制件要求局部精修	钳工设备
6	抛光	—	表面粗糙度 *Ra* 控制在 0.8μm 以内	钳工设备
7	检验	—	—	—

二、电火花线切割加工

1. 电火花线切割加工设备

电火花线切割加工设备主要由机床本体、脉冲电源、控制系统、工作液循环系统和机床附件等几部分组成。如图 5-45 和图 5-46 所示分别为低速和高速走丝线切割加工设备的组成。

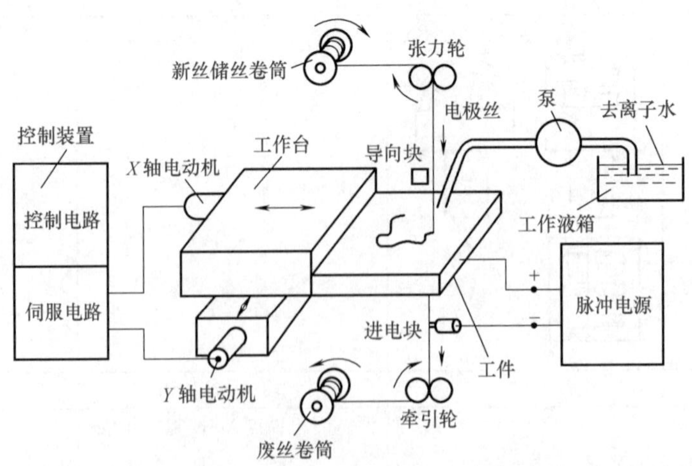

图 5-45　低速走丝线切割加工设备的组成

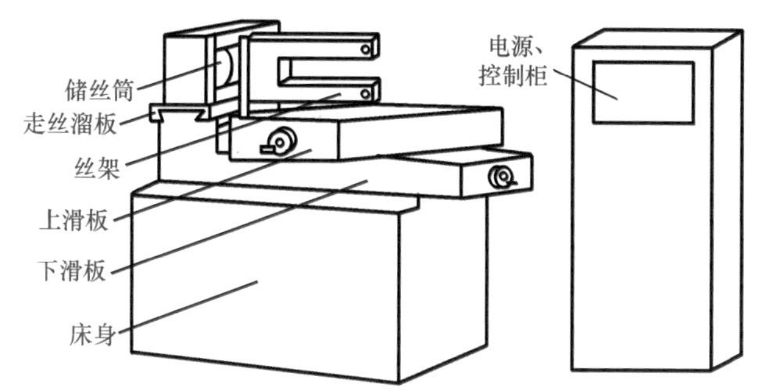

图 5-46　高速走丝线切割加工设备的组成

机床本体由床身、坐标工作台、走丝机构、丝架、工作液箱、机床附件和夹具等几部分组成。

（1）床身部分

床身一般为铸件，是坐标工作台、走丝机构及丝架的支承和固定基础。其通常采用箱式结构，应有足够的强度和刚度。床身内部安置电源和工作液箱，考虑电源的发热和工作液泵的振动，有些机床将电源和工作液箱移出床身外另行安放。

（2）坐标工作台部分

电火花线切割机床最终都是通过坐标工作台与电极丝的相对运动来完成对零件加工的。为保证机床精度，对导轨的精度、刚度和耐磨性均有较高的要求。一般都采用十字滑板、滚动导轨和丝杠传动副将电动机的旋转运动变为工作台的直线运动，通过 X、Y 两个坐标方向各自的进给移动，可合成并获得各种平面图形曲线轨迹。为保证工作台的定位精度和灵敏度，传动丝杠和螺母之间必须消除间隙。

（3）走丝机构

走丝系统使电极丝以一定的速度运动并保持一定的张力，在高速走丝机床上，一定长度的电极丝平整地卷绕在储丝筒上，电极丝张力与排绕时的拉紧力有关（为提高加工精度，近年已研制出恒张力装置），储丝筒通过联轴器与驱动电动机相连。为了重复使用电极丝，电动机由专门的换向装置控制做正反向交替运转。走丝速度等于储丝筒周边的线速度，通常为 8 ～ 10m/s。在运动过程中，电极丝由丝架支撑，并依靠导轮保持电极丝与工作台垂直或在锥度切割时倾斜一定的几何角度。

低速走丝系统如图 5-47 所示。自未使用的金属丝筒 2（绕有 1 ～ 3kg 金属丝）靠废丝卷丝轮 1 使金属丝以较低的速度（通常 0.2m/s 以下）移动。为了提供一定的张力（2 ～ 25N），在走丝路径中装有一个机械式或电磁式张力机构（4 和 5）。为实现断丝时能自动停车并报警，走丝系统中通常还装有断丝检测微动开关。用过的电极丝集中到废丝卷丝筒 1 上或送到专门的收集器中。

为了减轻电极丝的振动，加工时应使其跨度尽可能小（按工件厚度调整），通常在工件的上下采用蓝宝石 V 形导向器或圆孔金刚石导向器，其附近装有进电部分，工作液一般通过进电区和导向器再进入加工区，可使全部电极丝的通电部分都能冷却。走丝机床上还装有靠高压水射流冲刷引导的自动穿丝机构，能使电极丝经一个导向器穿过工件上的穿丝孔而被传送到另一个导向器，在必要时也能自动切断并再穿丝，为无人连续切割创造了条件。

（4）锥度切割装置

① 偏移式丝架。主要用在高速走丝线切割机床上实现锥度切割，其工作原理如图 5-48

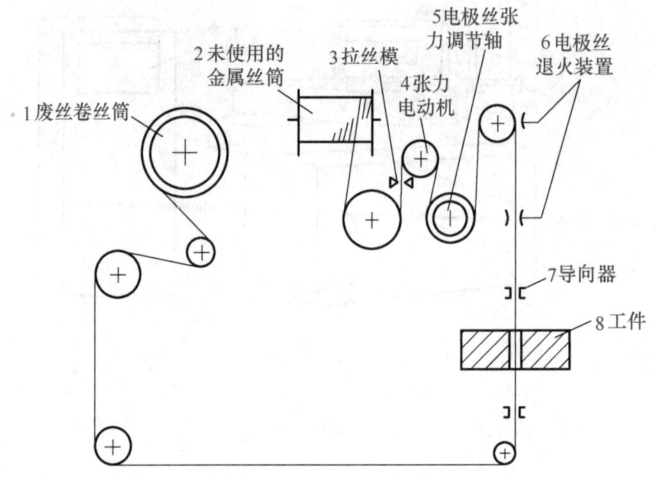

图 5-47　低速走丝系统

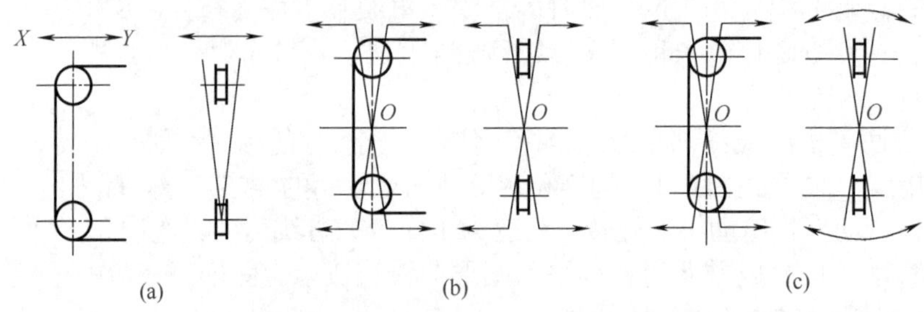

图 5-48　偏移式丝架实现锥度加工的方法

所示。如图 5-48（a）所示为上（或下）丝臂平移法，上（或下）丝臂沿 X、Y 方向平移，用此法时锥度不宜过大，否则丝线易拉断，导轮易磨损，工件上有一定的加工圆角。如图 5-48（b）所示为上、下丝臂同时绕一定中心移动的方法，如果模具刃口放在中心 O 上，则加工圆角近似为电极丝半径。用此法时加工锥度也不宜过大。如图 5-48（c）所示为上、下丝臂分别沿导轨径向平动和轴向摆动，用此法时加工锥度不影响导轮磨损，最大切割锥度通常可达 5° 以上。

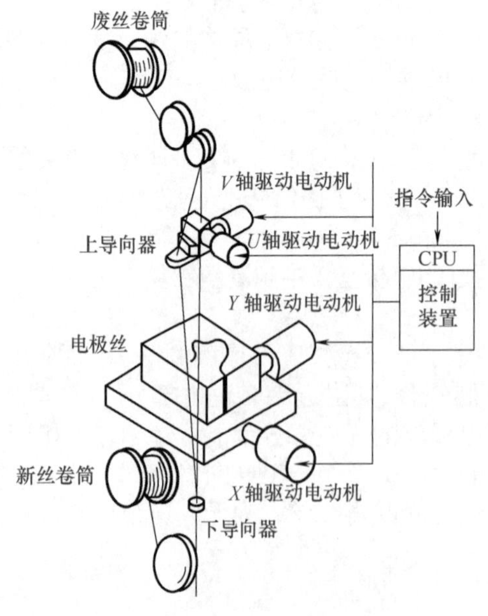

图 5-49　四轴联运锥度切割装置

② 双坐标联动装置。在低速走丝线切割机床上广泛采用此类装置，它主要依靠上导向器作纵横两轴（称 U、V 轴）驱动，U、V 轴与工作台的 X、Y 轴在一起构成 NC 四轴同时控制装置（如图 5-49 所示）。这种方式的自由度很大，依靠功能丰富的软件，可以实现上、下异形截面形状的加工。最大的倾斜角度一般为 5°，有的甚至可达 30° ～ 50°（与工件厚度有关）。在加工时，保持导向间距（上、下导向器与电极丝接触点之间的直线距离）一定，是获得高精

度的主要因素，为此，有的机床具有 Z 轴设置功能，并且一般采用圆孔形式的无方向性导向器。

2. 电火花线切割机床的加工特点

① 电火花线切割机床适宜加工无台阶的模具零件，正好弥补了电火花成型机床加工的不足，两者相匹配，使模具零件的制作加工效率更高，精度更好。

② 电火花线切割机床适宜加工厚度、尺寸较大，平面组合形状较复杂，加工面属直线组合面，具有直角或尖角而不宜用旋转刀具加工的模具零件和机械零件。其比通用设备加工精度高，虽然加工效率较低，但加工工艺简单，操作者劳动强度低，达到了填补旋转刀具加工不足的功效。

③ 电火花线切割机床适宜加工导电类不同材料和硬度的模具零件。有些模具零件材料热处理变形大，使热处理前的加工精度受到影响，而热处理后用旋转刀具加工，加工难度大或无法加工，如用电火花线切割加工就比较方便。

④ 电火花线切割机床适宜加工装夹容易变形的模具零件。有些模具零件壳体较薄，机械加工装夹容易变形，电火花线切割机床加工属无接触加工，切削力约等于零，切削热约等于零，所以加工时装夹作用力较小，既保证了精度，又避免了装夹变形。

⑤ 目前电火花线切割机床绝大多数均采用自动编程加工系统，编程方便，加工自动化程度高，适用于中、低精度模具零件的加工。

3. 电火花线切割加工工艺指标（表 5-30）

表 5-30　电火花线切割加工工艺指标及说明

切割工艺指标	说明
切割速度	在保持一定的表面粗糙度的切割过程中，单位时间内电极丝中心线在工件上切过的面积总和称为切割速度，单位为 mm^2/min。最高切割速度是指在不计切割方向和表面粗糙度等条件下，所能达到的切割速度。通常慢速走丝线切割速度为 50 ～ 100mm^2/min，快速走丝线切割速度为 100 ～ 150mm^2/min，它与加工电流大小有关，为比较不同的输出电流脉冲电源的切割效果，将每安培电流的切割速度称为切割效率，一般切割效率为 20$mm^2/(min \cdot A)$
表面粗糙度	高速走丝线切割一般的表面粗糙度为 Ra5 ～ 2.5μm，最佳也只有 Ra1μm 左右。低速走丝线切割一般可达 Ra1.25μm，最佳可达 Ra0.2μm。 用高速走丝方式切割钢工件时，在切割出表面的进出口两端附近，往往有黑白相间交错的条纹，仔细观察时能看出黑的微凹，白的微凸，电极丝每正、反向换向一次，便有一条黑白条纹，如图 5-50（a）所示。这是由工作液出入口处的供应状况和蚀除物的排除情况不同所造成的。如图 5-50（b）所示，电极丝入口处工作液供应充分，冷却条件好，蚀除量大但蚀除物不易排出，工作液在放电间隙中受高温热分解出的炭黑和钢中的碳微粒，被移动的钼丝带入间隙，致使放电产生的炭黑等物质凝聚附着在该处加工表面上，使该处呈黑色。出口处工作液少，冷却条件差，但因靠近出口排除蚀除物的条件好，又因工作液少，蚀除量小，在放电产物中炭黑也较少，且放电常在气体中发生，因此表面呈白色。由于在气体中放电间隙比在液体中的放电间隙小，所以电极丝入口处的放电间隙比出口处大。由于电极丝入口处和出口处的切缝宽度不同，因此电极丝的切缝不是直壁缝，而是具有斜度，如图 5-50（c）所示。利用这种切缝自然形成的小斜度，可使电极丝只在一个运动方向放电，而另一个运动方向不放电，也可以加工出具有微小斜度的凹模来，但切割速度降低很多。高速走丝独有的黑白条纹，对工件的加工精度和表面粗糙度都造成不良的影响
电极丝损耗量	对于高速走丝机床，用电极丝在切割 10000mm^2 后其直径的减少量来衡量电极丝的损耗率。一般每切割 10000mm^2 后，电极丝直径减小不应大于 0.01mm
加工精度	加工精度是指所加工工件的尺寸精度、形状精度（如直线度、平面度、圆度等）和位置精度（如平行度、垂直度、倾斜度等）的总称。高速走丝线切割的可控加工精度为 0.01 ～ 0.02mm，低速走丝线切割的可控加工精度为 0.002 ～ 0.005mm

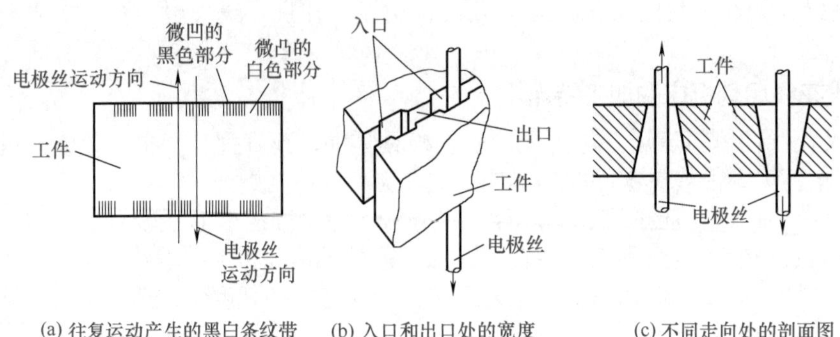

(a) 往复运动产生的黑白条纹带　(b) 入口和出口处的宽度　(c) 不同走向处的剖面图

图 5-50　电火花线切割表面黑白条纹及其切缝形状

4. 电火花线切割加工过程（表 5-31）

表 5-31　电火花线切割加工过程

加工过程	说明
加工件坯料准备	加工件坯料根据零件要求进行铣削、磨削加工，达到加工件高度尺寸和相应的表面粗糙度要求
坯料装夹找正	根据坯料形状大小采取相应的装夹方法，并按加工要求进行加工基准找正，做好加工前的准备工作
CAD 画图	根据加工件形状要求，利用机床系统自带 CAD 画图软件画图。画图时应注意尺寸，保证形状和尺寸精度正确
自动编程	利用机床系统功能进行自动编程，编程时要根据加工件要求进行补偿，型芯采用正补偿，型腔采用负补偿，补偿值等于钼丝直径 /2+ 放电间隙，放电间隙一般取 0.01 ～ 0.03mm。实际加工件的大小与设计误差，可采用补偿的方法修正
自动加工	自动加工前打开切削液开关，再按自动加工键进行自动加工，加工时应根据加工件的厚薄修调加工参数。工件材料厚，打开功放管数量多，切削电流稍大；工件材料薄，打开功放管数量则少，切削电流则稍小
检验	检验加工件，待后续加工或装配

第五节　模具表面技术

模具表面技术包括表面强化、型腔表面光整加工和表面纹饰加工技术。模具表面技术的应用越来越广泛。

一、表面强化技术

可用于模具制造的表面强化和修复技术包括表面淬火技术、热扩渗技术、堆焊技术和电镀硬铬技术、电火花表面强化技术、激光表面强化技术、物理气相沉积技术（PVD）、化学气相沉积技术（CVD）、离子注入技术、热喷涂技术、热喷焊技术、复合电镀技术、复合电刷镀技术和化学镀技术等。

1. 热扩渗技术

热扩渗技术又称化学热处理技术，是指用加热扩散的方式把 C、N、Si、B、Al、V、Ti、W、Nb、S 等一元或多元非金属或金属元素渗入模具的表面，从而形成表面合金层的工艺。其突出特点是扩渗层与基材之间是靠形成合金来结合的，具有很高的结合强度。模具表面强化中常用的扩渗元素有碳和氮。

渗碳具有渗速快、渗层深、渗层硬度梯度与成分梯度可方便控制、成本低等特点，能有效地提高材料的室温表面硬度、耐磨性和疲劳强度等。渗氮层的硬度高（950 ～ 1200HV），耐磨性、疲劳强度、热硬性及抗咬合性均优于渗碳层。由于渗氮温度低（一般为 480 ～ 600℃），工件变形很小，尤其适用于一些精密模具的表面强化。

2. 气相沉积技术

气相沉积技术是一种利用气相物质中的某些化学、物理过程，将高熔点、高硬度金属及其碳化物、氮化物、硼化物、硅化物和氧化物等性能特殊的稳定化合物沉积在模具工作零件表面上，形成与基体材料结合力很强的硬质沉积层，从而使模具表面获得优异力学性能的技术。根据沉积层形成机理的不同，气相沉积分为物理气相沉积、化学气相沉积、等离子体化学气相沉积三大类，其说明见表 5-32。

表 5-32　气相沉积分类及说明

类型	说明
物理气相沉积（PVD）	在真空条件下，以各种物理方法产生的原子或分子沉积在基材上，形成薄膜或沉积层的过程称为物理气相沉积。PVD 法的主要特点是当沉积温度低于 600℃时，它可在工具钢和模具钢的高温回火温度以下进行表面处理，故变形小，最适合于精密模具。但是 PVD 法不适用于沉积深孔及窄的沟槽，不能对有氧化腐蚀、变质层的零件进行沉积。按照沉积时物理机制的差别分为真空蒸镀（vacuum evaporation coating，VE）、真空溅射（vacuum sputtering，VS）和离子镀（ion plating，IP）三种类型。其中，采用多弧离子镀方法镀覆 TiN、TiC 耐磨层的技术已在模具表面强化方面取得了广泛的生产应用
化学气相沉积（CVD）	化学气相沉积是利用膜层中各元素的挥发性化合物或单质蒸汽在热基体表面产生气相化学反应，反应产物形成沉积层的一种表面技术。其特点是 CVD 处理沉积层的组织中存在扩散层过渡区，沉积层与基体的结合力强，模具不会产生剥落、崩块等问题。对于深孔型及复杂型腔的模具，使用 CVD 处理较 PVD 处理更易形成沉积层。但是由于 CVD 法是在 800 ～ 1200℃的高温下进行的，因此工件易变形，出现脱碳现象，易形成残留奥氏体，性能下降。经 CVD 处理的模具一般还需要在真空炉中重新淬火
等离子体化学气相沉积（PCVD）	等离子体化学气相沉积技术是在化学气相沉积和物理气相沉积基础上发展起来的，兼有 CVD 的良好绕镀性及 PVD 的低温成膜的优点。在模具上用 PCVD 法沉积 NiCN、TiCN、TiC 等结合力强，模具使用性能良好，可以提高模具使用寿命。PCVD 可用于形状复杂的精密模具表面强化，还可以用于表面修复

3. 电镀与化学镀技术

（1）电镀

利用电镀技术，在模具表面镀覆一层具有特殊性能的金属材料（常用 Ni 或 Cr），可以提高模具的耐磨性、耐蚀性和表面硬度。这种表面处理技术工艺简单，成本低。镀 Ni 层硬度一般为 150 ～ 600HV，镀 Cr 层硬度一般为 400 ～ 1200HV。

近年来，为了提高复合镀层的耐磨性，采取了如下措施：采用合金镀层，包括 Ni-Co、Ni-Mn、Ni-Fe、Ni-P 镀层等，代替单金属镀层，能够较大幅度地提高模具表面的硬度。采用聚四氟乙烯（PTFE）作为共沉积微粒制备的 Ni-PTFE 复合镀层常用于注塑模和橡胶模的脱模镀层。

（2）化学镀

化学镀的均镀能力强，由于没有外电源、电流密度的影响，镀层可在形状复杂的模具型腔基材表面均匀沉积。特别是化学镀 Ni-P 层，其硬度可达 1000HV，已接近一些硬质合金的硬度，而且具有相当高的耐磨性和耐蚀性。

4. 激光表面强化技术

激光能量密度极高，对材料表面进行加热时，加热速度极快，整个基体的温度在加热过程中基本不受影响。这样对工件的形状、性能等也不会产生影响。激光表面强化技术主要有激光相变硬化（laser transformation harding，LTH）、激光表面合金化（laser surface alloying，LSA）、激光表面熔覆（laser surface cladding，LSC）三种。如利用激光表面熔覆技术，在聚乙烯造粒模具上熔覆 Co-WC 或 Ni 基合金涂层等，可以降低模具型腔表面粗糙度，减小型腔的磨损。

二、光整加工技术

注塑模具的表面加工是以降低零件表面粗糙度、提高表面形状精度和增加表面光泽度为主要目的的研磨和抛光加工，统称为光整加工。

型腔模的型腔、型孔成型表面的精加工手段，大多为电火花成型加工和电火花线切割加工，在电加工之后成型表面形成一层薄薄的变质层。变质层上有许多缺陷，除几何形状规则表面可以采用高精度的坐标磨削加工外，多数情况需要依靠研磨抛光来去除变质层，以保证成型表面的精度和表面粗糙度要求。因此，光整加工主要用于模具成型表面的精细加工，它对于提高模具寿命和形状精度，以及保证制件顺利成型起着重要的作用。

1. 研磨和抛光的原理

（1）研磨的机理和特点

研磨是使用研具、游离磨料对被加工表面进行微量加工的精密加工方法。在被加工表面和研具之间置以游离磨料和润滑剂，使被加工表面和研具之间产生相对运动并施以一定压力，磨料产生切削、挤压等作用，从而去除表面凸起处，使被加工表面精度提高、表面粗糙度降低。

研磨的特点见表 5-33。

表 5-33　研磨的特点

特点	说明
尺寸精度高	研磨采用极细的磨粒，在低速、低压作用下，逐次磨削表面凸峰金属，并且加工热量少，被加工表面的变形和变质层很轻微，可稳定获得高精度表面。尺寸精度可达 0.025μm。由于微量切削，研磨运动轨迹复杂，并且不受运动精度的影响，因此可获得较高的形状精度。球体圆度可达 0.025μm，圆柱体圆柱度可达 0.1μm
表面粗糙度低	在研磨过程中，磨粒的运动轨迹不重复，有利于均匀磨掉被加工表面的凸峰，从而降低表面粗糙度。表面粗糙度 *Ra* 可达 0.1μm
表面耐磨性提高	由于研磨表面质量提高，因此摩擦因数减小，并且有效接触表面积增大，耐磨性提高
耐疲劳强度提高	由于研磨表面存在着残余压应力，有利于提高零件表面的耐疲劳强度
其他特点	不能提高各表面之间的位置精度 多为手工作业，劳动强度大

（2）抛光机理和特点

抛光加工过程与研磨加工基本相同，是一种比研磨更微磨削的精密加工。在抛光过程中也存在着微切削作用和化学作用。抛光所用研具较软，还存在塑性流动作用，这是由抛光过程中的摩擦现象使抛光接触点温度上升引起的。抛光的作用是进一步降低表面粗糙度，并获得光滑表面，但不提高表面的形状精度和位置精度。

抛光加工在研磨之后进行，经抛光加工后的表面粗糙度 *Ra* 可控制在 0.4μm 以下。模具成型表面的最终加工，大部分都需要进行研磨和抛光。

2. 研磨抛光分类及加工要素

（1）按研磨抛光过程中人参与的程度分

① 手工作业研磨抛光。是指主要依靠操作者个人技艺或采用辅助工具进行的研磨抛光。对于型腔中窄缝、盲孔、深孔和死角部位的加工，目前仍然是手工研磨抛光方法占主导地位。

② 机械设备研磨抛光。主要依靠机械设备进行的研磨抛光。其包括一般研磨抛光设备和智能自动抛光设备，这是研磨抛光发展的主要方向。

（2）按磨料在研磨抛光过程中的运动轨迹分

① 游离磨料研磨抛光。在研磨抛光过程中，利用研磨抛光工具系统给游离状态的研磨抛光剂以一定压力，使磨料以不重复的轨迹运动进行微切削作用和微塑性挤压变形。

② 固定磨料研磨抛光。是指研磨抛光工具本身含有磨料，在加工过程中研磨抛光工具以一定压力直接和被加工表面接触而进行的研磨抛光，磨料和工具的运动轨迹一致。

（3）按研磨抛光的机理分

① 机械式研磨抛光。是利用磨料的机械能量和切削力对被加工表面进行微切削的研磨抛光。

② 非机械式研磨抛光。是指主要依靠电能、化学能等非机械能形式进行的研磨抛光。

（4）按研磨抛光剂使用的条件分

① 湿研。将磨料和研磨液组成的研磨抛光剂连续加注或涂覆于研具表面，磨料在研具和被加工表面之间滚动或滑动，形成对被加工表面的切削运动。其加工效率较高，但加工表面的几何形状和尺寸精度不如干研。多用于粗研或半精研。

② 干研。将磨料均匀地压嵌在研具表层中，施以一定压力进行研磨加工。可获得很高的加工精度和低的表面粗糙度，但加工效率低。一般用于精研。

③ 半干研。类似湿研，使用糊状研磨膏。用于粗、精研均可。

研磨抛光的加工要素见表 5-34。

表 5-34 研磨抛光加工要素

项目		说明
加工方式	驱动方式	手动、机动、数字控制
	运动形式	回转、往复
	加工面数	单面、双面
研具	材料	硬质（淬火钢、铸铁）、软质（木材、塑料）
	表面状态	平滑、沟槽、孔穴
	形状	平面、圆柱面、球面、成型面
磨料	材料	金属氧化物、金属碳化物、氮化物、硼化物
	粒度	0.01 微米到数十微米
	材质	硬度、韧性
研磨液	种类	油性、水性
	作用	冷却、润滑
加工参数	相对运动	1 ～ 100m/min
	压力	0.001 ～ 3.0MPa
	时间	视加工条件而定
环境	温度	视加工要求而定，超精密型，（20±1）℃
	净化	视加工要求而定，超精密型，净化间 1000 ～ 100 级

3. 研磨抛光方法

注塑模具为了方便成型制件脱模和保证制件表面美观要求，模具的型芯、型腔都要达到较低的表面粗糙度，使用通用的和数控的加工方法，其表面粗糙度均达不到要求，因此就必须将模具零件的型芯、型腔进行表面研磨抛光加工。

在注塑模具加工中所说的抛光与其他行业中所要求的表面抛光有很大的不同，严格来说，模具的抛光应该称为镜面加工。它不仅对抛光本身有很高的要求并且对表面平整度、光滑度以及几何精度也有很高的要求。由于电解抛光、流体抛光等方法很难精确控制零件的几何精度，而化学抛光、超声波抛光、磁研磨抛光等方法的表面质量又达不到要求，所以精密模具的镜面加工还是以机械抛光为主。常用的抛光机有：手持往复研磨抛光机、手持直式旋转抛光机、电解修磨抛光机、超声波抛光机等。

（1）手工研磨抛光

① 研磨抛光剂。研磨抛光剂是由磨料和研磨抛光液组成的均匀混合剂。

常用磨料的种类有氧化铝磨料、碳化硅磨料、金刚石磨料、氧化铁磨料和氧化铬磨料等，粗加工时选择较大的粒度，精加工时选择较小的粒度。

研磨抛光液有矿物油、动物油和植物油三类，10# 机油应用最普遍，煤油在粗、精加工中都可使用，猪油中含有油酸活性物质，在研磨抛光过程中与被加工表面产生化学反应，可加速研磨抛光过程，又可增加零件表面光泽度。

研磨抛光膏是一种由磨料和研磨抛光液组成的研磨抛光剂，研磨抛光膏分硬磨料抛光膏和软磨料抛光膏。

② 研磨抛光工具。研磨抛光时直接和被加工表面接触的研磨抛光工具称为研具。研具的材料很广泛，原则上研具材料硬度应比被加工材料硬度低，但研具材料过软，会使磨粒全部嵌入研具表面而使切削作用降低。因此，研具材料的软硬程度、耐磨性应该与被加工材料相适应。一般研具材料有低碳钢、灰铸铁、黄铜和紫铜，硬木、竹片、塑料、皮革和毛毡也是常用材料。

研磨抛光工具有如表 5-35 所示。

表 5-35 研磨抛光工具

类别	说明
普通油石	普通油石一般用于粗研磨，它由氧化铝、碳化硅磨料和黏结剂压制烧结而成。使用时根据型腔形状磨成需要的形状，并根据被加工表面的粗糙度要求和材料硬度选择相应的油石。当被加工零件材料较硬时，应该选择较软的油石，否则应该选择较硬的。当被加工零件表面粗糙度要求较高时，油石要细一些，组织要致密些
研磨平板	研磨平板主要用于单一平面及中小镶件端面的研磨抛光，如凹模端面、注塑模中的单一平面分型面等。研磨平板用灰铸铁材料，并在平面上开设相交成 60° 或 90°、宽 1 ～ 3mm、距离为 15 ～ 20mm 的槽，研磨抛光时再在研磨平板上放些微粉和抛光液
外圆研磨环	外圆研磨环是在车床或磨床上对外圆表面进行研磨的一种研具。外圆研磨环有固定式和可调式两类，固定式外圆研磨环的研磨内径不可调节，而可调式外圆研磨环的研磨内径可以在一定范围内调节，以适应环磨外圆不同或外圆变化的需要
内圆研磨芯棒	内圆研磨芯棒是研磨内圆表面的一种研具，根据研磨零件的外形和结构不同，分别在钻床、车床或磨床上进行。内圆研磨芯棒也有固定式和可调式两类。固定式内圆研磨芯棒的外径不可调节，外圆表面有螺旋槽，以容纳研磨抛光剂。固定式内圆研磨芯棒一般由模具钳工在钻床上进行较小尺寸圆柱孔的加工

③ 机械研磨抛光工具。

图 5-51 圆盘式磨光机

a. 圆盘式磨光机。如图 5-51 所示，是一种常见的电动工具，用于去除一些大型模具仿形加工后的走刀痕迹及倒角，抛光精度不高，其抛光程度接近粗磨。

b. 电动抛光机。电动抛光机主要由电动机、传动软轴及手持式研抛头组成。使用时电动机挂在悬挂架上，电动机启动后通过软轴传动，手持式研抛头产生旋转或往复运动。这种抛光机备有如表 5-36 所示三种。不同的研抛头，以适应不同的研抛工作。

使用电动抛光机进行研磨或抛光时应根据被加工表面的原始粗糙度和加工要求，选用适当的研抛工具和研磨剂，由粗到细逐步进行加工。在进行研磨操作时移动要均匀，在整个表面不能停留；研磨剂涂布不宜过多，要均匀散布在加工表面上；采用研磨膏时必须添加研磨液；每次更换不同粒度的研磨剂都必须将研具及加工表面清洗干净。

表 5-36　电动抛光机研抛头的类型

类型	说明
手持往复式研抛头	这种研抛头工作时一端连接软轴，另一端安装研具或油石、锉刀等。在软轴传动下研抛头进行往复运动，可适应不同的加工需要。研抛头工作端还可按加工需要在 270° 范围内调整，这种研抛头装上球头杆，配上圆形或方形铜（塑料）研磨环作研具，手持研抛头沿研磨表面不停地均匀移动，可对某些小曲面或复杂形状的表面进行研磨。如图 5-52 所示，研磨时常采用金刚石研磨膏作研磨剂
手持直式旋转研抛头	手持直式旋转研抛头可装夹 $\phi2$ ~ 12mm 的特形金刚石砂轮，在软轴传动下做高速旋转运动，加工时就像握笔一样握住研抛头进行操作，可对型腔细小复杂的凹弧面进行修磨，如图 5-53 所示。取下特形金刚石砂轮，装上抛光球用的轴套，用塑料研磨套可研抛圆弧部位。装上各种尺寸的羊毛毡研抛头可进行研磨和抛光工作
手持角式旋转研抛头	与手持直式旋转研抛头相比，手持角式旋转研抛头的砂轮回转轴与研抛头的直柄部成一定夹角，便于对型腔的凹入部分进行加工，与相应的研磨及抛光工具配合，可进行相应的研磨和抛光工序

④ 注塑模具零件研磨抛光工艺过程。

a. 将坯件加工表面用细锉进行交叉锉削或用刮刀刮平。锉削后，表面不应有明显的刀纹和加工划痕。

b. 用砂布进行表面磨光。

c. 用金刚砂抛光并用毡布或呢子布蘸取煤油或煤油与机油的混合物在被抛光表面研磨。

d. 在用金刚砂研磨时，先用粒度比较大的粗金刚砂，后用中号及细号的金刚砂。

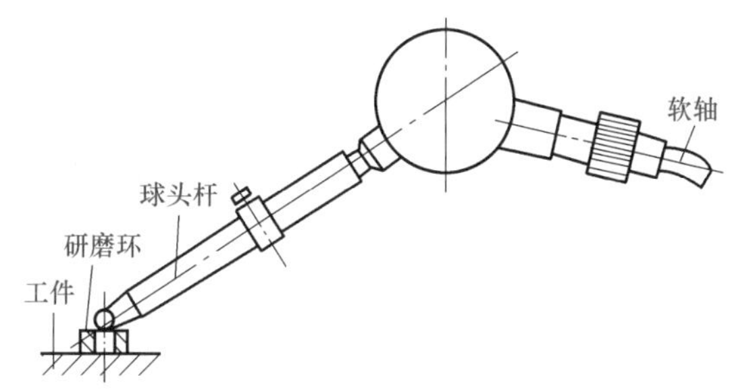

图 5-52　手持往复式研抛头

e. 经研磨后的表面，用呢子布蘸取细号金刚砂的干粉面抛光，以获得美观光洁的表面。干抛光后的表面，再用细丝绸布擦干净。对型腔模回转体凸模、型芯等，可直接在抛光机上用布轮进行抛光，然后再用呢子布抛光即可。

⑤ 抛光注意事项。抛光时，其抛光的运动方向应经常变换，否则会有纹路出现；前一道工序结束后，必须将杂物清除；复杂的凸、凹模及型腔型面的抛光，可以采用乙醇作为抛光液。

（2）电解修磨抛光

电解修磨抛光是在抛光工件和抛光工具之间施以直流电压，利用通电后工件（阳极）与抛光工具（阴极）在电解液中发生的阳极溶解作用来进行抛光的一种工艺方法，如图 5-54 所示。

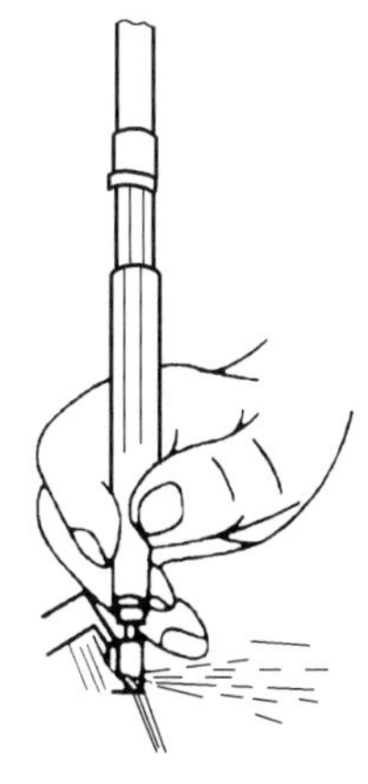
图 5-53　用手持直式旋转研抛头进行加工

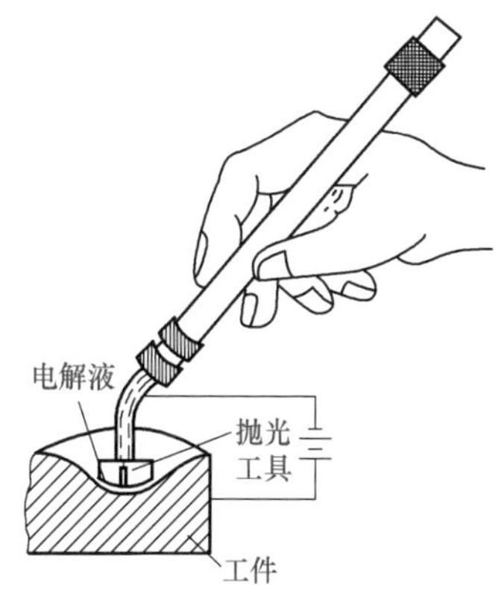

图 5-54　电解修磨抛光

电解修磨抛光工具可采用导电油石制造。这种油石以树脂作黏结剂，与石墨和磨料（碳化硅或氧化铝）混合压制而成，应将导电油石修整成与加工表面相似的形状。抛光时，手持抛光工具在零件表面轻轻摩擦，由于电解作用，加工效率高。

电解修磨抛光有以下特点：

① 电解修磨抛光不会使工件产生热变形或内应力。

② 工件硬度不影响加工速度。

③ 对型腔中用一般方法难以修磨的部位及形状（如深槽、窄缝及不规则圆弧等），可采用相应形状的修磨工具进行加工，操作方便、灵活。

（3）超声波抛光

超声波抛光是超声加工的一种形式，是利用超声振动的能量，通过机械装置对型腔表面进行抛光加工的一种工艺方法。如图 5-55 所示是超声波抛光的原理图。超声发生器能将 50Hz 的交流电转变为具有一定输出的超声频电振荡。超声换能器将输入的超声频电振荡转换成超声机械振动，并将这种振动传递给变幅杆加以放大，最后传至固定在变幅杆端部的抛光工具，使工具也产生超声频振动。在抛光工具的作用下，使工作液中悬浮的磨粒产生不同的剧烈运动，大颗粒的磨粒高速旋转，小磨粒产生上下左右的高速跳跃，均对加工表面有细微的切削作用，使加工表面微观不平度的高度减小，表面光滑平整。按这种原理设计的抛光机称为散粒式超声抛光机。也可以将磨料与工具制成一个整体，如同油石一样，使用这种工具抛光，不需要另加磨料，只要加入工作液即可。如图 5-56 所示是这种整体形式的超声波抛光机。

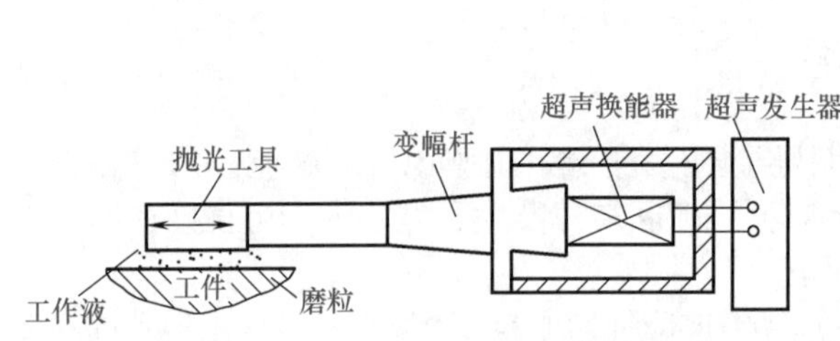

图 5-55 超声波抛光原理图

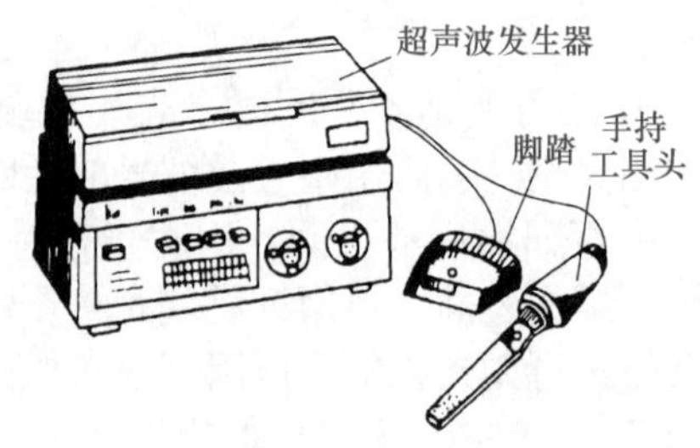

图 5-56 整体形式超声波抛光机

超声波抛光前，工件的表面粗糙度 *Ra* 一般为 2.5 ～ 1.25μm，经抛光后表面粗糙度 *Ra* 可达 0.63 ～ 0.08μm 或更高。超声波抛光的加工余量，与抛光前被抛光表面的质量及抛光后的表面质量有关。最小抛光余量应保证能完全消除由上道工序形成的表面的微观几何形状误差或变质层的深度。如对于采用电火花加工成型的型腔，对应于粗、精规准加工，所采用的抛光余量也不一样。电火花中、精规准加工后的抛光余量一般为 0.02 ～ 0.05mm。

超声波抛光具有以下优点：

① 抛光效率高，能减轻劳动强度。

② 适用于各种型腔模具，对窄缝、深槽、不规则圆弧的抛光尤为适用。

③ 适用于不同材质的抛光。

（4）挤压研磨抛光

挤压研磨抛光属于磨料流动加工，也称挤压研磨。它不仅可以对零件表面进行光整加工，还可以去除零件内部通道上的毛刺。

挤压研磨抛光磨料颗粒相当于软砂轮。在流动中紧贴零件加工表面的磨料，由于压力摩擦和切削作用，将“切屑”从被加工表面刮离。如图 5-57 所示为挤压研磨抛光加工过程示意图。工件安装在夹具中，夹具和上、下磨料室相通，磨料室内充满研磨抛光剂，由上、下活塞依次轮流对研磨抛光剂施加压力，并做往复运动，使研磨抛光剂在一定压力作用下，反复从被加工表面滑擦通过，从而达到研磨抛光的目的。

挤压研磨抛光特点见表 5-37。

表 5-37 挤压研磨抛光特点

特点	说明
适用范围广	适用于高硬度模具材料及铸铁、铜、铅等材料各种复杂表面的加工
抛光效果好	经挤压研磨抛光后表面粗糙度 *Ra* 可达 0.05 ～ 0.04μm，尺寸精度可达 0.01 ～ 0.0025mm，完全可以去除电火花加工的表面质量缺陷。但是挤压研磨抛光属于均匀“切削”，它不能修正原始加工的形状误差
研磨抛光效率高	挤压研磨抛光的加工余量一般为 0.01 ～ 0.1mm，所需要的研磨抛光时间为几分钟至十几分钟

（5）喷丸抛光

喷丸抛光是利用含有微细玻璃球的高速干燥流对被抛光表面进行喷射，去除表面微量金属材料，降低表面粗糙度的方法。喷丸抛光的加工示意图如图 5-58 所示。

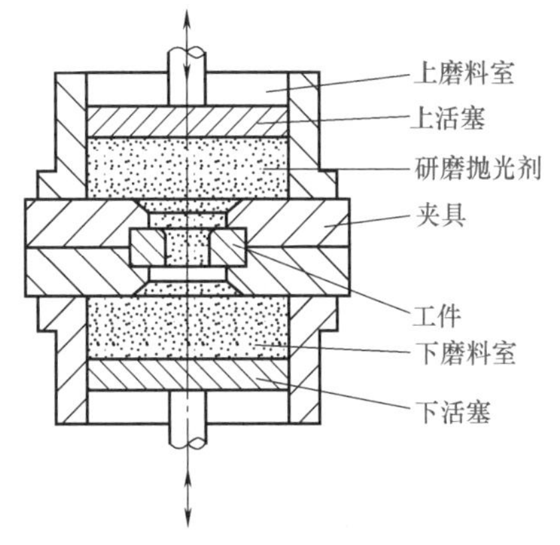

图 5-57 挤压研磨抛光加工过程示意图

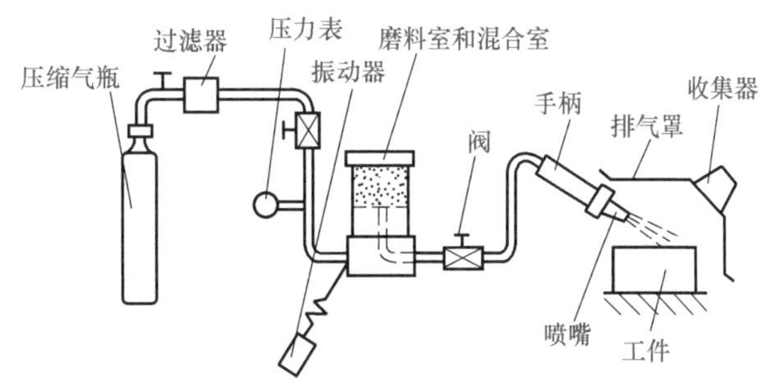

图 5-58 喷丸抛光加工示意图

喷丸抛光工艺参数见表 5-38。

表 5-38 喷丸抛光工艺参数

工艺参数	说明
磨料	喷丸抛光所用的磨料微细为玻璃球，磨料颗粒尺寸为 10 ～ 150μm
载体气体	喷丸抛光的载体气体可用干燥空气、二氧化碳，但不得用氧气。气体流量在 28L/min 左右，气体压力为 0.2 ～ 1.3MPa，气体流速为 152 ～ 335m/s
喷嘴	喷嘴材料要求耐磨性好，多采用硬质合金材料。喷嘴口径为 ϕ0.13 ～ 1.2mm

喷丸抛光在塑料模具加工中主要用于在电火花加工后的成型表面的抛光，以去除电火花加工表面变质层。

4. 注塑模具表面研磨抛光过程及注意事项

（1）抛光过程

要想获得高质量的抛光效果，最重要的是要具备高质量的油石、砂纸和金刚石研磨膏等抛光工具和辅助品。而抛光程序的选择取决于前期加工后的表面质量，如机械加工、电火花加工等。机械抛光的一般过程见表 5-39。

表 5-39　机械抛光的一般过程

抛光过程	说明
粗抛	经铣、电火花、磨等工艺后的表面可以选择转速在 35000 ～ 40000r/min 的旋转表面抛光机或超声波抛光机进行抛光。常用的方法有利用直径 3mm、WA400 的砂轮去除白色电火花层。然后是手工油石研磨，条状油石加煤油作为润滑剂或冷却剂。一般的使用顺序为 180# → 240# → 320# → 400# → 600# → 800# → 1000#。许多模具制造商为了节约时间而选择从 400# 开始
半精抛	半精抛主要使用砂纸和煤油。砂纸的号数依次为 400# → 600# → 800# → 1000# → 1200# → 1500#。实际上 1500# 砂纸只适用于淬硬的模具钢（52HRC 以上），而不适用于预硬钢，因为这样可能会导致预硬钢件表面烧伤
精抛	精抛主要使用金刚石研磨膏。若用抛光布轮混合金刚石研磨粉或研磨膏进行研磨，则通常的研磨顺序是 9μm（1800#）→ 6μm（3000#）→ 3μm（8000#）。9μm 的金刚石研磨膏和抛光布轮可用来去除 1200# 和 1500# 砂纸留下的发状磨痕。接着用毛毡和金刚石研磨膏进行抛光，顺序为 1μm（14000#）→ 1/2μm（60000#）→ 1/4μm（100000#）

（2）用砂纸和金刚石研磨膏抛光的注意事项

① 用砂纸抛光需要利用软的木棒或竹棒夹持，在抛光圆面或球面时，使用软木棒可更好地配合圆面和球面的弧度，使其能与模具型芯、型腔表面形状保持吻合，这样可以避免木条（或竹条）的锐角接触钢件表面而造成较深的划痕，影响抛光精度。而较硬的木条像樱桃木，则更适用于平整表面的抛光。

② 当换用不同型号的砂纸时，抛光方向应变换 45° ～ 90°，这样前一种型号砂纸抛光后留下的条纹阴影即可分辨出来。在换不同型号砂纸之前，必须用 100% 纯棉花蘸取酒精之类的清洁液对抛光表面进行仔细擦拭，因为一颗很小的砂砾留在表面都会毁坏接下去的整个抛光工作。从砂纸抛光换成金刚石研磨膏抛光时，这个清洁过程同样重要。当使用金刚石研磨抛光时，不仅要求工作表面洁净，工作者的双手也必须仔细清洁。

③ 金刚石研磨膏抛光必须尽量在较轻的压力下进行，特别是抛光预硬钢件和用细研磨膏抛光时。在用 8000# 研磨膏抛光时，常用载荷为 0.1 ～ 0.2kgf/cm^2（0.98 ～ 1.96N/cm^2），但要保持此载荷的精确度很难做到。为了更容易做到这一点，可以在木条上做一个薄且窄的手柄，如加一铜片，或者在竹条上切去一部分而使其更加柔软，这样可以帮助控制抛光压力，以确保模具表面压力不会过高。

④ 每次抛光时间不宜过长，时间越短，效果越好。如果抛光过程进行得过长将会造成橘皮和点蚀。

⑤ 当抛光过程停止时，保证工件表面洁净和仔细去除所有研磨剂和润滑剂非常重要，应在表面喷淋一层模具防锈涂层。

（3）影响模具抛光质量的常见因素

① 由于机械抛光主要还是靠人工完成，所以抛光技术目前还是影响抛光质量的主要原因，这就需要在实践中注重分析，累积经验，不断提高操作者的抛光技术水平。除此之外，抛光质量还与模具材料、抛光前的表面质量、热处理工艺等有关。优质的钢材是获得良好抛光质量的前提条件。如果钢材表面硬度不均或特性上有差异，往往会影响抛光质量。钢材中的各种夹杂物和气孔都不利于抛光。

② 硬度增高使研磨难度增大，但抛光后的表面粗糙度减小。由于硬度增高，要达到较低的表面粗糙度所需的抛光时间相应增长，但抛光的效果较好。

③ 电火花加工后的表面比普通机械加工或热处理后的表面更难研磨。如果电火花精规准选择不当，热影响层的深度最大可达 0.4mm。因此电火花加工结束前应采用精规准电火花修整，改善表面层硬度，为抛光加工提供一个良好基础，方能降低影响，确保抛光精度要求。

三、表面纹饰加工

塑件表面纹饰可以通过模具型腔纹饰得到，如文字、图案、亚光面、各种纹理花纹等。

模具型腔纹饰加工方法有机械加工、电火花加工、电铸及化学加工等。

1. 数控雕刻机

精度要求不高的模具型腔花纹可由手工或者刻模铣削雕刻完成。随着计算机技术的发展，尤其是 CNC 技术的发展，近年来数控雕刻机应用日益普遍。数控雕刻机雕刻精细产品的效率高，可以进行产品曲面、复杂花纹雕刻，并具有与计算机设计技术的接口，这些优点使得它在模具型腔复杂图饰、三维浮雕雕刻、电极雕刻等方面取得了广泛的应用。

数控雕刻系统由雕刻 CAD/CAM 软件和雕刻机组成。在模具数控雕刻中，既要保证其型腔成型的尺寸精度，又必须满足图案复杂的外形要求，因此数控雕刻加工工艺和控制技术与普通数控差异较大。必须使用高速小刀具进行精雕细刻，并采用高速铣削（high speed milling，HSM）技术和 CNC 雕刻独有的等量切削技术。雕刻时，刀具以很高的转速旋转并保持较高的旋转精度，从而减少了振动和跳动断刀。雕刻 CAD/CAM 软件是数控雕刻的核心，两种软件应具有强大的图形、图像设计编辑和造型设计功能，能够按区域雕刻或轮廓雕刻自动生成加工路径，输出相应的 G 代码，指挥雕刻机进行各种加工。如有些 CNC 雕刻机的软件在扫描仪上将平面图输入后，根据图像的颜色或灰度能自动生成雕刻深度、曲面特性和刀具路径，或者直接对数码相机的实物图片进行预处理，加工出凸凹的浮雕图案。CAM 能进行雕刻加工仿真，也就是刀具路径模拟，可以模拟实际的加工环境和刀具运动路线。

2. 型腔表面纹饰蚀刻工艺

（1）光化学蚀刻法

光化学蚀刻的原理是把所需的图形用照相制版技术精确地成像到照相底片上，底片上的图案经过曝光、显影等光化学反应，复制到涂有感光胶的型腔表面，然后进行坚膜固化处理，使感光胶具有较高的耐蚀性，最后对型腔表面进行化学腐蚀，即可得到型腔图案。这种方法具有成型复杂图形、精度高、不需要专门设备等优点，但同时也存在着诸如工序繁琐、加工速度慢、生产周期长、工作环境苛刻、能量和材料消耗大及存在沿保护层下严重的侧向腐蚀等缺点。光化学蚀刻工艺过程如图 5-59 所示。

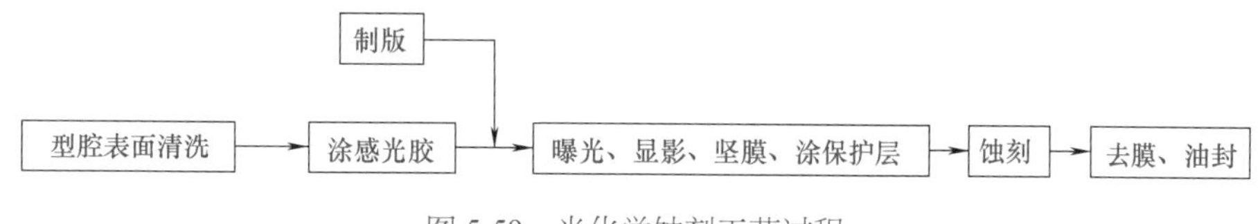

图 5-59　光化学蚀刻工艺过程

（2）电化学蚀刻法

电化学蚀刻法使用与光化学相同的方法制作耐蚀膜，以丝网印刷技术取代照相制版技术来制作图纹掩膜，以电化学蚀刻手段取代化学腐蚀手段来蚀刻图纹。这种蚀刻方法蚀刻速度快，容易成型较深的图纹，但需要辅助电极和专门设备。

第六节　注塑模具零件加工实例

实例一：旅行牙刷的加工

1. 模具设计

如图 5-60 所示的旅行牙刷柄，分为捏手部分、螺纹部分、装刷部分三个部分。螺纹与捏手部分采用对拼成型，装刷部分开在定模。如图 5-61 所示为旅行牙刷柄模具总图。每模八孔，模孔排成两行。为了有利于加工螺纹部分，动模与定模采用左右拼块（11 与 13、10 与 12）拼合而成，上、下连接板 5、6 配合在左右拼块的中心槽内，用螺钉 14 固定，用定位销 23 定位。动模与定模分型面的弯曲形状，是根据塑件弯曲部分形状加工的。

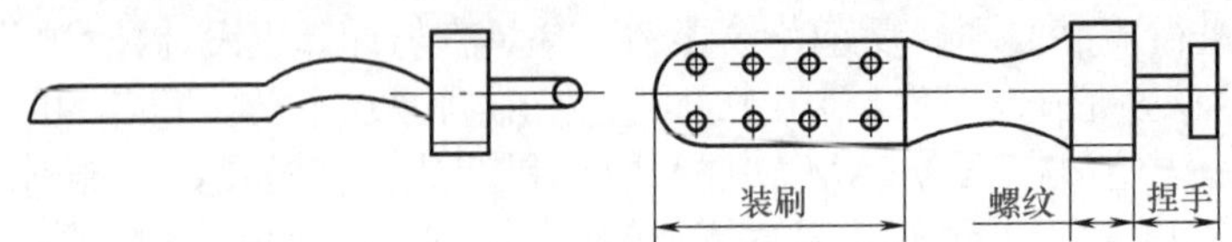

图 5-60　旅行牙刷柄

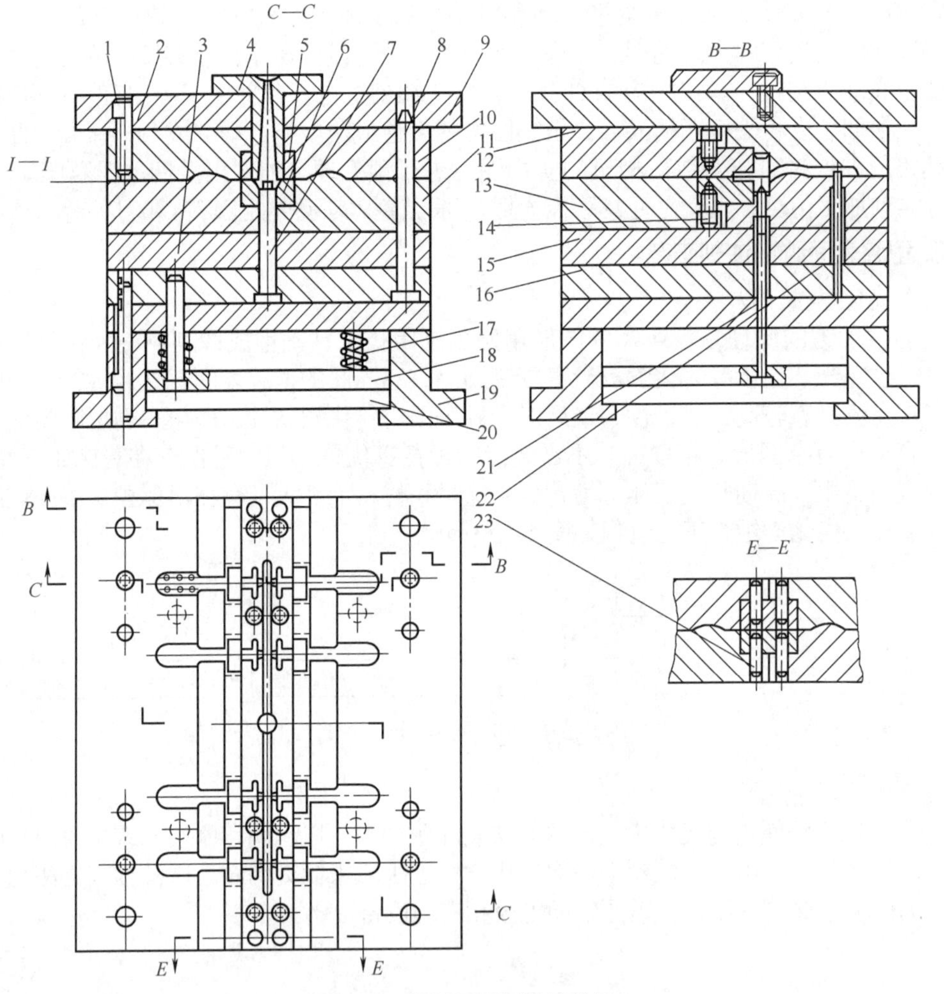

图 5-61　旅行牙刷柄模具总图

1、14—螺钉；2—定位销；3—顶柱；4—浇口套；5—上连接板；6—下连接板；7—流道拉杆；8—导柱；9—定模板；10—定模右拼块；11—动模右拼块；12—定模左拼块；13—动模左拼块；15—垫板；16—钉子固定板；17—弹簧；18—顶柱固定板；19—动模座；20—推板；21—小顶柱；22—钉子；23—定位销

2. 模具工作过程

塑件成型后，动模后退，流道拉杆 7 将流道凝料拉出流道孔，动模后退至预定的位置，注塑机顶杆推动推板 20，小顶柱 21 推动塑件螺纹，螺纹在螺孔内松动后，顶柱 3 推动垫板

15，使塑件脱出钉子 22，流道凝料也从流道拉杆上脱出。再次注射时，动模向前与定模拼合，弹簧 17 将顶柱 3、小顶柱 21 弹回原来的位置。

3. 模具加工

① 按模具图加工所需模板，平面刨平磨光，同时车削导柱、浇口套等所需元件。

② 根据分型面的凹凸形状，做凹凸样板，如图 5-62 所示。

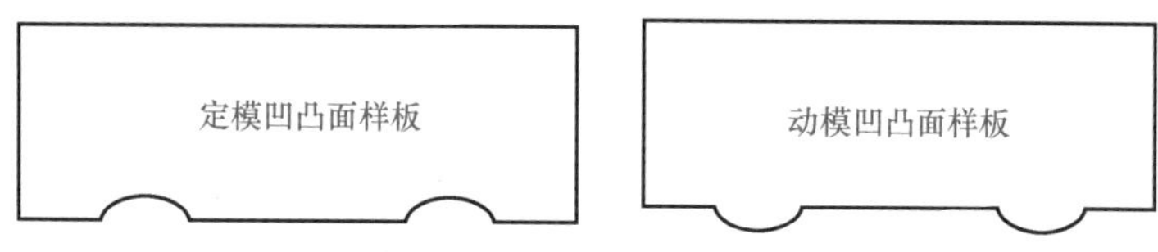

图 5-62　凹凸样板

③ 将动模左拼块 1 和右拼块 2 拼合后与垫板 5 放在一起，用螺钉 3 固定，用定位销 4 定位，如图 5-63 所示。定模部分的操作与动模相同。然后将连接板配入槽内，连接板四面用平面磨床磨光，要求对 90° 角尺，同时要求宽度尺寸 E 前后一致。以连接板两侧面为基准，涂上红印油，与槽配合，用锤轻击连接板后取出，将槽两侧面接触紧的位置，用锉、铲并举的方法加工数次，直至连接板与槽底接触为止。

④ 动模与定模放在一起，用连接板放入槽内定位，用压板压紧在钻床台面上，钻导柱孔，用铰刀铰光后装导柱，如图 5-64 所示。

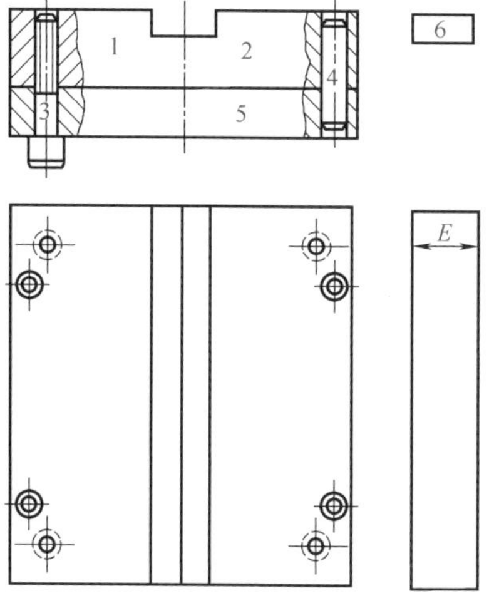

图 5-63　动模左、右拼块固定

1—动模左拼块；2—动模右拼块；3—螺钉；4—定位销；5—垫板；6—连接板

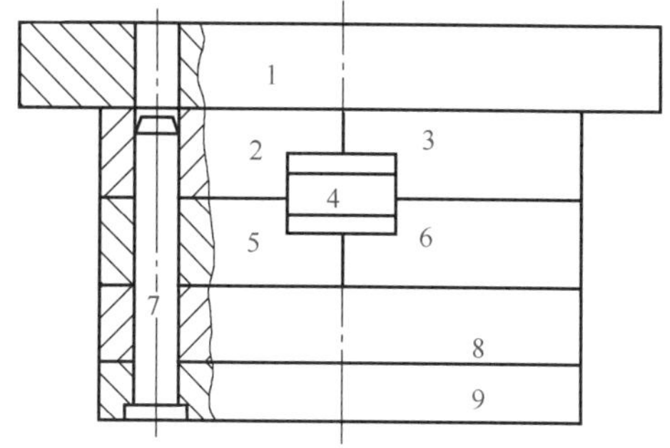

图 5-64　钻导柱孔

1—定模板；2—定模左拼块；3—定模右拼块；4—连接板；5—动模左拼块；6—动模右拼块；7—导柱；8—垫板；9—钉子固定板

⑤ 动模与定模分型面凹凸位置划线，然后上机床加工。在加工过程中，要求 H_1 比 H 宽 0.5 ～ 1mm，h 比 h_1 高 0.3 ～ 0.6mm，以备分型面配合之用，如图 5-65 所示。

⑥ 凹凸面配合。首先用细锉刀修去凹凸面加工刀痕，然后任意一面涂上红印油，动模与定模以导柱为导向放在一起，用锤轻击后分开，修去凹凸面接触的部分，经过多次复合和修正，直至凹凸面全部接触为止。

⑦ 车削螺孔。将动模左拼块和定模左拼块放在一起，用导柱定位，用螺钉紧固，如图 5-66 所示。然后在螺孔位置划线，在车床上用单动卡盘卡紧校正任意一只螺孔。因螺孔是对

拼成型，必须保证螺孔在对拼线上的对称。第一步，校正螺孔的平面位置，然后将划针盘放在中拖板上，划针尖对准拼合线 *A*，摇动中拖板划针向 *B* 方向移动。将 *A*-*B* 线校准成水平后，扳动车床卡盘，将工件翻转，*h* 与 *H* 换位，划针尖高度不动，摇动中拖板，再将拼合线 *A*-*B* 校准成水平。如果工件翻身后，拼合线 *A*-*B* 与划针尖高度不一致，可用卡盘夹脚调正。第二步，将工件侧面拼合线 *C*-*D* 校成水平，校正方法是将划针盘放在床鞍上，划针尖对准拼合线 *C*，摇动床鞍，划针向 *D* 方向移动，拼合线如高低不一致，应设法调正。第三步，车削螺纹，车削方法参阅本章第二节。

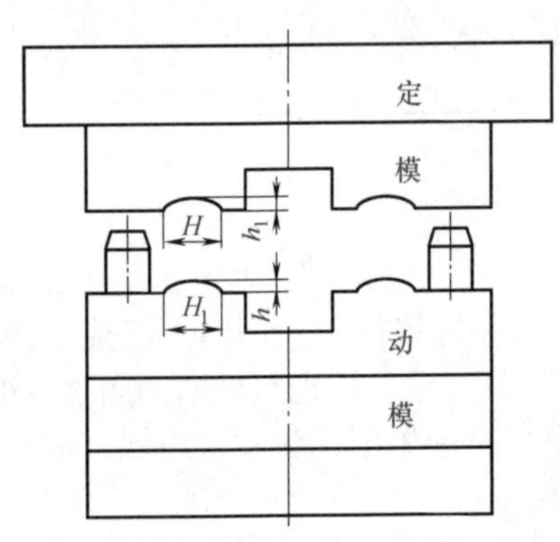

图 5-65　分型面凹凸位置划线

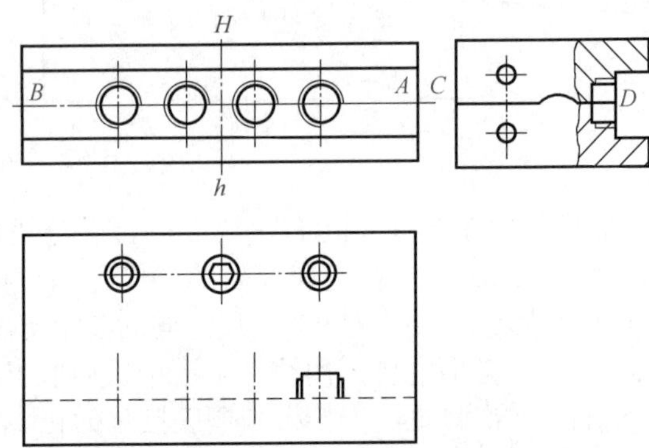

图 5-66　动模左拼块和定模左拼块车削螺孔

⑧ 加工模孔成型部分（捏手部分和装刷部分）。加工方法：首先将左、右拼块与垫板用螺钉固定在一起，连接板配入拼块槽内，用螺钉固定，用定位销定位。型腔采用电火花成型加工，加工方法参阅本章第四节。

⑨ 电火花加工型腔后刷头，在头部穿刷小孔位置划线，然后如图 5-67 所示将动模左、右拼块 13、11 与垫板 15、钉子固定板 16 放在一起，用导柱 8 定位，用压板压紧在钻床的台面上，钻穿刷小孔。

⑩ 最后进行总装配。

实例二：纽扣的加工

1. 模具设计

纽扣的直径一般较小，为了提高产量，根据注塑机的大小在一只模具上开制很多模孔，也就是同模多孔模具。

如图 5-67 所示为纽扣模具结构。纽扣型腔是采用动模与定模对拼成型。小钉子与拉料杆安装在钉子固定板孔内。小钉子、导柱、拉料杆等上半部与动模板、定模板孔滑动配合，为了减少钉子与孔的摩擦，动模板孔的 *A* 段扩孔。为了防止小钉子、导柱等向后移动，用垫板托牢。小钉子头部 *B* 段应做成斜锥形，以利于合模时导入定模板孔。钉子固定板、垫板、动模座用螺钉固定在一起，用定位销定位。

2. 模具工作过程

塑件脱模时，动模板首先与定模板分开，拉料杆将流道凝料拉出流道孔，和动模一起后退至预定的位置。注塑机顶柱推动动模板，将塑件和流道凝料一起从小钉子和拉料杆中脱出来。

3. 模具加工

① 按模具图加工所需模板，车削加工所有零件，然后做型腔样板和磨样板刀。如图 5-68 所示是测量型腔的样板。如图 5-69 所示为磨样板刀时测量样板刀形状的样板。样板采用半只形状。

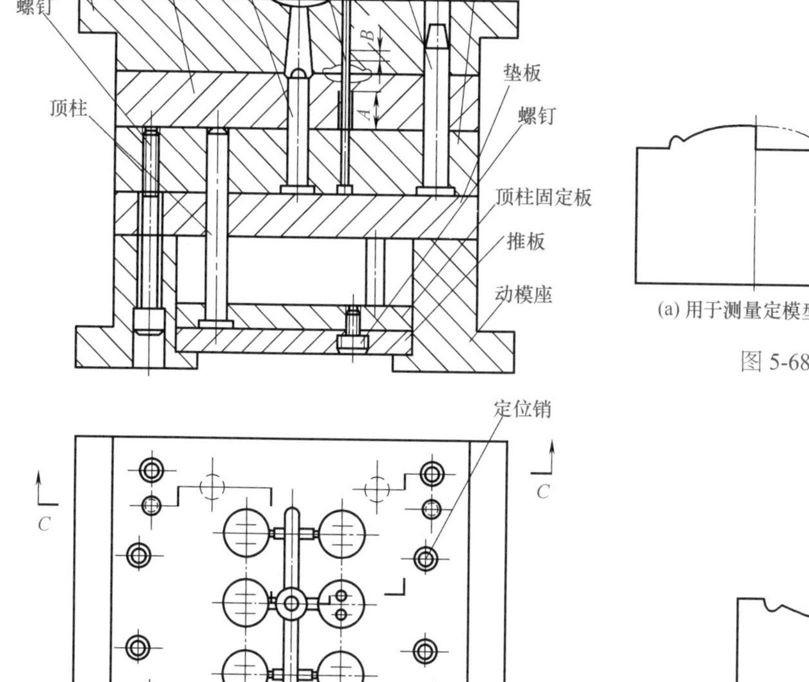

图 5-67　纽扣模具结构

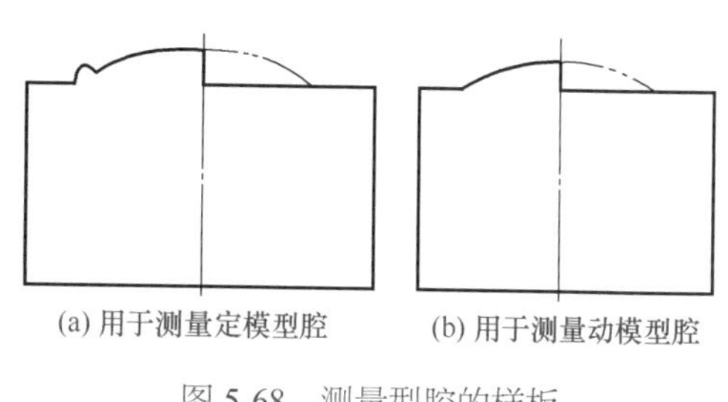

图 5-68　测量型腔的样板

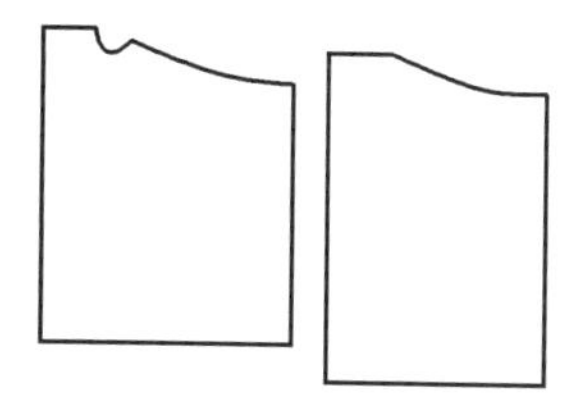

图 5-69　测量样板刀形状的样板

② 制造如图 5-70 所示的纽扣型腔定位板。用 2 ～ 3mm 厚的铁板，要求平直无翘曲现象，两平面磨光后给型腔位置划线，上钻床钻孔，用铰刀铰光。

③ 将型腔定位板放在动模板与定模板的中间，钉子固定板放在下面，如图 5-71 所示，用压板压牢在钻床台面上，对角钻导柱孔，用铰刀铰光，装上导柱，另一对角钻孔攻螺纹，然后型腔定位板取下扩孔。

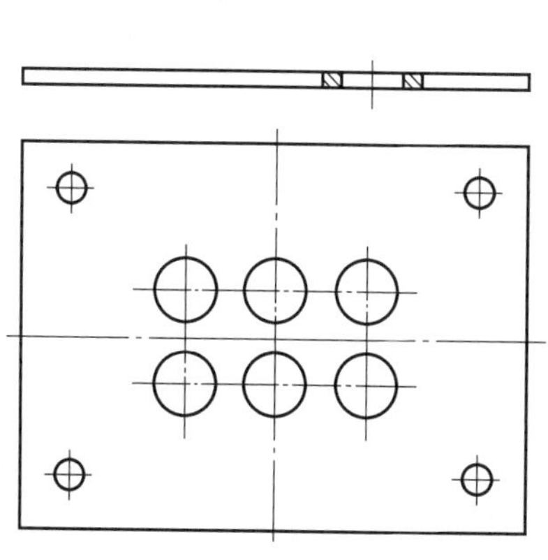

图 5-70　纽扣型腔定位板

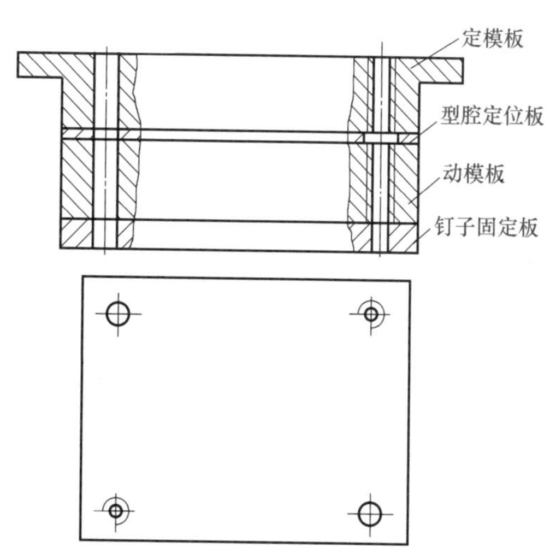

图 5-71　型腔定位板固定

④ 将型腔定位板放在定模板的平面上，用导柱定位，将型腔定位板的孔型划到定模板的平面上。用同样的方法将型腔定位板的孔型划到动模板的平面上。

⑤ 定模板根据型腔定位板划下的孔型，求出中心线，划出小钉子孔的位置。

⑥ 钻小钉子孔。因为钻头较小，在钻孔过程中不能急躁和用力过猛，要求钻头刃口锋利，发现刃口用钝时应立即用砂轮磨削，并且经常清除铁屑，防止小孔出现歪斜现象。

⑦ 将定模板、动模板、钉子固定板放在一起，用导柱定位，将定模板上的小钉子孔用钻头引到动模板和钉子固定板上，同时一起钻通。

⑧ 定模板与动模板根据定位板划下的孔型位置，上车床校正后，车削模孔。

⑨ 加工小钉子。因为小钉子细而长，如采用钢料车削，不但车削时间长，而且容易折断和弯曲，因此通常都采用钢丝制成。尾部肩胛的加工方法是将钢丝插在铁板的孔内，如图 5-72 所示，部分露出孔外，用风焊将钢丝头部熔化，即自然形成不规则肩胛后，用砂轮磨削整齐即可，或者用车床车出直角的肩胛。小钉子头部斜锥部分可用砂轮磨出，或卡在钻床上用锉刀锉出，再用砂布砂光。

⑩ 最后进行总装配。

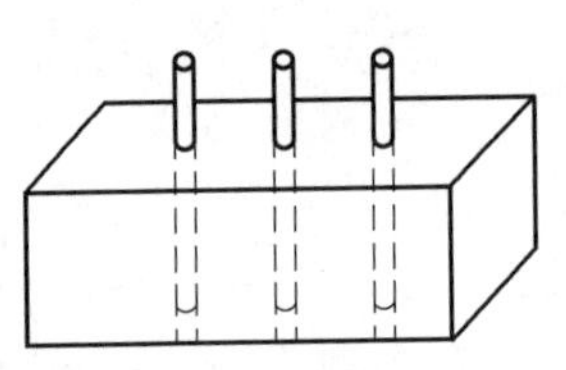

(a) 钢丝插好待熔的情形

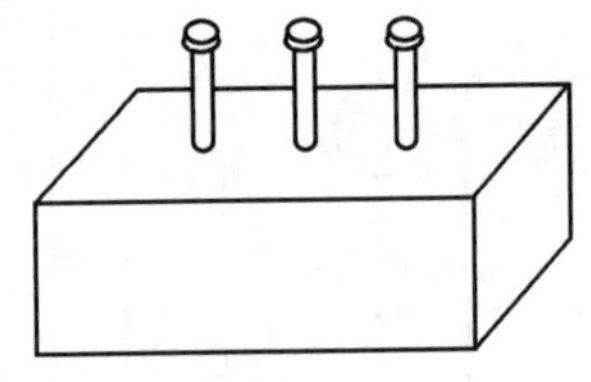

(b) 钢丝头部熔化后自然形成的不规则肩胛

图 5-72　小钉子固定

实例三：梳子的加工

1. 模具设计

梳子模具型腔是对拼成型，为了加工型腔时对拼方便，习惯的做法是单型腔安装在角式注塑机上。如图 5-73 所示为梳子模具结构图。

2. 模具加工

梳子模具制造加工过程如下；

① 将动模板、定模板刨平磨光。

② 用 2 ～ 3mm 厚的铁板，制造型腔定位板，采用电火花线切割机床加工。如图 5-74 所示为梳子模具型腔定位板，要求孔壁与平面垂直。

③ 将动模板与定模板放在一起，型腔定位板放在中间，用压板压紧在钻床台面上，对角钻导柱孔。用铰刀铰光，装导柱。对型腔定位板进行固定，如图 5-75 所示，打上钢印号码，防止型腔定位板调错方向。

④ 型腔定位板与动模板放在一起，用导柱定位，将梳子外形划到动模板的平面上，再用同样的方法将型腔定位板孔型划到定模板的平面上，如图 5-76 所示。按型腔定位板划下的形状线条，再手工在齿尖位置上划一条直线。

⑤ 用铣床立铣，先加工无齿部分，然后按线由钳工修正。无齿部分也可用电脉冲加工。

⑥ 加工齿形。梳子外形是由圆弧和斜线组成，齿形是直线型，齿根粗，齿尖细，形成一个斜度。用铣床加工齿形时先根据齿形的斜度做一块斜形垫铁，垫在模板下边，用压板压牢在铣床台面上，如图 5-77 所示。校正模孔齿形的水平线后即可开始铣齿。铣刀刃口形状是根据齿形来制造的，梳子齿距是由铣床刻度线来控制的。

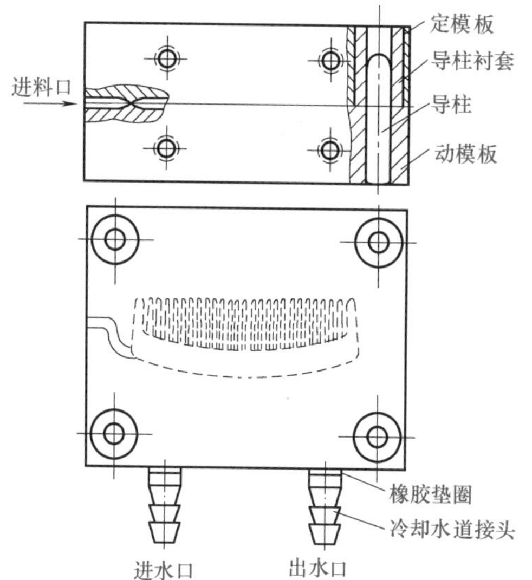

图 5-73　梳子模具结构图

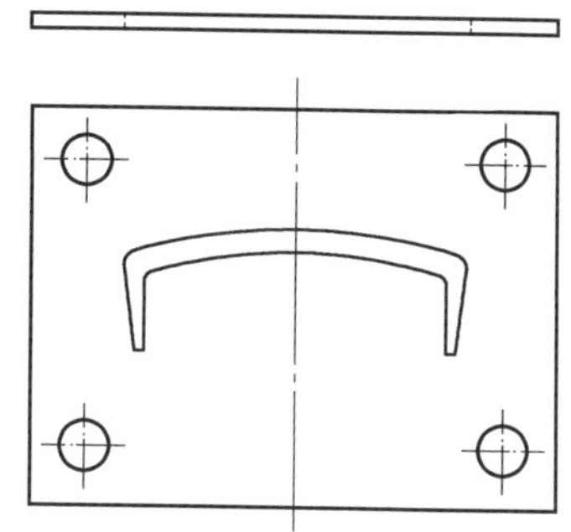
图 5-74　梳子模具型腔定位板

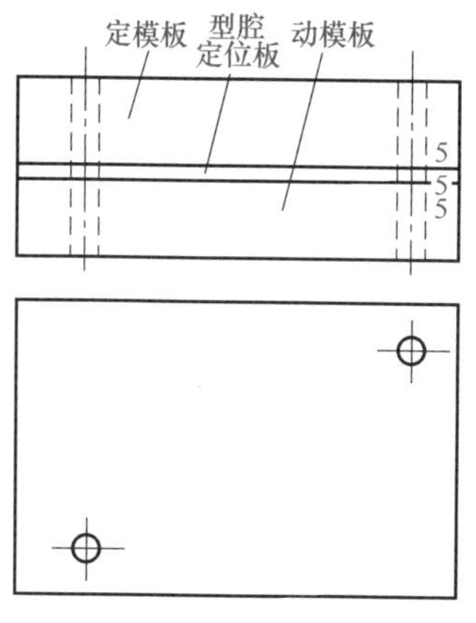

图 5-75　型腔定位板固定

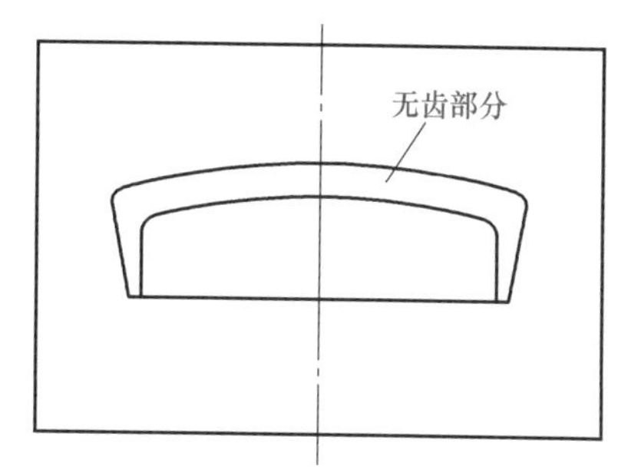

图 5-76　型腔定位板孔型划线

如图 5-78 所示为用铣床加工后的齿形，由于齿尖不符合圆形的要求，必须做两只冷镦冲头加工修正。如图 5-79（a）所示为冷镦齿尖的圆形冲头，如图 5-79（b）所示为冷镦齿形的整形冲头，首先使用圆形冲头轻击冷镦齿尖。如图 5-80 所示为齿尖冷镦后的形状，用錾

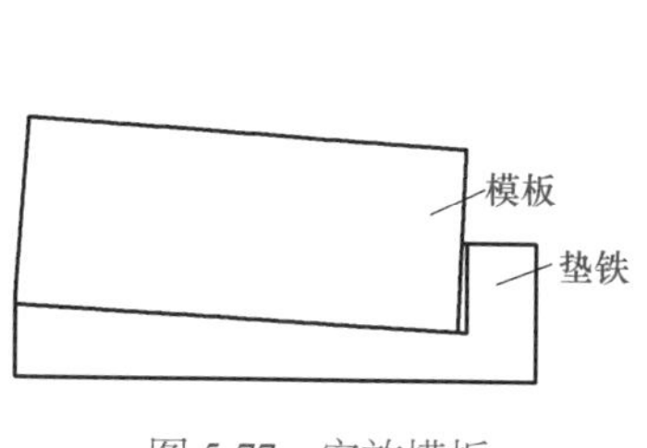

图 5-77　安放模板

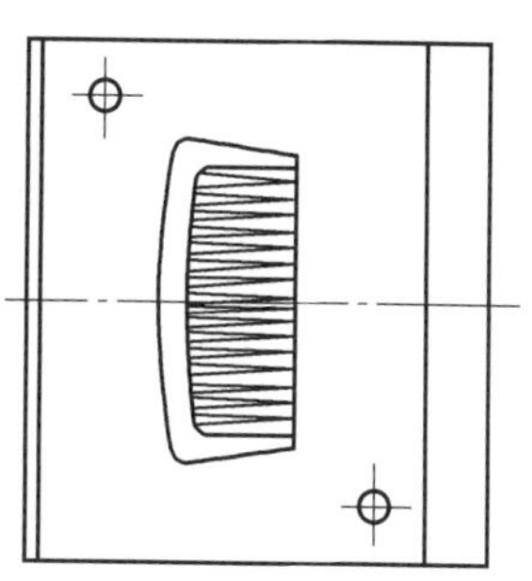
图 5-78　铣床加工后的齿形

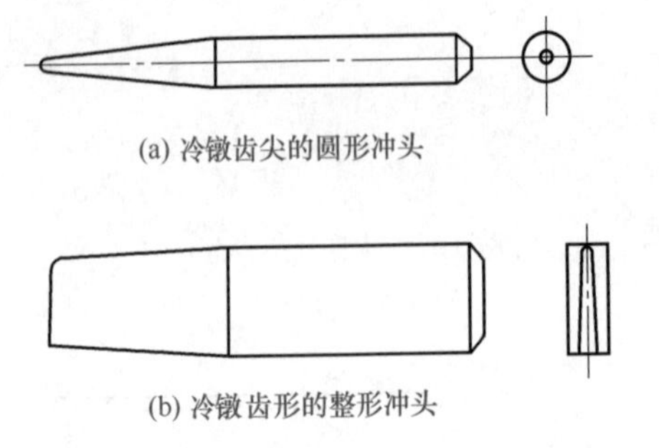

图 5-79　冲头

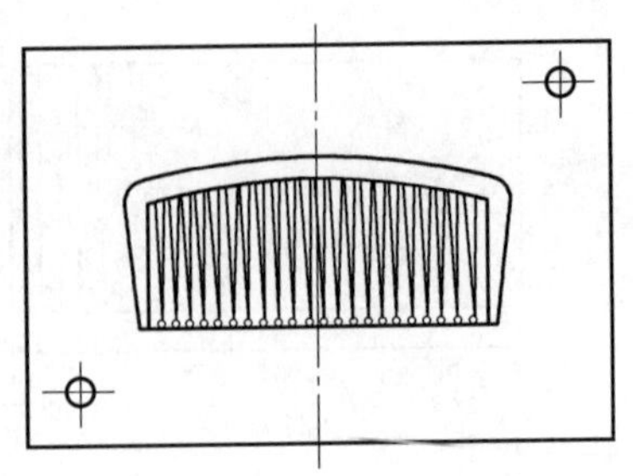
图 5-80　齿尖冷镦后的形状

子或锉刀少量加工后，用整形冲头冷镦整个齿形。在冷镦过程中，要注意齿距相等和齿尖整齐。经过加工后，划线位置可能模糊不清，可用型腔定位板重新划线修正外形。

⑦ 将成型的模板平面磨平，在型腔的四周涂上红印油，用白纸贴在还未冷镦齿形的模板平面上，然后把两块模板合并，用导柱定位，用锤子轻击模板。然后分开模板，将已做好的型腔齿形的位置印到另一块模板上，随后冷镦齿形。冷镦齿形时，按印过来的位置进行加工。

梳子型腔除使用铣床加工外，还可使用电火花加工。

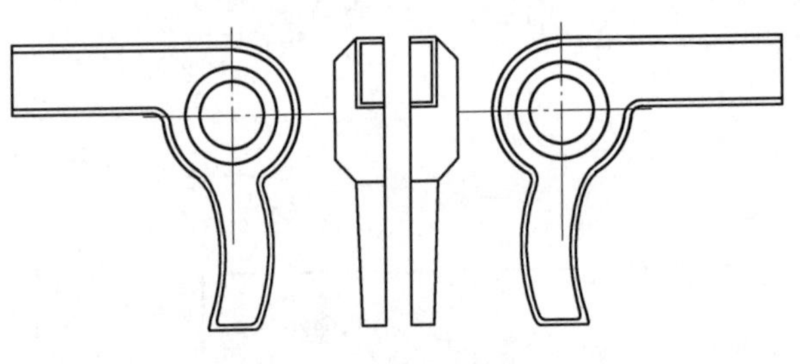
图 5-81　电吹风外壳

实例四：电吹风壳的加工

1. 模具设计

如图 5-81 所示为电吹风外壳，是由两个半只壳体拼合而成的，因此需要两个模具，但是两个模具的结构是基本一致的，所以下面只用一个模具结构来说明设计过程。

由于壳体外形是由很多圆弧连接而成，而且要求对拼后外形轮廓线无高低现象，如果壳体外形采用常规的划线方法要达到以上的要求是比较困难的。塑件的外形就是模具的型腔，型腔的划线采用型腔定位板划线法，是保证壳体对拼后外形一致的可靠方法。在设计模具结构的过程中，型腔定位板的设计应包括在内。

如图 5-82 所示为半只电吹风壳模具总装配图。凸模由型芯拼块（手柄）、出风口拼块、型芯组成，紧配在型芯固定板孔内。

2. 模具加工

① 按图样尺寸刨平磨光所需模板，加工导柱、顶柱等零件。

② 制造型腔定位板，选用 10mm 厚的铁板，并刨平磨光，按型腔尺寸划线。如图 5-83 所示为型腔定位板零件图。首先用车床车削中心圆孔，然后用铣床加工手柄部分和出风口部分，留有修正余量，由钳工按线修正，型腔定位板的定位孔也可用电火花线切割机床加工。但是要求型腔定位板孔壁与平面垂直（用 90° 角尺检查）。然后做定模型腔中心孔样板，根据样板做样板刀。

③ 将型腔定位板放在动模板与定模板的中间，用压板压牢在钻床台面上。如图 5-84 所示，对角钻定位销孔，另一对角钻孔攻螺纹，型腔定位板扩孔。打上钢印号码，标记模板方向。

④ 将型腔定位板与定模板放在一起，用定位销定位。将型腔定位板的孔型划到定模板的平面上，用同样的方法将型腔定位板孔型划到动模板的平面上。

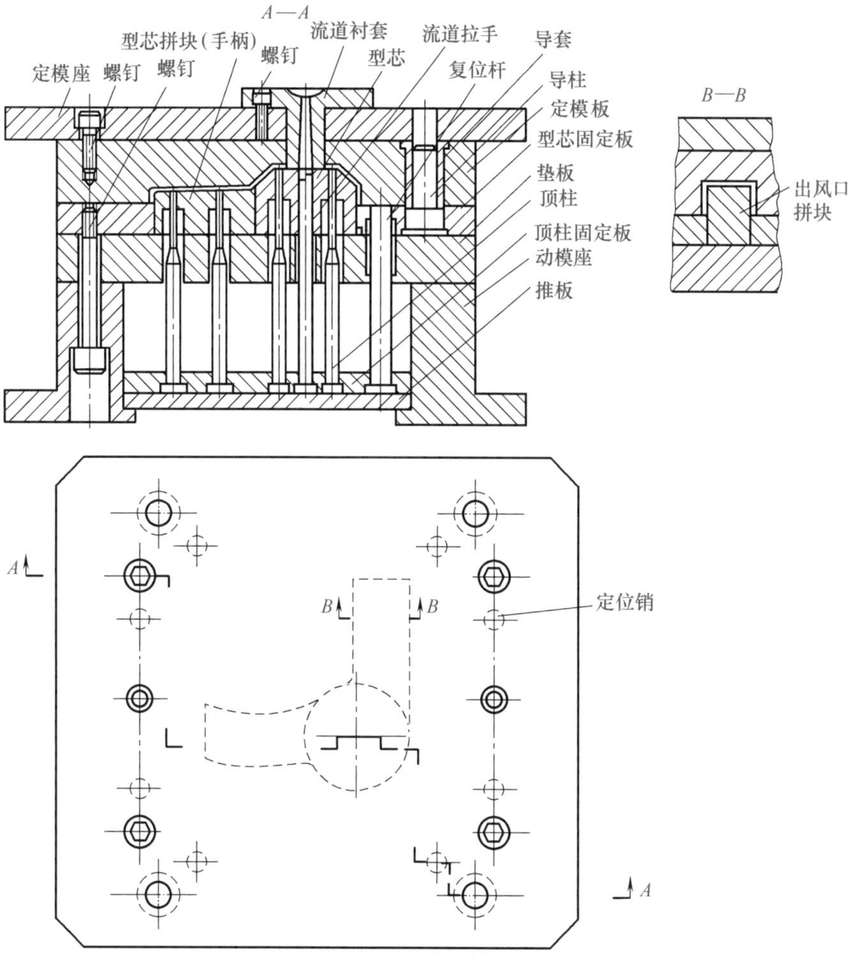

图 5-82　半只电吹风壳模具总装配图

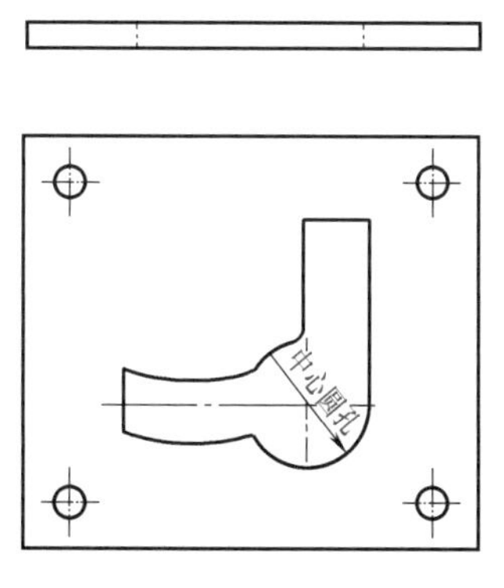

图 5-83　型腔定位板

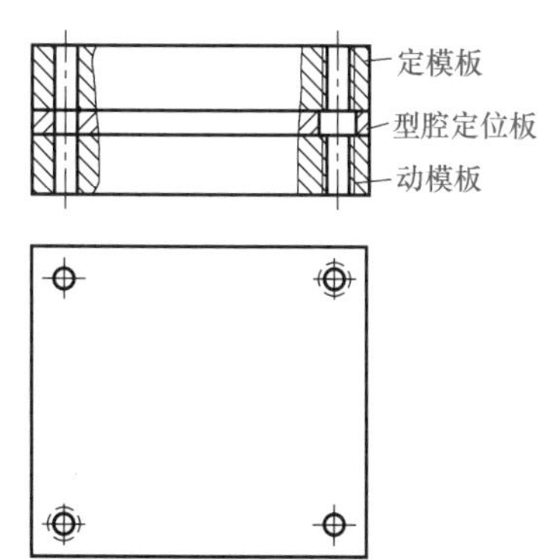

图 5-84　型腔定位板固定

⑤ 加工定模型腔，先用车床车削中心孔，用普通的内孔车刀大量车削后，留有修光余量，然后用样板刀车光。在车削过程中，要经常用样板校对模孔的形状。

⑥ 用铣床粗加工型腔手柄部分和出风口部分，留有电脉冲加工余量。

⑦ 电脉冲加工型腔手柄部分和出风口部分。

⑧ 加工型芯固定板，固定板按型腔定位板划线的位置，向内缩小塑件的壁厚尺寸，即等于型芯的尺寸。

⑨ 首先车削型芯固定板的中心孔与型芯配合，孔的尺寸比型芯尺寸缩小 0.02mm，即达到紧配的目的。

⑩ 用铣床加工手柄部分和出风口部分，留有钳工修配余量，然后型芯拼块与出风口拼块紧配在固定板孔内。在配合过程中，注意拼块应在型腔定位板划线的中间位置，防止偏移，型芯固定板划线后也可用电火花线切割机床加工成型。

⑪ 用白蜡检查型腔成型的情况。将白蜡放在金属容器内，加热熔化后倒入模具型腔，盖上型芯和固定板，用定位销定位，用锤子轻击，使动模与定模两块模板接触，白蜡冷却后分开模板，取下白蜡外壳试样，观看外壳壁厚是否均匀，如有厚薄不均的现象，应适当修正，直至均匀为止。

⑫ 最后进行模具总装配。

实例五：报警器底座的加工

1. 塑件特点

塑件为用于宾馆、饭店的火灾报警器底座，材料为 ABS（黑色），如图 5-85 所示。其形状很复杂，在与水平成 34° 的方向上有两组半圆形的齿形结构，在塑件的外圆边缘有四个爪形凸台，在齿形结构的两侧各有两个梯形薄片（如图 5-85 所示中 *K* 视图），并在每个梯形薄片的侧壁上有一个平行四边形的通孔，将有另一个半圆形的齿形结构的塑件借此与其相连，从而形成一个完整的圆，用于安装透镜。两组透镜一组用于发射光，一组用于接收光，因此两组齿形结构的同轴度要求为 0.02mm。

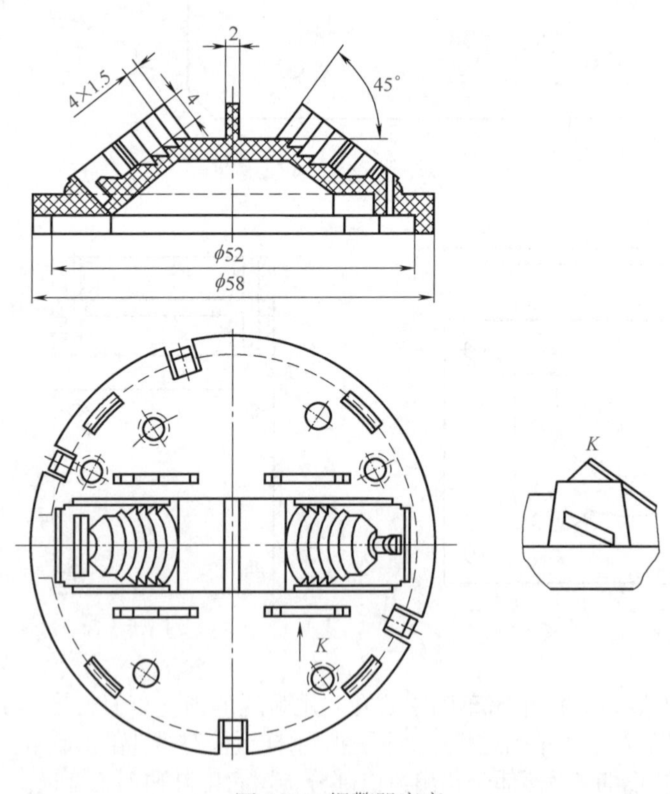

图 5-85　报警器底座

2. 模具设计

模具装配图如图 5-86 所示。从塑件图的分析可知，该套模具需要 1 个侧向抽芯和 2 个斜上方抽芯的成型机构，并要求采用点浇口，位置选在塑件的中心。而这些还都将布置在模具的定模一侧，所以模具的动作非常复杂。

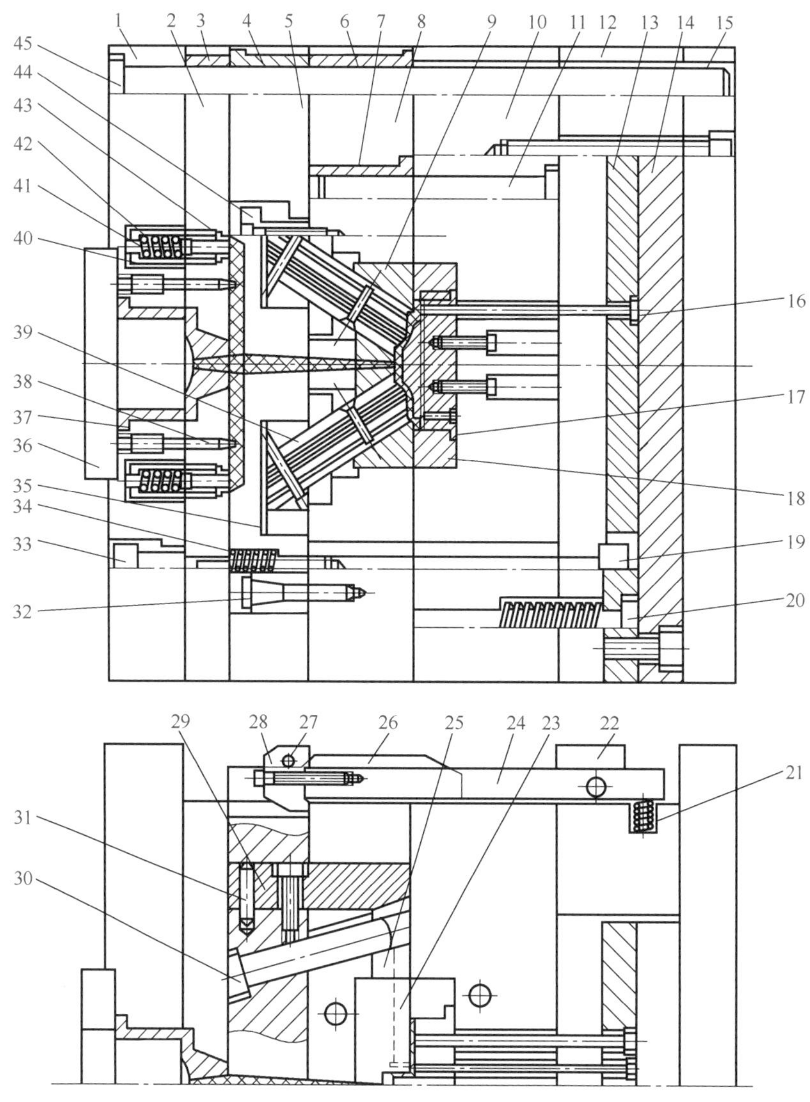

图 5-86 模具装配图

1—定模固定板；2—脱流道板；3、4、6、7—导套；5—定模垫板；8—定模板；9—定模镶块；10—动模板；11—导柱；12—垫块；13—推杆支承板；14—推杆固定板底板；15—动模固定板；16—推杆；17—动模型芯；18—动模镶块；19—长限位拉杆；20—复位杆；21、34、42—弹簧；22—支架；23—侧抽型芯；24—摆杆；25—滑块；26—导板；27—导向销；28—钩板；29—锁紧块；30—斜导柱；31—圆柱销；32—尼龙套；33—短限位拉杆；35—导滑垫；36—定位圈；37—浇口套；38—拉料杆；39—斜抽组芯；40—打料杆套；41—打料杆；43—打料杆导套；44—限位套；45—长导柱

为保证半圆形齿形结构的完整成型，将每个齿形设计成片状，这样便于加工。然后用螺钉和销钉组合在一起固定在一方形底座上，形成一个完整的斜抽组芯。为完成其抽芯动作，设计上使其固定底座可以在定模垫板中水平滑动和沿定模镶块（见图 5-87）中的导向槽斜向滑动。为保证滑动顺利，在定模垫板 5 上另增加由增强尼龙制造的导滑垫。

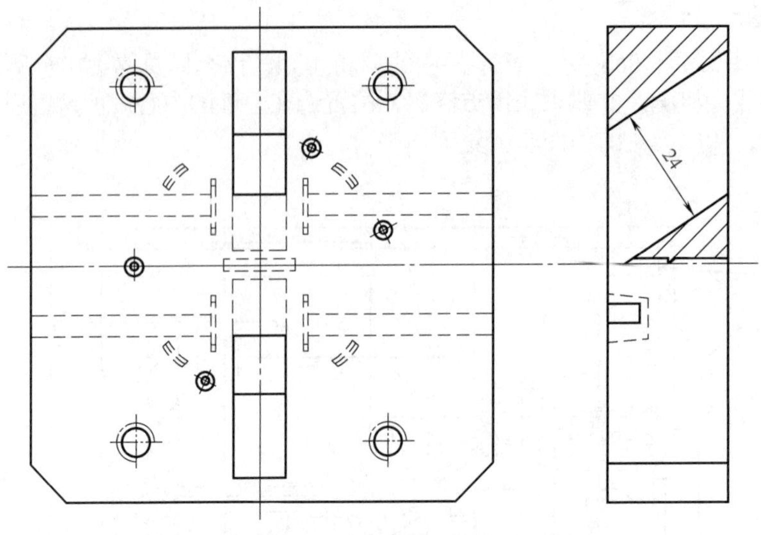

图 5-87　定模镶块零件图

如图 5-86 所示，梯形薄片上的平行四边形通孔采用侧向分型，由滑块 25 带动侧抽型芯 23 完成。

为防止流道凝料黏附在脱流道板 2 上，设计了由打料杆 41、打料杆套 40、打料杆导套 43 和弹簧 42 组成的打料机构，用于在模具开模后将流道凝料从脱流道板 2 上打落。要注意在选用时弹簧 42 的力量不要过大，其作用只是在脱流道板 2 与拉料杆 38 分离后将打料杆 41 弹出，打落流道凝料。其力量不能大于流道凝料对拉料杆 38 的包紧力，否则会使拉料杆失去作用。

为减少主流道的长度，浇口套 37 设计成内陷式。

由于抽芯环节比较多，因此设计了多组顺序开模机构，总体原则是流道凝料先脱模，然后是抽芯，最后是定、动模开模。

3. 模具工作过程

① 开模时，在弹簧 34 的作用下，点浇口首先被拉断，浇口凝料从定模垫板 5 中脱出。继续开模，通过长限位拉杆 19 和短限位拉杆 33 拉动脱流道板 2，流道凝料从拉料杆 38 和浇口套 37 中脱出，由打料杆 41 打落。

② 继续开模，开模力克服尼龙套 32 的胀紧力使定模垫板 5 与定模板 8 分开，斜抽组芯 39 开始抽芯动作，同时，安装在滑块 25 上的侧抽型芯 23 在斜导柱 30 的驱动下开始抽芯，至限位套 44 起作用为止。

③ 此时，固定在定模垫板 5 上的导板 26 与钩板 28 开始相对运动，至钩板 28 上的导向销 27 运动到导板 26 的斜面处，使摆杆 24 外展，定模板 8 与动模板 10 分模，塑件留在动模型芯 17 上。

④ 注塑机顶杆向前运动，使得推杆 16 将塑件推出，完成开模过程。

⑤ 合模时，由于尼龙套 32 的缘故，定模垫板 5 与定模板 8 间将最后合模，这也有利于保护斜抽组芯 39。

4. 模具制造要点

模架可选用普通三板模模架，自做定模垫板 5 加入其中。

斜抽组芯 39 的加工采用先加工定位销孔、螺钉过孔和外轮廓，然后采用线切割逐片切割的方法加工。

装配时调整摆杆 24 和钩板 28，确保在抽芯过程中定模板 8 与动模板 10 间不松动，以免塑件表面划伤。

实例六：一次性清洗器外筒的加工

1. 塑件特点

塑件为一次性清洗器外筒，材料为 PP，结构如图 5-88 所示。该塑件属于长筒薄壁件，壁厚为 1.2mm，长为 165.2mm，在筒的底部有一圆环和一翼状结构，筒外表面一侧有刻度线，凸起 0.3mm。要求壁厚均匀，表面光滑，无毛刺。一次性清洗器的结构类似于普通的注射器，使用方法也大致相同，只是其外侧的圆环使其固定在支架上。

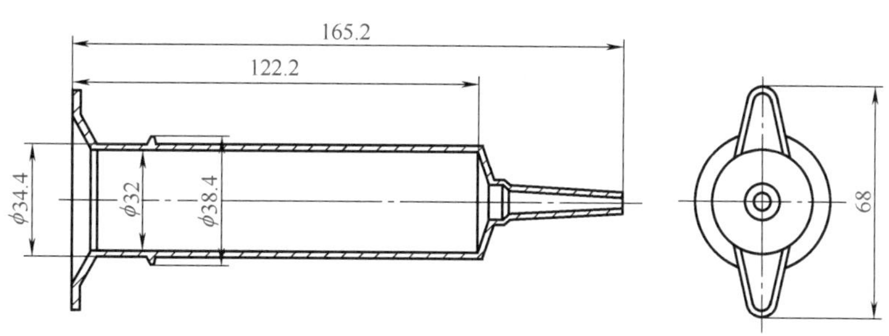

图 5-88　一次性清洗器结构图

2. 模具设计

模具装配图如图 5-89 所示，该模具为一模 4 腔。由于塑件的底部有一圆环，外侧有刻度线，故需要侧向分型。型腔的布置情况与这种长筒薄壁件的常规设计不同，主型芯 19 固定在定模板 2 上，滑块 23 固定在动模垫板 7 上。而常规的斜导柱带动滑块侧向分型、推件板推出塑件的方法会带来推件板比较笨重、流道无法排布的难题。

按现在的设计方案，如果采用斜导柱侧抽芯机构，开模时若先侧向分型，由于收缩产生的包紧力，塑件将停留在主型芯 19 上，难以使其脱模。据此分析，开模的顺序应该是先使主型芯 19 抽出一定距离，然后再侧向分型。如果主型芯 19 完全抽出，由于塑件无所依从，有可能倒向一侧滑块中，影响脱模，因此采用一种导向板脱模机构来控制主型芯 19 的脱模状态。开模初期，导向板 4 的直槽部分迫使滑块 23 保持合模状态，主型芯 19 抽出。待其抽出一定距离后，滑块 23 上的导向销 22 进入导向板 4 的斜槽部分，滑块 23 随之开模。采用滑块盖板 21 既为了塑件底部翼状结构的成型，也为了能在底部托起塑件，使其从主型芯 19 中抽出。为保障有足够的强度，导向板 4 的滑槽做成封闭状。

根据塑件壁厚均匀的特点，要求型芯必须对中。如果将主型芯 19 悬空，由于注射压力的冲击很容易造成塑件薄厚不均。在设计上，主型芯 19 上头部的小型芯 12 顶端插入成型推杆 13 中。这种设计又使得小型芯 12 和成型推杆 13 成为易损件，为此主型芯 19 和小型芯 12 采用分体设计。同理，动模型腔套 15 和成型推杆导套 16 也采用两个分体设计。分体设计的好处还在于可以节约材料。

在滑块分型面上采用的潜伏浇口，设置在塑件翼状结构的两侧。设计流道时，充分考虑了流动的平衡，从如图 5-90 所示的定模板零件图中可以看出浇口的位置和流道的形状。如图 5-89 所示，在滑块盖板 21 上设计有拉料机构，开模时，流道凝料会被从浇口套 20 和定模板 2 中拉出，待滑块 23 开模后自动落下。

滑块 23 是模具设计的重点，它直接影响着塑件的质量。如图 5-91 所示为其零件图，从中可以看出型腔分布和导轨滑道的位置以及冷却水道的布置情况。为使合模准确，在左右滑

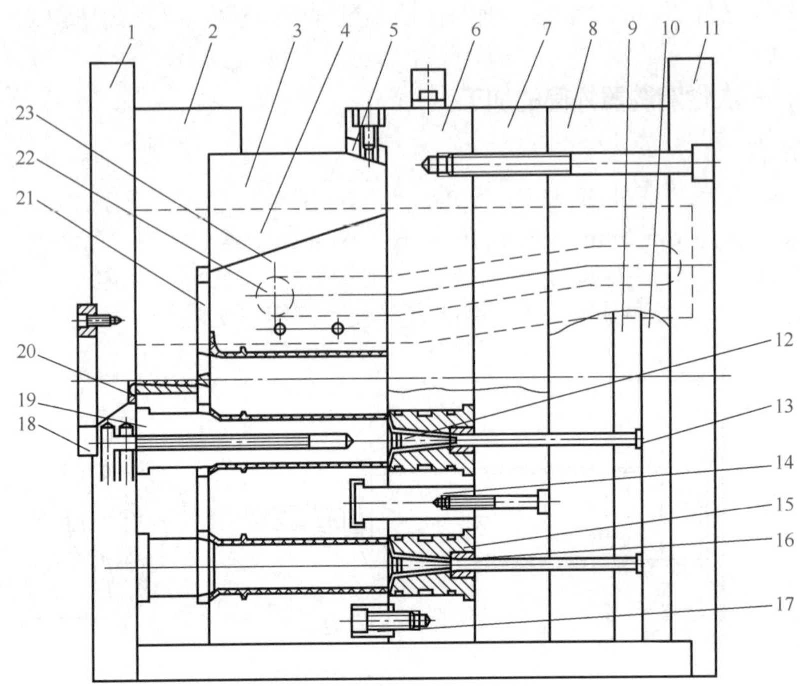

图 5-89　模具装配图

1—定模固定板；2—定模板；3—锁紧块；4—导向板；5—镶条；6—动模板；7—动模垫板；8—垫块；9—推杆支承板；10—推杆固定板底板；11—动模固定板；12—小型芯；13—成型推杆；14—导向块；15—动模型腔套；16—成型推杆导套；17—定位柱；18—定位圈；19—主型芯；20—浇口套；21—滑块盖板；22—导向销；23—滑块

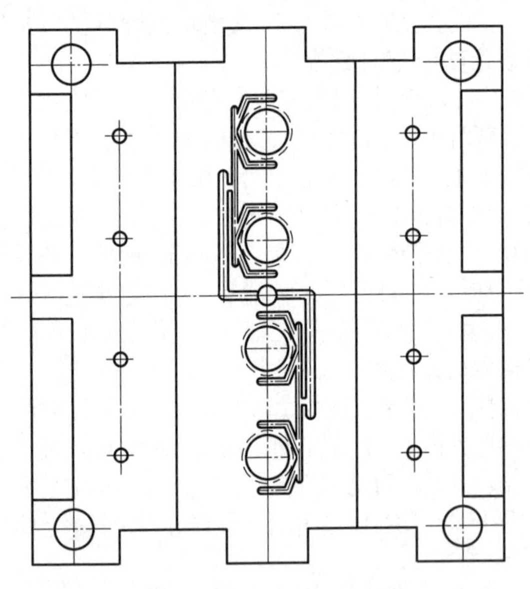

图 5-90　定模板零件图

块间装有圆锥定位套（于图 5-91 主视图中，$2\times\phi20\ ^{+0.021}_{0}$ 孔内）。为保证壁厚均匀（图 5-89），在动模板 6 上设有定位柱 17 以限制左右滑块的合模终止位置。由于滑块 23 的合模面积比较大，锁紧块 3 又很长，在动模板 6 又做了反锁紧设计，以克服锁紧块 3 外张的趋势，其作用力大小由镶条 5 调节。滑块 23 沿型腔分布方向很长，如果两侧再增设滑道，势必更要增长滑块 23 的长度，而为使其长宽比合理，还需增加其宽度，会造成模具体积增大很多。为此，本例中采用了 T 形槽滑块导向方式。

3. 模具工作过程

① 开模时，定模板 2 与滑块 23 上表面分开，主型芯 19 从塑件中抽出，流道凝料被从浇口套 20 和定模板 2 中拉出。

② 继续开模，导向销 22 带动滑块 23 分型，塑件仅剩头部留在动模型腔套 15 内。

③ 注塑机顶杆向前运动，推动成型推杆 13 推落塑件。

4. 模具制造要点

由模具设计的特点决定了模架需自制，为了在增加强度的同时又不增加模具体积，把定模板2、动模板6与锁紧块3相关的部分做成一体。装配时调整锁紧块3和镶条5，使滑块23合紧后，定模板2与滑块盖板21之间有0.4mm的间隙，以便在锁模时产生一定的预紧力。装配时还要注意导向销22与导向板4滑槽的配合，要保证主型芯19在抽出的过程中滑块23不松动，以免损坏塑件表面的刻度线。

型腔可以先粗抛光，然后通过左右滑块间的圆锥定位套将其固定在一起，型腔整体精抛光，减少塑件上合模线的痕迹。

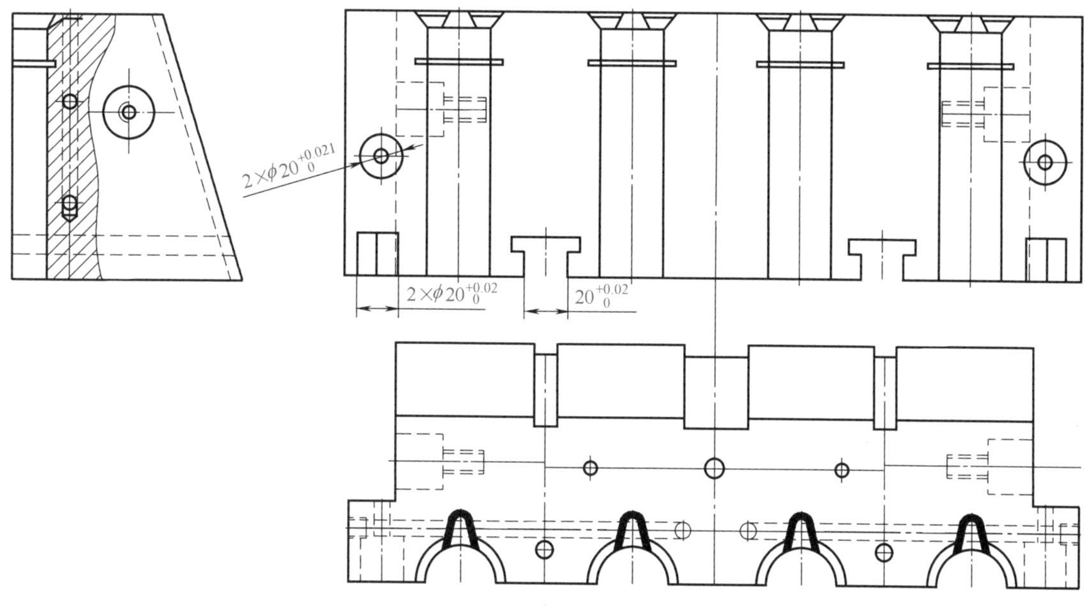

图5-91 滑块零件图

实例七：模具型腔坯料——分型滑块精加工

分型滑块如图5-92所示。

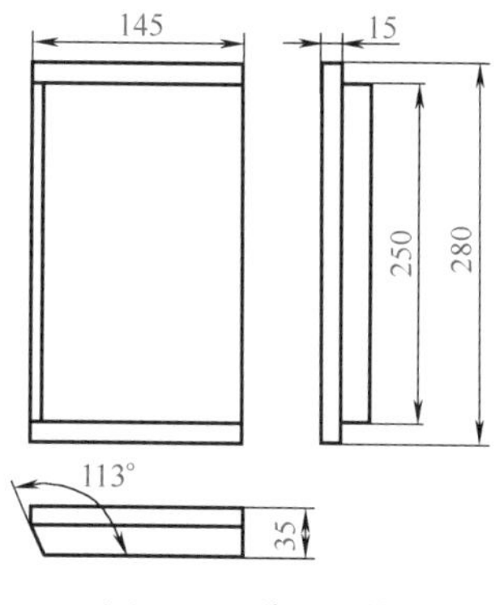

图5-92 分型滑块

1. 工艺分析

滑块坯料尺寸面积较大，要求表面粗糙度尽可能小，方可达到导滑灵活、准确的要求。滑块几何形状和尺寸精加工，可采用以下两种加工方案：铣削→平面磨削→研磨；铣削→线切割→手摇磨削。

滑块台阶处工艺内角槽的铣削加工和数控线切割加工特点应用分析：铣削加工滑块台阶时，粗、半精加工，切削用量大，加工效率高，但在加工工艺内角槽时，要达到准确的几何形状和精度要求，就显得无能为力；采用数控线切割加工时，操作简单，加工参数调整方便，自动化程度高，切削时利用电极丝放电切削加工，加工缝隙小，特别适合加工小型的异形沟槽。因此滑块工艺内角槽常采用数控线切割加工，操作方便，而且半精加工精度高，但是加工效率较低。

滑块平面精加工采用平面磨削和手摇磨削特点应用分析：平面磨削可自动走刀加工，切削效率高，但滑块工艺内角槽处的磨削极不方便，而且稍不注意，极容易造成事故，而且磨削后表面粗糙度大于手摇磨削；采用手摇磨削，操作灵活，特别适用于小型模具的磨削，能较方便地达到图纸要求。

2. 分型滑块加工工艺过程（见表 5-40、表 5-41）

表 5-40　分型滑块加工工艺过程（一）

工艺名称	工艺简图	工艺内容	设备
备料		准备坯料，检查待加工滑块的坯料精度，去毛刺等	钳工设备
装夹找正	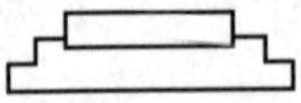	平口钳装夹，找正加工基准与机床坐标平行	平口钳
铣削	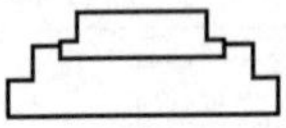	铣削滑块台阶	铣床
錾削	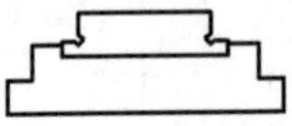	用窄錾手工錾削滑块工艺内角槽	钳工设备
修整	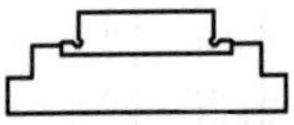	用什锦锉锉削、修整滑块工艺内角槽	钳工设备
找正	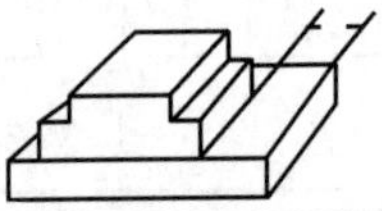	找正滑块台阶基准与平面磨床工作台基准的平行度要求	平面磨床
磨削	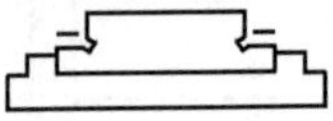	手动挡粗、半精磨削滑块台阶与大基准平行面	平面磨床
修整	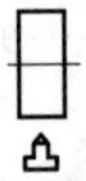	修整器修整砂轮，以有利内角面磨削到位	平面磨床
磨削	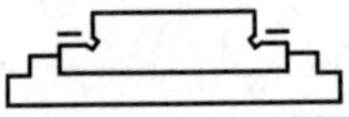	手动挡精磨滑块台阶与大基准平行面，达到尺寸精度和表面粗糙度要求	平面磨床
装夹找正	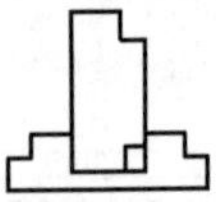	找正滑块台阶与大表面基准相垂直的加工基准	平面磨床
磨削	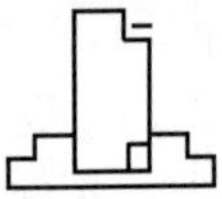	手动挡精磨滑块台阶平面，达到各项要求	平面磨床
装夹找正	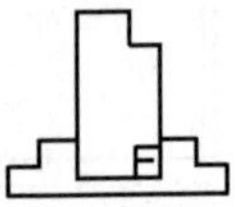	找正滑块台阶与大表面基准相垂直的基准相对边	平面磨床
磨削	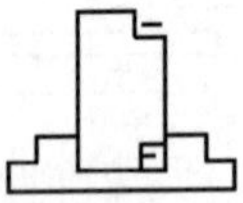	手动挡精磨滑块台阶平面，达到各项要求	平面磨床
装夹找正	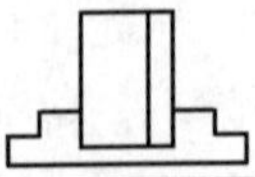	找正楔紧斜面加工基准，调整铣削主轴角度	铣床
铣削	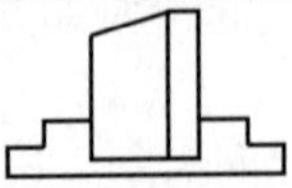	铣削加工楔紧斜面，达到角度要求	铣床
装夹找正	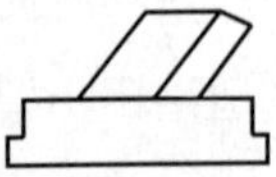	辅助夹具装夹，使楔紧斜面与磨床工作台平面平行	平面磨床

续表

工艺名称	工艺简图	工艺内容	设备
磨削	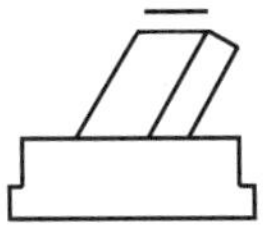	磨削加工楔紧斜面，达到角度要求	平面磨床
检测	—	去锐角，检测加工精度	—
研磨	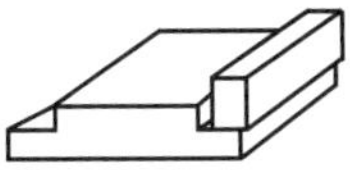	精研磨滑块台阶平面，达到尺寸精度和表面粗糙度要求	—
检验	—	检验各加工精度	检验设备
入库	—	待后续加工	—

表 5-41　分型滑块加工工艺过程（二）

工艺名称	工艺简图	工艺内容	设备
备料		准备坯料，检查待加工滑块坯料精度，去毛刺等	钳工设备
装夹找正	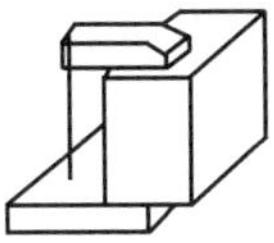	装夹定位，找正滑块台阶加工基准	线切割设备
编程	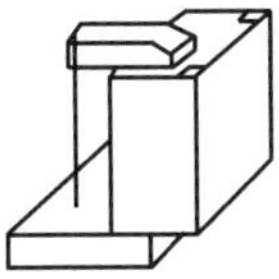	按滑块台阶要求编写加工程序	线切割设备
线切割	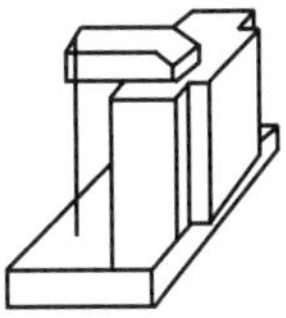	切割加工滑块台阶各组成面，达到形状和尺寸要求	线切割设备
检测	—	检测线切割加工的滑块台阶形状和尺寸精度	检测设备
装夹找正	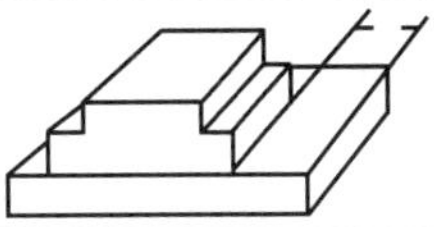	装夹定位，百分表找正滑块台阶基准，使其与手摇磨床基准平行	手摇磨床
手摇磨削	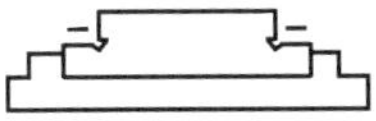	手动磨削，精确控制滑块肩尺寸和表面粗糙度	手摇磨床
装夹找正	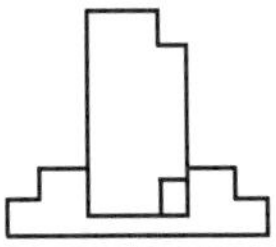	平口钳装夹，百分表找正滑块台阶基准，使其与手摇磨床基准平行	手摇磨床
手摇磨削	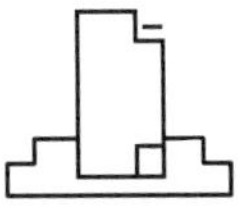	手动精确磨削，控制尺寸和保证较小表面粗糙度	手摇磨床
装夹找正	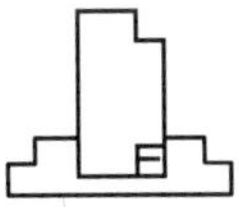	平口钳装夹定位，百分表找正滑块台阶基准，使其与手摇磨床基准平行	手摇磨床

续表

工艺名称	工艺简图	工艺内容	设备
手摇磨削		精磨滑块台阶小平面，控制尺寸，保证较小表面粗糙度	手摇磨床
装夹找正		平口钳或专用夹具装夹定位，用万能量角器或正弦规找正滑块楔紧角度	手摇磨床
手摇磨削		手摇磨削滑块楔紧斜面，控制角度和表面粗糙度	手摇磨床
检验	—	检验各几何形状和加工精度及表面粗糙度	检验设备
入库	—	待后续加工	—

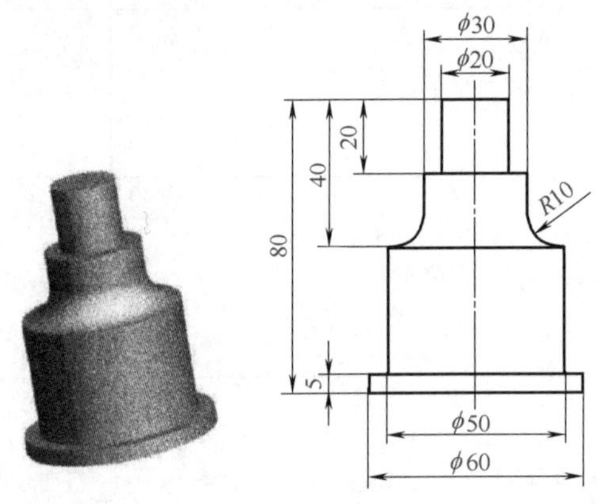

图 5-93　圆形整体式型芯

实例八：整体式型芯加工

1. 圆形类

圆形整体式型芯如图 5-93 所示。

工艺分析：如图 5-93 所示的型芯为圆形整体式，结构简单，刚性好。选材后，适宜选择车削加工。为了保证过渡圆弧 $R10$ 处的尺寸精度，应尽可能选用数控车床进行加工，工作部分 $\phi20$ 的表面粗糙度 Ra 控制在 0.4μm 以内。

圆形型芯的加工工艺过程见表 5-42。

表 5-42　圆形型芯加工工艺过程

工艺名称	工艺简图	工艺内容	设备
备料		下圆棒料 ϕ70mm×110mm	锯床
车削		车削装夹基准，粗车型芯台阶	车床
车削		车削各段尺寸	数控车床
抛光	—	型芯表面粗糙度 Ra 控制在 0.8μm 以内	车床
切断		取总长	车床

续表

工艺名称	工艺简图	工艺内容	设备
检验	—	—	—
热处理	—	表面渗碳处理	—
抛光	—	型芯表面粗糙度 *Ra* 控制在 0.4μm 以内	—
待装配	—	—	—

2. 组合类一

组合型芯（一）如图 5-94 所示。

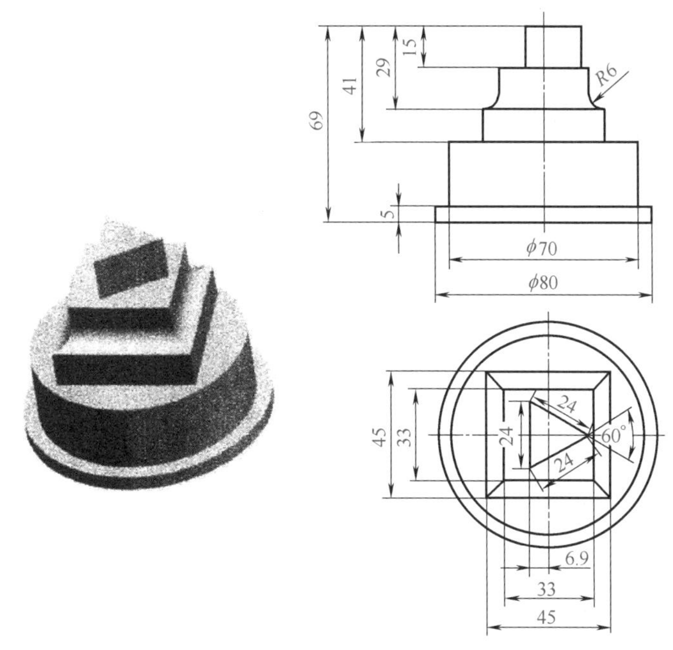

图 5-94　组合型芯（一）

工艺分析：如图 5-94 所示的型芯形状稍复杂，其固定部分为圆形，工作部分为四方体和三角体的组合。可选择两种加工方案进行加工，如果型芯工作部分四方体和三角体的对称要求没有很高，可选用车削外形→铣削（或锉削）加工型芯工作部分的加工方案完成加工。如果型芯工作部分四方体和三角体的对称要求较高且圆弧 *R*6 精度要求也较高，则选用数控铣床完成加工。

组合型芯（一）的两种加工工艺过程见表 5-43、表 5-44。

表 5-43　组合型芯（一）加工工艺过程（车削外形→铣削加工型芯工作部分）

工艺名称	工艺简图	工艺内容	设备
备料		下圆棒料 ϕ90mm×110mm	锯床
车削		车削装夹基准，粗车型芯台阶	车床

续表

工艺名称	工艺简图	工艺内容	设备
装夹找正	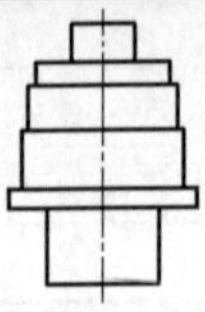	分度头装夹找正	铣床
铣削		铣削四方体及圆弧	铣床
铣削		铣削三角体	铣床
切断	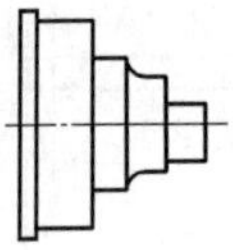	取总长	车床
抛光	—	表面粗糙度 *Ra* 控制在 0.8μm 以内	钳工设备
检验	—	—	—
热处理	—	表面渗碳处理	—
抛光	—	型芯表面粗糙度 *Ra* 控制在 0.4μm 以内	超声波抛光机
待装配	—	—	—

表 5-44　组合型芯（一）加工工艺过程（数控铣削加工型芯工作部分）

工艺名称	工艺简图	工艺内容	设备
备料	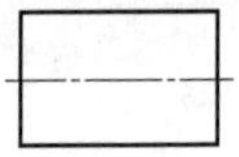	下圆棒料 ϕ90mm×110mm	锯床
铣削	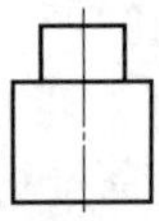	铣削装夹基准	数控铣床
铣削		一次装夹完成型芯工作部分铣削	数控铣床
铣削	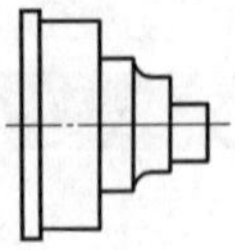	取总长	数控铣床
抛光	—	表面粗糙度 *Ra* 控制在 0.8μm 以内	钳工设备
检验	—	—	—
热处理	—	表面渗碳处理	—
抛光	—	型芯表面粗糙度 *Ra* 控制在 0.4μm 以内	超声波抛光机
待装配	—	—	—

3. 组合类二

组合型芯（二）如图 5-95 所示。

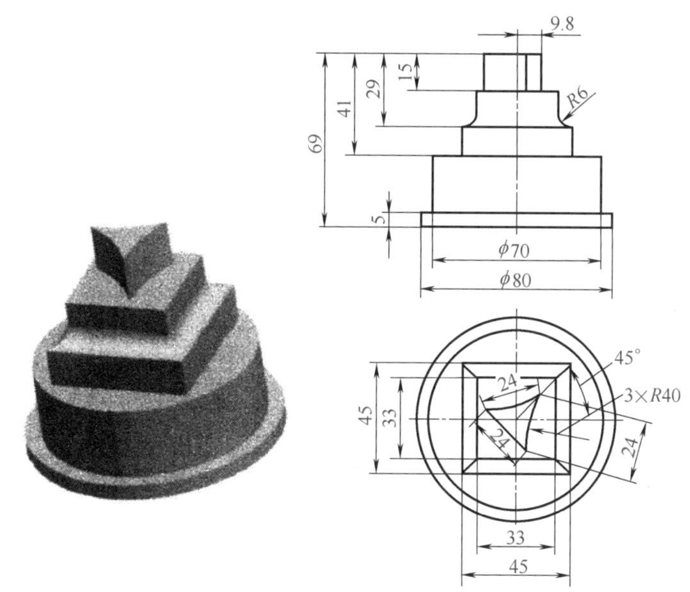

图 5-95　组合型芯（二）

工艺分析：如图 5-95 所示的型芯形状稍复杂，其工作部分上端为内凹圆弧三角体且有角度要求，除了采用数控铣床或加工中心机床加工外，采用一般通用设备加工很难满足该型芯的整体要求。因此，这类型芯的加工适宜在数控铣床或加工中心机床上加工。

组合型芯（二）加工工艺过程见表 5-45。

表 5-45　组合型芯（二）加工工艺过程

工艺名称	工艺简图	工艺内容	设备
备料		下圆棒料 ϕ90mm×110mm	锯床
铣削		铣削装夹基准	数控铣床
铣削		一次装夹完成型芯工作部分铣削	数控铣床
铣削		取总长	数控铣床
抛光	—	表面粗糙度 Ra 控制在 0.8μm 以内	钳工设备
检验	—	—	—

续表

工艺名称	工艺简图	工艺内容	设备
热处理	—	表面渗碳处理	—
抛光	—	型芯表面粗糙度 *Ra* 控制在 0.4μm 以内	超声波抛光机
待装配	—	—	—

4. 塑料水配件型芯加工

型芯（一）如图 5-96 所示，其技术要求如下：

① 型芯材料：40Cr。

② 热处理：50HRC。

③ 型芯与型芯套直径 $\phi 22$ 处配合间隙小于 0.03mm。

④ 表面抛光。

加工工艺过程见表 5-46。

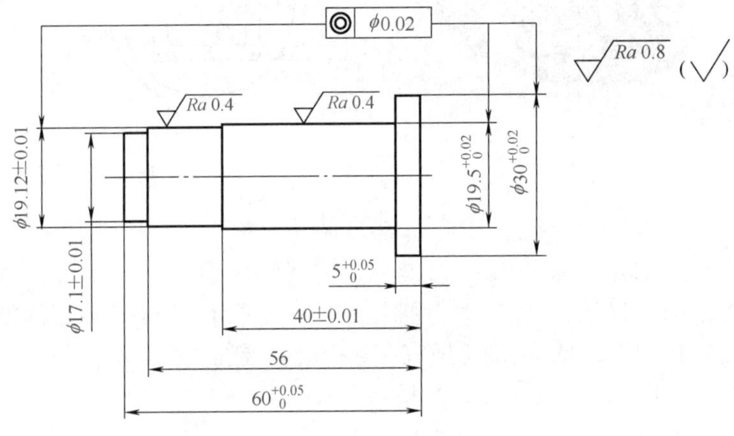

图 5-96　型芯（一）

表 5-46　型芯（一）加工工艺过程

工艺名称	工艺简图	工艺内容	设备
备料		下圆棒料 $\phi 35$mm×85mm	锯床
车削		铣削装夹基准，粗、精车型芯工作部分	车床
抛光	—	表面粗糙度 *Ra* 控制在 0.8μm 以内	车床
切断		取总长	车床
检验	—	—	—
热处理	—	表面渗碳处理	—
抛光	—	型芯表面粗糙度 *Ra* 控制在 0.4μm 以内	超声波抛光机
待装配	—	—	—

型芯（二）如图 5-97 所示，其技术要求如下：

① 型芯材料：40Cr。
② 热处理：50HRC。
③ 型芯与型芯套直径 ϕ22 处配合间隙小于 0.03mm。
④ 表面抛光。
加工工艺过程见表 5-47。

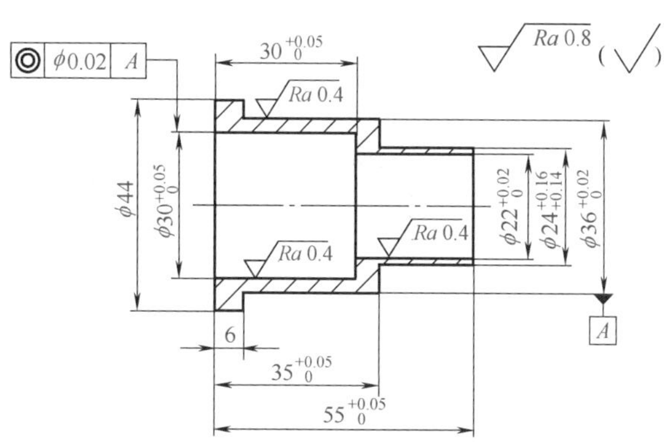

图 5-97 型芯（二）

表 5-47 型芯（二）加工工艺过程

工艺名称	工艺简图	工艺内容	设备
备料		下圆棒料 ϕ50mm×75mm	锯床
车削		粗车总长，粗车型芯工作部分台阶外圆	车床
钻孔、车削		钻孔，粗、精车两内孔	车床
车削		精车削总长，上芯棒精车削各外圆	车床
抛光	—	表面粗糙度 *Ra* 控制在 0.8μm 以内	车床
检验	—	—	—
热处理	—	表面渗碳处理	—
抛光	—	型芯表面粗糙度 *Ra* 控制在 0.4μm 以内	超声波抛光机
待装配	—	—	—

实例九：型芯孔的加工

为保证注塑机生产出的制件孔壁均匀，注塑成型时必须使型芯始终位于型腔中央，而且同一型腔内双向抽芯的两个型芯的轴线必须同轴于型腔孔轴线。如图 5-98 所示为水配件注塑模具的型芯孔位图，在注塑模具加工制造时，为保证上述精度要求，一般可采用以下几种方法加工型芯孔。

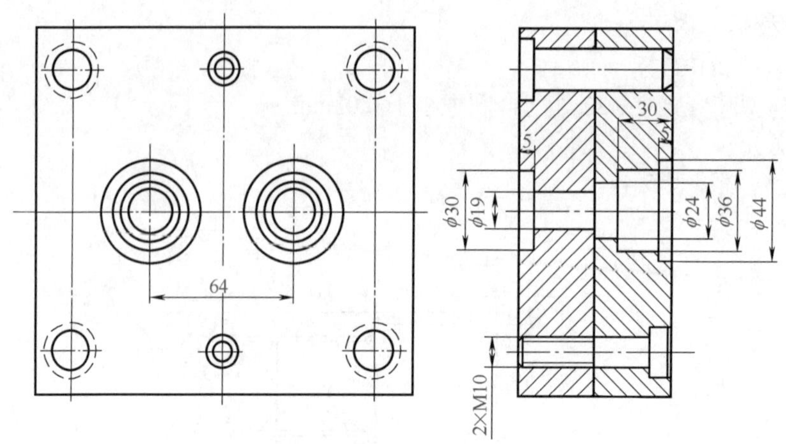

图 5-98 水配件注塑模具的型芯孔位置及尺寸

1. 在车床上采用四爪卡盘装夹找正进行加工

如图 5-98 所示两型芯孔除型芯定位台阶孔“$\phi30$”以外，其余的几个孔从右向左均为由大到小排列，适宜采用在一个装夹位置加工。可在车床上用四爪卡盘装夹待加工模具坯料，四爪卡盘固定于车床主轴法兰，找正孔位后，加工孔时由小到大，由浅到深分别加工，保证了两型芯孔同轴度达到设计要求。其加工工艺过程见表 5-48。

表 5-48 型芯孔加工工艺过程（一）

序号	工艺名称	工艺简图	工艺内容	设备
1	准备		检查模具坯料精度，按要求组装成坯料部件，用螺钉紧固	钳工设备
2	装夹找正		用四爪卡盘装夹，以孔中心找正定位	车床
3	车削		为方便测量，先加工其中一个型芯的通孔“$\phi19$”	车床
4	车削		加工当前型芯阶梯孔“$\phi44$”“$\phi36$”“$\phi24$”	车床
5	装夹找正		装夹找正另一个型芯位置的孔中心	车床
6	车削		加工型芯的通孔“$\phi19$”	车床

续表

序号	工艺名称	工艺简图	工艺内容	设备
7	车削		加工当前型芯阶梯孔“ϕ44”“ϕ36”“ϕ24”	车床
8	装夹找正		将已加工的模具坯料卸下，反向重新装夹，找正第一个孔中心位置定位	车床
9	车削		车削加工“ϕ30”的孔	车床
10	装夹找正		按序号8同样的方法和要求找正另一待加工孔“ϕ30”的孔位	车床
11	车削		按序号9同样的方法和要求车削加工“ϕ30”的孔	车床
12	检验	—	去毛刺，检测各孔加工精度，待后续加工	—

2. 在数控铣床上加工

如图5-99所示的型芯孔，共两组，孔径大小排列顺序与图5-98不同，采用数控铣床加工，为了保证上下型芯孔同轴度要求，可采用以下工序加工：机用虎钳装夹，按孔中心找正，先加工一个型芯位置上的“ϕ19”通孔，再分别加工阶梯孔“ϕ44”“ϕ36”“ϕ24”，拆卸螺钉，取下已加工孔的模具坯料，再加工另一块模板上的“ϕ30”孔，这样就使两块模具坯料上的不同直径孔在同一装夹工位上加工完成，保证了两型芯孔的同轴度要求。另一侧“ϕ24”孔待翻面装夹找正孔位后加工。

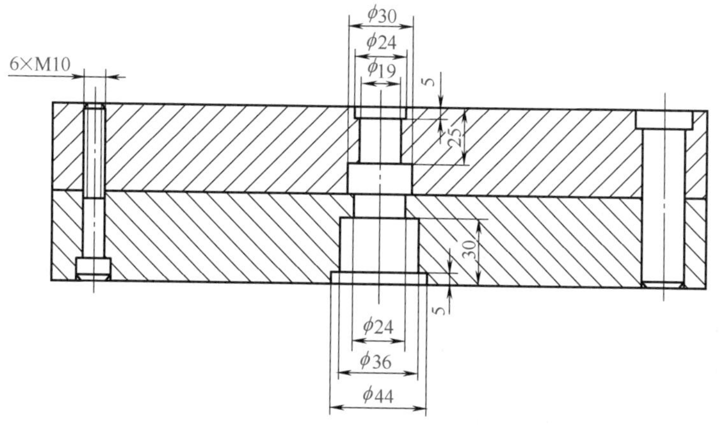

图5-99　型芯孔位置及尺寸

型芯孔的具体加工工艺过程见表5-49。

表5-49 型芯孔加工工艺过程（二）

序号	工艺名称	工艺简图	工艺内容	设备
1	准备	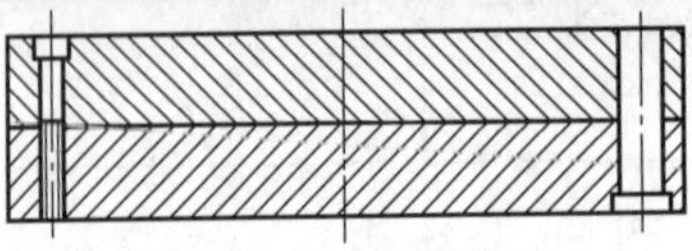	检测精度，导柱定位。螺钉紧固	钳工设备
2	装夹找正	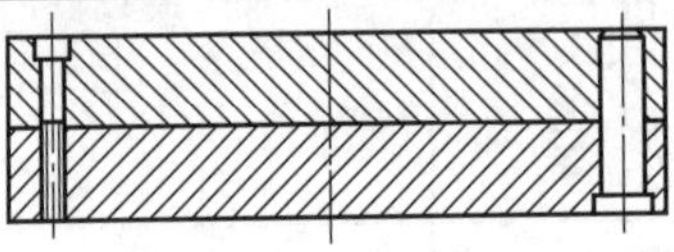	以侧面基准找正第一个型芯孔位置，定位，装夹固定	数控铣床
3	钻孔、镗削	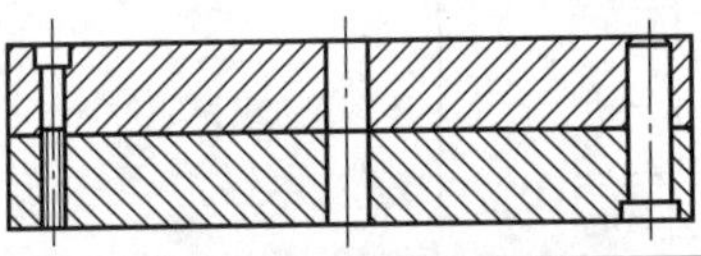	钻孔、镗削加工当前型芯孔位置“ϕ19”的孔，以便后续镗孔加工	数控铣床
4	镗削	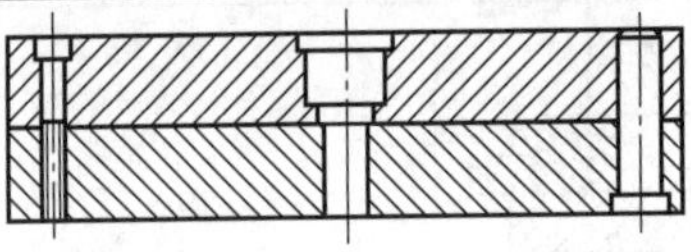	镗削加工当前型芯孔的阶梯孔“ϕ44”“ϕ36”“ϕ24”	数控铣床
5	调整	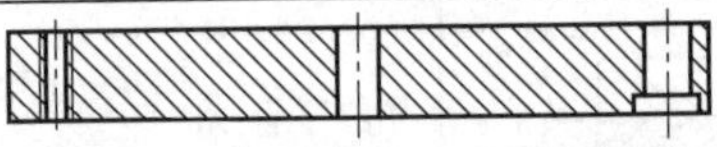	卸下螺钉，取下已加工的一块模具板料	数控铣床
6	镗削	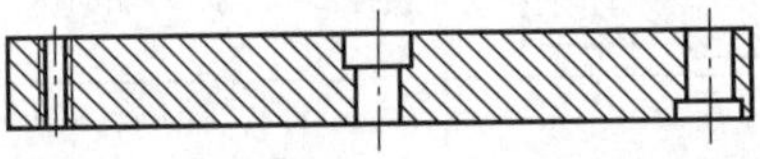	镗削加工“ϕ30”孔	数控铣床
7	装夹找正	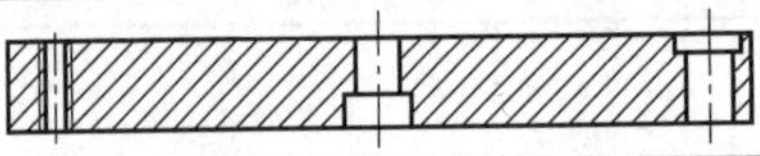	模板翻面装夹，以孔找正待加工台阶孔的中心位置	数控铣床
8	镗削	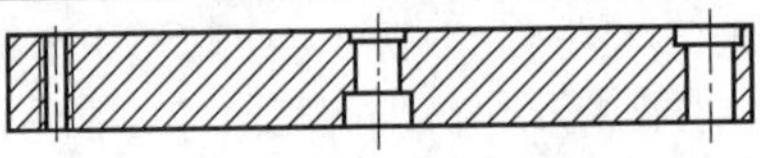	镗削加工台阶定位“ϕ24”的孔	数控铣床
9	装夹找正	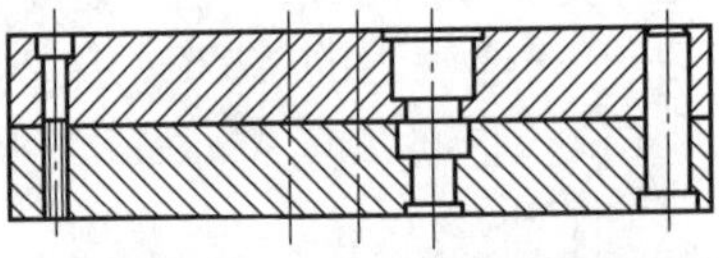	装夹定位。找正第二个型芯孔中心位置	数控铣床
10	钻孔、镗削	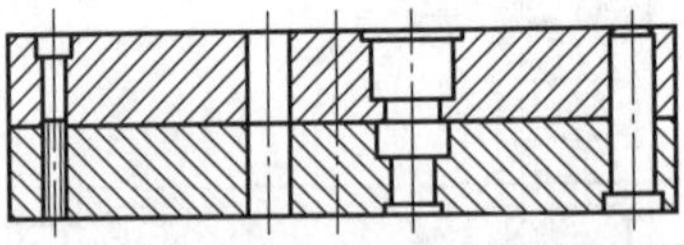	钻孔、镗削加工当前型芯孔的“ϕ19”的通孔	数控铣床
11	镗削	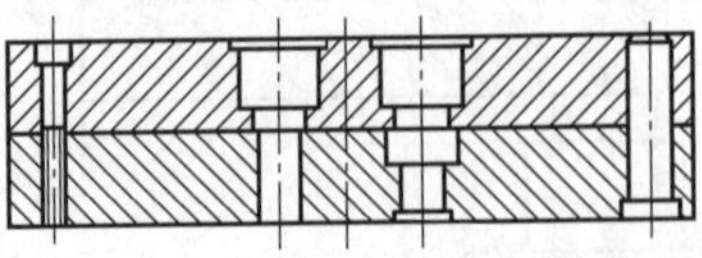	按要求镗削加工“ϕ44”“ϕ36”“ϕ24”的孔	数控铣床
12	调整	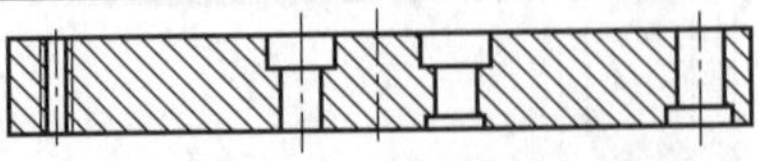	卸下螺钉。取下已加工的一块模具板料	数控铣床
13	镗削	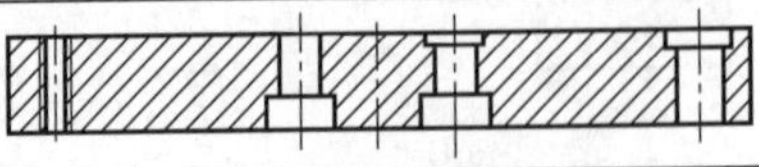	镗削加工“ϕ30”的孔	数控铣床

续表

序号	工艺名称	工艺简图	工艺内容	设备
14	装夹找正		模板翻面装夹，以孔中心找正定位	数控铣床
15	镗削		镗削加工“ϕ24”的孔	数控铣床
16	检验	—	综合检测各孔加工精度和位置精度	—

在数控铣床或加工中心上加工型芯孔时，为节约加工辅助时间和换刀次数，也可以在一个装夹位置将两个位置的型芯孔同时加工出来。

实例十：导滑槽的加工

在生产水配件的注塑模具中，采用型腔滑块结构，这主要有以下两方面的原因：一方面模具分型后能获得制件；另一方面能方便侧向抽芯。为了使滑块导滑灵活，滑块的厚度、滑块导滑台阶尺寸、导滑面的平行度等相关精度应一致，滑移面之间间隙较小、表面粗糙度较低，否则，会影响制件的精度。

导滑槽由两块导滑槽压板固定在模板上形成，如图 5-100 所示。

导滑槽压板零件图如图 5-101 所示，加工方法此处介绍两种，分别见表 5-50 和表 5-51。

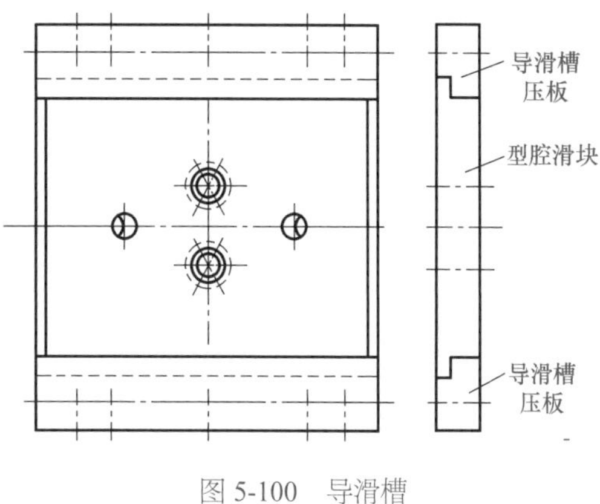

图 5-100　导滑槽

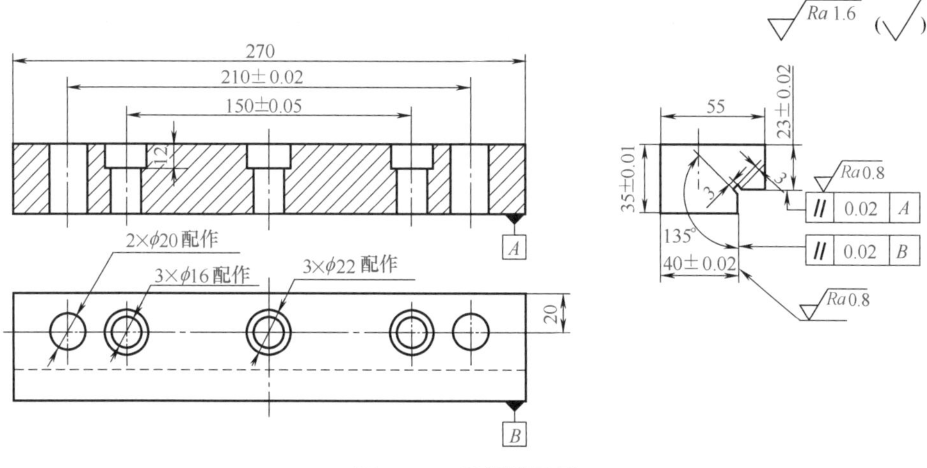

图 5-101　导滑槽压板

其技术要求如下：

① 压板材料：45 钢。

② 所有孔均要求配作。

③ 锐边倒角 C1。

表 5-50 导滑槽压板加工工艺过程（一）

工艺名称	工艺简图	工艺内容	设备
备料		下方料，尺寸为 45mm×60mm×280mm，2 块	—
铣削	—	铣削六面，得到方料尺寸为 36mm×56mm×270mm	铣床
磨削	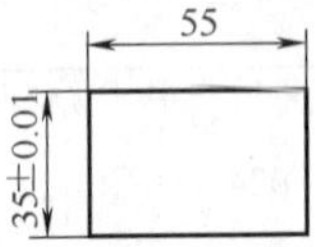 55 35±0.01	磨削四侧面，得到尺寸为 35mm×55mm×280mm	磨床
铣削	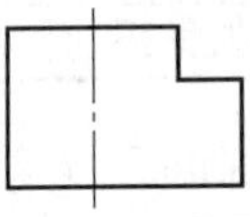	铣削导滑槽台阶	铣床
铣削	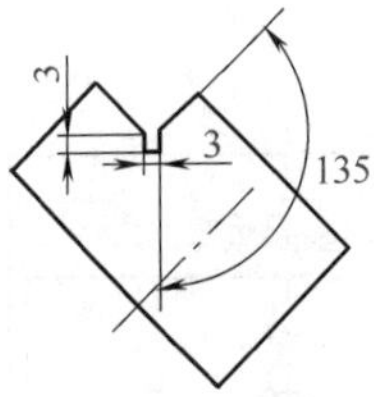 3 3 135°	铣削导滑槽压板工艺槽	铣床
手摇磨削	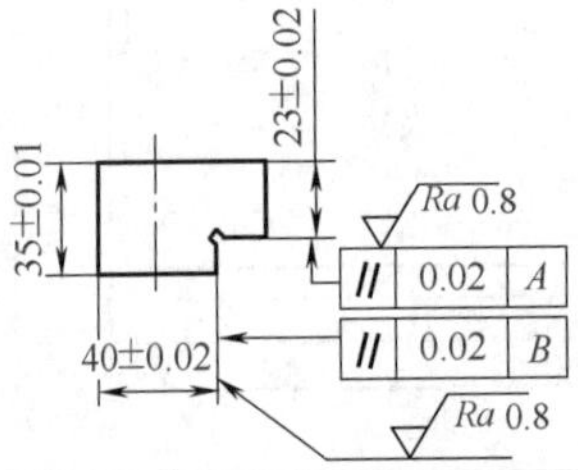 23±0.02 35±0.01 Ra 0.8 // 0.02 A // 0.02 B 40±0.02 Ra 0.8	磨削导滑台阶有平行度要求的 4 个平面	手摇磨床
检验	—	待后续装配	—

表 5-51 导滑槽压板加工工艺过程（二）

工艺名称	工艺简图	工艺内容	设备
备料	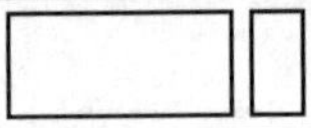	下方料，尺寸为 60mm×120mm×280mm，1 块	—
铣削	—	铣削六面，得到尺寸为 55mm×115mm×271mm	铣床
磨削	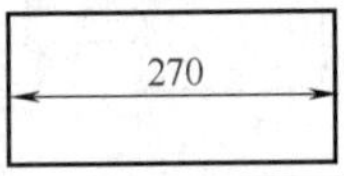 270	磨削尺寸 55mm×115mm 的两个端面，得到尺寸为 55mm×115mm×270mm	磨床
装夹	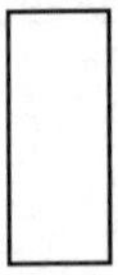	以磨削过的一个端面为基准定位装夹	电火花线切割机
线切割加工	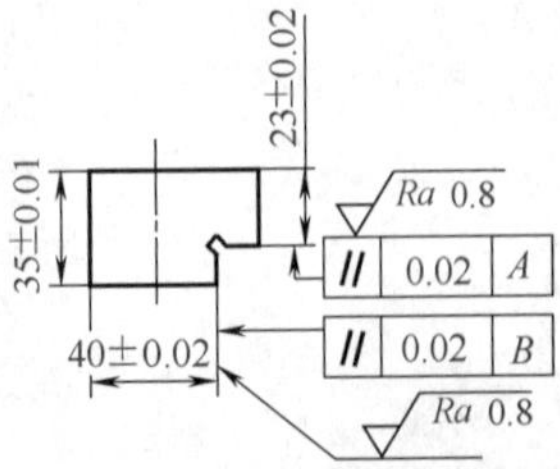 23±0.02 35±0.01 Ra 0.8 // 0.02 A // 0.02 B 40±0.02 Ra 0.8	编程，两块压板一次切割	电火花线切割机
检验	—	待后续装配	—

实例十一：流道的加工

流道是注塑模具中熔融塑料与型腔之间的通道，在熔融塑料具有足够压力的前提下，流道的设计合理、通畅、加工精度符合要求等，是熔料充满型腔得到合格制件的保证。流道分主流道和分流道。

1. 主流道的加工

注塑模具中，使注塑机喷嘴与型腔或与分流道连接的这一段进料通道称为主流道，是压力熔料与分流道之间的通道。如图 5-102 所示为水配件注塑模具的主流道，也称浇口套。技术要求如下：

① 零件材料：45 钢。

② 局部热处理：*SR*19。

③ 球面硬度：38 ～ 40HRC。

④ 未注倒角：*C*1。

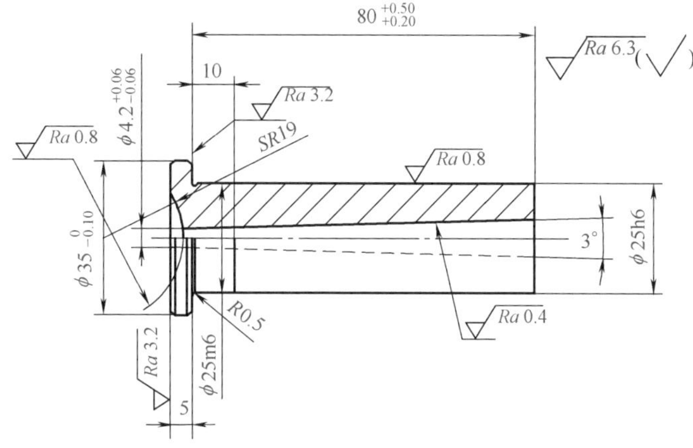

图 5-102　水配件注塑模具的主流道

流道口的内球面半径要与注射喷嘴外球面相匹配，且稍小于外圆弧半径。为了使压力熔料顺利通过主流道，并尽量减少压力损耗，主流道应呈圆锥孔形状，内圆锥孔表面粗糙度 *Ra* 达 0.4μm。

主流道的加工工艺过程见表 5-52。

表 5-52　主流道加工工艺过程

工艺名称	工艺简图	工艺内容	设备
备料		锯圆棒料 ϕ40mm×120mm	锯床
车削、钻孔		车削装夹基准，调头车削“ϕ35”“ϕ25”外圆，车削越程槽，并钻“ϕ4.2”“ϕ6”孔	车床
车削		掉头取总长，车削内球面	车床

续表

工艺名称	工艺简图	工艺内容	设备
铰孔		手铰“3°”的锥孔	钳工设备
热处理	—	局部热处理“*SR*19”的球面	—
研磨	—	研磨“*SR*19”的球面、内锥孔、“ϕ25”的外表面	研磨机
检验	—	待后续加工	—

2. 分流道的加工

分流道是主流道和浇口的进料通道，是压力熔料由主流道流入型腔的通道。分流道从主流道起，截面由大到小，由深到浅。分流道的表面粗糙度 *Ra* 一般应小于 0.4μm。为了不影响制件的表面美观等要求，应合理选择型腔分流道的入口位置。

分流道一般有两种加工方法：数控铣床加工或钳工錾削加工。

如图 5-103 所示为水配件注塑模具型腔滑块上的分流道，其用数控铣床加工和钳加工的工艺过程分别见表 5-53、表 5-54。

分流道技术要求：

① 零件材料：40Cr。

② 流道表面抛光。

③ 热处理：45HRC。

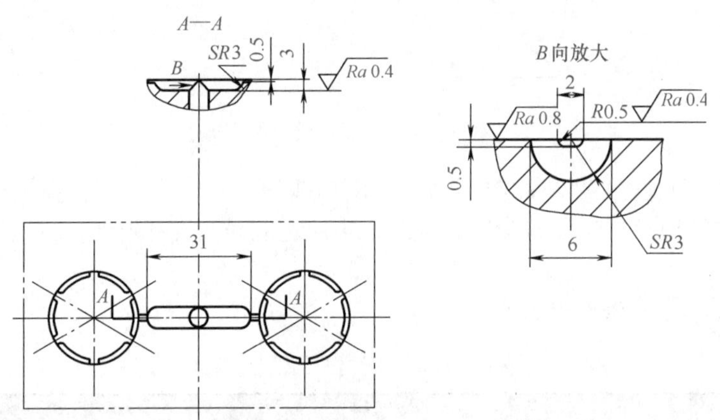

图 5-103　水配件注塑模具型腔滑块上的分流道零件图

表 5-53　数控铣床加工分流道工艺过程

工艺名称	工艺简图	工艺内容	设备
备料		待加工分流道的型腔滑块组合	—

续表

工艺名称	工艺简图	工艺内容	设备
装夹找正		在机床工作台上找正、定位工件	数控铣床
铣削	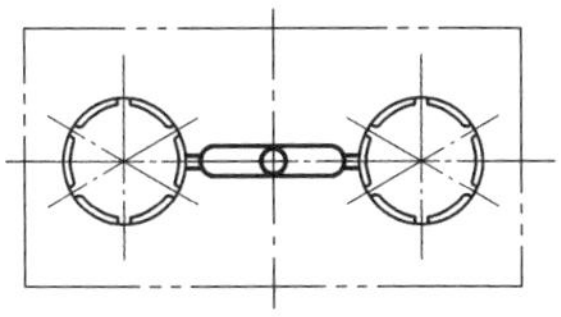	对刀、编程并粗、精加工分流道	数控铣床
抛光	—	分流道表面抛光，表面粗糙度值 *Ra* 达 0.8μm	钳工设备
热处理	—	—	—
抛光	—	分流道表面抛光，表面粗糙度值 *Ra* 达 0.4μm	抛光机
检验	—	待后续装配	

表 5-54　钳加工分流道工艺过程

工艺名称	工艺简图	工艺内容	设备
备料	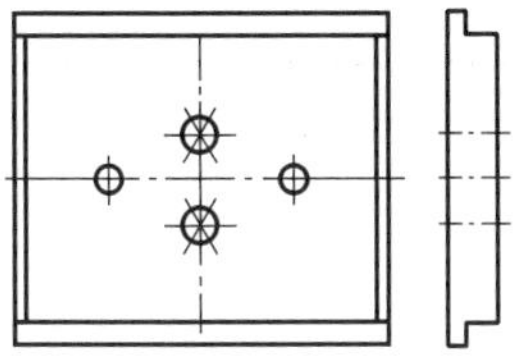	待加工分流道的型腔滑块组合	—
装夹	—	用台虎钳或夹板固定滑块组合	钳工设备
錾削	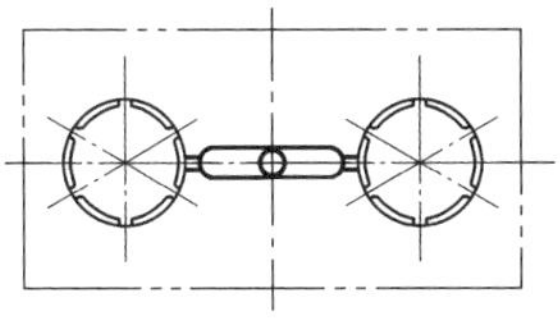	用油槽錾进行粗、半精、精加工分流道	钳工设备
精修	—	用什锦锉手工精修分流道表面，降低其表面粗糙度	钳工设备
热处理	—	—	—
抛光	—	分流道表面抛光，表面粗糙度 *Ra* 达 0.4μm	抛光机
检验	—	待后续装配	

实例十二：导柱孔的加工

1. 直导柱孔的加工

注塑模具中的直导柱起定位作用，保证模具型芯与型腔每次分合过程中，型芯都能准确进入型腔内，从而保证了注塑成型的制件壁厚均匀。

为了保证模具的分合灵活平稳，制造模具时导柱和导套的轴线必须重合，两轴线与模具的分型面必须垂直。在考虑直导柱孔加工方案时需注意满足以上条件。

如图 5-104 所示为一具有对角直导柱的模具部件示意图，导柱小端直径为 18mm，大端直径为 24mm，常用的加工工艺方案有以下四种：钻第一个孔→铰孔→配入工艺销→钻第二个孔→铰孔；线切割第一个孔→线切割第二个孔；数控铣床钻第一个孔→镗孔→钻第二个孔→镗孔；专用镗床钻第一个孔→镗孔→钻第二个孔→镗孔。其加工工艺过程分别见表 5-55 ～表 5-58。

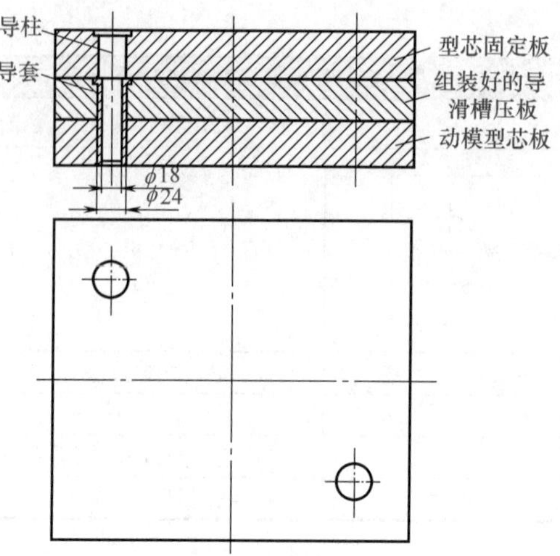

图 5-104　具有对角直导柱的模具部件

表 5-55　直导柱孔加工工艺过程（一）

工艺名称	工艺简图	工艺内容	设备
备料	—	取已加工外形的型芯固定板、组装后的导滑槽压板、动模型芯板，并取导柱、导套	—
划线		划孔位尺寸线	钳工设备
装夹找正		固定、定位	钳工设备
钻孔		钻“$\phi16$”的通孔并扩钻“$\phi23.7$”孔	钻床
铰孔	—	机铰“$\phi24$”的孔	钻床
配销		配入“$\phi24$”的圆柱销，防止相对位移	钳工设备
装夹找正	—	找正第二个孔位置，固定	钳工设备
钻孔	—	钻“$\phi16$”的通孔并扩钻“$\phi23.7$”孔	钻床
铰孔		机铰“$\phi24$”的孔	钻床
配销	—	配入“$\phi24$”的圆柱销	钳工设备
扩孔	—	扩钻台阶孔	钻床

续表

工艺名称	工艺简图	工艺内容	设备
修整	—	去毛刺，精修	钳工设备
组装	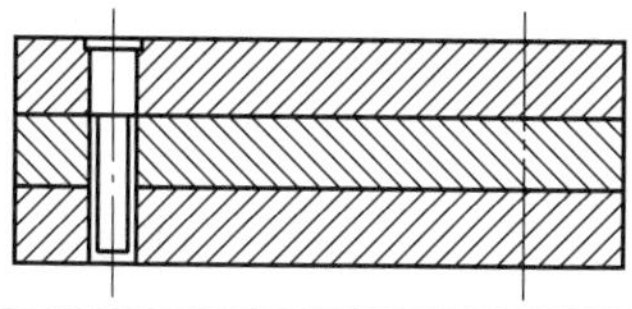	配入导柱、导套	钳工设备
调整	—	模板分合准确灵活	—
检验	—	待后续加工	—

表 5-56　直导柱孔加工工艺过程（二）

工艺名称	工艺简图	工艺内容	设备
备料	—	取已加工外形的型芯固定板、组装后的导滑槽压板、动模型芯板，并取导柱、导套	—
划线	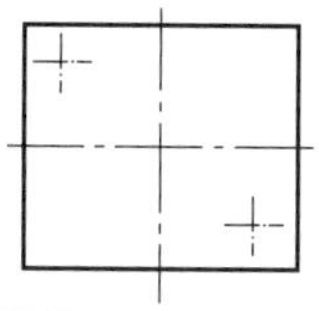	划孔位尺寸线	钳工设备
钻孔	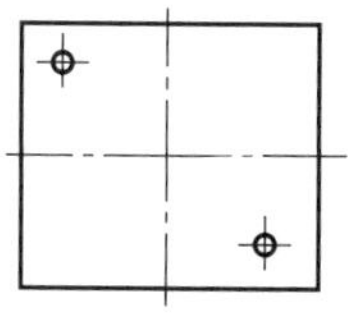	钻“$\phi6$”的工艺孔	钻床
装夹找正	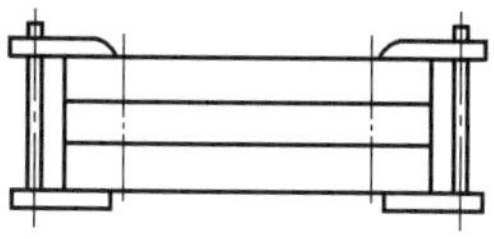	装夹找正加工基准	电火花线切割机
线切割加工	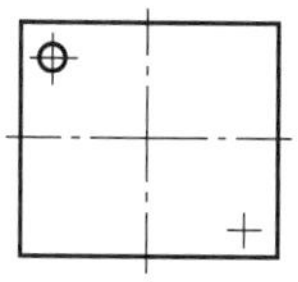	缩程加工一个孔至“$\phi24$”尺寸	电火花线切割机
跳步	—	拆下钼丝，机床跳步至第二孔位，装丝	电火花线切割机
线切割加工	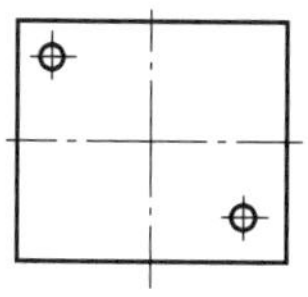	编程加工另一个孔至“$\phi24$”尺寸	电火花线切割机
锪孔	—	锪导柱、导套台阶孔	钻床
组装	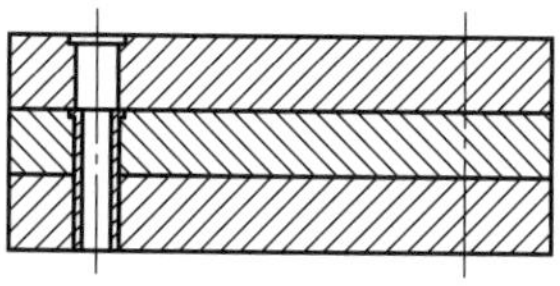	配入导柱、导套	钳工设备
调整	—	模板分合准确灵活	—
检验	—	待后续加工	—

表 5-57　直导柱孔加工工艺过程（三）

工艺名称	工艺简图	工艺内容	设备
备料	—	取已加工外形的型芯固定板、组装后的导滑槽压板、动模型芯板，并取导柱、导套	—
装夹找正	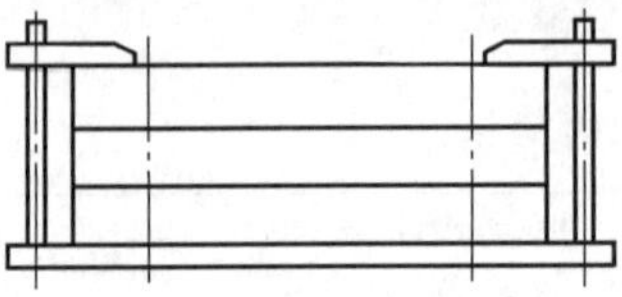	在机床工作台上装夹找正加工基准	数控铣床
钻孔、镗削、铣削	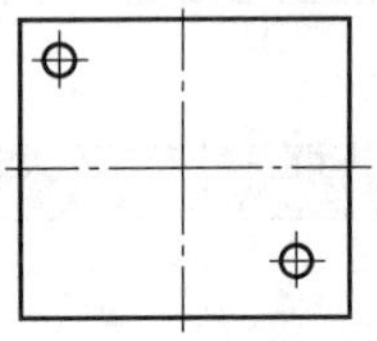	分前后在两个孔位钻孔、精镗、铣削台阶孔至达到尺寸要求	数控铣床
修整	—	去毛刺，精修	钳工设备
组装	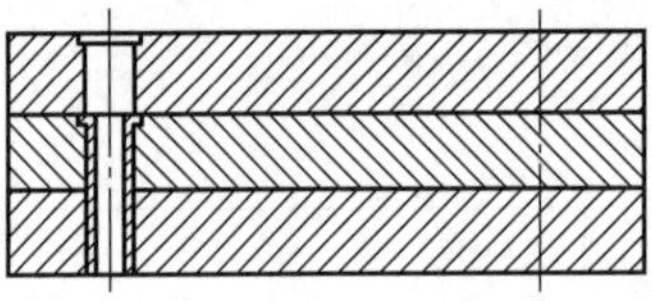	配入导柱、导套	钳工设备
调整	—	模板分合准确灵活	—
检验	—	待后续加工	—

表 5-58　直导柱孔加工工艺过程（四）

工艺名称	工艺简图	工艺内容	设备
备料	—	取已加工外形的型芯固定板、组装后的导滑槽压板、动模型芯板，并取导柱、导套	—
装夹找正	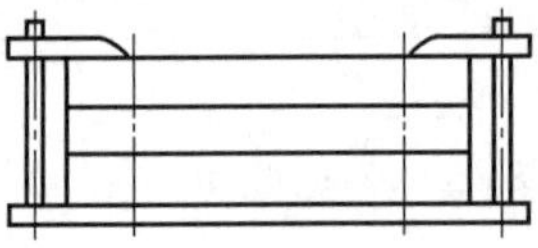	在机床工作台上装夹找正加工基准	镗床
钻孔、镗削	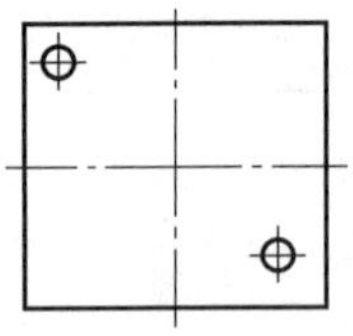	对刀后至第一孔位，钻孔，粗、精镗台阶孔至尺寸 按孔距尺寸调整机床主轴至第二孔位钻孔，粗、精镗台阶孔至尺寸	镗床
修整		去毛刺，精修	钳工设备
组装	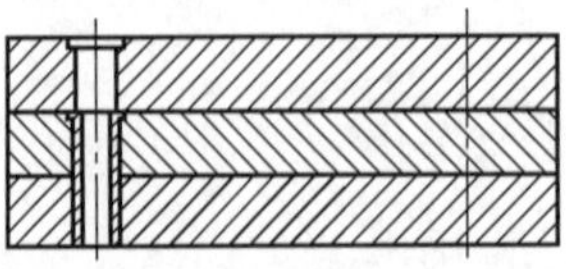	配入导柱、导套	钳工设备
调整	—	模板分合准确灵活	—
检验	—	待后续加工	—

2. 斜导柱孔的加工

一般在设计注塑模具时都是按注塑机锁模方向轴向分型，能比较方便地取出制件。但对于有些制件，需模具按注塑机锁模方向轴向和垂直方向两个方向分型，如图 5-105 所示的制件。这样就需要在轴向分型取件的基础上，增加侧向抽芯或侧向分型机构，便于顺利取出制件。

按侧向抽芯或分型的动力源来区分，有手动和机动两种方式，手动侧向抽芯可用手动抽拔法或螺纹旋转法。机动侧向抽芯可利用斜导柱斜面摩擦法或模具外侧增设液压或气压装置的方法来实现。

① 斜导柱斜面摩擦法。常见的斜导柱侧向分型机构如图 5-106 所示，利用斜导柱一侧与斜导柱孔壁产生的侧向力，形成滑块侧向移动分型的抽拔力，达到侧向抽芯分型的目的。

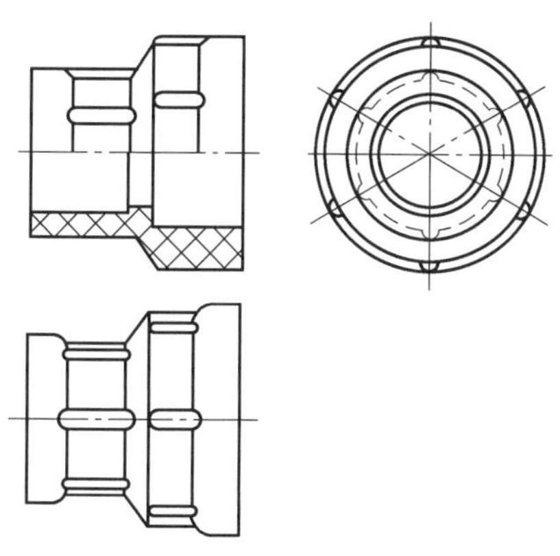

图 5-105　需要轴向与侧向两个方向分型的制件

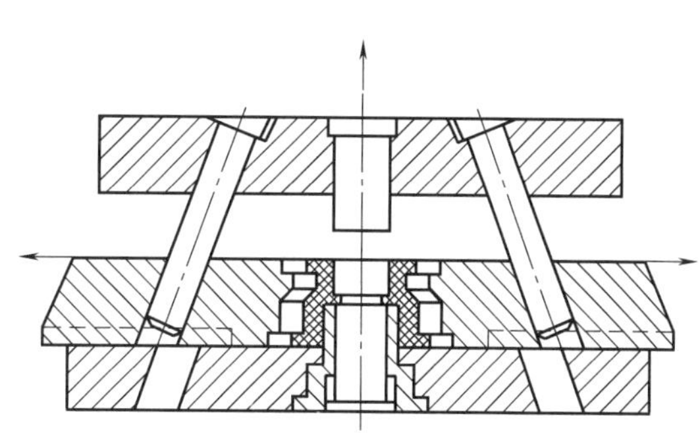

图 5-106　斜导柱侧向分型机构

斜导柱孔的加工，可根据模具的精度要求和设备条件进行选择，一般有如下几种，如表 5-59 所示。其加工工艺过程分别见表 5-60 至表 5-64。

表 5-59　斜导柱孔的加工类型的选择

加工类别	说明
普通钳工加工	划线→平口钳装夹→找正→钻孔→铰孔
普通钳工结合专用夹具加工	划线→专用夹具找正、固定→钻孔→铰孔
铣床加工	划线→平口钳装夹找正、调整铣床主轴角度→钻孔→铰孔
铣床结合夹具加工	划线→专用夹具找正、定位→钻孔→铰孔
加工中心加工	装夹、找正→钻孔→镗孔

② 外设机构侧向分型法。如图 5-107 所示，在模具外侧增设液压（或气压装置），利用液压缸（或气压缸）提供的拉、压力作为滑块移动的分型力，达到侧向抽芯与分型的目的。这种侧向分型方法分型力大、平稳而且可靠。

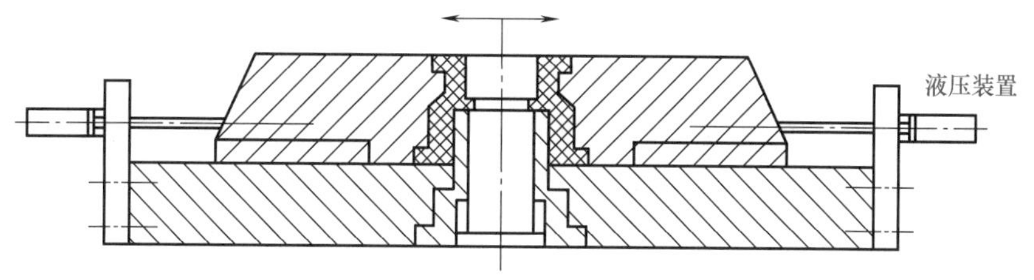

图 5-107　外设液压装置侧向分型机构

具有该结构的注塑模具中，导滑抽芯系统仍必须加工并达到要求，但不再需要加工斜导柱孔。

表 5-60 普通钳工加工斜导柱孔工艺过程步骤

步骤	说明
备料	取组合好、待加工斜导柱孔的模具零件，检查组配精度
划线	划孔位置和孔距中心线，划斜导柱孔中心检验辅助线，冲眼，如图 5-108 所示
装夹找正	如图 5-109 所示，用平口钳装夹，按检验辅助线找正待钻斜导柱孔中心线与钻床轴线平行，再找正待加工孔位置中心
钻孔、锪孔、铰孔	在找正好的孔位钻中心孔、钻底孔、锪平底孔、铰孔、配入工艺销（防止钻第二个孔时发生相对位移）
加工第二个斜导柱孔	按装夹找正、钻孔、锪孔、铰孔加工第二个斜导柱孔，并配入工艺销
修整、组配	修锐边、去毛刺，按图纸要求装配斜导柱
调试	调试装配的组件，分合、移动灵活
检验	待后续加工装配

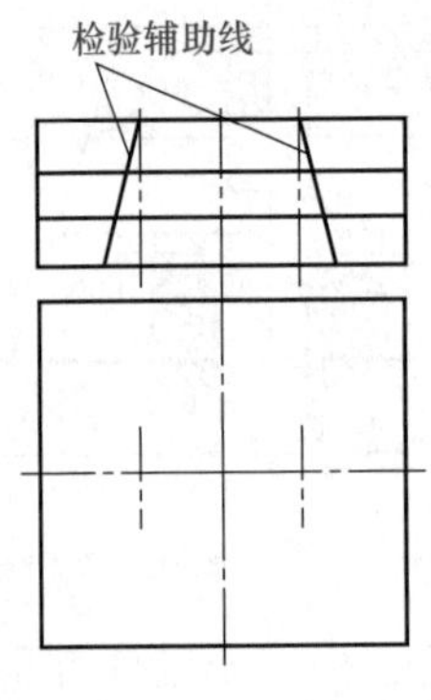

图 5-108 划线

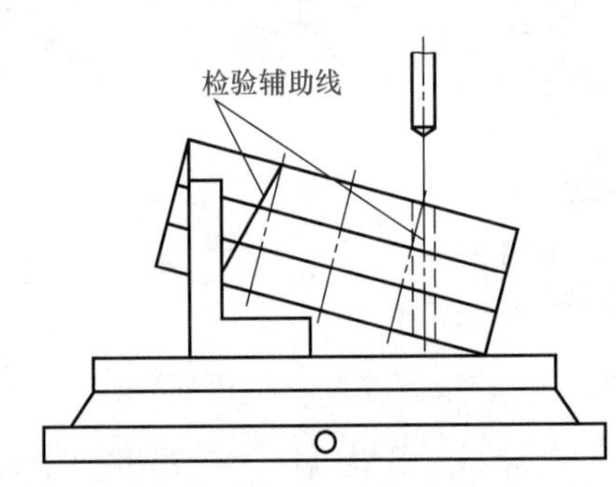

图 5-109 装夹找正

表 5-61 普通钳工结合专用夹具加工斜导柱孔工艺过程步骤

步骤	说明
备料	取组合好、待加工斜导柱孔的模具零件，检查组配精度
划线	划孔位置和孔距中心线
装夹找正	使用如图 5-110 所示的专用钻夹具，找正待钻斜导柱孔的中心线，再找正待加工孔位置中心
钻孔、锪孔、铰孔	钻中心孔、钻底孔、锪平底孔、铰孔、配入工艺销
装夹找正	翻转找正第二个斜导柱孔中心
钻孔、锪孔、铰孔	钻中心孔、钻底孔、锪平底孔、铰孔、配入工销
修整、组配	修锐边、去毛刺，按图纸要求装配斜导柱
调试	调试装配的组件，分合、移动灵活
检验	待后续加工装配

表 5-62 铣床加工斜导柱孔工艺过程步骤

步骤	说明
备料	取组合好待加工斜导柱孔的模具零件，检查组配精度
划线	划孔位置和孔距中心线，冲眼
装夹找正	用平口钳装夹定位找正
调整	如图 5-111 所示，转动铣床主轴角度，保证铣床主轴轴线与待加工斜导柱孔中心线一致

续表

步骤	说明
找正	找正工件基准，找正第一个斜导柱孔中心线
锪孔	锪斜导柱平底孔，为后续钻孔提供加工平面
钻孔、铰孔	钻中心孔、钻底孔、铰孔、配入工艺销
调整、找正	向相反方向转动铣床刀具主轴，保证铣床主轴轴线与第二个斜导柱孔中心线一致，找正第二个斜导柱孔中心
锪孔、钻孔、铰孔	按锪孔、钻孔、铰孔加工第二个斜导柱孔
修整、组配	修锐边去毛刺，按图纸要求装配斜导柱
调试	调试装配的组件，分合、移动灵活
检验	待后续加工装配

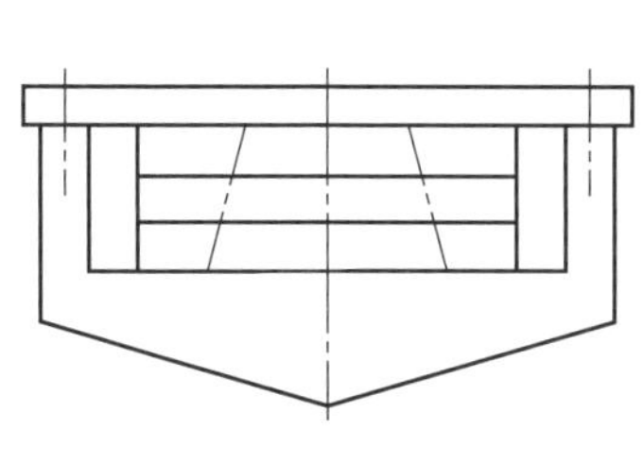

图 5-110　专用钻夹具

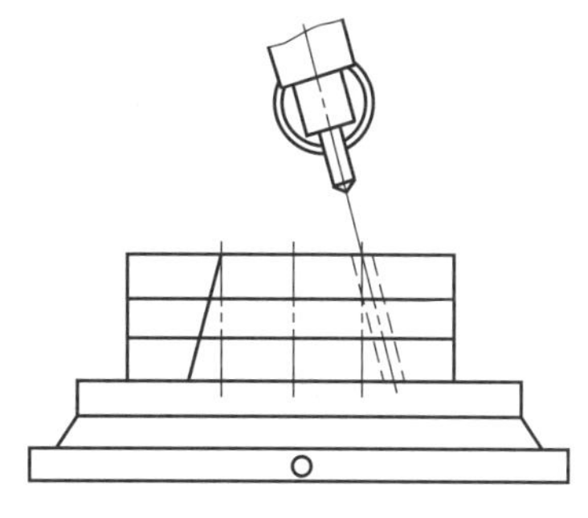

图 5-111　调整

表 5-63　铣床结合夹具加工斜导柱孔工艺过程步骤

步骤	说明
备料	取组合好、待加工斜导柱孔的模具零件，检查组配精度
划线	划孔位置和孔距中心线，冲眼
装夹	如图 5-112 所示，将专用夹具体固定于铣床工作台上，将待加工零件定位于夹具体中并固定
找正	找正待加工孔位置中心
锪孔	锪斜导柱平底孔
钻孔	钻中心孔、钻底孔
铰孔	铰孔（或铣孔）至尺寸，配入工艺销
装夹找正	装夹找正第二个斜导柱孔位置中心
钻孔、铰孔	按锪孔、钻孔、铰（或铣）孔加工第二个斜导柱孔
修整、组配	修锐边、去毛刺，按图纸要求装配斜导柱
调试	调试装配组件，分合移动灵活
检验	待后续加工装配

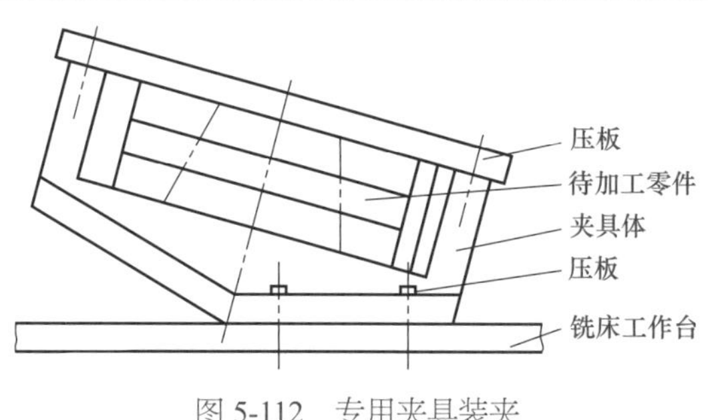

图 5-112　专用夹具装夹

表 5-64　加工中心加工斜导柱孔工艺过程步骤

步骤	说明
备料	取组合好待加工斜导柱孔的模具零件，检查组配精度
装夹	用平口钳在机床工作台上对工件装夹定位
找正	找正加工基准，找正待加工孔位置中心
编程	按斜导柱孔角度、孔径、孔距等精度要求，确定加工参数及刀号
加工	加工第一个斜导柱孔，配入工艺销，加工第二个斜导柱孔
修整、组配	修锐边、去毛刺，按图纸要求装配斜导柱
调试	调试装配的组件，分合移动灵活
检验	待后续加工装配

第七节　注塑模具的装配、调整及试模

一、注塑模具的装配

（一）注塑模具的装配技术要求及装配生产流程

模具装配是把模具零件、组件（或部件）组装成一副完整模具的过程。相应地有零件装配、组件（或部件）装配和总装三个步骤。模具装配既要保证配合零件的配合精度，还要保证零件之间的位置精度，对于彼此之间有相对运动的零件应保证运动精度。

模具装配是典型的钳工负责制的单件小批量组装，加之模具结构复杂、各异，精度要求较高，这些特点从根本上决定了模具装配的方法和组织形式。互换装配法和分组装配法是以大批量生产和成组技术为基础的，要求所加工的零件具有很高的互换性，甚至完全互换性。显然这两种方法都不适用于模具装配。所以，注射模具装配中普遍采用修配装配法及调整装配法，通过对某些零件的修磨或位置调整使之达到装配精度要求。这样既可以保证模具装配精度的要求，又不至于增加加工难度和加工成本。在组织形式上，模具的装配现阶段多数还是在固定地点，由技术熟练的钳工完成所有的装配工作。

1. 注塑模具的装配技术要求（表 5-65）

表 5-65　注塑模具的装配技术要求

技术要求	说明
模具外观装配技术要求	①模具非工作部分的棱边应倒角 ②装配后的闭合高度、安装部位的配合尺寸、顶出形式、开模距离等均应符合设计要求及使用设备的技术条件 ③模具装配后各分型面要配合严密 ④各零件之间的支承面要互相平行，200mm 内平行度公差不大于 0.05mm ⑤大、中型模具应设有起重吊钩、吊环，以便模具安装应用 ⑥装配后的模具刻印动模与定模方向记号、编号、图号及使用设备型号
成型零件及浇注系统装配技术要求	①成型零件的尺寸精度应符合设计要求 ②成型零件及浇注系统的表面应光洁，无死角、塌坑、划伤等缺陷 ③型腔分型面、流道系统、浇口等部位，应保持锐边，不得修整为圆角 ④互相接触的型芯与型腔、挤压环、柱塞和加料室之间应有适当间隙或适当的承压面积，以防在合模时零件互相直接挤压造成损伤 ⑤成型有腐蚀性的塑料时，成型表面应镀铬、抛光，以防腐蚀 ⑥装配后，互相配合的成型零件相对位置精度应达设计要求，以保证成型制件尺寸、形状精度满足要求 ⑦拼块、镶嵌式的型腔或型芯，应保证拼接面配合严密、牢固，表面光洁，无明显接缝

续表

技术要求	说明
活动零件装配技术要求	①各活动零件的配合间隙要适当，起、止位置定位要准确可靠 ②活动零件导向部位运动要平稳、灵活，互相协调一致，不得有卡紧及阻滞现象
锁紧、紧固及定位零件装配技术要求	①锁紧零件要锁紧有力，准确，可靠 ②紧固零件要紧固有力，不得松动 ③定位零件要配合松紧合适，不得有松动现象
推出机构装配技术要求	①各推出零件动作协调一致，平稳，无卡阻现象 ②各推出零件有足够的强度和刚度、良好的稳定性，工作时受力均匀 ③开模时应保证制件和浇注系统凝料的顺利脱模及取出，合模时各零部件应准确退回原始位置
导向机构装配技术要求	①导柱、导套装配后，应垂直于模座，滑动灵活、平稳，无卡阻现象 ②导向精度要达到设计要求，对动、定模具有良好导向、定位作用 ③斜导柱应具有足够的强度、刚度及耐磨性，与滑块的配合适当，导向正确 ④滑块和导滑槽配合松、紧适度，动作灵活，无卡阻现象
加热及冷却系统装配技术要求	①冷却装置要安装牢固，密封可靠，不得有渗漏现象 ②加热装置安装后要保证绝缘，不得有漏电现象 ③各控制装置安装后，动作要准确、灵活、转换及时、协调一致

2. 装配生产流程

（1）装配前的准备

装配前首先要研究分析装配图、零件图，了解各零件的作用、特点和技术要求，掌握关键装配尺寸；再检查待装配的零件，确定哪些零件有配作加工内容；后确定装配基准；最后清理模具零件（清洁、退磁、规整模具零件）。

（2）检验

在装配完成后进行全面的检验，以确定是否满足装配技术要求。

（3）试模和修正

将装配好的模具在注塑机上试模，找出模具存在的问题并加以修正，修正后再进行试模。模具基本合格后，进行表面处理和表面纹饰加工，然后继续进行试模，直至模具检验合格为止。

（4）出厂或入库

将合格的模具清理干净，特别是型腔、型芯表面的残余塑料，并给动、定模打上方向标记、编号、生产日期等，涂上防锈油后出厂或入库。

（二）注塑模具装配的工艺方法

模具装配的工艺方法主要有互换装配法和非互换装配法。由于模具生产属单件生产，又具有成套性和装配精度高的特点，所以目前模具装配以非互换装配法为主，常用的有修配装配法和调整装配法。随着模具技术和设备的现代化，模具零件制造精度将逐渐满足互换装配法的要求，互换装配法的应用将会越来越广泛。

1. 互换装配法

互换装配法实质是利用控制零件制造加工误差来保证装配精度的方法。常应用于模具零件导柱、导套、推杆、复位杆、浇口套、紧固螺钉等同尺寸、同规格的模具零件上，现逐步推广应用到标准模架的制造装配过程中。

2. 修配装配法

在单件小批生产中，当注塑模具装配精度要求高时，如果采用完全互换法，则使相关零件尺寸精度要求很高，这对降低成本不利，在这种情况下，采用修配装配法是比较适合的。

修配装配法是在模具某零件上预留修配量，在装配时根据实际需要修整预修面来达到装配精度的方法。修配装配法的优点是能够获得很高的装配精度，而零件的制造精度可以放宽。缺点是装配中增加了修配工作量，工时多且不易预测，装配质量依赖于工人技术水平，生产率低。

采用修配装配法时应注意：

① 正确选择修配对象。应选择那些只与本项装配精度有关，而与其他装配精度无关的零件。通过装配尺寸链计算修配件的尺寸与公差，既要有足够的修配量，又不要使修配量过大。

② 尽可能考虑用机械加工方法代替手工修配。

修配装配法常用于单型腔或型腔数较少的注塑模具的装配过程中。

3. 调整装配法

调整装配法的实质与修配装配法相同，仅具体操作方法不同。它是利用一个可调整的零件来改变其在模具中的位置，或变化一组定尺寸零件来达到装配精度的方法。

调整装配法可以放宽零件的制造公差。但装配时同样费工费时，而且要准确计算零件间尺寸链的关系，这就要求工人有较高的技术水平和丰富的模具装配经验。

（三）注塑模具零件的装配

注塑模具装配时，一般是将相互配合的零件先装配成组件（或部件），然后再将这些组件（或部件）进行最后总装配和试模工作。对各组件（或部件）的装配可以分成以下几部分。

1. 型芯和固定板的装配

注塑模具的种类较多，结构也各不相同，型芯和固定板的装配方式也不一样。

（1）小型芯的装配

如图 5-113（a）所示为小型芯的装配方式。如图 5-113（a）所示为过渡配合装配，将型芯压入了固定板。在压入过程中，要注意校正型芯的垂直度和防止型芯切坏孔壁或使固定板变形。压入后要在平面磨床上用等高垫铁支承磨平 A 面。

如图 5-113（b）所示为螺纹装配，用于圆形型芯的固定。它是采用配合螺纹进行连接装配的。装配时，将型芯拧紧后，用骑缝螺钉定位。这种装配方式，对某些有方向性要求的型芯会造成在螺纹拧紧后，型芯的实际位置与理想位置之间出现误差，如图 5-114 所示。α 是型芯理想位置（要求位置）与实际位置之间的夹角。型芯的位置误差可以修磨固定板 a 面或型芯 b 面来进行消除。修磨前要进行预装并测出 α 的大小。a 或 b 面的修磨量 $\varDelta$ 按式下式计算：

$$\varDelta=\frac{s}{360^\circ}\alpha$$

式中　α——误差角度，（°）；

　　s——连接螺纹螺距，mm。

如图 5-113（c）所示为螺母紧固装配，型芯连接段与固定板孔采用 H7/k6 或 H7/m6 配合定位，两者采用螺母紧固连接。当型芯位置固定后，用定位螺钉定位。这种装配方式适合固定外形为任何形状的型芯及多个型芯的同时固定。

如图 5-113（d）所示为螺钉紧固装配。其型芯和固定板孔采用 H7/h6 或 H7/m6 配合。将型芯压入固定板，经校正合格后用螺钉紧固。在压入过程中，应将型芯压入端的棱边修磨成小圆弧，以免切坏固定板孔壁而失去定位精度。

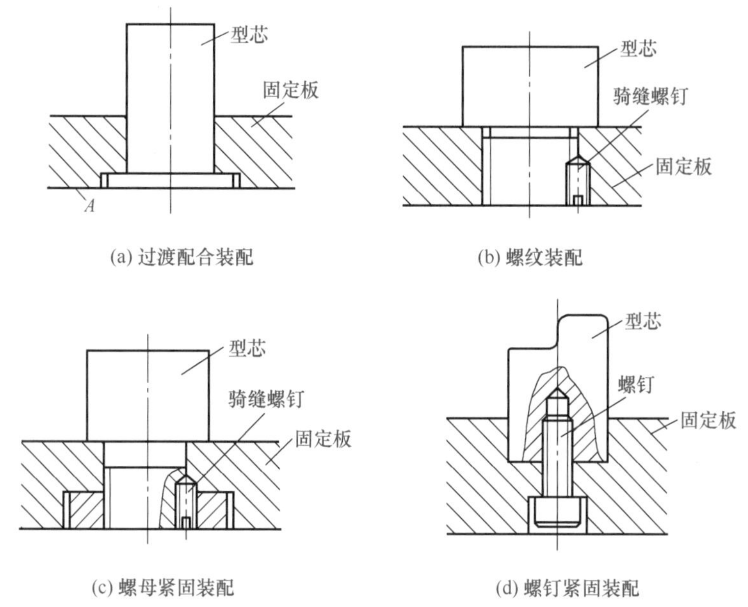

图 5-113 小型芯的装配方式

（2）大型芯的装配

大型芯与固定板装配时，为了便于调整型芯和型腔的相对位置，减少机械加工工作量，对面积较大而高度低的型芯一般采用如图 5-115 所示的装配方式，其装配顺序如下：

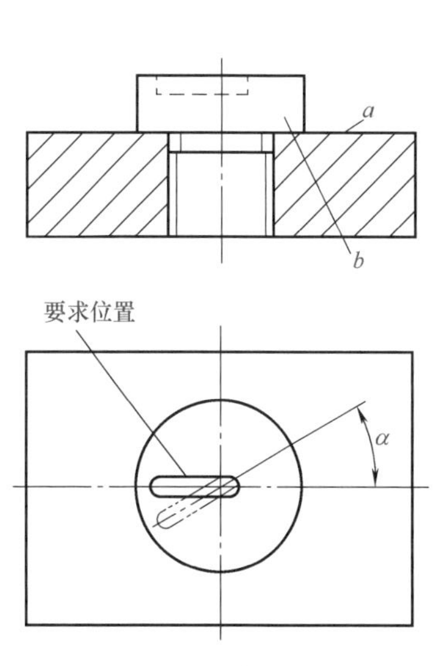

图 5-114 型芯位置误差

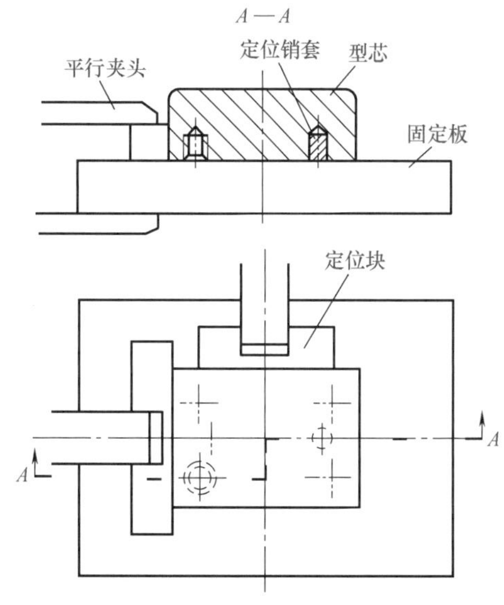

图 5-115 大型芯与固定板的装配

① 在已加工成型的型芯上压入实心定位销套。

② 用定位块和平行夹头固定好型芯在固定板上的相对位置。

③ 用划线或涂红丹粉的方式确定型芯螺纹孔位置，然后在固定板上钻螺钉过孔及锪沉孔，用螺钉初步固定。

④ 通过导柱、导套将卸料板，型芯和固定板装合在一起，将型芯调整到正确位置后，拧紧固定螺钉。

⑤ 在固定板背面划出定位销孔位置，钻、铰销钉孔，并装入定位销定位。

2. 型腔的装配及修磨（表 5-66）

表 5-66 型腔的装配及修磨

<table>
<tr><th>项目</th><th>说明</th></tr>
<tr><td>型腔的装配</td><td>注塑模具的型腔，一般多采用镶嵌式或拼块式。在装配后要求动、定模板的分型面接合紧密、无缝隙，而且同模板平面一致。装配型腔时一般采取以下措施
①型腔压入端不设压入斜度。一般将压入斜度设在模板孔上
②对有方向性要求的型腔，为了保证其位置要求，一般先压入一小部分后，借助型腔的直线部分用百分表进行位置校正，经校正合格后再压入模板。为了装配方便，可采用型腔与模板之间保持 0.01 ~ 0.02mm 的配合间隙。镶嵌式型腔装配后，找正位置用定位销固定，如图（a）所示。最后在平面磨床上将两端面和模板一起磨平
③对于拼块式型腔的装配，一般拼块的拼合面在热处理后要进行磨削加工。保证拼合后紧密无缝隙。拼块两端留有余量，装配后同模板一起在平面磨床上磨平，如图（b）所示
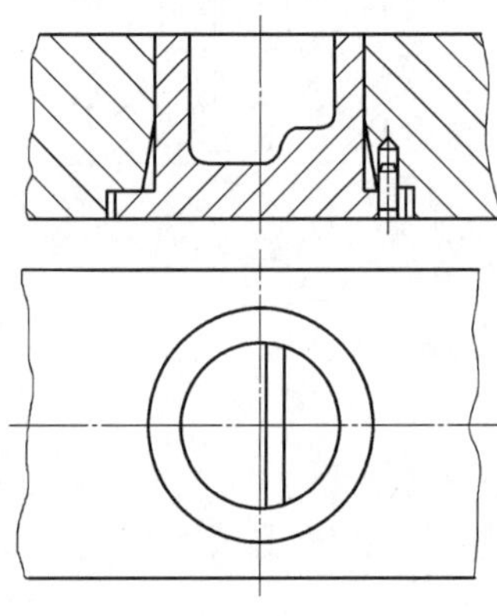
图(a) 镶嵌式型腔的装配
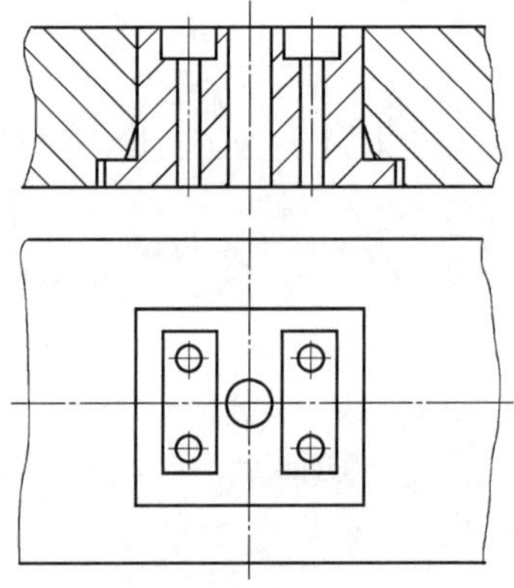
图(b) 拼块式结构的型腔
④对工作表面不能在热处理前加工到尺寸要求的型腔，如果热处理（如调质处理）后硬度不高，可在装配后应用切削方法加工到要求的尺寸；如果热处理后硬度较高，只有在装配后采用电火花成型机床、坐标磨床对型腔进行精修达到精度要求。无论采用哪种方法对型腔两端面都要留余量，装配后同模具一起在平面磨床上磨平
⑤拼块式型腔在装配压入过程中，为防止拼块在压入方向上相互错位，可在压入端垫一块平垫板，通过平垫板将各拼块一起压入模之中。拼块式型腔的装配如图（c）所示
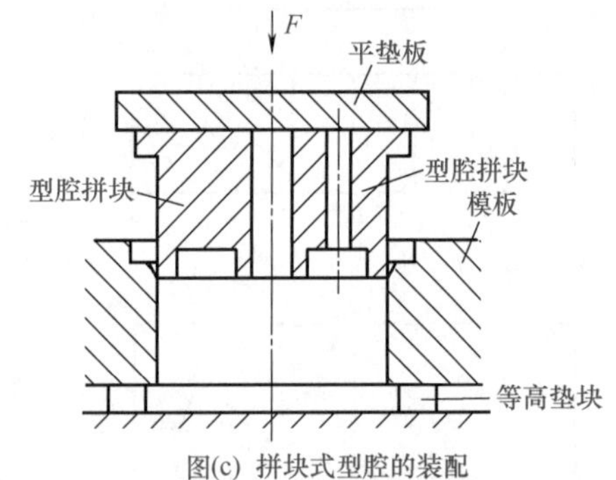

图(c) 拼块式型腔的装配</td></tr>
<tr><td>型腔的修磨</td><td>注塑模具装配后，有的型芯和型腔的端面或动、定模的型芯，在合模状态下要求紧密接触。为了达到这一要求一般采用装配后修磨型芯端面或型腔端面的修配法进行修磨
如图（d）所示，型芯端面和型腔端面出现了间隙 Δ，可以用以下方法进行修磨，消除间隙 Δ
①修磨固定板平面 A。拆去型芯，将固定板磨去等于间隙 Δ 的厚度
②将型腔上平面 B 磨去等于间隙 Δ 的厚度。此法不用拆去型芯，较方便
③修磨型芯台肩面 C。拆去型芯，将 C 面磨去等于间隙 Δ 的厚度。但重新装配后需将固定板 D 面与型芯一起磨平
如图（e）～图（g）所示，装配后型腔端面与型芯固定板之间出现了间隙 Δ。为了消除间隙 Δ 可采用以下修配方法
①修磨型芯工作面 A，如图（e）所示。对于工作面 A 不是平面的型芯修磨复杂不适用
②在型芯定位台肩和固定板孔底部垫入厚度等于间隙 Δ 的垫片，如图（f）所示，然后，再一起磨平固定板和型芯支承面。此法只适用于小型模具
③在型腔上面与固定板平面间增加垫板，如图（g）所示。但当垫板厚度小于 2mm 时不适用，一般适用于大、中型模具</td></tr>
</table>

续表

项目	说明
型腔的修磨	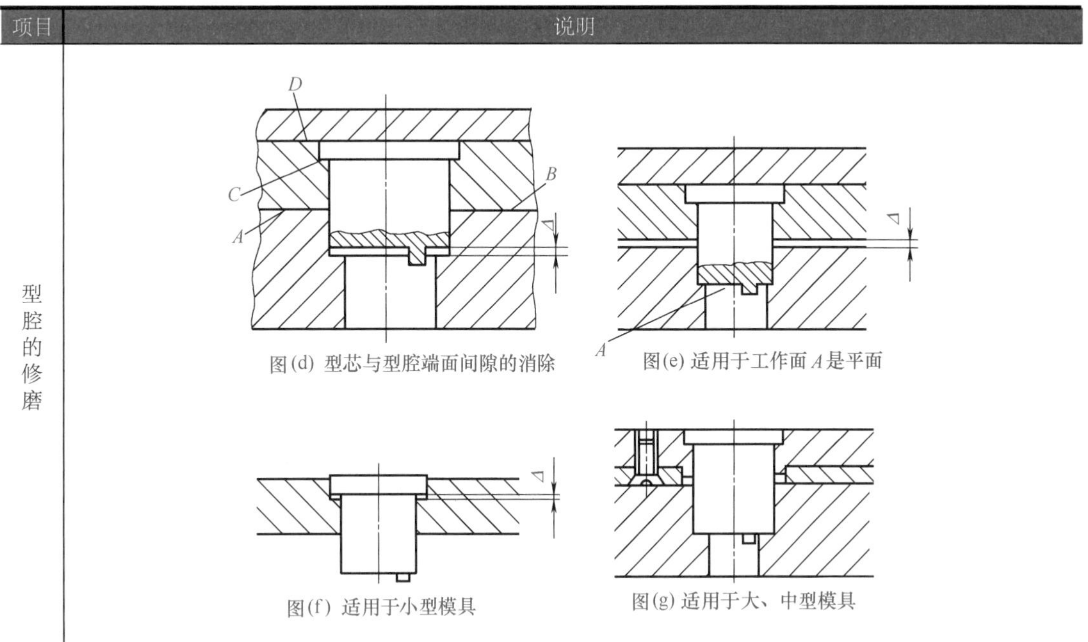 图(d) 型芯与型腔端面间隙的消除 图(e) 适用于工作面A是平面 图(f) 适用于小型模具 图(g) 适用于大、中型模具

3. 滑块抽芯机构的装配

滑块抽芯机构的作用是在模具开模后，将制件的侧向型芯先行抽出，再顶出制件的机构。装配中的主要工作是侧向型芯的装配和锁紧位置的装配，其装配说明见表 5-67。

表 5-67 滑块抽芯机构的装配

项目	说明
侧向型芯的装配	一般是在滑块和滑槽、型腔和固定板装配后，再装配滑块上的侧向型芯。如图（a）所示抽芯机构型芯的装配一般采用以下方式 ①根据型腔侧向孔的中心位置测量出尺寸 a 和尺寸 b，在滑块上划线，加工型芯装配孔，并装配型芯，保证型芯和型腔侧向孔的位置精度 ②以型腔侧向孔为基准，利用压印工具对滑块端面压印，如图（b）所示。然后，以压印为基准加工型芯配合孔，再装入型芯，保证型芯和侧向孔的配合精度 滑块 压印工具 型腔 图(a) 侧向型芯的装配　图(b) 滑块压印 ③对于非圆形型芯，可在滑块上先装配留有加工余量的型芯，然后，修磨侧向型芯，保证配合精度。同理，在型腔侧向孔的硬度不高、可以修磨加工的情况下，也可在型腔侧向孔留修磨余量，以型芯对型腔侧向孔压印，修磨型腔侧向孔，达到配合要求

续表

项目	说明
锁紧位置的装配	在滑块型芯和型腔侧向孔修配密合后，便可确定锁紧块的位置。锁紧块的斜面和滑块的斜面必须均匀接触。由于零件加工和装配中存在误差，所以装配中需进行修磨。为了修磨的方便，一般对滑块的斜面进行修磨 模具闭合后，为保证锁紧块和滑块之间有一定的锁紧力，一般要求装配后锁紧块和滑块斜面接触后，在分模面之间留有 0.2mm 的间隙进行修配，如图（c）所示。滑块斜面修磨量可用下式计算： $b=(a-0.2)\sin\alpha$ 式中　b——滑块斜面修磨量，mm a——闭模后测得的实际间隙，mm α——锁紧块斜度，(°) 图(c) 滑块斜面修磨量
滑块的复位、定位	模具开模后，滑块在斜导柱作用下侧向抽出。为了保证合模时斜导柱能正确的进入滑块的斜导柱孔，必须对滑块设置复位、定位装置。如图（d）所示为用定位板作滑块复位的定位。滑块复位的正确位置可以通过修磨定位板的接触平面进行调整 如图（e）所示，滑块复位用滚珠、弹簧定位时，一般在装配中需在滑块上配钻位置正确的滚珠定位锥窝，达到正确定位 图(d) 用定位板作滑块复位的定位　图(e) 用滚珠弹簧作滑块复位的定位

4. 导柱、导套的装配（表 5-68）

表 5-68　导柱、导套的装配

类别	说明
滑动导柱、导套的装配	滑动导柱、导套分别安装在注塑模具的动模和定模上，是模具合模和开模的导向装置。导柱、导套一般采用压入方式装入模板的导柱和导套孔内。对于不同结构的导柱所采用的装配方法也不同，短导柱可以采用如图（a）所示的方法压入。长导柱应在定模板上导套装配完成之后，以导套导向将导柱压入动模板内，如图（b）所示 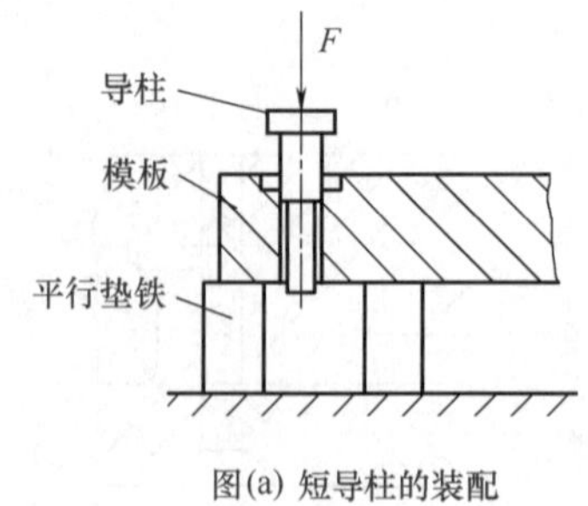 图(a) 短导柱的装配 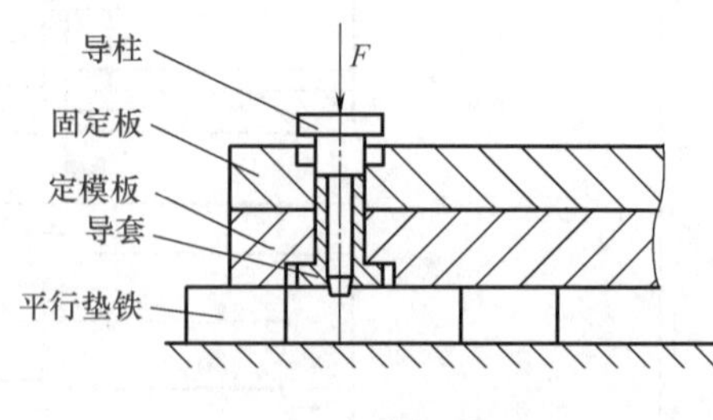 图(b) 长导柱的装配 导柱、导套装配后，应保证动模板在开模和合模时都能灵活滑动，无卡滞现象。因此，加工时除保证导柱、导套和模板等零件间的配合要求外，还应保证动、定模板上导柱和导套安装孔的中心距一致（其误差不大于 0.01mm）。压入前应对导柱、导套进行选配。压入模板后，导柱和导套孔应与模板的安装基面垂直。如果装配后开模和合模不灵活，有卡滞现象，可用红丹粉涂于导柱表面，往复拉动动模板，观察卡滞部位，分析原因，然后将导柱退出，重新装配。在两根导柱装配合格后再装配第三、第四根导柱。每装入一根导柱均应进行选配。最先装配的应是距离最远的两根导柱

续表

<table>
<tr><th>类别</th><th>说明</th></tr>
<tr><td>滚动导柱、导套的装配</td><td>滚动导向模架与滑动导向模架的结构基本相同，所以导柱和导套的装配方法也相似。不同点是，在导柱和导套之间装有滚珠（柱）和滚珠（柱）夹持器，形成 0.01 ~ 0.02mm 的过盈配合。滚珠的直径为 3 ~ 5mm，直径公差为 0.003mm。滚珠（柱）夹持器采用黄铜（或含油性工程塑料）制成，装配时它与导柱、导套壁之间各有 0.35 ~ 0.5mm 的间隙
滚珠装配的方法如下：
①在夹持器上钻出特定要求的孔，如图（c）所示
②装配符合要求的滚珠，选配符合要求的滚珠从夹持器 D 口处装入
③使用专用夹具和专用铆口工具进行封口，要求滚珠转动灵活自如
图(c) 滚珠装配钻孔示意图</td></tr>
<tr><td>导柱、导套的其他装配方法</td><td>中小型模架的导柱、导套可采用黏结剂黏结［如图（d）所示］或采用低熔点合金浇注［如图（e）所示］的方法进行装配。使用这些方法的模架结构简单，便于模具的装配与维修
图(d) 导柱、导套黏结装配
图(e) 导柱、导套的低熔点合金浇注装配</td></tr>
<tr><td>斜导柱抽芯机构的装配</td><td>注塑模具斜导柱抽芯机构如图（f）所示
（1）装配技术要求
闭模后，滑块的上平面与定模平面必须留有 x=0.2 ~ 0.8mm 的间隙。这个间隙在机上闭模时被锁模力消除，转移到锁楔和滑块之间。闭模后，斜导柱外侧与滑块斜导柱孔之间应留有 y=0.2 ~ 0.5mm 的间隙。在机上闭模后锁模力把滑块推向内方，如不留间隙会使斜导柱受侧向弯曲力
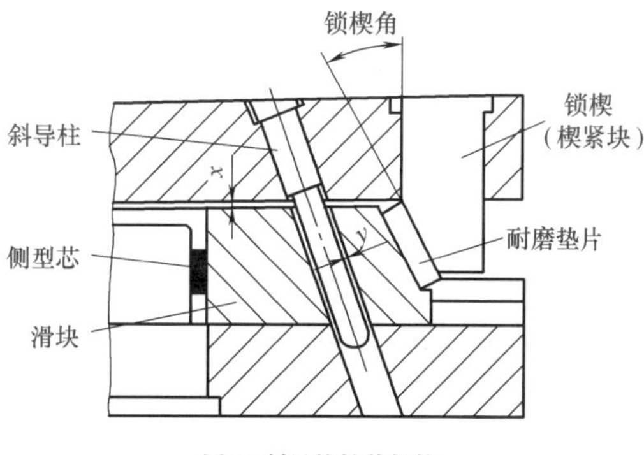

图(f) 斜导柱抽芯机构
（2）装配步骤
①型芯装入型芯固定板成为型芯组件
②安装导滑块。按设计要求在固定板上调整滑块和导滑块的位置，待位置确定后，用夹板将其夹紧，钻导滑块安装孔和动模板上的螺孔，安装导滑块
③安装定模板锁楔。保证楔紧块斜面与滑块斜面有 70% 以上的面积紧密贴合。如侧型芯不是整体式，在侧型芯位置垫以相当制件壁厚的铝片或钢片</td></tr>
</table>

续表

类别	说明
斜导柱抽芯机构的装配	④闭模，检查间隙 x 值是否合格。通过修磨和更换滑块尾部垫片保证 x 值合格 ⑤镗斜导柱孔。将定模板、滑块和型芯组一起用夹板夹紧，在卧式镗床上镗斜导柱孔 ⑥松开模具，安装斜导柱 ⑦修整滑块上的斜导柱孔口为圆环状 ⑧调整导滑块，使与滑块松紧适应，钻导滑块销孔，安装销 ⑨镶侧型芯

5. 浇口套的装配

浇口套与定模板的装配，一般采用过盈配合。装配后的要求为浇口套与模板孔配合紧密、无缝隙。浇口套和模板孔的定位台肩应紧密贴实。装配后浇口套要高出模板平面0.02mm，如图 5-116 所示。为了达到以上装配要求，浇口套的压入外表面不允许设置导入斜度。压入端要磨成小圆角，以免压入时切坏模板孔壁。同时压入的轴向尺寸应留有去除圆角的修磨余量 H。

在装配时，将浇口套压入模板配合孔，使预留余量 H 突出模板之外，在平面磨床上磨平，如图 5-117 所示。最后将磨平的浇口套稍稍退出，再将模板磨去 0.02mm，重新压入浇口套，如图 5-118 所示。对于台肩和定模板高出的 0.02mm 可由零件的加工精度保证。

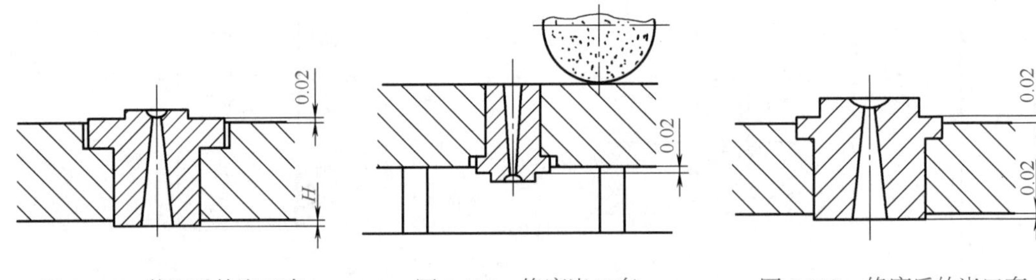

图 5-116　装配后的浇口套　　图 5-117　修磨浇口套　　图 5-118　修磨后的浇口套

6. 成型镶件的装配和修磨（表 5-69）

表 5-69　成型镶件的装配和修磨

类别	说明
成型镶件固定孔的装配	如图 5-119 所示，A、B 两成型镶件模板用工艺定位销定位后，用螺钉固定，在加工机床上找正定位后，进行配钻、配镗导柱导套孔，配钻、配镗结束后配入导柱工艺销，防止后续加工模具板料错位移动。在同一装夹工位，配镗 A、B 板上的成型镶件固定孔。除镗削加工之外，不论固定孔是圆形孔还是矩形孔，只要是通孔，均可采用电火花线切割加工或铣削加工。成型镶件大端的台阶固定孔可以用镗削或铣削加工而成 成型镶件孔若为复杂的孔，则通孔用电火花线切割加工或数控铣削加工；盲孔则只能用数控铣削粗、半精加工或电火花成型加工、磨削精加工等 A、B 板上的成型镶件固定孔在加工之前，应检验其位置精度：成型镶件固定孔与两端面（分型面）的垂直度为 0.01 ~ 0.02mm，两孔的同轴度为 0.01 ~ 0.02mm
成型镶件修配	成型镶件在压力机上压入后，大端高出台阶孔 0.1 ~ 0.2mm，将其与模板和导柱、导套一同磨平，如图 5-119 所示。A 板上的定模型腔镶件压入后，小端应高出 A 板的分型面 1 ~ 2mm。如若是多型腔模具，所高出的 1 ~ 2mm，应在磨床上一齐磨平，保证等高

7. 楔紧块的装配和修磨（表 5-70）

8. 斜滑块（哈夫拼合件）的装配

斜滑块（哈夫拼合件）的装配如图 5-120 所示。

表 5-70 楔紧块的装配和修磨方法

楔紧块形式	简　图	装配和修磨方法
螺钉、销钉固定式	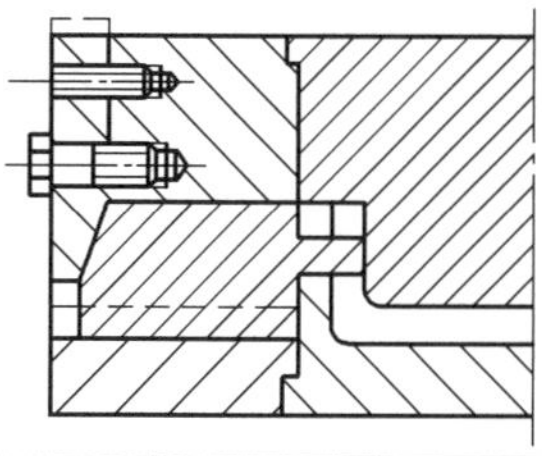	①钻孔、加工内螺纹，用螺钉紧固已加工好的楔紧块 ②修磨滑块斜面，使楔紧块斜面与滑块斜面接触紧密，修磨后涂红丹粉检验，要求达 80% 以上的接触面积，且分布均匀，留有适量预紧余量 ③通过楔紧块，对定模板复钻、铰定位销钉孔，然后装入定位销钉 ④将楔紧块上端面与定模板一起磨平，有利于定模板装配和模具板料间平行
镶入式	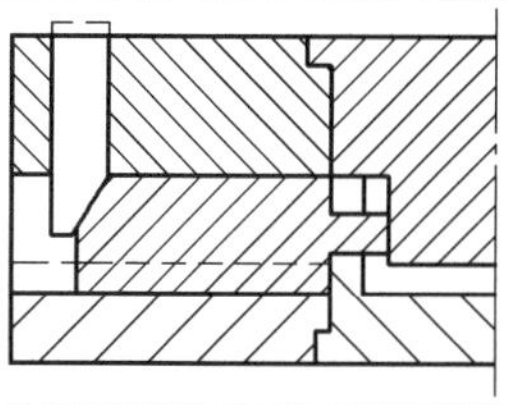	①钳工修磨定模板上的楔紧块固定孔，并装入楔紧块，楔紧块长度方向要有足够修磨余量 ②用预紧法修磨滑块斜面，保证楔紧块斜面与滑块斜面接触良好，钻定位销孔，配定位销定位 ③楔紧块定位后，将端面高出部分与定模板一起磨平，达到与螺钉固定同样的要求
整体式	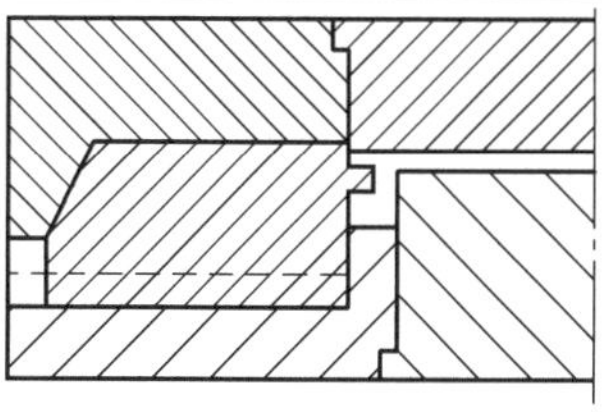	①整体式楔紧块强度高，但楔紧块的修配要求更高，修磨的滑块斜面要有余量，修配时要保证修配精度准确到位，楔紧斜面接触可用红丹粉检验，要求接触良好 ②整体镶片式与整体式结构相近，增加了耐磨镶片，镶片可先装好，然后修磨滑块斜面，对长期使用造成的磨损或修磨失误，可通过调换耐磨镶片法来补救 ③修磨滑块斜面，使滑块与定模板之间具有 0.1mm 的间隙预紧余量。两侧均有滑块时，分别逐个予以修配，使两侧滑块斜面与楔紧块斜面均达到设计要求
整体镶片式	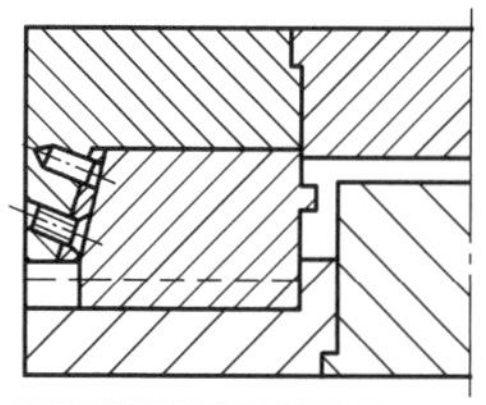	

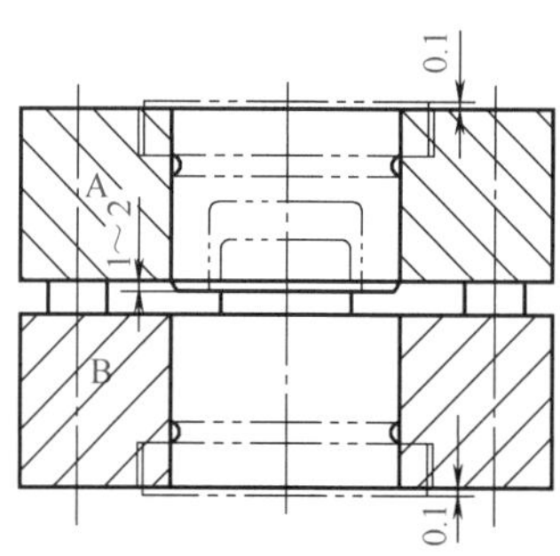

图 5-119　成型镶件的装配

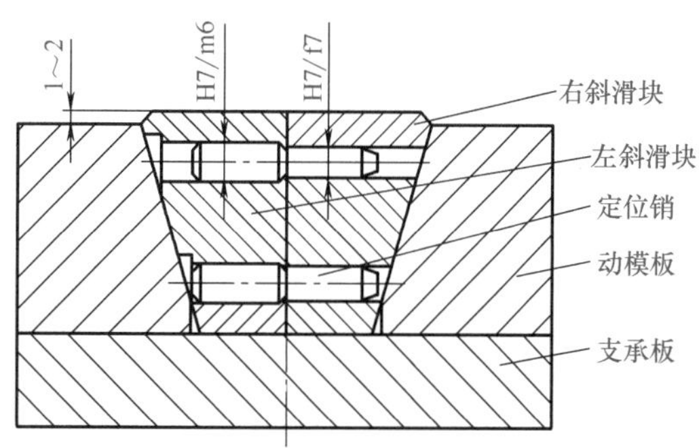

图 5-120　斜滑块装配

① 斜滑块的固定锥孔的锥面应保证与左、右斜滑块的倾斜角度相同，斜接触面密合，涂红丹粉检验应有 85% 以上接触面积，且分布均匀。内锥面小端有 2 ～ 3mm 高的直孔，防止内外锥面装配干涉。

② 斜滑块若为圆锥体，可备两块料，加工好配合平面，并对配合平面进行研磨，使之完全密合。用夹具装夹后钻、铰销孔，通过工艺销定位后，钻孔，加工内螺纹，用螺钉固定斜滑块坯料件后，则可以采用车削、磨削的方法加工斜滑块内、外形状。斜滑块高度上要留有装配后的磨削余量。

③ 斜滑块若为棱锥体，则用夹具按斜度要求校平后先铣后磨，完成斜面的加工，然后进行定位销孔的钻、铰加工，注意高度要留余量。然后利用电火花线切割找正定位，从中割开，一分为二，将切口研平，配入定位销后，选择机床加工斜滑块型腔。

④ 装配时，斜滑块大端高出固定孔上端面（即分型面）1 ～ 2mm，装配后进行平面磨削。磨削后斜滑块大端可高出固定孔上端面 0.01 ～ 0.02mm，小端应比固定孔的下平面凹进 0.01 ～ 0.02mm，作为预紧余量。

⑤ 采用红丹粉检验。垂直分型面应均匀密合，两锥面与孔应有 85% 的接触面积且分布均匀。

三瓣合斜滑块的加工、装配工艺和技术要求与斜滑块完全相同。

9. 脱模推板的装配

脱模推板一般有两种，一种是注塑制件相对较大或是多型腔，采用整体式大推板进行脱模，其大小与动模型腔板和支承板相同。这类推板的特点是：推出的制件变形小，其导向定位靠模具四导柱定位，即在推出制件的全过程中，由于模具导柱长度较长，所以脱模推板始终不脱离导柱，脱模推板孔可以与导柱孔组合在一起配作加工。因脱模推板件较大，与制件接触的成型面部分多采用镶套结构，尤其是多型腔模具。镶套用 H7/m6 或 H7/n6 的配合公差与推板配合装紧，大镶套多采用螺钉固定。

另一种是制件较小，采用镶入式锥面配合的小脱模推板推出制件，如图 5-121 所示，这种结构多用于小模具、单型腔脱模结构。镶入式推板与模板的斜面配合应使底面贴紧，上端面高出 0.03 ～ 0.06mm，斜面可有 0.01 ～ 0.02mm 的间隙。推板上的型芯孔与型芯固定板上的型芯孔位置一致，加工时可在同一装夹工位上进行加工，应保证其对于定位基准底面的垂直度在 0.01 ～ 0.02mm 之内，同轴度也同样要求控制在 0.01 ～ 0.02mm 之内。推板底面的推杆固定螺孔，按模板上的推杆孔配钻、配铰，保证其同轴度和垂直度要求。

镶入式推板底锥面接触处，可加工 2 ～ 3mm 的直圆柱，如图 5-121 所示，加工在圆锥底部或圆锥孔底部均可，方便分合到位。

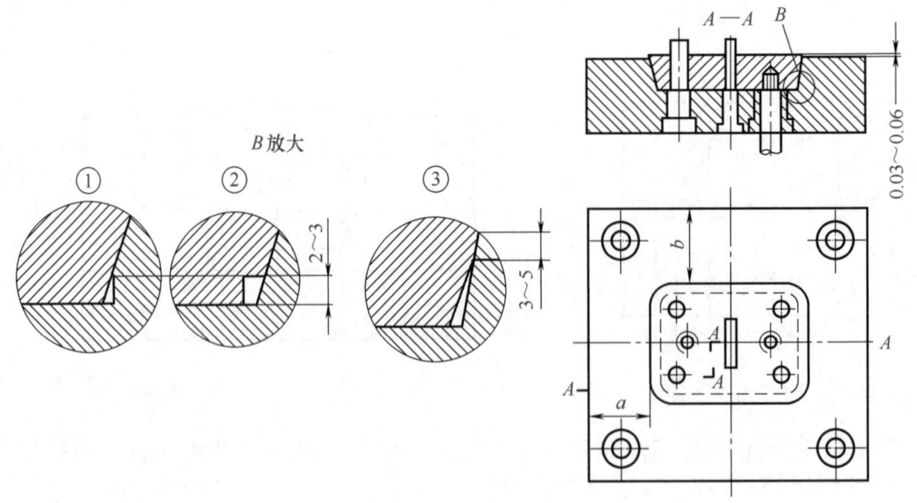

图 5-121　推板的装配

10. 推出机构的装配与修磨

推出机构的作用是推出制件。推件时，推杆应动作灵活、平稳可靠，其装配与修磨说明见表 5-71。

表 5-71　推出机构的装配与修磨

类别	说明
推杆的装配要求	推杆的装配应达到如下要求 ①推杆的导向段与型腔推杆孔的配合间隙要正确，一般为 H8/f8，注意防止间隙太大导致漏料 ②推杆在推杆孔中往复运动应平稳，无卡滞现象 ③推杆和复位杆端面应分别与型腔表面和分型面齐平
推杆固定板的装配	推杆固定板的装配［如图（a）所示］。为了保证制件的顺利脱模，各推出元件应运动灵活，复位可靠，推杆固定板与推板需要导向装置和复位支承。其结构形式有：用导柱导向的结构、用复位杆导向的结构和用模脚作推杆固定板支承的结构 0.02～0.05 1 螺母 2 复位杆 3 垫圈 4 导套 5 导柱 0.05～0.1 6 推板　7 推杆固定板　8 推杆　9 支承板　10 动模板　11 型腔镶块 图 (a) 推杆固定板的装配 为使推杆在推杆孔中往复平稳，推杆在推杆固定板孔中应可浮动，推杆与推杆固定孔的装配部分每边应留有 0.5mm 的间隙。所以推杆固定孔的位置通过型腔镶块上的推杆孔配钻而得。其配钻过程为 ①先将型腔镶块 11 上的推杆孔配钻到支承板 9 上，配钻时用动模板 10 和支承板 9 上原有的螺钉与销钉作紧固和定位 ②再通过支承板 9 上的孔配钻到推杆固定板 7 上。两者之间可利用已装配好的导柱 5、导套 4 定位，用平行夹头夹紧 在上述配钻过程中，还可以配钻推杆固定板上其他孔，如复位杆和拉料杆的固定孔
推杆的装配与修磨	推杆的装配与修磨［如图（a）所示］，其方法如下 ①将推杆孔入口处和推杆顶端倒成小圆角或斜度 ②修磨推杆尾部台阶厚度，使其比推杆固定板沉孔的深度小 0.05mm 左右 ③装配推杆时将导套 4、推杆固定板 7 套在导柱 5 上，然后将推杆 8、复位杆 2 穿入推杆固定板、支承板 9 和型腔镶块 11 的推杆孔，而后盖上推板 6，并用螺钉紧固 ④将导柱的台阶修磨到正确尺寸。由于模具闭合后，推杆和复位杆的极限位置决定于导柱的台阶尺寸。因此在修磨推杆端面之前，先将推板 6 复位到极限位置，如果推杆低于型面，则应修磨导柱台阶，如推杆高出型面，则可修磨推板 6 的底平面 ⑤修磨推杆和复位杆的顶端面时，先将推板复位到极限位置，然后分别测量出推杆和复位杆高出型面与分型面的尺寸，确定修磨量。修磨后，推杆端面应与型面平齐，也可高出 0.05 ~ 0.10mm，复位杆与分型面平齐，也可低于 0.02 ~ 0.05mm 当推杆数量较多时，装配应注意两个问题：一是应将推杆与推杆孔进行选配，防止组装后，出现推杆动作不灵活、卡紧现象；二是必须使各推杆端面与制件相吻合，防止顶出点偏斜或推力不均匀，使制件脱模时变形。钻、铰推杆固定孔时，为了滑动灵活应根据推杆尺寸，合理选择钻头和铰刀，如图（b）所示，以件 1 或件 2 导钻时，导钻的底孔应小于配钻的钻头直径 1 ~ 2mm，保证导钻时有一定的钻削和铰削余量，铰孔时也需在同一装夹工位进行，这样的组合件孔中心线同轴度高，导滑灵活 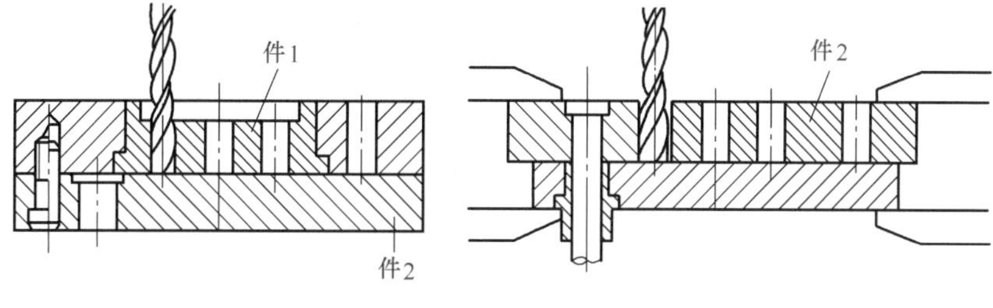 图 (b) 推杆固定固定孔的加工

（四）总装

在完成组件装配并检验合格后，即可进行模具的总装。如图 5-122 所示为热塑性塑料注塑模具，按照前述对导柱、导套、型芯、浇口套的组件进行装配并检验合格后，便可进行总装配工作了。

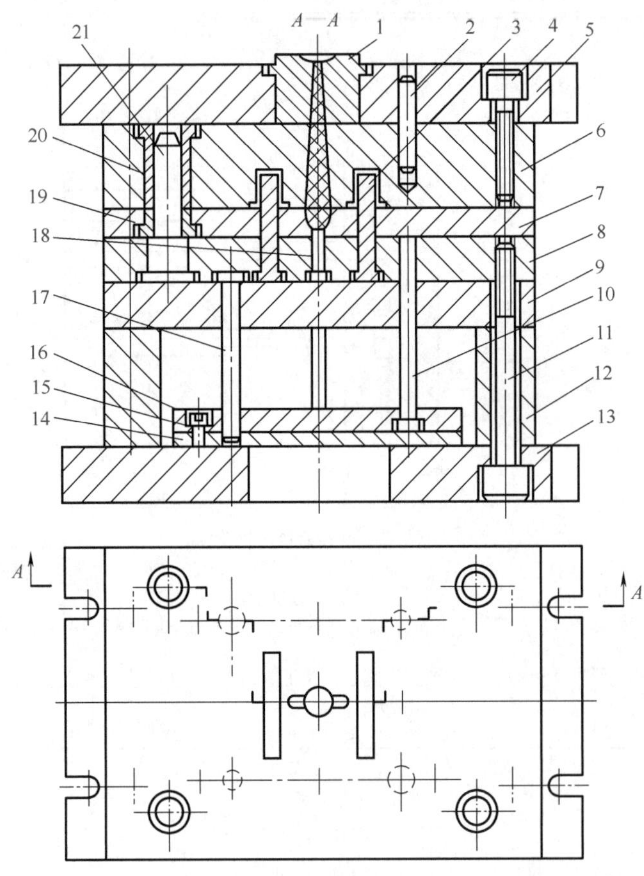

图 5-122　热塑性塑料注塑模具

1—浇口套；2—定位销；3—型芯；4、11—内六角螺钉；5—定模板；6—型腔板；7—卸料板；8—型芯固定板；9—支承板；10—推杆；12—垫块；13—动模固定板；14—推板；15—螺钉；16—推杆固定板；17、21—导柱；18—拉料杆；19、20—导套

1. 装配动模部分（表 5-72）

表 5-72　装配动模部分说明

类别	说明
装配型芯固定板、支承板、垫块和动模固定板	装配前，型芯 3，导柱 17、21，拉料杆 18 已压入型芯固定板 8 和支承板 9 并已检验合格。装配时，将型芯固定板 8、支承板 9、垫块 12 和动模固定板 13 按其工作位置合拢，找正并用平行夹头夹紧。以型芯固定板上的螺孔、顶杆孔定位，在支承板上钻出螺孔、推杆孔的锥窝。然后，拆下型芯固定板，以锥窝为定位基准钻出螺钉过孔、推杆过孔和锪出螺钉沉孔，最后用螺钉拧紧固定
装配卸料板	卸料板 7 在总装前已压入导套 19 并检验合格。总装前应对卸料板 7 的型孔先进行修光，并且与型芯作配合检查。要求滑动灵活、间隙均匀并达到配合要求 将卸料板套装在导柱和型芯上，以卸料板平面为基准测量型芯高度尺寸。如果型芯高度大于设计要求，则进行修磨或调整型芯，使其达到要求。如果型芯高度尺寸小，需将卸料板平面在平面磨床上磨去相应的厚度，保证型芯高度尺寸

续表

类别	说明
装配制件推出机构	推板 14 放在动模固定板上，将推杆 10 套装在推杆固定板上的推杆孔内并穿入型芯固定板 8 的推杆孔内，再套装到推板导柱上，使推板和推杆固定板重合。在推杆固定板螺孔内涂红丹粉，将螺钉孔位复印到推板上。然后，取下推杆固定板，在推板上钻孔并攻螺纹后重新合拢并拧紧螺钉固定 装配后进行滑动配合检查，经调整使其滑动灵活、无卡阻现象 最后将卸料板拆下，把推板放到最大极限位置。检查推杆在型芯固定板上平面露出的长度，将其修磨到和型芯固定板上平面平齐或低 0.02mm

2. 装配定模部分

总装前浇口套、导套都已装配结束并检验合格。装配时，将型腔板 6 套装在导柱上，并与已装浇口套的定模板 5 合拢，找正位置，用平行夹头夹紧。以定模板上的螺钉孔定位，对型腔板钻锥窝。然后拆开，在型腔板上钻孔、攻螺纹后重新合拢，用螺钉拧紧固定。最后钻、铰定位销孔并打入定位销。

经以上装配后，要检查型腔板和浇口套的流道锥孔是否对正。如果在接缝处有错位，需进行铰削修整，使其光滑一致。

二、注塑模具的安装、调整及试模

（一）模具的安装与调整

1. 试模前的准备

为了保证正常试模，试模人员必须熟悉模具结构及技术要求，并同装配钳工等有关人员一起对模具进行预检。试模人员应仔细查看模具装配图和塑件图样，根据塑件图样了解塑件的材料、几何尺寸、功能和外观要求等。对于模具装配图中提出的技术要求逐条落实，并据此了解模具的基本结构、动作过程及注意事项等。主要检查内容包括：

① 模具的总体尺寸及外形尺寸是否符合已选定注塑机的要求。

② 模具闭合后有无专用的吊环或吊环孔，吊环孔的位置是否可以使模具处于平衡吊装状态。

③ 对于具有气动或液压结构的模具，阀门、行程开关、油嘴等配件是否齐全。

④ 模具侧抽芯机构等部位是否可靠定位，而不至于在吊装过程中脱落。必要时可以在模具分型面间加装锁模板，以防止模具在吊装过程中开启。

有些塑料原料，如果水分超过一定的含量，会导致诸如银纹等问题。如聚碳酸酯吸收了水分，易造成水解，成型后塑件会变脆。所以试模前需要根据塑料性能，选择一定的干燥方式，进行预干燥处理。

2. 模具的安装与固定（表 5-73）

表 5-73　模具安装与固定

类别	说明
模具吊装方向	一般在模具设计时就已经确定了模具吊装方向，但在试模过程中，对一些设计失误或考虑不周的地方需要通过改变吊装方向加以弥补 ①模具中有侧抽芯机构时，尽量使滑块的运动方向与水平方向相平行，或者向下开启，切忌放在向上开启的方向 ②模具中的拉杆、拉板、导柱等要按竖直方向排列在模板的两侧，避免妨碍塑件、流道凝料的自动脱落 ③模具上的冷却水管接头、阀门、行程开关、油嘴等尽量排布在面对操作者的一侧或模具的上侧，以方便这些零件的安装与调试，同时也避免妨碍塑件、流道凝料的自动脱落 ④安装压板一般布置在模具竖直方向两侧，方便模具拆卸

续表

类别	说明
模具安装与固定方式	安装时尽量采用整体吊装。将模具吊入注塑机拉杆、模板之间后，调整方位，使模具定位圈进入注塑机定模固定板上的定位孔，沿竖直方向摆正模具，慢速闭合注塑机动模板直至完全合模，然后锁紧模具 模具与注塑机的固定方式有两种：一是螺钉直接固定法，如图 5-123（a）所示，在模具模板上钻出过孔，用螺钉把模板直接紧固在注塑机模板上；另一种方法就是压板固定法，如图 5-123（b）所示，采用压板、垫块和螺钉来紧固模具，这种连接方式灵活，应用得比较多

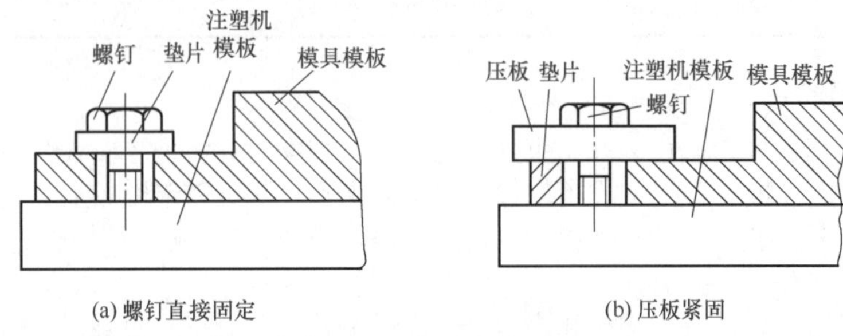

(a) 螺钉直接固定　　(b) 压板紧固

图 5-123　模具紧固形式

模具主体安装完后，就可以进行模具配套部分的安装，主要包括：热流道元件及电气元件的接线；液压、气压回路的连接；冷却水路的连接等。

3. 模具与注塑机的调整与检查

模具安装好后，首先进行空运转检查与调试，要按表 5-74 给出的事项对注塑机和模具进行调整及检查。

表 5-74　模具与注塑机的调整及检查

事项	说明
调节锁模系统	锁模松紧程度可以根据锁模力大小和经验进行判断。对锁模力的控制有两个原则：一方面锁模力应足够大，保证模具在塑料熔体的注射压力作用下不开缝，因此，锁模力应大于型腔压力和塑件在分型面上的投影面积的乘积；另一方面，过紧的锁模又使得型腔内排气困难，尤其不允许出现过大的锁模力导致模板被挤压变形的情况
开模距离调整	开模距离应调整至塑件、流道凝料能够自动脱落的状态。有拉杆限位的模具，要注意开模距离与开模速度不要过大、过快，避免拉杆被拉到极限状态而在开模过程中对模具造成冲击
推出距离调整	将注塑机上的推出机构的推出距离调节到使塑件能够被正常推出。但要注意应使最大推出距离调节到模具的推杆固定板与动模板或动模垫板间的间隙不小于 5mm，做到既能推出塑件，又能防止损坏模具
安全检查	①检查水路是否通畅，走向是否正确，有无泄漏现象 ②有电加热器的模具，在通电前要做绝缘检查（绝缘电阻不低于 10MΩ） ③有液压、气动装置的模具，要进行通液或通气试检验，查看有无漏液或漏气现象，工作行程是否准确
空运转检查	上述事项完成后，正式试模前需进行多次空运转检查，以检验模具各部分的工作情况是否正常。通过模具的开启、闭合、推出、抽芯，不断循环运行，观察模具开启、闭合、推出、抽芯运动是否灵活、平稳，起止位置、行程控制正确与否

（二）模具的试模

做好试模准备后，选用合适的塑料原料加入注塑机料筒，根据推荐的工艺参数调节注塑机，即可开始试注塑。

塑料原料是在塑件设计时选定的，试模时如果选用代替的塑料，应尽量选用性能相近的塑料，但最后的验收试模必须采用设计选定的材料。

1. 注塑工艺参数的选择

试模的目的之一是为正式生产寻找最佳的成型工艺条件，因此试模的工艺选择应该严格遵守注塑工艺规程，按正常的生产条件试模，这样才会使模具中存在的问题得到充分暴露，试模结果对修模才有指导作用。工艺参数的选择主要是温度、压力和时间的选择。首次选择各个工艺参数时，可以采用经验值、一般成型理论提供的参考值或设计时的 CAE 模拟软件的给定值。

试模时的注塑工艺参数的选择见表 5-75。

表 5-75　试模时的注塑工艺参数的选择

参数	说明
温度	一般情况下，温度提高会使塑料的塑化程度增加、流动性和成型性能变好，但过高的温度可能使塑料发生降解，所以温度的调整一定要逐渐提高。另外，温度的改变是一个缓慢的过程，应多试几模，否则容易造成误判 注塑工艺中的温度包括料温和模具温度。料温取决于料筒和喷嘴温度，控制塑化和流动；模具温度影响塑料熔体在型腔内的流动和冷却过程。料筒温度应处于塑料的黏流温度和分解温度之间。试模时，先采用较低的料筒温度，但对于薄壁且流程与壁厚之比较大的塑件则选用较高的料筒温度。较低的喷嘴温度可以防止流延现象，但过低的喷嘴温度易使熔体凝结、堵塞喷嘴。对于热敏性塑料（如聚甲醛、聚氯乙烯等）应严格控制料筒温度，防止降解 料筒温度合适与否可以用以下方法判断：先根据经验或 CAE 软件的分析结果选择一个温度进行加热，把喷嘴和浇口套分开，通过喷嘴直接喷出的塑料熔体来判断物料的塑化程度。首先是低温低压喷出料流，如果料流明亮、流动光滑、色泽均匀，即认为充分塑化；如果出现气泡、银纹、变色等现象，则需要调整料筒温度 由于模具温度影响熔体的流动及冷却过程，所以不合适的模具温度或温度分布不均可能造成塑件的外观和力学性能缺陷。为保证塑件具有较高的尺寸精度和防止变形，模具温度应低于塑料的热变形温度。对于高黏度的塑料，为了提高充模性能可以选用较高的模具温度；反之应选用较低的模具温度。但是模具温度过低，容易使塑件内部产生真空气泡和内应力
压力	先选用较低的注射压力进行注射充模，如果塑件不能充满再提高注射压力。注射压力过大，会产生飞边，造成脱模推出困难，塑件内应力增加，甚至损坏模具。注射压力最低限度是能克服熔料经过喷嘴、流道、型腔的流动阻力，使型腔充满 背压大小影响塑化程度及塑化能力，而且影响程度与螺杆转速密切相关。增加背压使得流体的剪切作用增强，塑料熔体密实，提高塑化程度，但是塑化的速度也同时降低。为了使塑化速度不至于很低，可以通过提高螺杆的转速来补偿。背压大小主要与物料的黏度、热稳定性有关。对热稳定性差、黏度高的塑料，宜采用较低的螺杆转速和较小的背压；黏度低、热稳定性好的塑料，则可以采用较高的螺杆转速和较大的背压。背压大小选择的基本原则是，在保证塑件质量的前提下，尽量选用较小的背压
注射时间、速率、速度	注射时间是柱塞或螺杆完成一次注射的时间。注射速率是单位时间内经喷嘴注射的塑料熔体质量。注射速度是指柱塞或螺杆的运动速度。注射速率低，塑件容易产生熔接痕、密度不均；速率过高，熔体产生不规则流动，会产生剪切热，甚至烧伤物料。一般情况下，如能保证型腔充满，尽量选用低速注射。成型薄壁、大面积塑件时，可以选用高速注射；反之，对于成型厚壁、面积小的塑件则选用低速注射。注射时间的增加会使塑料在料筒中的受热时间增加，此时的作用相当于提高塑化温度。保压时间一般为 0 ~ 120s，其与物料温度、模具温度、塑件壁厚、模具的流道长度形状和浇口大小有关

2. 试模方法

试模时，假定模具的设计结构是合理的，制造精度已经保证，在这个基础上调整工艺参数。工艺参数调整要平衡考虑，因为对于塑料熔体来说，温度、时间和压力这三个参数之间互相制约。一般原则是先选用较低的温度、较低的压力和较长的注射时间。通常来说，塑件能快速反映压力和注射时间的改变，温度的调整的反映则是一个滞后过程，而且有时候温度的变化会带来意想不到的问题，如烧焦物料等。工艺参数需要调整时，先调整压力值或注射时间，最后改变温度。每一个值的改变都应当连续，而且每次的调整幅度不应过大。

更换工艺条件时，每次只改变一个工艺参数，试模 5 ～ 15 次。

试模是一个不断反复的过程，小型模具一般需要试模 1 ～ 3 次，大型模具需要试模 3 ～ 5 次。因此试模过程应当详细记录下来。记录的内容不仅包括工艺参数和试制的塑件，还应有注塑机和模具的参数与工作状况，这是非常宝贵的试验资料。对所记录的数据进行分析，在此基础上提出合理的修模建议。

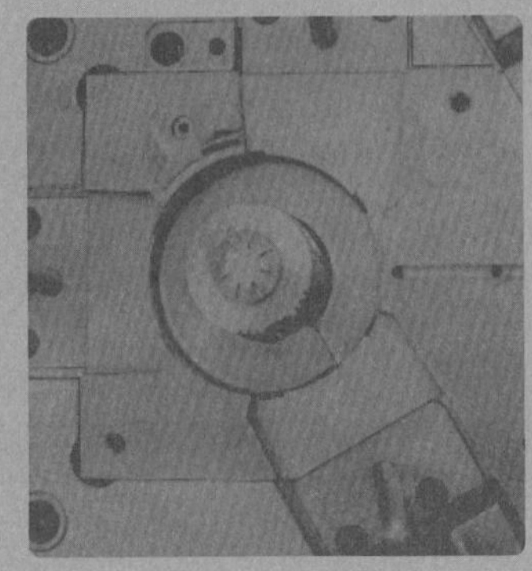

第六章

注塑机操作与维护

第一节　注塑机的结构、种类、原理及技术参数

一、注塑机的基本结构与分类

1. 注塑机的基本结构

注塑机是一种机、电、液一体化的设备，总体结构较为复杂，具体的类型也较多，其中螺杆式注塑机是应用最广泛的一类注塑机，其基本结构如图 6-1 所示。

根据结构与功能的不同，一般把注塑机分为机身、注射、合模、液压、润滑、冷却、电气控制、安全防护等装置或系统，如图 6-2 所示为海天注塑机的基本结构和系统。

随着注塑成型技术的发展，注塑机的类型也变得多种多样，以适应不同客户的生产需求。注塑机最常见的类型是柱塞式和螺杆式，因这两种类型中常用的是螺杆式，故以螺杆式为例，叙述注塑机的结构和功能。螺杆式注塑机由合模系统、塑化注射系统、加热冷却系统、液压系统、润滑系统、电控系统、安全保护系统等组成，其具体说明见表 6-1。

2. 注塑机的分类及其应用

注塑机按塑化方式可分为柱塞式和螺杆式；按机器的传动方式可分为液压式、机械式和液压 - 机械（连杆）式；按操作方式可分为自动、半自动、手动式；按合模部件与注射部件的配置形式又可分为卧式、立式、角式、多模转盘式，具体说明见表 6-2。

二、国内外典型注塑机

（一）国产注塑机

1. 预分支电缆专用注塑机 TC-DL 系列

目前，中国生产注塑机的厂家较多，据不完全统计已超过 60 家。注塑机按生产出的制品可分为普通型和精密型。一次注射量为 45 ～ 51000g；锁模力为 0.02 ～ 3.67t；加工原料

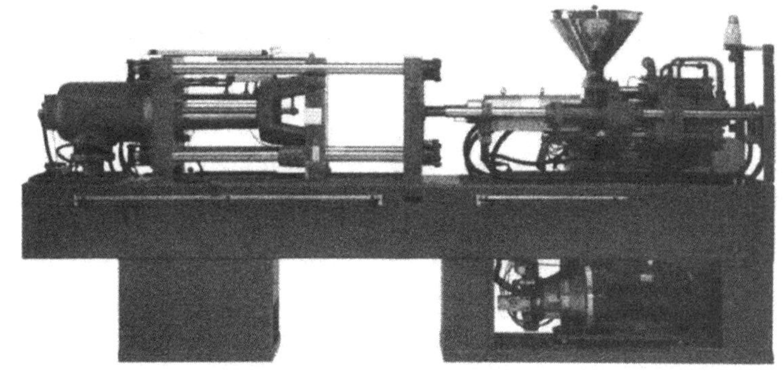

(a) 实物图

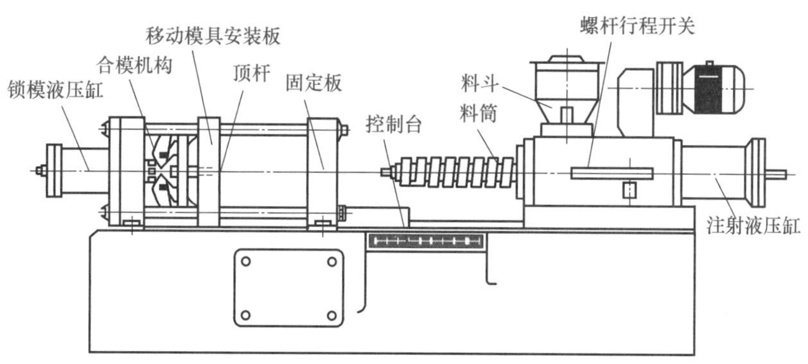

(b) 结构图

图 6-1　螺杆式注塑机

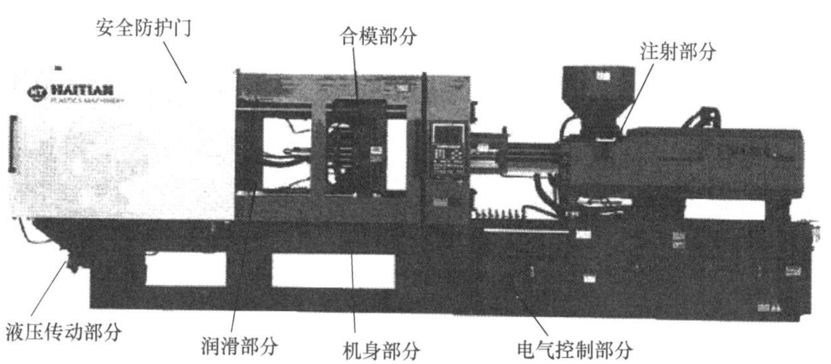

图 6-2　海天注塑机的主要系统

表 6-1　螺杆式注塑机的结构

组成	说明
合模系统	合模系统的作用是固定模具，使动模板做启、闭模运动并锁紧模具。液压机械式合模系统的零部件主要有合模液压缸、调模装置、固定后模板、活塞杆、曲肘连杆结构、顶出液压缸、移动模板、保护装置、拉杆、固定前模板和固定拉杆螺母等。合模系统从结构上分为两板式和肘杆式。两板式的合模系统包括定模板、动模板及拉杆；肘杆式合模系统包括定模板、动模板、拉杆以及肘杆。动模板在力的作用下进行开、合模运动。动模板、定模板和拉杆形成一个封闭的系统
塑化注射系统	塑化注射系统的主要作用是塑化物料，并把熔融的物料以一定的压力注射到闭合的模具中。塑化注射系统主要由喷嘴、料筒、螺杆、螺杆驱动装置、计量装置、注射动作装置、行程限位装置和加料装置等组成

续表

组成	说明
加热冷却系统	加热冷却系统的作用是使料筒和喷嘴的温度达到加工物料的最佳熔融温度。另外，有些注塑机上的冷却系统还用来冷却液压油，使液压油在规定的温度范围内工作。注塑机的料筒和喷嘴一般采用电阻加热圈加热的方法，有些机型也采用高温加热。而料筒的冷却系统一般采用风机冷却的方法，喷嘴一般没有冷却系统。分布在各段的热电偶不断地监测温度，控制系统发出信号，控制继续加热或停止加热、开始进行风机冷却。水冷却系统一般是封闭的循环系统，通过控制冷却水的流量来进行热交换，达到带走热量、控制温度的目的
液压系统	液压系统的作用是为注塑机的各个执行机构（液压缸）提供压力和速度，使之能完成规定的动作。液压系统包括控制系统压力和流量的主回路，以及各个执行元件的分回路。回路由过滤器、泵、各种阀件（压力阀、流量阀、方向阀、调速阀、行程阀等）、热交换器、蓄能器以及各种指示仪表及开关元件等组成
电控系统	电控系统的作用是控制注塑机的各种动作，实现对时间、位置、压力、速度和转速等参数的调节和控制。电控系统主要由电气元件、电子元件、监测元件以及自动化仪表组成。电控系统不仅具有控制工作部件正常工作的功能，还具有监测和报警的功能。当注塑机的运行参数温度、压力、转速等超出设定的极限值时，监测元件监测到信号，并对异常情况发出报警指示
润滑系统	润滑系统的作用是减小注塑机动作部件相对运动间的摩擦和磨损，保障工作部件的正常工作和延长零件的使用寿命。润滑系统有定期的手动润滑和自动润滑两种。润滑介质有润滑油和润滑脂两种。可以在液压系统的低压回路中引出润滑油，也可以设单独的润滑回路
安全保护系统	注塑机安全保护系统的主要作用是保护注塑设备的安全和操作人员的人身安全。安全保护系统主要由安全门、行程阀、限位开关等组成。安全保护装置还包括低压护模装置，以保护昂贵模具不受损坏

表 6-2　注塑机的分类及其应用

类别	说明
卧式注塑机	卧式注塑机（如图 6-3 所示）是最常用的类型，其特点是注射装置的轴线与合模装置的轴线同心或一致，并平行于安装地面。它的优点是重心低，工作平稳，模具安装、操作及维修均较方便，制品顶出后可利用重力作用自动落下，易于实现全自动操作，模具开档大，占用空间高度小；缺点是占地面积大。在大、中、小型机中均有广泛应用
立式注塑机	立式注塑机如图 6-4 所示，其特点是合模装置与注射装置的轴线呈一线排列且与地面垂直。其具有占地面积小、模具装拆方便、嵌件安装容易、物料能较均匀地进行塑化、易实现自动化及多台机自动线管理等优点；缺点是顶出制品不易自动脱落，常需人工或其他方法取出，不易实现全自动化操作和大型制品注塑，机身高，加料、维修不便。一般是在 60g 以下的注塑机中采用较多，大、中型机不宜采用
角式注塑机	角式注塑机如图 6-5 所示，角式注塑机中注射装置和合模装置的轴线互相垂直，其注射方向和模具分界面在同一个面上。该机特别适合于加工中心部分不允许留有浇口痕迹的平面制品。它占地面积比卧式注塑机小，但放入模具内的嵌件容易倾斜落下。这种形式的注塑机宜用于小型机。角式注塑机兼有卧式与立式注塑机的优点，特别适用于开设侧浇口的非对称几何形状制品的模具
多模转盘式注塑机	多模转盘式注塑机（如图 6-6 所示）是一种多工位操作的特殊注塑机，其特点是合模装置采用了转盘式结构，模具围绕转盘轴转动。这种形式的注塑机充分发挥了注射装置的塑化能力，可以缩短生产周期，提高机器的生产能力，因而特别适合于冷却定型时间长或因安放嵌件而需要较多辅助时间的大批量塑料制品的生产，但缺点是合模系统庞大、复杂，合模装置的锁模力往往较小。在塑胶鞋底等制品生产中，多模转盘式注塑机应用较多

(a) 实物图

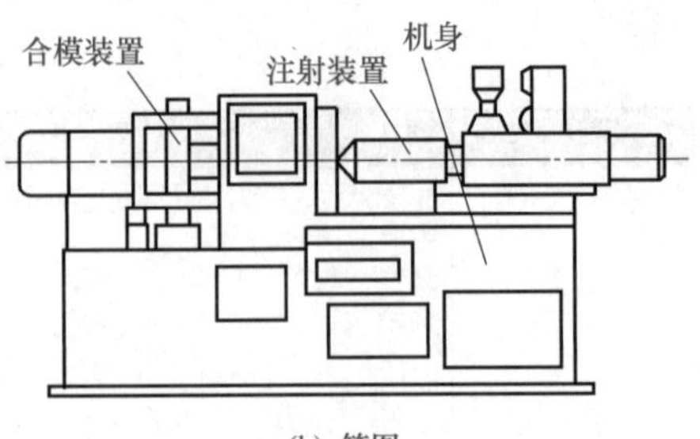

(b) 简图

图 6-3　卧式注塑机

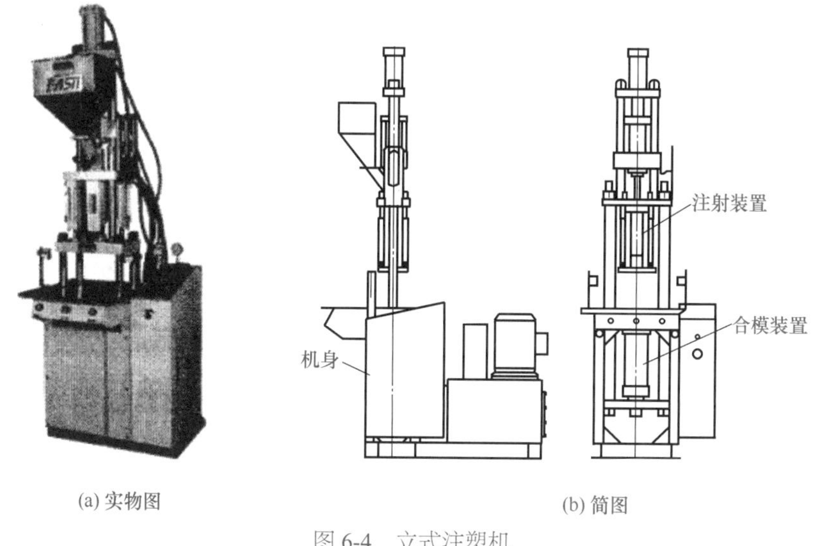

(a) 实物图　　(b) 简图

图 6-4　立式注塑机

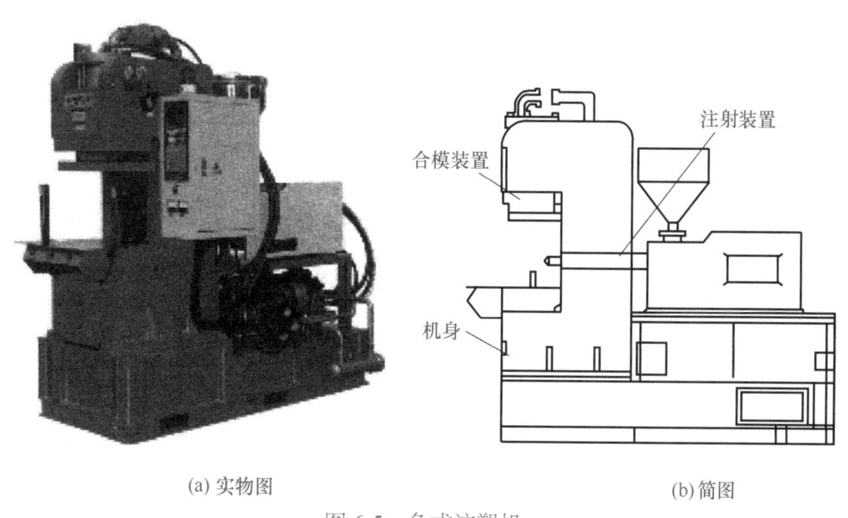

(a) 实物图　　(b) 简图

图 6-5　角式注塑机

有热固性塑料、热塑性塑料和橡胶三种。从加工出的制品来看，有单色、双色的一般塑料制品和精密塑料制品。上述产品的主要生产厂家都有自己的系列，各有自己的特点。注塑机每一种规格均有数控和电脑控制两种形式。而有的注塑机则可用于生产各种高精密的热塑性塑料制品，机器采用位移传感器控制注射、合模、顶出，采用多重 CPU 电控系统、大幅面彩色 LED 显示、电脑全自动控制等。

通过引进技术，加强与国外合作和交流，国内注塑机的总体水平有了较大提高。目前，我国已成为世界塑机台件生产的第一大国。除液、电复合式注塑机外，我国已经能制造肘杆式、全液压式和全电动式注塑机。普通卧式注塑机仍是国内注塑机发展的主导方向，其基本结构几乎没有大的变化，除了继续提高其控制及自动化水平、降低能耗外，生产厂家根据市场的变化正在向组合系列化方向发展，如同一型号的注塑机配置大、中、小三种注射装置，组合成标准型和组合型，增加了灵活性，扩大了使用范围，提高了经济效益。随着塑料制品多样化，市场需求越来越大，注塑机设备的升级换代也越来越快。早期的注塑机都是全液压式，由于环保和节能的需要，以及伺服电动机的成熟应用和价格的大幅下降，全电动式的精密注塑机越来越多。

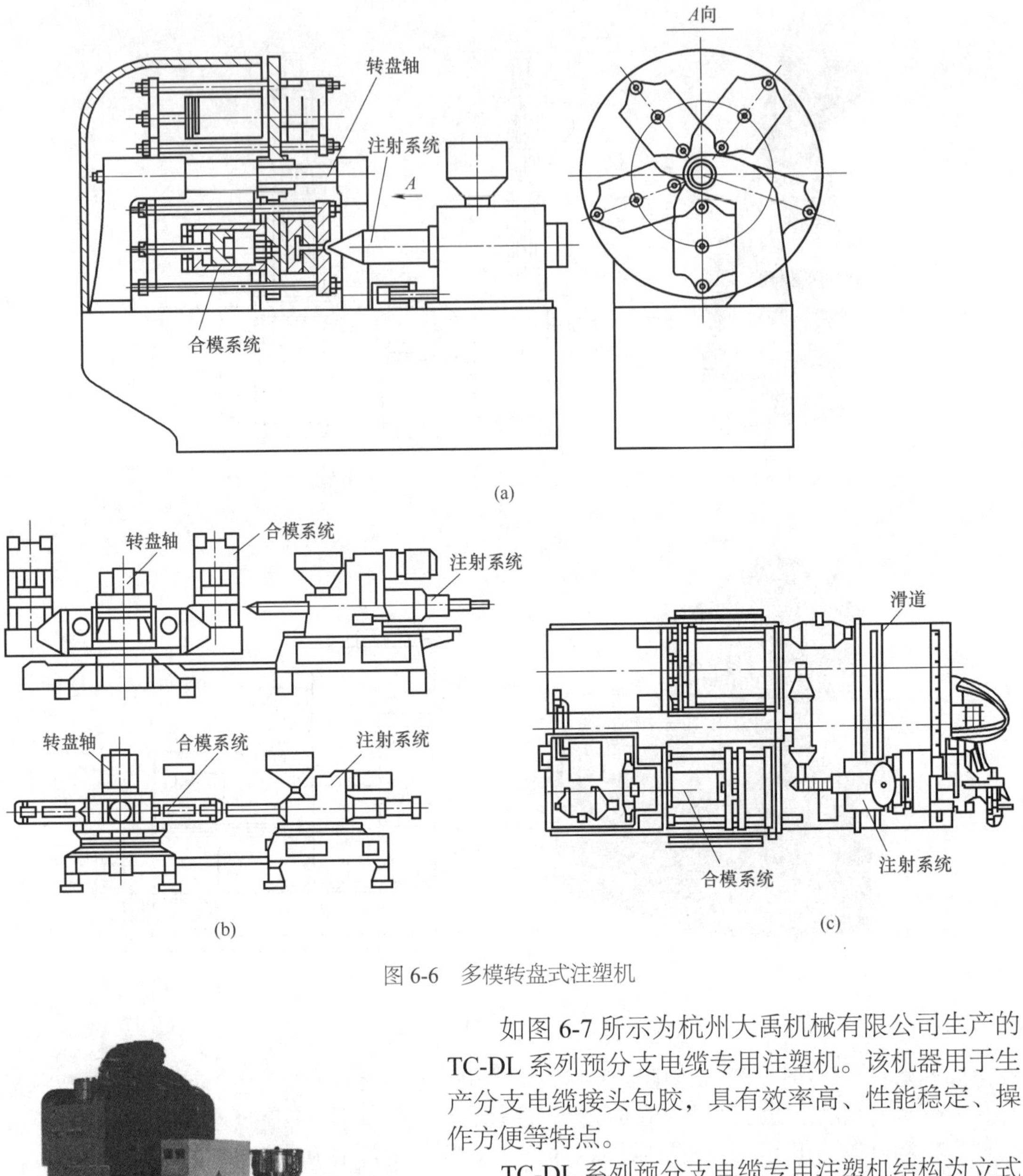

A向

转盘轴

注射系统

A

合模系统

(a)

转盘轴　合模系统

注射系统

转盘轴　合模系统　注射系统

(b)

滑道

合模系统　注射系统

(c)

图 6-6　多模转盘式注塑机

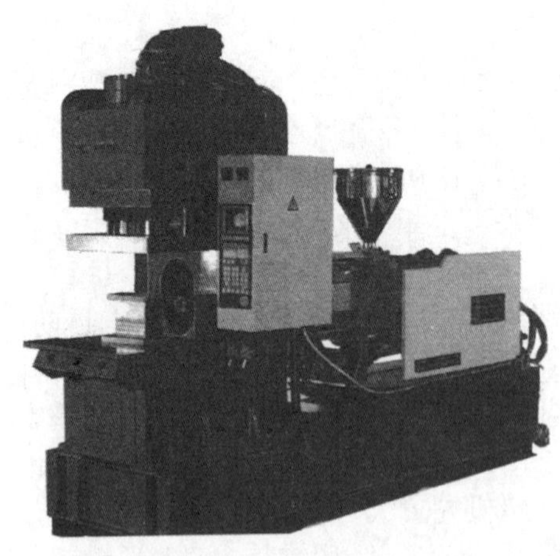

图 6-7　杭州大禹机械有限公司生产的 TC-DL 系列预分支电缆专用注塑机

如图 6-7 所示为杭州大禹机械有限公司生产的 TC-DL 系列预分支电缆专用注塑机。该机器用于生产分支电缆接头包胶，具有效率高、性能稳定、操作方便等特点。

TC-DL 系列预分支电缆专用注塑机结构为立式锁模、横式注射、无立柱、三面开放（便于线缆放取），锁模力为 45 ～ 250t，注射量为 650 ～ 8000g，中、英文电脑控制，荧光屏显示，双比例式压力、流量控制，机械结构强、压力高、速度快，适合各种单芯、多芯预分支电缆的注塑成型。

2. 高速机 HTH（HTH160/200/300/450）系列

HTH 表示高速机型，后面的数字 160、200、300、450 表示注塑机的吨位。高速机型的合模部件与标准机型的合模部件结构基本一致。而注射部件采用单缸注射，变频电动机通过高精度齿轮减速箱的输出轴驱动注射螺杆，实现预塑化程序。通过变频电动机对螺杆转速进行多级或无级调速，实现闭环控制与调节，提高了塑化质量、塑化速度和计量精度且节能。

在液压系统方面，除主油路、注射液压缸回路、合模液压缸回路与 HTFX5 精密型的油路结构基本相同外，在顶出液压缸回路配置了比例流量换向阀和比例压力阀，在注射系统配置了由插装阀控制的蓄能器系统。注射时，由于蓄能器瞬时释放能量，注射螺杆的直线推进速度可高达 800mm/s。注射系统由于配置有同 HTFX5 油路一样的 MOOG 伺服阀和注射液压缸的压力检测元件（压力传感器），因此，实现了对注射液压缸输入口与 MOOG 伺服阀的输出口的流量和压力之间大闭环控制与调节的反馈控制系统，实现了高速注射、快速响应的多级注射、多级保压、预塑背压及转速的多级控制与调节。

由于高速机具有上述功能，因此，宜于注塑各种薄壁、形状较复杂的精密制品。

3. 双色机 HTS（HTS160/250/360/530）系列

数字 160、250、360、530 表示注塑机的吨位。

双色机在标准机的基础上，采用了模块化设计和制造，因此，保持了标准机型合模部件和注射部件的特点。合模部分拉杆横向空间扩大并在动模板上设置了转动模板，在其上可固定两套模具。转动模板可以旋转 180°，实行双工位定位；在注射部分有并列的两套 HTFX 型注射装置。液压系统由两套 HTFX2 型油路系统组成，在此基础上增设了驱动转动模板回转的液压马达回路、转动模板定位锁的控制回路和抽插芯的中子控制回路，构成了复合油路系统。

双色机能够用甲注射装置实现甲物料的先期注射，在模具中成型出制品的甲部分，然后，转动模板回转 180°，使模板模具与乙注射装置共轴，用乙注射装置对乙料进行注射，于是在制品的剩余部分充满了乙料，最后顶出制品落下，成型出双色的注塑制品。

HTS160/250/360/530 系列双色机的特点为两套并行布置的注射部件、双工位双向 180° 转动模板、转盘冷却水连接特殊装置、两套独立的比例压力和比例流量控制回路。适用于分体型模具、宽板型设计，对模具要求较低，当前国内市场空间较大。适用塑料产品如手动工具、电动工具、小家电、家用容器类等，一般只允许塑料制品单面加色，可采用液压马达或伺服电机驱动转盘运动。

4. 二板机 HTK（HTK1600 ~ 5000）系列

在动模板与拉杆有相对运动的 4 个导向孔上配置有近似“对开螺母”的抱闸装置。当快速移模液压缸将动模板移至动模与定模相接触时，“对开螺母”圆周方向的直线沟槽的凸台部分就进入拉杆的相应沟槽部位，然后通过液压缸驱动机械联动装置把 4 个拉杆闸住，使其在轴向得到精确的定位。而后与前模板刚性连接的 4 个稳压液压缸进油，推动固定在 4 个拉杆上的活塞，带动拉杆及其动模板，将模具锁紧并达到锁模力。这个锁模力就是 4 个稳压液压缸的轴向合力。

HTK 系列二板机机型的优点是锁模力是由 4 个稳压液压缸的合力达到的，使单个稳压液压缸的直径减小，油封直径减小，加工、装备及维修难度降低。开模行程及模板拉杆的内间距都可较方便地适应用户要求，按要求增加模板行程和模板的装载空间。在拉杆上，动模板与 4 个稳压活塞所形成的力的封闭曲线大大缩短，使系统刚性增加并减少了一块模板（后模板），缩短了机器的轴向尺寸，减轻了机器质量，提高了合模精度，具有较好的节省材料和节能的效果；适合成型容模量较大的模具及其注塑制品，例如垃圾分类桶、环保家具、汽车装饰、物流周转箱及大型托盘等。

5. 伺服节能注塑机 HTFW（HTFW1/J5）系列

HTFW1/J5 型伺服节能注塑机以 HTFW 为设计平台，延续了 HTFW 系列的优秀性能，并配备了高性能的伺服变速动力控制系统，在注塑机成型过程中对不同的压力、流量做出相应的频率输出，并对压力、流量进行精确的闭环控制，实现伺服电动机对注塑机能量需求的良好匹配和自动调整。HTFW1/J5 型可节省电量 40% ～ 80%。

HTFW1/J5 伺服节能注塑机型模板的正面和侧面尺寸如图 6-8 和图 6-9 所示。该机型的相关技术参数见表 6-3 ～表 6-5。

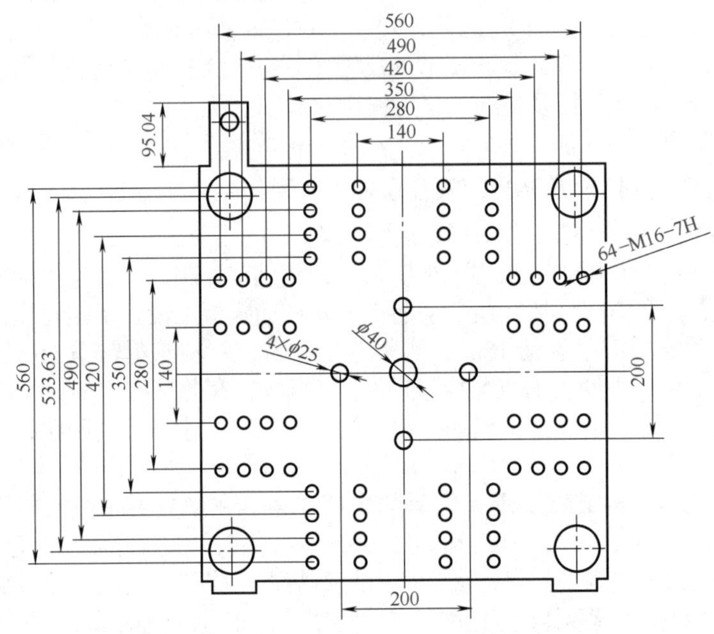

图 6-8　海天 HTFW1/J5 型模板正面尺寸图

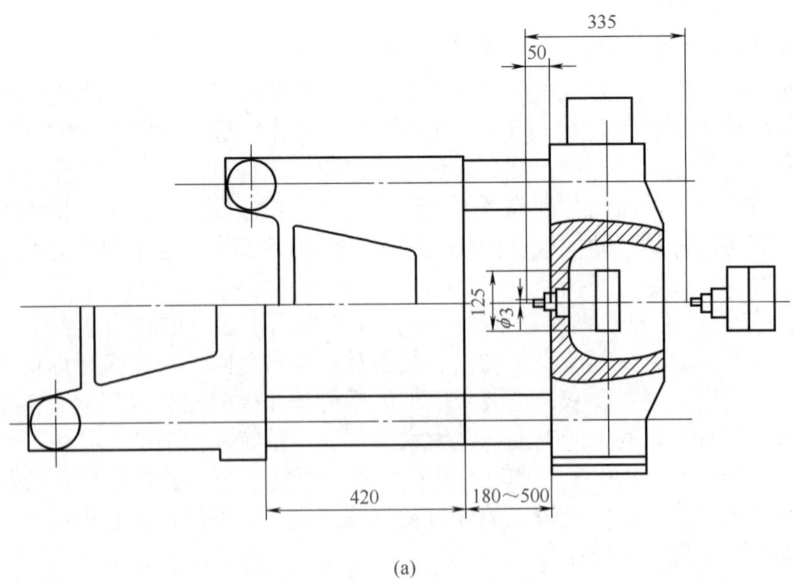

(a)

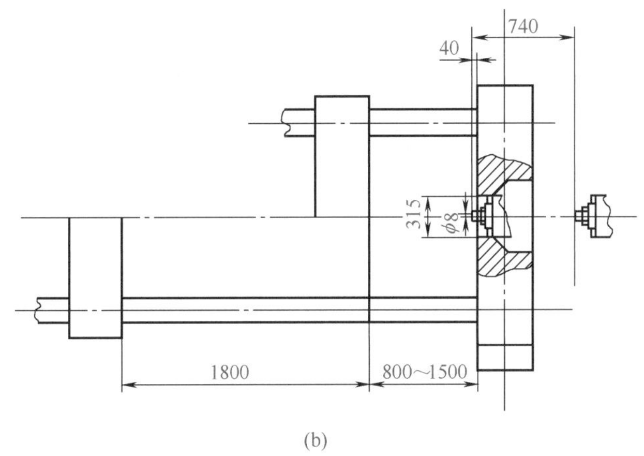

(b)

图 6-9　海天 HTFW1/J5 型模板侧面尺寸图

表 6-3　HTFW1/J5 型注射装置参数表

注射装置参数	螺杆			注射装置参数	螺杆		
	A	B	C		A	B	C
螺杆直径 /mm	26	30	34	注射速率 /（g/s）	54	73	93
螺杆长径比	24.2	21.0	19.5	塑化能力 /（g/s）	6.3	8.4	10.3
理论容量 /cm^3	66	88	113	注射压力 /MPa	236	177	138
注射质量 /g	60	80	103				

表 6-4　HTFW1/J5 合模装置参数表

合模力 /kN	600	最小模厚 /mm	120
移模行程 /mm	270	顶出行程 /mm	70
拉杆内距 /mm	310	顶出力 /kN	22
最大模厚 /mm	330	顶杆根数	1

表 6-5　HTFW1/J5 其他参数表

最大液压泵压力 /MPa	16	外形尺寸（L×W×H）/（m×m×m）	3.62×1.13×1.76
液压马达 /kW	7.5	质量 /t	2.5
		料斗容积 /L	25
电热功率 /kW	5.1	油箱容积 /L	180

（二）进口注塑机

我国加入世界贸易组织（WTO）后，世界一些知名的注塑机企业，如德国德马克、克虏伯、巴顿菲尔德和日本住友重机械等公司先后“进驻”中国，有的还进一步设立了技术中心。近几年来，世界上工业发达国家的注塑机生产厂家都在不断提高普通注塑机的功能、质量、辅助设备的配套能力，以及自动化水平，同时大力开发、发展大型注塑机、专用注塑机、反应注塑机和精密注塑机，以满足生产塑料合金、磁性塑料、带嵌件的塑料制品的需求。

随着世界各国在环保控制方面日益严格，如能耗、噪声、泄漏控制等方面要求日益严格，节能已成为注塑机电液系统的研究重点。针对阀控电液系统有较大能量损失的不足，德国、日本等国家发展了应用变量泵和电液比例阀结合的负载感应型注塑机电液控制系统。

日本住友（SUMITOMO）公司生产的 SED 系列注塑机将液压注塑机的高速、高压与全电动注塑机的节能、较清洁的生产加工环境、高精度，以及重复性能等优点综合起来，以直接驱动技术作为一大亮点，生产多种规格型号的塑件。最高锁模力可达 200t 的 SED 系列注塑机有四个直接驱动伺服电动机，用于驱动塑化、注射、合模和顶出装置。除了塑化外，每步运作均使用一个滚动螺栓和螺母传动。四个电动机都没有安装传送带，所提供的机械能、重复性能和持久性能都达到最佳效果，同时还能避免使用传送带所带来的磨损、传送带间隙的调整以及灰尘落入的麻烦。

住友 SR 系列注塑机是带旋转台的立式注塑机，专门为生产嵌件、再注射部件设计的，应用于汽车、电子、医疗和消费用品的部件工业化生产领域。这种注塑机安装有 5 台伺服电动机，在必要时才产生制动力，如此可有效地利用能源。5 个机械运转步骤包括塑化、注射、合模、顶出以及平台旋转。这种注塑机的注射量精度平均值偏差幅度低于 0.02%，重复性很高。由于该型注塑机能够同步进行嵌件和制品的加工处理，还有高速旋转平台，因此，其成型周期很短。注塑机上的电动齿轮驱动平台旋转 180°。用时不到 1.6s，并且采用一个机械制动装置来重复定位。再有，SR 系列还有比其他厂商的注塑机小 30% 的运行轨迹和空间，比液压立式注塑机低 50% 的电能消耗，并且具有对冷却系统的要求较低等优点。

三、注塑机主要技术参数

注塑机的主要技术参数是评估注塑机性能的主要标准之一。对注塑机的使用者来说，要合理地选择注塑机，首先必须对注塑机技术参数进行比较判断。

1. 注射装置主要技术参数

注射装置主要技术参数包括有注射量、螺杆参数、注射压力、注射速度、塑化能力等。这些参数标识了注射成型制品的大小，反映了注塑机做功能力以及对被加工塑料种类、品级范围和制品质量的评估，也是选择使用的依据。表 6-6 列出了注塑机注塑装置技术参数。

表 6-6　注塑机注塑装置技术参数

参数	单位	内容
注射量（硬胶）	g	螺杆一次注射的（硬胶）最大质量
螺杆直径	mm	螺杆的外径尺寸
螺杆长度	mm	螺杆的长度
螺杆长径比例	—	螺杆的有效长度与注射螺杆的直径之比
螺杆压缩比例	—	螺杆加料段第一个螺槽容积 V_2 与计量段第一个螺槽容积 V_1 之比
螺杆行程	mm	螺杆移动的最大距离（计量时后最大距离）
螺杆转速	r/min	塑化胶料时，螺杆最低到最高的转速范围
注射容积	cm^3	螺杆头部截面积与最大注射行程的乘积
注射压力	MPa	注射时，螺杆头部施予熔胶料的最大压力
注射速度	mm/s	注射时，螺杆移动的最大速度
注射速率	g/s	单位时间内注射的理论容积；其等于螺杆截面积乘以螺杆的最高速度
注射时间	s	注射时，螺杆完成注射行程的最短时间
塑化能力	kg/s	在单位时间内，可塑化胶料的最大质量

（1）注射量（Q）

注射量是指注塑机在对空注射条件下，注射螺杆（或柱塞）完成一次最大注射行程时，注塑装置所能达到的最大注出量。注射量在一定程度上反映了注塑机的加工能力，标志着该机能成型加工塑料制品的最大质量。注射量是注塑机的一个重要参数，因而常被用来表征注塑机的规格。注射量一般有两种表示方法：一种是用注射出熔胶料的容积（cm^3）来表示；

另一种是以聚苯乙烯（PS）为标准（密度ρ=1.05g/cm^3），用注射出的熔胶料的质量（g）来表示。国产注塑机系列标准采用前一种表示方法。

（2）注射压力（p）

注射压力也叫射胶压力，是指螺杆（或柱塞）前端面处作用于熔胶料单位面积上的压力。即注射时，为了克服熔融胶料流经喷嘴、浇道和型腔时的流动阻力，螺杆或柱塞对熔融胶料必须要施加足够的压力，这种压力就是射胶压力。注塑机的射胶压力是个重要参数。射胶压力选择或设定过高，可能导致制品产生毛边，脱模困难，影响制品的光洁度，使制品产生较大的内应力，甚至成为废品，同时还会影响到注射装置及传动系统的设计；射胶压力设定过低则容易产生胶料充不满型腔，甚至不能注射成型等现象。所以注塑成型生产中，选择射胶压力要综合考虑胶料的黏度、制品形状、塑化状态、模具温度以及制品尺寸精度等因素，根据具体情况来选择。

（3）注射速率（q_z）

注射速率是用来表示熔融胶料充填模具型腔快慢特性的参数，射胶时熔融的胶料通过喷嘴后就开始冷却。要把熔融胶料注入模具型腔，得到密度均匀和高精度的注塑制品，必须要在短时间内把熔融胶料充满模具型腔，进行快速充填模具型腔，因此还有注射速度、注射时间等参数来表示其特性。注射速率、注射速度与注射时间之间可用如下关系式表示：

$$q_z=Q/t_z$$

$$v_z=S/t_z$$

式中　Q——注射量；

q_z——注射速率；

t_z——注射时间；

v_z——注射速度；

S——螺杆行程。

注射速率、注射速度、注射时间是注塑成型加工工艺的重要参数。在实际中，常调节注射速度来改善制品质量。注射速度慢可导致熔料充填模具型腔时间长，注塑制品容易产生熔接缝，会有强度低、密度不均、内应力大等缺陷产生。常采用高速度注射来提高注射速度缩短成型周期。尤其在加工成型薄壁、长流程制品及低发泡制品时能获得较好的效果。注射速度也不宜过高，熔融胶料流经喷嘴进浇口等处时，容易产生大量的摩擦热，导致熔融胶料烧焦以及吸收气体和排气不良等现象产生，影响到制品的表面质量，产生银纹、气泡等不良缺陷。注射速度过高，还会造成过度充填而使得注塑制品出现溢边、毛边等不良缺陷。因此注射速度应根据使用的塑料原料和加工制品的特点、工艺要求、模具浇口设计以及模具的冷却情况，合理地设置参数，设定注射速度、注射时间、注射压力等其他参数的配合，达到其最佳设置。

（4）塑化能力

塑化能力是表示螺杆与料筒在单位时间内可以塑化塑料的质量。注塑机的塑化装置应该在规定的时间内保证能够提供足够量的塑化均匀的熔融胶料。注塑机塑化能力是已知设定的，所以，注塑机的最短成型周期就有了限制。螺杆式注塑机螺杆传动系统是与注射、锁模传动系统分开设置的。机器的最短成型周期符合下式：

$$T=Q/G$$

式中　T——机器最短成型周期，s；

Q——机器注射量，g；

G——塑化能力，kg/s 或 kg/h。

从上式可看出，塑化能力高，成型周期就短，生产效率就高。可以通过提高螺杆转速、增加驱动功率、改进螺杆结构来提高塑化能力。

2. 合模装置主要技术参数

合模装置主要技术参数如表 6-7 所示，这些参数表征了合模装置的成型驱动与承载能力。

表 6-7　注塑机合模装置技术参数

参数	单位	内容
锁模力	kN	注塑机合模机构施加于模具的最大夹紧力
容模量	mm	注塑机上能安装模具的最大厚度和最小厚度
模板最大开距	mm	注塑机上的定模板与动模板之间的最大距离
开模行程	mm	为取出制品，使模具可移动的最大距离
模板尺寸	mm	前、后定模和动模板模具安装平面尺寸
拉杆间距	mm	注塑机拉杆水平方向和垂直方向内侧的间距
开模力	kN	为取出制品，使模具开模的最大的力
顶出行程	mm	注塑机顶出装置上顶杆运动的最大行程
顶出力	kN	顶出装置克服静摩擦力在顶出方向施加的顶出合力

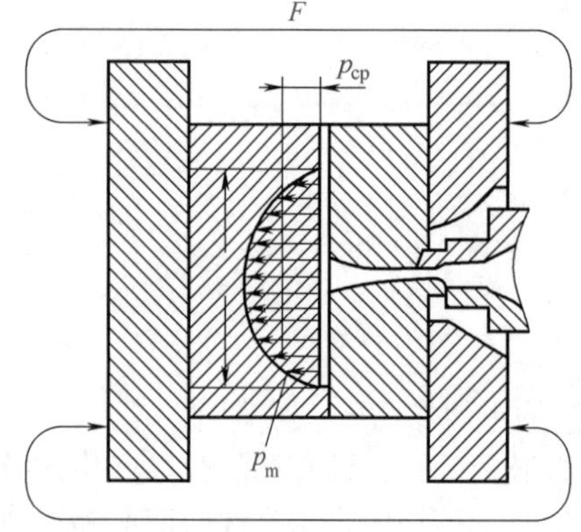

图 6-10　注射时动模板的受力平衡

（1）锁模力

锁模力也称合模力，锁模力是指注塑机合模机构施加于模具上的最大夹紧力，当熔融胶料以一定的射胶压力和射胶流量注入模具型腔时，在这个夹紧力作用下，模具不会被胀开。

锁模力在一定程度上反映出注塑机所能加工制品的大小，是一个重要的技术参数，所以有些注塑机用最大锁模力作为注塑机规格的标准。注塑机注射时动模板的受力平衡示意图如图 6-10 所示。图中压力分布是型腔压力 p_m，锁模力为 F，制品投影面积为 A。为了使模具在注射时不被型腔压力所形成的胀模力胀开。锁模力应当为：

$$F \geqslant Kp_m A \times 10^{-3}$$

式中　F——为锁模力，kN；

K——为安全系数，一般取 1 ～ 2；

p_m——为型腔压力，MPa；

A——为制品在分型面上的投影面积，mm^2。

型腔压力 p_m 是一个较难确定的数值，它与射胶压力、塑化工艺条件、制品形状、塑料性能、模具结构、模具温度等因素有关。通常取模具型腔的平均压力来计算锁模力。

公式如下：

$$F \geqslant Kp_{cp} A \times 10^{-3}$$

式中　p_{cp}——为模具型腔内平均压力，MPa。

注塑机的锁模力选取很重要，如果锁模力取小了，在注塑成型制品时会产生飞边，不能成型加工薄壁制品；如果锁模力设定无穷大，容易压坏模具，使制品的内应力增大，甚至还会造成其他零件提前失效或损坏。

常用塑料在一定型腔平均压力下的成型特点见表 6-8。

表 6-8　常用塑料在一定型腔平均压力下的成型特点与制品结构

常用塑料	型腔平均压力 p_{cp}/MPa	成型特点与制品结构
LDPE PP PS	10 ~ 15	易于成型，可加工成型壁厚均匀的日用品如家用容器等
HDPE	35	普通制品，可加工成型薄壁类容器
ABS POM PA	35	黏度高，制品精度高，可加工成型精度高的工业用品及零件
PMMA CA PC	40 ~ 45	黏度特别高，制品精度高，可加工成型高精度机械零件如齿轮等

（2）锁模部分基本尺寸

锁模部分的基本尺寸直接关系到注塑机所能加工制品的范围和模具的安装、定位等。其基本尺寸有：模板尺寸、拉杆间距、模板间最大开距、模板行程、模具厚度、顶出行程等。

第二节　注塑机的操作

一、注塑机的选用及安装调校

（一）注塑机的选择

如何选择合适的注塑机来进行生产，是一个极为重要的问题。一般来说，注塑行业客户能够依靠生产经验自行选择合适的注塑机来进行生产。但是在某些时候，例如进行新材料、新制品成型时，就不能依靠已有经验来选择注塑机的机型了。客户需要设备生产厂商的协助，才能决定选用哪种规格的注塑机，有时客户甚至可能在只有产品的样品或构想时，就询问厂商机器是否能生产，或是哪一种机型比较适合。此外，某些特殊产品还可能需要搭配特殊装置才能更有效率地生产。

如何选择合适注塑机应考虑的一些关键因素：制件成型所需的模具尺寸（宽度、高度、厚度）、重量、特殊设计，所用塑料的种类及数量（单一原料或多种原料），注塑成品的外观尺寸（长度、宽度、高度、厚度），成型要求（如品质条件、生产速度等条件）。有了这些数据，便可以按照表 6-9 给出的步骤来选择合适的注塑机。

表 6-9　注塑机的选择方法

方法	说明
由产品及塑料决定机器种类及系列	由于注塑机有非常多的种类，因此一开始要根据产品型式、所用原料、颜色等条件，正确判断此产品应由哪一种注塑机，或是哪一个系列来生产。此外，某些产品成型需要高稳定（闭回路）、高精密、超高射速、高射压或快速生产（多回路）等条件，也必须选择合适的系列来生产
由模具尺寸判定机台的相关尺寸	由模具尺寸判定机台的拉杆间距、模厚、模具最小尺寸及模板尺寸是否适当，以确认模具是否能够安装。需要注意的是 ①模具的宽度及高度需小于或至少有一边小于拉杆间距 ②模具的宽度及高度最好在模板尺寸范围内 ③模具的厚度需介于注塑机的模厚之间 ④模具的宽度及高度需符合该注塑机建议的模具最小尺寸

续表

方法	说明
由模具及制品判定开模行程及脱模行程	开模行程至少需大于 2 倍的制品在开关模方向的高度，且需含竖流道的长度；脱模行程应足够将制品顶出
由制品及塑料决定锁模力大小	当塑料以高压注入型腔内时会产生一个胀模的力量，因此注塑机的合模机构必须提供足够的锁模力，使模具不至于被胀开。锁模力的计算过程如下 ①由制品外表尺寸求出制品在分型面的投影面积 ②计算胀模力 $$F=Anp$$ 式中 F——胀模力，单位为，N A——制品在分型面的投影面积，mm^2 n——型腔数 p——模内压力，MPa ③模内压力随原料而不同，一般取 350 ~ 400kgf/cm^2（34.3 ~ 39.2MPa） ④机器的锁模力需大于胀模力。为了保险起见，锁模力通常需在胀模力的 1.17 倍以上 至此初步决定了合模机构的规格，并大致确定了机种规格。接下来必须进行下列步骤，以确认哪一个注射螺杆直径比较符合所需
由制品质量及型腔数，判定所需注射量并选择合适的螺杆直径	①计算制品质量时需考虑型腔数（一模几腔） ②注射量的确定。首先要确定注射量的大小。该参数在一定程度上反映了注塑机的加工能力 注射量 = 制品质量 + 浇注系统质量 通常，所有实际注射量参数都是以聚苯乙烯为例来计算的，在实际情况中分两种情况考虑 当注塑制品是用聚苯乙烯（PS）制造时，注塑机应具备的注射量为 W_{PS} W_{PS}=（1.1 ~ 1.3）×（制品质量 + 浇注系统总质量） 当制品的品质要求较高时，上式中的系数应取大值，反之可取小值 当制品是其他塑料（命名为 X 塑料）制造时，应先计算出该种塑料的理论注射量 W_x W_x=（1.1 ~ 1.3）×（制品质量 + 浇注系统总质量） 然后根据此塑料的密度换算成 PS 材料的实际注射量 W_{PS}，换算公式是 $$W_{PS}=1.05W_x/\rho$$ 式中，ρ 为某种塑料（X）的密度，g/cm^3；1.05 为 PS 的密度，单位为 g/cm^3 可根据注射量的定义选择螺杆直径，计算公式如下 $$W_{PS}=\frac{\pi}{4}D_S^2S$$ 式中 W_{PS}——注射量，mm D_S——螺杆直径，mm S——螺杆注射行程，mm。 根据计算结果与机型样本对比，即可选用适合的注塑机 常用塑料的密度见表 6-10
锁模力的确定	根据注塑制品在模板（头版或二板）上的垂直投影面积，计算锁模力： $$P=K_pS$$ 式中 P——锁模力，t S——制品在模板上垂直投影面积，cm^2； K_p——锁模力常数，t/cm^2。 常用塑料所对应的 K_p 值见表 6-11
由塑料判定螺杆压缩比及注射压力等条件	有些工程塑料需要较高的注射压力及合适的螺杆压缩比设计，才有较好的成型效果。因此，为了使制品成型得更好，在选择螺杆时需要考虑注射压力的需求及压缩比的问题。一般而言，直径较小的螺杆可提供较高的注射压力 螺杆为了克服熔料流经喷嘴、流道和型腔等处的流动阻力，而在熔料上施加压力。对于某一种机型的螺杆，最大注射压力是一定的。注射压力如果设定过高，制品可能产生毛边，造成脱模困难，影响制品的外表质量，还会产生较大的内应力；注射压力过低，则易使物料充不满型腔，甚至不能成型 一般，加工精度低、流动性好的塑料，如低密度聚乙烯、聚酰胺，注射压力可选≤ 70 ~ 80MPa；加工中等黏度的塑料，如改性聚苯乙烯、聚碳酸酯等，形状一般但有一定的精度要求的制品，注射压力选 100 ~ 140MPa；加工高黏度工程塑料，如聚砜、聚苯醚之类等薄壁长流程、厚度不均和精度要求严格的制品，注射压力可选 140 ~ 170MPa；加工优质、精密、微型制品时，注射压力可用 230 ~ 250MPa 及以上 常用塑料的注射压力范围见表 6-12

续表

方法	说明
注射量、注射压力及注射速度的综合确认	有些成品需要高注射速度才能稳定成型，如超薄类成品。在此情况下，需要确认机器的注射量是否足够，是否需搭配蓄压器、闭回路控制等特殊装置。一般而言，在相同条件下，可提供较高注射压力的螺杆，通常注射速度较低。相反，可提供较低注射压力的螺杆，通常注射速度较高。因此，选择螺杆直径时，注射量、注射压力及注射速度需进行综合考虑及取舍
其他参数的确定	在购买注塑机时，除主要考虑的注射量与锁模力之外，还要考虑的主要技术参数有： ①顶出力及顶出行程。此参数对制品的取出有重要意义 ②液压系统的压力。即在液压缸工作时，液压泵不超载时能产生的最大工作压力。当液压系统压力较大时，注塑机各部分在制品的外形尺寸不变时，将产生更大的工作压力。但系统压力过大，对液压阀、管路及油封的要求都相应提高了，制造、维护都比较困难 ③总功率。主要有电动机功率、各加热圈的总功率及一些辅助设备消耗的功率 ④外形尺寸及机重。此参数对注塑机装运及安装摆放有参考意义 ⑤控制系统的确定。控制系统包括电脑及液压系统 此外，也可以采用多回路设计，以同步复合动作缩短成型时间 经过以上步骤之后，原则上已经可以确定符合需求的注塑机。但是，有一些特殊问题还必须再加以考虑 （1）“大小配”的问题 在某些特殊状况下，可能模具体积小但所需注射量大，或模具体积大但所需射量小。故预先设定的标准规格可能无法符合需求，而必须进行所谓“大小配”，即“大壁小射”或“小壁大射”。所谓“大壁小射”是指以原先标准的合模系统搭配较小的注射螺杆；反之，“小壁大射”即是以原先标准的合模系统搭配较大的注射螺杆。在搭配上，合模系统与注射螺杆有可能相差好几级 （2）“快速机”或“高速机”的观念 在实际运用中，越来越多的客户会要求购买所谓的“高速机”或“快速机”。一般而言，其目的除了产品本身的需求外，其他大多是要缩短成型周期、提高单位时间的产量，进而降低生产成本，提高竞争力。通常，要达到上述目的，有几种做法 ①注射速度加快。将电动机、液压马达及液压泵加大，或加蓄压器（最好加闭回路控制） ②加料速度加快。将电动机、液压马达及液压泵加大，或将加料液压马达改小，使螺杆转速加快 ③多回路系统。采用双回路或三回路设计，以同步复合动作，缩短成型时间 ④增加模具冷却水路，提升模具的冷却效率

【例1】 设一聚乙烯（PE）注塑制品，已计算出制品本身重185g，估计浇注系统重20g，换算 W_{PS} 值

用以上公式先计算出

$$W_x=1.2\times(185g+20g)=246g$$

查出PE的密度为0.92g/cm^3，代入公式计算

$$W_{PS}=246g\times1.05/0.92=280.8g$$

对照参数表，就可以选购合适的注塑机了

【例2】 设某一制品在动模板或定模板的垂直方向上的投影面积 S 为410cm^2，制品材料为PE，计算需要的锁模力

$$P=K_pS=0.32t/cm^2\times410cm^2 = 131.2t$$

对照机型表，就可以选到合适的注塑机。需要注意的是：如果锁模力不足，制品会产生飞边或不能成型；如果锁模力过大，会造成系统资源的浪费，并且会使液压系统元件在高压下长时间工作，导致过早老化，机械结构过快磨损。

通过以上步骤，便可以选择到合适的注塑机了。机器性能的提升及改造固然可以增加生产率，但往往也增加投资成本及运转成本，因此，对投资前的效益评估需仔细衡量，才能以最合适的机型产生最高的效益。

表6-10 常用塑料的密度

塑料名称	密度/(g/cm^3)	塑料名称	密度/(g/cm^3)
硬聚氯乙烯（HPVC）	1.35 ~ 1.45	高密度聚乙烯（HDPE）	0.94 ~ 0.965
有机玻璃（372）(PMMA)	1.18	聚乙烯（PE）	0.92

续表

塑料名称	密度 /（g/cm³）	塑料名称	密度 /（g/cm³）
聚苯乙烯（204）（PS）	1.07	聚丙烯（PP）	0.9 ~ 0.91
超高冲击型 ABS	1.05	聚砜（PSF）	1.24
低温冲击型 ABS	1.02	聚酰胺 1010（PA1010）（未增强）	1.04 ~ 1.06
高强度中冲击型 ABS	1.07	聚酰胺 1010（PA1010）（玻璃纤维增强）	1.23
耐热型 ABS	1.06 ~ 1.08	聚酰胺 66（PA66）	1.14 ~ 1.15
聚苯醚（PPO）	1.06 ~ 1.07	聚碳酸酯（PC）（未增强）	1.20
聚甲醛（POM）	1.41	聚碳酸酯（PC）（增强）	1.4
聚对苯二甲酸乙二醇酯（PET）	1.4		

表 6-11　常用塑料所对应的 K_p 值

塑料名称	K_p /（t/cm^2）	塑料名称	K_p /（t/cm^2）
PS	0.32	尼龙	0.64 ~ 0.72
PE	0.32	赛钢	0.64 ~ 0.72
PP	0.32	玻璃纤维	0.64 ~ 0.72
ABS	0.30 ~ 0.48	其他工程塑料	0.64 ~ 0.8

表 6-12　常用塑料的注射压力范围　　单位：MPa

塑料	易流动的厚壁制品	中等流动程度，一般制品	难流动，薄壁窄浇口制品
ABS	80 ~ 100	100 ~ 130	130 ~ 150
聚甲醛	85 ~ 100	100 ~ 120	120 ~ 150
聚乙烯	70 ~ 100	100 ~ 120	120 ~ 150
聚酰胺	90 ~ 110	110 ~ 140	>140
聚碳酸酯	100 ~ 120	120 ~ 150	>150
有机玻璃	100 ~ 120	120 ~ 150	>150
聚苯乙烯	80 ~ 100	100 ~ 120	120 ~ 150
硬聚氯乙烯	100 ~ 120	120 ~ 150	>150
热固性塑料	100 ~ 140	140 ~ 175	175 ~ 230
弹性体	80 ~ 100	100 ~ 120	120 ~ 150

（二）注塑机的安装与调校

1. 注塑机的安装（表 6-13）

表 6-13　注塑机的安装

项目	说明
起吊注意事项	①起吊前应使动模板处于最小模厚的锁模位置 ②小型注塑机一般为整体式，可整体起吊；大型注塑机（包括某些中型注塑机）一般通过定位销和定位螺栓设计制造成组合式，不允许整体起吊，应将合模部分和注射部分分离后按部分起吊 ③起吊所用起重机、钢丝绳和吊钩必须有足够的承载能力 ④起吊时钢丝绳与设备接触的部位，应用布或木块进行隔离，以免损坏设备
环境要求	注塑机安装时，要注意周围环境，操作方便，采光、通风要好。一般要求如下 ①安装时的周围环境温度 0 ~ 40℃ ②相对湿度 75% 以下，不得有结露。若湿度太高，会使电气元件的绝缘性能下降，或提前老化 ③海拔高度在 1000m 以下 ④不得在灰尘多、腐蚀性气体浓度高的场所安装注塑机 ⑤安装注塑机的场所，应远离会发生电气或磁场干扰的设备（如焊接机等） ⑥安装注塑机时要注意考虑到设备的维修、模具的拆卸、原料和成品的堆放空间 ⑦厂房的空间高度应能允许有模具吊装的空间

续表

项目	说明
安装基础	根据注塑机规格型号不同，安装基础的深浅、地脚螺栓的有无和数量的多少也不一样。一般情况下，小型注塑机（包括部分中型注塑机）只需混凝土地基和柔性的可调垫铁，不需地脚螺栓；而大型注塑机（包括部分中型注塑机）则需混凝土地基、可调垫铁及地脚螺栓

2. 安装中的调校

在安装过程中，要检查、调校注塑机的有关精度，以满足其使用性能要求。安装中的调校方法见表 6-14。

表 6-14　注塑机安装中的调校方法

类别	说明
合模部分导轨平行度的调校	用精密水平仪在两条淬火的导轨上做纵向水平度粗调（升降可调垫铁，使水平仪的气泡稳定在中间），另用一只平行直尺横跨两条导轨，将水平仪放置于平行直尺上，做横向水平度粗调，调校示意如图（a）所示。对大中型组合式注塑机，还应用水平仪对注射座导轨的平行度进行调校，并装上连接合模装置和注射装置的定位销，拧紧其连接螺栓及螺母 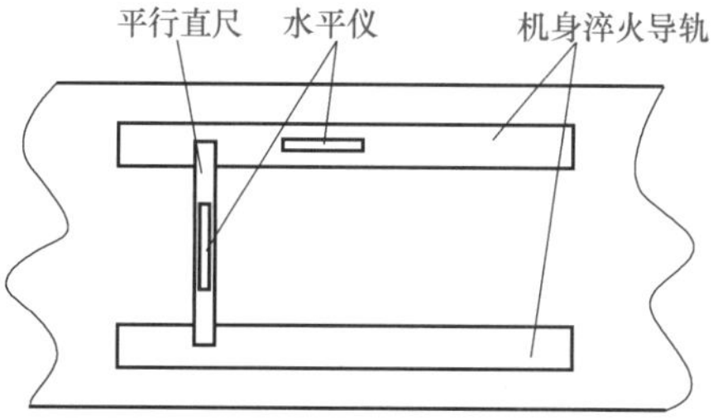 平行直尺　水平仪　机身淬火导轨 图(a) 导轨平行度的调校示意图
动模板导向柱水平度的调校	用精密水平仪在导向柱上进行纵向和横向水平度调校［如图（b）所示］，水平仪先横向放置，再纵向放置，反复进行测量调校，直至符合要求为止。横向测量时同样需要一把横跨两导向柱的平行直尺 允许公差：横向公差≤ 0.16mm/m；纵向公差≤ 0.24mm/m 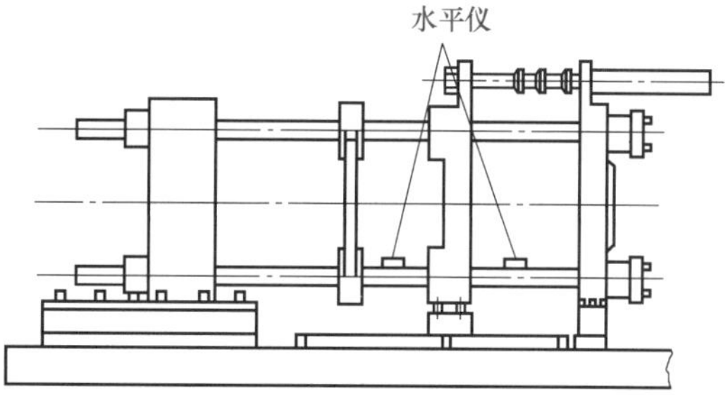 水平仪 图(b) 模板导向柱水平度的调校示意图
模板间平行度的调校	动模板和固定模板基准面的平行度制造商在出厂时已调好，一般比较稳定，但由于运输和安装的原因，可能会导致该参数发生变化，因此在安装后要进行检查和调校，该参数的调校应由专业人员进行。动模板与前固定模板的平行度公差见表 6-15
喷嘴与模具定位中心孔同轴度的调校	喷嘴与模具定位中心孔同轴度的调校，应在模板、机身的横向和纵向水平度调校完后进行。其调校方法如下［如图（c）所示］ ①开注射座导杆前、后支架与机身连接的紧固螺钉；松开注射座导杆前支架两侧水平调整螺栓上的锁紧螺母 ②用 0.05mm 以上精度的游标卡尺，分别在沿直径的水平方向和垂直方向上测量 L_1、L_2、L_3、L_4。测量时注意调节水平调整螺栓，使 $L_1=L_2$；调节上下调整螺钉，使 $L_3=L_4$。其测量误差值不大于表 6-16 所给出的同轴度公差的 1//2 在调整喷嘴与模具定位中心孔同轴度时，由于注射座导杆的变化，可能会产生扭曲，引起螺杆和机筒的间隙偏移而产生磨损。因此，在调整喷嘴与模具定位中心孔同轴度的同时，还必须兼顾测量、调整注射座导杆的水平度（其公差值≤ 0.05mm/m）；用塞尺测量螺杆尾部与料筒的间隙，使 $\delta_1=\delta_3$，$\delta_2=\delta_4$［如图（d）所示］

续表

类别	说明
喷嘴与模具定位中心孔同轴度的调校	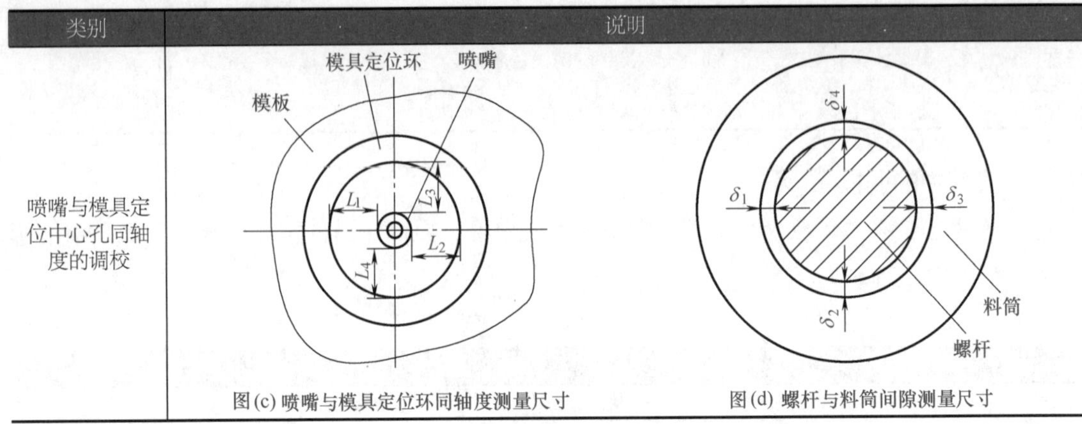 图(c) 喷嘴与模具定位环同轴度测量尺寸 图(d) 螺杆与料筒间隙测量尺寸

表 6-15　动模板与前固定模板的平行度公差

导向柱间距 /mm	合模力为零时的公差值 /mm	合模力最大时的公差值 /mm
200 ~ 250	0.20	0.10
>250 ~ 400	0.24	0.12
>400 ~ 630	0.32	0.16
>630 ~ 1000	0.40	0.20
>1000 ~ 1600	0.48	0.24
>1600 ~ 2500	0.64	0.32

表 6-16　喷嘴与模具定位中心孔同轴度公差

模具定位孔直径 D/mm	80 ~ 100	125 ~ 200	315 以上
同轴度公差 /mm	≤ 0.25	≤ 0.30	≤ 0.40

3. 冷却水管道的连接

注塑机冷却水管道一般有三条回路，分别是液压油冷却回路（接油冷却器）、料筒冷却回路和模具冷却回路。从供水水源引出的管道分为两条，一条与油冷却器连接，另一条连接冷却分水器，再由冷却分水器分别与料筒和模具连接。供水源向冷却分水器供水后，经分流后向模具冷却装置和螺杆、料筒冷却装置供水，实现有效的温度控制，如图 6-11 所示。

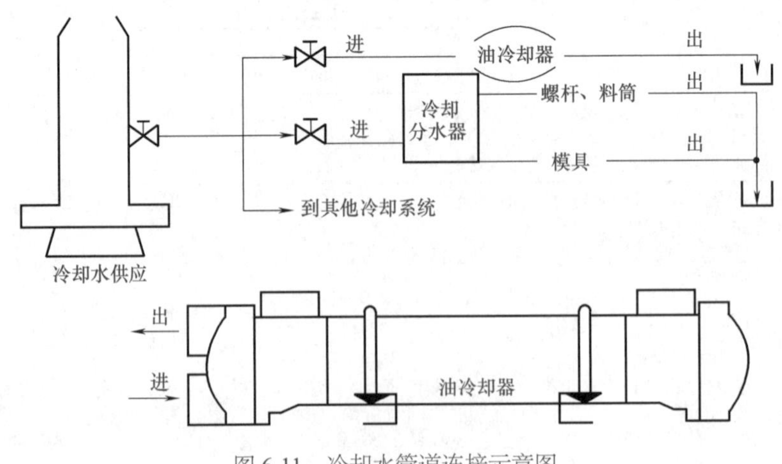

图 6-11　冷却水管道连接示意图

其他安装事项：

① 注意安装运输时拆下的全部零件。如料斗、储料桶（自动上料仓）等。

② 按国家相关标准和用户要求安装连接电源电缆，及其他电气线路。

③ 所有安装事宜结束后，检查液压泵转向。具体操作注意事项如下：

a. 油箱加注液压油达油标以上位置。加注液压油时油箱必须清洁，否则应立即清洗。

b. 打开电源开关。

c. 使用操作面板上的液压泵电机开关，点动一下液压泵电机后，立即关闭，查看液压泵转向是否正确，若不正确应及时调换液压泵电机的接线。

4. 注塑机液压油的加装

加装液压油前应检查液压油箱是否干净。加油时，应从通气且带有油过滤器的注油口注入，第一次注入到油标的最高位置，开机运转片刻，根据油量减少的情况，再注入液压油到油标正中水平位置。液压油的黏度在 90mm^2/s 以上，40℃时运动黏度在 32mm^2/s 以上，如国产 N46、N68 等。不宜选用容易起泡的液压油，禁止混用不同种类、不同牌号的液压油。应选用含有耐用剂和防氧化、防腐蚀添加剂的液压油。

5. 注塑机的润滑

注塑机的活动部位必须使用润滑油和润滑脂润滑。由电动机驱动中央润滑系统将润滑油自动送到需润滑的部件，其共同构成自动润滑系统可以调节润滑时间及间歇时间。

手动润滑系统是用手动液压泵打油进行润滑。先将选用的润滑油装入手动液压泵，然后手动打油数次，再检查各润滑点供油是否正常。

对中央润滑系统要确保润滑油路没有堵塞和漏油。润滑油的选择应以高品质为准则，油中应含有钾及防氧化与防腐蚀的添加剂，如防腐精炼矿物油。润滑油的黏度要合适；黏度过低，润滑油在润滑部位容易流失；黏度过高，润滑油会在部件上难以流动。在使用润滑系统装置时，还要注意系统油位情况，避免因油位过低而缺油，或油位过高溢出而漏油。

对于润滑脂润滑，可利用润滑脂枪将润滑脂加到适当的、要润滑的地方，及常用的油嘴、油杯等部件中。对于机器的动模板衬套的滑动表面，调模部件和注射部件的螺纹、滑脚、注射座导杆等，均应保持清洁，并涂润滑脂，常用的润滑脂有锂基、钙基和二硫化钼润滑脂。

（三）注塑机的试车

注塑机安装完毕、正式生产之前，要进行严格的调试，以确保注塑机的性能能满足生产的要求及人身设备的安全。

1. 试车前的准备工作

调试人员工作服要着装正确、齐全。试车前检查并确认下列各项：

① 机器已安装好，水平度已调整好，地脚或调整垫块已锁紧。

② 运输时拆下的零部件已正确安装；拆开的电线和油管、接地线已正确连接；冷却系统连接、安装正确，液压油冷却器已注入冷却水，冷却水阀门已打开。

③ 所有连接螺栓、螺钉、螺母、管接头等都已紧固。

④ 油箱所加注的液压油已达到油位计刻度线以上，且所注入液压油已超过 3h。

⑤ 为运输和起吊而附加的零部件已拆下。

⑥ 各运动表面已清洁并进行了润滑。

⑦ 供电线路的电压、频率与电机相符。

2. 空负荷调试

注塑机的空负荷调试主要包括接通电源、液压油预热与料筒加热、手动调试、半自动工作循环调试和全自动工作循环调试等，以检验整机性能，为负荷试车和正式生产做准备（见表 6-16）。

表 6-16　注塑机的空负荷调试

内容		说明
接通电源、液压油预热与料筒加热	接通电源	合上机器的电源开关，接通整机电源。一般注塑机在配电箱中有几个保护开关，只有将其全部合上才能接通所有回路电源。因此需要打开配电箱门，按说明书中电气图的元件布置，合上配电箱处的小型断路器，就可接通所有电源回路。此时操作面板上液晶显示屏会出现文字提示或图形提示，表示电脑已开始工作
	液压油预热	启动液压泵电机，对液压油进行预热。液压油会较快达到 45℃左右（即注塑机的可操作温度） 注塑机液压油的正常工作温度一般为 45 ～ 55℃，油温过低或过高都不利于注塑机的正常工作。注塑机一般都设有油温监控系统，当液压油的温度超过系统油温时，机器会报警且停止工作，并在屏幕给出提示
	料筒加热	①进入温度设定画面，设定好料筒的各段温度（塑料不同，温度也不同） ②按电加热键，料筒开始加热。一般加热到温度设定值，时间大约 30min ③温度未达到设定值时，严禁做预塑和注射动作
手动、半自动、全自动调试	手动调试	进入动作参数设定画面，为各动作设定一组压力、速度参数。首次开机时应设定一组压力较低、速度较慢的参数 在手动状态下，按下各动作键，观察各动作能否实现、是否平稳，确认正常后，再按工况要求重新设定参数。按下各动作键观察各动作，响应灵敏则表示手动功能正常
	半自动工作循环调试	在模具开启状态下按半自动键，并开、关一次安全门，机器自动启动半自动工作循环，观察机器半自动工作循环是否正常 一个循环结束后如未发生故障，再开、关一次安全门进行第二个循环 正常工作 3 ～ 5 个循环后，方可确认半自动功能正常
	全自动工作循环调试	按全自动键，并开、关一次安全门，则机器进入全自动工作循环，正常工作 3 ～ 5 个循环后，方可确认全自动功能正常

3. 模具装夹（装模）

负荷试车前要将模具装夹固定到模板上，为调试注塑制品和正常生产做好准备。模具装夹的准备工作与模具装夹步骤见表 6-17。

表 6-17　模具装夹的准备工作及步骤

类别	说明
装模前的准备工作	装模前的准备工作主要包括：模具尺寸的测量，以确定模具能否装夹到模板上；机械保险装置的调整，以确保机械保险装置安全可靠 ①测量模具的长度、宽度，与图 6-12 中所示的拉杆内间距 S_1、S_2 比较，以确定模具能否装到模板内；测量模具厚度，与模板最大和最小间距相比较，以确定模具厚度是否合适 ②测量模具定位环外径和模板定位孔内径，以确认能否匹配 ③测量模具浇口大小、浇口与前固定模板模具安装平面的距离，与模具安装尺寸对照，确认模具与模板、模具与喷嘴能否良好配合 ④测量模具与模板顶出孔尺寸，以确认能否匹配 ⑤根据模具的厚度，用手动调模方式初调模具厚度，然后根据开模后制品顺利脱模落下所需要的空间距离，设置开模间距，并设置好顶杆行程 ⑥调整机械保险装置。常见的机械保险装置有竹节式和螺纹式（见图 6-3）。如果保险装置为竹节式则不需要调整；如果为螺纹式则需在设置好上述开模间距后，在开模到位的情况下，按如下步骤进行：松开动模板上的机械保险杆螺母，通过将其中一个螺母旋退、一个旋进，使保险杆左右移动，使保险杆的设定长度 = 开模距离设定长度 - 保险块厚度 -5mm 左右，然后锁紧保险杆 ⑦准备好压板、压板垫块、紧固螺栓、螺母、弹簧垫圈、扳手、管钳等，以备装夹模具使用
装模步骤	装模全过程应在手动模式下进行，凡人手伸入合模区时，必须关闭液压泵电机。装模步骤如下 ①启动液压泵电机 ②手动开模，使模板开启 ③将注射座全程后移 ④关闭液压泵电机

续表

类别	说明
装模步骤	⑤调整顶杆数目和位置使之与模具匹配 ⑥吊起成组的模具慢慢放入合模区，把定位环装入前固定模板的安装孔内，用螺栓、压板等将模具的安装板固定在前固定模板上 ⑦启动液压泵电机，以点动方式进行合模和调模，使动模板与模具逐步接触直至紧贴 ⑧在模具闭合后，进行喷嘴中心和模具浇口中心的对中和可靠接触调校，要确保二者对中和接触良好 ⑨关闭液压泵电机，用螺栓、压板等将模具与动模板固定；拧紧所有压板上的螺母，确保开模时模具不会松动 ⑩卸下吊装所用的钢丝绳 ⑪设定好开、关模位置，压力和速度，其高压锁模力设定为制品成型所需要的压力 ⑫设定开、关模和调模参数 ⑬启动液压泵电机，开模至终点位置 ⑭用水平仪复查拉杆水平度 ⑮关上安全门，按下二次调模功能键 ⑯安全门再开、关一次，注塑机将进入自动调模状态，调模后将恢复为手动模式 ⑰按合模键进行合模操作，合模结束后，关闭液压泵电机 ⑱复查所有紧固模具的螺栓 ⑲连接有关模具的其他管路，如冷却水管等

4. 注塑成型制品的调试

注塑成型制品的调试步骤如下：

① 将料筒温度设定为所注塑塑料的合适温度，达到设定温度 15min 后，开始下一步工作。

② 打开料筒盖进行加料，加料后盖好料筒盖。对设有自动加料机的注塑机，按加料机操作要求向料斗送料。

③ 根据制品的质量、原料的密度、注塑量，设定好预塑结束位置、预塑背压压力和螺杆转速；根据成型要求设定好注射和保压的相关参数。

④ 启动液压泵电机，按下合模键直至合模结束。

⑤ 按下射座进键，使注射座向前移动。注意控制喷嘴与模具浇口缓慢贴紧。

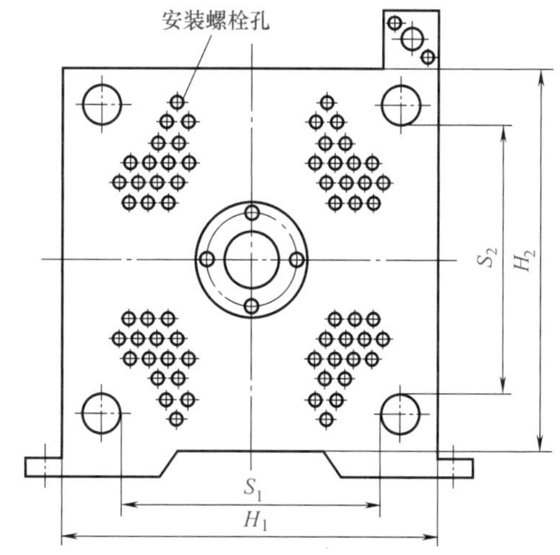

图 6-12 前固定模板示意图

⑥ 按下预塑键，螺杆旋转预塑、后退至设定位置后自动停止储料（有的塑料预塑时喷嘴需要离开模具）。

⑦ 按下注射键，开始注射，注射后转入保压至结束。

⑧ 松开注射键，按下预塑键，开始下一模的储料。

⑨ 当冷却时间足够时，按下开模键，开模后按下顶出键，打开安全门取出制品。

⑩ 观察制品的成型质量，有针对性地调整各有关参数。重复以上步骤③至步骤⑨，直至生产出合格的制品。

⑪ 制品经检验合格，方可启动半自动或全自动程序，进入批量生产。

5. 试车结束工作

① 注塑完毕，关闭料筒电加热系统、关闭挡料板、清除料筒内的残余熔融料（对空注射几次）。

② 手动低压进行合模，并将注射座和螺杆退回停止位置。

③ 关闭液压泵电机，关闭总电源。

（四）电源引入

注塑机的电气设备使用三相交流电源。对于三相交流电源，每相配置一个符合额定值的熔丝。连接电力电缆到电气箱中的电源进线，为三相四线，电压为 380V，频率为 50Hz，地线一般采用重复接地。电气元件及过载保护开关根据机器负载选定，一般注塑机内部的主电路、控制电路在出厂时均已安装好，只需安装电路的进线、开关，连接到注塑机的总电源箱即可，常称作电源接驳。为了防止电网、电路故障，保障操作人员的生命安全，在安装机器时，应做好接地和安装漏电保护器的工作。常用的三相四线制电网供电系统，采用交流中性点接地和共同接地的方式。按接地电阻的最大允许值，规定如下：

① 保护接地（低压电力设备）：4Ω。

② 交流中性点接地（低压电力设备）：4Ω。

③ 常用的共同接地（低压电力设备）：4Ω。

④ PE 或 PEN 线重复接地：10Ω。

⑤ 防静电接地：100Ω。

可通过技术标准进行参考，做好机器的接地。所有固定在机器周围并与主机连在一起的金属部件均需接地，使得机器上的每个金属元件都保持相同的电位，提高其安全水平。安装漏电保护器，是为了防止电路中某一电线与机器上的某一金属相碰，或者电气设备处于较差的绝缘状态。此时，电流便会对地短路，整个机器会带上一定的电压，漏电保护器就会立刻自动断电，从而保护操作人员的安全。其他不同的供应电压应在选择设备时加以说明。电源部分的连接应由有经验的电工来执行。特别注意所使用的熔丝规格和正确的相位序列。如果液压泵的电动机旋转方向相反，只要将电源进线接线板上的两相火线调换一下连接即可。必须测量电源电压，输入电源电压的范围为额定电压的 ±10%，频率为额定频率 ±1Hz。如果发现电压输入超过上述范围，应在正常后再进行操作。

为了防止发生漏电事故，应使用符合要求的接地导线。接地导线的截面积要求见表 6-18。导线的一端接到机器的接地柱上，另一端接到接地杆或焊到一块铜板上，然后将接地杆或铜板深埋在不容易干燥的土地中。

表 6-18　接地导线截面积

电机功率 /kW	＜ 15	15 ～ 37	＞ 37
接地导线截面积 /mm^2	14	22	38

电源接通后，必须检查液压泵电动机的旋转方向，在开动液压泵前，要确保油箱中液压油已充满。

（五）液压油的使用

1. 加入液压油

用专用滤油车通过加油口，注入全新清洁的液压油直到液位计的上限为止。电气布线工作完成以后，仔细检查机器各部位是否存在阻止部件运动的障碍和危险。确认安全后启动机器，检查油箱油位。如果油位低于中间刻度时，需再注入液压油，使得液位计指示的油位高于中间刻度。一般要求油量达到油箱容积的 $\frac{3}{4}\sim\frac{4}{5}$。

有关液压油的供应量，应参考油箱容积，实际的供应量可能大于此数值。不同品牌或不同型号的液压油不能混用。液压泵电动机在加入液压油之后 3h 内不能启动，这样利于油液中的气体排出。

2. 过滤

（1）油过滤器

油过滤器为吸油过滤器，安装在油箱侧面泵进口处，如图 6-13 所示，用来过滤、清洁液压油。在拆卸和更换过油滤器滤芯时，应遵循下述说明。有的油过滤器放在油箱内，清洗时直接拆出来即可清洗。

关于油过滤器的说明见表 6-19。

表 6-19　油过滤器的说明

内容	说明
使用及保养	据实验与研究结果证明，液压设备的故障 70% ～ 80% 都是由油液污染所引起的，考虑到油液的清洁度要求，机器安装了旁路过滤器，外形如图 6-14 所示，适宜清洁度要求较高的机器安装，避免油液污染，减少机械磨损及故障 机器运行时间越长，油液污染越严重。油过滤器通过其内部的滤芯起到滤油作用，在机器运行一段时间后必须更换，以利于过滤器的正常工作 油过滤器下端设有压力表，如图 6-15 所示。 过滤器的额定允许压力为 0.5MPa，在机器的运行过程中，当表的指针处在小于 0.5MPa 的范围内时，表示过滤情况正常；当表的指针处在大于 0.5MPa 的范围内时，表示滤芯堵塞，此时用户应更换滤芯，以免因影响油过滤器的正常工作，而最终影响油机器的正常运行 当更换滤芯时，机器应停止工作，将过滤器顶盖上的手柄拧松后上提，然后拔出滤芯。换上新的滤芯，按原样安装拧紧后，即可开机工作
拆卸	先拆去机身侧面的封板，拧松过滤器中间的内六角螺钉，使过滤器与油箱中的油隔开，然后拧下端盖的内六角螺钉，拿出过滤器，最后再拆开使滤芯和中间磁棒分离
清洗	用轻油、汽油或洗涤油等，彻底除去滤芯阻塞绕丝上的所有脏物和中间磁棒上的所有金属物。将压缩空气从内部充入，并将脏物吹离绕丝
安 装	把滤芯放入油过滤器内，先拧紧端盖内六角螺钉，再拧紧中间内六角螺钉
注意	①油过滤器卸下时，切勿启动驱动液压泵的电动机 ②当采用压缩空气吹气时，不能使吹气泵固定得过紧 ③在拆卸和安装时，必须小心以免损坏绕丝 ④如果绕丝有损坏，一定要更换油过滤器 ⑤在安装油过滤器后启动液压泵电动机，液压泵空载工作 10min，待工作正常后才可负载工作
换油	换油可使用油桶手摇泵或虹吸装置，注油口抽真空从油箱中吸油。剩余的残油通过油箱上的排油口排出，为此，位于油箱底部的排油螺栓必须拧开，清空油箱中的异物，同时也要清理油冷却装置和油路。旧油、残留油会导致新油的加速老化 打开油箱侧盖板和顶盖板，清空油箱中的所有异物，如果油过滤器安装在油箱内，应同时拆下油过滤器，清洗油箱。换上油过滤器，旋好排油螺栓，封好盖板，注满液压油使之达到标准 污染控制：必须妥善处置旧油。油过滤器可以被回收。使用过的油过滤器，可以返还给油品供应商

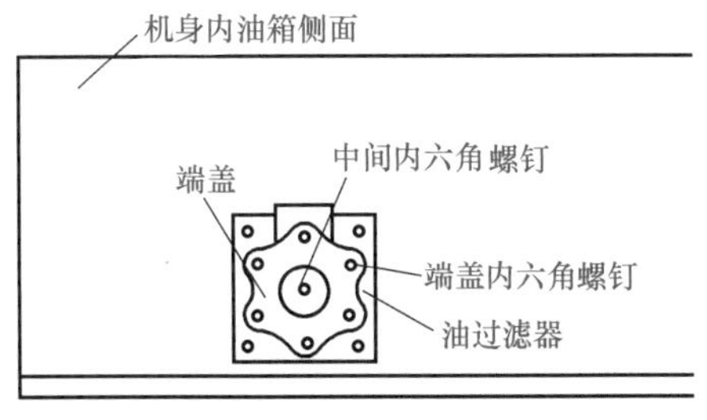

图 6-13　油过滤器位置示意

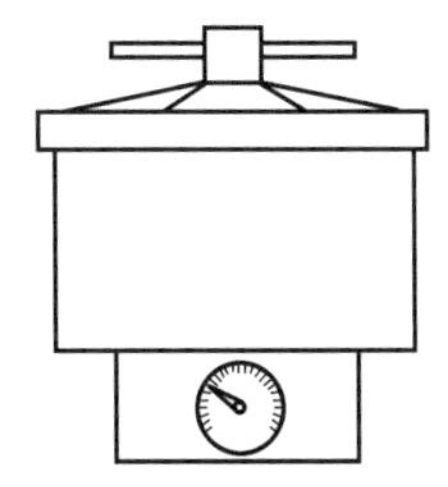

图 6-14　旁路过滤器外形

（2）伺服比例阀使用要求（表 6-20）

（3）空气过滤器

空气过滤器安装在油箱顶上。清洗时，先松开封盖，再更换空气过滤器的滤芯，然后再旋上封盖。油箱的空气过滤器应按照计划进行维护，封盖必须旋紧，否则油会溅出。没有固定好空气过滤器的机器，不能使用。滤芯不能回收，只能更换新的滤芯。

二、注塑机操作的基本事项

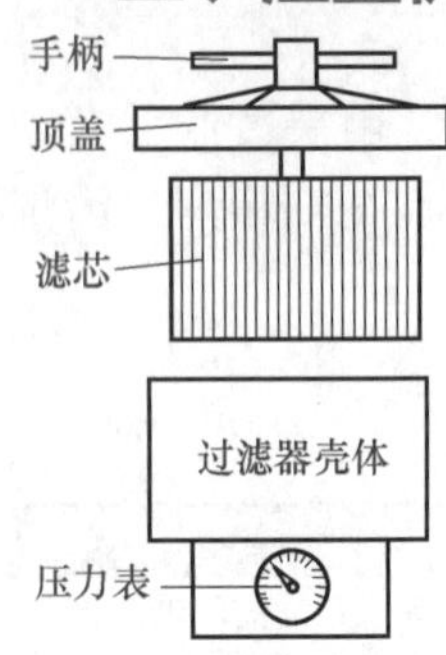

图 6-15 油过滤器结构示意

（一）注塑机的操作方式

1. 注塑机的几种操作方式

一般注塑机的操作方式有四种：点动、手动、半自动和全自动（见表 6-22）。正常生产时，一般选用半自动或全自动操作方式。操作开始时，应根据生产需要选择操作方式（手动、半自动或全自动），并拨动开关至相应位置。半自动及全自动的工作程序已由液压、电气控制系统预先设定，操作人员只需在控制面板上设定工艺参数即可，简单、方便、实用而又易于掌握。在一个周期中各个动作调整妥当之前，应该先选择手动操作，确认各个动作正常之后，再选择半自动或全自动操作。

表 6-20 伺服比例阀使用要求

内容	说明
油液要求	实践表明，液压系统故障和寿命缩短，70% ～ 80% 是由油液质量所造成的。特别是伺服比例阀系统，对油液的质量要求更高。伺服比例阀系统可使用下列品牌的油液：嘉士多（46 抗磨液压油）、BP（46 抗磨液压油）、美孚（DTE25 抗磨液压油）、威斯达尔（海天变量泵伺服阀专用液压油——海天变量泵和伺服比例阀系统试车用油）。油液清洁度≤ NAS6 级，具体见表 6-21 所列
调试要求	调试前，应确认伺服比例阀在运输过程中没有受到损坏，并应确认阀插头及伺服比例阀控制卡上控制信号线没有脱落。必须进行系统清洁度检查，确认干净后通过专用滤油车（5μm）加入以上品牌的液压油。加入油箱后的油液清洁度必须至少达到 NAS6 级。试车过程中，应进行油温预热，使油液工作温度在 30 ～ 50℃之间（最佳 38 ～ 45℃）。当高压油过滤器堵塞报警时，需立即停车更换滤芯，严禁私自拔掉高压油过滤器堵塞的报警插头

表 6-21 油液清洁度要求

标准	清洁度要求
ISO 代码	＜ 17/15/12
NAS 等级	＜ 6
＞ 10μm 颗粒数 /mL	＜ 70

注：1. 检测设备输出数据为 ISO 代码，代码中 3 位数值分别表示每毫升油液中 2μm、5μm、15μm 颗粒杂质的颗粒数据代码。

2. NAS 为美国国家航空及宇航行业标准。

表 6-22 注塑机的操作方式

类别	说明
点动操作	点动又称为调整。按下某一按钮后，注塑机的动作将根据按钮按下时间的长短运行，放开按钮，动作停止。装卸模具、螺杆，或检修机器、调整各个动作之间的配合及对空注射时采用点动操作，正常生产时不能使用。特别要注意的是，点动操作时机器上各种保护设置都暂时停止工作，例如在不关安全门的情况下，模具仍然可以跟随模板开启和闭合，所以必须谨慎小心，而且应有熟练的操作者现场指导，方可进行点动操作
手动操作	某一动作部件的运动，是由手指按动某一按钮而启动的，直至完全完成程序动作，若不再按动此按钮，动作不再重复。在模具安装好后试生产时应用手动操作，可检查模具的装配质量和模具的锁模力大小。自动生产有困难时也可使用手动操作
半自动操作	注塑机可以自动完成一个工作周期的动作。在将安全门关闭后，工艺过程中的各个动作按照一定的顺序，由继电器和限位开关组合控制自动进行，直至制品塑制成型。每个周期完成后，操作者必须拉开安全门取出产品，再关上安全门，机器才能继续下一个周期的生产。当注塑机各个工作部件均调整至正常工作状态时，能够准确地完成各自的工作操作。批量生产某一塑件时，可采用半自动操作。半自动操作可减轻体力劳动和避免操作失误，是生产中常常采用的操作方式
全自动操作	注塑机在完成一个工作周期的动作后，可自动进入下一个工作周期。注塑机的全部动作过程，都由控制系统控制，各种动作均按事先编好的程序循环工作，不需要操作工人具体进行操作。在正常的连续工作中无需停机进行控制和调整。使用全自动操作必须满足两个条件，即

续表

类别	说明
全自动操作	①产品能自动从模具上脱落 ②具有模板闭合保护和警示装置 同时，在操作过程中还要注意以下几点 ①中途不要打开安全门，否则全自动操作中断 ②要及时加料 ③若选用电眼感应，应注意不要遮蔽电眼 实际上，在全自动操作中通常也是需要中途临时停机的，如给模具喷射脱模剂等

2. 注塑机运行过程中和停机操作（表 6-23）

表 6-23　注塑机运行过程中和停机操作

内容	说明
注塑机运行过程中操作	下面是注塑机运行过程中操作的一些步骤及相应注意事项 ①注塑机合模前，操作人员要仔细观察顶杆是否复位、模具型腔内是否有制品或异物，如发现制品、机械或模具有异常情况，应立即停机，待查明原因、排除故障后再开机生产 ②对空注射喷出的熔体凝块，要趁热撕碎或压扁，以利于回收再用；一般不要留存 1.5cm 厚以上的料块 ③生产过程中的浇口凝料或自检废品应放入废料箱，废料箱严禁不同品种、颜色的废料以及其他杂物混入。生产时如浇口凝料掉在模具流道中或产品掉在型腔内，只可以用鲷棒小心敲出或用烫料机清理，严禁采用铁棒或其他硬物伸进模具勾、撬，以免碰伤、划伤模具；特别是高光镜面模具的成型零件，不得用手触摸，若有油污必须擦拭时，只能用软绒布或者脱脂棉进行 ④当需要进行机器或模具的检修时，而人的肢体又必须进入模具或模具合模装置内时，一定要关闭液压马达，以防机器误动作伤人，或损坏机器、模具 ⑤停机较长时间后、重新生产前要进行对空注射，且车间人员应远离喷嘴，以防止喷溅、烫伤事故的发生 ⑥每次停机时，螺杆必须处于注射最前的位置，严禁预塑状态下停机，停机后应关闭全部电源 ⑦当因模具原因造成制品质量问题，需要检修模具时，必须保留两件以上未做任何修剪（带有浇口凝料）的制品，以方便检修模具、查找原因 ⑧每次更换模具后，都要试注三件完整的制品进行质量首检，所有合格制品都需轻拿轻放，不得碰撞，装箱不能太紧，避免挤压擦伤
注塑机的停机操作	注塑机在很多情况下都需要停机，如订单完成、模具或设备出现故障、缺少材料等，停机不是简单地把机器关掉一走了之，而是要遵循一定的程序，并做好相应的工作后才能一步一步地关掉机器，下面是停机操作的一些步骤及相应注意事项 ①停机前保留 3 ～ 5 模次制品作为样品，这些样品作为下次生产的参考或作为模具、机器设备修模的依据 ②注塑机停机时料筒内的存料应尽可能减到最少。为此，应先关闭料斗上的供料阀门，停止塑料的供应，如果是订单完成，正常生产停机的话，可以将料筒内的塑料全部注塑完毕，直至塑化量不足，机器报警为止。如果是模具故障导致的故障停机，应将螺杆空转一段时间，将料筒内的料对空注射干净，以免螺杆加料段螺槽在停机后储满粒料，而这部分粒料在料筒停止加热后，受余热作用会变软粘成团块，在下次开机时会像橡皮一样“抱住”螺杆，随螺杆一起转动而不能前进，阻止新料粒的进入。极端情况下，积存的冷粒料块还会卡住螺杆，使螺杆难以转动，此时只好大大提高料筒温度使其熔融，而过高的温度又可能导致塑料烧焦碳化。当热敏性高的塑料在螺杆槽与料筒内壁间隙中形成碳化物质时，情况则更为严重，螺杆将被牢牢粘着不能转动，拆卸螺杆也甚为吃力 ③如果停机时间超过 15min，则应用 PP 清洗料筒，特别是热敏性塑料更应及时停机清洗料筒 ④停机前，如果只是短时间停机（模具、机器、塑料等均正常），模具动、定模应先合拢，两者间保留 0.5 ～ 2mm 的间隙。且千万不能进行高压锁模将模具锁紧，因为当模具长期受到强大的锁模力时，将使拉杆长期处于拉伸状态而产生变形，如果是较长时间停机，则最好是将模具拆下 ⑤射台（注射座）后退接近底部 ⑥将注塑机的电机关闭 ⑦将料筒电源关闭 ⑧将注塑机总电源关闭 ⑨将模温机、机械手、干燥机、自动上料机、输送带等辅助设备的电源关闭 ⑩关闭高压空气及冷却水的阀门，需注意的是，关闭冷却水时要注意入料口处的冷却水需待料筒温度降至室温时才能关闭 ⑪关闭车间电控柜内该注塑机的电源 ⑫进行零件自检，将不合格品做好标记并放置到指定的位置 ⑬清扫机台，做好 5S 工作

续表

内容	说明
注塑机的停机操作	⑭做好注塑机的维护保养工作，特别是哥林柱（注塑机合模拉杆）、导轨等活动部位要及时涂敷润滑油，易生锈部位应清洗干净后涂敷防锈油等 ⑮做好各项记录，如生产记录、设备停机原因记录、设备点检记录、维护保养记录等，以备下一次生产时参考 总的要求是，停机后总体状况应做到机台内外无油污、灰尘，无杂物堆置，设备周围打扫干净，无污物垃圾，工装设备擦洗干净、摆放整齐、无损伤

3. 注塑机的加料方式

注塑机的加料方式有三种：前加料、后加料和固定加料（见表 6-24）。一般根据喷嘴和物料情况选择合适的加料方式。

表 6-24　注塑机的加料方式

类别	说明
前加料	每次注射完成，塑化达到预塑要求后，注射座后退，直至下一工作循环时再前进，使喷嘴与模具接触，进行注射。这种方法用于喷嘴温度不易控制、背压较高、防止回流的场合
后加料	注射完成注射座就后退，然后再进行塑化，待下一工作循环开始时，注射座再前进进行注射。这种方法用于喷嘴温度不易控制及加工洁净塑料的场合
固定加料	在整个注塑成型过程中，喷嘴与模具一直保持接触。这种方法适用于喷嘴温度易控制，及塑料成型温度范围较广的情况

（二）注塑机的操作过程及料筒的清理

1. 注塑机的操作过程

注塑成型过程是一个循环过程。在注塑成型过程中，注塑机完成预塑化、合模、注射座前移、注射、保压、注射座复位、制品冷却、开模、制品顶出等动作组成的周期性过程。如图 6-16 和图 6-17 所示分别为注塑成型周期图和注塑机工作周期图。

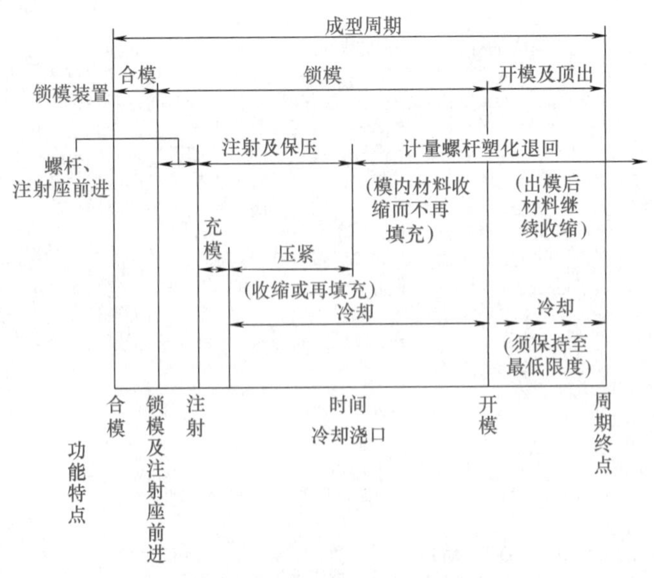

图 6-16　注塑成型周期图

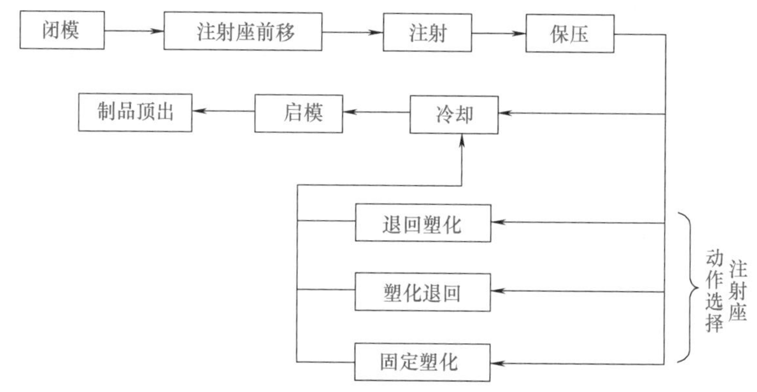

图 6-17　注塑机工作周期图

2. 注塑机料筒的清理（表 6-25）

表 6-25　注塑机料筒的清理

方法	说明
采用料筒清洗剂	当注塑制品所用原料更换比较频繁，或者料筒中残料与换料的塑化温度范围相差较大时，为了节省原料和提高工作效率，采用料筒清理剂是比较经济的方法。专用的料筒清洗剂是一种类似橡胶料的物质，在料筒中高温不熔融，在螺杆的螺纹槽中呈软化胶团状。专用的料筒清洗剂在螺杆的螺纹槽中迁移时，可把残料带走，使料筒得到清理
采用换料顶出法	当准备的换料的塑化温度范围高于料筒中的残料时，可把料筒和喷嘴加热升温至换料的最低塑化温度，然后加入换料并连续对空注射，直至料筒中没有残料。如果料筒中残料的塑化温度范围高于准备的换料时，应先将料筒加热升温至料筒中残料的最低塑化温度，然后加入换料，进行残料的清除 料筒中残料和换料的塑化温度范围及清除残料温度值见表 6-26 和表 6-27
采用过渡换料顶出法	表 6-28 为过渡换料顶出法的料筒清理温度。用过渡换料顶出法清除料筒中的残料，比用换料顶出法多一道工序。这种方法适用于对残料塑化温度低于换料塑化温度且极易分解的残料的清除。方法是：先用热稳定性比较好的高密度聚乙烯或聚苯乙烯，按表 6-28 中过渡料塑化温度加热，直至基本清除料筒中残料，再准备生产用料，按此料的最低塑化温度加热，最后全部清除残料即可继续生产

表 6-26　换料塑化温度高于残料塑化温度时料筒清理温度

残料名称	残料塑化温度 /℃	换料名称	换料塑化温度 /℃	清理温度 /℃	残料名称	残料塑化温度 /℃	换料名称	换料塑化温度 /℃	清理温度 /℃
LDPE	160 ～ 220	HDPE	180 ～ 240	180	PA66	260 ～ 290	PET	280 ～ 310	280
		PP	210 ～ 280	210	PC	250 ～ 310	PET	280 ～ 310	280
PS	140 ～ 260	ABS	190 ～ 250	190	ABS	190 ～ 250	PPO	260 ～ 290	260
		PMMA	210 ～ 240	210	PPO	260 ～ 290	PPS	290 ～ 350	290
		PC	250 ～ 310	250			PSF	310 ～ 370	310
PA6	220 ～ 250	PA66	260 ～ 290	260					

表 6-27　换料塑化温度低于残料塑化温度时料筒清理温度

残料名称	残料塑化温度 /℃	换料名称	换料塑化温度 /℃	清理温度 /℃	残料名称	残料塑化温度 /℃	换料名称	换料塑化温度 /℃	清理温度 /℃
HDPE	180 ～ 240	LDPE	160 ～ 220	180	PA66	260 ～ 290	PA6	220 ～ 250	260
PP	210 ～ 280	LDPE	160 ～ 220	210	PMMA	210 ～ 240	PS	140 ～ 260	210
		HDPE	180 ～ 240	210	PC	250 ～ 310	PS	140 ～ 260	250
ABS	190 ～ 250	PS	140 ～ 260	190	PET	280 ～ 310	PC	250 ～ 310	280

表 6-28　过渡换料顶出法的料筒清理温度

残料名称	残料塑化温度 /℃	过渡料名称	料筒温度 /℃	过渡料塑化温度 /℃	生产用料名称	清理温度 /℃
PVC-U	170 ～ 190	HDPE	180	180 ～ 240	PCTFE	270
		HDPE	180	180 ～ 240	PA66	260
		PS	170	140 ～ 260	ABS	190
		PS	170	140 ～ 260	PC	250
		HDPE	180	180 ～ 240	PET	280
POM	170 ～ 190	HDPE	180	180 ～ 240	PPO	260
		HDPE	180	180 ～ 240	PET	280
		PS	170	140 ～ 260	ABS	190
		PS	170	140 ～ 260	PC	250
		PS	170	140 ～ 260	PMMA	210

第三节　典型注塑机使用操作举例

虽然国内外的注塑机生产企业众多，产品各具特色，但在操作使用方面具有很多共同之处。本节以国产海天注塑机为例，介绍注塑机操作面板及其在使用时的操作程序。同时，以德国 ARBURG 注塑机图标化的操作界面为例，介绍注塑机面板与注塑工艺优化的设置方法。

目前，海天塑机集团是我国的大型注塑机制造企业，其注塑机所使用的控制器有中国台湾弘讯、日本 FUJI（富士）、奥地利 KEBA、意大利 GEFQAN 等，相应的操作系统及其界面略有不同，但前两者较为常见。

图 6-18　操作面板

一、海天注塑机操作面板与基本操作

（一）操作面板

1. 操作面板

注塑机的操作面板（图 6-18）为注塑机的人机交互界面，可以实时监测生产过程，工作中显示各种故障诊断。

2. 界面选择

系统提供 10 个功能键［F1 ～ F10，如图 6-19（a）所示］来选择界面，它将分为 2 组不同主选项（A 组界面和 B 组界面）。

A 组界面中包含 8 组副选单（模座、射出、储料、脱模、中子、座台、温度和快设），如图 6-19（b）所示；B 组（相对 A 组下一组）中又包含 7 组副选单（生管、校正、IO、模具、其他、系统和版本），如图 6-19（c）所示。

A 组界面的下层参数如图 6-20 所示，B 组界面的下层参数如图 6-20 所示。

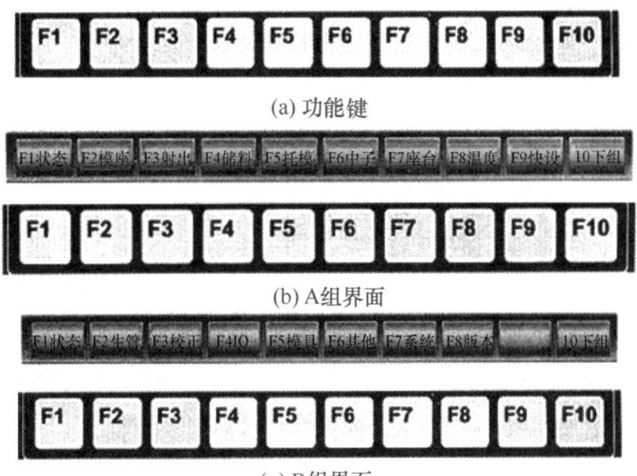

(a) 功能键

(b) A组界面

(c) B组界面

图 6-19　界面示意图

F1 状态										
F2 模座	F1 状态	F2 模座	F3 功能	F4 参一	F5 参二	F6 组态				F10 返回
F3 射出	F1 状态	F2 射出	F3 阀门	F4 功能	F5 曲线	F6 参数	F7 组态			F10 返回
F4 储料	F1 状态	F2 储料	F3 清料	F4 功能	F5 曲线	F6 参数	F7 组态			F10 返回
F5 托模	F1 状态	F2 托模	F3 吹气	F4 功能	F5 参数	F6 组态				F10 返回
F6 中子	F1 状态	F2 中一	F3 中二	F4 中三	F5 功能	F6 参数	F7 组态			F10 返回
F7 座台	F1 状态	F2 座台	F3 参数							F10 返回
F8 温度	F1 状态	F2 温度	F3 功能	F4 参数						F10 返回
F9 快设	F1 状态	F2 快设	F3 参数							F10 返回
F10 下组										

图 6-20　A 组界面的下层参数

F1 状态										
F2 生管	F1 状态	F2 警报	F3 测一	F4 测二	F5 测三	F6 曲线	F7 计数	F8 参数	F9 记录	F10 返回
F3 校正	F1 状态	F2 AD	F3 DA1	F4 DA2	F5 DA3	F6 DA4			F9 储料	F10 下组
F4 IO	F1 状态	F2 PB1	F3 PB2	F4 PC1	F5 PC2	F6 设PB	F7 设PC	F8 测PA	F9 诊断	F10 返回
F5 模具	F1 状态	F1 储存	F3 读取	F4 复制	F5 删除	F6 机器				F10 返回
F6 其他										F10 返回
F7 系统	F1 状态	F2 系统	F3 资料	F4 权级	F5 控制	F6 重置	F7 建置			F10 返回
F8 版本										F10 返回
F10 下组										

图 6-21　B 组界面的下层参数

3. 数字输入

如图 6-23 所示，输入键用于阿拉伯数字、英文字符和特殊符号的输入。

4. 光标移动

如图 6-23 示，光标移动键用于光标上下左右的移动。

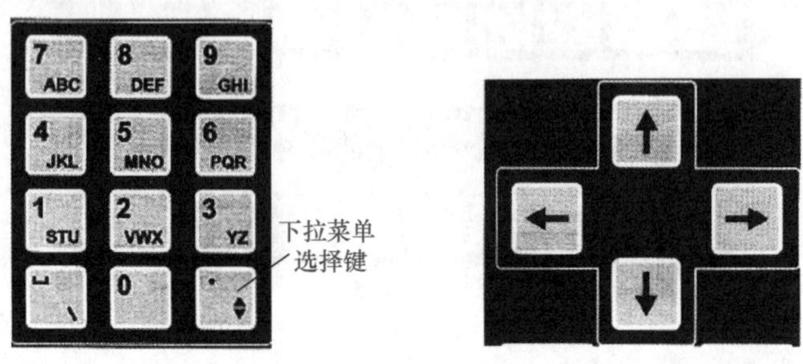

图 6-22　输入键　　　　图 6-23　光标移动键

5. 参数确认 / 取消

如图 6-24 所示，在参数输入框输入数值或字符之后，按键可进行参数的确认及取消。

6. 模式操作

模式选择键如图 6-25 所示。

图 6-24　参数确认与取消键

图 6-25　模式选择键

手动键：按下此键，机器进入手动模式。

半自动键：按下此键，机器进入半自动循环模式，每一循环开始，均需打开、关闭安全门一次，才能继续下一个循环。

全自动键：按下此键，机器进入全自动循环模式，只需在第一个循环时，打开、关闭安全门一次，在接下来的循环中，不需要再打开、关闭安全门。

调模使用：本键提供两项功能，按第一次为粗调模，屏幕显示由手动模式切换为粗调模模式。在此状态下，调模进退才能动作，同时为了方便及安全装设模具，此时操作开模、合模、射出、储料、射退、座台进、座台退的压力速度均使用内设的低压慢速，运动中也不随着位置变化而变换压力和速度，但开模、储料及射退会随位置到达而停止，因此在装设模具时，建议在粗调模模式下进行操作。

按第二次为自动调模，操作者将模具装好后，设定好开、合模所需的压力、速度、位置等参数，可使用自动调模模式，当安全门关上后，计算机会依所设定的合模压力自动调整模厚，直至所设定的压力与实际压力一致才完成。

如要恢复手动模式，直接按下手动键即可，但需注意调模状态下是无法进入自动状态的，需恢复为手动才可以。

7. 动作操作

控制开合模等动作的操作界面如图 6-26 所示，其说明见表 6-29。

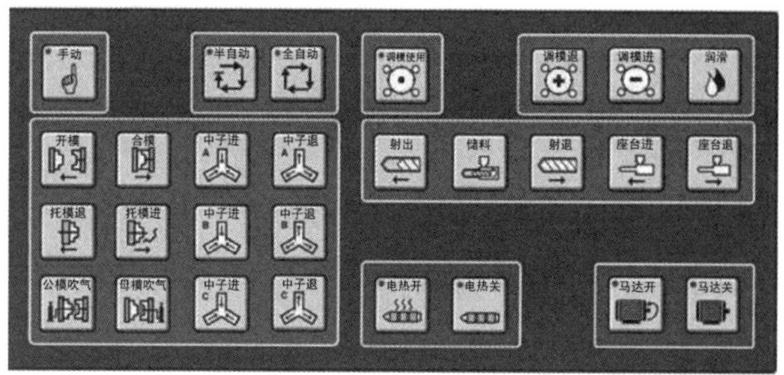

图 6-26　动作操作界向

表 6-29　控制开闭模等动作的界面按键说明

按键	界面图	说明
开模键	开 模	手动状态下，按下此键会根据设定的开模参数进行开模动作，如果有设定中子动作，则会联锁进行中子动作，按键放开或开模到设定行程，则动作停止
合模键	合 模	手动状态下并且安全门关闭，按下此键即会根据设定的合模参数进行合模动作，如果有设定中子动作，则会联锁进行中子动作，按键放开或者合模到位后，则动作停止
脱模退键	托模退	手动状态下，按下此键即会根据设定的脱模退参数进行脱模退动作，按键放开或者脱模退到位后，则动作停止
脱模进键	托模进	手动状态下，按下此键即会根据设定的脱模进参数进行脱模进动作，按键放开或者脱模进终止后，则动作停止
公模吹气键	公模吹气	公模吹气选择使用，在手动状态下按下公模吹气键，可于开关模的任何位置根据设定的吹气时间进行吹气
母模吹气键	母模吹气	母模吹气选择使用，在手动状态下按下母模吹气键，可于开关模的任何位置根据设定的吹气时间进行吹气
中子 A 进 / 中子 A 退键	中子进 A　中子退 A	中子 A 功能选用，在手动状态下按下中子 A 进 / 退键，并且当前模板位置在中子动作位置有效区内，可进行中子 A 进 / 退动作，按键放开动作停止
中子 B 进 / 中子 B 退键	中子进 B　中子退 B	中子 B 功能选用，在手动状态下按下中子 B 进 / 退键，并且当前模板位置在中子动作位置有效区内，可进行中子 B 进 / 退动作，按键放开动作停止
中子 C 进 / 中子 C 退键	中子进 C　中子退 C	中子 C 功能选用，在手动状态下按下中子 C 进 / 退键，并且当前模板位置在中子动作位置有效区内，可进行中子 C 进 / 退动作，按键放开动作停止

续表

按键	界面图	说明
调模退键	 调模退	粗调模模式下，按下调模退键，可根据设定的调模退参数进行调模退动作，按键放开则动作停止
调模进键	 调模进	粗调模模式下，按下调模进键，可根据设定的调模进参数进行调模进动作，按键放开则动作停止
射出键	 射 出	手动状态下，当料筒温度已达到设定值，且预温时间已到，按下此键则进行注射动作
储料键	 储 料	手动状态下，当料温度已达到设定值，且预温时间已到，按下此键一次，可进行储料动作，如果中途要停止储料，再按一次即可
射退键	 射 退	手动状态下，当料筒温度已达到设定值，且预温时间已到，按下此键则做射退动作，按键放开动作停止
座台进键	 座台进	手动状态下，按下此键，任何位置座台进均可动作，可是当座台前进至接触终止位置时，会转换为慢速前进，以防止喷嘴与模具撞击，达到保护模具的效果
座台退键	 座台退	手动状态下，按下此键，则进行座台退，座台退位置到达后或者座台退时间结束后，停止动作
电热开键	 电热开	手动状态下，按下此键后，料筒开始加温，自动状态下此键无效，状态显示画面会显示电热图形
电热关键	 电热关	手动状态下，按下此键后，料筒停止加温，自动状态下此键无效，状态显示画面会显示电热图形
马达开键	 马达开	手动状态下，按下此键则电机运转，自动状态下此键无效，状态显示画面会显示电机图形
马达关键	 马达关	手动状态下，按下此键则电机停止，自动状态下此键无效，状态显示画面会显示电机图形

（二）基本操作

注塑机的基本操作如下：

（1）状态界面，图标标注界面，电热、电机和通信状态界面（如图 6-27、图 6-28 和图 6-37）

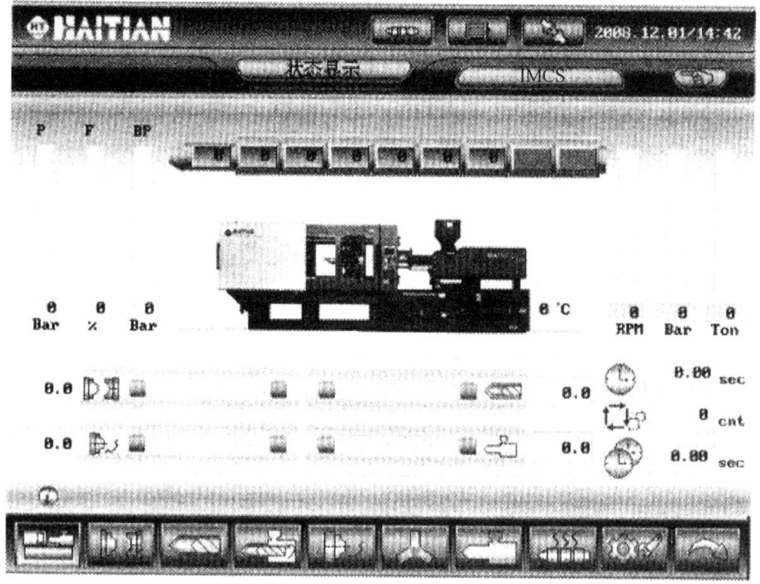

图 6-27　状态界面

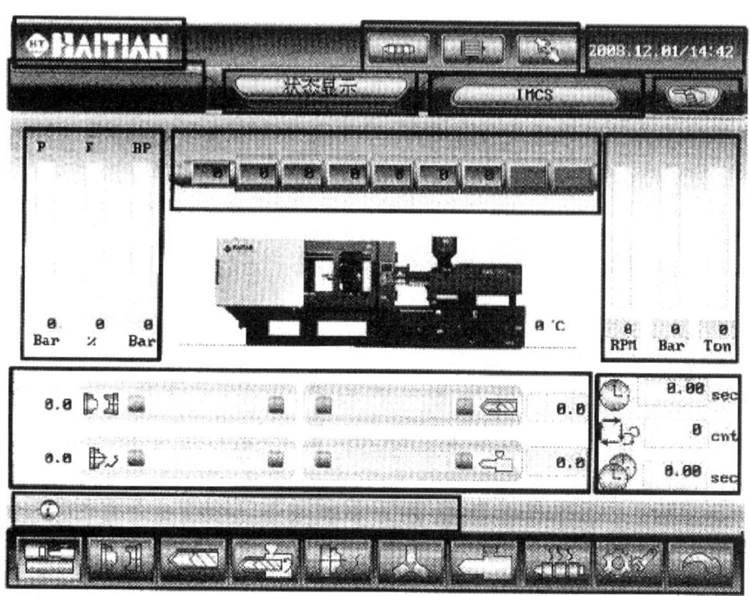

图 6-28　图标标注界面

图 6-29　电热、电机和通信状态界面

注意：电热、电机、通信没有启动，会用灰色图标显示；电热、电机、通信已经启动，会用橙色图标显示。

（2）动作状态显示栏（图 6-30）

① 动作状态显示栏，用动作小图标的方式，显示当前正在进行的动作。

② 采用图标方式，占地空间小，可同时显示多个动作，方便监视机器动作状态。

（3）当前模具名称显示（图 6-31）

当前模具名称显示，每个界面都有自己的名称，此栏用于显示当前使用的模具名称。

图 6-30　动作状态显示栏

图 6-31　当前模具名称显示

（4）当前操作状态显示（图 6-32）

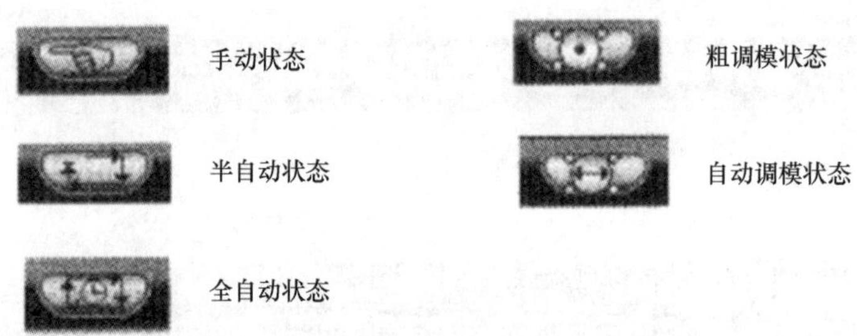

图 6-32　当前操作状态显示

（5）压力流量输出值状态显示(图 6-33）

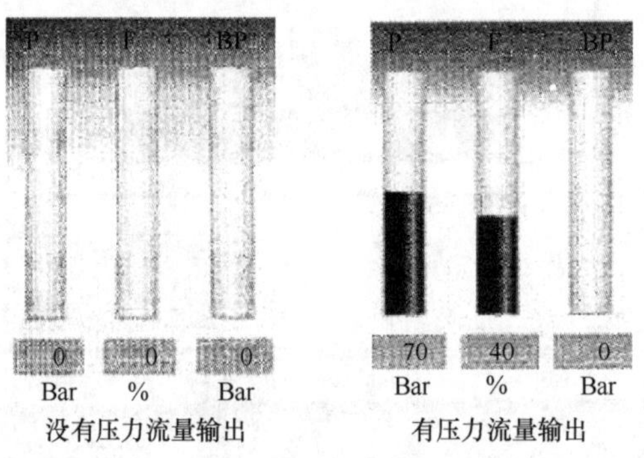

图 6-33　压力流量输出值状态显示

（6）料筒加温状态显示（图 6-34）料筒加温状态界面可显示当前实际料温及加温状态。

图 6-34　料筒加温状态显示

（7）螺杆转速、注射压力及锁模力状态显示（图 6-35）

（8）位置尺寸显示栏（图 6-36）

分别显示模座、脱模、注射、座台的实际位置。

（9）计时与计数显示（图 6-37）

（10）报警栏及消息提示栏（图 6-38）。

（11）界面提示栏图（6-39）。

界面提示栏有 10 个图标，对应 F1 ～ F10，在界面上按下对应的键，则可进入对应的界面。

（12）开关模参数界面（图 6-40）

开关模参数界面可设定常用的开关模参数，主要包含位置、压力和流量参数。

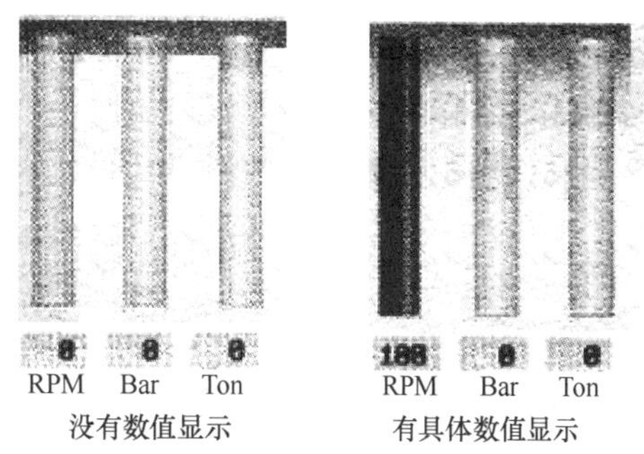

图 6-35　螺杆转速注射压力及锁模力状态显示

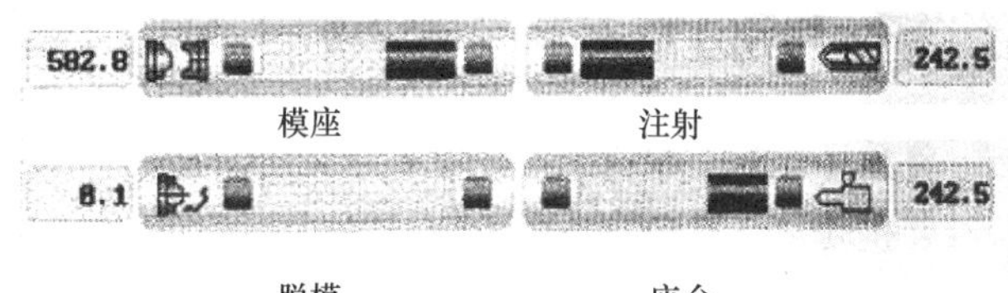

图 6-36　位置尺寸显示栏

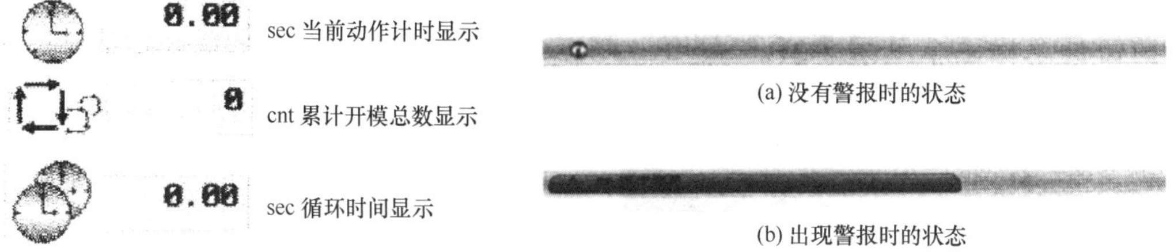

图 6-37　计时与计数显示

图 6-38　报警栏及消息提示栏

图 6-39　界面提示栏

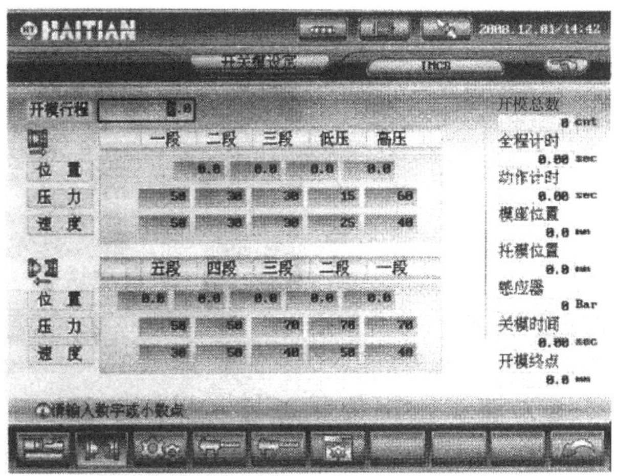

图 6-40　开关模参数界面

二、操作程序

以海天公司系列注塑机为例介绍注塑机的操作过程，操作面板见图 6-18。

（一）开合模单元的设定

更换模具要依照设备生产厂家技术人员教授的方法完成，以避免对操作人员造成人身伤害。模具安装完成后，要确定模具开合模单元、注射座及注射单元等的数据是否已调整好，以避免机器的损坏。除此之外，还必须确认料筒是否与模具连接及模具是否已完全固定。

1. 模具厚度调整（直压机不使用此部分）

模具厚度调整过程如图 6-41 所示。

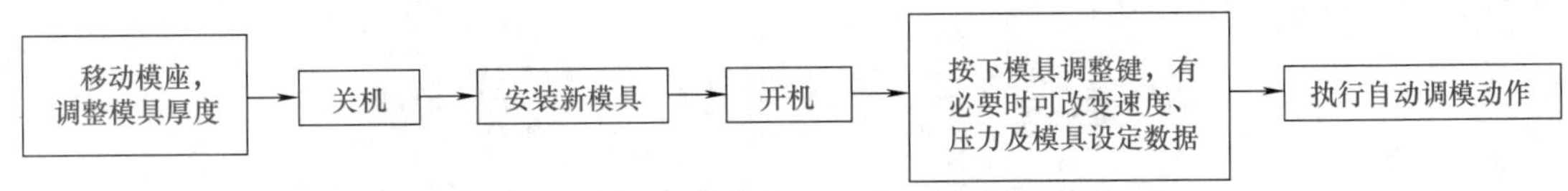

图 6-41　模具厚度调整过程

在安装模具前，使用调模按键调整模板开距。按下调模进键来调整减少模具厚度（缩短模座与动模板之间距离），或按下调模退键来调整增加模具厚度（增大模座与动模板之间距离）。

操作时持续按动调模按键，模座会连续动作，将会慢慢移动和停止。持续按下按键超过 1s，模座将开始连续移动，放开按键模座将停止移动。假如按下按键并立即放开，模座将慢慢移动及停止，这就是微调。以此方法可以重复操作将模座移到所要求的位置。

模具安装完成后可以关上安全门并开机，然后按调模键，才可使用手动调模动作。更换模具之后。可在注射座画面中（也就是屏幕上的 F7）改变调模的速度及压力设定。假如有必要，也可为模具设定模具数据或加载已设定好的模具数据。当调整数据的设定完成后，再按一次调模键来关闭模具。模具关闭后，控制器会按设定的数据执行自动调模。当自动调模执行完成后，所有的动作将会停止并且会发出警报声。此时，系统就会退回到手动的状态。

注意：为了安全起见，必须先回到手动模式下，才可使用模具调整键或手动键。假如要使用其他模块，在手动模式状态下改变；假如在模具调整过程中遇到问题，应按下手动键紧急重置停止动作。

2. 合模及模具保护

合模可执行三段压力速度操作：快速合模、低压合模和高压合模。为了提高生产率，合模动作可稍快些。为了避免机器及模具的损坏，设定正确的数据来保护模具是很重要的。

操作时按下手动键，确定在手动模式下执行开合模的设定。在面板上按下模座键（F2），设定合模行程，开、合模将不会超过所设定的行程。接着，在三段合模中输入欲设定的速度及压力值，但必须确定此设定将会使模具平滑地移动。在低压合模阶段设定的速度要足够低，以免因有异物停留在模具里而导致模具损坏。从快速合模到低压合模的转换点，应设定在模具可能会有异物的位置之前；从低压合模到高压合模的转换点，应设定在动、定模的分型面刚好接触的那一点。为了加快合模速度，可以选择差动合模。

设定所有的合模参数之后，在手动状态下执行合模时，要检查机器动作是否符合要求。在合模调整过程中有任何问题，应按手动键停止操作。上述操作过程如图 6-42 所示。

3. 开模

开模设置及操作过程如图 6-43 所示。

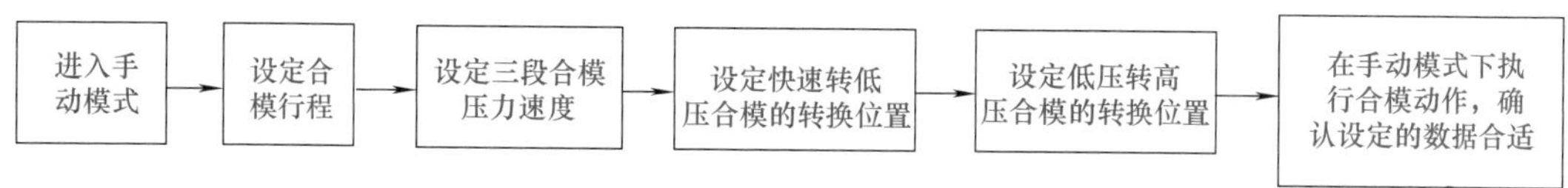

图 6-42 合模及模具保护过程

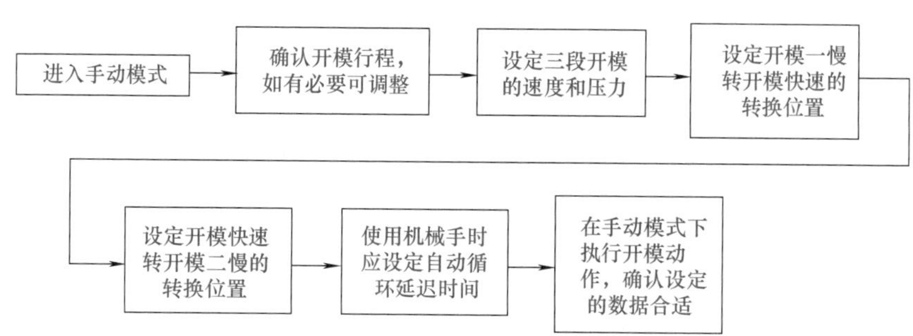

图 6-43 开模过程

开模过程分为三段，包括开模一慢、开模快速和开模二慢。

按下手动键，确定在手动模式下执行，开模设定应在面板上按模座设定键（F2）。确定开模行程，如有必要可调整成期望的开模行程。开模时，开模距离将不会超过所设定的行程。然后，在三段开模中输入欲设定的压力及速度值。

设定开模一慢的速度，使模具能够平稳地移动即可。应根据需要来调整开模一慢转开模快速的位置。在到达开模终点之前，需从开模快速转换到开模二慢，使开模动作缓慢地到达开模终点，以确保机器停止位置不会超过开模终点位置。

如需用机械手取出制品，必须设定再循环延迟时间，再循环计时就是从上一个循环结束到开模开始的时间。

设定所有开模参数后，在手动模式下执行开模动并确认机器动作是否符合所设定的数据。在进行开模调整的过程中遇到任何问题，均应按下手动键来停止所有控制操作。

4. 脱模

在生产循环之后可选择半脱、定次及振动等三种模式将制品顶出，其过程如图 6-44 所示。

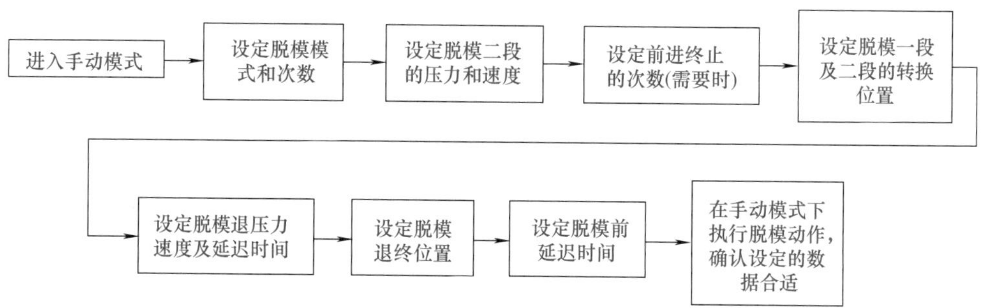

图 6-44 脱模动作过程

半脱模式是在半自动情况下使用。脱模进是根据脱模条件设定来顶出产品。安全门打开后再关上，当另一个循环开始之前再做脱模退动作。

在定次模式下，脱模是根据脱模方式及脱模次数的设定来动作的，通常在全自动模式下使用，不需要开关安全门即可持续执行下一个生产循环。

在振动模式下，当其到达脱模进终位置，便在脱模进前端做快速振动（振动距离根据振动计时控制）。

按下手动键，确定动作在手动模式下执行。按如图 6-18 所示的操作面板上的 F5 进入脱模设定画面，设定脱模模式和次数。假如不想使用脱模，可将脱模次数设定为“0”。

脱模再试功能只能在电眼自动模式中使用。假如模具中的制品不能被完整地顶出，系统会发出报警而脱模会再次执行。如果制品被完整地顶出，机器会持续正常地动作。如果还是无法顶出，系统将会发出脱模失败警报。

假如模具中制品没有被成功地顶出，并且没有选用电眼自动模式和脱模再试功能，则警报会发出声响，而机器将会因此而停止动作。

第一次脱模可设定二段压力、速度，依照转换位置转换压力速度，然后设定脱模退压力、速度和脱模退延迟时间。设定脱模退延迟时间后，允许脱模进完停留所设定的时间，再做脱模退动作。

如果在开模之后，要将模具上的制品冷却时间设定为脱模延迟时间，则在设定所有的脱模参数之后，在手动模式下执行脱模动作来确认机器的设定是否适合。在脱模设定期间，如有问题可按下手动键来停止操作。

5. 吹气

海天注塑机提供动模板及模座吹气脱模的选择，操作过程如图 6-45 所示。按下手动键，确认操作在手动模式下执行，然后按下如图 6-18 所示的操作面板上的 F5 键，进入脱模设置画面。设定其动作时间，当开模到达所设定的吹气动作位置时，便会执行吹气动作。如有必要，可设定吹气延迟时间。设定所有吹气参数后，应确认机器动作是否合适。在吹气设定过程中出现问题时，按下手动键来停止所有动作。

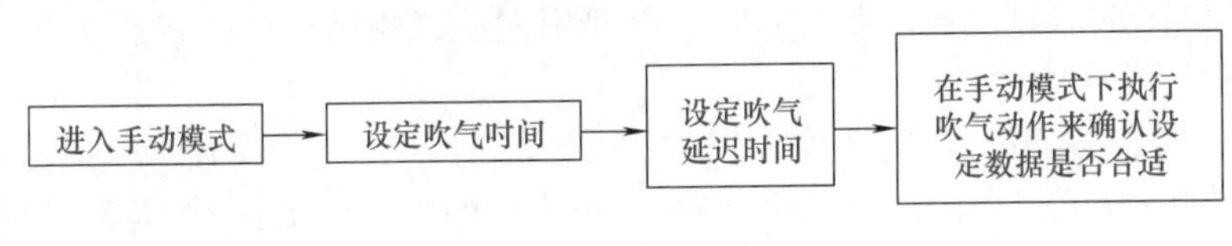

图 6-45　吹气过程

6. 抽芯机构（中子）

依照所选机器类型，抽芯机构最多可达三组（A、B 和 C），其操作过程如图 6-46 所示。每一组抽芯机构被分别控制。在设定抽芯机构的动作时，必须确定此设定不会造成抽芯机构或模具损坏。当抽芯机构动作设定完成后，要想通过控制器来避免所有可能发生的错误是不可能的。

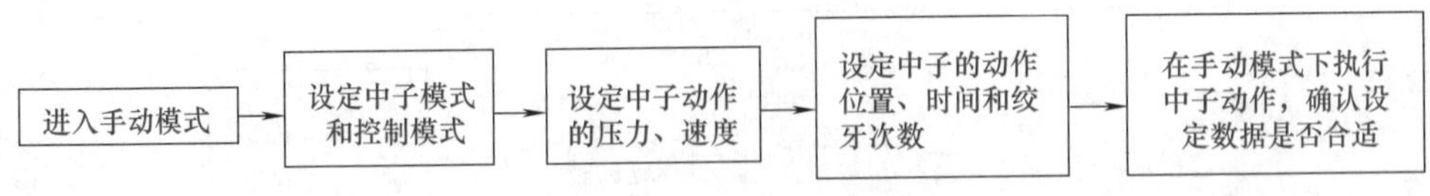

图 6-46　抽芯机构（中子）动作过程

在控制系统中，抽芯机构动作设定即为中子设定。按下手动键，确认操作在手动模式下执行。按如图 6-18 所示的面板上的 F6，可进入中子设定画面。

首先，选用中子模式。如果只有单纯的前进与后退，则使用标准中子模式；在中子内部要产生螺纹，则须使用绞牙模式。如果不使用中子，则中子模式选择“0”。然后，选择预控制模式来控制中子的移动。在标准中子模式中，可使用行程控制或时间控制。在绞牙模式中，可使用时间控制或计数控制。使用行程控制模式时，可使用行程开关来控制中子的移动。当生产循环期间到达动作位置，中子将移进或移出，直至碰到限位开关。限位开关发出动作后，机器动作将会停止。使用时间控制模式，即依照设定时间来执行中子的进入或退出，在生产循环期间，中子会依据所设定的时间移动。由于这时中子的移动不受行程开关控制而是通过时间控制，因此不能依赖限位开关的保护。

在绞牙模式中，使用设定时间来控制绞牙动作。在开模行程中到达动作位置，通过设定绞牙次数来控制绞牙动作。使用计数控制，必须使用电眼来感应旋转齿数，并控制绞牙动作。计数控制比时间控制更为精确。

根据需要对每一个中子的移进或退出设定压力、速度、时间、绞牙次数及位置。在开模循环结束时，只有使用中子 A 来执行绞牙动作，才有绞牙二退的动作。注意此绞牙二退只可使用计数控制。

当设定所有中子的参数之后，在手动模式下执行中子动作并确认数据设定合适。在设定中子期间遇到任何问题，可按下手动键来紧急停止机器操作。

（二）注射单元的设定

1. 注射座单元

通常情况下，可设定注射座在射出完成后退回。假如需要注射座活动，控制器还有三种不同的模式供选择：储料后、开模前、射出后。按下手动键，确定在手动模式下执行，操作过程如图 6-47 所示。

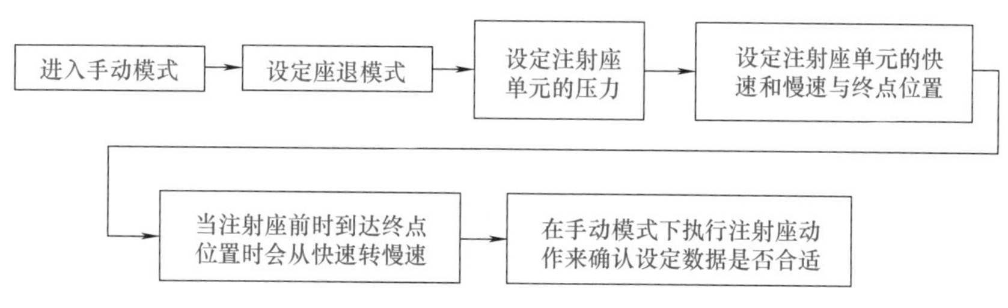

图 6-47　设定注射座单元

按下如图 6-18 所示的面板上的 F7 键进入注射座设定画面。首先，设定座退模式。若选择储料后座退模式，会在储料终止时做座退动作；若选择开模前座退模式，会在开模前做座退动作；若要在注射完成后做座退动作，可选择射出后座退模式。如果设定为 0，则注射座不动作。接着，设定注射座前进的压力、速度。其速度可分为快速和慢速，注射座开始前进时，使用快速，当注射座到达进终止位置，便转换成慢速，直至喷嘴接触到模具。

喷嘴和模具之间的距离最小要保留 200mm 的安全范围（这是很重要的）。假如注射座进终止位置设定太靠近模座，当喷嘴接触模具时将不能慢下来，会造成模具和喷嘴的损坏；当注射座退终止位置设定为 0 时，注射座会退到底。一般将注射座进终止位置设定大于 0。设定所有座退参数后，在手动模式下执行注射座动作来确认所设定的数据是否合适。假如在设定注射座及射出单元时遇到问题，可按下手动键来停止机器的动作。

2. 注射和保压

根据所选机器类型，其注射过程可分为 4 ～ 6 段，保压过程可分为 3 ～ 4 段，其操作过程如图 6-48 所示。按下手动键执行手动模式，按下如图 6-18 所示的面板上的 F3 键进入系统的射出画面设定。

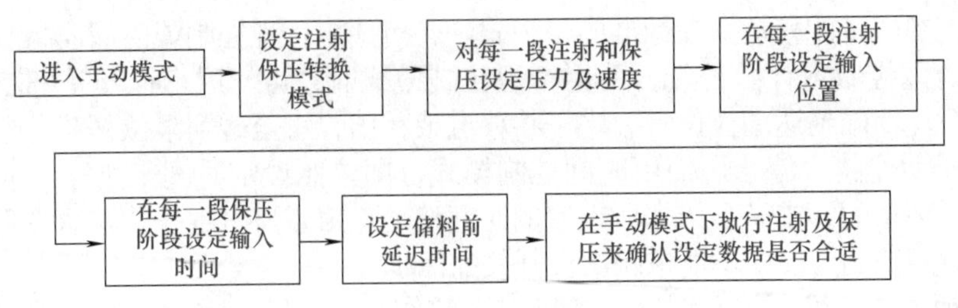

图 6-48 注射和保压操作过程

首先，选择注射保压转换模式。如果使用时间模式，即到达设定的注射时间后控制器将执行保压；如果使用位置模式，即到达最后的设定射出位置时控制器将执行保压。设定时间是为了避免不能到达保压位置转换点。

注意：设定的动作时间要比需要的注射时间长，这样可以避免因物料流动性较差而导致成型失败。保压的每一段转换控制根据其动作时间而定，不受注射保压转换模式影响。还可以使用位置和时间结合的方式来控制射出动作，当注射终点位置无法到达时，将转为时间控制。使用任何一种控制方式，都可从监测画面中得到更多有关注射动作的信息。

接下来，设定每一段注射和保压过程的压力和速度，并在每一段注射阶段设定输入位置，在每一段保压阶段设定输入时间。如果在注射 / 保压结束后及储料 / 座退前需要冷却，可设定需要的储料前延迟时间。

选择执行快速射出，机器要多选择一个对方向阀的执行控制功能，即可达到快速注射；使用蓄能器时可实现高速、高压注射。

在设定所有注射 / 保压参数之后，在手动模式下执行注射及保压，确认机器动作及数据是否合适。在设定注射及保压过程中出现问题，应按下手动键来停止机器目前所有的动作。

3. 储料和座退

储料和座退设定过程如图 6-49 所示。

注意：座退是指注射座的后退，射退是指螺杆的后退。

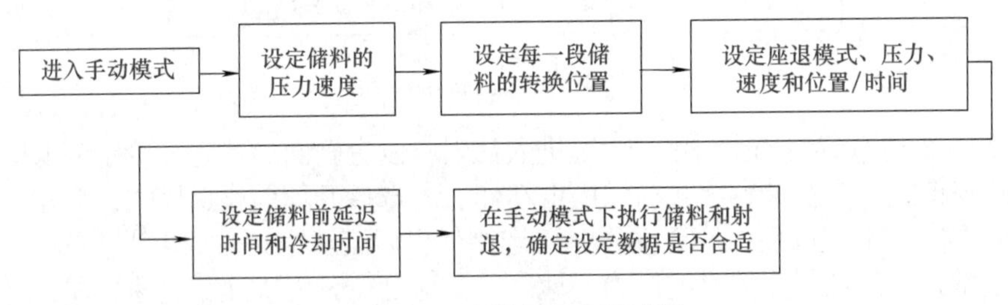

图 6-49 设定储料和座退过程

储料分为三段，可在每一段设定压力及速度。如有需要，也可使座退在储料结束后执行。

按下手动键，确定操作在手动模式下执行。按面板上的 F3 键可进入射出画面设定。

首先，设定储料每一段的压力、速度；接下来，输入位置来转换三段储料动作。选择射退模式，射退模式可使用位置或时间控制。选择“0”为使用位置控制，选择“1”则使用时间控制。输入射退的压力、速度、位置、时间等参数。位置 / 时间在相同字段中使用，它依据射退模式选择来变换其单位。假如不需要射退动作，则可将其位置 / 时间设定为“0”；若在注射、保压结束时需要冷却，在储料和射退前设定储料前所需要的延迟时间；若在完成储料和射退之后需要冷却，则在开模前输入冷却时间即可。

在设定所有储料、射退参数之后，在手动模式下执行储料和射退来确认设定数据是否合适。在设定储料及座退中遇到任何问题，均可按下手动键来停止机器所有的动作。

4. 加热

料筒温度最多可分九段，但需依照机器的类型而定。每段料筒可独立控制温度。按下手动键，确定操作在手动模式下执行。按下操作面板上的 F8 键可进入温度设定画面，操作过程如图 6-50 所示。

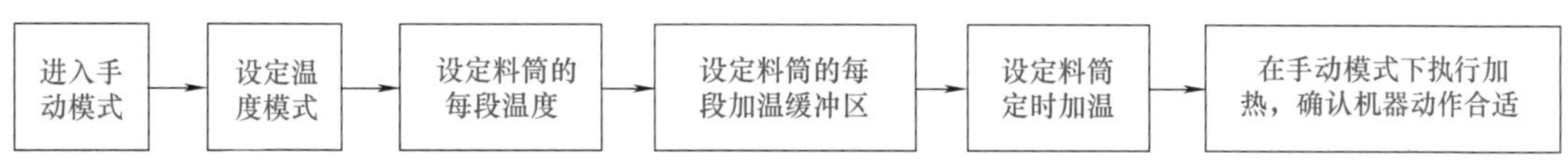

图 6-50　加热设置过程

首先，设定温度模式（保温）：如选择“0”，温度就会保持在设定温度范围；如选择“1”，将根据保温设定温度进行工作。

接下来，设定每段料筒温度。在动作状态区将会给出正确的加温状态显示。

注意：当温度超过所设定值时，加热模式会立刻关闭。当温度在设定值以下，加热会依照所设定的监测温度来执行加温。

假如想要使用定时加温，可将定时功能设置为“1”，若不使用则选择“0”。

计算机会依照设定时间，来控制料筒加温。如果温度发生故障，画面上会显示“977”“988”’或“999”。“977”表示温度板没有连接上或损坏，“988”表示感温线或温度感应有问题，若温度超过正常范围屏幕将会显示“999”。

在所有加热参数设定之后，在手动模式下执行并确认机器的动作是否合适。在加热设定期间遇到任何问题，可按下手动键来停止机器所有的动作。

（三）生产画面的建立

生产画面建立过程如图 6-51 所示。按下手动键则操作在手动模式下进行，此时系统允许对每一生产参数设定上限及下限的操作范围。当实际值超出设定的上、下限时，机器将停止操作并发出警报。此时，警报画面将会记录警报发生的时间及原因。若想进入警报 / 错误信息画面，可按警报键。

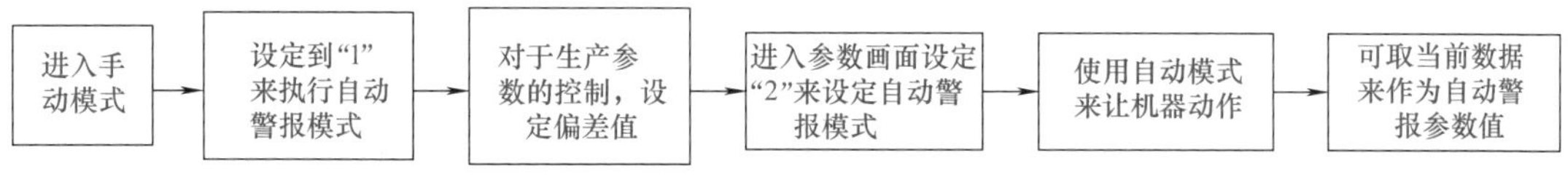

图 6-51　生产画面建立过程

开机后第一次操作时，自动警报是关闭的。直到生产模式到达自动警报起始模式后，才会开启自动警报，且会将开启警报前一模的生产参数作为警报的参考值。当其实际参数超过警报的上、下限时，机器会发出警报且停止运作。

应等到生产循环稳定后，再执行自动警报功能。在机器启动正常运转前，实际生产参数都会略作修改，所以必须等到生产稳定后，才可执行自动警报模式功能。

按时间自动键来执行自动模式，按下操作面板上 F8 进入温度监测画面。当自动警报执行后，自动警报值会设定为“1”。接下来，可设定偏差值做生产参数控制。依照下面的计算方法来计算偏差值的最大值及最小值，即用实际生产参数值配合误差（%）和误差值来建立偏差值，再利用偏差值和参考值来建立其上、下限。

最大值：

$$RV+(RV\times X/100)+Y$$

最小值：

$$RV-(RV\times X/100)-1$$

说明：

RV 为参考值；X 为误差百分比（例如 10 为 10%）；Y 为误差值。

参考值未固定前，会随着每一个循环改变，而且设备关机后参考值会消失。重新开始操作机器后，会用现在参数值建立其上、下限的参考点。若参考值已经建立，但实际生产参数已做修正，可将自动警报模式选择为“2”，用新的参考值来取代原参考值，计算机会用自动警报模式 2 的前一模来当作参数值的参考值。

在自动警报模式中，假如自动警报已经在使用（模式 1）或所设定自动警报起始模式未到达（模式 0），可调整自动警报起始模式。

在设定所有参数值到自动警报模式之后，在自动模式下执行动作并确认所设定的数据是否合适。在执行自动警报模式之后改进生产，可在监测中设定参数值。

（四）其他功能和设定

机械手及气动安全门是在其他功能设定画面中选用，它们的使用依照机器配置而定。如图 6-52 所示为气动安全门和机械手的设定过程。

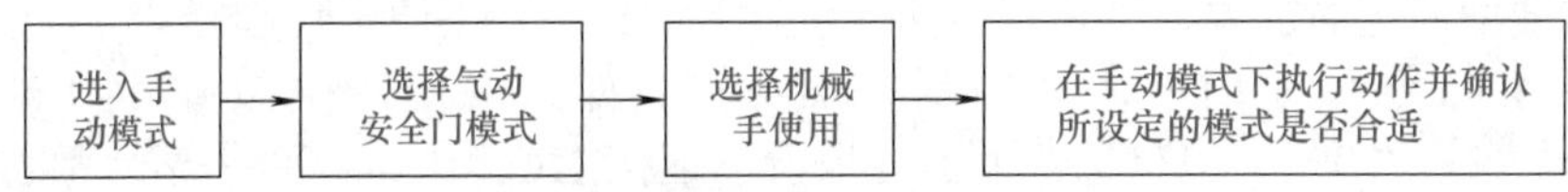

图 6-52　气动安全门和机械手的设定过程

按下手动键，确定操作在手动模式下执行。在面板上按 F7 进入其他设定模式。

设定气动安全门模式后，安全门会在储料完成后自动打开。在一个生产循环开始前，必须按下安全开关的按钮，安全门才会关闭。假如没有执行此功能，安全门将不会自动开启和关闭，即使在手动模式也无法开和关。但应注意：当操作大型机器时，手动安全门需要用较大的力量才可打开。

设定机械手模式后，可使用机械手将顶出的制品从模具中取出。

设定完所有参数之后，在手动模式下执行机械动作，确认机械动作是否合适。在设定期间遇到任何问题，可按下手动键来停止机械操作。

三、ARBURG 注塑机面板操作与注塑工艺优化

（一）参数定义

ARBURG 注塑机的人机界面为完全图标化按钮，直观明了。故以 ARBURG 产品为例，介绍注塑机面板操作与注塑工艺优化的设置方法。

不同的 ARBURG 注塑机所对应参数的定义不同。参数主要由一个字母和一个数字组成（见表 6-30）。

表 6-30　参数的定义

字母表示的参数类型	数字表示的循环中步骤顺序
d——直径，mm	0——指令参数，自动接通或切断
e——灵敏度，pC/bar	1——模具闭合，安全门
f——功能，输入 yes 或 no 或数值	2——喷嘴（注射单元）
F——力，kN	3——注射、保压压力，压力测量系统

续表

字母表示的参数类型	数字表示的循环中步骤顺序
P——压力，bar	4——塑化计量，减压
Q——流量，cm^3/s 或 L/min（显示为 ccm/s）	5——开模，输入带，分拣器
8——螺杆行程，mm	6——顶出，搬运
S——转换输入（只显示）	7——抽芯
t——时间，s 或 min	8——温度，模温控制设备
T——温度，℃或°F	9——操作记录，警报程序，磁盘，冷却系统
v——速度，mm/s	14——生产数据订单
V——体积，cm^3（显示为 ccm）	22——程序输入 / 输出
Y——阀（只显示）	—
SK——比例	—

注 :1bar=100kPa=0.1MPa

（二）编程键盘

ARBURG 注塑机操作面板上的编程键盘如图 6-53 所示，其有不同颜色的键，代表不同的功能特点。

① 绿色键：循环顺序编程，生产过程控制。

② 灰色键：工艺参数。

③ 黄色键：质量监视，生产记录。

④ 蓝色键：功能键。

图 6-53　ARBURG 注塑机的编程键盘

（三）编程方法

ARBURG 注塑机的编程方法如图 6-54 所示。

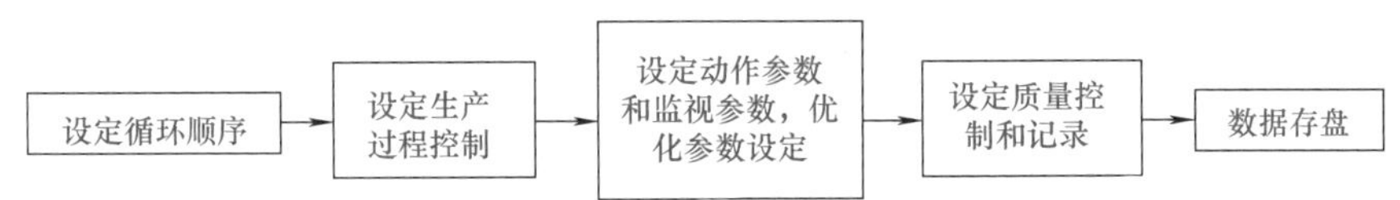

图 6-54　ARBURG 注塑机的编程方法

1. 设定循环顺序

按下注塑机操作面板上的键就可以进行注塑成型循环顺序的设定。此时会在显示屏的右上角显示设定循环顺序的图标，说明当前的符号键，参数面板亦转化为循环顺序设定的面板。循环以左面“循环开始”的符号图标为起点，从左到右依次排定各个符号，表示动作的先后顺序关系。只有前面的动作结束之后，才能进行下一个动作。上下并排的符号表示相应的机器动作同时进行。在此面板上可以完成动作的增减、前后顺序的改变等一系列功能。如表 6-31 所示为机器的各种动作设定图标及含义。

表 6-31　注塑机各种动作的设定图标及含义

图标	动作	图标	动作
	注射座前进与合模同时动作，缩短循环时间		吹气的设定

续表

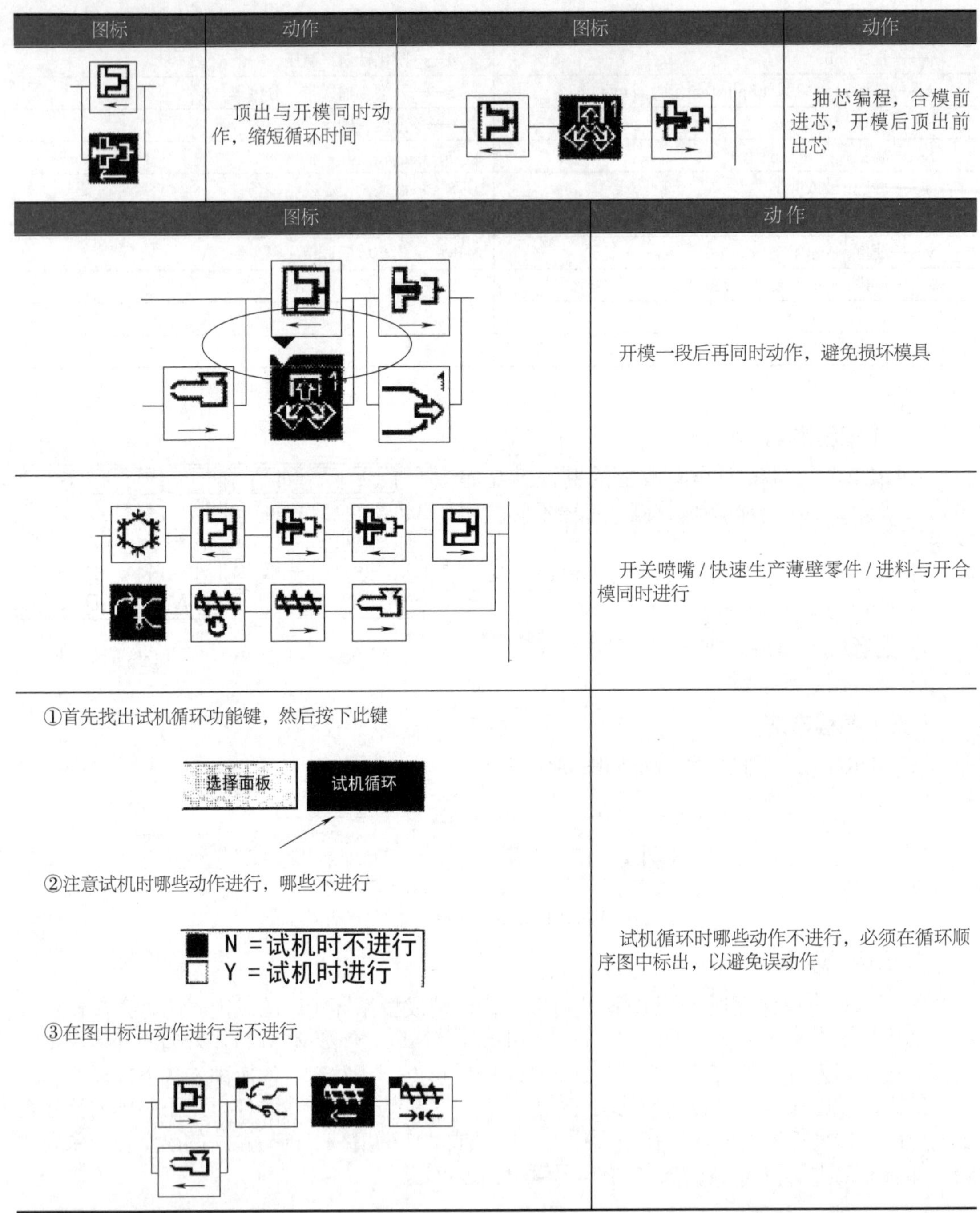

图标	动作	图标	动作
	顶出与开模同时动作，缩短循环时间		抽芯编程，合模前进芯，开模后顶出前出芯

图标	动作
	开模一段后再同时动作，避免损坏模具
	开关喷嘴/快速生产薄壁零件/进料与开合模同时进行
①首先找出试机循环功能键，然后按下此键 选择面板　试机循环 ②注意试机时哪些动作进行，哪些不进行 N =试机时不进行 Y =试机时进行 ③在图中标出动作进行与不进行	试机循环时哪些动作不进行，必须在循环顺序图中标出，以避免误动作

2. 设定生产过程控制

生产过程控制主要可以控制以下几个方面（表 6-32）：

① 生产数据。

② 出问题（报警）后，循环如何变化，应等待多长时间才能关掉机器的电机和加热系统，关电机前应作何种动作（合模、注射座退后、射空）。

③ 自动开机/关机过程。

表 6-32　生产过程控制的设置

控制内容		设置
生产数据		①首先按下操作面板上的键 ②找订单数据功能键，按下此键  订单数据　模具/料筒 ③在订单数据面板上进行参数设置
出问题（报警）后	循环如何变化	①按下操作面板上键，进入警报界面 ②按下功能键 警报循环，进入警报循环设置界面 ③设置某些动作在发生警报时不进行 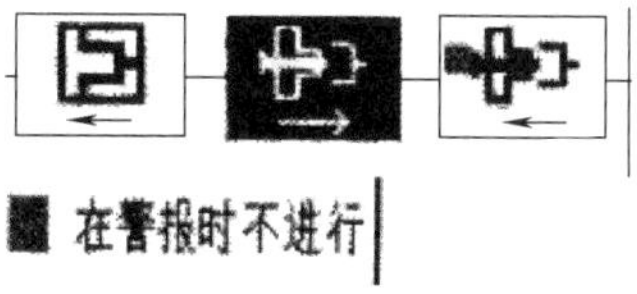 在警报时不进行
	警报多久后停机	①按下功能键 警报功能，进入警报功能设置界面 ②在相应的参数处设置参数值 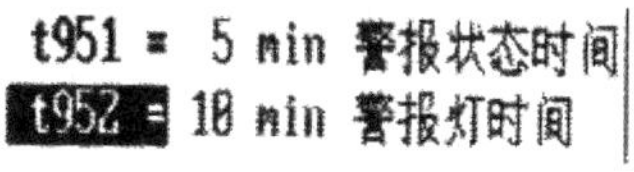 t951 = 5 min 警报状态时间 t952 = 10 min 警报灯时间
	关机前动作	①按下操作面板上按键，进入界面 ②按下功能键 关机动作，进行相应的动作设置
自动开机 / 关机过程		①按下操作面板上按键，进入界面 ②按下功能键 自动开/关机，进行相应参数的设置

3. 设定动作参数和监视参数，优化参数设定

注塑机的各种参数可以按控制面板上相应的键进行设定，也可以直接通过循环顺序图对各个参数进行设定，以下为各种参数的设定。

（1）合模过程参数的设定

合模过程参数的设定见表 6-33。

表 6-33　合模过程参数的设定

合模参数	设定过程
循环顺序图中合模参数的设定	①按下操作面板上按键，进入循环顺序界面，然后选择合模动作，进入合模动作参数设置界面 ②可以进行合模段数、锁模力、合模速度、低压护模和高压锁模的设置

续表

合模参数	设定过程
合模方式	按下操作面板上按键，然后选择功能键 模具选择 ，进入合模方式选择，其界面如下 f131 = 允许注射锁模力　　是 锁模程序: f132 = 标准式
扩展锁模力	①按下操作面板上按钮，然后选择功能键 锁模程序 ，进行相应参数设置 ②扩展锁模力的设置有助于节约时间，帮助分型面排气，减少机器损耗，如图 6-55 所示
锁模参数设定	①按下操作面板上合模参数键后选择功能键 锁模程序 ，进入锁模参数设定界面 ②可以进行合模后锁模力、保压时锁模段、合模位监视和冷却时锁模段参数的设置
合模参数	①按下操作面板上按键，然后选择功能键 合模 ，接着进行参数的设定 ②可以进行多段合模速度、合模压力和锁模的设置
合模保护监视	按下操作面板上合模参数键后选择功能键 监视 ，进入参数设定界面
合模到中间暂停	按下操作面板上合模参数键后选择中间停止键，进入参数设定界面

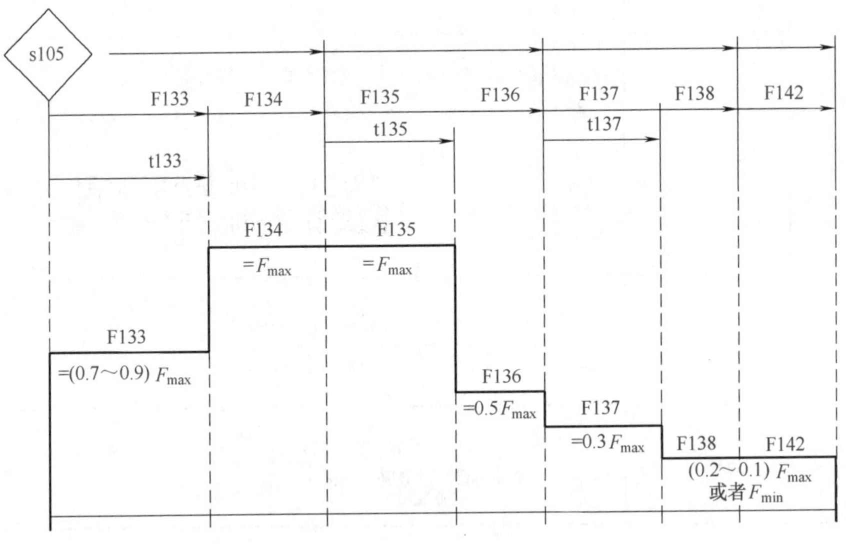

图 6-55　扩展锁模力

（2）开模过程参数的设定

开模过程参数的设定同合模参数一样，可以按下控制面板上按键进行设定，也可以直接通过循环顺序图对各个参数进行设定。表 6-34 为各种开模过程参数的设定。

（3）塑化 / 进料参数的设定

塑化过程的主要作用是为塑料充模成型提供高质量、熔融和混合均匀的熔体，如图 6-56 所示为塑料塑化物理过程。在这一过程中主要的参数有料筒温度、螺杆转速、背压和射退量。

各种塑化 / 进料参数的设置及注意事项见表 6-35。

（4）注射参数的设定

注射充模时的物理过程如图 6-58 所示。

表 6-34 各种开模过程参数的设定

开模过程参数	设定
开模	通过按控制面板上开模参数键或选择循环顺序图的开模动作，可以进行开模速度、压力和位置的设置，其界面如图（a）所示 图 (a) 开模动作参数设置界面
顶针动作	按下控制面板上按键，选择并按下功能键 前进 可以进行顶针前进动作的设置，选择功能键 后退 可以进行顶针后退动作的设置
顶针多次动作	进入循环顺序图，选多次动作按键，进行相应参数的设定
抽芯	①选择并按下操作面板键或进入循环顺序图中选择抽芯动作，进行相应参数的设定 ②按下 选择抽芯1 功能键可以进行控制方式的设定，按下 前进 和 退芯1 可以进行抽芯动作参数的设定
注射座动作	①按下操作面板上键，进入界面后按下 前进 和 后退 功能键进行动作参数的设置 ②注射座后退是为了避免喷嘴过冷却，后退距离不应设得太大

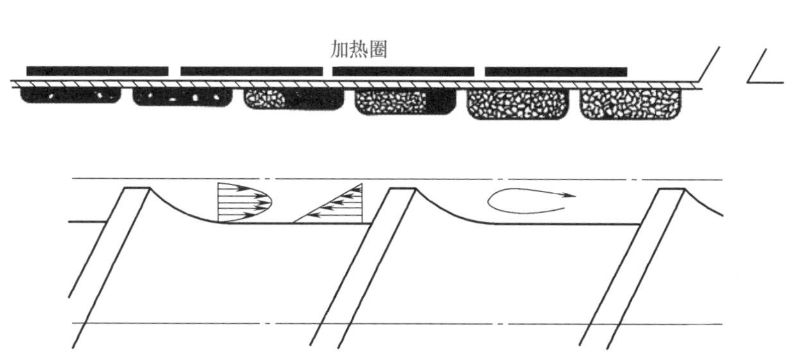

图 6-56 塑料塑化物理过程

表 6-35　各种塑化 / 进料参数的设置及注意事项

参数	注意事项	操作设置
料筒温度	①设定范围取决于原料型号（必须听取原材料供应商的建议） ②温度设定过低会导致螺杆部件损坏，过高会导致原料降解 ③停机时降温，控制喷嘴和料筒的冷却温度，缩短加热时间，节省能量	①按下操作面板键，选择功能键 温度1 料筒，然后进行料筒温度和停机时降温值的设定 ②停机降温功能的启用，需要选择设定值控制功能键，然后选择其中降温功能后才能实现
螺杆转速	①在冷却时间范围内尽量减小螺杆旋转速度 ②螺杆转速不宜过高，过高会导致塑料的热降解和机械降解，而且会增加螺杆和止逆环的磨损 ③螺杆转速（r/min）与周边速度（m/min 或 mm/s）两参数与螺杆直径存在着一定的关系，如图 6-57 所示	按下操作面板上键，选择功能键 预塑 防涎，接着进行与螺杆转速相关的参数设置
背压	①背压有助于混合的均匀度，避免塑料内产生气孔 ②不当的背压会导致混色不均、气泡、料垫不稳定和塑料热降解等问题	背压参数值的设置与螺杆转速在同一界面里，界面操作顺序与螺杆转速相同
射退	①螺杆射退有助于减去喷嘴内压力，防止喷嘴流料 ②射退过小会影响料垫稳定性 ③射退过大会导致吸入空气	射退参数值的设置与螺杆转速在同一界面里，可以选择预塑前或预塑后射退，界面操作顺序与螺杆转速相同

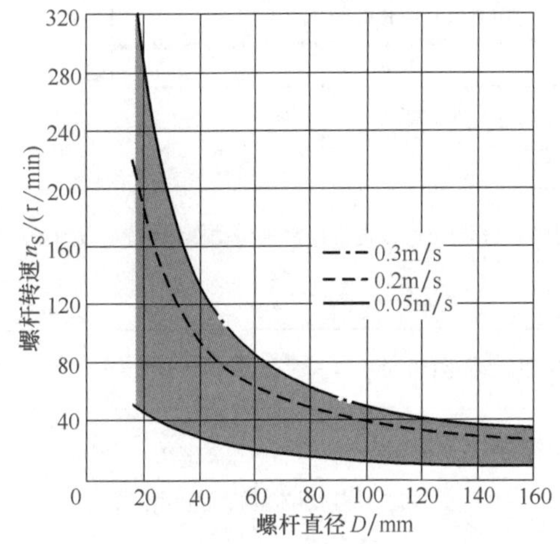

图 6-57　螺杆直径、周边速度及螺杆转速间关系

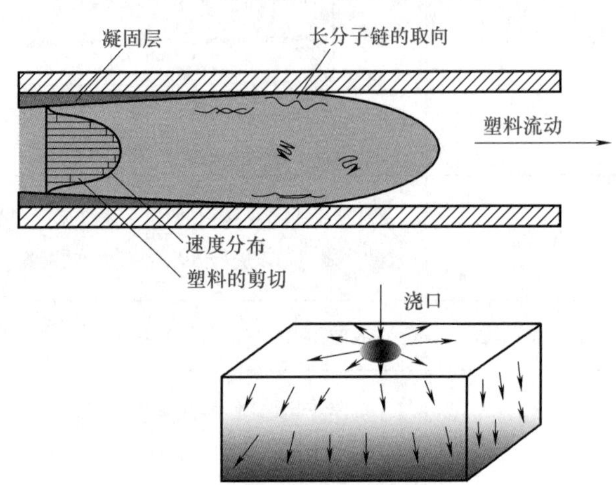

图 6-58　注射充模时的物理过程

注射充模时的物理过程对注射参数的影响因素包括：塑料流动；长分子链的取向；速度分布；塑料的剪切作用等。注射充模时的物理过程对制品质量的影响包括：

① 剪切会导致塑料的过热和降解。

② 塑料被模具和流道冷却。

③ 分子链取向并会导致内应力和翘曲。

④ 压力和温度的差别会导致内应力、变形，甚至充模不完全。

注射过程中主要的注射参数有：注射量和保压切换点、注射速度曲线，注射压力和模具温度。与注射相关的注塑件质量问题有：充模、内应力、翘曲变形、表面质量问题、烧焦、焊接线和蛇纹等。注射过程决定了制品最终的质量，因此注射参数的设置非常重要。注射过程中主要参数设置操作和注意事项见表 6-36。

（5）保压参数的设定

保压过程主要是充模后继续推进熔体进行补缩，以便获取致密制品的过程，主要参数见表 6-37。

表 6-36　注射过程中主要参数设置操作和设置注意事项

参数设定	注意事项	操作设置
注身量和保压切换点	①保压切换点 = 注射结束点 ②注射量与保压切换点之差是实际注射量，实际注射量应达到充填约 98%型腔 ③保压切换点太小易出现胀模、翘曲等问题；切换点太大则易出缺料、缩孔等问题。如图 6-59 所示为不同保压切换点的压力曲线	按下操作面板上键，进入注射界面，然后选择注射功能键，接着在转压点处进行设置 V305 =　15,00 ccm 转压点 —— 实际值 —— V4065 =　0,00 ccm 转压容量 p4072 =　0 bar 转压压力
注射速度	可以进行多段注射速度的设置达到最佳产品质量	操作过程同注射量和保压切换点的设置，按下注射功能键后就可以进行相关参数设置
注射压力	①实际使用的注射压力取决于注射速度、塑料熔体的黏度，以及模具流道的阻力 ②注射压力设定值是对实际注射压力的最高限制 ③注射压力用于克服塑料流动时的阻力	操作过程同注射速度设置
模具温度	①模具温度的设定见参数表或者根据材料供应商的推荐数据设定 ②模具温度不宜过高或过低，过低会导致充模困难、内应力、翘曲等问题；过高导致成型周期长，尺寸精度低等问题	按下操作面板上键，进入相应界面后进行参数的设置

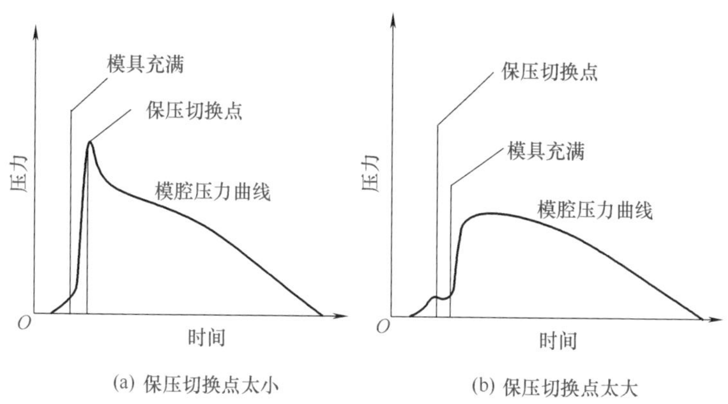

图 6-59　不同保压切换点压力曲线

表 6-37　保压参数

保压参数	说明
保压压力	按半结晶塑料和无规塑料不同的保压曲线由注塑机参数表给出，保压压力曲线如图 6-60 所示
保压时间	保压时间应略大于或等于浇口凝固的时间
过渡时间	过渡时间是指从注射压力到保压压力过渡的时间，对塑料产生预压缩
保压速度	保压速度是保压时螺杆前进的速度限制

与保压相关的质量问题主要有：尺寸、翘曲、内应力、凹陷、收缩孔、飞边等。保压参数的设定：按下操作面板上键，选择保压功能键，进行保压相关的参数设置，如图 6-61 所示。

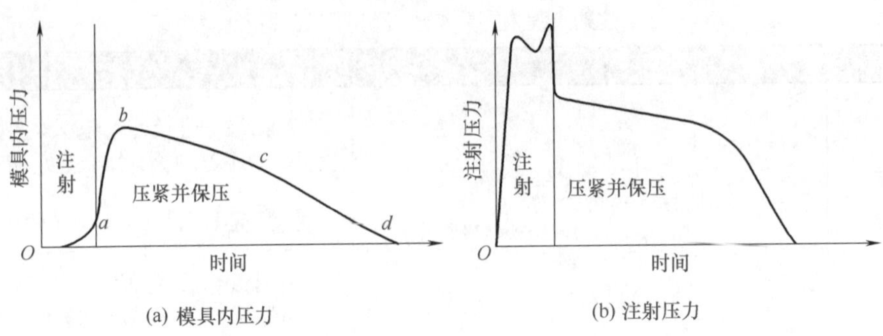

图 6-60　保压压力曲线

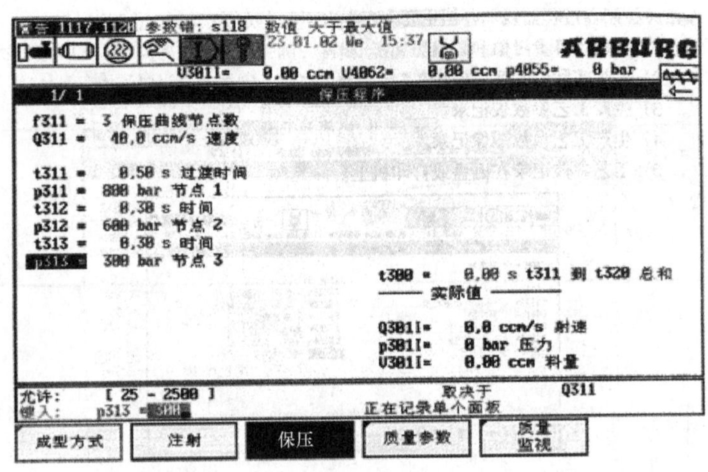

图 6-61　保压参数设置界面

（6）工艺参数优化步骤

① 调节注射压力以适配注射速度，如图 6-62 所示。按下操作面板上键，然后选择设置图像功能键，设置与图像相关的参数，接着选择图像 1 功能键或图像 2 功能键，直观地调节注射压力。

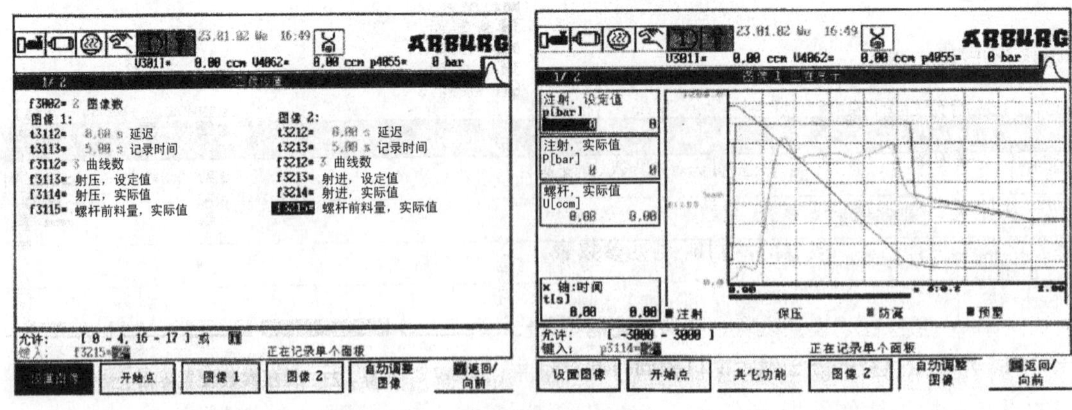

图 6-62　注射压力的调节

② 根据部件要求调节注射速度，典型的注射时间见参数表，微调速度曲线以达到最佳质量。

③ 确定保压切换点。一般保压切换点设置在物料约充填型腔的 98%时。

④ 优化保压时间。用测量重量的方法确定浇口凝固时间。

⑤ 优化保压压力。

⑥ 调节冷却时间。

⑦ 调节进料速度和其他参数。

4. 设定质量控制和记录

ARBURG 注塑机监视注塑生产稳定性及产品质量的手段主要有：

① 实际过程参数的监视。

② 产品质量的抽查。

③ 生产过程统计控制（statistical process control，简称 SPC）。

ARBURG 注塑机运用先进的控制器 SELOGICA 对过程进行监视并存档。SELOGIGA 控制器过程监视和存档主要表现在以下几个方面：

① 自动计算参考值和公差。

② 监视实际值和实际曲线。

③ 生产工艺参数表记录。

④ 生产工艺参数图像记录。

⑤ 工艺参数记录在磁盘或打印机上。

（1）过程参数实际值的监视

过程参数的实际值影响产品质量，因此对参数实际值的监视非常重要。可以监视的实际参数见表 6-38。

表 6-38 可以监视的实际参数

参数	说明
注射速度 / 时间	注射速度 / 时间可以反映注射压力设定高低和注射速度的设定改变。注射速度过低，充模不完全、缺料；注射速度过高，导致排气问题（烧焦）及表面缺陷
注射压力 / 压力积分	可以反映原料黏度和料筒及模具温度变化，直接会影响到制品的尺寸，表面质量和制品强度等
转压压力	转压压力即为注射结束至保压开始时过渡段的压力，可以反映个别型腔浇口堵塞、止逆环关闭、料筒 / 热流道温度及原料变化等情况，并且对制品的产量及脱模产生影响，转压压刀监视界面如图（a）所示 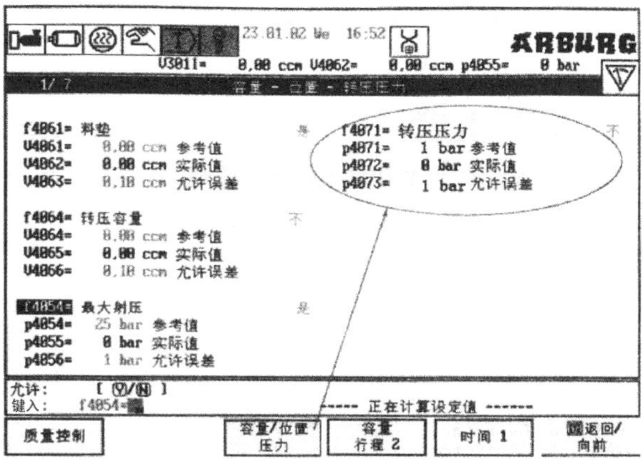 图 (a) 转压压力监视界面

续表

参数	说明
料垫	料垫可以反映保压设定变化、热流道温度变化，以及个别型腔浇口堵塞，止逆环关闭不正常，喷嘴与模具泄漏等，会反映充模不完全，制品缺料或产生飞边等情况。料垫监视界面如图（b）所示 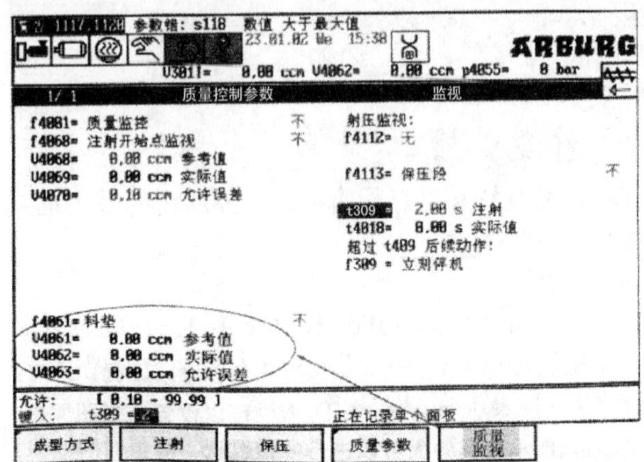 图 (b) 料垫监视界面
循环时间	循环时间可以反映冷却时间、保压时间和机器动作速度变化。循环时间的变化对生产率、脱模过程、部件尺寸和缩水缺陷等都会产生影响，循环时间监视界面如图（c）所示 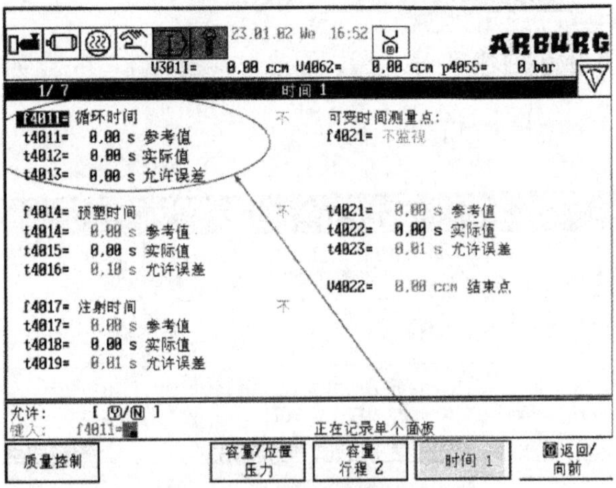 图 (c) 循环时间监视界面
进料时间（预塑时间）	进料时间可以反映螺杆旋转速度和背压设定变化、入料口温度设定及回收料处理正确与否，同时会对熔胶质量、颜色变化及均匀性和产品内在质量等都会产生影响，其监视界面如图 6-63 所示

除了可以对以上参数进行监视外，还可以对注射起点、保压压力和型腔内压力进行监视。

对于过程参数的监视除可以采取实际值监视外，还可以进行曲线监视。如图 6-63 ～图 6-63 所示为曲线监视的设定。首先按下操作面板上 键，进入曲线监视设定的相关界面：如图 6-63 所示的监视界面内可以设置监视图像数、记录条件数等功能；如图 6-64 所示的监视界面可以进行峰值监视、峰值时间监视及按时间积分监视等各种功能设定；图 6-65 为监视图形的显示，可以对图形的坐标、单位及曲线进行调整。

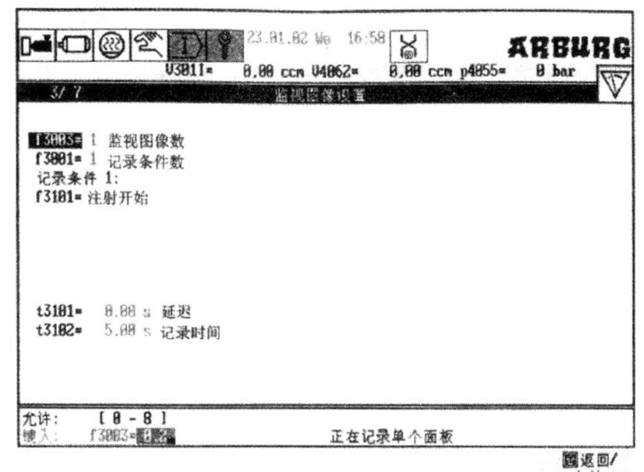

图 6-63　监视图像设置

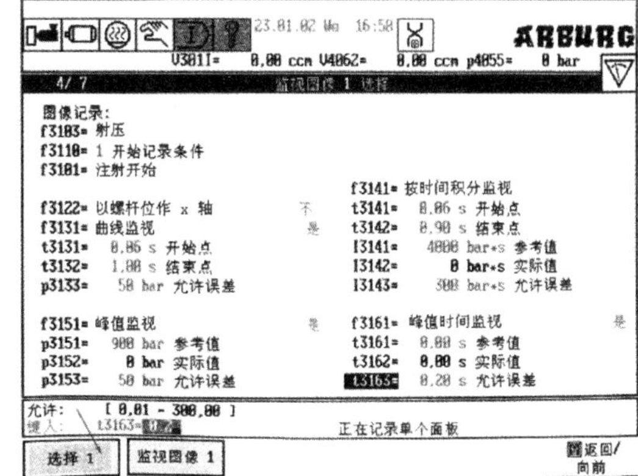

图 6-64　监视图像功能的选择

（2）过程监视与质量控制

ARBURG 注塑机过程监视与质量控制的过程和原理如图 6-66 所示，其说明见表 6-39。

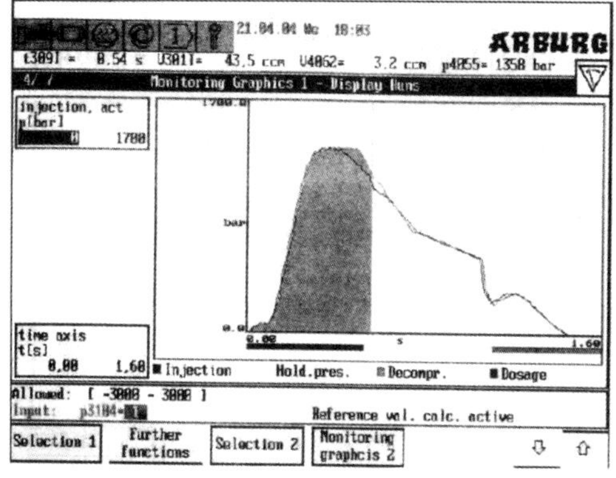

图 6-65　监视图像曲线

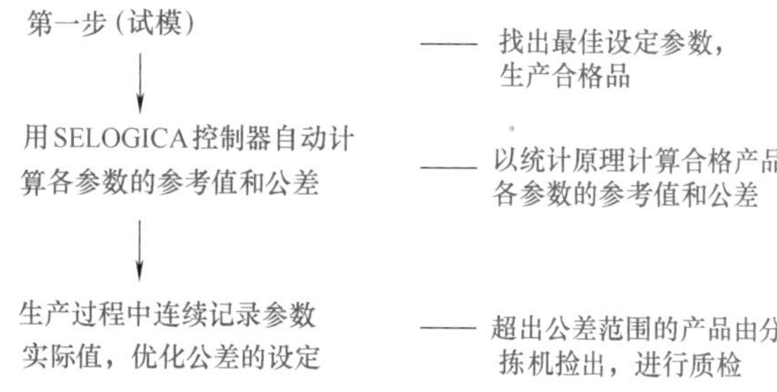

图 6-66　过程监视与质量控制的过程及原理

表 6-39　注塑机过程监视与质量控制的过程

类别	说明
自动计算参考值和公差	ARBURG 注塑机利用先进的 SELOGICA 控制系统在生产过程中自动进行参考值和公差的计算。基本原理为高斯正态分布，如图 6-67 所示 在实际生产过程中，注塑机控制系统连续不断地监视工艺参数，参数超出公差的制品被分拣器拣出。对质量进行界面设定如图 6-68 所示。分拣器不但可以拣出次品，而且可以分离制品与浇口，拣出生产开始时数个产品，如图 6-69 所示
工艺参数实际值记录与存档	ARBURG 注塑机可以记录几十个工艺参数的实际值并存档，但每次只能记录八个工艺参数值。常用工艺参数值有：注射开始位置、注射时间、压力积分值、转压压力、保压压力积分、料垫、进料时间和循环周期。注塑机操作时，按下操作面板上键，便可进入相应的界面
生产工艺参数数表记录	生产工艺参数数表记录的参数为已设置需记录工艺参数值的实际值。操作界面中白色数字显示最新的 7 个循环，蓝色数字显示最低和最高值、平均值和标准方差，如图 6-70 所示
生产工艺参数图像记录	生产工艺参数图像每页可记录 4 个工艺参数，同时可以记录最新的 99 个循环。在界面中除了可以显示参数值外，还可以显示平均值和标准方差，如图 6-71 所示
过程总结	对于产品质量控制过程可以总结为如图 6-72 所示的过程

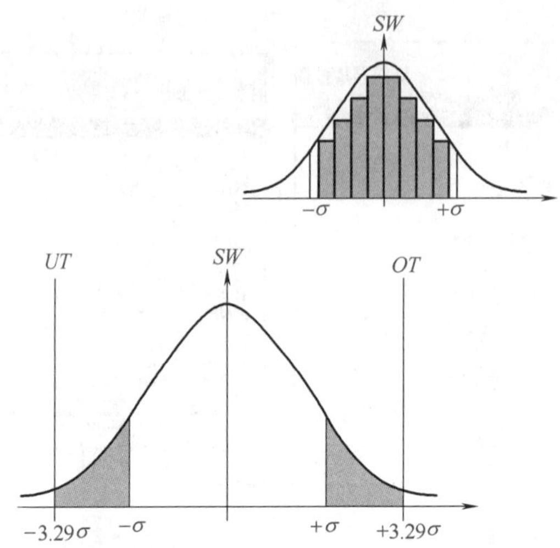

图 6-67　自动计算参考值和公差的基本原理

SW—平均值；σ—标准偏差；*UT*—最低公差；*OT*—最高公差；3.29σ—概率为 99.9% 的产品合格

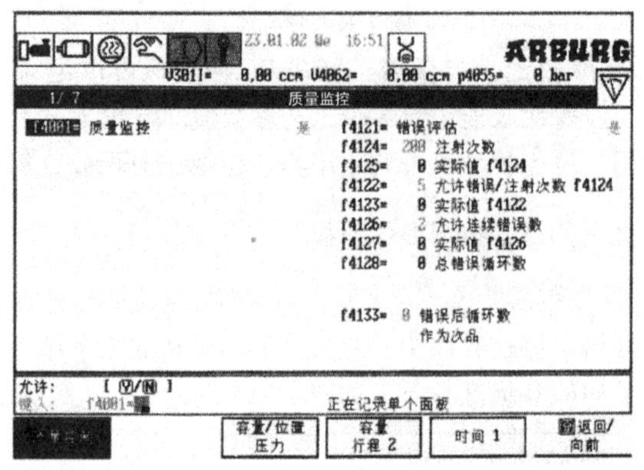

(a) 质量监控、错误评估及相关参数功能的设置

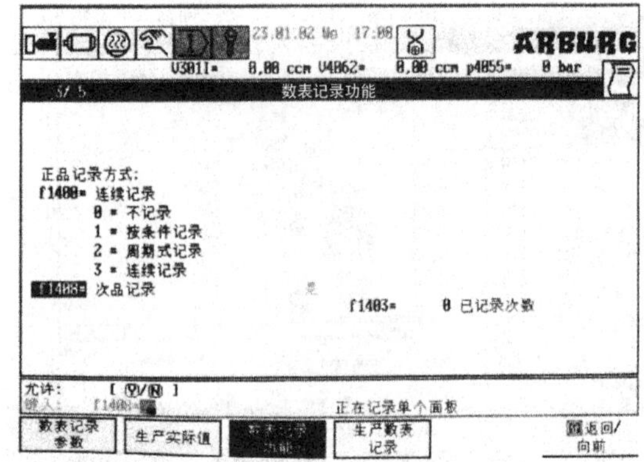

(b) 正品及次品记录方式的设置

图 6-68　质量监控设置界面

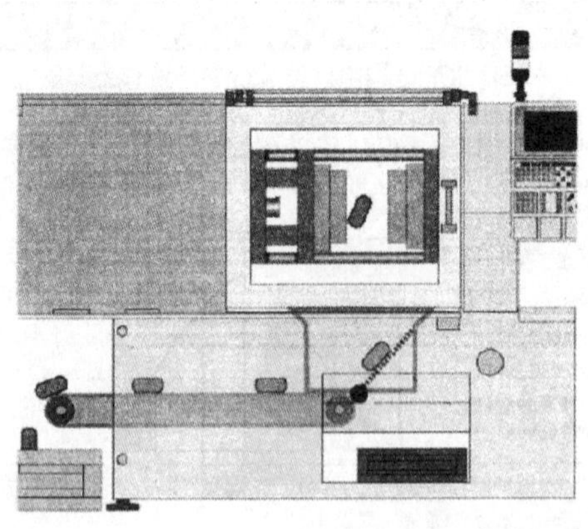

图 6-69　分拣器

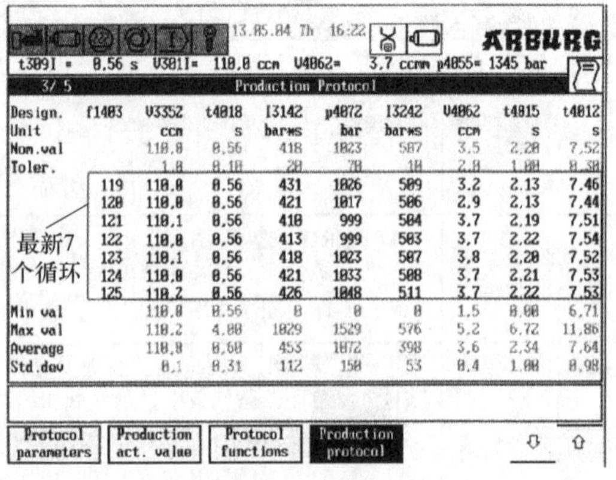

Design.	f1403	V3352	t4018	I3142	p4072	I3242	V4062	t4015	t4012
Unit		ccm	s	bar*s	bar	bar*s	ccm	s	s
Nom.val		110.0	0.56	418	1023	507	3.5	2.20	7.52
Toler.		1.0	0.10	20	70	10	2.0	1.00	0.30
	119	110.0	0.56	431	1026	509	3.2	2.13	7.46
	120	110.0	0.56	421	1017	506	2.9	2.13	7.44
	121	110.1	0.56	410	999	504	3.7	2.19	7.51
	122	110.0	0.56	413	999	503	3.7	2.22	7.54
	123	110.1	0.56	418	1023	507	3.8	2.20	7.52
	124	110.0	0.56	421	1033	508	3.7	2.21	7.53
	125	110.2	0.56	426	1048	511	3.7	2.22	7.53
Min val		110.0	0.56	0	0	0	1.5	0.00	6.71
Max val		110.2	4.00	1029	1529	576	5.2	6.72	11.86
Average		110.0	0.60	453	1072	398	3.6	2.34	7.64
Std.dev		0.1	0.31	112	150	53	0.4	1.00	0.98

图 6-70　生产工艺参数表记录

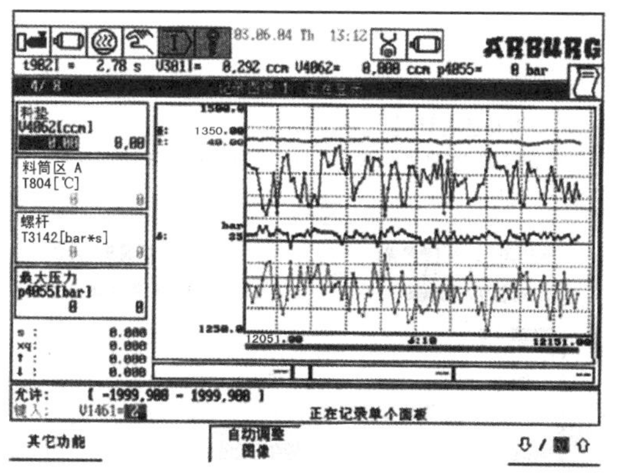

图 6-71　生产工艺参数图像记录

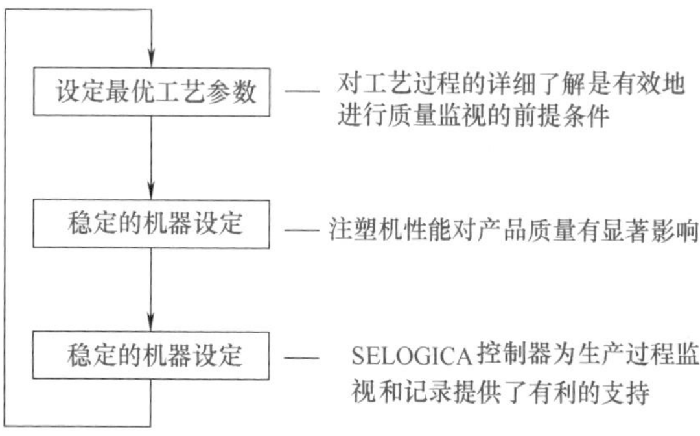

图 6-72　产品质量控制的过程

5. 打印记录功能

按下操作面板的键可得到如下功能：

① 打印设定参数（在打印机或磁盘上），供阅读和参数。

② 记录生产过程（在打印机或磁盘上），每一循环可记录 8 个参数，可以使用每一循环都记录或间隔记录的方式，记录结果有助于检查和解决生产及质量问题。

打印操作的过程（如图 6-73 ～图 6-76 所示）如下：

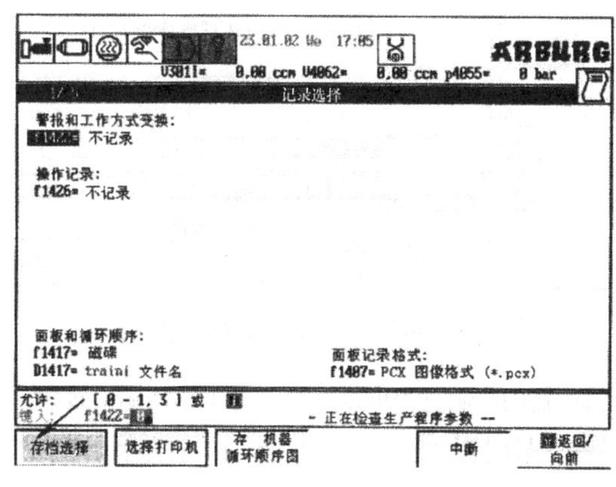

图 6-73　存档方式选择

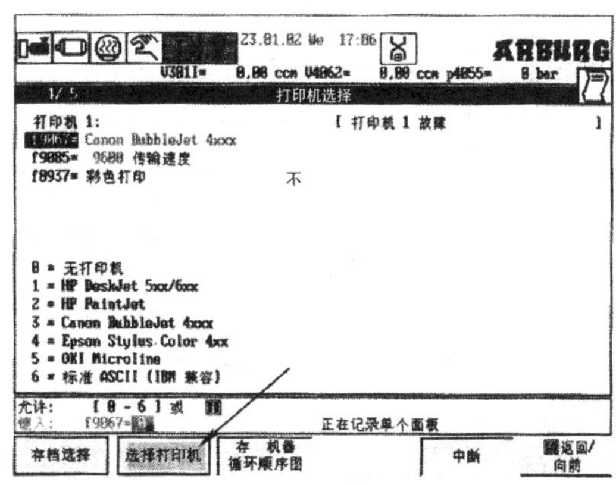

图 6-74　打印机选择

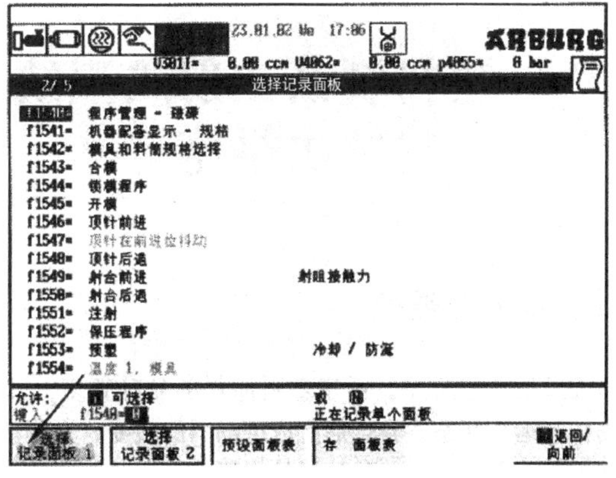

图 6-75　打印参数的设定

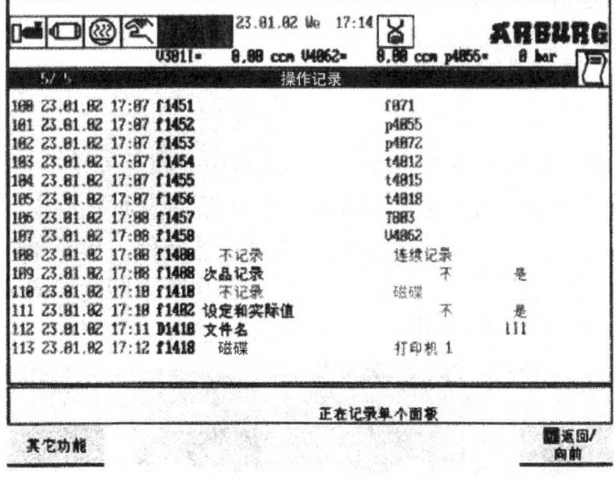

图 6-76　操作记录的显示

① 选择存档选择功能键，设置存档方式，即将记录参数存储在打印机上或磁盘上。

② 选择选择打印机功能键，对打印机进行相关参数的设置，如打印机型号、传输速度和是否彩色打印等。

③ 选择选择记录面板 1 功能键，设置需要打印的页数。

④ 显示操作记录。

第四节　注塑机的保养和维修

一、注塑机的保养与维护

1. 与保养工作有关的常见故障

与保养工作有关的常见故障有油温过高、噪声过大、液压油变质、成品生产不稳定及成品效率低等，通过故障成因的分析判断，诊断出原因并进行相关的维护保养、维修更换，具体见表 6-40。

表 6-40　常见故障的产生原因及解决方法

常见故障	产生原因	解决方法
噪声过大	油量不足或液压泵故障	①油箱内液压油不足，液压泵吸入空气或滤油器（油过滤器）污染阻塞造成液压泵缺油，导致油液中的气泡排出，撞击叶片产生噪声。应检查油量，防止液压泵吸入空气及清洗滤油器 ②液压油黏度高，增加了流动阻力，需要更换适当的液压油 ③检查液压泵或电机的轴承、叶片是否有损坏 ④检查联轴器的同轴度偏差是否过大，必须调整同轴度或更换磨损零件
	液压元件损坏	①液压元件方向阀功能仍存在，但反应失灵，如阀芯磨损、内漏等。应清洗或更换磨损的阀芯、更换导致内漏的密封圈等元件 ②清洗阀体，消除堵塞的毛刺，使阀芯移动灵活 ③电磁阀因电流不足而失灵。检查电路的电流，必须稳定和充裕，维修电路板及控制单元 ④液压元件损坏或油路管道阻塞，在液压油高速流动时产生噪声，应更换损坏的元件、疏通油路，使管道畅通
	机械部分故障	①机械零件松动或模板不平行，导柱变形产生噪声，要校正调试、消除噪声 ②轴承磨损严重、过热和扳死轴发生噪声，应检查更换损坏的轴承 ③机械传动各动作的异常噪声，应对机铰、调模、熔胶、锁模、开模等动作的参数设置、压力速度的调节、机械零件的配合进行检查和调校，并及时处理更换或调整
成品生产不稳定	机器零件磨损	①检查过胶圈及过胶介子是否有磨损，磨损严重则进行更换处理 ②检查模板平行度是否偏差严重，如果偏差严重要进行调整校核 ③检查注射液压缸内密封圈是否损坏，如损坏则应更换 ④检查压力控制是否稳定正常，如不正常可重新调整校核 ⑤检查供电电压是否稳定正常，如不稳定可对电子控制部分加装稳压电源
油温过高	冷却系统不正常	④检查冷却水供应是否正常，例如水闸是否完全打开 ②检查水压是否足够（供水管与回水管间应有 0.3 ～ 1MPa 压力差） ③检查水泵流量与所需要的流量是否匹配 ④检查管道是否堵塞（如过滤网、冷却器或水管是否堵塞） ⑤检查冷却水温是否过高（如冷水塔散热是否不足、损坏，或温度过高）
	液压系统产生高热	④液压泵可能损坏，泵内部零件磨损，于高速转动时产生高热 ②压力调节不适当，液压系统长期处于高压状态而过热 ③液压元件内部渗漏，如方向阀损坏或密封圈损坏，使高压油流经细小空间时产生热量

续表

常见故障	产生原因	解决方法
液压油变质	空气进入使液压油出现泡沫现象	①检查油箱的液压油是否高于液压泵，若低于液压泵高度应补充液压油，以免液压泵吸入空气 ②检查吸油管法兰是否上紧，吸油软管喉箍是否上紧，以免吸入空气 ③检查回油管是否浸入液压油面之下，以免回油时溅出许多气泡
	油中进入使液压油呈乳白色	①检查冷却器是否漏水，若漏水应尽快维修或更换 ②天气潮湿，水分进入液压油里。应定期检查液压油，严重者更换液压油
	液压油老化变质	①油箱内液压油应保持干净。清除油箱焊渣，涂上防锈底漆。装液压油时，应使用带过滤器的抽油装置，装入液压油后，应盖好油箱盖，以防止异物进入油箱 ②液压油使用的时间超过期限并且油颜色变深，应进行更换 ③混合有两种牌号的液压油发生反应，应进行更换 ④液压油使用温度过高，油内有杂质或有水分混入等，应进行更换
成品效率低	生产效率低	应减少停机时间，减少生产次品，维持正常运转速度
	机器精度低	及时更换老化或磨损的机器零件，提高机器的精确度
	机器零件寿命低	定期更换易损零件，适当调整及润滑零件，选择适当的环境条件，如温度和湿度适当、尘埃附着少等，都可增加零件的使用寿命。日常的保养维护、预防工作及检查可延长机器寿命

2. 注塑机的润滑

注塑机的润滑包括手动润滑和电脑设定自动润滑，所采用的润滑介质有润滑脂和润滑油两种，根据各部位的重要程度，其润滑加油周期也不相同。注塑机润滑部位分布如图 6-77 所示，其加油品种和周期如下：

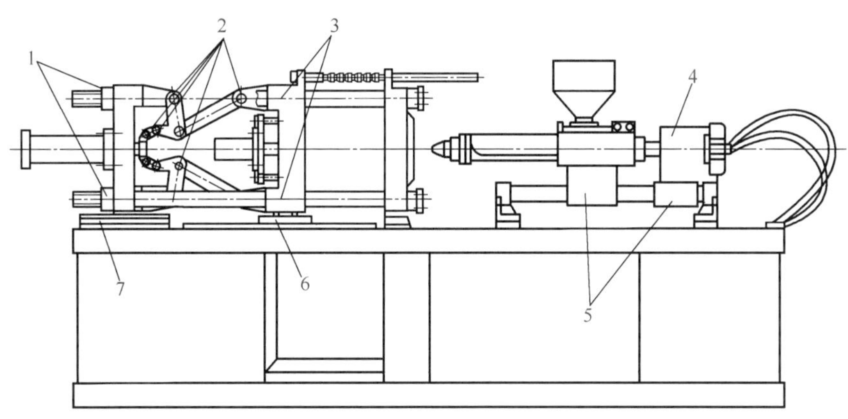

图 6-77　注塑机润滑部位分布图

① 在图示的 1、4 和 5 所标记的位置，推荐采用 MoS_2 油脂，每月加油一次（新机在前 6 个月内，约半个月加油一次）。

② 在 2、3、6 和 7 所标记的位置，由电脑设定自动润滑。若加润滑油，每 150 ～ 200 模加油一次；若加润滑脂，每 300 ～ 500 模加油一次。加油时间约为 5 ～ 10s。润滑油箱内的润滑油（或润滑脂）应充足。新机试车或润滑管路泄漏修复后，首先应手动为各润滑管路及各润滑点注油。

3. 机械部分的维护保养

机械部分的维护保养主要有模板平行度、模厚薄调整、中央润滑系统、机械传动平稳性和轴承检查等内容，具体见表 6-41。

表 6-41 机械部分的维护保养

内容	说明
模板平行度	模板平行度最能反映出合模部分的状况，模板不平行会产生不合格产品和增加零件磨损程度，应检查注塑机的动模板、定模板、导柱以及机铰配合间隙、磨损程度等
模厚薄调整	由调模装置和调模模板组成的系统应定期进行检查，也就是将模厚从最厚调到最薄来回调一次，以检验动作是否畅通顺利，尤其对长期使用同一模具生产的机器，此项检查工作必须进行，以避免产生故障
中央润滑系统	所有机械活动部分都需要有适当的润滑。中央润滑系统的油量应注意经常加满或在需要的位置加入润滑油脂，油管堵塞或泄漏时应及时更换及修理，锁模系统采用集中润滑，拉动手动泵数次以确保每个润滑点都有润滑油供应，每班最少加油两次。调模螺母、拉杆螺纹、上下夹板和射台部分黄油嘴处的润滑都应有具体实施的记录或检查
机械传动平稳性	应保持机械传动各动作畅通顺利。各动作振动和不顺畅常可能由速度参数调节不当造成，这类振动会使机械部分加速磨损或使已紧固的螺钉松动，只有保持机械传动平稳，才可避免和减少振动
轴承检查	轴承部分在转动时发出异常声音或温度急剧升高则表示轴承已磨损，应及时检查、诊断和更换

4. 液压部分的维护保养

液压部分的维护保养内容包括液压油量、液压油温度、液压油质量、液压油更换、滤油器清洗和冷却器清洗，具体方法见表 6-42。

表 6-42 液压部分的维护保养

内容	说明
液压油量	常用注塑机机型油箱都没有油量指示，应每月检查并进行足够的测量，测量不足会导致油温过高及空气较容易溶入油中，影响油的质量。测量不足通常是由漏洞、渗油在修理时油流失所致
液压油温度	液压系统理想的工作温度应在 45 ～ 50℃之间。液压系统是依据选定的液压油黏度而设计的，但液压油黏度会随着油温的高低而变化，从而影响系统中的工作元件（如液压缸、液压阀等），使得控制精度降低。液压油温度过高会加速密封元件的老化，使其硬化、碎裂，液压油温度过低则加大能量损耗及使运转速度减慢
液压油质量	液压油应经常保持在良好状况，即保持清洁、不浑浊及没有老化现象。水和空气是液压油变浑浊的成分，小于 1% 水分就足以产生影响，但是水与空气的混入是容易被察觉出来的，常取出部分液压油置于一透明容器内，若有空气混入油中，则隔一段时间在容器底部会形成云状沉淀而上部则会变回清澈，如有怀疑，则可将此油温升到 100℃，观察是否有蒸汽排出。液压油老化一般较难辨别，但可以从油箱底部及液压油本身的颜色（转为深色）显示出来
液压油更换	通常液压油工作超过 6000h 应更换一次，若水分太多或有污染物存在时应立即更换。具体更换步骤如下 ①先将油箱内液压油全部抽出 ②清洗滤油器 ③清洗油箱内壁（注意不要用碎布，防止遗留下的毛屑堵塞滤油器的过滤网） ④加入足够油量，在机器重新启动后，若油量降低则应再添加 ⑤运转机器，将油管内的空气排走后再恢复正常生产
滤油器清洗	滤油器应经常注意清洗，每隔三个月清洗一次或更换过滤网，以保持液压泵吸油管道畅通无阻
冷却器清洗	冷却器应每半年或 5000h 清洗一次，冷却器的内部堵塞将影响冷却效果

5. 电气控制部分的维护保养

电气控制部分主要包括电源接驳、电机、发热筒、温度表和电磁继电器、接触器等，此部分维修保养具体说明见表 6-43。

表 6-43 电气控制部分维护保养

部分	说明
电源接驳	设备可接入三相四线制电源，地线要牢固接好，接地电阻要低于 10Ω，电线接驳不良、不紧固会使接驳位置上产生高温或火花而损坏，电磁接触器上的接驳会因振动而较容易松开，造成触点导线接驳不良，发热和烧坏接头。应定时检查电线接驳及收紧紧固连接
电 机	电机应按规定的顺时针方向旋转，一般电机都是采用空气冷却形式进行冷却，太多的尘埃积聚会造成散热困难，所以每年应清理一次，保证电机散热良好

续表

部分	说明
发热筒	料筒上附着的发热筒应定期检查，检查和收紧发热筒螺钉以保证有效地传热
温度表	温度表也称温控仪，温度控制器，温度表由热电偶采集料筒上的温度信号，应该定期检查安装位置是否适当、安装接触是否良好，设置温度表温度，调整校正实际温度，否则会影响温度测定和控制，影响产品质量和产品稳定性
电磁继电器、接触器	电磁继电器主要指控制继电器、时间继电器等，接触器主要是交流接触器。用于电加热部分的接触器或继电器或其他动作时间继电器。因动作次数较频繁，损耗速度较快，若发现有过热现象或发出响声，则表示有故障或损坏，应尽早更换

6. 动模板滑脚的调整

动模板滑脚是用于支承动模板的辅助装置，它的主要作用是：防止因动模板和模具的重量使 4 根导向柱变形弯曲。滑脚调得过紧会增加调模负荷，造成调模困难，过松又会失去保护导向柱防止其弯曲的作用。新机器出厂前已将滑脚调整到最佳的程度，因此新机不需调整，但工作一段时间后，必须检查是否松动，如有松动必须调整。

根据注塑机规格的大小，注塑机动模板滑脚有机械式滑脚和液压支撑滑脚两种。

（1）机械式滑脚装置的调整

机械式滑脚分为平面托板滑脚和斜面托板滑脚两种（其具体说明见表 6-44），主要用于小型注塑机。

表 6-44　机械式滑脚装置的调整

类别	说明
平面托板滑脚装置	平面托板滑脚装置主要由平面托板、调节螺栓、锁紧螺母等组成，如图（a）所示 调整时，首先将合模装置轨道的水平度调好，然后将动模板上的模具拆下，按合模动作键，使曲肘连杆机构伸直。调整滑脚时，先放松锁紧螺母，然后转动调节螺栓，调至导向柱成水平位置，用锁紧螺母加以锁紧。在调整过程中用量具检验操作面和非操作面 2 根下导向柱的高度 h_1、h_2、h_3，使其高度相等 图 (a) 平面托板滑脚装置
斜面托板滑脚装置	斜面托板滑脚装置主要由上拖板下拖板、定位螺栓、固定螺栓、调节螺母等组成，如图（b）所示 图 (b) 斜面托板滑脚装置

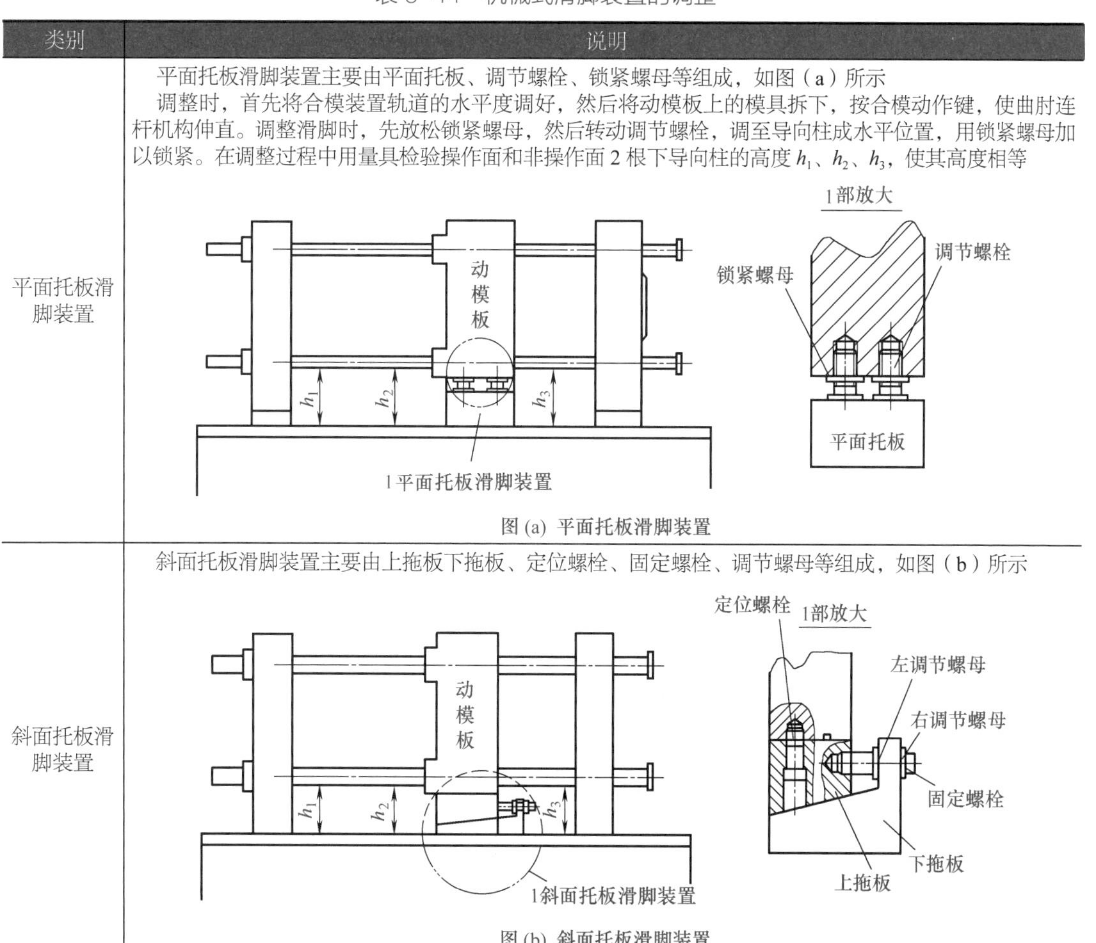

续表

类别	说明
斜面托板滑脚装置	调整时，同样要调整合模装置轨道的水平度，卸下动模板的模具，使曲肘连杆机构伸直，通过调节左、右调节螺母，使导向柱处于水平状态。同平面托板滑脚装置的调整相同，在调整过程中也要用量具检验操作面和非操作面 2 根下导向柱的高度 h_1、h_2、h_3，使其高度相等，然后拧紧左、右调节螺母。调节完后，按调模键，观察模厚、调节时系统压力大小和动模板是否平稳。最后装上模具再试，以观其调节效果是否良好

机械式滑脚装置必须经常检查锁紧螺母（或调节螺母）是否松动，以便及时调整，保护机器的性能

（2）液压支撑滑脚装置的调整

大中型注塑机一般采用液压式撑滑脚装置，液压支撑滑脚装置采用两组滑脚液压缸（大型机为 6 个、中型机为 4 个柱塞液压缸），同步支承动模板。

液压支撑滑脚装置的液压原理图和元件的布局图如图 6-78 所示，它主要由液压缸、蓄能器、二位四通电磁换向阀、单向阀、电触点压力表、溢流阀、压力继电器等组成。工作时液压缸的保压压力由蓄能器提供，当由于泄漏等原因，蓄能器的压力下降到电触点压力表下触点的设定值时，电触点压力表发送信号，电磁换向阀换向，液压泵向蓄能器供油，使压力回升，当压力回升到电触点压力表上触点的设定值时，电触点压力表又发送信号，使电磁换向阀换向为图示状态，液压泵停止向蓄能器供油。系统压力大小可以通过压力继电器调节，一般压力调节范围为 2 ～ 6MPa。调节时顺时针旋转压力继电器的旋钮，可使压力升高，逆时针旋转压力继电器的旋钮可使压力降低，调节的最终结果应使导向柱达到水平状态。

液压支撑滑脚装置的压力值，在新机出厂时已调整到最佳状态，无特殊情况一般不需要调节。

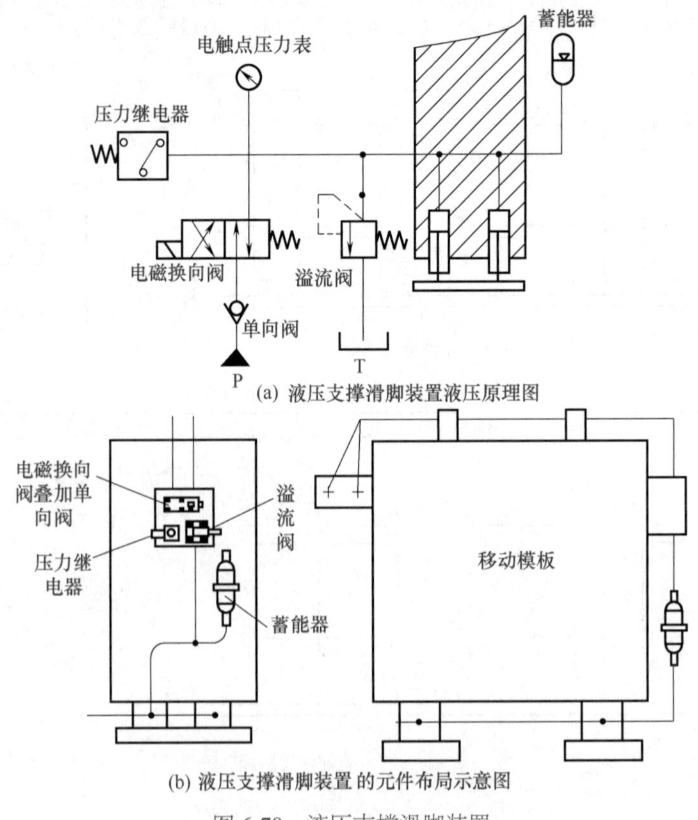

图 6-78　液压支撑滑脚装置

7. 喷嘴、螺杆、料筒的清洗

当注塑机所注塑的制品发生污染，更换原料的颜色较多且注射次数较多时，应对料筒和螺杆进行清洗，根据污染程度不同，可选择部分清洗或全部清洗。

（1）喷嘴的清洗

当制品在不同的地方出现均匀污痕时，说明是由沿着喷嘴通道或模具内浇口流出的有颜色的残渣造成的，此时应对喷嘴进行检查清洗。一般的清洗过程如下：

① 清洗之前，应采用热稳定性高的聚烯烃树脂或专用的料筒清洗剂，清洗料筒内的残余熔料（对空注射几次）。

② 将注射装置退回到最后端位置。

③ 关闭料筒加热系统、解开加热环连接插头、热电偶接头。

④ 拆除料筒盖。

⑤ 将螺杆移动到最前端（手动操作）。

⑥ 关闭总电源。

⑦ 松开料筒紧固螺钉，拆下料筒与喷嘴。为了防止灼伤，操作过程中应配戴防护手套和防护眼镜。

⑧ 从喷嘴螺纹一侧向物料和内壁间滴入脱模剂，取出喷嘴内的残余熔料，用铜丝刷清洗喷嘴、料筒，然后用细纱布将其待清理表面轻轻抛光擦净。如果残余熔料无法清理干净，可用烘箱将其加热软化后，取出清理。同时应检查螺杆头部有无损伤。

⑨ 清理完后，重新装上各件。

（2）螺杆、料筒的清洗

制品出现不均匀的细微的污点，通常是发生在料筒和喷嘴的密封表面、螺杆和螺杆头部的密封表面，以及加料口、螺杆、止逆环、料筒头部等，此时应对料筒、螺杆进行全部清洗。

清洗前，需拆卸料筒和螺杆组件，其拆卸与清洗方法见表 6-45。

表 6-45　螺杆、料筒组件拆卸与清洗方法

类别		说明
螺杆、料筒组件的拆卸	螺杆组件的拆卸	①按喷嘴的清洗的步骤①进行操作 ②注射装置转位。大多数注塑机的塑化装置都设有整体转位装置［如图（a）所示］，为了使清洗时拆卸零件方便，应采用整体转位装置使注射装置旋转一定角度，以便操作。不带转位装置的注塑机，螺杆从注射装置的后端拆卸 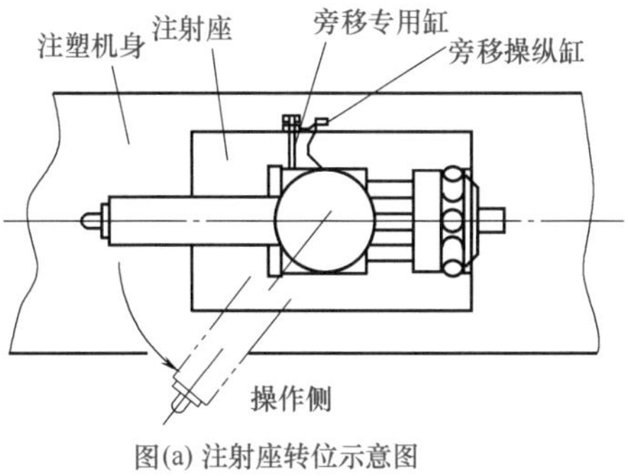 图(a) 注射座转位示意图 ③将注射速度、注射压力调低，注射压力调低到接近于 0MPa ④将注射装置退回到最终位置 ⑤卸下料斗 ⑥关闭料筒加热和冷却装置；卸下加热环连接插头、热电偶和冷却水软管接头；拆下料筒盖

续表

<table>
<tr><th colspan="2">类别</th><th>说明</th></tr>
<tr><td>螺杆、料筒组件的拆卸</td><td>螺杆组件的拆卸</td><td>⑦将螺杆移动到最前端（手动操作）
⑧按如图（b）所示的步骤拆卸料筒和喷嘴 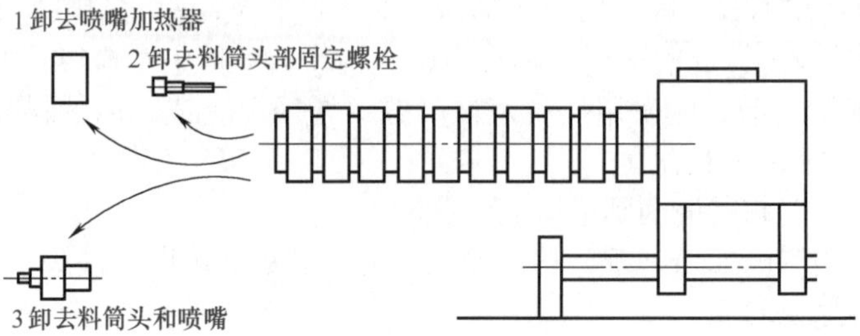

图(b) 拆卸料筒和喷嘴步骤图

⑨卸下螺杆尾部联轴器等连接件
⑩向后移动注射螺杆，使螺杆与传动轴完全脱离
⑪取一段直径略小于螺杆直径、长度适当的木棒，放置于螺杆尾部和注射座后板之间，用夹具托住木棒，如图（c）所示
⑫点动注射动作键，使螺杆满行程向前移动，同时取下夹具
⑬点动射退动作键，使注射座后板满行程退回
⑭放入第二根木棒，重复以上步骤⑪～⑬如［图（d）所示］。螺杆顶出约1/2长度时，用吊绳将其托住，借助起吊装置缓慢将螺杆抽出离开料筒。因螺杆灼热，接触螺杆时，应带保护手套 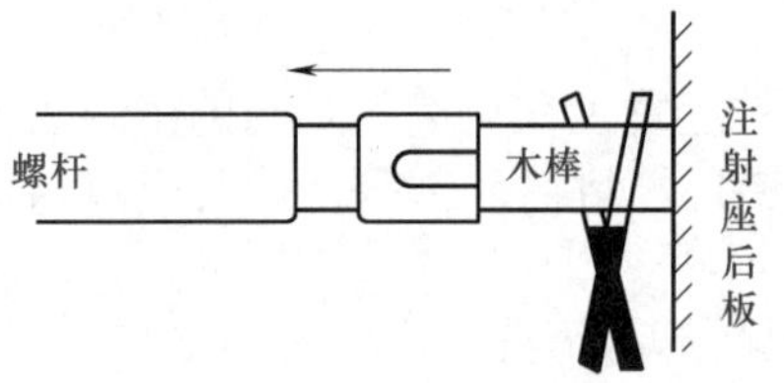

图(c) 放入第一根木棒示意图 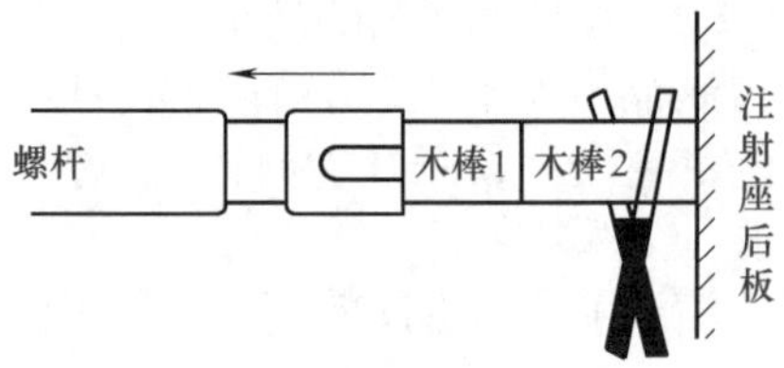　　图(d) 放入第二根木棒示意图

⑮将螺杆放置于木块或木架上，以免损伤。放置较长时间时，应将螺杆垂直吊挂，防止弯曲</td></tr>
<tr><td>螺杆、料筒组件的拆卸</td><td>料筒组件的拆卸</td><td>①拆下料筒的全部加热圈，及加热导线的支架
②拧下料筒与注射座前板的固定螺母
③用起吊装置吊住料筒［如图（e）所示］ 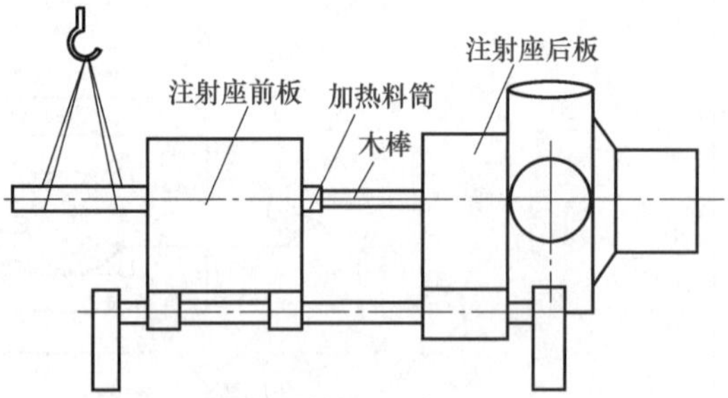

图(e) 料筒吊挂示意图

④点动射退动作键，使注射座满行程退回
⑤在注射座后板与料筒后端面之间放入适当长度的木棒，用夹子夹住［如图（e）所示］
⑥用较低的速度和压力，推动料筒移动到前端
⑦点动射退动作键再次使注射座满行程退回
⑧重复以上步骤⑤和⑥，将料筒与注射座分离
上述过程中，当料筒移出注射座前板1/2时，起吊高度应做相应调整</td></tr>
</table>

续表

<table>
<tr><th colspan="2">类别</th><th>说明</th></tr>
<tr><td rowspan="2">料筒、螺杆的清洗</td><td>螺杆的清洗</td><td>①拆下螺杆头部、止逆环、推力环
②用黄铜刷去除螺杆上的树脂残留物，用废棉布擦去残余的熔料
③检查螺杆表面质量状况：若有微小划痕，可用细砂布轻轻抛光；若有大的伤痕，则应查明原因，进行修复
④螺杆冷却到常温后，用不易燃烧的溶剂擦去螺杆上的油迹
⑤用同样的方法清洗螺杆头部、止逆环、推力环
在清洗时应注意不能损伤零件表面；在安装螺杆前，先在螺杆与螺杆头配合的螺纹处均匀地涂上二硫化钼润滑脂，以防止螺纹因锈蚀而咬死</td></tr>
<tr><td>料筒的清洗</td><td>①用黄铜刷去除料筒内表面的树脂残留物，将废棉布包缠在长木棒的端部，擦去内表面的残余熔为料
②当料筒的温度下降到 30 ～ 50℃时，用不易燃烧的溶剂润湿废棉布，将其包缠木棒的端部，继续清洗料筒内表面
③清洗完后检查料筒内表面质量
④清洗期间应同时对喷嘴、前料筒进行清洗（清洗方法参见喷嘴的清洗）</td></tr>
</table>

二、注塑机的维修

（一）注塑机故障对制品质量的影响、故障原因与排除方法（表 6-46）

表 6-46　注塑机故障对制品质量影响及故障原因分析与排除方法

设备故障	对制品质量影响	故障原因	故障排除方法
电动机不启动	—	①电动机没有接通 ②线路故障	①重新合闸，检查熔丝 ②测试线路，检查接头
主轴不转动	—	液压缸或离合器部位故障	检修液压缸或离合器
减速箱漏油	—	①密封垫损坏 ②加油过量 ③箱体有裂纹或砂眼	①重新换密封垫 ②放油、液面在油标最高位置 ③修补
减速箱内工作转动噪声异常	—	①齿面严重磨损，齿折断 ②轴承损坏 ③齿轮啮合中心距变化 ④润滑不良	①修复或换齿轮 ②换轴承 ③换轴承后，中心距复原位 ④加润滑油
螺杆不转动	—	①料筒内有残料、温度低 ②金属异物卡在料筒内 ③没装键	①继续升温到工艺温度 ②拆卸螺杆排除异物 ③装键
螺杆与料筒装配间隙过大	注射压力和注射量波动，使成型制品外形尺寸误差大，表面有缺陷及“波纹”	工作磨损使螺杆外径缩小，料筒内径增大	维修料筒内径、更换新螺杆
料筒温度不稳定	制品的外形尺寸变化大；温度高时，有飞边、气泡、凹陷、变色银纹，制品强度下降；温度低时，制品表面有“波纹”、不光泽外形，有缺损部位	①局部电阻丝损坏，冷却降温系统故障 ②热电偶故障或接触不良，控制仪表显示故障	①用水银温度计校准 ②对加热降温系统全部进行检查、修复
料筒内工作不正常	—	有异物进入料筒	①拆卸螺杆排除故障 ②修复或更换螺杆 ③延长升温、回温时间

续表

设备故障	对制品质量影响	故障原因	故障排除方法
注射座移动不平衡	—	①液压缸活塞推力小 ②活塞运动与移动导轨不平行 ③导轨润滑不良，摩擦阻力大 ④活塞杆弯曲，油封圈阻力大	①增加液压系统压力 ②重新安装移动液压缸 ③注意加强导轨润滑 ④检修活塞杆
喷嘴与衬套口配合不严	熔融料外溢，充模不足，造成制品外形有缺损	①移动液压缸推力小 ②喷嘴与衬套圆弧配合不严 ③喷嘴口直径大于衬套口直径	①增加液压系统压力 ②修配圆弧配合严密 ③衬套口直径应大于喷嘴口直径
喷嘴结构不合理	熔融料流涎	料黏度低，应换喷嘴	更换自锁式喷嘴
合模不严	①制品外形有缺陷 ②制品有飞边 ③脱模困难	①两模板不平行 ②锁模力小 ③结合部位两模面间有异物 ④两模面变形	①检修模板与拉杆配合处 ②调整两模板距离，提高锁模力 ③清除结合部位两模面间异物 ④检修、重新磨两模面
注射熔料量不足	制品外形有缺陷	①送料计量调节不当 ②喷嘴堵塞或喷嘴流量大 ③注塑机规格小，注射量小于制品质量	①调整送料计量装 ②检修喷嘴 ③调换注塑机
注射压力不稳定	①制品外形尺寸误差大 ②当主射压力大时，制品有飞边、易变形、脱模困难 ③当注射压力小时，制品表面有波纹，有气泡，外形尺寸有缺欠	液压传动系统压力波动影响	①检查液压泵及减压阀或溢流阀工作稳定情 ②查看液压管路是否存在泄漏部位
注射熔料流速变化	①流速过快时，有黄色条纹，有气泡 ②流速较慢时，制品外形有缺陷，如表面有熔接痕或波纹	液压控制系统影响	调节液压缸部位回流节流阀
保压时间短	①制品易变形 ②外形尺寸有较大误差	补缩熔料量不足	适当增加保压时间
流道设计不合理	外形质量有缺陷，例如熔接痕	流道料流不通畅，充模困难	改进设计、重新开设流道
模具成型面粗糙	外表不光亮、脱模困难	熔料中杂质多，应筛料；嵌件划伤	重新研磨模具成型面，粗糙度 *Ra* 在 0.25μm 以下
模具温度不稳定	外形尺寸温差大，温度偏高时，有毛边、脱模困难；温度偏低时，外形有欠缺、有气泡、有熔接痕，易分层剥离、强度降低	①水通道不畅、降温效果差 ②电热器接触不严	①检修清除管内水垢 ②重新装夹、固定电加热器
模具没有排气孔或排气孔少	外表不规整，有黑色条纹	注意排气孔的位置要正确	增开排气孔
脱模斜度小	脱模困难、易变形	设计问题	增大脱模斜度
金属嵌件温度低	嵌件部位易开裂	嵌件热处理温度低	提高嵌件预热温度
顶杆顶出力不均匀	损坏制件、脱模困难；制件变形	顶杆位置分配不合理	调整顶杆位置及顶杆长度

（二）注塑机液压系统常见故障现象、故障原因与排除方法（表 6-47）

表 6-47　注塑机液压系统常见故障现象、故障原因与排除方法

故障现象	故障原因	排除方法
系统无压力	①液压泵转向接反 ②油箱内压力油不足；滤油器堵塞不供油 ③泄压阀呈开放状态 ④压力阀调节不当或阀芯堵塞 ⑤电磁阀线圈烧坏或滑动不良 ⑥阀芯元件磨损严重，或密封元件损坏，泄漏严重	①重新接线 ②油箱重新加油；清洗滤油器 ③调整泄压阀使其正常 ④重新调整或检查压力阀阀芯 ⑤检查调整或更换电磁阀 ⑥更换或检查密封元件
系统压力不稳	①压力阀设定不当或整定调节不当 ②液压泵叶片有损伤 ③液压泵定子磨损严重 ④液压泵轴承损坏，轴向窜动量大 ⑤配油盘严重磨损 ⑥泵体内泄产生窜流 ⑦油路泄漏严重，供油量不足 ⑧阀芯被异物卡住或弹簧失效 ⑨冷水管路不畅或堵塞 ⑩滤油不畅或堵塞 ⑪蓄能器漏气造成系统供应不足	①重新设定压力阀或整定压力 ②检修液压泵叶片 ③检修或更换液压泵定子 ④更换液压泵轴承 ⑤修复、研磨配油盘 ⑥堵漏或更换液压泵 ⑦检查密封，修复泄漏管路 ⑧清洗并检查更换阀芯 ⑨清洗疏通冷水管路 ⑩清洗疏通油路和滤油器 ⑪检查蓄能器性能并修复
系统油液过热	①系统压力调节不当，长期在高压下工作 ②冷却系统有堵塞现象或冷却能力小 ③油箱液位过低造成散热性能降低 ④油路设计或铺设不当，如油管细长、变曲造成压力损失 ⑤系统中的机械磨损泄漏等造成功率损失	①调整系统压力设定值 ②清洗冷却系统，排除堵塞 ③加液压油 ④改进油路 ⑤检查润滑，改善密封，提高装配精度
系统振动及噪声	①液压泵与液压泵电机地脚螺栓松动产生同轴度超差 ②液压泵定子内表面磨损严重 ③液压泵轴承损坏 ④液压泵叶片损坏无法滑动 ⑤液压泵电机基础振动 ⑥滤油器阻塞产生旋涡真空现象 ⑦油温过高或过低 ⑧油液位太低或黏度过高 ⑨回油管位置设置不当 ⑩油箱壁振动或连接件松动 ⑪油管和油路中混入空气 ⑫控制阀的阀芯、阀座之间严重磨损 ⑬控制阀内的弹簧变形或损坏 ⑭电磁阀接触不良或控制不良 ⑮控制阀内异物堵塞，压力和流量调节不当，产生液压冲击现象 ⑯控制阀与其他阀门产生共振	①检测液压泵电机与液压泵的同轴度，紧固底脚螺钉 ②检查、更换油泵定子 ③更换液压泵轴承 ④更换液压泵叶片 ⑤紧固底脚螺钉 ⑥清洗滤油器 ⑦降低油温 ⑧加足液压油 ⑨回油管放置合适位置，避免油中混入空气 ⑩在油箱壁安装防振措施 ⑪检查排气阀进行排气 ⑫修配控制阀的阀芯、阀座配合间隙或更换 ⑬更换控制阀 ⑭检查并修理电磁阀 ⑮清洗阻尼孔等，合理调节系统压力、流量参数 ⑯对各阀门进行分解、检查或改进
漏油或渗漏	①阀底座封闭口的 O 形密封圈老化磨损 ②液压缸端盖处的 O 形密封圈老化磨损严重 ③液压缸活塞上的油封磨损严重，造成内泄 ④油管接头松动或油管渗油	①更换阀底座封闭 O 形密封圈 ②更换油缸端盖处密封圈 ③更换密封 ④拧紧油管接头，渗油严重则更换

续表

故障现象	故障原因	排除方法
系统工作不正常	①液压元件故障造成主阀芯被异物堵塞 ②阀芯与阀座变形 ③主阀弹簧损坏 ④电磁阀推杆卡死 ⑤电磁阀线圈烧坏或绝缘不良 ⑥电磁阀线圈卷筒与可动铁芯卡住 ⑦阀套漏油使线圈造成损坏 ⑧电压变动太大 ⑨电磁阀换向频度过大 ⑩换向压力过高或流量超标 ⑪线圈内外连接螺钉松动 ⑫线圈引线焊接不良 ⑬电磁阀电气控制失灵或机板液压控制失灵	①清洗主阀芯 ②检测磨损情况 ③更换损坏部件 ④检查修复电磁阀推杆 ⑤更换电磁阀线圈 ⑥处理 ⑦处理阀套漏油故障 ⑧稳定驱动电压 ⑨合理选用电磁阀换向频度 ⑩采用大容量阀门 ⑪锁紧螺钉并定期检查 ⑫重新焊接线圈引线 ⑬检查测量并处理

（三）海天牌注塑机常见机械故障现象、故障原因与检查排除方法

表 6–48 海天牌注塑机常见故障现象、故障原因与检查、排除方法

故障现象	故障原因	检查方法	排除方法
开、锁模机铰响	润滑油量小	在电脑上检查润滑加油时间	加大润滑油量、供油时间或重新接线
	平行度超差	用百分表检查头二板平行度是否大于验收标准	调整平行度
	锁模力大	检查客户设置的锁模力是否过大	按客户产品需要调低锁模力
	电流调乱	检查电流参数是否符合验收标准	重新调整电流到验收标准值
开、锁模爬行	二板导轨及哥林柱磨损大	检查二板导轨及哥林柱有无磨损	更换锁模板、哥林柱或加注润滑油
	开、锁模的速度、压力调整不当	设定慢速开模时，锁模板是否爬行	调整流量比例阀 *Y* 孔或先导阀 *A-B* 孔的排气孔的开口大小
开、锁模行程开关故障	T24 时间调整不良	检查 T24 时间是否适合	调整 T24 时间长些
	开、锁模的速度、压力过小	检查开、锁模的速度、压力是否合适	加大开、锁模某一速度、压力
	锁模原点发生变化	检查锁模伸直机铰后是否终止到 0 位	重新调整原点位置
调模计数器故障	接近开关损坏	检查接近开关与齿轮的距离是否≤ 1mm	更换开关，调整位置
	调整位移时间短	按“取消 +5”键进行时间制检查，确认调模时间是否过小或根本没有设置调模时间	合理调整位移时间
	调模螺母卡住	检查调模螺母是否卡住	调整调模螺母各间隙或更换现有零件
手动有开模终止，半自动无开模终止	开模阀泄漏	手动打开射台后，观察锁模二板是否向后退得快	更换开模阀
	放大板斜升降幅调整不当	检查放大板 VCA-070G 斜坡时间是否太长	重新调整放大板 VCA-070G 斜坡时间
	顶针速度快	检查模板向后走时行程开关压块能否压上	加长行程开关压块，或调慢顶针速度
无顶针动作	顶针限位开关损坏	用万用表 DC 24V 检查 12 号线	更换顶针限位开关
	顶针阀芯卡住	用六角扳手调整顶针阀芯，检查阀芯是否可以移动	清洗顶针阀
	顶针限位杆断	停机后检查限位杆	更换限位杆
	顶针开关短路	用万用表检查顶针开关，11 号 12 号线对地是否零电压（正常时 0V）	更换顶针开关

续表

故障现象	故障原因	检查方法	排除方法
不能调模	平行度超差	用平行表检查其平行度	调整平行度
	压板与调模螺母间隙不合适	用厚薄规测量压板与螺间隙是否≤0.05mm	调整压板与螺母间隙
	螺母滑丝	检查螺母能否转动	更换螺母
	上下支板调整不当	拆开支板锁紧螺母检查上下支板	调整上下支板
	调模的位移开关烧毁	在电脑上检查 IN20 灯是否有闪动	更换位移开关
	调模电机烧毁	用万用表检查调模电机接线端是否有380V输入，检查调模电机保险丝是否亮灯，如亮灯证明三相不平行	或修理更换电机
	交流接触器烧毁	用万用表检查输入三相电压是否为380V，有无缺相、欠压	更换交流接触器
	热继电器烧毁		更换热继电器
	线路中断，接触不良	检查控制线路及各接点	重新接线
开模时响声大	差动开模时间的位置调节不良	检查放大板斜升斜降	在数控机床上调整放大板斜升斜降；在电脑上适当调整 T37 时间
	锁模机构润滑不良	检查导杆导柱滑脚机铰润滑情况	加大润滑
	模具锁模力过大	检查模具受力时锁模力情况	视用户产品情况减少锁模力
	头、二板平行度偏差大	检查头板、二板平行度	调整二板、头板平行误差
	慢速转快速开模位置过小，速度过快	检查慢速开模转快速开模位置是否适当，慢速开模速度是否过快	加长慢速开模行程，降低慢速开模的速度
不能射胶	喷嘴堵塞	用万用表检测	清理或更换喷嘴
	过胶头断	熔胶延时时间制通电时，检查延时闭合点是否闭合	更换过胶头
	射胶方向阀不灵活，无动作	检查射胶方向阀是否有24V电压，检查线圈电阻值是否有15～20Ω，通电时方向阀芯是否有动作	清洗方向阀或更换方向阀
	射胶活塞杆断	松开射胶活塞杆锁紧螺母，检查活塞杆是否断	更换活塞杆
	料筒温度过低	检查实际温度是否达到该料所需温度	重新设料筒温度
	射胶活塞油封损坏	检查活塞油封是否已损坏	更换油封
射台不能移动	活塞杆断	拆开活塞液压缸检查活塞杆是否已断	更换活塞杆
	射台方向阀不灵活，无动作	通电时，用内六角扳手按压阀芯，检查是否可移动	清洗阀
	断线	检查电磁阀线圈线是否断	接线
射胶终止转换速度过快	射胶时动作转换速度过快	检查背压是否过低	加大背压，增加射胶级数
		检查射胶是否有加大保压压力	加大保压压力，调整射胶级数，加熔胶延时
		检查数控机床是否有二级射胶	使用二级射胶，降低二级射胶压力
不能熔胶	轴承烧坏	分离螺杆熔胶耳听是否有响声	更换轴承
	螺杆有铁屑	分离螺杆熔胶时无声，用内六角扳手拆料筒检查螺杆是否有铁屑	拆螺杆清洗干净
	熔胶阀堵塞	用内六角扳手按压阀芯，检查是否可移动	清洗熔胶阀
	熔胶电机损坏	分离熔胶电机，熔胶是否停转	修理或更换熔胶电机
	发热圈烧毁	用万用表检查是否正常	更换发热圈
	熔胶阀插头松	检查熔胶阀插头是否接触不良	上紧插头

续表

故障现象	故障原因	检查方法	排除方法
不能熔胶	流量、压力阀断线	当没有电流时，检查熔胶阀门处的流量和压力，检查程序控制板的电线是否断裂	重新接线
	I/O 板、程序板烧坏	用万用表检查 I/O 板、程序板 105 或 202、206 号线输出	更换或修理
	熔胶终止行程不复位	用万用表检查 201 线是否短路或开关 S9 未复位	更换或修理
产品有墨点	螺杆有积炭	检查螺杆	抛光螺杆
	料筒有积炭及辅件不干净	检查上料料斗是否灰尘大	抛光料筒及清理辅件
	过胶头组件腐蚀	检查塑料是否腐蚀性强（如眼镜架料）	更换过胶头组件
	法兰、喷嘴有积炭	检查法兰、喷嘴及塑料	更换喷嘴、法兰
	原材料不纯	检查原材料是否有杂质	更换原材料
	温度过高，熔胶背压过大	检查料筒各段温度的预设温度和实际温度是否相符，设定温度与注塑材料塑化温度是否相符	降温、减少背压
	装错件（如螺杆、过胶头组件、法兰等）	检查过胶头组件、螺杆、法兰装在该机上是否适合	重新装件
整机无动作	放大板无输出	用万用表测试放大板输出电压	更换或修理放大板
	保险丝（电源板保险丝）烧坏	检查整流板熔丝	更换熔丝
	液压泵电机反转	面对电机风扇检查是否接逆时针方向旋转	将三相电源其中一相互换
	液压泵与电机联轴器损坏	关机后用手摸液压泵联轴器，检查是否可以转动	更换液压泵联轴器
	压力阀堵塞，无压力	检查溢流阀、比例压力阀是否有堵塞	清洗压力阀
	24V 电源线 201、202 号线断	用万用表 DC 24V 检查是否正常	重新接驳线路
	数控格线断、放大板无输入控制电压	用万用表检查 401 ～ 406 号线到数控格有无断线	重新焊接
	液压泵电机烧坏，不能启动	用万用表电阻挡检查电机线圈是否短路或开路	更换电机
	液压泵损坏，不能起压，不吸油	拆开液压泵检查配油盘及转子端面是否已花	更换液压泵
	三相电源缺相	检查 380V 输入电压是否正常	检查电源
整机无力	总溢流阀堵塞	电器正常时，检查溢流阀是否堵塞	清洗溢流阀
	油封磨损	检查各液压缸活塞油封是否磨损	更换油封
	液压泵磨损	拆液压泵检查配油盘及转子端面是否磨损	修理或更换液压泵
	比例油制阀磨损	检查油制阀是否磨损	更换油制阀
	油制板内裂	做完上述四项工作仍未解决时，检查油制板有无问题	更换油制板

（四）注塑机传感器的检测（表 6-49）

（五）注塑机油阀的修复

注塑机的控制装置就是各种类型的电磁阀，其中液压控制系统中应用最广泛的是各种滑阀机能的换向阀，油阀就是各种阀的总称。

表 6-49　注塑机传感器的检测方法

类别	图示	说明
石英高温压力传感器	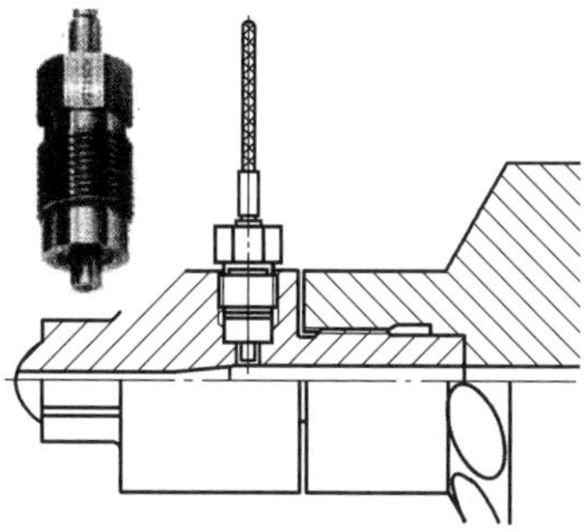	如左图所示，石英高温压力传感器安装在喷嘴（射嘴）处，可测量高达200MPa的压力，能耐400℃的熔体高温，但其只能测量注射压力，不能测量温度
熔体压力传感器	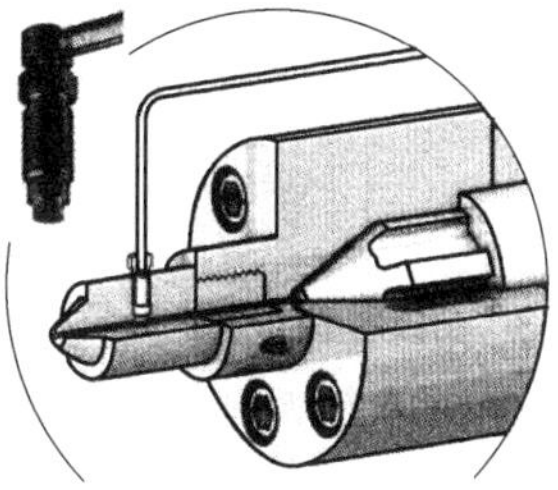	如左图所示，熔体压力传感器安装在喷嘴处，可以同时测量高达300MPa的注射压力，能耐350℃的喷嘴温度
模腔压力传感器	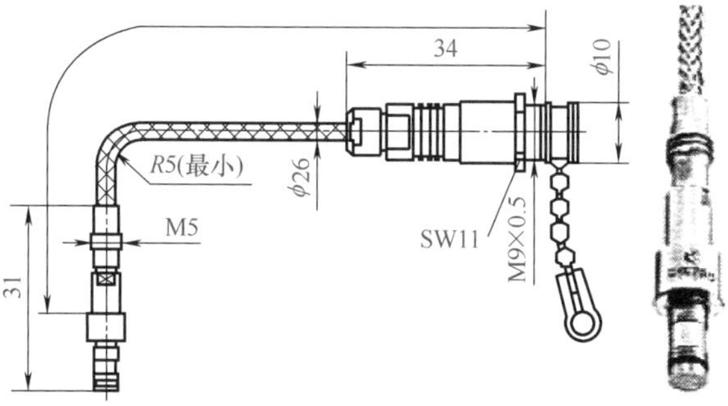 34 ϕ10 R5(最小) ϕ26 M5 SW11 M9×0.5 31	如左图所示，模腔压力传感器属于高精度石英传感器，可直接安装在模腔里面，可测量高达200MPa的模腔压力
模腔压力与温度传感器	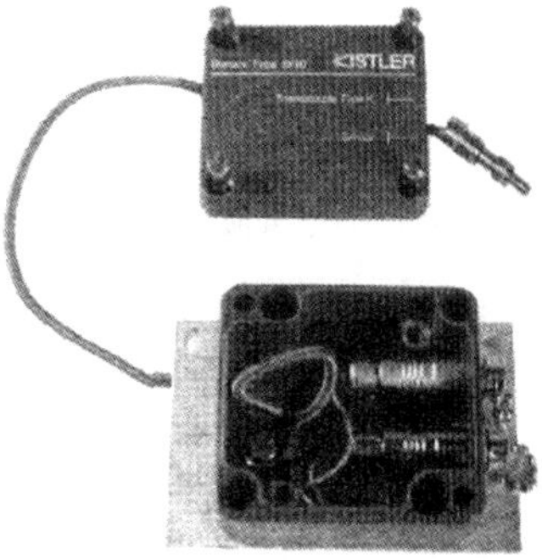 KISTLER	如左图所示，模腔压力与温度传感器直接安装在模腔里面，可以同时测量模腔压力和模腔温度

① 圆柱形阀芯一般采用研磨方法进行修复。轻微磨损的可用油石或砂布研磨阀芯；磨损严重的可以根据阀体内径情况重新选配制造阀芯（按照研磨后的阀体内径配制阀芯）。阀芯与阀体内径的配合间隙在0.01～0.025mm范围内，其圆度、圆柱度允许误差为0.005mm。

② 锥形阀芯一般采用细油石修磨锥体磨损部位，对于锥形阀座磨损部件，可以用具有120°锥角的细油石研磨。

③ 阀芯是钢球时，更换掉磨损后不圆的钢球，换上新的钢球。

④ 对阀体中的弹簧、电磁铁推杆、电磁铁线圈等部件：维修过程中要注意弹簧的弹力、电磁铁线圈的阻值、电磁铁推杆吸力及行程等技术参数，另外还要注意拆装过程中阀体结构和部件的装配顺序，尤其是不对称的换向阀滑阀阀芯的安装顺序。具有主弹簧和副弹簧的阀芯要格外注意，当弹簧弹力不均时可进行调换。若电磁铁吸力不足，可维修解决。换向阀阀芯和阀座装配间隙要在 0.006 ～ 0.012mm 范围以内，磨损不严重的都可采用油石研磨的方法解决。

（六）注塑机液压泵的拆装与检修（表 6-50）

表 6-50　注塑机液压泵的拆装与检修

内容	说明
液压泵的拆卸	液压泵是注塑机液压传动系统的动力源，是重要的核心部件。通常液压泵安装在注塑机油箱附近，与电动机同轴连接，具体装拆步骤如下 ①关闭注塑机的进线总电源开关，打开注塑机下端侧门或侧板，松开联轴器上的固定螺钉 ②松开与电动机联轴器相连接的连接套，使电动机转轴与液压泵泵轴分离 ③拆卸液压泵泵体上的进油管、回油管连接法兰螺钉或接头等 ④拆卸液压泵与电机前盖上的连接护套或拆卸液压泵底脚固定螺钉 ⑤将液压泵泵体拆卸取出机台，放置在平台上进行分体 ⑥拆卸液压泵泵体外壳端盖上的固定螺钉 ⑦用铜棒轻击端盖，拆卸后再拆配油盘 ⑧用同样方法拆后端盖及配油盘 ⑨轻轻取出转动轴及转子 ⑩检查定子情况，用手触摸定子部分 ⑪检查转子转轴、叶片情况 ⑫检查配油盘上分配孔、槽等情况 ⑬根据检查情况，综合分析。磨损严重的要更换，一般磨损要修复，并对所有零、部件进行清理与清洁、上油
液压泵拆装的注意事项	①液压泵的左、右配油盘不能对换 ②液压泵的叶片尖角方向必须与液压泵的旋转方向一致 ③液压泵的定子可以调换定子的磨损区段，要保持定子及其他零件的清洁，不允许有杂质留在液压泵体内 ④液压泵零件间的配合间隙，主要是配油盘和转子及叶片之间的轴向间隙，以及叶片顶端与定子内表面之间的径向间隙。一般要求定子宽度要大于转子宽度 0.02 ～ 0.04mm，转子宽度又大于叶片宽度 0.01mm。当两侧配油盘在泵体螺钉的夹紧力作用下压紧定子端面时，转子和配油盘端面之间就有约 0.02 ～ 0.04mm 的总间隙，叶片和配油盘之间就有约 0.03 ～ 0.05mm 的总间隙
液压泵的检查项目	①检查液压泵轴是否弯曲，如果弯曲则需要换 ②检查液压泵定子是否磨损，是否有阶梯现象，如果有要研磨定子内腔 ③检查配油盘是否有磨损，是否有坑槽现象，如果有要研磨凹槽等 ④检查液压泵轴承是否有损坏，如果有损坏立即更换 ⑤检查液压泵轴向油封是否有损坏，如果有损坏立即更换
液压泵的维修	①定子的修复。定子修复方法有磨削修复法和调换定子磨损区段两种方法 a. 磨削修复法。定子磨损不严重时，可以用内圆磨床进行磨削修复，由于定子内腔表面是由圆弧和曲线连接组成，这种圆弧和曲线可采用仿形靠磨进行修磨，修复后表面粗糙度 *Ra* 应小于 0.63μm b. 调换定子的磨损区段。定子内腔表面有两段压油区和两段吸油区，转子上的叶片受高速旋转离心力的作用，叶片端面紧紧地压在定子内壁上滑动，尤其吸油区段叶片工作时叶片的推油侧面全部承受油压作用力，无法克服转子转动时对叶片的离心力，在叶片端面对定子内腔表面产生较大滑动压力，产生严重的磨损，长期工作会使定子的内腔吸油区段磨损。可以采用调换定子的磨损区段办法改善液压泵工作性能。定子内腔一般有定位销孔 2 个，互相对调一下即可，如果只有一个定位销孔 1，就应该在定位销孔的对称部位重新加工一个新销孔 2，然后再将定子转 90°，将原压油区段变为吸油区段（如图 6-79 所示） 定子磨损严重且修磨后效果不良的需要更换定子，有条件的可以加工定子，定子的加工制造材料，一般多用高碳铬轴承钢 GCr15，表面经热处理，硬度可达 60 ～ 65HRC ②转子的修复。转子修复是用油石进行的。对轻微的划痕如转子侧端面划痕、端面流槽划痕，可用抛光膏或细油石研磨修复，去掉划痕或毛刺即可正常使用。对于严重磨损的转子，可用外圆磨床进行端面磨削修复，修磨后转子端面粗糙度 *Ra* 小于 0.63μm。端面与中心线垂直度允许误差在 0.01mm 以内。两侧端面的平行度允许误差在 0.008mm 以内，对于转子的叶片槽磨损，可用细油石修磨，磨损严重时，可在工具磨床上用薄片砂轮修磨，然后换上新叶片。配合间隙应保持在 0.013 ～ 0.018mm 范围内

续表

内容	说明
液压泵的维修	③叶片的修复。叶片的修复一般采用研磨叶片或修磨倒角的方法。叶片工作时在转子槽内往复滑动，长期滑动产生滑动磨损，如果滑动不灵活或有卡住现象时，可判定叶片有磨损，用上述方法修复即可 ④配油盘的修复。配油盘的修复一般采用研磨方法和车削方法。对于配油盘端面轻微划痕，可在钳工专用平板上研磨，修复后使用；对于严重磨损的配油盘，应在车床上车削端面，车削加工后端面的平行度和端面与内孔中心的垂直度应小于 0.01mm。车削修复应当注意尽量不要影响配油盘的强度
液压泵的装配	①清洗液压泵的零件，如泵体、转子、定子、叶片、配油盘、转动轴、轴承、油封等，不允许有毛刺、粉尘及其他油污物 ②检测叶片和转子上的叶片槽尺寸，叶片放入槽内，滑动灵活，保证叶片和叶片槽装配间隙在 0.013 ～ 0.018mm 范围内 ③装配时，叶片高度应当一致，其误差在 0.008mm 以内。装入转子槽内，叶片高度应低于槽深，其误差范围在 0.05mm 以内 ④将转子与叶片装入定子空腔内，注意转子与叶片与液压泵转轴旋转方向一致 ⑤检测转子端面与配油盘端面的装配间隙，左右两侧间隙应当均匀，间隙应当在 0.02 ～ 0.04mm 范围以内 ⑥均匀紧固液压泵体端面的固定螺钉，紧固时，一边紧固，一边转动转轴，用手感知转动力矩均衡，无卡紧、阻滞现象，最后均匀对称紧固

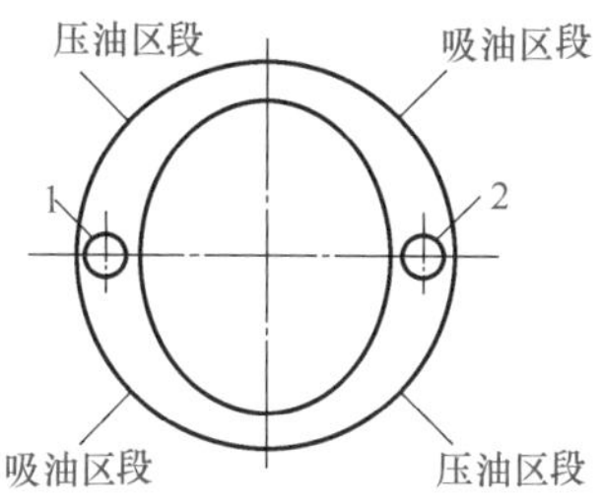

图 6-79　定子零件示意

（七）注塑机液压缸的密封与检修

1. 液压缸的密封方法（表 6-51）

表 6-51　液压缸的密封方法

方法	说明
间隙密封	间隙密封是低压、小直径、快速运动的场合普遍采用的方法，常用于柱塞、活塞或阀的圆柱配合零件中。间隙密封是液压缸依靠相对运动部件之间微小的间隙配合来进行密封的。如图 6-80 所示是间隙密封示意图，图中活塞表面开有几个环形沟槽压力平衡槽，一般槽宽为 0.5mm，槽深 0.2 ～ 0.5mm，作用就是减少活塞移动时与液压缸壁的接触面积和摩擦阻力，活塞和液压缸缸壁间隙应在 0.02 ～ 0.05mm 范围内
密封圈密封	密封圈密封是液压系统中应用最广泛的一种密封方法，常用于液压系统中密封部件的密封，如液压缸缸体与活塞密封，油阀的进油、出油孔及控制油口的连接密封等。密封圈的结构形式有 O 形密封圈、Y 形密封圈、V 形密封圈等，都是以密封圈截面来定义的。密封圈常用油橡胶、尼龙等材料制成。通常习惯称 O 形密封圈为封圈，称 Y 形、V 形密封圈为油封。密封圈有制造容易、使用方便、密封可靠、应用广泛等优点 ① O 形密封圈是一种圆形断面形状的密封元件。如图 6-81 所示是 O 形密封圈结构示意图，O 形密封圈可以用于固定件的密封，也可用于运动件的密封。O 形密封圈在使用时要正确，压力大小、沟槽尺寸要匹配，以及要放置挡圈等。如图 6-82 所示是 O 形密封圈的正确使用 ② Y 形和 V 形密封圈是断面形状类似 Y 和 V 字形的密封元件。图 6-83 所示是 Y 形密封圈示意图，如图 6-84 所示是 V 形密封圈示意图。V 形密封圈密封可靠、寿命长，主要用于大直径、高压、高速柱塞或活塞和低速运动的活塞杆的密封。Y 形密封圈适应性强，密封性能随压力升高而提高，并且磨损后有一定的自动补偿能力，主要用于快速运动的液压缸的密封、液压缸和活塞的密封以及液压缸和活塞杆的密封。总之，Y 形密封圈与 V 形密封圈的密封是通过压力油的作用，使 Y 形密封圈和 V 形密封圈的唇边张紧在密封表面而实现的。油压愈大密封性能愈好。但是也存在摩擦力大、结构尺寸大、检修和拆卸更换不方便等缺陷。对于安装方向，一般密封圈唇边面向压力高的一侧进行安装，但是对于差动连接方式的液压缸管路，常采用背对背、面对面的方式安装密封圈，以保证液压缸的推力和行程速度

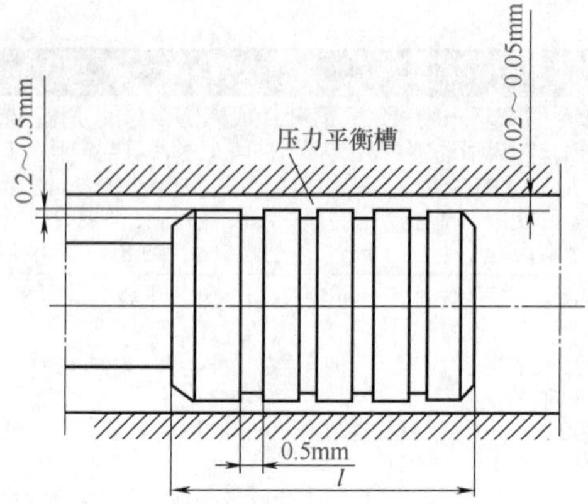

图 6-80　间隙密封示意图

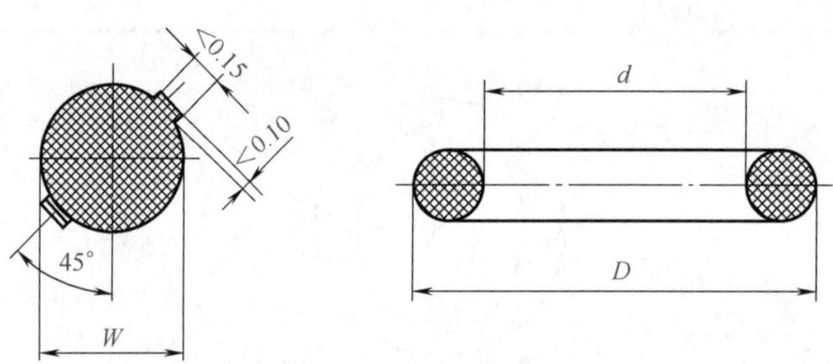

图 6-81　O 形密封圈结构示意图

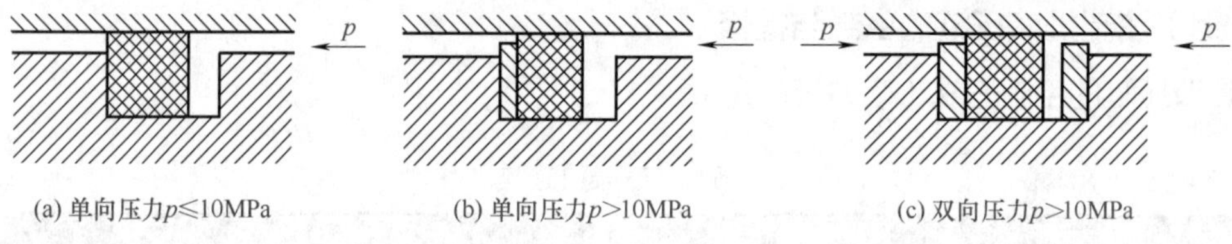

图 6-82　O 形密封圈的正确使用

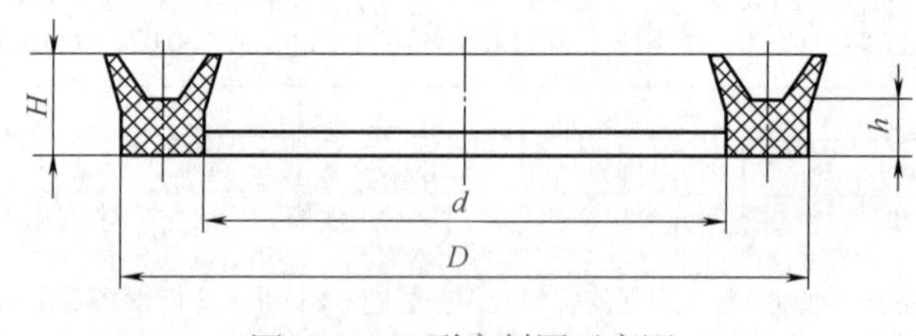

图 6-83　Y 形密封圈示意图

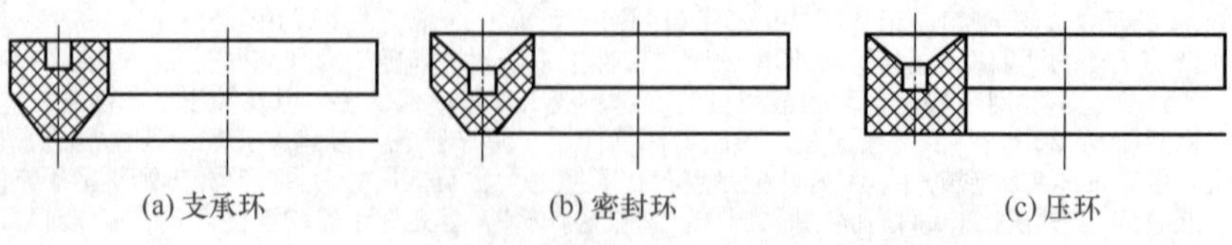

图 6-84　V 形密封圈示意图

2. 液压缸的检修方法（表 6-52）

表 6-52　液压缸的检修方法

项目	说明
液压缸缸体的检修方法	液压缸缸体主要是采用研磨方法进行修复。造成液压缸缸体的磨损原因主要是液压油中含有杂质或铁屑。活塞在缸体内长期的往复运动，活塞环或油封与缸体内表面的摩擦等，使得缸体内表面逐渐被破坏，金属表面或镀层的一点点脱落造成缸体磨损。在修复时，应首先用仪器进行检测，常用内径百分表或塞规来检测其磨损程度，具体检测示例如图 6-85 所示。通过上述方法检测的尺寸再与缸体内径圆度和圆柱度允许误差表进行对照，对照后再对缸体的超差情况进行修复，或采用研磨和珩磨方法进行处理。缸体内径圆度和圆柱度允许误差见表 6-53
活塞杆的检修方法	活塞杆的修复方法有校直和磨削修复法。造成活塞杆弯曲变形的原因是活塞杆及活塞在油压压力作用下，在液压缸导向套内往复滑动，长期的往复工作摩擦磨损及其他特殊情况的作用使得活塞杆弯曲变形产生。在修复时，应先对活塞杆进行检测。一般是将活塞杆放在平台上，用 V 形垫铁垫住，按照哥林柱的检测方法，转动活塞杆用带磁性表座的百分表检测弯曲部位和弯曲尺寸并做好标记。检测后根据检测情况分类进行修复处理。对于弯曲不大的细长轴杆，可用手锤击打的方法在台虎钳上进行校正。对于活塞杆直径较大的，可以用油压机进行校直，或者用手动压力进行校直，具体方法如图 6-86 所示。对校直后的活塞杆的修复，一般是在外圆磨床上磨削，修复活塞杆外圆磨损部分。磨削后表面粗糙度 *Ra* 应小于 0.63μm。在重新更新导向套时应当注意配合间隙，通常活塞杆与导向套采用 H8/f9 的配合

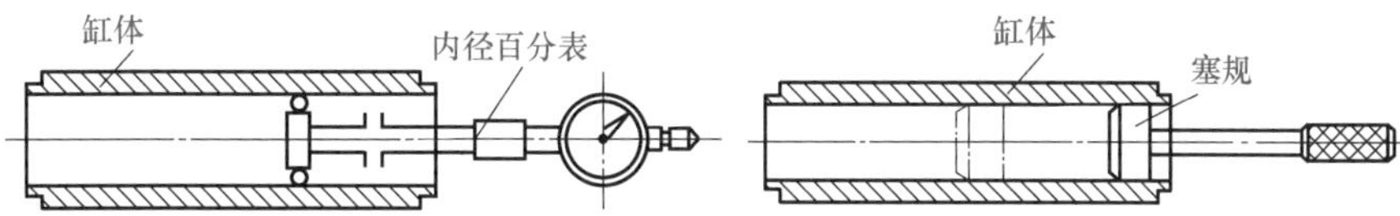

图 6-85　缸体内径检测方法示例

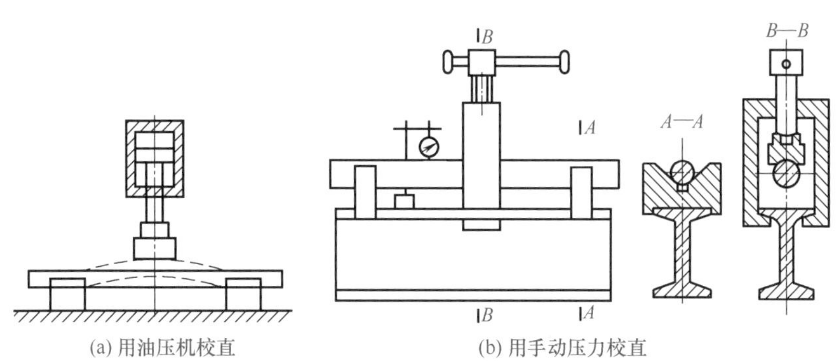

图 6-86　活塞杆的校直

表 6-53　缸体内径圆度和圆柱度允许误差

缸体内径尺寸 /mm		＜ 50	50 ～ 80	＞ 80 ～ 120	＞ 120 ～ 180	＞ 180
油封密封误差 /mm		0.062	0.074	0.087	0.100	0.115
活塞环密封	圆度误差 /mm	0.019	0.019	0.022	0.025	0.029
	圆柱度误差 /mm	0.025	0.030	0.035	0.040	0.046

3. 液压缸的装配及密封

① 清洗缸体、活塞、端盖、导向套等零配件。

② 检测缸体内径和活塞外径的尺寸，是否在 H8/f8 或 H8/f9 配合公差范围内。

③ 检测密封圈尺寸是否与活塞槽尺寸匹配，密封圈装入活塞槽中应略有拉伸，密封圈直径应略小于活塞槽底径。密封圈装配时，应当采用“背对背”或“面对面”的方式进行安装（针对 Y 形和 V 形密封圈），对于 O 形密封圈，有挡圈的同时装入挡圈。

④ 连接活塞杆与活塞，加密封圈，紧固活塞螺母，活塞端盖与活塞杆端头紧密连接并且锁紧。

⑤ 装配导向套端盖，应首先检测活塞杆外圆直径与导向套的配合公差尺寸是否符合范围，其公差配合是 H8/f8。检测后进行装配，先装入导向套与活塞杆隔套，同时加入密封圈，然后紧固螺钉。

⑥ 将活塞以及导向套端盖装入液压缸缸体内，可在活塞的密封圈上涂少许液压油，增加润滑，使活塞及活塞杆滑入缸体，也可用一字螺丝刀轻压密封圈，使活塞密封圈同步滑入液压缸缸体，然后再拧紧固定螺钉，将其固定在液压缸一侧。

⑦ 再固定液压缸的另一侧，一般固定时也要检查密封圈是否合适，常采用 O 形密封圈，还要检查端盖与液压缸是否接触良好、密封圈定位有无移动等后再进行螺钉的紧固。

⑧ 紧固螺钉时应当注意按对称方式固紧，使紧固力均匀分布。边紧固，边转动或推动活塞杆在缸体内运动，以滑动轻松、转动灵活、推力均匀为原则。

（八）注塑机电气故障的查找方法

当注塑机控制电路发生故障时，首先要问、看、听、闻，做到心中有数。所谓问，就是询问注塑机操作者或报告故障的人员故障发生时的现象情况，查询在故障发生前有否做过任何调整或更换元件工作；所谓看，就是观察每一个零件是否正常工作，看控制电路的各种信号指示是否正确，看电气元件外观颜色是否改变等；所谓听，就是听电路工作时是否有异声；所谓闻，就是闻电气元件是否有异味。

在完成上述工作后，便可采用表 6-34 所列方法查找电气控制电路故障。

表 6-54　注塑机电气故障查找方法

方法	说明
程序检查法	注塑机是按一定程序运行的，每次运行都要经过合模、注射座前进、注射、冷却、熔胶、注射座后退、开模、顶出制品等动作的循环过程，其中每一步称为一个工作环节，实现每一个工作环节，都有一个独立的控制电路。程序检查法就是确认故障具体出现在哪个控制环节上，这样排除故障的方向就明确了，有针对性对排除故障很重要。这种方法不仅适用于有触点的电气控制系统，也适用于无触点的控制系统，如 PC 控制系统或单片机控制系统
静态电阻测量法	静态电阻测量法就是在断电情况下，用万用表测量电路的电阻值是否正常，因为任何一个电子元件都是一个 PN 结构成的，它的正、反向电阻值是不同的，任何一个电气元件都是有一定阻值，连接着电气元件的线路或开关，电阻值不是等于 0Ω 就是无穷大，因而测量它们的电阻值大小是否符合规定要求就可以判断好坏。检查一个电子电路好坏有无故障也可用这个方法，而且比较安全
电位测量法	上述方法无法确定故障部位时，可在通电情况下测量各个电子或电气元器件的电位。因为在正常工作情况下，电流闭环电路上各点电位是一定的，所谓各点电位一定就是指电路元件上各个点对地的电位是不同的，而且有一定大小要求，电流从高电位流向低电位，顺电流方向去测量元器件上的电位大小应符合这个规律，所以用万用表去测量控制电路上有关点的电位是否符合规定值，就可判断是否为故障所在点，然后再判断为何引起电流值变化，是电源不正确，还是电路有断路，亦或是元件损坏
短路法	控制环节电路都是由开关或继电器、接触器触点组合而成。当怀疑某个或某些触点有故障时，可以用导线把该触点短接，此时通电若故障消失，则证明判断正确，说明该电气元件已坏。但是要牢记，当做完试验发现故障点后应立即拆除短接线，不允许用短接线代替开关或开关触点。短路法主要用来查找电气逻辑关系电路的断点，当然有时测量电子电路故障也可用此法
断路法	控制电路还可能出现一种 FFF 特殊故障，这说明电路中某些触点被短接了，查找这类故障的最好办法是断路法，就是把怀疑产生故障的触点断开，如果故障消失了，说明判断正确。断路法主要用于“与”逻辑关系的故障点
替代法	根据上述方法，发现故障出了某点或某块电路板上，此时可把认为有问题的元件或电路板取下，用新的或确认无故障的元件或电路板代替，如果故障消失则认为判断正确，反之则需要继续查找。往往维修人员对易损的元件或重要的电路板都备有备用件，一旦有故障马上换上一块就解决了问题，故障件可回头再慢慢查找修复，这也是快速排除故障的方法之一
经验排除故障法	为了能够做到迅速排故，除了不断总结自己的实践经验，还要不断学习别人的实践经验。往往这些经验可以使维修人员快速排除故障，减少事故和损失。当然严格来说应该杜绝注塑机事故，这是维修人员应有的职责。
测试接触不良的方法	①在控制柜电源进线板上通常接有电压表，观察运行中的电压，若某项电压值偏低或波动较大，该项可能就有虚接部位 ②用点温计测试每个连接处的温度，找出发热部位，打磨接触面，拧紧螺钉 ③用低压大电流测试虚接部位，将总电源断开，再将进入控制柜的电源断开，装一套电流发生器，用 $10mm^2$ 铜芯电线临时搭接在接触面的两端，调压器慢慢升压，短路电流达到 50A 时，记录输入电压值。按上述方法对每个连接处都测一次，记录每个接点电压值，哪一处电压高，哪处就存在接触不良

查找注塑机电气系统故障方法除上述几种外，还有许多其他办法，不管用什么方法，维修工作者必须要弄懂注塑机的基本原理和结构，才能维修好注塑机。

电气控制系统有时故障比较复杂加上现在注塑机都是微机控制，软硬件交叉在起，遇到故障首先不要紧张，排故时坚持：先易后难、先外后内、综合考虑、有所联想。

注塑机运行中比较多的是由开关接点接触不良引起的故障，所以判断故障时应根据故障及柜内指示灯显示的情况，先对外部线路、电源部分进行检查。即对门触点、安全回路、交直流电源等进行检查，只要熟悉电路，顺藤摸瓜很快就可发现故障点。

有些故障不像继电器线路那么简单直观，电脑（微机）控制的注塑机的许多保护环节都是隐含在它的软硬件系统中，其故障和原因正如结果和条件是严格对应的，找故障时只需对它们之间的关系进行联想和猜测，就能逐一排除疑点直至排除故障。

（九）注塑机电气控制系统常见故障、故障原因及排除方法

注塑机电气控制系统常见的故障、故障原因及排除方法见表 6-55。

表 6-55　电气控制系统常见的故障、故障原因以及排除方法

常见故障	产生原因	排除方法
注塑机启动无动作或下一个动作不能启动	导线接头松脱，不能形成闭合的回路。这种情况一般是由于运输、安装过程中的振动等造成的	按照电气控制系统原理图逐步查找故障发生的部位，然后清除故障
电流过大引起超负荷	电动机启动电流过大，超过过流继电器额定值	测试注塑机启动电流，更换过流继电器
行程开关已碰下，但按下按钮仍无动作	①电路中存在断线或导线接头松脱 ②行程开关安装不当，导致接触不良 ③连锁触头可能发生了动断或动合	①检查断线和导线接头，找到故障位置，把导线接好 ②重新调整行程开关的安装位置 ③调节触头位置，使之动作顺畅
行程开关或按钮放开但电路不切断	①簧片被卡住 ②存在并联回路	①修理或更换簧片 ②检查设置是否正常，排除并联回路
继电器、电磁阀带电后，衔铁不吸合或抖动厉害	①电压太低 ②中性线松动或松脱	①检测电压值，升高到规定的电压 ②检查中性线并接好
电磁阀断电后，衔铁不退回或触点不断开	①剩磁太强 ②触点烧坏粘住线路 ③机械部分卡住	①更换铁芯 ②打磨触点或更换新元件 ③进行调整使机械部分动作顺畅
继电器、接触器、电磁阀线圈烧毁	①电压太高或太低，导致电流过大，烧毁线圈 ②线圈局部存在断路	①更换线圈，避免电流过大，可以添加恒压器稳定电压； ②更换新电磁阀线圈
某磁铁动作后影响其他电磁铁不动作	电磁铁线圈局部存在断路	修复或更换新的电磁铁线圈
主电动机电流读数上升	①液压泵不卸载 ②电动机单相运行	检查电动机和液压泵并进行修理
预塑电动机转动，但螺杆不后退	①背压太高，计量室压力小于背压 ②加料口部分堵塞	①调整背压到合适的值 ②防止物料“架桥”，使加料段冷却系统运行良好
预塑电动机电流增加	齿轮啮合不好	调整齿轮位置，使之啮合良好
温度控制仪表指针不振荡、不动作	①温度和电压影响晶体管参数 ②检波二极管损坏	检查相关元件，修理或更换损坏元件
温度表指针不动	①表内有断线 ②指针卡住	检测并修复温度表
测温指针到达温度表的最大值	①电阻加热圈被腐蚀或形成短路 ②温度表损坏	①检查并修复或更换加热器 ②检查并修复或更换温度表

第七章 注塑生产质量管理及常见问题

第一节　注塑生产质量管理

一、注塑质量检验工作基础知识

对所检验的一项或多项特性的规定要求（质量标准）应熟悉，并将其转换为具体的质量要求、抽样和检验方法，确定所用的测量装置，通过对要求（质量标准）的具体化，使有关人员熟悉与认识什么样的产品是合格产品。质量检验分为以下几个步骤（见表 7-1）。

表 7-1　质量检验步骤

质量检验步骤	说明
测量	测量就是按确定采用的测量装置或理化分析仪器，对产品的一项或多项特性进行定量（或定性）的测量、检查、试验
比较	比较就是把检验结果与规定要求（质量标准）相比较，然后观察每一个质量特性是否符合规定要求
判定	质量管理具有原则性和灵活性。对检验的产品质量有符合性判断和适用性判断： ①符合性判断就是根据比较的结果，判定被检验的产品合格或不合格。符合性判断是检验部门的职能 ②适用性判断就是对经符合性判断被判为不合格的产品或原材料进一步确认能否适用的判断。适用性判断不是检验部门的职能，是技术部门的职能。对原材料的适用性判断之前必须进行必要的试验，只有在确认该项不合格的质量特性不影响产品的最终质量时，才能做出适用性判断
处理	检验工作的处理阶段包括以下内容： ①对单件产品，合格的转入下道工序或入库；不合格的做适用性判断或进行返工、返修、降等级、报废等处理 ②对批量产品，根据检验结果，分析做出接收、拒收或特采等方式处理
记录	把所测的有关数据，按记录的格式和要求，认真做好记录。质量记录按质量管理体系文件规定的要求控制。对不合格产品的处理应有相应的质量记录，如：返工通知单、不合格品通知单等

（一）质量检验的分类

1. 按生产过程的顺序分类（表 7-2）

表 7-2　按生产过程的顺序分类说明

类别	说明
进货检验	包括外协、外购件的进货检验。根据外协、外购件的质量要求，和对产品质量特性的影响程度，将外协、外购件分成 A、B、C 三类，检验时应区别对待
制程检验	①首件检验。是在生产开始时或工序因素（工艺、工装、设备等）调整后对制造的第一件或前几件产品进行的检验。目的是能尽早发现过程中的系统因素，防止产品成批报废 ②巡回检验。也称流动检验，是检验员在生产现场按一定的时间间隔对有关工序的产品质量和加工工艺进行的监督检验 巡回检验员在过程检验中应进行的检验项目和职责如下： ①巡回检验的重点是关键工序，检验员应熟悉检验范围内工序质量控制点的质量要求、检验方法和加工工艺，并对加工后的产品是否符合质量要求及检验指导书规定的要求进行判断，负有监督工艺执行情况的责任 ②做好检验后的合格品、不合格品（返修品）、废品的专门存放处理工作 ③完工检验。完工检验是对该工序的一批完工的产品进行全面的检验。完工检验的目的是挑出不合格品废品，使合格品继续流入到下道工序。过程检验不是单纯的质量把关，应与质量控制、质量分析、质量改进、工艺监督等相结合，重点做好质量控制点的主导要素的效果检查
最终检验	最终检验也称为成品检验，目的在于保证仅合格品出厂。成品检验应按成品检验指导书的规定进行，大批量成品检验一般采用统计抽样检验的方式进行 凡检验不合格的成品，应全部退回车间作返工、返修、降等级或报废处理。经返工、返修后的产品必须再进行全项目的检验，检验员要做好返工、返修产品的检验记录，保证产品质量具有可追溯性

2. 按检验地点分类

按检验地点可分为集中检验、现场检验、流动检验。

3. 按检验方法分类

按检验方法可分为理化检验、感官检验、试验性使用鉴别。

4. 按检验产品的数量分类

按检验产品的数量可分为全数检验、抽样检验、免检。

5. 按质量特性的数据性质分类

① 计量值检验。需要测量和记录质量特性的具体数值，取得计量值数据，并将数据值与标准的对比，判断产品是否合格。

② 计数值检验。在工业生产过程中，为了提高生产效率，常采用界限量规（如塞规、卡规等）进行检验而获得的质量数据为合格品数、不合格品数等计数值数据，而不能取得质量特性的具体数值。

6. 按检验人员的分类

按检验人员分类可分为自检、互检、专检。

（二）抽样检验

考虑到经济因素，产品质量检验中广泛使用抽样检验的方法。所谓抽样检验，是对产品总体（如一个班生产的产品）中的所有单位产品，仅抽查其中的一部分，通过它们来判断总体质量的方法。

1. 抽样的方法

从总体中抽取样本时，为使样本质量尽量代表总体质量水平，最重要的原则是不能存在偏好，即应用随机抽样法来抽取样本。依此原则，抽样方法有以下三种：简单随机抽样、系统抽样、分层抽样，其说明见表 7-3。注塑件产品检验一般常用 1 ～ 2 种，其中简单随机抽样常见于 FQC 的终检，系统抽样常见于 PQC 的过程巡检。

表 7-3　抽样的方法

抽样方法	说明
简单随机抽样	一般来说，若一批产品共有 N 件，其中的任意 n 件产品均有同样的概率被抽到，则这样的方法称简单随机抽样，如抽奖时摇奖的方法就是一种简单随机抽样。简单随机抽样时必须注意不能有意识抽好的或坏的，或为了方便只抽表面摆放或容易取得的
系统抽样	系统抽样是每隔一定时间或一定编号进行，而每一次又是从一定时间间隔内生产出的产品或一段编号产品中任意抽取一个或几个样本的方法。它主要用于无法知道总体的确切数量的情况，多见于流水线产品的抽样
分层抽样	分层抽样是针对同类产品有不同的加工设备、不同的操作者、不同的操作方法时对其质量进行评估时的一种抽样方法

2. 抽样检验的分类

抽样检验根据所抽取的产品的质量特性不同分为计量型抽样检验和计数型抽样检验，其说明见表 7-4。

表 7-4　抽样检验的分类

类别	说明
计量型抽样检验	有些产品的质量特性，如灯管的寿命是连续变化的，用抽取样本的连续的尺度定量地衡量一批产品质量的方法称为计量型抽样检验方法
计数型抽样检验	有些产品质量特性，如杂质点的不良数、色差的不良数以及合格与否等，只能通过离散的尺度来衡量，把抽取样本后通过离散的尺度衡量的方法称为计数型抽样检验。计数型抽样检验中对单位产品的质量采取计数的方法衡量，对整批产品的质量，一般采用平均质量。计数型抽样检验是根据抽检产品的平均质量来判断整批产品平均质量的方法

3. 计数型抽样检验方案的分类（表 7-5）

表 7-5　计数型抽样检验方案的分类说明

类别	说明
标准计数一次抽检	从一批产品中一次抽取随机样本检验，根据样本的不合格品数判断批是否合格
计数挑选型一次抽检	从一批产品中一次抽取随机样本检验，根据样本中的不合格品数判断批是否合格，如不合格则进行全数检查，挑出不合格品进行返工或用合格品取代不合格品，这样的方法称为挑选型一次抽检
计数调整型一次抽检	根据以往检查成绩等质量信息，适当调整检查“严格”度的方法。一般情况下，采用一个正常抽检方案，若批质量好，则换一个放宽的检验方法；若批质量坏，则换用一个“加严”的抽样方案
计数连续生产型抽检	这种方式适用于用传送带等连续生产方式，检验时采用抽检和全检相结合的方法，发现的不合格品全部用合格品替换
二次抽检、三次抽检和序贯抽检	每一次抽样可以判断批质量处于三种状态：合格、不合格和进一步待查。对待查的批次，则做进一步抽样检验，直至做出合格与否的判断为止。如检查步数为二步，则称为二次抽样检验；三步的则称为三次抽样检验；如检查步数事先无法确定的，则称为序贯抽检

4. 与抽样检验有关的术语（表 7-6）

表 7-6　与抽样检验有关的术语说明

术语	说明
单位产品	为了抽样检验的需要而划分的基本单位，称为单位产品
检查批	为实现抽样检查汇集起来的单位产品称为检查批，简称为批
批量（N）	批中所包含的单位产品数称为批量
样本单位	从批中抽取用于检查的单位产品，称为样本单位

续表

术语	说明
样本	样本单位的全体称为样本
样本大小（n）	样本中所含的样本单位数
不合格	单位产品的质量特性不符合规定，称为不合格
不合格分类	按质量特性表示单位产品质量的重要性，或者按质量特性不符合的严重程度来分类，一般将不合格分为A类不合格、B类不合格和C类不合格，如产品较简单，也可分为两类不合格或不区分
A类不合格（CR）	单位产品的极重要质量特性不符合规定或单位产品的质量特性极严重不符合规定，称为A类不合格
A类不合格品	有一个或以上A类不合格，也可能含有B类或C类不合格的单位产品，称为A类不合格品
B类不合格 MJ 或 MA	单位产品的重要质量特性不符合规定或单位产品的质量特性严重不符合规定，称为B类不合格
C类不合格 MN 或 MI	单位产品的一般质量特性不符合规定或单位产品的质量特性轻微不符合规定，称为C类不合格
B类不合格品	有一个或以上B类不合格，也可能含有C类不合格的单位产品，但不包含有A类不合格的单位产品，称为B类不合格品
C类不合格品	有一个或以上C类不合格，但不包含有A类和B类不合格的单位产品，称为C类不合格品
每百单位产品不合格品数	每百单位产品不合格品数=（批中不合格品总数/批量）×100
每百单位产品不合格数	每百单位产品不合格数=（批中不合格总数/批量）×100
批质量（P）	单个提交检查批次的质量（用每百单位产品不合格品数或每百单位产品不合格数表示）称为批质量
过程平均（$\overline{P}$）	一系列初次提交检查批次的平均质量（用每百单位产品不合格品数或每百单位产品不合格数表示）称为过程平均。此处初次提交检查批不包括第一次检查判定为不合格，经过返工后再次提交的检查批
合格质量水平（AQL）	在抽样检查中，认为可以接受的连续提交检查批的过程平均上限值，称为合格质量水平
某些术语符号及其含义	Ac—合格判定数 Re—不合格判定数 *Pa*—批合格概率 ASN—平均样本大小

5. 计数型抽样检查的实施程序说明（表7-7）

表7-7　计数抽样检查的实施程序说明

项目	说明
检查程序	—
单位产品的质量特性规定	在产品计数标准或订货合同中，必须明确对单位产品规定技术性能、技术指标、外观等质量特性
合格质量水平（AQL）规定	在产品技术标准或订货合同中，应由订货方与供货方协商确定合格质量水平。对不同的不合格类别分别规定不同的合格质量水平。对于A类不合格的AQL值必须要小于B类不合格的；同样，对于C类不合格的AQL值要大于B类的。抽样表中，AQL小于10的部分的AQL值，可以是每百单位产品不合格数，也可以是每百单位产品不合格品数；大于10的部分的那些不合格质量水平，仅仅是每百单位产品不合格数
检查水平（IL）规定	一般检查水平（级别）有3种：Ⅰ、Ⅱ、Ⅲ
特殊检查水平	一般情况通常采用一般检查水平Ⅱ级；当需要的判别力较低时，可以采用一般检查水平Ⅰ级；当需要的判别力较高时，可以采用一般检查水平Ⅲ级 特殊检查水平有4中：S-1、S-2、S-3、S-4 特殊检查水平仅适用于必须使用较少的样本，而且能够或必须允许较大的误判风险的场合

续表

项目	说明
检查批的形成与提出	单位产品经过简单汇集形成检查批，也可以按其他的方式形成检查批。检查批可以和提交批、销售批、运输批相同或不同。通常每个检查批应由同类型、同等级且同生产条件及生产时间基本相同的单位产品组成
抽样方案类型的选择	只要规定的合格质量水平和检查水平相同，不管采用何种类型的抽样方案进行检验，其对批质量的判别力基本相同
抽样方案的检索	根据样本大小和合格质量水平，在抽样表中检索抽样方案 例如：某厂出货至宁波的 X88 边框共有 800 件，李某对其实施出货前检验工作，求李某的正常一次抽样方案 ①在检验文件中查找到，X88 边框属于 A 类货品，其按 GB/T 2828—2012 标准，采用正常检验Ⅱ级检查水平（IL= Ⅱ），主要缺陷（MJ）的 AQL=1.5%，次要缺陷（MN）的 AQL=2.5%。 ②见表 7-8；在样本大小字码表中包含 *N*=800 的行（501 ～ 1200）与 IL= Ⅱ所在列相交处，读出样本大小字码为 J ③在正常检验一次抽样表中 J 对应的样本大小栏读出样本大小为 80 ④由 80 向右，与 AQL 取值 1.5，AQL 取值 2.5 相交处，读出判定组数［3，4］和［5，6］ 故求出的正常检查一次抽样方案如下： *n*=80，Ac=3，Re=4；（MJ 缺陷，即主要缺陷） *n*=80，Ac=5，Re=6；（MN 缺陷，即次要缺陷）
样本的抽取	样本的抽取要能代表批质量，一般注塑厂现阶段采用的一般原则是： ①在生产过程中取样时要尽量做到在不同时间段、不同包装箱，随机抽取样本，一模多腔的必须要做到每腔的产品均能随机抽取到 ②在仓库抽取样本时必须做到在不同班组生产、不同生产日期、不同机台生产、不同生产工生产的不同包装箱内随机抽取样本，区别对待划定的检查及检查结果
样本的检查	按照产品技术标准和检验指导文件对单位产品规定的检验项目，逐个对样本进行检查，并累计主要或次要的不合格品总数或不合格总数。检查后的处置，按各厂检验管理程序的规定操作

表 7-8　GB/T 2818—2012 样本量字码表及正常检验一次抽样方案

批量范围	一般检查水平			Ⅱ级检查水平样本量字码	样本大小	AQL							
						1.0		1.5		2.5		4.0	
	Ⅰ	Ⅱ	Ⅲ			Ac	Re	Ac	Re	Ac	Re	Ac	Re
2 ～ 8	A	A	B	A	2	0	1	0	1	0	1	0	1
9 ～ 15	A	B	C	B	3	0	1	0	1	0	1	0	1
16 ～ 25	B	C	D	C	5	0	1	0	1	0	1	0	1
26 ～ 50	C	D	E	D	8	0	1	0	1	0	1	1	2
51 ～ 90	C	E	F	E	13	0	1	0	1	1	2	1	2
91 ～ 150	D	F	G	F	20	0	1	1	2	1	2	2	3
151 ～ 280	E	G	H	G	32	1	2	1	2	2	3	3	4
281 ～ 500	F	H	J	H	50	1	2	2	3	3	4	5	6
501 ～ 1200	G	J	K	J	80	2	3	3	4	5	6	7	8
1201 ～ 3200	H	K	L	K	125	3	4	5	6	7	8	10	11

二、注塑件检验常识

1. 常用的检验器具（表 7-9）

表 7-9　常用的检验器具说明

器具	说明
塞规	塞规主要是用来测量制件的拱曲和外扒、组件之间的缝隙量等，还可以用于测量平板制件的翘曲、扭曲变形量
专用检具	为更快捷地检验产品，通常专门制作一些专用检具应用在生产过程的工人自检和检验员的检测上，如用来检测轴孔是否偏芯的检具、检测汽车内外饰塑件装配间隙和断差的检具等

续表

器具	说明
游标卡尺	游标卡尺有普通型和数显型两种，规格有 150 ～ 1000mm 不等。其中，数显游标卡尺精度达到 0.01mm，精度较高，且读取数值相当直观、快捷，可以满足一般小零件的精密测量；而普通型游标卡尺测量精度只能达到 0.02mm，测量误差较大，读取数值较烦琐，不够直观
高度尺	高度尺也被称为高度游标卡尺。它的主要用途是测量工件的高度，另外还经常用于测量形状和位置公差尺寸 根据读数形式的不同，高度尺可分为普通游标式和电子数显式两大类。高度尺的规格常用的有 0 ～ 300mm、0 ～ 500mm、0 ～ 1000mm、0 ～ 1500mm、0 ～ 2000mm
色差仪	色差仪广泛应用于塑胶、印刷、油漆油墨制造、纺织服装等行业的颜色管理领域，测量显示出样品与被测样品的色差 ΔE 以及 ΔL、Δa、Δb 值
标准光源箱	标准光源箱是能模拟多种环境灯光的照明箱，常用于检测货品的颜色 在规定的标准光源下可方便地对比检查产品色差，特别是对于无法使用色差仪检查色差的产品（如体积小、形状怪异、无检测平面的零件），可以借助于它来对比检查

2. 使用检验器具的注意事项

① 人工检测产品尺寸时均存在一定的检测误差，不同的人、不同的检具、不同检测点均会造成检测误差。

② 未经过计量检测的检具（指纳入计量体系范围的计量器具），不得用来进行检测；被碰撞或拆卸过的检具，必须经过进一步的检测合格后才可以使用。

③ 游标卡尺的人为检测误差在 ±0.20mm 左右，这跟人们在检测时使用的力度和读数方面的差异性有关。

④ 在测量零件内侧的尺寸时，测量值需要加上相应的两测量脚的宽度才是实际的测量尺寸。

3. 使用游标卡尺的一般技巧

① 在测量零件时，需要选用适当长度的游标卡尺，一般不使用过长的游标卡尺来测量短尺寸，以减少测量误差和使用上的不便。

② 在用游标卡尺测量尺寸时，一般用左手定位在左端测量点，右手拇指轻轻地将右测量支架向后或向前推动，切忌用右手抓住右支架猛推、拉，这样测量耗时较多，且不易掌握力度，测量误差较大。

③ 测量时，一般要端正地坐在凳子上，两手与卡尺基本持平行状态，不能一高一低。

④ 测量点一般定位在测量端面以下 2mm 处（除非当有很大的脱模斜度时，需要特别注明），如果精度较粗糙的无此要求。

⑤ 测量时两手用的力度一定要掌握好（特别是在测量时用力会有变形量时），一般要求两端测量点刚好接触到为佳，否则测量误差将很大。

4. 产品尺寸方面的注意事项

高分子材料（主要指塑料制品）一般均存在热胀冷缩的现象，而且其收缩的过程是呈渐变曲线变化，一般在（20±3）℃环境下冷却 2h 后其变化将转入一个较平稳的状态，即变化很小，对于无高精度要求的塑料件而言，在此环境下测量出来的合格尺寸是可以满足装配要求的。

一般而言，天气热的季节生产时，将塑件的尺寸控制在公差中间较妥当，天气冷的季节生产时将塑件的尺寸控制在公差上限或以上 0.20mm 都是可以接受的。其中最容易出现塑件尺寸偏短是在天气冷的季节，这时客户在使用过程中的相关投诉也最多。反之，天气热的季节客户投诉最多的是塑件尺寸偏大。这些均与库存产品跨节令、使用环境温度不同有密切的关联，也跟我们的日常控制水准有很大的关系。在日常生产过程对尺寸的控制原则是：天冷做“长”，天热做“短”，这里说的“长”与“短”是有度的，不能脱离检验文件和图纸的要求去控制。关于环境的冷热各地均有时令的变化，以（20±3）℃为基准进行时令尺寸控制的划分。

5. 产品色差的检测与判断

对于产品的色差判定，首先的要求就是检测者无视力障碍（如色盲、色弱等），否则便要通过色差仪进行检测才可判定色差的可接受程度、状况。

色差（指与色板差值）在 0.50 以内时，是很难通过人眼感觉出来的。但是当两个零件的色差均在 0.5，例如一个偏黄，一个偏白时，就极有可能会发现色差较明显，特别是生产配套的零件时要十分注意控制。

通常情况下，鲜艳颜色的机测（色差仪检测）色差和目测色差有很大的区别，普遍均是机测色差大过目测色差。也就是说，目测色差可以接受的情况下，往往机测色差会超标。遇到此情况时的一般控制原则是：与样板对照检查，色差不明显，且可以配套的则配套生产，不能配套生产或色差确实超标且目测很明显的则判不合格或提出整改。

在观察颜色时，灯光或周围环境的影响较大，一般不主张在生产机台上判断色差，但通常很明显的色差，是可以在机台旁的灯光下发现和诊断出的。

日常巡检或成品检验时，为避免犯经验主义错误被产品色差所迷惑，建议在检测时与样板（首件，经过检测的合格制件）进行对比检测。

三、来料检验管理

1. 常用的质量检验英语的缩写及中英文对照

IQC（incoming quality control）：来料品质控制。

PQC（process quality control）：制程品质控制。

OQC（outgoing quality control）：出货品质控制。

OBA（open box audit）：开箱检验。

FQC（final quality control）：最终品质控制。

SQA（source/supplier quality control）：供应商品质保证。

QE（quality engineering）：品质工程。

MRB（material review board）：物料评审委员会。

SPC（statistics process control）：统计过程控制。

QA（quality assurance）：品质保证。

FA（failure analysis）：坏品分析。

AQL（acceptable quality level）：可接受质量水平。

CR（critical）：关键的、致命的。

MJ（或 MA）（major）：重要的、主要的。

MN（或 MI）（minor）：次要的、轻微的。

（CR、MJ、MN 通常用来表示检验项目的重要性和缺陷的严重程度）

2. 来料检验流程（见图 7-1）

① 供应商送货到仓库，仓管员通知 IQC 人员。

② 1QC 人员抽样检查，如果不合格，发出不合格报告单。

③ 合格品入库，不合格品由业务人员主持召开 MRB 会议。

④ 相关部门依 MRB 会议判定结果进行作业。

3. 来料检验管制

业务人员或仓管员接到供应商送货单后，通知 IQC 人员对进料进行检验。IQC 人员依抽样标准 GB 2818—87A、B 类货品的检查水平为 Ⅱ，AQL：MA=1.5，MI=2.5；C 类货品为工，AQL：MA=1.5，MI=2.5。如尺寸、重量、功能等，若在检验过程中发现不符合，则对全部的抽样样本检验。

若为免检物料，则于 IQC 检验报告及供应商送货单上注明“免检”，不需检验直接入库。

依标准检验指导书（SIP）、工程图面、样板进行检验。若为破坏性检验须领料报废，或者由厂商提供样品检验。

依检验结果采取下列步骤：

① 判定允收。

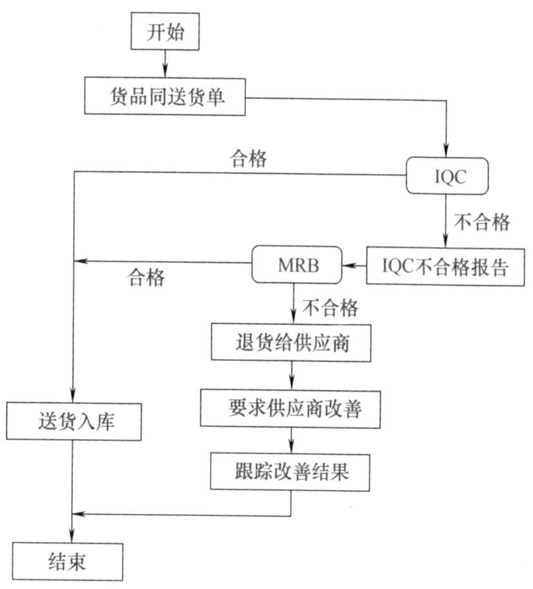

图 7-1　来料检验流程

② 判定拒收，填写 IQC 不合格报告单，通知业务人员处理，依检验数据及物料判定状况填写 IQC 检验报告送交 IQC 主管审核。由业务部人员召集质量、工艺技术、生产等相关单位人员组织召开 MRB 会议，并由业务部主持，最终由工艺技术部门决定处理方式。MRB 会议结论填写于 IQC 不合格报告单，经相关部门参加人员签名确认后，交由业务部按处理规定安排处理。若有争议无法取得共识时，依工艺技术部决定为处理方式。

若该批物料不影响产品功能和客户质量要求。不会造成生产困扰，可考虑特采。判定特采需经工艺技术部门核准，并说明特采原因以利于生产过程追踪。

③ 若判定全检或返工、退货则由业务人员将不良情形通知厂商要求处理。

全检及返工时应注意交货日期以免影响生产进度。若为厂内全检及返工，质检及技术人员应指导全检及返工方法。

IQC 人员对全检及返工品需进行再检。复检合格品入库，不合格品退回厂商。返工及全检不合格品由业务部协调供货商处理。

当 MBR 会议要求时，由 IQC 人员将不良状况以报告形式要求厂商改善并追踪其改善效果。针对库存超过三个月（以盘点周期计算）的物料，在使用前需经 IQC 人员重验后方可使用。

④ IQC 检验标志。检验合格时，盖蓝色的“IQC”章，并在供货商送货单上签名确认，仓库凭单接收物料。检验不合格时，盖红色的“拒收”章。经 MRB 判定特采允收时，盖黄色“特采”章。免检物料盖绿色“免检”章。

设备不足或仪器送校时，可依供货商的出货检验报告及资料作为进料检验的依据。

⑤ 免检材料资格审核。连续三个月内，材料进料不少于 10 批，在进料检验履历及制程中未发现任何不良状况，经申请批准此物料可列入免检物料清单。IQC 主管按时将满足条件的材料录入免检物料清单交由工艺技术部经理（含）以上人员审核，通过后将免检物料清单送交给业务部、进货检验部门。当免检材料到达仓库并由仓库开出进料验货单至 IQC 检验，IQC 检验员需与免检材料清单所列核对是否相符，如相符则盖绿色“免检”标签在材料外箱上，由仓库人员将材料入库。如材料数量、包装、品质不符将整批退货，并发出 IQC 不合格报告单，业务部对不良物料召开 MRB 会议，对不合格材料进行处理。

免检材料出现不合格，经过工艺技术部经理（含）以上人员批准后于免检物料清单上取消该材料，IQC检验员将对该材料恢复正常检验程序，直到下次免检资格审核合格方可恢复免检入库。

当材料出现变更，进货时需恢复检验。

4. 来料检验员主要工作内容和注意事项

① 按照进货检验文件、样件和图纸等技术文件对外购、外协货品实施进货检验工作。

② 及时向IQC主管反馈供应商不良质量信息，特别是当出现该货品急于投入生产使用的情况时。

③ 填写“8D改善行动报告”，提出供应商改善要求和跟踪改善效果。

④ 每日及时统计分析进货品的质量状况。

⑤ 按检验管理程序的要求及时填写进货检验报告、IQC不合格报告和质量信息反馈单。

⑥ 每月底统计、分析当月的进货品质情况。

四、制程检验管理

1. 制程检验管理流程（见图7-2）

①当出现换模具生产、换班生产时PQC人员进行首件检验，合格则继续生产，不合格调整好后再继续生产。

② PQC人员依产品类别对在生产过程中的产品进行巡检。

③ 巡检合格继续生产，出现异常填写不合格报告，由工艺人员召集相关部门人员主持召开MRB会议。

④ MRB会议解决异常问题后，继续生产，否则停止生产，找到问题解决方法为止。

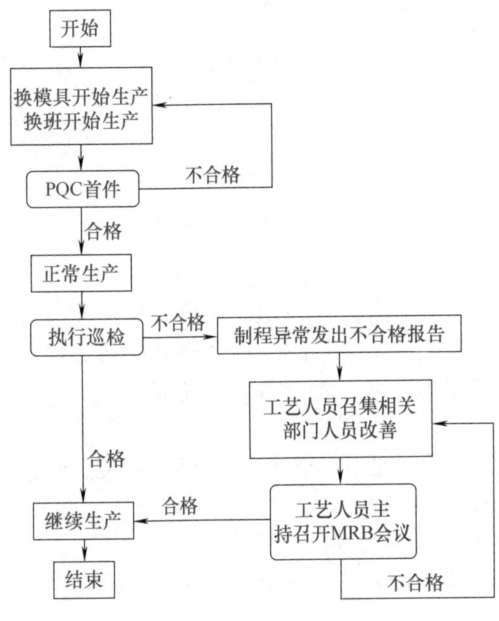

图7-2　制程检验管理流程

2. 制程检验控制（表7-10）

表7-10　制程检验控制说明

内容	说明
首件检验	当新换模具、模具维修、停机再生产或更换材料时候，PQC人员要在工艺人员调好产品30min内完成首件检验，将检验结果填写在检验记录单上，保存记录。首件放在指定位置，换模首件保存到下模为止。班首件保存到本班结束，下班首件出现后自动废弃 生产车间依PQC判定结果：产品检验合格，继续生产；轻微缺陷，知会工艺人员，调机整改后再生产；严重缺陷，立即停止生产，并通知技术、质量及相关部门（业务部生产计划人员等）开会检讨
过程检验	PQC人员依标准检验文件（SIP）、图纸、开机首件等相关标准对生产过程进行巡检，A、B类产品的外观检查频率为8～10件/90min，C类产品的外观检查频率为8～18件/120min，功能性、装配性、信赖性、尺寸检验周期和抽样数以标准检验文件（SIP）为依据，将检验的结果记录在PQC检验报告中。各注塑厂依据本厂的产品特点进行检验频率的调整
制程异常处理	针对制品的重要缺点（MA）和制程中的问题，PQC人员填写不合格报告，由车间班组长确认后召集车间技术、生产计划等相关人员分析并提出改善对策。PQC主管对责任单位提出的改善对策进行效果确认，若无效时，PQC主管将改善对策退回原责任单位重新提出 PQC人员连续发现5个以上同类重要缺点（MA），制程不良率过高（以每小时产量计算不良率超过15%的），批量性不良或严重影响产品信赖性的问题，PQC人员填写不合格报告反映到生产工艺人员，并由生产工艺人员主持召开MRB会议，对问题进行处理

续表

内容	说明
不合格品处理	PQC 人员在生产过程中发现的不合格品应在产品标识单上盖红色的不合格品章，班组主管确认并安排人员将不合格品放置于不合格品区内隔离管制。不合格品依 MRB 会议结论处理

3. 制程检验员主要工作内容和注意事项

① 及时（上模调试合格后或交接班后）做首件检验，包括开机首件和班首件等。

② 及时向工艺人员、班组管理人员反馈首件检验不合格的信息，必要时填写不合格报告。

③ 做首件检验时必须要向工人交待清楚该产品的质量自检要求，并在产品上面标注一些关键质量特性及控制点。

④ 按规定进行巡检，关键产品（A、B 类产品）的巡检周期为 90min，C 类产品的巡检周期为 120min。

⑤ 巡检抽样数为 8 ～ 10 件（有一模多腔时为 5 ～ 6 模）/ 巡检周期。

⑥ 巡检时要仔细、认真对照样件（开机首检、班首件等）。

⑦ 巡检时严格执行检验文件的规定进行抽样、送样，检测尺寸、色差和装配检查等 [一般为 2 ～ 3 模 / 周期（2h）]。

⑧ 巡检时发现属于工人工作方法不当造成的不合格应立即纠正工人的做法，如果未得到改善，则需要向操作工上一级主管反馈，并对已生产出的不合格品进行标识隔离。

⑨ 巡检时发现不合格是属于生产工艺问题造成的，则及时向当班的工艺员、班组长反馈，要求其改善并对此事进行跟踪处理，对已生产的不合格品做出处置和隔离。如果问题得不到解决，则要及时向上级主管反馈，由上级主管按程序进一步组织解决。

⑩ 严重不良且批量超过 2h 产量的不良品均要开出不合格报告并提交给相关责任部门进行整改。

⑪ 对于不能判断的质量问题要向检验主管反馈，反馈问题时一定要将问题点描述清楚。

⑫ PQC 人员必须按要求及时填写检验记录表格，特别是检测数据的记录必须真实可靠，任何记录均有检测人员的亲笔签名和日期，否则均视为无效记录。

⑬ PQC 人员应及时与 FQC 人员沟通巡检过程中发现的不良质量信息。

五、完成品检验管理

1. 完成品检验流程（见图 7-3）

① 由 FQC 人员执行完成品入库检验。

② 合格品入库，不合格的发出不合格报告，由工艺组主持召开 MRB 会议。

③ 依据 MRB 会议结论对不合适品进行处置。

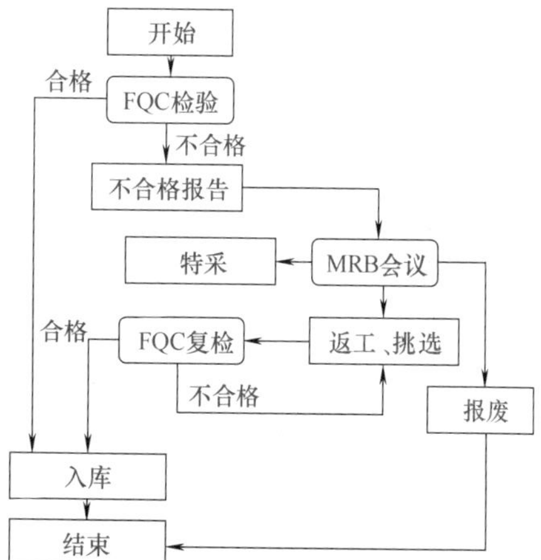

图 7-3　完成品检验流程

2. 完成品检验控制

FQC 人员依照标准 GB 2818—87（A、B 类货品 IL= Ⅱ，C 类货品的 IL= Ⅰ，Ⅱ级检查水平 AQL：MA=1.5，MI=2.5）对每台机生产的产品进行终检，抽检不合格的填写不合格报告反映给生产技术人员，并由生产技术人员主持召开 MRB 会议，对问题进行处理，将处理的结果记录在 FQC 检验报告中。

FQC 终检合格的货品及时盖上蓝色的 FQC+ 号码章，进行入库作业。

3. 最终检验员主要工作内容和注意事项

① 按检验文件的规定进行抽样检验，一般规定每隔 3h 进行终检一次。

② 检查产品尺寸、色差或进行装配实验时按照 2 ～ 3 模 /3h 进行抽样检验。

③ 终检时必须要检查产品合格证是否填写正确，特别是产品颜色和产品的上下和左右之分。

④ 抽样必须要做到随机抽样，杜绝因怕麻烦而马虎了事的行为。

⑤ 发现不合格时必须及时进行标识（用红色的不合格章）和隔离，并开出不合格报告传递至相关责任人员手中进行评审处理。

⑥ 所有不合格品经过再次返工后均要及时进行复检，复检不合格时要重开不合格报告。

⑦ 要与 PQC 人员做好交接和沟通工作，杜绝批量性残次品的发生。

⑧ 当超出自己工作能力范围时，要及时向 FQC 主管反馈并由其做出进一步的处置意见。

六、出货检验管理

1. 出货检验流程（见图 7-4）

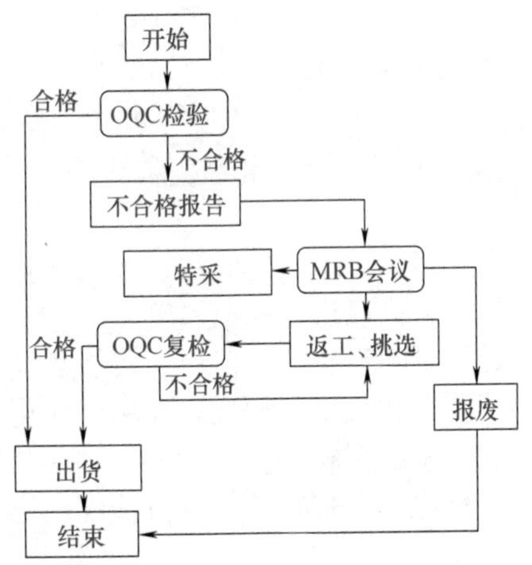

图 7-4　出货检验流程

2. 出货检验管制

OQC 人员依照标准 GB 2818—87（A、B 类货品 IL= Ⅱ，C 类货品的 IL=T，Ⅱ级检查水平 AQL：MA=1.5，MI=2.5）对 A、B 类成品执行抽样检验，并将检验结果填写于 OQC 检验报告上。如尺寸、重量、功能等，若在检验过程中发现不符合要求，则对全部的抽样样品检验。

若判定不合格，OQC 人员将不良状况记录于不合格报告中，经检验主管确认后，由 OQC 人员在产品外箱标签上盖红色不合格章，在 OQC 检验报告上记录其检验结果。不合格按权限进行评审处理，在检验主管能力范围内可以妥善处置的，由检验主管主持召开 MRB 会议。如果不合格批量超出权限，由高一级质量管理人员负责组织车间、技术、质量人员召开 MRB 会议，要求责任部门提出改善对策。

若判定合格，加盖蓝色的出货检验标志章，执行出货作业。出货检验标志章由检验日期、检验场所、OQC 代码组成。

判定返工的由车间、技术、质志人员针对不良确定返工流程，进行返工。OQC 人员对其返工流程进行检查。若暂无处理方案，需进一步验证时，扣留产品处理。不得在仓库内进行返工作业，所有返工产品由返工人员从仓库领出后在指定区域进行返工作业。遇到特殊情况时，需要向仓库主管部门和质量部门主管提出申请，允许后才可以在仓库指定的区域进行返工作业。返工后的成品，检验人员应执行复检。

出货前，OQC 检验员依照出货通知单、标准检验指导书（SIP）进行检验，并确认货车货柜与订舱单、柜号、车牌号，确保货物装入正确的货柜和货车，交付给指定的客户，并将检验时间、检验结果记录于 OQC 检验报告中。

当库存品库存时间达到 3 个月时，由所在仓库的仓管员负责通知 OQC 人员，OQC 人员按照标准进行抽验，检验结果填写于检验报告上。库存成品检验发现不良时，由 OQC 人员开出不合格报告，经过检验主管确认后召集技术、车间、质检人员对不合格品进行确认。并将技术、车间、质检人员对不合格品的处理方式填写于不合格报告中，由返工人员对不合格品进行处理。

若裁定为特采，需经技术、车间、业务部门权责主管签字，如有必要需先取得客户同意方可特采。若裁定为返工，则由技术、质检人员指导返工作业，OQC 人员对其返工进行复检。

检验相关记录保存至少 2 年。

3. 出货检验员主要工作内容和注意事项

① OQC 人员每天按照出货检验计划及时完成检验任务。

② OQC 人员严格按照检验指导书、样板、图纸、技术文件的要求进行检验。

③ 发现不合格时要及时开出不合格报告，将其传递至相关部门进行评审处理，同时要将不合格品用红色的不合格品章进行标识隔离。

④ 所有返工处理的产品均需要进行再次复检确认。

七、可靠度实验管制

1. 产品信赖性测试

QE 人员于新产品转移阶段依据产品特性及规格制定信赖性实验项目。测试时机、新产品特性验证、产品试产、产品第一次量产、重大工程变更、客户投诉，不定期进行产品可靠度评估。

除非客户特殊要求，否则测试样品数量以本厂要求为主。

QE 检验员依照信赖性测试计划及测试规范进行测试，并根据测试结果制作信赖性测试报告，提交给 QE 工程师审核。实验报告必须至少保存 15 年。

当信赖性实验失败时，QE 工程师通知技术人员就不良情况进行分析和改善。改善后，QE 检验员需重新进行测试以确认其有效性。

2. 材料认可信赖性实验

材料认可信赖性实验仅适用于关键物料。

技术部门提供测试样品，并填写信赖性测试需求单。QE 人员或检验员依目前设备使用状况安排实验日期，依照相应实验的测试规范进行测试。测试结果记录由 QE 人员填写，QE 主管审核，再将实验结果通知技术部门。可靠度实验完成后，由样品提供单位取回测试后样品。

八、注塑件检验规范

规范主要规定了注塑生产的各种塑胶制品的检查与试验方法，适用于一般注塑制品的检查。

1. 测量面划分

测量面指被观察表面。第一测量面，为用户常看到的顶面或侧面；第二测量面，为用户偶然看到或很少看到的侧面、拐角或边位；第三测量面，为总装件、组件、零件的底面或装配时相互贴在一起的零件表面。

2. 检查条件

此标准以对功能无影响为前提，而且靠目测，故并不适用于限度样板及个别特殊标准。

通常在 30cm 处目测 3 ～ 5s，如果发现缺陷，移到 50cm 处观测 3 ～ 7s，难以看到缺陷及看到不太明显缺点为好。

检测时光源应符合检验标准要求，检验人员视力在 0.7 以上。

观察角度为垂直于被观察面及上下 45° 角。

3. 质量要求及检验方法（各厂根据客户要求制定）

（1）表面（外观）质量检验标准（表 7-11）

表 7-11 表面（外观）质量检验标准

缺陷	第一测量面	第二测量面	第三测量面	检查方法
裂纹	不允许	不允许	对组装成品外观性能无影响时允许有	目测
走胶不齐或缺料	不允许	不允许	不影响外观及装配功能，轻微时可接受	目测（试装）
熔接痕（夹水纹）	以工程样板为最低标准	以工程样板为最低标准	以工程样板为最低标准	目测（对板）
缩水	以工程样板为最低标准，从 45° 到 90° 之间看无明显水痕，且触摸时无凹陷感	以工程样板为最低标准，从 45° 到 90° 之间看无明显水痕，且触摸时无凹陷感	以工程样板为最低标准，从 45° 到 90° 之间看无明显水痕，且触摸时无凹陷感	目测或用手触摸产品感受板缩水处凹痕的深浅
边拖花	不允许	外观看不明显即可接受	允许有	目测
杂点、黑点、混色污渍	此 3 种缺陷累积不能超出 4 点，且不能有 3 点集中，分隔应大于 100mm，杂点、黑点、混色污渍每点面积不大于 $0.4mm^2$	此 3 种缺陷累积不能超出 6 点，且不能有 3 点集中，分隔应大于 100mm，杂点、黑点、混色污渍每点面积不大于 $0.5mm^2$	此 3 种缺陷累积不能超出 9 点，且不能有 3 点集中，分隔应大于 100mm，杂点、黑点、混色污渍每点面积不大于 $0.9mm^2$	目测
划痕、碰伤	划痕、碰伤每条长度不大于 8mm，宽度不大于 0.05mm	划痕、碰伤每条长度不大于 10mm，宽度不大于 0.1mm	划痕、碰伤每条长度不大于 2.5mm，宽度不大于 0.15mm	目测
顶白	不允许	不允许	不影响外观可接受，但不能凸起影响功能	目测

（2）功能质量检验标准（表 7-12）

表 7-12 功能质量检验标准

缺陷	说明
飞边（溢料）	任何喇叭孔、按键孔、开关制孔及所有运动件相配合孔位均不能有飞边；内藏柱位、骨位飞边不能影响装配及功能；外露及有可能外露影响安全的飞边，用手摸不能有刮手的感觉
变形	支承于平台的底壳变形量不大于 0.3mm，与支承于平台的底壳相配的面壳其变形量也不能大于 0.3mm，其余塑件的变形不影响装配功能可接受
浇口余料	外露以及有可能外露会影响外观及安全的浇口位应平坦，且符合安全标准，不能刮手。有装配要求，但不能外露，不影响装配的浇口余料应控制在 0.5mm 以内且不影响功能。无装配要求，不影响功能，不外露的浇口，余料控制在 1.5mm 以内

4. 检验标准判定上的注意事项（表 7-13）

表 7-13 检验标准判定上的注意事项

项目	说明
关于“目测”的定义	目测是指距离产品表面的直线距离 50cm，于充足的自然光线下，在 45° ～ 90° 下用眼睛进行检查产品外观的一种常用方式。目测检查时，样品不能离得太近或太远。检查环境要求在充足的自然光线下，光源环境的差异会对外观判断造成一定的“迷彩效应”（看颜色时） 观察角度很重要，一般可以模拟产品装配后的正常目测到的外观范围、角度进行目测检查。观察产品表面的缩痕，一般推荐要在 45° 下观察，可以较清晰的对比出其与样板的差异
关于“不明显”的界定和定义	“不明显”经常用在塑胶产品的外观缺陷程度的描述上，这是由于外观缺陷的描述很大程度上受到文字表达的局限性，有时只能用“不明显”来表述，但其是有一定的界定和定义的 不明显是指经过正确的目测检查或目测对比检查样板后，人的思维判断觉得缺陷较轻微（或两者之间的差异性小到可以忽略不计），从而对此外观缺陷得出的检查结果 不明显的参照物（参照标准）一定要有可比较性或权威性，才可以得出较有价值的判断结论

第二节　注塑生产常见问题及处理

一、注塑过程常见问题及改善方法

（一）喷嘴漏胶、堵塞、流涎

1. 喷嘴漏胶

在注塑过程中，热的塑料熔体从喷嘴头部或喷嘴螺纹与料筒连接处流出来的现象称为喷嘴漏胶。喷嘴出现漏胶现象会影响注塑生产的正常进行，轻者造成产品重量或质量不稳定，重者会造成塑件出现缩水、缺料、烧坏加热圈等现象，影响产品的外观质量，且不良品增多，浪费原料。导致喷嘴漏胶的原因及改善方法如表 7-14 所示。

表 7-14　喷嘴漏胶的原因与改善方法

原因	改善方法
喷嘴与模具喷嘴贴合不紧密	重新对嘴或增加喷嘴头与模具的匹配性
喷嘴的紧固螺纹松动或损伤	紧固喷嘴螺纹或更换喷嘴
背压过大或螺杆转速过高	减小背压或降低螺杆转速
喷嘴式熔料温度过高	降低喷嘴及熔料温度
抽胶行程不足	适当增加抽胶距离
塑料黏度过低，熔融指数（FMI）较高	改用熔融指数低的塑料

2. 喷嘴流涎

在注塑过程中对塑料进行塑料时，喷嘴内出现熔体流出的现象称为喷嘴流涎。接触式注塑作业中，如果喷嘴流涎，熔体流到主流道内，冷却的塑料会影响注塑的顺利进行（堵塞浇口或流道）或在塑件表面造成外观缺陷（如冷斑、缩水、缺料等），特别是 PA 材料最容易产生流涎的。导致喷嘴流涎的原因及改善方法如表 7-15 所示。

表 7-15　喷嘴流涎的原因与改善方法

原因	改善方法
抽胶量不足	增大抽胶量（熔前或熔后抽胶）
塑料黏度过低	改用黏度较大的塑料
喷嘴孔径过大或喷嘴结构不当	改用孔径小的喷嘴或自锁式喷嘴
熔料温度或喷嘴温度过高	降低熔料温度或喷嘴温度
背压过大或螺杆转速过高	减小背压或降低螺杆转速
接触式注塑成型方式	改为射台移动式注塑成型

3. 喷嘴堵塞

在注塑过程中，熔体无法进入模具流道的现象称为喷嘴堵塞。导致该现象的原因及改善方法如表 7-16 所示。

表 7-16　喷嘴堵塞的原因及改善方法

原因	改善方法
喷嘴中有金属及其他不熔物质	拆卸喷嘴清除喷嘴内的异物
喷嘴头部的加热圈烧坏	更换喷嘴头部的加热圈
长喷嘴加热圈数量过少	增加喷嘴加热圈数量

续表

原因	改善方法
水口料中混有金属粒	检查、清除水口料中的金属异物或更换水口料（使用离心分类器处理）
烘料桶内未放磁力架	将磁力架清理干净后放入烘料桶中
水口料中混有高熔点的塑料杂质	清除水口料中的高熔点塑料杂质
结晶型塑料（如 PA、PBT）喷嘴温度偏低	提高喷嘴温度
喷嘴内未装磁力管	喷嘴内加装磁力管

（二）下料不顺畅

下料不顺畅是指在注塑过程中，烘料桶（料斗）内的塑料原料有时会发生不下料的现象，从而导致进入注塑机料筒的塑料不足，影响产品质量。导致下料不顺畅的原因及改善方法如表 7-17 所示。

表 7-17 下料不顺畅的原因及改善方法

原因	改善方法
料斗内的原料出现“架桥”现象	检查、疏通料斗内的原料
料斗内的原料熔化结块（干燥温度失控）	检修烘料加热系统，更换新料
回用水口料有的颗粒太大（大小不均）	将较大颗粒的水口料重新粉碎（调小碎料机刀口的间隙）
水口料回用比例过大	减少水口料的回用比例
料斗下料口段的温度过高	降低料斗的料温或检查下料口处的冷却水
干燥温度过高或干燥时间过长	降低干燥温度或缩短干燥时间
注塑过程中射台振动大	控制射台的振动
料斗下料口或机台的入料口过小	改大下料口孔径或更换机台

（三）塑化噪声

塑化噪声是指在注塑过程中，螺杆转动对塑料进行塑化时，料筒内出现“叽叽”或“啾啾”的摩擦声音（在使用塑化黏度高的 PMMA、PC 材料时噪声更为明显）。塑化噪声的产生主要是因螺杆的旋转阻力过大，导致螺杆与塑料原料在压缩段和送料段发生了强烈的摩擦和剪切。导致该现象的原因及改善方法如表 7-18 所示。

表 7-18 塑化噪声的原因及改善方法

原因	改善方法
背压过大	降低背压
螺杆转速过快	降低螺杆转速
塑料的黏度大，流动性差	改用流动性好的塑料
料筒（压缩段）温度过低	提高压缩段的温度
塑料的自润滑性差	在原料中添加润滑剂（如滑石粉）
螺杆压缩比较小	更换螺杆压缩比较大的注塑机

（四）螺杆打滑

注塑过程中，螺杆无法塑化塑料原料而只产生空运转的现象称为螺杆打滑。发生螺杆打滑时，螺杆只有转动行为，没有后退动作。导致该现象的原因及改善方法如表 7-19 所示。

（五）制品粘前模

注塑过程中，制品在开模时整体粘在前模（定模）的模腔内而导致无法顺利脱模，这种现象称为制品粘前模。导致该现象的原因及改善的方法如表 7-20 所示。

表 7-19　螺杆打滑的原因及改善方法

原因	改善方法
塑料干燥不良	充分干燥塑料及适当添加润滑剂
料斗内缺料	及时向料斗添加塑料
料斗内的塑料温度高，结块不落料	检修料斗的加热系统更换新料
料筒后段温度太高，料粒熔化结块不落料	检查入料口处的冷却水，降低后段熔料温度
背压过大且螺杆转速太快（螺杆包胶）	减小背压和降低螺杆转速
回用水口料有的料粒过大，产生“架桥”现象	将过大的水口料粒挑拣出来，重新粉碎
料筒内壁及螺杆磨损严重	检查或更换料筒、螺杆

表 7-20　制品粘前模的原因及改善方法

原因	改善方法
射胶量不足（产品未注满）	增大射胶量
注射压力及保压压力太高	降低注射压力和保压压力
保压时间过长（过饱）	缩短保压时间
末端注射速度过快	减慢末端注射速度
料温太高或冷却时间不足	降低料温或延长冷却时间
模具温度过高或过低	调整模温及前、后模温度差
进料不均使部分过饱	变更浇口位置或浇口大小
前模柱位及碰穿位有毛刺	检修模具，消除毛刺
前模表面不光滑或模边有毛刺	抛光模具或清理模具边缘的毛刺
前模脱模斜度不足	增大前模脱模斜度
前模腔形成真空（吸力大）	延长冷却时间或改善进气效果
启动时开模速度过快	减慢开模速度

（六）水口拉丝及水口料粘模

1. 水口拉丝

注塑过程中，水口（主流道前端部，亦称浇口）在脱模时会出现拉丝的现象，如果拉丝留在模具上会导致合模式模具被压坏，如留在模具流道内则会被后续熔体冲入型腔而影响产品的外观。PP、PA 等塑料在注塑时水口易产生拉丝现象。该现象的产生原因及改善方法如表 7-21 所示。

表 7-21　水口拉丝的原因及改善方法

原因	改善方法
料筒温度或喷嘴温度过高	降低料筒温度或喷嘴温度
喷嘴和浇口套配合不良	检查、调整喷嘴
背压过大或螺杆转速过快（料温高）	减小背压或降低螺杆转速
冷却时间不够或抽胶量不足	增加冷却时间或抽胶量行程
喷嘴流涎或喷嘴形式不当	改用自锁式喷嘴

2. 水口料粘模

注塑过程中，开模后水口料（流道凝料）粘在模具流道内不能脱离出来的现象称为水口料粘模，水口料粘模主要是由于注塑机喷嘴与浇口套（主流道衬套）的孔径不匹配，水口料产生毛刺（倒扣）无法顺利脱出所致。该现象的产生原因及改善方法如表 7-22 所示。

表 7-22　水口料粘模的原因及改善方法

原因	改善方法
熔料温度过高	降低熔料温度
主流道无拉料扣针	水口顶针前端做成 Z 形扣针
注射压力或保压压力过大	减小注射压力或保压压力
主流道入口与喷嘴孔配合不好	重新调整主流道入口与喷嘴配合状况
主流道入口处的口径小于喷嘴口径	加大主流道入口孔径
主流道入口处圆弧的半径 R 比喷嘴头部的小	加大主流道入口处圆弧半径 R
主流道中心孔与喷嘴孔中心不对中	调整两者孔中心在同一条轴线上
主流道内表面不光滑或有脱模倒角	抛光主流道或改善其脱模倒角
主流道入口外侧损伤或喷嘴头部不光滑	检修模具，修善损伤处，清理喷嘴头（防止产生飞边、倒扣）
主流道尺寸过大或冷却时间不够	减小主流道尺寸或延长冷却时间
主流道脱模斜度过小	加大主流道脱模斜度

（七）压模

注塑过程中，如果制品或水口料没有完全取出来，或制品粘在模具上操作人员又没有及时分离，合模后留在模具内的塑件或水口料会压伤模具，此现象称为压模。压模故障是注塑生产中严重的安全生产问题，会造成生产停止，需拆模进行维修。某些尺寸精度要求高的模芯无法修复，需更换模芯，造成很大的损失甚至影响订单的交货期。因此，注塑生产中要特别预防出现压模事件，需合理设定模具的低压保护参数，安装模具监控装置。压模的原因及改善方法如表 7-23 所示。

表 7-23　压模的原因及改善方法

原因	改善方法
胶件粘模	改善胶件粘模现象
作业员未发现胶件粘模	对作业员进行操作培训并加强责任心
全自动注塑的胶件粘模	有行位（滑块）和深型腔结构的产品不宜使用全自动生产注塑，应改为半自动生产注塑模式
模具低压保护功能失效	合理设定模具低压保护参数
顶针板无复位装置	加设顶针板复位装置
全自动注塑中未安装产品脱模监控装置	全自动注塑中加装产品脱膜监控装置
水口拉丝	清理拉丝并彻底消除水口拉丝现象

（八）开模困难及其他异常现象

1. 开模困难

注塑生产过程中，如果锁模力过大、模芯错位、导柱磨损，模具长时间处于高压锁模状态，造成模具变形而产生“咬合力”，就会出现打不开模具的现象，这种现象统称为开模困难。尺寸较大的塑件、模腔较深的模具及或注塑机采用肘节式锁模机构时，上述不良现象最为常见。导致该现象的原因及改善方法如表 7-24 所示。

表 7-24　开模困难的原因及改善方法

原因	改善方法
导柱或导套磨损，摩擦力过大	清洁、润滑导柱或更换导柱、导套
注塑机的开模力不足	增大开模力，或将模具拆下更换较大的机台
锁模力过大造成模具变形，产生“咬合”	重新调模，减小锁模力

续表

原因	改善方法
单边模具压板松脱，模具产生移位	重新安装模具，拧紧压板螺钉
停机时模具长时间处于高压锁紧状态	停机时手动合模（勿升高压）
模具排气系统阻塞，出现“闭气”	清理排气槽、顶针孔内的油污或异物（疏通进气道）
三板模拉钩的拉力（强度）不够	更换强度较大的拉钩

2. 其他异常现象

注塑生产过程中，由于受材料、模具、机器、注塑工艺、操作方法、车间环境、生产管理等多方面因素的影响，注塑过程出现的异常现象会很多，除了上述一些不良现象外，还有可能出现如断柱、顶针位凹陷等一种或多种异常现象，导致这些异常现象的原因及改善方法如表 7-25 所示。

表 7-25　其他异常现象原因及改善方法

异常现象	缺陷原因	改善方法
多胶	模具（模芯或模腔）塌陷、模芯组件零件脱落、成型针或顶针折断等	检修模具或更换模具内相关的脱落零件
模印	模具（模芯或模腔）上有凸凹点、碰伤、花纹、烧焊痕、锈斑、顶针印等	检修模具，改善模具上存在的此类问题，防止断顶针及压模
断柱	①注射压力或保压压力过大 ②柱孔的脱模斜度不够或不光滑，冷却时间不够 ③熔胶材质发脆	①减小注射压力或保压压力 ②增大柱孔的脱模斜度、抛光柱孔 ③降低料温、干燥原料、减少水口料比例
顶针位凹陷	顶针过长或松脱出来	减短顶针长度或更换顶针
顶针位凸起	顶针板内有异物、顶针本身长度不足或顶针头部折断	清理顶针板内的异物、加大顶针长度或更换顶针
顶针位穿孔	顶针断后卡在顶针孔内，变成了“成型针”	检修、更换顶针，并在注塑生产过程中打顶针油（防止烧针）
顶针孔进胶	顶针孔磨损，熔料进入间隙内	扩孔后更换顶针，生产中定时打顶针油，减小顶出行程，减少顶出次数，减小注射压力、保压压力、注射速度
断顶针	顶出不平衡、顶出次数多、顶出长度过大、顶出速度快、顶出力过大、顶针润滑不良	更换顶针、生产中定时打顶针油，减小顶出行程、减少顶出次数、减小注射压力及保压压力
断成型针	保压压力过大、成型针单薄（偏细）、材质不好、压模	减小注射压力及保压压力，更换成型针，选用刚性好、强度高的钢材，防止压模
字唛（印字块）装反	更换或安装字唛时，字唛装错或方向装反	对照样板安装字唛或字唛加定位销

二、塑件常见缺陷及改善方法

（一）缩水

1. 基本现象

注塑过程中由于模腔某些位置未能产生足够的压力，当熔体开始冷却时，塑件上壁厚较大处的体积收缩较慢并形成拉应力，如果制品表面硬度不够，而又无熔体补充，则制品表面便被应力拉陷，这种现象称为缩水，如图 7-5 所示。缩水现象多出现在模腔上熔体聚集的部位

图 7-5　制品缩水现象

和制品厚壁区，如加强筋、支承柱等与制品表面的交界处。

2. 缺陷产生的原因与改善方法

注塑件表面上的缩水现象，不但影响塑件的外观，也会降低塑件的强度。缩水现象与使用塑料种类、注塑工艺、塑件和模具结构等均有密切关系。

缺陷产生的原因及说明见表 7-26。

表 7-26　缺陷原因及说明

缺陷原因	说明
塑料原料方面	不同塑料的缩水率不同，通常容易缩水的原料大都属于结晶型塑料（如尼龙、聚丙烯等）。在注塑过程中，结晶型塑料受热变成流动状态时，分子呈无规则排列；当被射入较冷的模腔时，塑料分子会逐步整齐排列而形成结晶，从而导致体积收缩较大，其尺寸小于规定的范围，即出现缩水
注塑工艺方面	出现缩水的情况注塑工艺方面的原因有保压压力不足、注射速度太慢、模温或料温太低、保压时间不够等。因此，在设定注塑工艺参数时，必须检查成型条件是否正确及保压是否足够，以防出现缩水问题。一般而言，延长保压时间，可确保制品有充足的时间冷却和补充熔体
塑件和模具结构方面	缩水产生的根本原因在于塑料制品的壁厚不均，典型的例子是塑件非常容易在加强筋和支承柱表面出现缩水。此外，模具的流道设计、浇口大小及冷却效果对制品的影响也很大。由于塑料的传热能力较低，距离模腔壁越远，则其冷却越慢，因此，该处应有足够的熔体填满模腔，这就要求注塑机的螺杆在注射或保压时，熔体不会因倒流而降低压力。另外，如果模具的流道过细、过长或浇口太小而冷却太快，则半凝固的熔体会阻塞流道或浇口而造成模腔压力下降，导致制品缩水

进一步分析，塑件出现缩水的原因及改善方法如表 7-27 所示

表 7-27　塑件出现缩水的原因及改善方法

原因分析		改善方法	
模具进胶量不足：	熔胶量不足	增强熔胶注射量：	增加熔胶计量行程
	注射压力不足		提高注射压力
	保压不够或保压切换位置过早		提高保压压力或延迟切换保压
	注射时间太短		延长注射时间（采用预顶出动作）
	注射速度太慢或太快		加快注射速度或减慢注射速度
	浇口尺寸太小或进胶不平衡（多模腔）		加大浇口尺寸或使模具进胶平衡
	喷嘴阻塞或发热圈烧坏		拆除清理喷嘴内异物或更换发热圈
	喷嘴漏胶		重新对嘴、紧固喷嘴或降低背压
料温不当（过低或过高）		调整料温（适当）	
模温偏低或太高		提高模温或适当降低模温	
冷却时间不够（骨位（筋位）脱模拉陷）		酌情延长冷却时间	
缩水处模具排气不良（困气）		在缩水处开设排气槽	
塑件骨位、柱位胶壁过厚		使胶厚尽量均匀（改为气辅注塑）	
螺杆止逆环磨损（逆流量大）		拆卸与更换止逆环（过胶圈）	
浇口位置不当或流程过长		浇口开设于壁厚处或增加浇口数量	
流道过细或过长		加宽主、分流道，减短流道长度	

（二）缺料

1. 基本现象

缺料又称欠注、短射、充填不足等，是指塑料熔体进入型腔后未能完全填满模具成型空间的各个角落，如图 7-6 所示。

(a) 示意图

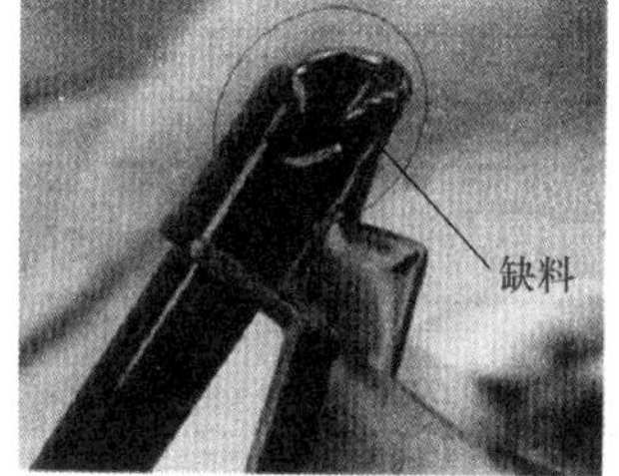

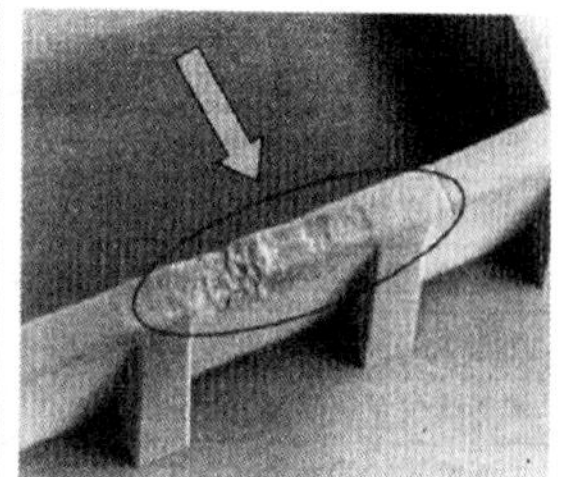

(b) 实物图

图 7-6　缺料的塑料制品

2. 缺陷产生的原因与改善方法（表 7-28）

表 7-28　缺陷原因与改善方法

缺陷原因	改善方法
设备选型不当	在选用注塑设备时，注塑机的最大注射量必须大于塑件重量。在校核时，注射总量（包括塑件、流道凝料）不能超出注射机塑化量的 85%
供料不足	即注塑机料斗的加料口底部可能有“架桥”现象，解决的方法是适当增加螺杆的注射行程，以增加供料量
原料流动性能太差	应设法改善模具浇注系统的滞流缺陷，如合理设置流道位置，扩大浇口、流道等的尺寸以及采用较大的喷嘴等。同时，可在原料配方中增加适量助剂，改善塑料的流动性能
润滑剂超量	应减少润滑剂用量或调整料筒与螺杆间隙
冷料杂质阻塞流道	应将喷嘴拆卸清理或扩大模具冷料穴和流道的截面
浇注系统设计不合理	设计浇注系统时，要注意浇口平衡，各型腔内塑件的重量要与浇口大小成正比，以保证各型腔能同时充满；浇口位置要选择在厚壁部位，也可采用分流道平衡布置的设计方案。如果浇口或流道小、薄、长，则熔体的压力在流动过程中沿程损失会非常大，流动易受阻，容易产生充填不良的现象，如图 7-7（a）所示。对此现象，应扩大流道截面和浇口面积，必要时可采用多点进料的方法
模具排气不良	如图 7-7（b）所示，困气导致熔体流动受阻。应检查有无冷料穴，或冷料穴的位置是否正确。对于型腔较深的模具，应在欠注部位增设排气沟槽或排气孔，在合理的分型面上，可开设深度为 0.02 ～ 0.04mm、宽度为 5 ～ 10mm 的排气槽，排气孔应设置在型腔的最终充填处。此外，使用水分及易挥发物含量超标的原料时也会产生大量气体，导致模具排气不良，此时应对原料进行干燥，清除易挥发物。在注塑成型工艺方面，可通过提高模具温度，降低注射速度、减小浇注系统流动阻力，以及减小合模力、加大模具间隙等辅助措施改善排气不良现象
模具温度太低	开机前必须将模具预热至工艺要求的温度。刚开机时，应适当控制模具内冷却水的通过量，如果模具温度升不上去，应检查模具冷却系统的设计是否合理
熔料温度太低	在适当的成型范围内，熔料温度与充模流程接近于正比例关系，低温熔料的流动性能下降，充模流程将减短。同时，应注意将料筒加热到仪表温度后还需恒温一段时间才能开机，在此过程中，当为了防止熔料分解，不得不采取低温注射时，可适当延长注射时间，以克服可能出现的欠注缺陷
喷嘴温度太低	在开模时应使喷嘴与模具分离，以减少模具对喷嘴温度的影响，使喷嘴处的温度保持在工艺要求的范围内
注射压力或（保压压力）不足	注射压力与充模流程接近于正比例关系，注射压力太小，充模流程会变短，导致型腔充填不满。对此，可通过减慢螺杆前进速度，适当延长注射时间等办法来提高注射压力
注射速度太慢	注射速度与熔体充模速度直接相关，如果注射速度太慢，熔体充模缓慢，因低速流动的熔体很容易冷却，故使熔体流动性能进一步下降而产生欠注现象。对此，应适当提高注射速度
塑件结构设计不合理	如图 7-7（c）所示，当塑件的宽度与其厚度比例过大或形状十分复杂且成型面积很大时，熔体很容易在塑件薄壁部位的入口处流动受阻，致使型腔很难充满而产生欠注缺陷。因此，在设计塑件的形状和结构时，应注意塑件厚度与熔体极限充模长度的关系。经验表明，注塑成型的塑件，壁厚大多采用 1 ～ 3mm，大型塑件的壁厚为 3 ～ 6mm，塑件厚度超过 8mm 或小于 0.5mm 都对注塑成型不利，设计时应避免采用这样的厚度

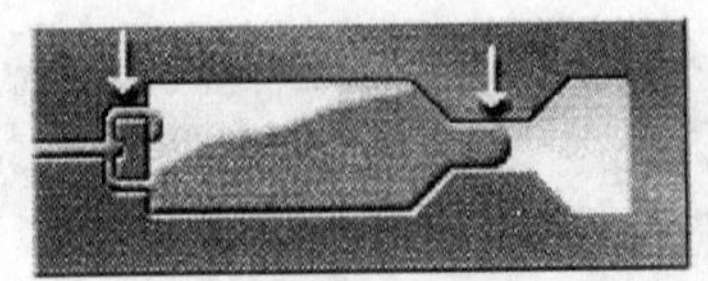

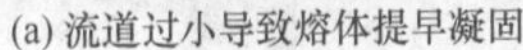
(a) 流道过小导致熔体提早凝固

(b) 困气导致熔体流动受阻

(c) 塑件结构设计不合理而产生欠注

图 7-7　缺料所产生的不良现象

进一步分析，注塑过程中出现制品缺料的原因及改善方法见表 7-29。

表 7-29　缺料原因及改善方法

原因分析	改善方法
熔料温度太低	提高料筒温度
注射压力太低或油温过高	提高注射压力或清理冷凝器
熔胶量不够（注射量不足）	增加计量行程
注射时间太短或保压切换过早	增加注射时间或延迟切换保压
注射速度太慢	加快注射速度
模具温度不均	重开模具运水道
模具温度偏低	提高模具温度
模具排气不良（困气）	在合适的位置增加排气槽或排气针
喷嘴堵塞或漏胶（或发热圈烧坏）	拆除、清理喷嘴或重新对嘴
浇口数量、位置不适，进胶不平均	重新设置进浇口、调整平衡
流道、浇口太小或流道太长	加大流道、浇口尺寸或缩短流道
原料内润滑剂不够	酌情添加润滑剂（改善流动性）
螺杆止逆环（过胶圈）磨损	拆下止逆环并检修或更换
机器容量不够或料斗内的塑料不下料	更换较大的机器或检查、改善下料情况
成品壁厚不合理或太薄	改善胶件的胶厚或加厚薄位
熔料流动性太差（FMI 低）	改用流动性较好的塑料

（三）喷流纹

1. 基本现象

当熔料高速流过喷嘴、浇口和流道等狭窄的区域，突然进入开放、相对较宽的区域后，熔料会沿着流动方向如蛇一样弯曲前进，并在与模具表面接触后迅速冷却。如果这部分材料不能与后续进入型腔的材料很好地融合，就会在制品表面上造成明显的喷流纹。在特定的条件下，熔料在开始阶段会以一个相对较低的温度从喷嘴中射出。接触型腔表面之前，熔料的黏度变得非常大，因此产生了蛇行的流动。随着温度较高的熔料不断地进入型腔，最初的物料就被挤压到模具中较深的位置处，因此留下了喷流纹，如图 7-8 所示。

2. 缺陷产生的原因与改善方法

缺陷产生的原因包括：

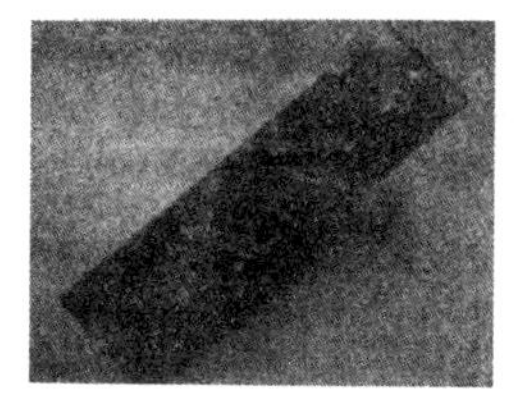

(a) 发生喷射缺陷制品上的喷流纹

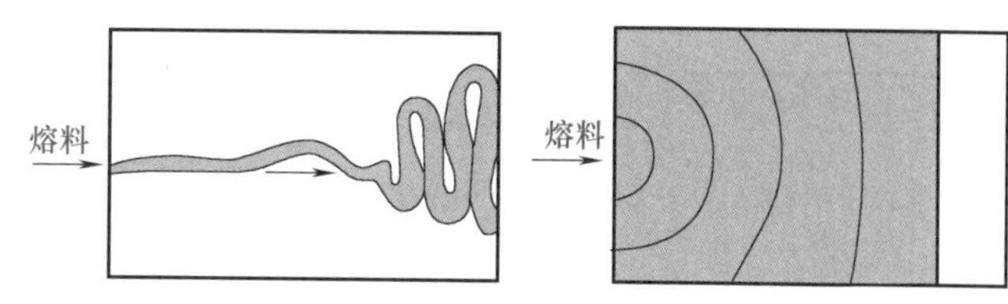

(b) 发生喷射与正常充填的比较

图 7-8　喷射现象示意图

① 物料的影响较小。

② 机器的影响。包括：浇口位置与类型设计不合理，尺寸过小；流道尺寸过小。

③ 工艺的影响。包括：注射速度过大；注射压力过大；熔料温度过低；模温过低。

喷流纹多在模具的浇口类型为侧浇口时出现（见图 7-9）。

进一步分析，塑件产生喷流纹的原因及改善方法如表 7-30 所示。

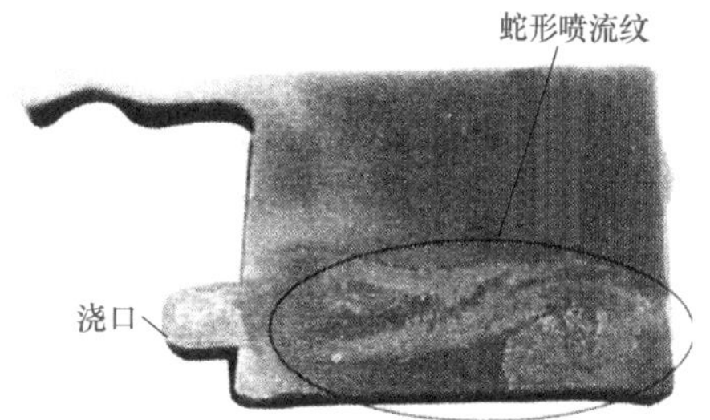

图 7-9　塑件上的蛇形喷流纹现象

表 7-30　喷流纹产生的原因及改善方法

原因分析	改善方法
浇口位置不当（直接对着空型腔注射）	改变浇口位置（移到角位）
料温或模温过高	适当降低料温或模温
（进浇口处）注射速度过快	降低（进浇口处）注射速度
（侧浇口）浇口过小或形式不当	改大浇口或做成护耳式浇口（亦可在浇口附近设阻碍柱）
熔料的流动性太好（FMI 高）	改用流动性较差的塑料

（四）溢边

1. 基本现象

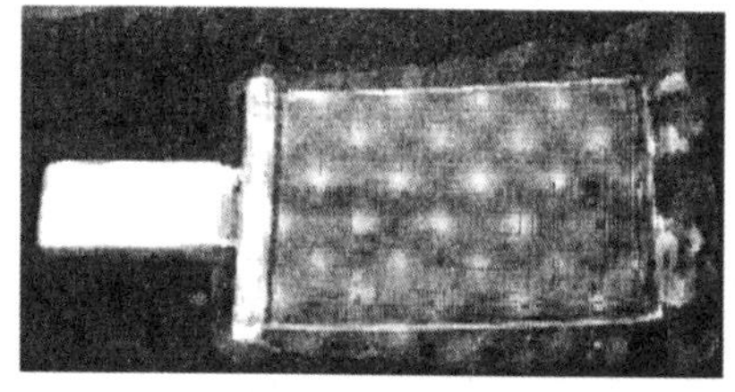

图 7-10　发生在制品上的溢边

溢边又称飞边、溢料、披锋等，大多发生在模具的分合位置上，如模具的分型面、滑块的滑配部位、镶件的缝隙、顶杆的孔隙等处。溢边问题如不能及时解决，将会进一步扩大导致压模，使模具形成局部陷塌，最终可能对模具造成永久性的损害。镶件缝隙和顶杆孔隙的溢料还会使制品卡在模具上，影响脱模。发生在制品上的溢边如图 7-10 所示。

2. 产生的原因及说明（表 7-31）

表 7-31　产生的原因及说明

原因	说 明
塑料原料的影响	①塑料黏度过高或过低，都可能出现飞边。吸水性强的塑料或对水敏感的塑料，在高温下会大幅度地降低流动黏度，增加飞边产生的可能性。塑料黏度过高，使流动阻力增大，产生大的背压，使型腔压力提高，造成锁模力不足而产生飞边 ②塑料原料粒度大小不均，使加料量变化不定，制件可能会充不满或产生飞边

续表

原因	说明
机器的影响	①机器实际的锁模力不足 ②合模装置调节不佳，肘杆机构没有伸直，产生模板或左右或上下的合模不均衡，造成模具单侧一边被合紧，而另一边不紧贴的情况，注射时可能会在制件上出现飞边 ③模具平行度不佳、装得不平行、模板不平行，或拉杆受力分布、变形不均 ④注射系统缺陷。止逆环磨损严重；弹簧喷嘴中的弹簧失效；料筒或螺杆的磨损过大；加料口冷却系统失效，造成“架桥”现象；料筒调定的注射量不足，料垫过小
模具的影响	①模具分型面的精度差。活动模板（如中板）变形翘曲；分型面上沾有异物或模框周边有凸出的撬印毛刺；旧模具因飞边挤压而使型腔周边疲劳塌陷 ②模具设计不合理。模具型腔的开设位置过偏，使注射时模具单边产生张力，造成飞边 ③模具刚性不良（强度不足）
工艺的影响	①注射压力过高或注射速度过快 ②注射量过大造成飞边 ③料筒、喷嘴温度过高或模具温度过高，都会使塑料黏度下降、流动性增大 ④锁模力设定过低，注射时模具被顶开出现间隙 ⑤保压压力过高，保压切换延迟

3. 产生溢边的原因分析及改善方法（表 7-32）

表 7-32　溢边原因及改善方法

原因	改善方法
熔料温度或模温太高	降低熔料温度或模具温度
注射压力太高或注射速度太快	降低注射压力或末端注射速度
保压压力过大（胀模力大）	降低保压压力
合模面贴合不良或合模精度小	检修模具或提高合模精度
锁模力不够（产品周边均有溢边）	加大锁模力
制品投影面积过大	更换锁模力较大的机器
进浇口不平衡，造成局部溢边	重新平衡进浇口
模具变形或机板变形（机铰式机）	模具加装撑头或加大模具硬度
保压切换（位置）过迟	提早从注射转换到保压的位置
模具材质差或易磨损	选择更好的钢材并进行热处理
塑料的黏度太低（如 PA、PP 材料）	改用黏度较大的塑料或加填充剂
合模面有异物或机铰磨损	清理模面异物或检修、更换机铰

（五）真空泡、气泡

1. 真空泡

（1）基本现象

制品真空泡，也称缩孔或空穴，如图 7-11 所示，一般出现在塑件上熔体大量积聚的位置，是因熔体在冷却收缩时得到充分的熔体补充而引起的。缩孔现象常常出现在塑件的厚壁区，如加强筋、支承柱与塑件表面的交接处。

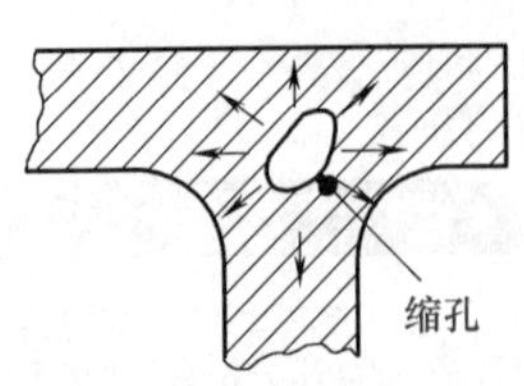

(a) 塑件内部

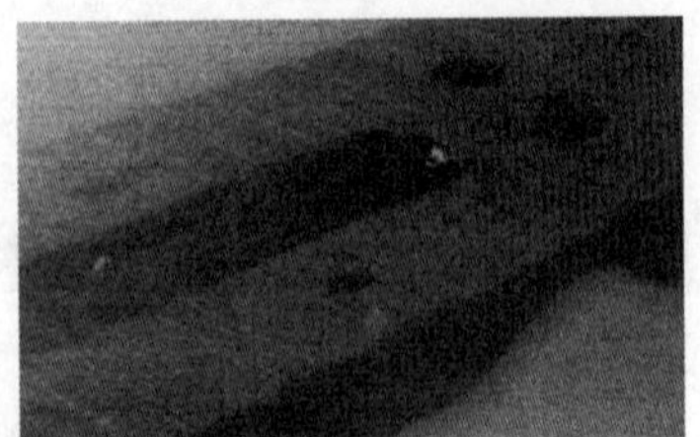

(b) 塑件表面

图 7-11　塑件上出现的缩孔现象

（2）缺陷原因与改善方法

塑件出现缩孔的原因是熔体转为固体时，厚壁处体积收缩慢，形成拉应力，此时如果塑件表面硬度不够，而又无熔体补充，则塑件内部便形成空洞。塑件产生缩孔的原因与缩水相似，区别是缩水在塑件的表面凹陷，而缩孔是在内部形成空洞。缩孔通常产生在厚壁部位，主要与模具冷却快慢有关。熔体在模具内的冷却速度不同，不同位置的熔体的收缩程度就会不一样，如果模温过低，熔体表面急剧冷却，将厚壁部位内较热的熔体拉向四周表面，就会造成内部出现缩孔。

塑件出现缩孔现象会影响塑件的强度和力学性能，如果塑件是透明制品，缩孔还会影响制品的外观。改善制品缩孔的重点是控制模具温度，具体的原因及改善方法如表 7-33 所示。

表 7-33　缩孔原因及改善方法

原因	改善方法
成品断面、筋位或柱位过厚	改善产品的设计，尽量使壁厚均匀
模具温度过低	提高模具温度（使用模温机）
注射压力太低或注射速度过慢	提高注射压力或注射速度
浇口尺寸太小或位置不当	改大浇口或改变浇口位置（厚壁处）
流道过长或太细（熔料易冷却）	减短流道长度或加宽流道
保压压力或保压时间不足	提高保压压力或延长保压时间
流道冷料穴太小或不足	加大冷料穴或增开冷料穴
熔料温度偏低或射胶量不足	提高熔料温度或增加熔胶行程
模内冷却时间太长	减少模内冷却时间，使用热水浴冷却
水浴冷却过急（水温过低）	提高水温，防止水浴冷却过快
背压太小（熔料密度低）	适当提高背压，增大熔料密度
喷嘴阻塞或漏胶（发热圈烧坏）	清理或拆除喷嘴或重新对嘴

2. 气泡

（1）基本现象

气泡缺陷，也称气穴，如图 7-12 所示，在塑料熔体充填型腔时，多股熔体前锋包裹形成的空穴或者熔体充填末端，由于气体无法排出，导致气体被包裹在熔体中，就会在塑件上形成气泡。

气泡与真空泡（缩孔）不相同，气泡是指塑件内存在的细小气泡，而真空泡是排空了气体的空洞，是熔体冷却定型时，收缩不均而产生的空穴，穴内并没有气体存在。注塑成型过程中，如果材料未充分干燥、注射速度过快、熔体中夹有空气、模具排气不良、塑料的热稳定性差等，塑件内部就可能出现细小的气泡（透明塑件可以看到，如图 7-13 所示）。塑件内部有细小气泡时，塑件表面往往会伴随有银纹（料花）现象，透明件的气泡会影响外观质量，同时也属于塑件材质不良，会降低塑件的强度。

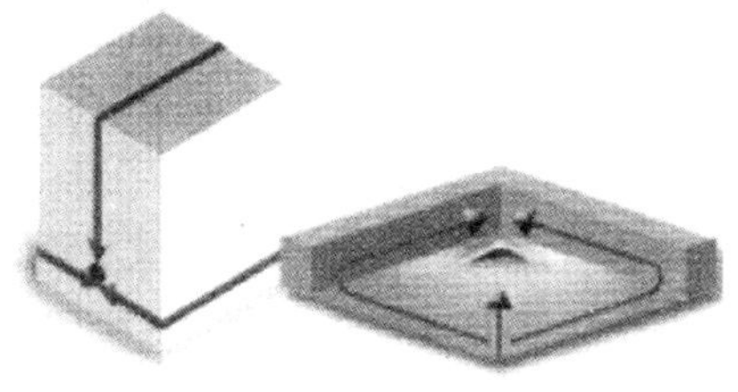

图 7-12　气穴形成示意图

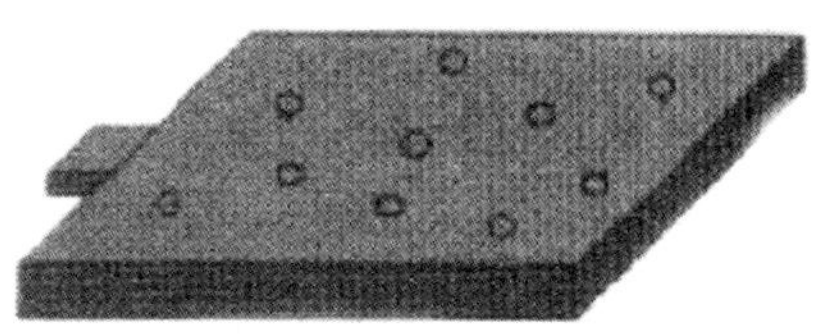

图 7-13　透明塑件内出现的气泡

（2）气泡产生原因与改善方法

进一步分析，塑件出现气泡的原因及改善方法如表 7-34 所示。

表 7-34　产生气泡的原因及改善方法

原因	改善方法
背压偏低或熔料温度过高	提升背压或降低料温
原料未充分干燥	充分干燥原料
螺杆转速或注射速度过快	降低螺杆转速或注射速度
模具排气不良	增加或加大排气槽，改善排气效果
熔料残留量过多，熔料在料筒内停留时间过长	减少料筒内熔料残留量
浇口尺寸过大或形状不合适	减小浇口尺寸或改变浇口形状，让气体滞留在流道内
塑料或色粉的热稳定性差	改用热稳定性较好的塑料或色粉
熔胶筒内的熔胶夹有空气	降低下料口段的温度，改善脱气

（六）凹痕、鼓包、银纹

1. 凹痕

（1）基本现象

凹痕是浇口封闭后或缺料时注射引起局部内收缩造成的。注塑制品表面产生的凹陷或者微陷是注射成型过程中的一个常见问题。凹痕一般是由于塑料制品壁厚增加引起制品收缩率局部增大而产生的。它可能出现在外部尖角附近或者壁厚突变处，如凸起、加强筋或者支座的背后，有时也会出现在一些不常见的部位。产生凹痕的根本原因是材料的热胀冷缩，因为热塑性塑料的热膨胀系数非常高。膨胀和收缩的程度取决于许多因素，其中塑料性能、成型温度范围以及型腔内的保压压力是最重要的影响因素，其他还有注塑制品的尺寸、形状、冷却速度和均匀性等因素。塑料制品上的凹痕如图 7-14 所示。

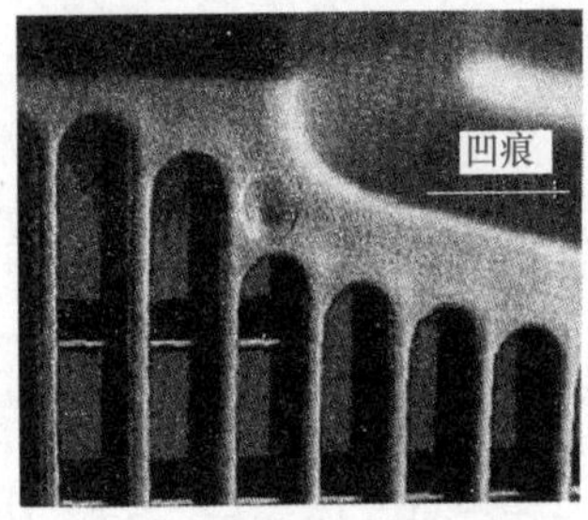

(a) 注塑制品上收缩造成的凹陷

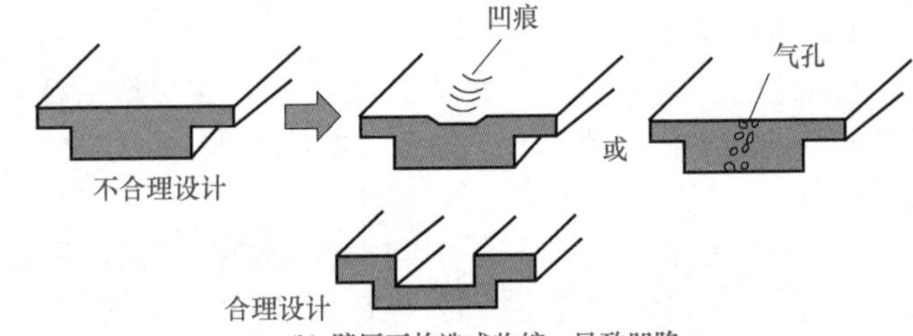

(b) 壁厚不均造成收缩，导致凹陷

图 7-14　塑料制品上的凹痕

（2）凹痕产生的原因及说明（表 7-35）

表 7-35　凹痕产生的原因及说明

原因	说明
原料的影响	①原料收缩率过大 ②原料太软易发生凹陷，可加入成核剂加快结晶，提高硬度
机器的影响	①供料不足，止逆环、螺杆或柱塞磨损严重，注射压力无法传至型腔 ②注射及保压时熔料发生漏流，降低了充模压力和料量，造成熔料不足 ③喷嘴孔过大使注射力减小，充模困难
制品和模具的影响	①制品设计不合理，制品壁厚过大或不均匀 ②浇口位置不恰当 ③浇口过小 ④模具冷却不均匀

续表

原因	说明
工艺的影响	①熔体温度过高，则壁厚、加强筋或突起处背面容易出现凹痕。这是因为容易冷却的地方先固化，熔体会向难以冷却的部分流动，因此尽量将凹痕控制在不影响制品质量的位置。如果通过降低熔体温度来减小制品的凹痕，则势必会带来注射压力的增加 ②注射时间过短 ③保压时间过短，浇口未固化，保压已结束 ④注射压力或保压压力过低 ⑤注射速度过快 ⑥熔体注射量不足，且没有进行足够的补缩

2. 鼓包

某些塑件在成型脱模后，很快在某些位置出现了局部体积变大的现象称之为鼓包或肿胀。

塑件的鼓包是由未完全冷却硬化的塑料在内压的作用下释放气体，使塑件膨胀引起的。因此，该缺陷的改善措施如下：

① 有效冷却。降低模温，延长开模时间，降低塑料的干燥与塑化温度。

② 降低充模速度，减小成型周期，减小流动阻力。

③ 提高保压压力和时间。

④ 改善塑件结构，避免塑件上出现局部太厚或厚薄变化过大的状况。

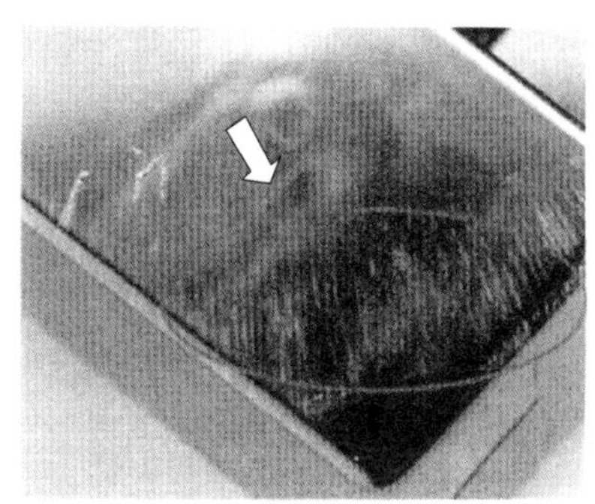

图 7-15 塑件上产生的银纹现象

3. 银纹

1. 基本现象

银纹（料花）是由于塑料中的空气或湿气挥发，或者有其他塑料混入分解或烧焦，在制品表面形成的喷溅状的痕迹，通常它会从浇口处以扇形方式向外辐射发展，如图 7-15 所示。许多塑料在储存时会吸收很多水分，如果在加工前没能进行充分的干燥处理，这些残留的水分就会在注射过程中转变为蒸汽，从而在制品表面产生喷溅状的痕迹。在塑化阶段，熔体内经常会包覆一定量的空气，如果这部分空气在注射阶段无法顺利排出，也会在制品表面产生银纹。此外，有些分解或烧焦的塑料会在制品表面产生银纹。

2. 产生原因及改善方法

进一步分析，塑件产生银纹的原因及改善方法见表 7-36。

表 7-36 银纹产生的原因及改善方法

原因	改善方法
原料含有水分	原料彻底烘干（在允许含水率以内）
料温过高（熔料分解）	降低熔料温度
原料中含有其他添加物（如润滑剂）	减小其使用量或更换其他添加物
色粉分解（色粉耐温性较差）	选用耐温性较好的色粉
注射速度过快（剪切分解或夹入空气）	降低注射速度
料筒内夹有空气	①减慢熔胶速度；②提高背压
原料混杂或热稳定性不佳	更换原料或改用热稳定性好的塑料原料
熔料从薄壁流入厚壁时膨胀，挥发物汽化与模具表面接触激化成银丝	①改良模具结构设计（平滑过渡）；②调节注射速度与位置互配关系
浇口过大、过小或位置不当	改善浇口大小或调整浇口位置

续表

原因	改善方法
模具排气不良或模温过低	改善模具排气系统或提高模温
熔料残量过多（熔料停留时间长）	减少熔料残量
下料口处温度过高	降低下料口温度，并检查下料口处冷却水
背压过低（脱气不良）	适当提高背压
抽胶位置倒索量过大	减少倒索量

图 7-16　塑件上的气纹

（七）气纹、裂纹

1. 气纹

注塑成型过程中，如果浇口太小而注射速度过快，熔体流动变化剧烈且熔体中夹有空气，则在塑件的浇口位置、转弯位置和台阶位置会出现气纹（阴影），如图 7-16 所示。ABS、PC、PPO 等塑料制品在浇口位置较容易出现气纹。

气纹产生的原因及改善方法如表 7-37 所示。

表 7-37　气纹产生原因及改善方法

原因	改善方法
熔料温度过高或模具温度过低	降低料温（以防分解）或提高模温
浇口过小或位置不当	加大浇口尺寸或调整浇口位置
产生气纹部位的注射速度过快	多级注射或减慢相应部位的注射速度
流道过长或过细（熔料易冷）	减短或加大流道尺寸
产品台阶、角位无圆弧过渡	产品台阶、角位加圆弧
模具排气不良（困气）	改善模具排气效果
流道冷料穴太小或不足	增开或加大冷料穴
原料干燥不充分或过热分解	充分干燥原料并防止熔料过热分解
塑料的黏度较大，流动性差	改用流动性较好的塑料

2. 裂纹

（1）基本现象

注塑成型后，塑件表面开裂形成的若干条长度和大小不等的裂缝为裂纹，如图 7-17 所示。

（2）裂纹缺陷产生的原因与改善方法

如果浇口形状和位置设计不当、注射压力或保压压力过大、保压时间过长、产品脱模不顺（强行顶出）、成品内应力过大或分子取向应力过大等，均可能产生裂纹缺陷，具体分析见表 7-38。

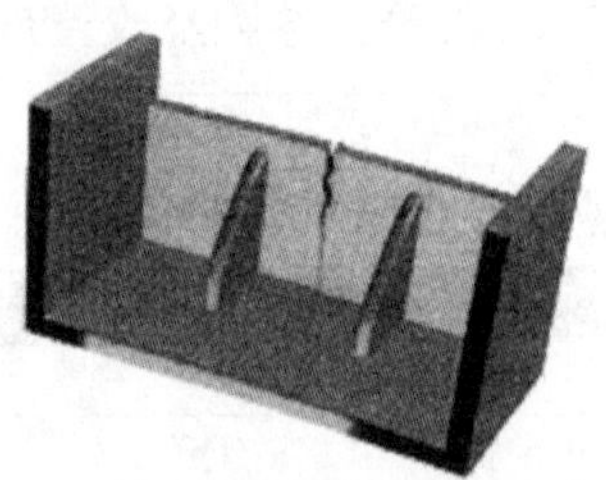
图 1-17　制品上产生裂纹

表 7-38　裂纹缺陷产生的原因与改善方法

缺陷原因	改善方法
残余应力太高	在模具设计和制造方面，可以采用压力损失最小，而且可以承受较高注射压力的直接浇口，可将正向浇口改为多个针点状浇口或侧浇口，并减小浇口直径。设计侧浇口时，可采用成型后可将破裂部分除去的凸片式浇口。在工艺操作方面，通过降低注射压力来减少残余应力是一种最简单的方法，因为注射压力与残余应力呈正比例关系。应适当提高料筒及模具温度，减小熔体与模具的温度，控制模内型胚的冷却时间和速度，使取向的分子链有较长的恢复时间

续表

缺陷原因	改善方法
外力导致残余应力集中	一般情况下，这类缺陷总是发生在顶杆的周围。出现这类缺陷后，应认真检查和校准、调试顶出装置，顶杆应设置在脱模阻力最大部位（如凸台、加强筋等）处。如果设置的顶杆数由于推顶面积受到条件限制不可能增加时，可采用小面积多顶杆的方法。如果模具型腔脱模斜度不够，塑件表面也会出现擦伤，形成褶皱裂纹
成型原料与金属嵌件的热膨胀系数存在差异	对于金属嵌件应进行预热，特别是当塑件表面的裂纹发生在刚开机时，大部分是由于嵌件温度太低造成的。另外，在嵌件材质的选用方面，应尽量采用热膨胀系数接近成型原料特性的材料。在选用成型原料时，也应尽可能采用高分子量的成型原料，如果必须使用低分子量的成型原料时，嵌件周围的塑件厚度应设计得厚一些
原料选用不当或不纯净	实践表明，低黏度疏松型塑料不容易产生裂纹。因此，在生产过程中，应结合具体情况选择合适的成型原料。在操作过程中，要特别注意不要把聚乙烯和聚丙烯等塑料混在一起使用，这样很容易产生裂纹。在成型过程中，脱模剂对于熔体来说也是一种异物，如用量不当也会引起裂纹，应尽量减少其用量
塑件结构设计不良	塑件形状结构中的尖角及缺口处最容易产生应力集中，导致塑件表面产生裂纹及破裂。因此，塑件形状结构中的外角及内角都应尽可能采用最大半径做成圆弧的设计。试验表明，最佳过渡圆弧的圆弧半径与转角处壁厚的比值为 1 ∶ 1.7
模具上的裂纹复映到塑件表面上	在注射成型过程中，由于模具受到注射压力反复作用，型腔中具有锐角的棱边部位会产生疲劳裂纹，尤其在冷却孔附近特别容易产生裂纹。当模具型腔表面上的裂纹复映到塑件表面上时，塑件表面上的裂纹总是以同一形状在同一部位连续出现。出现这种裂纹时，应立即检查裂纹对应的型腔表面有无相同的裂纹。如果是由于复映作用产生裂纹，应以机械加工的方法修复模具

经验表明，PS、PC 材料的制品较容易出现裂纹现象。若由于内应力过大引起裂纹，可以通过退火处理的方法来消除内应力。

进一步分析，塑件产生裂纹的原因及改善方法见表如 7-39。

表 7-39　裂纹产生的原因及改善方法

原因	改善方法
注射压力过大或末端注射速度过快	减小注射压力或末端注射速度
保压压力过大或保压时间过长	减小保压压力或缩短保压时间
熔料温度或模具温度过低或不均	提高熔料温度或模具温度（可用较小的注射压力成型），并使模温均匀
浇口太小或浇口形状及位置不适	加大浇口、改变浇口形状和位置
脱模斜度不够、模具不光滑或有倒扣	增大脱模斜度、抛光模具或消除倒扣
顶针太小或数量不够	增大顶针或增加顶针数量
顶出速度过快	降低顶出速度
金属嵌件温度偏低	预热金属嵌件
水口料回用比例过大	减小水口料的回用比例或不用回收料
内应力过大	控制或改善内应力，退火处理
模具排气不良（困气）	改善模具排气效果，减少烧焦

（八）熔接痕、变形、黑点

1. 熔接痕

（1）基本现象

在塑料熔体充填模具型腔时，如果两股或多股熔体在相遇时熔体前锋部分温度没有完全相同（如图 7-18 所示），则这些熔体无法完全融合，在汇合处会产生线形凹槽，从而形成熔接痕，如图 7-19 所示。

（2）熔接痕缺陷原因与改善方法（表 7-40）

进一步分析，塑件产生熔接痕的原因及改善方法如表 7-41 所示。

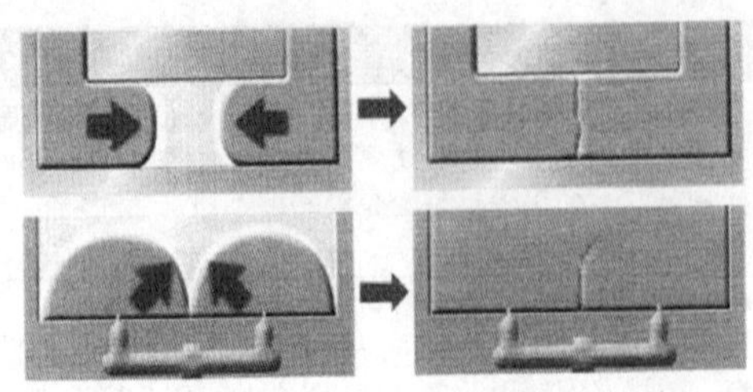

图 7-18　熔接痕形成示意图

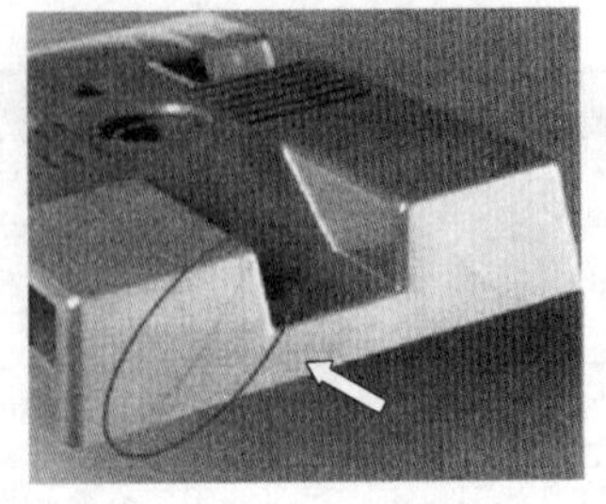

图 7-19　塑件上产生的熔接痕

表 7-40　缺陷原因与改善方法

缺陷原因	改善方法
熔体温度太低	低温熔体的分流汇合性能较差，容易形成熔接痕。如果塑件的内外表面在同一部位产生熔接细纹时，往往是由于料温太低引起的熔接不良。对此，可适当提高料筒及喷嘴的温度，或者延长注射周期，促使料温上升。同时，应控制模具内冷却水的通过量，适当提高模具温度。一般情况下，塑件熔接痕处的强度较差，如果对模具中产生熔接痕的相应部位进行局部加热，提高成型件熔接部位的局部温度，往往可以提高塑件熔接处的强度。如果由于特殊需要，必须采用低温成型工艺时，可适当提高注射速度及注射压力，从而改善熔体的汇合性能。也可在原料配方中适当增用少量润滑剂，提高熔体的流动性能
模具缺陷	在模具结构上，如浇口位置在塑件左侧［如图（a）所示］，浇口位置在塑件上部［如图（b）所示］，浇口位置在塑件右侧［如图（c）所示］，不同的浇口位置对熔接痕有不同的影响。应尽量采用分流少的浇口形式并合理选择浇口位置，尽量避免充模速度不一致及充模料流中断。在可能的条件下，应选用单点进料。为了防止低温熔体注入模腔产生熔接痕，可在提高模具温度的同时，在模具内设制冷料穴 熔接痕　浇口位置　浇口位置　熔接痕　熔接痕　浇口位置 (a) 浇口位置在塑件左侧　(b) 浇口位置在塑件上部　(c) 浇口位置在塑件右侧
模具排气不良	首先应检查模具排气孔是否被熔体的固化物或其他物体阻塞，浇口处有无异物。如果阻塞物清除后仍出现炭化点，应在模具汇料点处增加排气孔，也可通过重新定位浇口或适当降低合模力、增大排气间隙来加速汇料合流。在注塑工艺方面，可采取降低料温及模具温度、缩短高压注射时间、降低注射压力等辅助措施
脱模剂使用不当	在注塑成型中，一般只在螺纹等不易脱模的部位才均匀地涂用少量脱模剂，原则上应尽量减少脱模剂的用量
塑件结构设计不合理	如果塑件壁厚设计得太薄或厚薄悬殊或嵌件太多，都会引起熔体的熔接不良，如图（d）所示。在设计塑件形状和结构时，应确保塑件的最薄部位大于成型时允许的最小壁厚。此外，应尽量减少嵌件的使用且壁厚尽可能趋于一致 2mm　2mm　2mm　3mm　2mm　5mm 熔接痕 (d) 塑件壁厚对熔接痕的影响示例
其他原因	如使用的塑料原料中水分或易挥发物含量太高，模具中的油渍未清除干净，模腔中有冷料或熔体内的纤维填料分布不均，模具冷却系统设计不合理，熔体冷却太快，嵌件温度太低，喷嘴孔太小，注射机塑化能力不够，柱塞或注射机料筒中压力损失大，等等，都可能导致不同程度的熔体汇合不良而出现熔接痕。对此，在操作过程中，应针对不同情况，分别采取原料干燥、定期清理模具、改变模具冷却水道设计、控制冷却水的流量、提高嵌件温度、换用较大孔径的喷嘴、改用较大规格的注塑机等措施予以解决

表 7-41　熔接痕产生的原因及改善方法

原因	改善方法
原料熔融不佳或干燥不充分	①提高料筒温度；②提高背压；③加快螺杆转速；④充分干燥原料
模具温度过低	提高模具温度（蒸汽模可改善夹水纹）
注射速度太慢	增大注射速度（顺序注塑技术可改善之）
注射压力太低	提高注射压力
原料不纯或渗有杂料	检查或更换原料
脱模剂使用太多	少用或尽量不用脱模剂
流道及浇口过小或浇口位置不适当	增大流道及浇口尺寸或改变浇口的位置
模具内空气排除不良（困气）	①在产生夹水纹的位置增大排气槽 ②检查排气槽是否堵塞或用抽真空注塑
主、分流道过细或过长	加大主、分流道尺寸（加快一段速度）
冷料穴太小	加大冷料穴或在夹水纹部位开设溢料槽

2. 变形

（1）基本现象

翘曲也称塑件变形，指的是注塑件的形状与图纸的要求不一致，如图 7-20 所示。翘曲通常是因塑件的不平均收缩而引起的，但不包括脱模时造成的变形。常见的翘曲塑件是采用玻璃纤维增强的塑料成型的大面积或细长的制品。

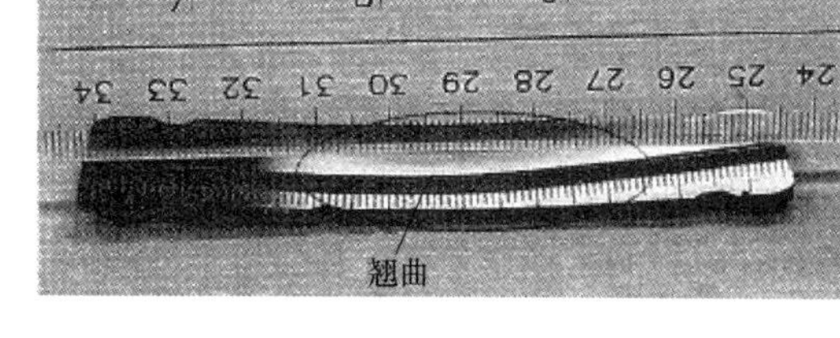

图 7-20　塑件产生翘曲

（2）变形缺陷原因与改善方法（表 7-42）

表 7-42　缺陷原因与改善方法

缺陷原因	改善方法
分子取向不均衡	分子取向不均衡，如图 7-21 所示。为了尽量减少由于分子取向差异产生的翘曲变形，应创造条件减少流动取向或减小取向应力，有效的方法是降低熔体温度和模具温度，在采用这一方法时，最好与塑件的热处理结合起来，否则，减小分子取向差异的效果往往是短暂的。热处理的方法是：塑件脱模后将其置于较高温度下保持一定时间再缓慢冷却至室温，即可大幅度消除塑件内的取向应力
冷却不当	塑件在成型过程冷却不当极易产生变形现象，如图 7-23 所示。设计塑件结构时，各部位的断面厚度应尽量一致。塑件在模具内必须保持足够的冷却定型时间。对于模具冷却系统的设计，应注意将冷却管道设置在温度容易升高、热量比较集中的部位，对于那些比较易冷却的部位，应尽量进行缓冷，以使塑件各部分的冷却均衡
模具浇注系统设计不合理	在确定浇口位置时，不应使熔体直接冲击型芯，应使型芯两侧受力均匀；对于面积较大的矩形或扁平塑件，当采用分子取向及收缩率大的塑料原料时，应采用薄膜式浇口或多点式浇口，尽量不要采用侧浇口；对于环形塑件，应采用盘形浇口或轮辐式浇口，尽量不要采用侧浇口或点浇口；对于壳形塑件，应采用直浇口，尽量不要采用侧浇口
模具脱模及排气系统设计不合理	在模具设计方面，应合理设计脱模斜度、顶杆位置和顶杆数量，提高模具的强度和定位精度，对于中小型模具，可根据翘曲规律来设计和制造反翘模具。在模具操作方面，应适当减慢顶出速度或缩短顶出行程
工艺设置不当	应针对具体情况，分别调整对应的工艺参数

进一步分析，塑件变形的原因及改善方法如表 7-43 所示。

3. 黑点

透明塑件、白色塑件或浅色塑件，在注塑生产时常常会出现黑点现象，如图 7-23 所示。塑件表面出现的黑点会影响制品的外观质量，造成生产过程中废品率高、浪费大、成本高。

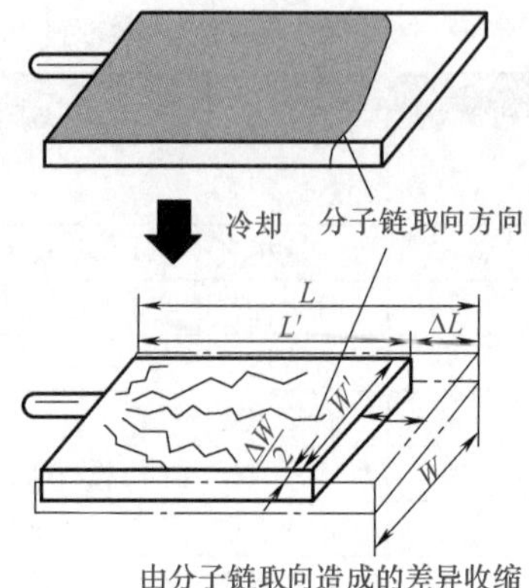

图 7-21　分子取向不均衡导致塑件翘曲

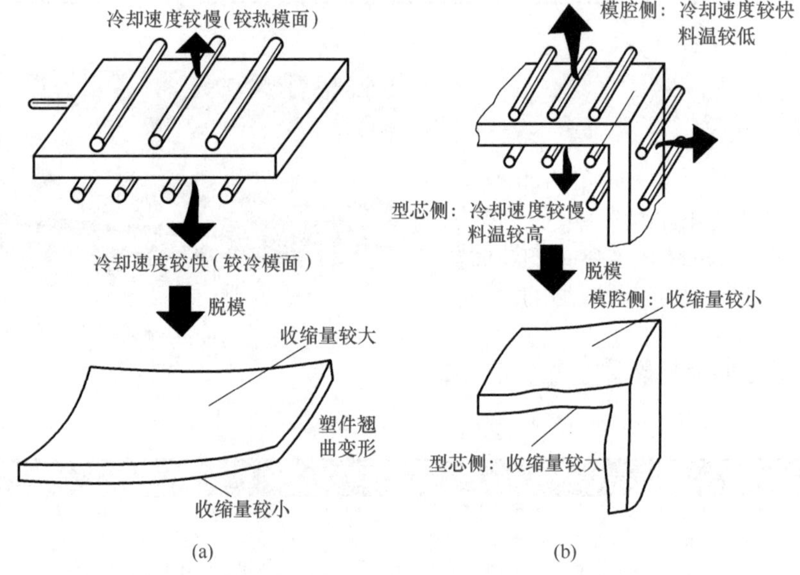

图 7-22　冷却不当导致塑件变形示例

表 7-43　变形的原因及改善方法

原因	改善方法
成品顶出时尚未冷却定型	①降低模具温度；②延长冷却时间；③降低原料温度
成品形状及厚薄不对称	①脱模后用定型架（夹具）固定；②变更成品设计
填料过饱形成内应力	减少保压压力、保压时间
多浇口进料不平均	更改浇口（使其进料平衡）
顶出系统不平衡	改善顶出系统或改变顶出方式
模具温度不均匀	改善模温使各部分温度合适
胶件局部粘模	检修模具，改善粘模
注射压力或保压压力太高	减小注射压力或保压压力
射胶量不足导致收缩变形	增加射胶量，提高背压
前后模温不合适（温差大或不合理）	调整前后模温差
塑料收缩率各向异性较大	改用收缩率各向异性小的塑料
取货方式或包装方式不当	改善包装方式，增强保护能力

黑点问题是注塑成型中的难题，需要从水口料、碎料、配料、加料、环境、停机及生产过程中各个环节加以控制，才能减少黑点。塑件出现黑点的主要原因是混有污料或塑料熔体热分解，从而在制品表面产生黑点，具体原因及改善方法见表 7-44 所示

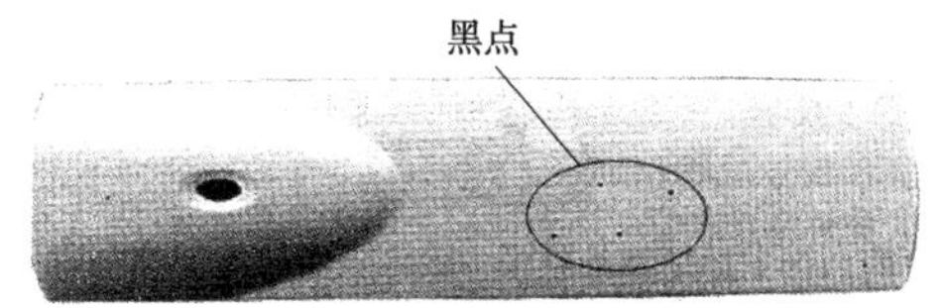

图 7-23　制品上产生的黑点

表 7-44　黑点产生的原因及改善方法

原因	改善方法
原料热分解物附着在料筒内壁上	①彻底射空余胶；②彻底清理料筒；③降低熔料温度；④减少残料量
原料中混有异物（黑点）或烘料桶未清理干净	①检查原料中是否有黑点；②将烘料桶彻底清理干净
热敏性塑料浇口过小，注射速度过快	①加大浇口尺寸；②降低注射速度
料筒内有引起原料过热分解的死角	检查喷嘴、止逆环与料筒有无磨损、腐蚀现象或更换机台
开模时空气中的灰尘落入模具内	调整机位风扇的风力及风向（最好关掉风扇），用薄膜盖住注塑机
色粉扩散不良，造成凝结点	增加扩散剂或更换优质色粉
空气内的粉尘进入烘料桶内	烘料桶进气口加装防尘罩
喷嘴堵塞或喷嘴孔太小	清除喷嘴孔内的不熔物或加大孔径
水口料不纯或污染	控制好水口料纯度（最好在无尘车间进行操作）
碎料机、混料机未清理干净	彻底清理碎料机、混料机

（九）透明度不足、尺寸超差、起皮

1. 透明度不足

注塑成型透明塑件过程中，如果料温过低、原料未干燥好、熔体分解、模温不均或模具表面光洁度不好等，会出现透明度不足的现象，从而影响塑件的使用，其产生的原因及改善方法见表 7-45。

表 7-45　透明度不足的原因及改善方法

原因	改善方法
熔料塑化不良或料温过低	提升熔料温度，改善熔料塑化质量
熔料过热分解	适当降低熔料温度，防止熔料分解
原料干燥不充分	充分干燥原料
模具温度过低或模温不均匀	提高模温或改善模具温度的均匀性
模具表面光洁度不够	抛光模具或采用表面电镀的模具，提高模具的光洁度
结晶型塑料的模温过高（充分结晶）	降低模温，加快冷却（控制结晶度）
使用了脱模剂或模具上有水及污渍	不用脱模剂或清理模具内的水及污渍

2. 尺寸超差

注塑成型中，如果注塑工艺不稳定或模具变形等，塑件尺寸就会产生偏差，达不到所需尺寸的精度。产生尺寸超差缺陷的原因及改善方法见表 7-46。

3. 起皮

注塑过程中，如果模具温度过低，熔体没有完全相容，熔体中混有杂质，料筒未清洗干净，制品表面就会产生剥离、分层（起皮）等现象。

表 7-46　塑件尺寸超差的原因及改善方法

原因	改善方法
注射压力及保压压力偏低（尺寸小）	增大注射压力或保压压力
模具温度不均匀	调整、改善模具冷却水流量
冷却时间不够（胶件变形——尺寸小）	延长冷却时间，防止胶件变形
模温过低塑料结晶不充分（尺寸大）	提高模具温度，使熔料充分结晶
塑件易吸湿（尺寸变大）	改用不易吸湿的塑料
塑料的收缩率过大（尺寸小）	改用收缩率较小的塑料
浇口尺寸过小或位置不当	增大浇口尺寸改变浇口位置
模具变形（尺寸误差大）	模具加撑头，酌情减小锁模力，提高模具硬度
背压过低或熔胶量不稳定（尺寸小）	提升背压，增大熔料密度
塑件尺寸精度要求过高	根据国际尺寸公差标准确定其尺寸精度

塑件产生起皮的原因及改善方法见表 7-47。

表 7-47　起皮原因及改善方法

原因	改善方法
熔胶筒未清洗干净（熔料不相容）	彻底清洗熔胶筒
回用的水口料中混有杂料	检查或更换水口料
模具温度过低或熔料温度偏低	提高模温及熔料温度
背压太小，熔料塑化不良	增大背压，改善熔料塑化质量
模具内有油污、水渍	清理模具内的油污、水渍
脱模剂喷得过多	尽量不喷脱模剂

（十）塑件强度不足、内应力过大

1. 塑件强度不足（脆性大）

注塑生产中，如果熔体过热产生分解、熔体塑化彻底、水口料回用比例过大、水口料中混有杂料（塑胶被污染）、塑件太薄、内应力过大等，注塑件在一些关键部分会发生强度不足的现象。若塑件强度不足，在受力或使用时会出现脆裂（断裂）问题，影响产品的功能、使用寿命及外观。

塑件产生强度不足的原因及改善方法见表 7-48。

表 7-48　塑件强度不足的原因及改善方法

原因	改善方法
料温过高，熔料过热分解发脆	适当降低料温
熔料塑化不良（温度过低）	提高料温或背压，改善塑化质量
模温过低或塑料干燥不充分	提高模温或充分干燥塑料
残留量过多，熔料在料筒内停留时间过长（过热分解）	减少残留量
脱模剂用量过多	控制脱模剂用量或不使用脱模剂
胶件局部太薄	增加薄壁位的厚度或增添加强筋
回用水口料过多或水口料混有杂料	减少回用水口料比例或更换水口料
料筒未清洗干净，熔料中有杂质	将料筒彻底清洗干净
喷嘴孔径或浇口尺寸过小	增大喷嘴孔径或浇口尺寸
PA（尼龙）料干燥过多	PA 胶件进行调湿处理
材料本身强度不足	改用分子量大的塑料

续表

原因	改善方法
夹水纹明显（熔接不良，强度降低）	提高模温，减轻或消除夹水纹
胶件残余应力过大（内应力开裂）	改善工艺及模具结构，控制内应力
制品锐角部位易应力集中造成开裂	锐角部位加圆弧过渡角
玻璃纤维增强塑料注塑时，浇口过小	加大浇口尺寸，防止玻璃纤维因剪切变短

2. 内应力过大

当塑料熔体进入快速冷却的模腔时，制品表面的降温速度远比内层快，表层迅速冷却而固化，由于凝固的塑料导热性差，制品内部凝固很缓慢，当浇口封闭时，不能对中心冷却收缩进行补料。内层会因收缩处于拉伸状态，而表层则存在处于相反状态的压应力，这种应力在开模后来不及消除而留在制品内，被称为残余应力（内应力）过大。该缺陷产生的原因及改善方法见表 7-49。

表 7-49　制品内应力过大的原因及改善方法

原因	改善方法
模具温度过低或过高（阻力小）	提高模具温度或降低模温
熔料温度偏低（流动性差，需要高压）	提高熔料温度，降低压力
注射压力、保压压力过大	降低注射压力及保压压力
胶件结构存在锐角（尖角——应力集中）	在锐角（或直角）部位加过渡圆角 R
顶出速度过快或顶出压力过大	降低顶出速度，减小顶出压力
顶针过细或顶针数量过少	加粗顶针或增加顶针数量
胶件脱模困难（粘模力大）	改善脱模斜度，减小粘模力
注射速度太慢（易分子取向）	提高注射速度，减小分子取向程度
胶件壁厚不均匀（变化大）	改良胶件结构，使其壁厚均匀
注射速度过快或保压位置切换过迟	降低注射速度或调整保压切换位置

注：在注塑件产生内应力后，可通过退火的方法减轻或消除，用四氯化碳熔液或冰醋酸溶液检测其是否有内应力。

（十一）通孔变盲孔、金属嵌件不良

1. 通孔变盲孔

注塑过程中，可能出现塑件内本应通孔的位置却变成了盲孔，其原因及改善方法见表 7-50。

表 7-50　制品通孔变盲孔的原因及改善方法

原因	改善方法
成型孔针断裂或掉落	检修模具并重新安装成型孔针
侧孔行位（滑块）出现故障（不复位）	检修行位（滑块），重新做成型孔针
成型孔针材料刚性、强度不够	使用刚性、强度高的钢材做成型孔针
成型孔针太细或太长	改善成型孔针的设计（加粗或减短）
注射压力或保压压力过大（包得紧）	降低注射压力或保压压力
锁模力大，成型孔针受压过大（断裂）	减小锁模力，防止成型孔针被压断
成型孔针脱模斜度不足或粗糙	加大成型孔针的脱模斜度或抛光
胶件压模，压断成型孔针	控制压模现象（加装锁模监控装置）

2. 金属嵌件不良

注塑生产中，对于一些配合强度要求高的塑件，常在注塑件中放入金属嵌件（如螺钉、螺母、轴等），制成带有金属嵌件的塑件或配件。在注塑带有金属嵌件的塑件时，常出现金属嵌件定位不准、金属嵌件周边塑料开裂、金属嵌件周边溢边、金属嵌件损伤等问题，金属嵌件周边溢边现象如图 7-24 所示。出现金属嵌件不良的原因及改善方法见表 7-51。

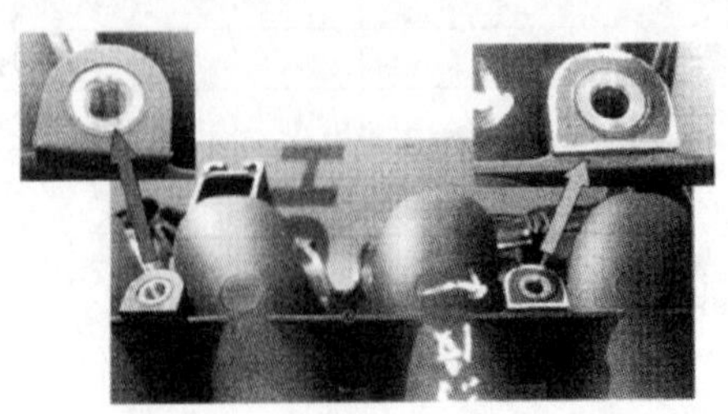

图 7-24　金属嵌件周边溢边现象

表 7-51　金属嵌件不良原因及改善方法

原因	改善方法
注射压力或保压压力过大	降低注射压力或保压压力
注射速度过快	减慢注射速度
熔料温度过高	降低熔料温度
嵌件定位不良	检查定位结构尺寸或稳定嵌件尺寸
嵌件未摆放到位（易压伤）	改善嵌件的嵌入方法（放到位）
嵌件尺寸不良（过小或过大），放不进定位结构内或有松动	改善嵌件的尺寸精度并更换嵌件
嵌件卡在定位结构内，脱模时拉伤	调整注塑工艺条件（降低注射压力、保压压力及注射速度）
嵌件注塑时受压变形	减小锁模力或检查嵌入方法
定位结构内有胶屑或异物（放不到位）	清理模具内的异物
嵌件温度过低（包胶不牢）	预热嵌件
嵌件与制品边缘的距离太小	加大嵌件周围的胶厚
嵌件周边包胶	减小嵌件间隙或调整注塑工艺条件
浇口位置不合适（位于嵌件附近）	改变浇口位置，远离嵌件

参考文献

1. 刘朝福 . 注塑成型实用手册 . 北京：化学工业出版社，2013.
2. 李忠文，朱国宪，年立官 . 注塑机维修实用教程 . 北京：化学工业出版社，2011.
3. 模具实用技术丛书编委会 . 塑料模具设计制造与应用实例 . 北京：机械工业出版社，2002.
4. 杨卫民，高世权 . 注塑机使用与维修手册 . 北京：机械工业出版社，2007.
5. 李力，崔江红，肖庆和，等 . 塑料成型模具设计与制造 . 北京：国防工业出版社，2007.
6. 洪慎章 . 注塑加工速查手册 . 北京：机械工业出版社，2009.
7. 王志新，张华，葛宜远 . 现代注塑机控制——微机及电液控制技术与工程应用 . 北京：中国轻工业出版社，2001.
8. 钟汉如 . 注塑机控制系统 . 北京：化学工业出版社，2004.
9. 刘廷华 . 塑料成型机械使用维修手册 . 北京：机械工业出版社，2000.
10. 约翰纳佰 . 注射成型机使用指南 . 吴宏武，瞿金平，麻向军，等译 .3 版 . 北京：化学工业出版社，2005.
11. 周殿民 . 注塑成型与设备维修技术问答 . 北京：化学工业出版社，2004.
12. 徐佩弦 . 塑料制品设计指南 . 北京：化学工业出版社，2007.
13. 刘来英 . 注塑成型工艺 . 北京：机械工业出版社，2005.
14. 张国强 . 注塑模设计与生产应用 . 北京：化学工业出版社，2005.
15. 叶久新，王群 . 塑料成型工艺及模具设计 . 北京：机械工业出版社，2009.
16. 董林福，赵艳春，王树强，等 . 液压元件与系统识图。北京：化学工业出版社，2009.
17. 宋锦春 . 液压技术实用手册。北京：中国电力出版社，2010.